Técnicas
de **muestreo**
estadístico

César Pérez López

Instituto de Estudios Fiscales (IEF)
Universidad Complutense de Madrid

Técnicas de **muestreo** estadístico

Garceta
grupo editorial

Técnicas de muestreo estadístico

César Pérez López
ISBN: 978-84-9281-210-3
IBERGARCETA PUBLICACIONES, S.L., Madrid 2010

Edición: 1.ª
Reimpresión: 2.ª
N.º de páginas: 530
Formato: 17 × 24 cm

Materia CDU: Ciencia estadística. Teoría de la estadística. 311

COPYRIGHT © 2010 IBERGARCETA PUBLICACIONES, S.L.
info@ibergarceta.es

Técnicas de muestreo estadístico

César Pérez López

1.ª edición, 2.ª reimpresión
OI: 0053/2026
ISBN: 978-84-9281-210-3

Deposito Legal: M-43617-2010
Imagen de cubierta: Melissa Schalke © fotolia.com

Impresión:
Imprenta Valle del Tiétar, S.L.

IMPRESO EN ESPAÑA - PRINTED IN SPAIN

A María, en su primera temporada en el baloncesto senior

ÍNDICE

INTRODUCCIÓN

El propósito de este libro es presentar las técnicas de muestreo estadístico en su doble faceta teórica y práctica. Su contenido está enfocado a docentes y estudiantes universitarios de todos los niveles que im parten o cursan la m ateria de muestreo estadístico, así com o a los profesionales de los sectores en los que se aplican las técnicas de m uestreo (economía, biología, botánica, zoología, marketing, auditoría, agronomía, comercio, transporte, medicina, control de calidad, etc.).

También es de interés esta obra para los aspirantes a los Cuerpos Oficiales de Estadística del Instituto Nacional de Estadí stica (INE), pues su contenido se adapta a las m aterias exigidas en las oposiciones al Cuerpo Superior de Estadísticos del Estado y al Cuerpo de Estadísticos Técnicos Diplomados.

El libro com ienza presentando las herramientas básicas en m uestreo estadístico explicando de form a concreta su utilización, teniendo presente que la teoría de la probabilidad es el fundam ento de los m étodos de m uestreo, y que un buen conocimiento de los métodos generales de estadística y de la teoría básica de las estimaciones desde el punto de vista estad ístico es esencial para un entendim iento adecuado del desarrollo riguroso de la teoría del muestreo.

A lo largo del libro se ofrecen demostraciones que incorporan instrum entos matemáticos avanzados mezclados con la utilización práctica de los resultados y cuya finalidad es la de dirigir la atención del lector hacia la utilidad de los resultados obtenidos.

Los prim eros capítulos sitúan al lect or en el contexto del trabajo del muestreo estadístico, para facilitar una adecuada apreciación de la teoría del muestreo.

A continuación se presentan los métodos básicos para seleccionar muestras y se desarrollan los diferentes tipos de muestreo como muestreo aleatorio simple, muestreo estratificado, muestreo sistemático, métodos indirectos de estimación por razón, regresión y diferencia, muestreo y submuestreo de conglomerados, los procedimientos para el muestreo doble y los problemas peculiares a las encuestas que se repiten, la forma de cómo debe planificarse la encuesta y analizarse los datos ante la presencia de respuestas erróneas, la falta de respuesta y su ajuste, problemas relativos a marcos imperfectos, etc.

En cuanto a la metodología, se comienza presentando los temas de forma teórica, para a continuación resolver ejercicios prácticos que ilustran los métodos teóricos utilizados.

CAPÍTULO 1

PRIMEROS CONCEPTOS EN LA INVESTIGACIÓN POR MUESTREO

CONCEPTO DE MUESTREO

En toda investigación estadística existe un conjunto de elementos sobre los que se tom a inform ación. Este conjunto de elem entos es lo que se denota con el nombre de población o universo estadístico. Cuando el estadístico o el investigador toma información de todos y cada uno de los elem entos de la población estadística se dice que está realizando un *censo*. Sin em bargo, esto no es m uchas veces posible, ya sea por el coste que resulta de la toma de información, o bien porque la toma de información lleve consigo la destrucción de los elem entos en cuestión, o que la población tenga infinitos elementos, o por otras causas.

Este problem a lleva al investigador a tom   ar la información sólo de una parte de los elementos de la población estadística, proceso que recibe el nom bre de *muestreo*. El conjunto de elem entos de los que se tom a información en el proceso de muestreo se llama *muestra* y el núm ero de elementos que la com ponen *tamaño muestral*. Existen varios tipos de m uestreo, dependiendo de que la población estadística sea finita o infinita, materia sobre la que existe am plia literatura estadística, pero nosotros considerarem os solam ente el *muestreo en poblaciones finitas*. El investigador utiliza la m   uestra para la toma de información, pero lo importante es que dicha muestra sea representativa.

Por lo tanto, entenderemos por muestra un subconjunto lo más representativo posible de una población. Naturalmente, el estudio del colectivo requerirá un cuidadoso proceso de muestreo, a los efectos de elaborar ese subconjunto en las condiciones m ás adecuadas de representativ   idad, puesto que la inferencia se caracterizará por aplicar al colectivo las conclusiones obtenidas a partir de la muestra. En este sentido, el m étodo de selección de la m uestra reviste una singular importancia, dado que depe ndiendo de cómo se hay a constituido ésta se seguirán unos u otros resultados. Precisamente los métodos de selección de la m uestra serán el núcleo principal a tratar en este libro.

Con la finalidad de m edir el grado de representatividad de la m uestra lo mejor posible es necesario utilizar m uestreo pr obabilístico. Direm os que el m uestreo es probabilístico cuando pueda esta blecerse la probabilidad de obtener cada una de las muestras que sea posible seleccionar, esto es, cuando la selección de m uestras constituya un fenómeno aleatorio probabilizable. Dicha selección se verificará en condiciones de azar, siendo susceptible de m edida la incertidum bre derivada de la misma. Esto permitirá medir los errores cometidos en el proceso de muestreo.

Se denomina *inferencia estadística o estadística inductiva* a la m etodología consistente en inferir resultados, predi cciones y generalizaciones sobre la población estadística, basándose en la inform ación c ontenida en las m uestras representativas previamente elegidas por m étodos de m uestreo formales. La inferencia estadística está basada en la teoría de la probabilidad, pero tiene un carácte r diferente. En inferencia estadística se consideran fenómenos en los que se manifiesta la regularidad estadística y se construyen modelos probabilísticos para describirlos.

Podemos definir los *métodos de muestreo* com o el conjunto de técnicas estadísticas que estudian la form a de seleccionar una *muestra lo suficientemente representativa* de una población cuy a inform ación permita inferir las propiedades o características de toda la población cometiendo un *error medible y acotable*.

A partir de una m uestra, seleccionada mediante un determ inado m étodo de muestreo, se estiman las características poblacionales (m edia, total, proporción, etc.) con un error cuantificable y controlable. Las estim aciones se realizan a través de funciones matemáticas de la m uestra denominadas *estimadores*, que se convierten en variables aleatorias al considerar la va riabilidad de las m uestras. Los errores se cuantifican mediante varianzas, desviacion es típicas o errores cuadráticos m edios de los estimadores, que miden la precisión de los mismos.

La teoría del m uestreo proporciona una técnica estadística de carácter m uy práctico que sencillamente busca obtener datos de una población (hogares, empresas, árboles, etc.) en su totalidad, utilizando ta n sólo una parte reducida de la m isma, denominada m uestra, aunque com o es lógico pagando algún coste (calculable) en cuanto a la precisión de las medidas poblacionales inferidas.

De forma metafórica podríamos decir que una m uestra, que se supone repre-sentativa de una población, es sim ilar a lo que representa una m aqueta respecto del edificio del que ofrece una imagen. La muestra, al igual que la m aqueta, será mejor o peor, según el grado de representatividad que ofrezca. La teoría del muestreo traslada la información aportada por la m uestra a toda la población, dando lugar a lo que se conoce en muestreo como *elevación del dato muestral a la población* que se estudia. En la metáfora de la maqueta el factor de elevación sería la escala de la m isma, que permite pasar un dato de la m aqueta a su correspondiente dato para el edificio real que representa.

POBLACIÓN, MARCO Y MUESTRA

Una tarea importante para el investigador es definir cuidadosa y completamente la población antes de recolectar la muestra. Inicialmente una población es una colección de elementos acerca de los cuales deseamos hacer alguna inferencia. Esta población inicial que se desea investigar se denomina **población objetivo**.

Pero el muestreo de toda la población objetivo no es siempre posible. Existirán problemas que van a impedir obtener información de algunos de sus elementos. Entre estos problemas cabría destacar las negativas a colaborar, las ausencias, la inaccesibilidad a algunos elementos o los errores en los intrumentos de medida de la característica que se estudia en los elementos de la población. Por lo tanto la población objetivo se ve restringida a la hora de obtener la información de sus elementos, dando lugar al concepto de **población investigada**, que es la población que realmente es objeto de estudio.

Por otra parte, una unidad de muestreo puede ser un simple elemento de la población, en cuyo caso estamos ante una **unidad elemental de muestreo**. Pero también pueden considerarse unidades de muestreo que sean grupos no solapados de elementos de la población que cubren la población completa, en cuyo caso estaríamos ante una **unidad de muestreo compuesta** de varias unidades elementales, también denominada a veces **unidad primaria**. De esta forma se puede establecer una **jerarquía de unidades de muestreo** en el sentido de que el primer nivel lo formarían las unidades elementales, el segundo nivel lo formarían grupos de unidades elementales, el tercer nivel lo formarían grupos de unidades de segundo nivel, y así sucesivamente. En el muestreo aleatorio simple suelen utilizarse unidades elementales, en el muestreo estratificado y por conglomerados monoetápico se utilizan unidades de muestreo compuestas de segundo nivel (estratos y conglomerados respectivamente). En el muestreo polietápico se generaliza a unidades de niveles superiores según el número de etapas de dicho tipo de muestreo. En todo caso, las **unidades de muestreo** han de ser grupos no solapados (de intersección vacía) de elementos de la población que cubran la población objetivo. En el caso de que las unidades de muestreo sean elementales, una unidad de muestreo y un elemento de la población son idénticos.

Pero para poder seleccionar el conjunto de unidades de muestreo que componen la muestra, será necesario disponer de un listado material de unidades de muestreo. Esta relación de unidades de muestreo, de la que se selecciona la muestra, se denomina **marco**. Lo ideal sería disponer de un marco tal que la lista de unidades muestrales que lo componen coincida con la población objetivo. Pero en la práctica el marco contiene impurezas debidas a desactualizaciones, errores, omisiones y otras causas que hacen que el marco no coincida con la población objetivo, lo que no impide que el marco sea la contrapartida en el mundo real de la población objetivo. De todas formas, la separación entre el marco y la población objetivo ha de ser lo suficientemente pequeña como para permitir que se hagan inferencias acerca de la población basándose en una muestra obtenida del marco.

La imperfección del marco suele tener como origen la existencia de **duplicaciones** de algunas unidades, **omisiones** de otras y la presencia de unidades extrañas y vacías. Mantener un listado de unidades de muestreo actualizado es imposible en la práctica. Existirán unidades que deberían estar en el marco y que sin embargo por problemas de actualización u otros problemas similares se omiten en el mismo, y al revés, existirán unidades que aparecen en el marco y que ya no debieran estar en el mismo. Se suele denominar **unidad vacía** a una unidad de muestreo erróneamente incluida en el marco y que no pertenece a la población objetivo (aunque esté relacionada de alguna forma con la población objetivo). Se suele denominar **unidad extraña** a una unidad que aparece en el marco pero que no es realmente del marco y que de ninguna manera debiera constar en el mismo (no hay ninguna relación posible entre la unidad y la población objetivo). Por ejemplo, ante una encuesta para analizar características de la población española en la que se toma como marco un listado de viviendas, serán unidades vacías las viviendas deshabitadas. Como ejemplo adicional supongamos que para estimar la producción de leche en un país se toma como marco una lista de explotaciones agrícolas, en cuyo caso, las explotaciones que no se dediquen total o parcialmente a la producción de leche (que por cierto, serán muchas) son unidades extrañas, ya que de ninguna manera deberían aparecer en el marco.

Si eliminamos del marco las unidades erróneamente incluidas en él (unidades extrañas, unidades vacías y duplicaciones) y a su vez le añadimos las omisiones, obtenemos la población objetivo. Este proceso se conoce como **depuración de marcos imperfectos**.

Por otra parte, si eliminamos del marco las unidades de las que no se puede obtener información para unos recursos dados (unidades inaccesibles, unidades que no colaboran ni responden, unidades ausentes, unidades medidas erróneamente, etc.), obtenemos la población investigada.

El concepto de **marco en sentido restringido** incluye únicamente el listado de unidades del que se va a extraer la muestra, pero también puede considerarse el concepto de **marco en sentido amplio**, incluyendo adicionalmente al listado de unidades, la **información complementaria**, es decir aquella información que puede y debe utilizarse para mejorar el diseño en los procesos de estratificación, selección, estimación, etc. Como ejemplos de esta información complementaria podríamos citar el conocimiento de una variable auxiliar correlacionada con la variable en estudio cuyos valores permiten realizar convenientemente estratos, o el conocimiento completo de una variable auxiliar correlacionada con la variable en estudio que nos va a servir de apoyo para utilizar un procedimiento de estimación indirecta (razón, regresión, diferencia), o el conocimiento de las estimaciones de determinadas características provenientes de una encuesta similar anterior o de una encuesta piloto.

A continuación se presenta un esquema de los conceptos vistos hasta ahora.

POBLACIÓN OBJETIVO → *Población que se desea investigar*

Problemas
- *Inaccesibilidad a algunas unidades*
- *Negativas a colaborar*
- *Ausencias*
- *Errores en los instrumentos de medida*

POBLACIÓN INVESTIGADA → *Población que realmente es objeto de estudio (teniendo en cuenta los problemas citados)*

POBLACIÓN MARCO → *Lista de unidades de muestreo de entre las que se selecciona la muestra. Es la contrapartida en el mundo real de la población objetivo*

UNIDAD EXTRAÑA → *Unidad que no es realmente del marco y que no tiene relación de ningún tipo con la población objetivo*

UNIDAD VACÍA → *Unidad erróneamente incluida en el marco y que no pertenece a la población objetivo aunque esté directamente relacionada con ella*

CONCEPTOS

DUPLICACIONES → *Unidades repetidas en el marco*

OMISIONES → *Unidades omitidas en el marco que son del marco realmente*

MARCOS IMPERFECTOS → *Marcos con unidades vacías, unidades extrañas, duplicaciones y omisiones*

MARCO EN SENTIDO AMPLIO → *Incluye información complementaria (variables auxiliares, encuestas piloto)*

MUESTRA → *Conjunto de unidades de muestreo seleccionadas de un marco o de varios marcos*

UNIDAD ELEMENTAL DE MUESTREO → *Elemento más simple de la población*

UNIDAD DE MUESTREO COMPUESTA O PRIMARIA → *Se compone de varias unidades elementales*

Un m arco puede ser un listado de unidades elem   entales o de unidades compuestas, dependiendo del tipo de   unidades de m uestreo que se vay   an a seleccionar en el proceso de m uestreo. Cuando el m arco es de unidades com puestas, puede ser posible disponer, adicionalm ente al listado de unidades com   puestas, de listados parciales de unidades sim   ples dentro de   cada unidad compuesta (por ejemplo, para realizar subm uestreo). En este caso se dice que disponem os de *marcos múltiples*. La existencia de m arcos m últiples puede hacer el muestreo mucho más eficiente. Por ejem plo, los residentes de una ciudad pueden ser m uestreados de una lista de m anzanas de la ciudad relacionada con una lista de residentes dentro de las manzanas. El segundo m arco puede no estar disponible hasta que las manzanas sean seleccionadas y estudiadas con cierto detalle.

En general, una   *muestra* es una colección de unidades de m   uestreo seleccionadas de un marco o de varios marcos.

Vamos a considerar un sencillo ejem plo que ilustre los conceptos definidos anteriormente. Supongamos que se trata de m edir, mediante una encuesta, la posible influencia en el resultado de unas eleccion es de una em isión de bonos justo antes de las mismas. En este caso la población objetivo estaría constituida por los votantes reales de la com unidad con derecho a voto en las inminentes elecciones. Evidente- mente no será posible obtener respuesta de algunos   de estos votantes, bien sea por problemas de inaccesibilidad a su dom icilio derivados de errores en las direcciones, bien sea por su negativa a colaborar o cont estar, bien sea porque no se encuentren en su domicilio en el momento de la encuesta, bien sea porque el cuestionario que se les pasa es erróneo, o por cualquier otro m otivo. Si de la población de votantes reales restamos los votantes afectados por los problem   as que acabam os de citar, obten- dríamos la población investigada.

Para seleccionar la muestra de votantes que han de contestar a nuestra encuesta necesitamos un listado apropiado. En nuestro cas o el listado ideal, es decir el m arco, sería la relación oficial lo m   ás actualizad a posible de personas con derecho a voto registradas en la com unidad. Pero este   listado ideal presentará diversos problem   as. Habrá votantes en la lista que no podrán ej   ercer su derecho al voto   el día de las elecciones porque se hay an cam biado recientem ente de distrito electoral y se hayan inscrito en otra com unidad (unidades vacías). Puede haber votantes incluidos por error en la lista que sean extranjeros o que no te ngan la edad para votar y que en ningún caso deberían estar en la lista (unidades extrañas). Puede haber votantes, incluidos por error en la lista más de una vez (duplicaciones). Puede haber votantes que no aparezcan en la lista y que hay an adquirido recientem ente el derecho a voto, bien por haber entrado en las últim as fechas en edad de votar o bi en por haberse dom iciliado en la comunidad también en las últim as fechas (om isiones). Por lo tanto, para que el m   arco cubra lo mejor posible la población objetivo (la coincidencia es en la práctica es imposible), será necesario eliminar del marco las unidades ex trañas, vacías y duplicaciones, y añadir las omisiones. Ya estaremos entonces en condici ones de seleccionar la muestra de entre la relación de votantes de este marco depurado.

A continuación se presenta un esquem a de los conceptos m ás im portantes relativos a población, marco y muestra.

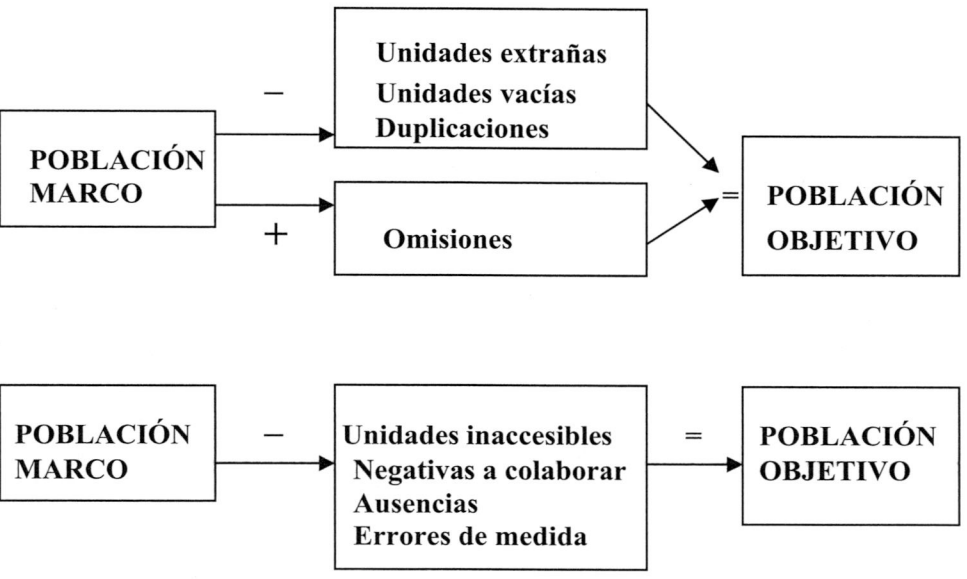

A continuación se presentan los concepto s del esquema anterior aplicados al ejemplo de los votantes expuesto anteriormente

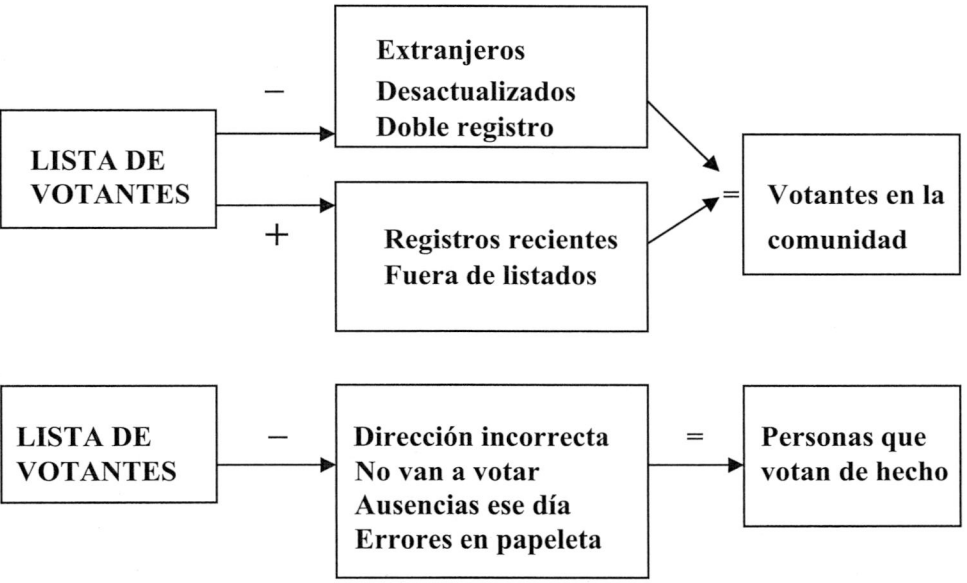

La figura siguiente m uestra un esquem a en el que se identifican m ediante diagramas de Venn los distintos conceptos estudiados en este capítulo.

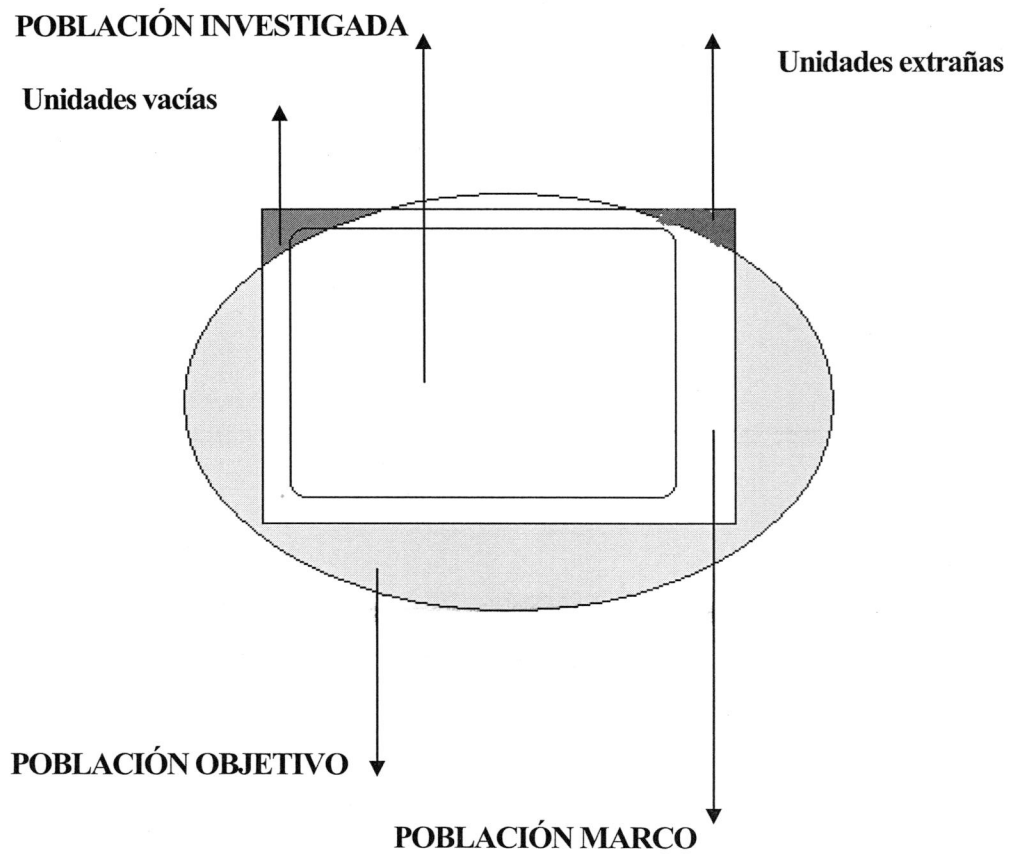

LAS DISTINTAS FASES DE LA INVESTIGACIÓN POR MUESTREO

En su sentido am plio la finalidad de una encuesta por m uestreo es obtener información para satisfacer una necesidad defi nida. La necesidad de recopilar datos muestrales de form a ordenada surge en todo cam po de la actividad humana, por lo que es muy importante que el estadístico te nga una buena idea del trabajo que debe hacer en una encuesta por m uestreo y de las limitaciones que confronta. A la hora de llevar a cabo una encuesta por m uestreo es necesario tener en cuenta determ inadas fases para su correcta planificación y ejecución.

Objetivos

La primera tarea de toda encuesta por muestreo es fijar en términos concretos los objetivos de la m isma. Por lo general ocurre que el prom otor de la encuesta no está seguro de lo que quiere ni de la forma en que va a utilizar los resultados. Es tarea del estadístico discutir con los prom   otores para hacerlos pensar   en términos concretos. No aclarar la finalidad de   la encuesta dism inuirá su valor en últim   a instancia, encontrándose al final de la m isma con que los resultados no eran los que realmente se querían.

Por lo tanto, es necesario establecer los objetivos de la encuesta de una forma clara y concisa, y remitirse a estos objetivos conform e se vay a progresando en el diseño e instrum entación de la encuesta. Es vital m   antener unos objetivos lo suficientemente simples para que sean entendidos por quienes trabajan en la encuesta y logrados con éxito cuando finalice la misma.

A la hora de fijar los objetivos es necesario   tener presentes determinados factores como son:

- ¿Qué información se necesita para cumplirlos?
- ¿Cuál es el motivo de la encuesta?
- ¿Existe información disponible de antemano de encuestas piloto u otras encuestas similares que pueda ser aprovechada?
- ¿Existe información complementaria que se pueda utilizar para m   ejorar los procesos de estratificación, selección o estimación?
- ¿De qué medios materiales y personales se dispone?
- Límites presupuestarios y temporales
- Legislación y restricciones administrativas
- Oportunidad de fechas

Delimitación de la población objetivo y la población investigada

Un vez que se tiene claro el objetivo de la encuesta, es necesario definir cuidadosamente la población que va a ser m uestreada, teniendo siempre presente que se va a obtener una m uestra de esa población que ha de ser definida de tal manera que la selección de la m uestra sea realm ente factible. Por lo tanto tiene que estar clara la cobertura de la encuesta, elim   inando de la población objetivo la parte de población ideal no accesible para obtener la población investigada.

En muchos casos, las dificultades prácti cas para m anejar ciertos segm entos de la población podrían apuntar a la elim inación de los mismos del campo de la encuesta. Por ejemplo, en una encuesta sobre la poblaci ón, podría resultar m uy difícil cubrir a la población trashumante.

En una investigación sobre la agricultura en la que se tiene la intención de considerar toda pequeña propiedad de tie rra para determ inar qué se cultiva, las consideraciones prácticas podrían obligar a la om isión de lugares com o los pequeños huertos fam iliares. En una encuesta industria l se tendrían que om itir todas las fábricas que emplean menos de dos personas si se considera que sería muy difícil incluirlas en la muestra. De este m odo, la población que se procurará cubrir (población objetivo) será por lo general diferente de la que es en realidad objeto de m uestreo (población investigada). Los resultados que se obtengan a partir de la población investigada se aplicarán a toda la población objetivo, pr esentando adicionalm ente inform ación sobre los sectores om itidos (análisis de la falta de respuesta y de los errores de respuesta). Esto se hace m ediante procedim ientos no muy exactos pero que pueden arrojar alguna luz sobre el tema de la encuesta.

Establecimiento del marco

Con el fin de cubrir con la encuest a la población objetivo, debe haber alguna lista, mapa o algún otro m aterial aceptable (m arco) que sirva com o guía al universo que se cubrirá. El m arco debe exam inarse para asegurarse que está razonablem ente libre de defectos. Si no está al día, debe considerarse la posibilidad de actualizarlo. Existen técnicas específicas de depuración de m arcos imperfectos, que serán abordadas en los últimos capítulos de este libro, cuya finalidad es elim inar del marco las unidades extrañas y vacías, así com o cualquier otro tipo de errores u omisiones. Como la depuración total de marco es imposible, será necesario presentar datos sobre los errores de cobertura (errores cometidos en el m uestreo por el desajuste entre población marco y población objetivo).

La investigación por m uestreo se favor ece por la existencia de una cierta *infraestructura estadística previa*, q ue l lamaremos *infraestructura estadística deseable*, pero que adem ás dem anda com o condición necesaria una *infraestructura estadística mínima*, siendo ésta im prescindible para llevar a cabo el diseño muestral que posibilite la investigación por muestreo.

Dentro de esta infraestructura estadí stica m ínima, indispensable para la investigación por m uestreo, se enm arca la existencia de directorios o m arcos convenientemente correctos y actualizados. Co mo infraestructura estadística deseable, añadida a la mínima y que favorece la investigación por muestreo aunque no la limita a ultranza, reseñam os la conveniente existencia de las infraestructuras complementarias siguientes:

- Infraestructura de definiciones, de hab itual uso, relativa a variables (de gastos, ingresos, consum os...), y a unidades elem entales o derivadas (hogar, em presa, local, unidad de producción...).

- Infraestructura de clasificaciones est adísticas. Una clasificación estadística constituye un instrum ento básico que posibilita la coherencia entre la recogida, la tabulación y el análisis de los datos, siendo un elemento armonizador.

- Infraestructura de planimetría. Cuando la población sujeta a estudio o el diseño muestral se apoy an en una dim ensión espacial, es necesario establecer una cartografía adecuada y codificación territorial (delim itación de espacios geográficos m unicipales, o de secciones...). Ello facilita la investigación m   uestral en aspectos de correcta localización geográfica y jerarquización de las unidades de muestreo.

- Infraestructura estadística de datos complementarios relativos a las unidades de la población de los directorios o m arcos (por ejemplo, conocer el número de trabajadores de las empresas).

Resumiendo, en cuanto a lo que a in   fraestructura estadística se refiere, la situación se sintetiza en la necesidad de disponer   de una información mínima y homogénea de las unidades de la población m uestreada para posibilitar la investigación por muestreo y obtener posteriorm ente una inform ación añadida a la preexistente. Por ejemplo, en el símil de maqueta de un edificio con muestra de una población, la in-formación de infraestructura nos va a perm   itir construir la m uestra (construir la maqueta) y disponer de los estim adores (de la escala) que permite elevar los datos de la muestra (maqueta) a la población (edificio real).

Es interesante resaltar que la inform ática ha jugado un papel considerable al potenciar, en cantidad y calidad, todos los elementos que participan en la investigación por m uestreo. Concretam ente, y en relación con el m   arco, contribuy e a agilizar los procesos de creación de infraestructura estad ística. Com o ejem plo de m arco inform a-tizado para la realización de encuestas dirigidas   a empresas e instituciones podríamos citar la reciente creación en el Instituto   Nacional de Estadística español (INE) del Directorio Central de Empresas, en siglas DIRCE. El DIRCE trata de reunir en un directorio único todas las em presas españolas, siendo su objetivo básico hacer posible la realización de encuestas por m   uestreo diri gidas precisam ente a las em presas, pues, evidentemente, una em presa no podrá ser seleccionada en   una encuesta si no figura reseñada en el directorio, debidamente actualizado, del que se selecciona.

El DIRCE, actualm ente con referencia   a 1 de enero de 1995, relaciona   por primera vez en España un total de   2.301.559 empresas clasificadas según actividad económica principal, según condición jurí   dica, por intervalos según núm   ero de asalariados, etc. Geográficam ente existen desgloses provinciales (de este cóm   puto se excluye la agricultura, ganadería, pesca, las administraciones públicas, las actividades de comunidades de propietarios, el servicio dom éstico y los organismos extraterritoriales). En el DIRCE se procesan anualm ente del orden de seis millones de registros, tarea que sólo se puede ejecutar utilizando m edios in formáticos. Adem ás el DIRCE se basa en registros administrativos ligados principalmente a la Adm inistración Tributaria y a la Seguridad Social y si éstos no estuviesen operativos inform áticamente, no hubiese sido posible la creación del DIRCE. Es evidente que   , si existe un registro adm   inistrativo, aunque esté gestionando con puntualidad, si no est á total o parcialm ente informatizado, no ofrecerá la opera-tividad que es necesaria para su uso estadístico.

En esta situación la operatividad inform   ática de los registros adm   inistrativos pasa a ser un elem   ento clave. El DIRCE   es un m   arco esencial para las   encuestas económicas oficiales, com   o por ejem   plo la Encuesta de Salarios en la Industria   y los Servicios, con periodicidad trimestral desde 1963, y que proporciona los datos básicos de ganancias por trabajador y hora trabajada, así como las horas trabajadas en promedio por cada trabajador. Las Encuestas Industriales, de   Comercio Interior o la de Estructura de las Explotaciones Agrícolas son otros ejem   plos de encuestas oficiales que utilizan com   o marco idóneo el DIRCE.

Otro ejemplo de m   arco informatizado acompañado de cartografía y planimetría es el referente a la división del territorio español en 40.000   secciones censales, de entre las cuales se seleccionan aproxim   adamente 3.000 para poder realizar cualquier tipo de encuestas oficiales que vaya dirigida a viviendas fam   iliares o a las personas o grupos familiares que las habitan. Este m   arco es el utilizado por el INE en el diseño m   uestral de la Encuesta General de Población (EGP), a partir del cual se hace posible   la realización de cualquier encuesta para obtener   datos asociados a la población de viviendas de uso familiar o de los grupos hum   anos que en ellas residen. Sobre este diseño muestral se han podido construir en España, desde 1964, todas las Encuestas de Población Activa, las Encuestas de Presupuestos Fam   iliares, Equipa   miento y Nivel Cultural   de las Familias, etc., y en general las encuestas del INE dirigidas, a viviendas fam   iliares o a personas que las habitan. En términos comparativos podríamos decir que el DIRCE supone, respecto a las encuestas dirigidas a empresas e instituciones, el mismo avance que supuso el diseño de la Encuesta General de Población para l as encuestas dirigidas a viviendas familiares y personas que las habitan, basado   en el marco obtenido por la división del territorio nacional en secciones estadísticas.

Diseño de la muestra

Para los propósitos de la selección de la   muestra debe ser posible dividir la población en lo que se ha denominado **unidades de muestreo** de form a no am   bigua. Todo elemento de la población debe pertenecer a una sola unidad de muestreo.

Si, por ejemplo, la unidad es la fam   ilia, debe definírsela de tal form a que una persona no pertenezca a dos familias diferentes ni debe dejarse fuera a cualquier persona que perte-nezca a la población. Ésta no es una tarea fácil, y a que siempre hay casos dudosos, y deben establecerse algunas reglas arbitrarias para m anejarlos. Una vez clarificadas sin am   bigüedades las unidades de m   uestreo, los problemas técnicos que recibirán la m   ás cuidadosa atención se   rán la form a en que   se seleccionará la muestra y la estimación de las características de la población y   de su m   argen de incertidumbre a partir de la m   isma. Estas cuestiones form   an el núcleo central de la teoría del muestreo, que es el tema principal de este libro.

Son puntos importantes del diseño de la muestra los siguientes:

- Especificación de las unidades de muestreo
- Métodos estadísticos para la depuración del marco
- Posible utilización de la información complementaria
- Análisis y determinación del tamaño de la muestra
- Método de selección de la muestra, esto es, tipo de muestreo a utilizar
- Fórmulas para los estimadores a utilizar
- Fórmulas para la estimación de los errores de muestreo
- Métodos estadísticos para el tratamiento de la falta de respuesta
- Control de otros errores ajenos al muestreo

En lo que se refiere al uso de la informática para la elaboración de diseños muestrales óptim os, es evidente que la grabación de ingentes cantidades de datos procedentes de cuestionarios m uestrales, la imputación de datos faltantes y el cálculo de estimadores para elevar los datos de la m uestra a la población, en multitud de ocasiones de gran com plejidad m atemática, se han visto radicalm ente potenciados respecto de lo que ocurría en la etapa preinformática. Pero lo importante no es la existencia o no de la informática, sino su creciente utilidad, ve rsatilidad, facilidad de uso y creciente capacidad de proceso y , todo ello, con e quipos mucho más económicos. Como ejemplo de uno de los prim eros diseños m uestrales informatizados puede citarse el realizado por el INE en el año 1976 relativo a la Encuesta Permanente de Consumo, en el que se trabajó con fichas perforadas que ocupaban casi la superficie de un amplio despacho y en el que el tiem po de respuesta fue elevado dado el estado del arte de la tecnología informática en aquella época. Los diseños m uestrales tenían que basarse excesivamente en la intuición profesional por cuanto era prohibitivo pedir al ordenador central el estudio de diversas alternativas para la elecci ón del diseño muestral óptimo. Hoy, la gran facilidad de m anejo de los ordenadores, su capacidad de proceso y en particular la aparición de potentes m icroordenadores, permiten hacer m ultitud de estudios en torno a la elección óptim a del diseño m uestral de un encuesta. Com o ejem plo de un diseño muestral actualizado tenem os el y a citado diseño m uestral de la Encuesta General de Población (EGP), a partir del cual se realizan las encuestas oficiales del INE sobre población y hogares, com o la EPA (Encuestas de Población Activa), la EPF (Encuestas de Presupuestos Familiares), y en general las encuestas del INE dirigidas a viviendas familiares o a personas que las habitan.

Trabajo de campo

Se consideran trabajos de campo aquellos que consisten en la obtención de las medidas de las variables objeto de estudio, asociadas a las unidades de la población sobre las que se realiza la m edición. Para introducir, de forma somera, la complejidad que pueda suponer la realización de los trabajos de cam po, vam os a analizar sintéticamente los elementos que participan en dichos trabajos de campo. Los elementos que consideramos en la realización de los trabajos de campo son los siguientes:

- Las unidades a medir
- Las variables objeto de medida
- El instrumento de medida
- La realización de la medida y la instrumentalización necesaria

- ***Las unidades a medir***

Cuando se realizan encuestas es necesario tratar de aplicar con el adecuado rigor las líneas de actuación que presiden la teoría del muestreo. Ello supone determinar de manera previa, a priori, la unidad informante sin que quepa ninguna arbitrariedad o indeterminación. Esto no sucede así, en general, en la mayoría de las encuestas de opinión y sociológicas, dirigidas a personas y hogares, con las que está familiarizada la mayoría de la gente y que, además, se toman como referencia de los trabajos estadísticos por muestreo. En ellas la unidad informante se selecciona, en la mayoría de los casos, siguiendo un criterio opinático dentro de unas determinadas restricciones generales (edad, sexo, zona de residencia...) y, por tanto, la elección no se hace estrictamente a priori, lo que supone una facilidad mucho mayor de localización y elección de las unidades informantes dispuestas a colaborar.

Sin embargo, una encuesta seria supone localizar inequívocamente las unidades informantes (hogares, empresas, instrucciones, etc.), dando lugar a dificultades añadidas. Enumeramos por ejemplo las siguientes:

- Visitas reiteradas a los hogares, las que sean necesarias, ante casos de ausencia en el momento en el que se verifica la visita para la entrevista.
- Si la ausencia del hogar es prolongada, la sustitución, siguiendo una norma rigurosa, por otro hogar, identificado también a priori.
- La localización de los hogares en lugares de población dispersa.
- La búsqueda de establecimientos o empresas cuya ubicación no es fácilmente asequible (polígonos industriales, diseminados, búsqueda incluso, en otra provincia, porque el titular informante reside en distinto lugar de aquel en el que se encuentra la empresa...).
- Establecer contacto con el informante idóneo en una gran empresa (un jefe de producción no es lo mismo que un jefe administrativo...).

Nos ocuparemos ahora de las variables objeto de medida.

- ***Las variables objeto de medida***

El rigor estadístico hay que trasladarlo también a la definición de las variables objeto de estudio para que la toma del dato esté correctamente acotada sin la menor indeterminación. Como ejemplo sencillo, supongamos que deseamos medir en un hogar la variable cualitativa tener o no teléfono.

Pudiera pensarse que esta variable no necesita ninguna   explicación complementaria y, sin embargo, dentro del rigor al que aludim   os señalam os com o posibles alternativas la situación de propiedad (el teléfono es propiedad del hogar que lo utiliza y está dentro de la vivienda), situación de disponibilidad dentro de la vivienda (el teléfono está disponible en el hogar y está dentro de la vivienda, y es compartido por dos o m ás hogares que conviven   en la misma vivienda aunque no sea de su propiedad), situación de disponibilidad fuera de la vivienda   (por ejemplo, en la tienda situada en la planta baja aunque la vivienda esté en la primera planta).

Naturalmente lo anterior es un ejem plo sencillo de definición de variables en lo que se refiere al necesario grado de   especificación. Podemos fácilmente imaginar la complejidad existente en definiciones asociadas a variables de   tipo económico que, por otra parte, exigen gran especialización para   definirlas. Com o una m uestra cualquiera reseñamos la descripción de lo que se entie nde por prendas de uso m asculino y de uso femenino. Prendas de uso m   asculino son las que, teniendo una abertura delante, se cierran superponiendo el lado   izquierdo sobre el derecho. Cuando dicha abertura se cierra o se superpone el lado derecho sobre   el izquierdo son de uso fem enino. Si la prenda carece de abertura por delante pero el corte indica m   anifiestamente que ha sido diseñada para uno u otro sexo, se clasificarán   en el uso para el que fue diseñada. Las prendas no identificables com o prendas de uso m asculino o fem enino se clasifican en femeninas.

Son evidentes las horas de trabajo, reflexión y   discusión que hay que utilizar para determ inar cientos y cientos de variables com o las apuntadas, y   no es un lujo excesivo del trabajo estadístico el proceder c on el grado de rigor y meticulosidad que se desprende de las m ismas. Lo que sucede es   que la realidad ofrece para su estudio un inmensa riqueza de m atices distintos y todos tienen que ser recogidos por las variables elegidas para representar tal realidad. De aquí que las definiciones de las variables han de estar m uy bien delim itadas porque, en caso contrario,   al no diferenciarlas y acotarlas debidamente, correremos el riesgo de agrupar datos heterogéneos.

- *El instrumento de medida*

El instrumento de medida es el elemento que se utiliza en las investigaciones por muestreo para recoger el valor de las va   riables investigadas asociadas a la unidad muestral sujeta a m edición. El instrum ento de medida habitual en las encuestas es el cuestionario, que contiene las variables cu   yo valor han de cum plimentar las unidades muestrales informantes, normalmente personas, hogares, empresas o instituciones.

El cuestionario es el m edio de com unicación entre el encuestador y   la unidad informante. Es adem ás el instrum ento de tr abajo para la posterior codificación   de la información. Ha de estar, por tanto, estructurado   convenientemente en secciones y preguntas para que sea fácilm ente m anejable y codificable informáticamente. Además, es conveniente que el cuestionario m antenga en todo momento el interés del encuestado, siendo el vocabulario utilizado adecuado a su nivel. Por otra parte, el cuestionario ha de diseñarse para que la entrevista no supere la duración de una hora.

A pesar de las indicaciones anteriores, es de destacar que en m uchas de las estadísticas oficiales los cuestionarios hab ituales suelen ser m uy extensos, no son de inmediata cumplimentación y exigen, en la mayoría de los casos, costosas y laboriosas elaboraciones añadidas. No son, pues, com o los cuestionarios de opinión, donde la respuesta puede ser directa y al momento. Como ejemplo podemos citar la Encuesta Continua de Presupuestos Fam iliares que realiza trim estralmente el INE. En ella cada hogar que form a parte de la muestra tiene que cum plimentar tres cuestionarios individuales, de tantos m iembros com o ex istan en el hogar de catorce años o m ás, excepto el am a de casa. No obstante, sin esa inform ación prim aria tan exhaustiva no existirían las radiografías que constituyen las estadísticas o serían de m ala calidad y no podrían tomarse las adecuadas decisiones políticas sociales y económicas que se realizan sobre ellas.

- *La instrumentalización de la medida*

Evidentemente, la realización de la m edida requiere la oportuna instrumentalización asociada a su ejecución. Suced e que los esfuerzos necesarios a realizar para lograr la correcta m edida de las variables de estudio, asociadas a las unidades informantes, lógicam ente se m ultiplican geométricamente en función de las dificultades ya apuntadas al hablar de la determinación y localización a priori y sobre el terreno de las unidades inform antes, de la dificultad para especificar las variables objeto de observación y de los extensos cuestionarios y de su laboriosa cumplimentación. La instrumentalización aludida se materializa en:

- Formación de presupuestos y su realización y control
- Determinación del m étodo idóneo de recogida de los datos (entrevistador, teléfono, servidor vocal, fax, correo, ordenador portátil, métodos mixtos)
- Elaboración de manuales de instrucción, gene ralmente extensos y detallados, dada la amplia casuística que suele presentar la recogida de datos
- Diseño e im presión del m aterial de trabajo com o el cuestionario y el resto de la documentación de control de trabajo de campo
- Diseño de propaganda y su contratación para m otivar a los informantes (radio, televisión, prensa especializada o no)
- Diseño de m últiples visitas (para explicación, recordatorio o ayuda) a las unidades informantes para lograr la correcta elaboración
- Preparación de cuadros y tablas referentes a la información a recoger.
- Selección y adiestram ientos de agentes y supervisores (ciclos de conferencias, clarificación de la documentación y sobre todo del cuestionario y sus fines, etc.).

Nos ocuparem os ahora de un tem a tan importante como es la utilización de la informática dentro de las tareas del trabajo de campo.

- *La informática en el trabajo de campo*

Respecto a la positiva interacción del desa rrollo informático con los trabajos de campo de las encuestas, hay que señalar que esta interacción se concreta en el desarrollo de aplicaciones m icroinformáticas que favorecen notablem ente tanto la gestión   de la recogida de los datos com   o la grabación   y depuración de la inform   ación. Así, una aplicación microinformática puede desarrollar módulos de gestión que incluyan:

- El control de estado de la   colaboración de la unidad inform   ante (cuestionario enviado, recibido, reclamado, proceso de sanción...)
- Asignación de trabajo para cada agente entrevistador
- Obtención de indicadores ligados a la rec ogida de datos (de unidades recibidas en plazo, fuera de plazo, unidades ausentes, negativas, fuera de ámbito, ilocalizables...)
- Altas, bajas y modificación de unidades para actualizar la base de datos de las unidades muestrales
- Inclusión de variables testigo que perm itirán detectar dónde hay que concentrar m ás los esfuerzos en la última fase de la recogida

También la aplicación microinformática puede contener módulos de grabación y depuración de datos, que perm itirán a un agente entrevistador aum entar su eficacia con menús muy asequibles para facilitar su m anejo, grabando la inform ación directa-mente según la recibe de la unidad informante y depurando, es decir, corrigiendo posibles datos erróneos detectados, con ay uda del program a inform ático, en el m   omento de la interacción agente entrevistador-unidad informante.

Aplicaciones informáticas, en el sentido apuntado, vienen desarrollándose en los últimos años en el Instituto Nacional   de Estadística con utilidades cada vez   más crecientes y con m ejores prestaciones. Com o ejem plo del inicio de estas actividades informatizadas tenem os las experiencias   piloto de la Encuesta de Población Activa (EPA), en el sentido de sustituir o com   plementar el clásico cuestionario con un ordenador portátil que con un software adecuado facilite la toma de datos. Esto mismo es aplicable a las encuestas dirigidas a em   presas que disponen tam bién de aplicaciones informáticas más o menos sofisticadas para facilitar los trabajos de campo. Actualmente, los agentes entrevistadores de la EPA   se equipan con ordenadores portátiles que implementan como aplicación el cuestionario, que es rellenado directam ente sobre el ordenador utilizando dispositivos de entrada com o el lápiz óptico, que mejoran el clásico e incóm odo teclado. De esta form   a, lo s datos del cuestionario se   almacenan automáticamente en ficheros de los   ordenadores portátiles que luego son descargados sobre ficheros del ordenador central. De esta form   a se elim ina el costoso trabajo de grabación que en lo referente a la EPA suponía un 20% de la grabación total en el INE.

Es necesario mejorar las aplicaciones info rmáticas para, de m anera creciente, ir facilitando la gestión del encuestador en la rec ogida del dato y en el control inmediato de este trabajo.

Sería ideal hacer interactiva la ejecución del diseño muestral con los trabajos de campo para alguna o algunas de las variables básicas de la encuesta que se realiza, de modo que según se vaya recogiendo más muestra en campo sepamos cómo va la calidad de la estimación en cada estrato y globalmente. De este modo podríamos reasignar los esfuerzos de recogida allá donde más resentida pueda estar.

Encuesta piloto

Cuando se realizan encuestas de gran dimensión suele ser muy útil seleccionar una pequeña muestra para una prueba piloto. Esta prueba piloto puede ser crucial, ya que permite probar en campo el cuestionario y otros métodos de medición, calificar a los encuestadores y verificar el manejo de las operaciones generales de campo. De la encuesta piloto también se pueden obtener estimaciones de determinadas características poblacionales que pueden utilizarse posteriormente en cálculos sobre tamaños muestrales y estimaciones de los errores de muestreo. Los resultados de la encuesta piloto siempre sugieren modificaciones en la planificación de la encuesta general que van a mejorar la calidad de los resultados de la encuesta a escala completa. Podríamos señalar como características críticas de una encuesta piloto las siguientes:

- Ensaya el cuestionario en condiciones reales.
- Pone a prueba los aspectos fundamentales de la encuesta principal
- Contrasta la idoneidad del marco
- Resalta la variabilidad de determinados caracteres
- Permite intuir la tasa esperada de falta de respuesta
- Comprueba la idoneidad del método de recogida de datos
- Aporta datos sobre el probable coste y duración de la encuesta principal

Procesamiento de los datos

Las grandes encuestas generan gran cantidad de información, por lo que su planificación ha de recoger necesariamente el apartado de procesamiento de los datos. Dicho procesamiento ha de realizarse de modo automatizado utilizando en la mayor medida posible las prestaciones que ofrecen las nuevas tecnologías de la información y la comunicación. Entre las tareas más importantes que abarca este apartado, y que necesariamente se realizarán mediante medios informáticos, tendríamos las siguientes:

- Proceso y depuración automática de cuestionarios
- Imputación de información faltante
- Ajuste de la no respuesta
- Cálculo de estimaciones y sus errores
- Tabulación de los datos
- Análisis de resultados mediante técnicas avanzadas de análisis multivariante implementadas en la diversidad de software estadístico existente actualmente

El procesamiento de la inform ación se optim izaría acercando lo m ás posible la grabación y depuración de los datos al m omento de la obtención del dato m ientras se está en cam po, pues a posteriori se hace m ucho m ás difícil volver a contactar con la unidad inform ante. Esto exige el desarrollo de sofisticados program as inform áticos, idóneos para cada encuesta y de fácil m anejo, para facilitar la grabación y posterior depuración del dato primario por el propio encuestador.

También es m uy interesante el desarrollo de aplicaciones inform áticas m ás sofisticadas que permitan la integración de recogida de inform ación a través de fax automático asociado al ordenador (para la r ecogida de datos por fax), servidor vocal (recogida de datos a través del teléfono, con reconocim iento de voz), y por correo (usando, en lo posible, program as inform áticos de reconocim iento de caracteres). Es decir, tratando de trasvasar los datos prim arios recogidos de las unidades inform antes, lo más directam ente posible, a una base de da tos, con el objetivo de una m ás rápida operatividad de control del dato y elaboración última del mismo.

En cuanto a la imputación informatizada podemos decir, en sentido am plio, que se trata de obtener estim aciones que perm itan com pletar las tabulaciones sin dejar huecos, ya que omitir en las tablas los datos faltantes supondría aceptar que la distribución de los datos om itidos coincide con la de los datos presentes. Desde que Fellegi y Holt publicaron en 1996 su trabajo sobre corrección e imputación automa-tizada, se han venido desarrollando diferentes m étodos sobre esta m ateria, cada vez m ás sofisticados y precisos, adaptándose a los considerables avances en el cam po de las nuevas tecnologías.

Evaluación de resultados

Después de obtener los prim eros dato s relativos a una encuesta, es necesario proceder a su evaluación con la finalidad de ***contrastar la calidad de la encuesta*** antes de proceder a la presentación y difusión de resultados. Entre los puntos m ás importantes que se persiguen con la evaluación destacan los siguientes:

- Contrastar las discrepancias entre el diseño teórico y el aplicado
- Evaluar los errores ajenos al muestreo y los debidos al muestreo
- Analizar los costes
- Comparar los resultados con los de otros diseños alternativos
- Contrastar los resultados con los de fuentes externas para una encuesta similar

Presentación de resultados

Una vez obtenidos los resultados de una encuesta, la m era publicación de los mismos no dice nada respecto del trabajo realizado para obtenerlos. Es m uy necesaria una presentación ordenada y lo suficiente mente documentada de los resultados que permita conocer la calidad de los m ismos y m edir de alguna forma la confianza a depositar en las estimaciones resultantes.

Según indicaciones de la Conferencia   de Estadísticos Europeos, suele ser habitual presentar dos tipos de inform es sobre los resultados, el inform e técnico y el informe resumido. El *informe técnico* puede publicarse de forma irregular y ser puesto al día cuando se estime conveniente. Dicho inform e suele ir dirigido a personal especializado y ha de contener com o mínimo información sobre las fuentes de los datos, conceptos, definiciones, clasificaciones y   metodología. El *informe resumido* va enfocado hacia el usuario general y   debe pr esentarse en cada difusión prim aria de los datos de una encuesta. Dicho inform e ha de   contener como mínimo la referencia al informe técnico detallado, inform ación básica sobr e la fuente de los datos, definiciones, cobertura de la encuesta, idoneidad del m arco, m étodos de selección de la   muestra y estimación, errores de m uestreo, tasas de respuesta y comparación de resultados con los de fuentes externas.

Difusión de resultados

Una vez finalizada una encuesta es necesar io trazar un plan de difusión de los resultados de la m isma que divulgue lo sufi ciente la información obtenida. En esta fase hay que tener muy en cuenta los diferentes soportes de difusión de la inform ación que la técnica aporta en el m omento actual, y en especial todos aquellos m edios novedosos de último momento. Actualmente la difusión de los resultados de una encuesta debe contemplar como mínimo las siguientes características:

- Difusión en soporte papel de modo resumido de resultados referidos a las variables más importantes de la encuesta.
- Difusión en soporte m agnético del grueso   de la información de la encuesta. En soporte m agnético la inform ación no ocupa   lugar y   los   medios actuales de almacenamiento como el CD-ROM perm iten difundir gran cantidad de inform ación de forma barata.
- Difusión de la información más importante de la encuesta vía INTERNET
- Publicación de avances previos a los resultados finales
- Difusión a medida de la información, con la finalidad de realizar explotaciones de los microdatos que perm itan obtener resultados   muy específicos previa petición de usuarios especializados.

CONVENIENCIA Y LIMITACIONES DEL MUESTREO

Ya históricam ente existió discrepancia entre los estadísticos defensores de los *métodos representativos* (obtención de información poblacional a partir de m uestras que representen a toda la población) frente a los *métodos exhaustivos* (obtención de la información poblacional solo a partir de censos que analizan exhaustivamente todas las unidades de la población). En el caso de la   utilización de los m étodos representativos, puesto que la inferencia supone riesgo, es   útil indicar en qué casos conviene o no obtener muestras en lugar de censos o investigaciones exhaustivas.

Conveniencia del muestreo

Aunque el objetivo óptim o en m uestreo, al igual que en otras   muchas disciplinas, consiste en em   plear recursos m ínimos para obtener determinada información, o bien en conseguir m áxima inform ación con recursos prefijados, existen unos criterios generales para el uso de las técnicas de m uestreo que pueden resumirse en los siguientes puntos:

- Se empleará muuestreo cuando la población sea tan grande que el censo exceda de las posibilidades del investigador.

- Se tom arán m uestras cuando la población sea suficientem   ente uniforme como para que cualquier muestra dé una buena representación de la misma.

- Se tom arán m uestras cuando el proceso de m   edida o investigación de los caracteres de cada elem ento sea destructivo (consum o de un artículo para juzgar su calidad, determinación de una dosis letal, etc.).

- Se utilizará m uestreo cuando se observe desagrado de las personas de   las que se requiere información con el fin de dism inuir el núm ero de elem entos de la población que van a ser encuestados.

- Se utilizarán técnicas de m uestreo cuando ello suponga una reducción de   costes, considerando tanto el coste absoluto com o el coste relativo (coste en relación a la cantidad de información obtenida). Este criterio suele conocerse con el nom bre de *criterio de economía*.

- El m uestreo es conveniente cuando la   acuracidad (ajuste del valor estim ado al valor real de la característica en estudio) resulta ser m uy buena. Este criterio suele conocerse con el nombre de *criterio de calidad*.

- El m uestreo es conveniente cuando la form ación del personal y la intensidad de los controles y supervisión son altos.

- El muestreo será conveniente en general cuando constituy a la *solución de mayor eficiencia en el sentido del coste-beneficio*.

Limitaciones del muestreo

Al igual que existen   determinadas situaciones en las que es evidente la ventaja de utilizar m uestreo, existen otras en las que el m   uestreo no es m   uy conveniente. Podríamos citar las siguientes:

- Cuando se necesite información de cada uno de los elementos poblacionales.

- Cuando sea difícil superar la dificultad que supone el empleo de un instrumento delicado y complejo como la teoría del muestreo.

- El muestreo exige menos trabajo material que una investigación exhaustiva, pero más refinamiento y preparación (base adecuada de los diseñadores y preparación de los entrevistadores, inspectores y supervisores), lo que puede suponer en muchos casos una limitación a su utilización.

- Cuando el coste por unidad, que es mayor en las encuestas que en los censos, aconseje desestimar los métodos de muestreo.

CARACTERÍSTICAS DESEABLES DE UNA INVESTIGACIÓN POR MUESTREO

Hemos visto que el muestreo tiene sus limitaciones y sus ventajas. Sin embargo, es deseable que las investigaciones por muestreo se ajusten lo mejor posible a unas características determinas, consideradas como óptimas, y que podríamos resumir como se indica a continuación:

Acuracidad: proximidad al valor verdadero de las características poblacionales estimadas.

Pertinencia: capacidad de los resultados estadísticos obtenidos con la investigación por muestreo para completar ciertas lagunas en el resultado de un fenómeno.

Oportunidad: utilidad de un resultado estadístico en función de su disponibilidad en el tiempo (puntualidad, rapidez y actualidad). En el caso de censos y grandes encuestas es aconsejable la publicación de avances provisionales de resultados basados en muestras o submuestras.

Accesibilidad: aunque se disponga de un banco de datos informatizado pueden surgir dificultados legales para utilizarlo (protección de la intimidad, secreto estadístico, LORTAD y Ley de la Función Estadística Pública). La información obtenida por muestreo ha de ser totalmente accesible, así como tener presente desde el diseño la legalidad vigente.

Detalle y cobertura: la producción de datos extensos y profundos puede llevar a complementar una investigación exhaustiva con una muestra

Economía: las consideraciones sobre costos en las diferentes etapas de planificación, recogida y procesamiento de datos, evaluación, análisis y publicación pueden mostrar en algunos casos la no conveniencia de una investigación exhaustiva. Luego este criterio ha de tenerse siempre presente a la hora de planificar una investigación por muestreo.

Integración: hay que obtener buena concepción   global de la inform ación y buena comparabilidad. La inform ación obtenida en la investigación por m uestreo ha de ser integrable y comparable con otras informaciones ya existentes o futuras.

NOTAS HISTÓRICAS

Las técnicas de muestreo estadístico en poblaciones finitas son bastante recientes. Dichas técnicas vinieron originadas por   necesidades prácticas relativas a censos, recuentos, juegos de azar y   en general problem   as de inferencia inductiva basados en datos empíricos. Com o anécdota puede citarse que una de las   primeras aplicaciones de la selección aleatoria la constituyó el diezmado de unidades militares como castigo.

A continuación se expone la evolución histórica de las técnicas de m   uestreo estadístico, distinguiendo entre trabajos prelim inares, prim eros trabajos específicos, consolidación de los textos generales sobr e muestreo y evolución del muestreo en las décadas de los años setenta y   ochenta. Esta distinción viene marcada por la propia evolución cronológica de las técnicas sobre m   uestreo estadístico en poblaciones finitas. Dentro de los prim eros trabaj os específicos se realiza una agrupación según los diferentes tipos de muestreo.

Trabajos preliminares

Entre   los *trabajos que podríamos considerar preliminares* a la teoría del muestreo merecen destacar los siguientes:

1895- Kiaer (Director de la Oficina Central de Estadística en Noruega). En su publicación *Observations et experiences concernant les denombrements representatifs* hace una defensa de los   *métodos representativos* (obtención de información poblacional a partir de m   uestras que representen a toda la población) frente a los   *métodos exhaustivos* (obtención de la inform ación poblacional sólo a partir de censos que analizan exhaustivamente todas las unidades de la población).

En esta época los métodos exhaustivos fueron defendidos por el alem án *Von Mayr* y otros estadísticos oficiales tem erosos de que las m   uestras pudieran llegar a sustituir a los censos. Tam bién en esta   época los m étodos representativos fueron defendidos en Estados Unidos por   *C.D. Wright*, fundador del   *Bureau of Labor Statistics en Massachussetts*, en Inglaterra por   *Arthur Bowley* y en Rusia   por *A. Kaufmann* y *A. Chuprov*.

1906 - Bowley. Aplica la teoría de la inferencia a encuestas por m   uestreo, y en concreto aplicó el teorem a central del lím   ite para evaluar la precisión de las estimaciones obtenidas con grandes m   uestras aleatorias de grandes poblaciones finitas.

1923 - El ruso *A. A. Chuprov* escribe un artículo con fórm   ulas sobre teoría del muestreo de poblaciones finitas sin reposición.

1924 - El también ruso *A. J. Kowalsky*, en su libro *Basic Theory of sampling Methods*, escribe ampliamente sobre teoría del muestreo de poblaciones finitas sin reposición.

1924 - En el marco de las reuniones del *Instituto Internacional de Estadística (ISI)* se nom bra una com isión para el estudio de   los métodos de muestreo formada por *Jensen, Bowley, Gini* y otros.

1927 - *Tippet* publica la primera *tabla de números aleatorios* para la obtención de muestras probabilísticas

Primeros trabajos específicos sobre muestreo

En cuanto a los *primeros trabajos ya específicos sobre muestreo* agrupados según los diferentes tipos podríamos considerar los siguientes:

- *Muestreo estratificado*

1934 - *Jerzy Neyman* publica en la *Royal Statistical Society* de Londres el prim er trabajo considerado como científico sobre muestreo en poblaciones finitas cuyo título es *On the two different aspects of the representative method: the method of stratified sampling and the method of purposive selection*. Neyman estableció que la selección aleatoria era la base de una teoría científica que perm itía predecir la validez de las estimaciones muestrales. Neyman se planteó m   edir el grado de incertidum   bre y regularlo al actuar con observaciones afect   adas de una cierta variabilidad. Dicho grado se midió por *intervalos de confianza* y se reguló por *criterios de eficiencia como el de minimización de la varianza para tamaño de muestra fijo*. Neyman fue el primero en presentar conceptos bási   cos de m uestreo en poblaciones finitas, proporcionando base científica sobre selección de unidades de m uestreo, métodos de estimación, uso de información complementaria para estratificar y afijación óptima.
1935 - *Yates y Zacopanay* amplían el criterio de afijación de m ínima varianza de Neyman a la afijación de mínima varianza para un coste fijo (afijación óptima).

1938 - *Neyman* considera el *muestreo doble o bifásico* para el caso en que   no se conozcan los tam años de los estratos pero   puedan estim arse m ediante una m uestra aleatoria simple preliminar extensa y barata. La característica en estudio se estim ará utilizando una submuestra de la muestra extensa.

1941 - *Stephan* considera la *estratificación con caracteres económicos* y *King* y *McCarthy* consideran la *estratificación con caracteres agrarios*.

1942 - Jessen considera la *estratificación geográfica* basada en que las unidades adyacentes son en general más parecidas que las unidades lejanas.

1943 - Hansen y Hurwitz realizan trabajos sobre estratificación considerando la *necesidad de homogeneidad dentro de los estratos y la heterogeneidad entre ellos*, hasta llegar al extremo de considerar una población tan homogénea que constituya un solo estrato.

Existen trabajos importantes sobre m uestreo estratificado posteriores en el tiempo como *Thionet* en *1953*, que aborda el problema del uso para la estratificación de una variable correlacionada c on la variable a estim ar, el de *T. Dalenius* en *1950* con título *The problem of optimum stratification*, el de *H. Ayoma* en *1954* con título *A study of the stratified random sampling*, el de *D. Raj* en *1957* con título *On estimations parametric functions in stratified sampling designs*, el de *G. Ekman* en *1959* con título *An approximation useful in univariate stratification* y e l d e *T. Dalenius* y *J. L. Hodges* en *1959* con título *Minimum variance stratification*.

- *Muestreo por conglomerados*

Se trata de una técnica m uestral que fue estudiada a partir de los años cuarenta, basada en el precedente de un trabajo de *F. Smith* en *1938,* de título *An empirical law describing heterogeneity in the yields of agricultural crops*.

1942- Hansen y Hurwitz utilizan por prim era vez la palabra conglom erado para designar un grupo de elem entos que cons tituye una unidad de muestreo. Estos autores introdujeron el m uestreo con reposición y probabilidades desiguales y el concepto de *coeficiente de correlación intraconglomerados*. El m uestreo por conglomerados se originó debido a la im posibilidad de disponer en muchos casos de listas de unidades elementales de muestreo.

1942- Jessen sostiene que la media cuadrática entre los elem entos dentro de un conglomerado es una función m onótona creci ente del tam año del conglom erado. En este año Jessen publicó la obra *Statistical investigation of a sample survey for obtaining farm facts*.

1943 - M. H. Hansen y W. N. Hurwitz tratan el m uestreo por conglom erados en la obra *On the theory of sampling from finite populations*.

1949 - M. H. Hansen y W. N. Hurwitz tratan el m uestreo por conglom erados en la obra *On the determination of the optimun probabilities in sampling*.

1950 - Ante problem as de costo derivados de las visitas a   todas las unidades elementales de los conglom erados elegidos para la m uestra se considera el ***muestreo con submuestreo***, que aparece tratado en la   monografía *A Chapter in Population Sampling* del ***Bureau of the Census*** de Estados Unidos. ***P. G. Gray y T. Corlet*** en *1950* publicaron la obra *Sampling for the social survey* que trata el m uestreo por conglomerados con subm uestreo. También ***Yates*** en *1950* y ***Sukhatme*** en *1950* realizaron estudios relativos a muestreo con submuestreo.

*1951- **Sukhatme y Pense*** realizan estudios sobre m uestreo polietápico. Tam bién ***Sukhatme y Narain*** en *1952*, ***Sukhatme*** en *1953* y ***Thionet*** en *1953* realizaron trabajos sobre m uestreo polietápico estim ando diversas características poblacionales y sus varianzas.

*1951 - **Narain*** estudia el m uestreo con reem plazamiento y publica la obra   *On sampling without replacement with varying probabilities*

*1951 - **N. Keyfitz*** considera el m uestreo con probabilidades proporcionales a los tamaños de los conglom   erados y publica la obra   *Sampling with probabilities proportional to size adjustment for changes in the probabilities.*

*1951 - **H. Midzumo*** considera el m uestreo con probabilidades proporcionales a los tamaños de los conglom erados y publica la obra On the s   *ampling system with probabilities proportional to sum of sizes.*

*1952 - **D. G Horvitz y D. J. Thompson*** estudian el m uestreo de conglomerados sin reemplazamiento en la obra   *A generalization of sampling without replacement from a finite universe.*

*1953 - **F. Yates y P. M. Grundy*** estudian el muestreo sin reemplazamiento en la obra *Selection without replacement from within strata with probability proportionale to size.*

*1953 - **W. N. Hurwitz y W. G. Madow*** publican el libro *Sample survey methos and theory* que contempla el muestreo por conglomerados.

*1953 - **J. Durbin*** estudia la selección con probabilidades desiguales m   ediante la publicación *Some results in sampling theory when the units are selected with unequal probabilities.*

*1954 - **D. Raj*** escribe sobre el m uestreo con probabilidades proporcionales a los tamaños en la obra *On sampling with probabilities proportionate to size.*

1956 - D. Raj trata el m uestreo de conglom erados sin reem plazamiento en la publicación *Some estimators in sampling with varying probabilities without replacement.*

1958 - D. Raj presenta un método de estim ación de la varianza en m uestreo con probabilidades proporcionales a los tam años en la obra *On the estimate of variance in sampling with probabilities proportionate to size.*

1962 - Hartley y Rao escriben sobre m uestreo con probabilidades desiguales y sin reemplazamiento en el artículo *Sampling with unequal probabilities and without replacement.*

- **Muestreo sistemático**

1942 - J. G. Osborne considera la existencia de correlaciones internas en el m uestreo sistemático (*coeficiente de correlación intramuestral*) y publica la obra *Sampling errors of systematic and random surveys of cover-type areas.*

1944 - W. G y L. H. Madow en la obra *On the theory of systematic sampling* investigan form almente por prim era vez el muestreo sistem ático, que pasó a usarse intensivamente a partir de 1944 debido a estudios sucesivos de estos autores en 1944, 1946 y 1949.

1946 - W. G. Cochran realiza estudios sobre m uestreo sistem ático en su obra *Relative accuracy of systematic and estratified random samples for a certain class of populations.* También *Yates* tiene un artículo al respecto publicado en el año 1946 de título *A review of recent statistical developements in sampling and sampling surveys.* Este mismo autor en 1949

1949 - Yates contempla desarrollos sobre m uestreo sistem ático en la obra *Sampling methods for census and surveys.*

1950 - Das compara el muestreo sistemático con el estratificado.

1963 - Brewer, K.R.W. contempla el m uestreo sistem ático con probabilidades desiguales en la obra *A model of Systematic Sampling with Unequal Probabilities* (Austral. Jour. Statist).

- **Estimaciones de razón, regresión y diferencia (estimación indirecta)**

1950 - H. Midzumo realiza estudios sobre m étodos de estim ación indirecta, tratando las estim aciones por razón y regresión, y publica la obra *An outline of theory of sampling systems.*

1951 - D.B. Lahiri publica la obra *A method of sample selection providing unbiased ratio estimates*, que trata la estimación insesgada de la razón.

1953 - Hansen, Hurwitz y Madow proponen el m étodo de estimación indirecta por diferencia y publican la obra *Sample survey methods and theory*.

1954 - Hartley y Ross obtienen un método de estim ación insesgada de la razón y publican la obra *Unbiased ratio estimator*. Tam bién en 1954 **D. Raj** publica un trabajo sobre estim ación de la razón titulado *Ratio estimation in sampling with equal and unequal probabilities*.

1958 - Olkin publica la obra *Multivariate ratio estimation for finite populations*.

- *Trabajos sobre errores ajenos al muestreo*

1938 - Mahalanobis indica la necesidad de evaluar, adicionalm ente a los errores muestrales, los errores ajenos al m uestreo (desviaciones de aleatoriedad introducidas por el personal de cam po al no identificar bien   las unidades muestrales, errores e imprecisiones en los cuestionarios, falta   de respuesta por ausencias   y negativas a contestar, etc.). En *1946* el propio Mahalanobis diseña la técnica de las submuestras interpenetrantes para tratar la falta de respuesta.

1940 - Sthepan y Hansen escriben artículos sobre la falta de respuesta.

1944 - Deming diseña el m étodo que lleva su nom bre para el tratam iento de la falta de respuesta. y publica el artículo   *On errors in surveys*. Dicho m étodo fue perfeccionado por el propio Deming en 1953, fecha en que publica el artículo   *On a probability mechanism to attain an economic balance between the resultant error of response and the bias of non-response* (JASA).

1946 - Hansen y Hurwitz diseñan el método que lleva su nombre para el tratamiento de la falta de respuesta, recogido en la publicación   *The problem of non-response in sample surveys* (JASA).

1949 - Politz y Simmons diseñan el m étodo que lleva su nombre para el tratamiento de la falta de respuesta. Estos autores publican   la obra *An attempt to get the not at homes into the sample without callbacks* (JASA)

1954 - Durbin analiza el coste de las visitas re petidas y sus consecuencias. Publica el artículo *Non response and callbacks in surveys* (Boletín del Instituto internacional de estadística).

1954 - Durbin y Stuart publican el artículo   *Callbacks and clustering in sample Surveys: An experimental study* (JRSS).

1954 - Simmons publica el artículo sobre la falta de respuesta titulado   *A plan to account for not at homes by combining weighting and callbacks* (Journal of Marketing).

1955 - Dalenius propone un método para obtener información de las unidades que no han respondido antes de finalizar la encuesta.

1959 - Kish y Hess publican la obra sobre el sesgo   de respuesta de título *A replacement procedure for reducing the bias of non response* (The Am erican Statistician).

1961 - Hansen, Hurwitz y Bershad diseñan el m étodo que lleva su nom bre para el tratamiento de la falta de respuesta mediante la publicación *Measurements errors in censuses and surveys* (Bull. Int. Stat. Inst.- Boletín del Instituto Internacional de Estadística).

1965 - Warner publica el artículo sobre respuesta aleatorizada y sesgo de respuesta titulado *Randomized response: A survey technique for eliminating evasive answer bias* (JASA).

1967 - Horvitz, Shah y Simmons publican el artículo sobre el m odelo de respuesta aleatorizada titulado *The unrelated question randomized response model* (American Statistician Association).

Consolidación de los textos generales sobre muestreo

En cuanto a la   *consolidación de los textos generales sobre muestreo*, que empieza a producirse a finales de los años cuarenta y que cobra su m ayor fuerza en las décadas de los años cincuenta y sesenta, podríamos destacar los trabajos siguientes:

1949 - F. Yates publica el texto   *Sampling methods for censuses and surveys*, cuy a cuarta edición apareció en 1981 (Griffin).

1950 - W. E. Deming publica el texto *Some theory of sampling* (Wiley).

1950 - P. G. Gray y T. Corlett publican la obra   *Sampling for the social survey* (Journal of the Royal Statistics Society A, en abreviatura J.R.S.S. A).

1953 - W. G. Cochran publica el texto *Sampling Tecniques*, que fue m ejorado en su edición del año 1977 (Wiley).

1953 - M . H. Hansen, W. N. Hurwitz y W. G. Madow publican el texto   *Sample survey methos and theory* (Wiley).

1954 - P.V. Sukhatme publica el texto *Sampling theory of surveys with applications* (FAO, Roma. Traducido al castellano por Fondo de Cultura Económica).

1955 - V.P. Godambe publica la obra *A unified theory of sampling from finite populations* (J.R.S.S. B).

1962 - M.R. Sampford publica el texto *An introduction to sampling theory, with aplicattions to agriculture* (Oliver and Boid).

1963 - M. N. Murthy publica la obra *Some recent advances in sampling theory* (Journal of the American Statistical Association, en abreviatura JASA).

1965 - L. Kish publica la obra *Survey sampling* (JASA).

1967 - M. N. Murthy publica la obra *Sampling theory and methods* (JASA).

1967 - J. Durbin publica el libro *Design of multistage surveys for the stimation of sampling errors* (Aplied Statis.).

1968 - D. Raj publica el libro *Sampling theory* (McGraw Hill).

1968 - R.M. Royal publica el texto *An old approach to finite population sampling theory* (JASA).

Trabajos sobre muestreo en las décadas de los setenta, ochenta noventa y tendencias actuales

En cuanto a los *trabajos sobre muestreo en las tres últimas décadas* podríamos considerar los siguientes aspectos:

- Reuniones de la *Asociación Internacional de Estadísticos de Encuestas*. Se presentan desarrollos teóricos y prácticos de muestreo en poblaciones finitas.

- Trabajos sobre modelos de error total en encuestas y censos, cálculo de errores de muestreo y ajenos al muestreo.

- *Diseño total de encuestas (D.T.E.).* Se trata de la fijación de un estándar de encuestas con el que se persigue distribuir los recursos ejerciendo un control sobre las distintas componentes del error para m inimizar el error total. Destacan las contribuciones de Nathan en 1972, Lessler en 1974, Fellegi en 1974, Nisselson y Bailar en 1976 y Bailar en 1976 y 1979.

- *Sistema de información para el diseño por muestreo (SIDEM)* im pulsado por Horvitz en 1978 y que busca m ejorar la ca lidad de las encuestas por m uestreo. Los usuarios del sistema tenían acceso al mismo para diseñar sus encuestas y a la vez contribuían a su enriquecim iento. Este sistem a propuso una estandarización de térm inos y definiciones, facilitó la aplicación del concepto de diseño total y proporcionó estándares para la comparación de errores

- En la década de los años ochenta se   han intensificado los trabajos sobre *control de calidad y muestreo*, aplicándose fuertem ente las técnicas de m uestreo en el control de calidad industrial.

- También en esta época se ha puesto énfasi s en el desarrollado de aplicaciones del muestreo para su implantación en todo tipo de *auditorías*.

- Actualmente se siguen aplicando las técnicas de m   uestreo en cam   pos tan importantes como la biología, econom ía, agricultura, com ercio, transporte de mercancías, procesos de simulación y técnicas de investigación de m   ercados (marketing). En cuanto a las estadísticas   oficiales, tanto en las encuestas sobre población y hogares com o en las encuestas sobre em presas e instituciones, se utilizan los diseños muestrales adecuados, y a m ás refinados y m ejor docum en-tados que en épocas anteriores. Asim ismo, actualmente se dispone de m arcos más depurados cuya obtención no ha sido tarea fácil, pero que facilitan sobremanera el diseño muestral y reducen los errores.

- Asimismo es necesario destacar que la m ayor transform ación se ha producido últimamente en la aplicación de las nuevas tecnologías de   la información y la comunicación a las diferentes fases de la elaboración de encuestas, tal y como se ha indicado ya al analizar las etapas de una investigación por m uestreo. La idea general es extender la inform atización al mayor número posible de etapas de una encuesta, especialm ente en   la entrada de datos, codificación de respuestas, verificación, control e im putación, cálculo de estim adores y sus errores y análisis de resultados.

- El análisis de datos y   la gestión   de bases de datos, que solían considerarse pertenecientes respectivam ente a dos campos distintos, el de los estadísticos y el de los inform áticos, constituy en en la actualidad un área de interés com ún para unos y para otros.

- El uso de las técnicas informáticas ha perm itido resolver la m ayoría de los problemas relativos a la clasificación, alm   acenamiento y recuperación de microdatos y de m acrodatos, posibilitando ta mbién la integración de la m etain-formación como puente entre la información almacenada y el usuario.

HISTORIA

Aleatorio simple
- *Kiaier, Wright.. (representativistas)*
- *Bowley → TCL en grandes muestras*
- *Chuprov → Fórmulas en m.a.s.s.r.*
- *Jensen, Bowley, Gini → ISI*
- *Tippet → Tabla de números aleatorios*

Estratificado
- *Neyman → Varianza mínima para tamaño fijo, bifásico*
- *Yates y Zacopanay → varianza mínima y coste fijo*
- *Stephan, King, Jesen → economía, agricultura, geograf*
- *Hansen y Hurwitz → Homeg. dentro y heter. entre*

Conglomerados
- *Hansen y Hurwitz → Reposición y prob. desiguales*
- *Horvitz y Thompson → Sin repos. y prob. desiguales*
- *Yates y Grundy → Varianza mejorada (sin repos.)*
- *Hurwitz y Madow → Conglomerados sin y con rep.*
- *Sukhatme, Yates, Gray, Corlet, B.C. → Submuestreo*
- *Sukhatme, Pense, Narain, Thionet → Polioetápico*
- *Midzumo, Durbin, D. Raj, Lahiri, Brewer, Ikeda → ppt*

Sistemático
- *Madow, Cochran, Yates → Muestreo sistemático formal*
- *Das → Muestreo sistemático y estratificado*
- *Brewer → Sistemático y prob. desiguales*

M. Indirectos
- *Midzumo → Estimaciones por razón y regresión*
- *Hansen, Hurwitz y Madow → Estim. por diferencia*
- *Hartley, Ross y Lahiri → Estim. insesgada de razón*

Errores ajenos M
- *Mahalanobis → Submuestras interp. falta respuesta*
- *Falta de respuesta*
  - *Deming, Hansen y Hurwitz,*
  - *Politz y Simmons, Kish y Hess   .*
  - *Hansen, Hurwitz y Bershad*
- *Sthepan y Hansen, Durbin, Dalenius, → Trabajos*

Textos
- *Yates, Deming, Gray y Corlet, Cochran, H. H. y Madow, Sukhatme,*
- *Godambe, Murthy, Kish, Durbin, D. Raj, Lethonen y Pahkinene*

Actualidad
- *Asociación Internacional de Estadísticos de encuestas (AIEE),*
- *Diseño Total de Encuestas (DTE), Sistema de Información*
- *Diseño por Muestreo (SIDM), Control de calidad, Auditoría,*
- *Biología, Economía, Agricultura, Comercio, Marketing, Simul.*
- *NTIC → Entrada datos, codificación, imputación, cálculos...*
- *Análisis de datos y Gestión de bases de datos (Data Mining)*

LA EVOLUCIÓN DEL MUESTREO EN ESPAÑA

La historia del m   uestreo en España se desarrolla en torno al Instituto Nacional de Estadística, que viene d   esarrollando eficientem ente su labor de organismo oficial de la estadística española.

Primeros trabajos de muestreo en España

La primera aplicación en España de la teoría del muestreo fue con ocasión de los **Censos de Edificios, Población y Viviendas de 1950**. Dadas las dificultades que suponía en aquella época procesar, por métodos casi manuales, el cien por cien de los cuestionarios censales, se optó, con encomiable espíritu innovador, por utilizar los métodos que proporcionaban las recién nacidas técnicas de muestreo. Así, y a entonces, se realizó un diseño muestral basado en un muestreo estratificado aleatorio, muestreando un 10 por ciento del total de cuestionarios censales, que se seleccionó en cada estrato aleatoriamente y sin remplazamiento y calculándose estimaciones para las características censales objeto de estudio, proporcionando además los correspondientes errores de muestreo.

Se abrió en España, con este primer trabajo, la aplicación de las técnicas del muestreo. Este trabajo poseía las condiciones ideales para la utilización de estas técnicas, puesto que los datos de infraestructura, materializados en el cien por cien de los cuestionarios censales, eran accesibles sin problemas como directorio de base. Este modo de proceder se siguió en los sucesivos censos decenales de Edificios, Población y Viviendas proporcionando en primer lugar una pequeña muestra avance del 1 por ciento o el 2 por ciento y después, en la mayoría de las veces, una explotación más amplia con una muestra en torno al 25 por ciento, e incluso encuestas para evaluar la calidad de los datos recogidos.

Sin embargo, la primera aplicación de las nuevas técnicas de muestreo a la realización de una encuesta propiamente dicha tiene lugar en el INE al realizarse la **Encuesta sobre Cuentas Familiares** 1958. Esta encuesta, pionera de las investigaciones por muestreo en el INE y en nuestro país, dio además unos resultados valorados como muy positivos a tenor de los escasos medios existentes y del carácter innovador que suponía la implantación de técnicas de trabajo de reciente aparición. Su diseño muestral, apoyado en los datos de infraestructura (el directorio que coyunturalmente le proporcionó el Censo Electoral de 1955 y su actualización a 31 de diciembre de 1957) consistió, ya con cierta sofisticación, en un muestreo en dos etapas en el que en la primera etapa se seleccionaron municipios y en la segunda familias, con estratificación de las unidades de primera etapa y con un tamaño muestral de 4.192 familias.

Esta primera Encuesta sobre Cuentas Familiares 1958, que medía los gastos de las familias, sirvió presumiblemente con cierta valentía a los funcionarios de entonces en el INE para encarrilar y ganar confianza respecto de la utilización de las nuevas técnicas de trabajo que proporcionaba la teoría del muestreo. En ella no ha habido problemas de infraestructura estadística aunque, de seguro, muchos de los cálculos necesarios se habrán tenido que realizar a mano y con máquinas clasificadoras de datos.

A medida que avanzan los años y la infraestructura estadística aumenta con el consiguiente aumento de las disponibilidades de marcos de los que se pueden seleccionar las muestras, se llega a una diferenciación clara entre las problemáticas de infraestructura estadística existentes en el campo de las encuestas de población y hogares y posteriormente en el campo de las encuestas de empresas e instituciones.

Infraestructura en Encuestas de Población y Hogares

El gran salto en la producción estadís tica por muestreo, en lo que a encuestas dirigidas a hogares se refiere, se produce con ocasión de generar   la infraestructura estadística que supuso en 1963 la división en   secciones estadísticas de todo el territorio nacional y que perm itió de inm ediato realizar dos grandes encuestas: la Encuesta de Población Activa, iniciada en 1964 y sin interrupción hasta la actualidad, y la Encuesta de Presupuestos Fam iliares, cuy a prim era versión data de 1964 y   con posteriores repeticiones en 1967, 1973, 1980 y1990, utilizando en lo sucesivo una infraestructura análoga de secciones estadísticas. Adem   ás permitió sentar bases sólidas en las que fundamentar con rigor cualquier encuesta por m   uestreo dirigida a viviendas fam iliares y/o a los hogares o personas que las ocupan.

La división adm inistrativa de España co mprende la provincia, el m unicipio y el distrito m unicipal. A partir de ahí el IN   E introduce una división m ás fina, para usos exclusivamente estadísticos, denom inada sección estadística; y   respaldada por los correspondientes croquis, mapas de localización y callejeros. El resultado final es la división de España en aproxim adamente 40.000 secciones estadísticas. Es fácilm   ente comprensible el enorme trabajo de infraestructura que esta división en secciones estadísticas supuso y su posterior mantenimiento.

Evidentemente, para diseñar encuestas diri gidas a hogares, lo ideal sería tener la lista de todos los hogares españoles con su co rrecta dirección postal y a ser posible datos del sustentador principal y algunos datos so cioeconómicos de cada hogar para que el diseño m uestral pueda ser m ás útil y potente. Adem ás se haría necesario que tal lista estuviese actualizada en todo m omento para que fuese operativa a la   hora de tener que realizar una encuesta dirigida a los hogares.

Como puede comprenderse esto es prácticam ente una ficción, porque si bien cuando se realiza un Censo de Población estos datos están disponibles, sin em bargo, al poco tiempo ofrecerían variaciones sensibl es, constituy endo un problem a que de no resolverse arrastraría la imposibilidad de realizar encuestas fiables dirigidas a los hogares fuera de los momentos censales.

Los arduos trabajos de infraestructura que supuso parcelar España en secciones estadísticas, perm itieron solucionar el problem a aludido en dos pasos: prim   ero se obtendría un subconjunto m   ucho m enor de secciones estadísticas, una m   uestra de secciones estadísticas, y después tan sólo en estas secciones estadísticas de la m uestra se procedería a su actualización, incluy endo las viviendas de nueva construcción con datos de sus ocupantes y tam bién de otras viviendas que en el momento censal podían estar vacías y posteriormente ocupadas.

Los trabajos de estratificación en secciones estadísticas realizados en 1963 tuvieron su culm inación en 1969 con la form ación de un diseño muestral maestro, es decir de múltiples usos.

Nos referimos al diseño m uestral de secciones estadísticas denom inado ***Encuesta General de Población (EGP)*** y al que dedicaremos unos párrafos porque abre, de manera absolutamente rigurosa, la puerta a la posibilidad, com o ya hemos indicado, de poder realizar cualquier tipo de encuesta que vay a dirigida a viviendas fam iliares o a las personas o grupos familiares que las habitan.

El diseño de la EGP constituy e una muestra de aproximadamente 3.000 secciones estadísticas a im agen y semejanza de las ap roximadamente 40.000 secciones estadísticas en que está dividida España. Para construir esta muestra, imagen de la población de hogares que había de representar, se utilizó la inform ación de los Censos de Población, relativa a las características socioeconómicas que tenían las personas que residían en cada sección censal. Así se pudo construir la m uestra-maqueta, de 3.000 secciones estadísticas, representativa de la población integrada por las 40.000 secciones estadísticas.

Para elevar los datos de la m uestra a la población se utilizaron los datos de número de habitantes dados según los censos o padrones de población o, en los años intercensales, por las proy ecciones de población que proporcionan los m odelos de evolución demográfica.

Según lo anterior, se disponía entonces con la EGP de un diseño maestro a partir del cual se hacía posible la realización de cualquier encuesta para obtener datos asociados a la población de viviendas de us o familiar o de los grupos humanos que en ellas residen. Sobre este diseño muestral se han podido construir, desde 1964, todas las Encuestas de Población Activa, las Encuestas de Presupuestos Familiares, Equipamiento y Nivel Cultural de las Familias, y en general las encuestas del INE dirigidas a viviendas familiares o a personas que las habitan.

Comentados los elementos de infraestructura estadística que posibilitaron llevar a cabo encuestas por m uestreo dirigidas a hogares se enfoca el mismo tema para encuestas económicas dirigidas a empresas e instituciones.

Infraestructura de las Encuestas de Empresas e Instituciones

En el cam po de las encuestas dirigidas a em presas la principal limitación proviene, com o en el cam po de los hogares, de la existencia de infraestructura estadística. Resumiendo, podemos decir que allá donde existían directorios o registros administrativos en los que apoyarse como marco, las encuestas se pudieron llevar a cabo. Ahora bien, de forma general, hay que señalar determinadas dificultades añadidas:

En primer lugar los registros adm inistrativos no son en general totalm ente idóneos para fundam entar en ellos la inv estigación por m uestreo. Ello es debido, en origen, a una incorrecta arm onización de usos en lo que a aplicaciones estadísticas se refiere. Adem ás, en m uchos casos, adolecen de una incorrecta actualización, lo que invalida la representatividad de las muestras que sobre ellos se seleccionan.

En segundo lugar no existe paralelismo con la utilidad que tienen los Censos de Población y Padrones para el uso de la investigación por muestreo, porque los Censos económicos no tienen la tradición de los Censos de Población y además, lo que es un condicionante básico, no existe el equivalente a las proyecciones demográficas de población que permita rellenar las lagunas de información intercensales.

Con las dificultades anteriores se comprende que las encuestas económicas se fueran ofreciendo más lentamente, con menos garantías de pervivencia continuada y con enormes dificultades técnicas, debido a la no idoneidad, en la mayoría de los casos, de los directorios de base o marcos en el uso estadístico. Aunque se puede apreciar un aprovechamiento, hasta el último resquicio, de las posibilidades que los directorios existentes pudieran ofrecer dentro de sus deficiencias.

Un ejemplo tipo de lo que acabamos de señalar es la actual Encuesta de Salarios en la Industria y los Servicios, con periodicidad trimestral desde 1963, y que proporciona los datos básicos de ganancias por trabajador y hora trabajada, así como las horas trabajadas en promedio por cada trabajador. Esta encuesta empezó con una muestra opinática, por tanto no sujeta a la metodología que preside la teoría del muestreo, de aproximadamente quinientas empresas. En 1963 se mejora ostensible-mente la Encuesta al aplicar un muestreo aleatorio estratificado y se le da rigor científico a las cifras ofrecidas. El directorio se formó con las listas de establecimientos facilitados por el Ministerio de Trabajo obtenidas por las mutualidades laborales. Sin embargo, el diseño de 1963 de la Encuesta de Salarios tuvo que modificarse en 1977, porque durante el período 1963-77 pudieron observarse problemas como el deterioro en el directorio, debido a las altas y bajas de empresas y a los cambios de rama de actividad y estrato de tamaño, las alteraciones en los factores de elevación que se producen como consecuencia del problema anterior y de la no respuesta, y las fuertes oscilaciones en las estimaciones de un trimestre a otro.

El diseño muestral de 1977 de la Encuesta de Salarios se apoya en varios directorios: Directorios del Ministerio de Industria para la minería e industrias manufactureras, Directorios del Ministerio de Obras Públicas en lo que se refiere a transportes de mercancías y viajeros por carretera, y directorios del Ministerio de Trabajo, en el resto de actividades, según listas obtenidas de los datos de las mutualidades laborales.

En 1981, sin embargo, se lleva a cabo una modificación al diseño muestral del año 1977 de la Encuesta de Salarios. Se alude, como motivación de esta motificación, que se han venido observando variaciones excesivas en las estimaciones mensuales de ganancias medias, número de horas trabajadas y número de trabajadores por rama de actividad, señalando como principales causas la utilización de diferentes directorios para las distintas ramas de actividad que no se ajustan a los mismos criterios de definición en todos los casos y que adolecen de cualquier actualización y el solapamientos entre directorios y actualizaciones dispares en forma y tiempo que dificultan el tratamiento operativo de la Encuesta.

Como prim er paso para dar solución a los inconvenientes   observados se propone disponer de un directorio único   para todas las ram as de ac tividad encuestadas, utilizando el Directorio de Unidades de Cotización proporcionando por el Ministerio de Sanidad y Seguridad Social, pues aunque no se   ajusta a la unidad de observación de la Encuesta (el establecim iento), y a que se re fiere a centros de cotización, tiene com   o grandes ventajas el ser actualizado cada año y el ser un directorio homogéneo para todas las ramas de actividad de la Encuesta.

Las explicaciones anteriores, realizadas   con cierto detalle, ilustran sobre las dificultades técnicas habidas con la Encuest a de Salarios hasta su fundam   entación en 1981 sobre la base sólida de   un directorio convenientemente gestionado y actualizado. Hay que señalar, que las dificultades de in   fraestructura estadística encontradas en   la Encuesta de Salarios se han podido sobrelleva r, con mayor o m enor acierto, gracias al hecho de que las estim   aciones básicas que ofrecen, salario/hora y   ganancia   por trabajador, son estimaciones de promedios y estas estimaciones son más fáciles de lograr y m ás estables frente a los clásicos defectos   que pueden ofrecer los directorios. No sucede así con las estim   aciones de nivel en   donde determ   inados defectos de los directorios pueden imposibilitar su obtención.

Similarmente a com o hem os hecho con la Encuesta de   Salarios, podríamos establecer una casuística para otras encuestas com o las industriales, de com ercio interior o las de estructura de las explotaciones agrícolas, en las que ha habido   que sortear, con mayor o menor ingenio técnico e incluso con m   ayores costes económ   icos, las deficiencias de la infraestructura estadística contenida en los directorios sobre los que se apoyan. No han tenido estos problemas, por ejem plo, las encuestas de m   orbilidad hospitalaria, por la existencia de un libro de registro de ingresos y altas de enferm os en los hospitales (Real Decreto 1360/1978), y que constituye un ejemplo claro de posibilitar el trabajo estadístico por creación obligada de un registro en el que basarlo; las encuestas de gastos de enseñanza, porque se dispuso   de correctos directorios de los centros de enseñanza, las encuestas de m ovimientos de viajeros en establecim ientos turísticos, para las que la guía de hoteles ofrece un adecuado   directorio, cuando ha estado bien gestionado, o las de transportes, que   son posibles por la existencia obligada de tarjetas de autorización para el transporte que sirven como directorio.

En el sector servicios,   exceptuando las estadísticas y a existentes de com ercio, hostelería y transporte, es donde existió, hasta m   uy recientem ente, lagunas de información estadística y que en los últim os años están em   pezando a cubrirse con diversas encuestas: Encuesta sobre la Estructura de las Em presas de Restauración 1989 y 1994, Encuesta Piloto de Estructura   de Empresas Hoteleras 1992, Encuesta piloto de Agencias de Viaje 1993, Encuesta de Servicios Técnicos 1992, Encuesta de Empresas de Servicios Audiovisuales 1992, Encuesta de Coy untura de Com ercio al por Menor 1994, Encuesta de Em   presas de Consultoría   y Asesoram iento 1993, Encuesta sobre Actividades conexas al Transporte y   Comunicaciones 1994 y Encuesta sobre las Empresas de Servicios de Alquiler de Maquinaria y Equipo 1994.

En el sector servicios todavía quedan parcelas por cubrir, pero en estos momentos se cuenta y a con la infraestructura estadística que va a posibilitar la próxima realización de encuestas que subsanen estas deficiencias, con la m isma infraestructura que posibilitó las encuestas recientes del sector servicios. Esta infraestructura no es otra que la reciente creación del *Directorio Central de Empresas*, en siglas *DIRCE*, que por su importancia merece mención aparte.

El Directorio Central de Empresas (DIRCE)

En el acto de presentación del DIRCE, el entonces presidente del INE, José Quevedo, ilustraba la im portancia que supone esta nueva herram ienta del trabajo estadístico que facilitará las tareas, no sólo del INE, sino de todas las Instituciones del Sistema Estadístico Nacional, y que elim inará los sufrimientos profesionales que las deficiencias de los directorios económicos han acarreado. En térm inos com parativos podríamos decir que el DIRCE supone, respecto a las encuestas dirigidas a em presas e instituciones, el mismo avance que supuso el diseño de la Encuesta General de Población para las encuestas dirigidas a viviendas familiares y personas que las habitan, basado en la división del territorio nacional en secciones estadísticas.

El INE inició los trabajos de elaboración del DIRCE en 1987 y la sensibilidad existente a nivel nacional para potenciar su construcción entró en resonancia con análoga sensibilidad de la oficina estadística Europea (EUROSTAT) que, recogiendo sim ilares necesidades en los distintos países de la Unión Europea, estableció un reglam ento comunitario, en julio de 1993, obligando a los países m iembros de la Unión Europea a tener disponible un directorio de em presas para usos estadísticos a 1 de enero de 1996 y un directorio de unidades locales a 1 de enero de 1997.

De manera sucinta direm os que el DIRCE trata de reunir en un directorio único todas las empresas españolas, siendo su objetivo básico hacer posible la realización de encuestas por muestreo dirigidas a empresas, pues, evidentemente, una empresa no podrá ser seleccionada en una encuesta si no figura reseñada en el directorio, debidam ente actualizado. Es pues una pieza clave, colum na vertebral de cualquier investigación por muestreo dirigida a las em presas. Los dato s básicos que ofrece el DIRCE son: la identificación de la em presa, la localización, la clasificación por actividad económica principal según la Clasificación de Actividades Económ icas 1993 (CNAE-93), y la clasificación por intervalos de asalariados.

Para obtener los datos del DIRCE se han utilizado diversas fuentes de entrada sometidas a fuertes tratam ientos de ar monización y depuraciones. Las fuentes más importantes de entrada son:

- Fuentes fiscales procedentes de la Agencia Estatal de Adm inistración Tributaria y de la Comunidad Foral de Navarra
- Cuentas de cotización de la Seguridad Social
- Directorio de Locales del País Vasco
- Otras fuentes (Registro Mercantil, Censo de Locales 1990)

El DIRCE relaciona, por primera vez en España, un total de 2.301.559 empresas clasificadas según actividad económ ica principal, intervalos según núm   ero de asalariados, condición jurídica y geográficam ente, en desgloses provinciales (de este cómputo se excluy en la agricultura, ganaderí a, pesca, las adm inistraciones públicas, las actividades de com unidades de propietarios, el servicio dom   éstico y los organismos extraterritoriales).

Para dar idea final de los trabajos de form   ación del DIRCE, se señala que se tratan inform áticamente, cada año, del orde n de seis m illones de registros provenientes de fuentes distintas y cuyas metodologías hay que arm onizar (un m illón de registros de la Seguridad Social, cuatro millones y medio de fuentes fiscales y quinientas mil de otras fuentes).

Señalar, por últim o, que com o utilidad inm ediata a la existencia el DIRCE, se realizaron trece encuestas de carácter económ ico dirigidas a em presas que no podrían haberse realizado sin su existencia, y se prestó apoy o sensible a otras encuestas que vienen realizándose. Por ello no han de   regatearse esfuerzos para m   antenerlo y mejorarlo, y de no ser así su deterioro y desactualización nos llevarían inevitablemente a épocas pasadas.

Debe aumentarse el grado de coordinación y sensibilización, en este terreno de la explotación de registros adm inistrativos y su debida inform atización, con las distintas administraciones y organism os públicos y , sin duda,   el fruto será la posibilidad de obtención de nuevas estadísticas, mejora de m uchas otras y quizás, en determ inados casos, aliviar el peso creciente de cola boración que actualm ente soportan las unidades informantes para cum plimentar las necesari as estadísticas oficiales por el   aprovechamiento directo de registros administrativos.

CAPÍTULO 2

MUESTREO PROBABILÍSTICO Y ESTIMADORES. DISTRIBUCIONES EN EL MUESTREO Y PROPIEDADES

MUESTREO NO PROBABILÍSTICO

Suele ser práctica habitual para la obtención de inform ación de una población sobre la base de una m uestra el intentar recabar la inform ación m uestral sin m ucho gasto preguntando a unidades inform antes expertas en ese determ inado campo de investigación del que se ocupa la encuesta. Sin duda esos expertos tendrán opiniones diferentes, y no hay ningún método objetivo para diferenciar entre las m ismas ni para medir su grado de error. Es la persona que selecciona la muestra la que procura que esta sea representativa, dependiendo tal repr esentatividad de su intención u opinión, con lo que la evaluación de la representativid ad es subjetiva. Este tipo de m uestreo se conoce con el nombre de *muestreo intencional u opinático*. Evidentem ente en este procedimiento de m uestreo no se produce una selección aleatoria de las muestras, limitándose el m uestreo a unidades que par ecen ser representativas de la población que se considera. Se obtiene inform ación sobre esas unidades y con base en la m isma se hacen estimaciones sobre las características de la población.

El criterio de la persona que selecciona la muestra es importante, porque personas diferentes tendrán criterios diferentes. No hay un método objetivo por el que se prefiera un criterio de selección de muestra a otro. Por esta razón a este tipo de m uestreos suele denominársele *muestreo aplicando criterio*. No podem os predecir el tipo de distribuciones de los resultados producidos por un gran núm ero de seleccionadores de muestra que aplican su criterio, ni podem os predecir cómo diferirán estos resultados del verdadero valor que se busca. No conocemos ningún m étodo objetivo para m edir la confianza que debe tenerse en los resulta dos cuando la m uestra es seleccionada por criterio. La razón es que con estos métodos no se conoce la probabilidad de que una determinada unidad sea seleccionada en el muestreo. Por lo tanto, no podem os dar la distribución de frecuencia de las estim aciones. Además, en ausencia de información sobre cómo diferirán las diferentes muestras entre sí, el error de muestreo no puede determinarse objetivamente. En resumen, estamos ante un tipo de muestreo no probabilístico.

También existe otro tipo de m uestreo no probabilístico en el que los entrevistadores quedan en libertad de seleccionar sus informantes siempre que la muestra se refiera a determ inado número de hom bres y a determ inado número de mujeres, a determ inado número de personas con elevados ingresos y otro tanto de bajos ingresos, etc. El diseño de la encuesta ha seguido los principios generales del muestreo probabilístico hasta llegar el m omento de seleccionar las personas que han de ser entrevistadas. Es en esta etapa cuando se asigna a cada entrevistador un número de entrevistas a personas en un determinado grupo de edad, sexo, nivel económico, lugar u otras características sociológicas o económ icas. El m argen de libertad dado al entrevistador puede intr oducir sesgos en el proceso de selección, que en general no podrán ser detectados . Adem ás, el desconocim iento de las probabili-dades de selección no permite evitar los errores producidos por ponderaciones incorrectas en el proceso de estim ación, así como tampoco la estimación de los errores debidos al m uestreo. Este tipo de m uestreo se conoce con el nombre de *muestreo por cuotas*.

Existe otro tipo de m uestreo no probabilístico denom inado *muestreo sin norma* en el que se toma la muestra a la ventura (de cualquier m anera) por razones de com odidad. La representatividad de tal m uestra sólo puede aspirar a ser medianamente satisfactoria en el caso de que la población sea muy homogénea.

Este tipo de *muestreos no probabilísticos* suele aplicarse a m enudo en la vida corriente, sobre todo en el comercio y en encuestas de opinión, y siempre que en caso de equivocación las consecuencias no sean dem asiado graves. Se utilizan cuando sólo se necesitan estim aciones toscas a partir de las cuales no se piensa tomar una decisión importante, siendo a su vez el presupuesto de la encuesta pequeño.

En las encuestas en que hay an de proporcionarse resultados importantes se exige la utilización de m uestras probabilísticas que permitan una evaluación objetiva de los resultados. Aunque el precio de una encuesta de este tipo es grande, siempre será m enor que el que habría que pagar com o consecuencia de una decisión equivocada basada en resultados sesgados. Adem ás, para analizar la calidad de la encuesta, es preciso disponer de errores de muestreo medibles.

De todas form as, no siem pre es fácil cum plir en la práctica con todos los supuestos del muestreo probabilístico, y c on frecuencia m uestras que pretenden ser probabilísticas son en realidad mixtas, con cierta com ponente intencional o circunstancial. A este respecto, Tukey y Cochran llamaron *muestreo semiproba-bilístico superior* a aquel en el que se conoce la probabilidad de extracción de una cierta parte o segm ento de la población, pero no la de un elem ento dentro del segmento. Por ejemplo, la selección aleatoria de m anzanas de una ciudad, dejando a la decisión de los entrevistadores la selección de cierto número de viviendas dentro de las manzanas. A su vez, se entiende por *muestreo semiprobabilístico inferior* aquel en que se conoce la probabilidad de extracción de los elem entos dentro del segmento, pero no la del segmento.

Por ejemplo, la selección opinática de los m unicipios que nos parezcan más representativos de un país, realizando d espués dentro de cada m unicipio una selección aleatoria de unidades de m uestreo. Para que el m uestreo sea probabilístico ha de ser semiprobabilístico superior e inferior.

MUESTREO PROBABILÍSTICO Y ESTIMADORES

Consideramos la realización de un de terminado experimento o fenómeno cuyos resultados se denom inan **sucesos**. Entre los experim entos o fenóm enos se denom inan **deterministas** aquellos en los que a priori vam os a conocer sus sucesos resultantes, y se denominan **aleatorios** aquellos cuyos sucesos son desconocidos a priori. El estudio de la probabilidad se ocupa de los fenómenos o experimentos aleatorios.

Sean $S_1, S_2, ..., S_n$ los sucesos elementales asociados a un fenóm eno o experimento aleatorio dado, entendiendo por **sucesos elementales** los m ás sim ples posibles, es decir, aquellos que no pueden ser descom puestos en otros sucesos. El conjunto { $S_1, S_2, ..., S_n$} se denomina **espacio muestral** asociado al fenómeno o experimento.

Si consideram os com o fenóm eno o experimento la extracción aleatoria de muestras dentro de una población por un pr ocedimiento o m étodo de muestreo dado, podemos considerar com o sucesos elem entales las m uestras obtenidas, constituyendo el conjunto de las mismas el espacio muestral.

Si representam os el conjunto de las N unidades que constituy en la población finita objeto de estudio mediante $U=\{U_1, U_2, ..., U_N\}$, una m uestra de tam año n puede considerarse como un subconjunto ordenado $S_i=\{ U_{i1}, U_{i2}, ..., U_{in}\}$, de n elementos de U, donde U_{ij} denota el elemento que ocupa el lugar j en en la muestra S_i. Se considera el subconjunto S_i ordenado porque, en general, el orden de colocación de los elementos en las m uestras puede intervenir, siendo dis tintas entre sí m uestras con los m ismos elementos colocados en distinto orden. El conjunto de las N^n m uestras posibles de tamaño n que se pueden form ar con los N elem entos de la población U es el espacio muestral S. Hay que especificar que en general el orden de colocación de los elementos en las m uestras sí interviene, siendo muestras distintas aquellas que tienen los m ismos elementos situados en distinto orden. Pero lo habitual es que los m étodos de m uestreo comunes consideren iguales m uestras c on los m ismos elem entos, aunque estén colocados en orden diferente. En este caso ha bitual, en el que el orden de colocación de los elementos en las m uestras no interviene, suele expresarse una m uestra de tam año n como $s = \{u_1, u_2, ..., u_n\}$.

Con la finalidad de m edir el grado de representatividad de la m uestra lo mejor posible es necesario utilizar m uestreo probabilístico. Direm os que **el muestreo es probabilístico** cuando pueda establecerse la probabilidad de obtener cada una de las muestras que sea posible seleccionar (elem entos del espacio muestral S) m ediante un procedim iento de m uestreo dado, esto es, cuando la selección de muestras constituya un fenómeno aleatorio probabilizable.

Dicha selección se verificará en condiciones de azar, siendo susceptible de medida la incertidum bre derivada de la m isma. Esto permitirá medir los errores cometidos en el proceso de m uestreo. Evidentem ente, para establecer la probabilidad de todas las m uestras posibles derivadas de un procedim iento de muestreo dado, será necesario conocer ese conjunto de m uestras, es decir, será necesario delimitar tanto el método de muestreo como el espacio muestral derivado del mismo.

Método de muestreo

Un *procedimiento o método de muestreo* es sencillam ente un proceso o mecanismo mediante el que se seleccionan las m uestras de m odo que cada una tenga una determ inada probabilidad de ser elegida. Por lo tanto, el m étodo aleatorio empleado para seleccionar la m uestra define en el espacio m uestral S una función de probabilidad P tal que:

- $P(S_i) \geq 0 \ \forall i$

- $\sum_S P(S_i) = 1$

En general puede ocurrir que no todas las m uestras del espacio m uestral pueden ser elegidas. No obstante, consideraremos m étodos de m uestreo en los que todas las m uestras puedan ser seleccionadas, es decir, $P(S_i) > 0 \ \forall i$, es decir *métodos de muestreo no restringidos*.

El cálculo de la probabilidad de una m uestra $S_i = \{ U_{i1}, U_{i2}, ..., U_{in}\}$ dada puede realizarse en general como sigue:

$$P(S_i) = P(U_{i1}). \ P(U_{i2}/U_{i1}). \ P(U_{i3}/U_{i1} \ U_{i2})... \ P(U_{in}/U_{i1} \ U_{i2....} \ U_{in-1})$$

En ocasiones suele expresarse un procedim iento de m uestreo m ediante la terna $\{U, S, P\}$, que indica que el procedimiento de muestreo definido en la población U establece en el espacio muestral S asociado la ley de probabilidad P.

Método de estimación

A partir de una m uestra, seleccionada mediante un determ inado m étodo de muestreo, se estiman las características poblacionales (m edia, total, proporción, etc.) con un error cuantificable y controlable. Las estim aciones se realizan a través de funciones matemáticas de la m uestra denominadas *estimadores*, que se convierten en variables aleatorias al considerar la variabilidad de selección de las m uestras, y que por tanto cum plen las condiciones de una función de m edida. Los errores se cuantifican mediante varianzas, desviacion es típicas o errores cuadráticos m edios de los estimadores, que miden la precisión de los mismos.

Para form alizar el problem a de la estim ación en poblaciones finitas se considera que tenem os definida una característica X en la población U que tom a el valor numérico X_i sobre la unidad U_i $i=1,2,...,n$. Consideramos ahora una cierta función θ de los N valores X_i, que suele denom inarse parámetro poblacional. Po r ejemplo, el total poblacional para la característica X

$$\theta(X_1, ...,X_N)= \sum_{i=1}^{N} X_i$$

o la media poblacional para la característica X

$$\theta(X_1, ...,X_N)= \frac{1}{N} \sum_{i=1}^{N} Xi$$

Seleccionamos una m uestra s, y a partir de ella queremos estimar el parámetro poblacional θ mediante una función $\hat{\theta}=\hat{\theta}(s(X))=\hat{\theta}(X_1, ...,X_n)$ basada en los valores X_i $i=1,2,...,n$ que toma la característica X sobre las unidades de la muestra s. Por ejemplo, el total muestral

$$\hat{\theta}(X_1, ...,X_n) = \sum_{i=1}^{n} Xi$$

o la media muestral

$$\hat{\theta}(X_1, ...,X_n) = \frac{1}{n} \sum_{i=1}^{n} Xi$$

para estimar el total poblacional o la media poblacional respectivamente.

La función $\hat{\theta}$ que asocia a cada muestra s el valor num érico $\hat{\theta}(s(X)) = \hat{\theta}(X_1, ...,X_n)$ se denomina **estimador** del parám etro poblacional θ. A los valores $\hat{\theta}(s(X))$ para cada s se les denom ina **estimaciones**. Dada la m uestra $s=\{u_1, u_2, ...,u_n\}$ suele especificarse el conjunto de valores X_i $i=1,2,...,n$ que tom a la característica X sobre las unidades de la m uestra s mediante $s(X)=\{X_1, X_2, ...,X_n\}$. Al considerar todas las m uestras s del espacio muestral S asociado al procedim iento de m uestreo y los valores que tom a la característica X sobre dichas m uestras, se obtiene el conjunto $S(X)=\{s(X) / s \in S\}$. Por lo tanto podem os formalizar el concepto de estimador $\hat{\theta}$ para el parámetro poblacional θ definiéndolo mediante la aplicación medible:

$$\hat{\theta}: S(X) \subset R^n \rightarrow R$$
$$(X_1 \cdots X_n) \rightarrow \hat{\theta}(X_1 \cdots X_n) = t$$

Ya tenemos definido el estim ador como un estadístico función de los valores que tom a la característica X sobre los elem entos del espacio muestral (muestras). Como ejem plos m ás sencillos de estim adores de los parámetros poblaciones total poblacional y media poblacional, tenem os los estim adores total m uestral $\hat{X}$ y media muestral $\hat{\bar{X}}$ definidos como se indica a continuación:

$$\hat{\theta}_1 : S(X) \subset R^n \to R$$
$$(X_1 \cdots X_n) \to \hat{\theta}_1(X_1 \cdots X_n) = X_1 + \cdots + X_n = \hat{X}$$

$$\hat{\theta}_2 : S(X) \subset R^n \to R$$
$$(X_1 \cdots X_n) \to \hat{\theta}_2(X_1 \cdots X_n) = \frac{X_1 + \cdots + X_n}{n} = \hat{\bar{X}}$$

En ocasiones suele expresarse un *procedimiento o método de estimación* mediante el conjunto constituido por los elem   entos de la terna $\{U, S, P\}$ que especifica el procedim iento de m uestreo y un estim ador $\hat{\theta}$ para el parám   etro poblacional θ definido para todas las m uestras s tales que P(s)>0. El procedim iento de estim ación se representa m   ediante $\{ U, S, P, \hat{\theta}, \theta\}$. La terna $\{S, P, \hat{\theta}\}$ suele denominarse *diseño muestral*.

Luego para establecer un m étodo de estimación hay que considerar el diseño del procedim iento de m uestreo y la constr ucción del estim ador. Ya sabem os que el procedimiento de m uestreo es no restringido cuando   todas las muestras del espacio muestral son posibles ($P(s) > 0 \ \forall s \in S$), pero en la práctica se utilizan procedim ientos restringidos en los que todas las muestras no son posibles con el objeto de facilitar la tarea de selección, para reducir costes, para conseguir m uestras m ás representativas y, en general, para diseñar procedim ientos m ás eficientes. Procedim ientos de este tipo los constituy en la estratificación, la   formación de conglom erados, la selección sistemática, etc., m   ediante los cu   ales   las   muestras m ás costosas y   m enos representativas no tienen probabilidad de ser elegidas. Par diseñar un   procedimiento de estimación se requiere experiencia e im aginación y el aprovecham iento de toda información previa posible y   de toda inform   ación sim ultánea conocida relativa a otras características $Y, Z, \ldots$ que puedan estar relacionadas con la característica en estudio X.

En cuanto a la construcción del estim ador ha de ser tal que la función $\hat{\theta}$ que asocia a cada m uestra s el valor num érico $\hat{\theta}(s(X)) = \hat{\theta}(X_1, \ldots, X_n)$ sea calculable y esté definida para todas las m uestras s del espacio m   uestral S generado por el procedimiento de m uestreo considerado. La form ación de estim adores no es   una operación indepen-diente del   procedimiento de m   uestreo que se adopte. Generalmente para construir estimadores se utiliza el *principio de analogía*, es decir, se estim a un parám etro pobla-cional a partir del estim   ador m uestral análogo. Por ejemplo, para estimar la m edia poblacional, la razón poblacional, etc. se utilizan como estimadores sus análogos m   uestrales, es decir, la m   edia m uestral, la razón muestral, etc. No siem pre estos estim adores por analogía tienen las propiedades más deseables, pero suelen ser siempre consistentes y a veces puede corregirse su sesgo multiplicándolos por una constante convenientemente elegida.

DISTRIBUCIÓN DE UN ESTIMADOR EN EL MUESTREO

En general, se denomina distribución de probabilidad de una variable aleatoria a la función que asigna probabilidad a los valores que puede tomar la variable. Cuando se especifican los posibles valores de la variable aleatoria y sus probabilidades respectivas, tenemos construido el modelo de distribución de probabilidad. En nuestro caso la variable aleatoria es el estimador y los posibles valores que puede tomar son las estimaciones, con lo que habremos obtenido la distribución de probabilidad en el muestreo para el estimador cuando conozcamos todos los valores posibles del estimador junto con las probabilidades de que el estimador tome cada valor.

En el párrafo anterior hemos formalizado el concepto de estimador $\hat{\theta}$ para el parámetro poblacional θ definiéndolo mediante la variable aleatoria (aplicación medible):

$$\hat{\theta}: S(X) \subset R^n \to R$$
$$(X_1 \cdots X_n) \to \hat{\theta}(X_1 \cdots X_n) = t$$

Sea $T = \{t \in R \ / \ \exists \ (X_1, ..., X_n) \in S(X) \text{ que cumple } \hat{\theta}(X_1, ..., X_n) = t\}$. El conjunto $T \subset R$ constituye el conjunto de valores de l estimador. Ahora vamos a definir las probabilidades de que el estimador tome estos valores (ley de probabilidad de la variable aleatoria $\hat{\theta}$) como sigue:

$$P^T(\hat{\theta}(X_1, ..., X_n) = t) = \sum_{\{S_i \ / \ \hat{\theta}(S_i(X)) = t\}} P(s_i)$$

Dado que varias muestras del espacio muestral S generado por el método de muestreo dado $\{U, S, P\}$, que definide una probabilidad P en S, pueden originar el mismo valor del estimador, la probabilidad de ese valor del estimador se define como la suma de las probabilidades de todas las muestras que lo originan.

Al par $\{T, P^T\}$ formado por el conjunto de todos los posibles valores del estimador y por las probabilidades de que el estimador tome esos valores se le denomina *distribución del estimador en el muestreo*.

Con la ayuda de la teoría de probabilidades estamos ya en posición de determinar la distribución de frecuencias de los estimadores derivable del proceso de muestreo y del proceso de estimación. A partir de la introducción del concepto de muestreo probabilístico y del conocimiento de la distribución de los estimadores en el muestreo, tanto la teoría de la probabilidad como la inferencia estadística están disponibles para ser aplicadas al muestreo. En todo el desarrollo de este libro se supone la existencia de muestreo probabilístico.

PROPIEDADES DE LOS ESTIMADORES

Ya sabem os que un estim   ador $\hat{\theta}$ de un parám   etro poblacional θ es sencillamente una variable aleatoria   unidimensional. Inicialm ente, com o en toda variable aleatoria, nos interesarán sus   características de centralización y dispersión, particularmente, su esperanza, su varian za y sus m omentos, así com o otras medidas relativas a su precisión.

Se define la   *esperanza matemática del estimador $\hat{\theta}$* del parám   etro poblacional θ como sigue:

$$E(\hat{\theta}) = \sum_S \hat{\theta}(s_i)P(s_i) = \sum_R tP^T(\hat{\theta} = t)$$

Se   define la *varianza del estimador $\hat{\theta}$* del parám etro poblacional θ com o una medida que cuantifica la concentración de las estimaciones alrededor de su valor medio. Su expresión es la siguiente:

$$V\left(\hat{\theta}\right) = E\left(\hat{\theta} - E(\hat{\theta})\right)^2 = \sum_R \left(t - E(\hat{\theta})\right)^2 P^T\left(\hat{\theta} = t\right) = E(\hat{\theta}^2) - (E(\hat{\theta}))^2$$

Se   define el *error de muestreo* del estimador $\hat{\theta}$ como su desviación típica, es decir, como la raíz cuadrada de su varianza. Su expresión será la siguiente:

$$\sigma\left(\hat{\theta}\right) = +\sqrt{V\left(\hat{\theta}\right)}$$

Se define el *error relativo de muestreo* del estimador $\hat{\theta}$ mediante la razón entre su error de m uestreo (desviación típica del estimador) y su valor esperado, es decir, mediante el coeficiente de variación del estim   ador cuy a expresión será la siguiente:

$$CV\left(\hat{\theta}\right) = \frac{\sigma\left(\hat{\theta}\right)}{E(\hat{\theta})}$$

Se define la *acuracidad del estimador $\hat{\theta}$* del parámetro poblacional θ como el *error cuadrático medio del estimador*, es decir, como una medida que cuantifica la concentración de las estim aciones alrededor del verdadero valor del parám etro θ. Su expresión es la siguiente:

$$ECM\left(\hat{\theta}\right) = E\left(\hat{\theta} - \theta\right)^2$$

Se define el ***sesgo del estimador*** $\hat{\theta}$ del parámetro poblacional θ como una medida que cuantifica la distancia entre el valor esperado del estimador y el verdadero valor del parámetro. Su expresión es la siguiente:

$$B(\hat{\theta}) = E(\hat{\theta}) - \theta$$

Se dice que el estimador $\hat{\theta}$ del parámetro poblacional θ es ***insesgado*** para θ cuando su sesgo es nulo, es decir, cuando el valor esperado del estimador $\hat{\theta}$ y el verdadero valor del parámetro θ coinciden. Se tiene que:

$$\hat{\theta} \text{ es insesgado para } \theta \Leftrightarrow E(\hat{\theta}) = \theta \Leftrightarrow E(\hat{\theta}) - \theta = 0 \Leftrightarrow B(\hat{\theta}) = 0$$

Se dice que el estimador $\hat{\theta}$ del parámetro poblacional θ es ***consistente*** para θ cuando su sesgo tiende a cero al aumentar el tamaño de la muestra. Se tiene que:

$$\hat{\theta} \text{ es consistente para } \theta \Leftrightarrow B(\hat{\theta}) \underset{n \to N}{\to} 0$$

PRECISIÓN Y COMPARACIÓN DE ESTIMADORES. ERROR CUADRÁTICO MEDIO Y SUS COMPONENTES

La precisión de un estimador se analiza esencialmente en función de los conceptos de error de muestreo (o desviación típica), acuracidad (o error cuadrático medio) y sesgo. Algunos autores llaman precisión a la acuracidad, lo que no es del todo correcto, y ya que, como veremos, aunque la acuracidad sea la magnitud más general para la medición de la precisión, hay casos en que el análisis puede realizarse en función de otras magnitudes como el sesgo o la desviación típica. Todas estas magnitudes influyentes en la precisión de un estimador pueden relacionarse a partir de la ***descomposición del error cuadrático medio en sus componentes*** de la forma siguiente:

$$ECM(\hat{\theta}) = E(\hat{\theta} - \theta)^2 = E(\hat{\theta} - E(\hat{\theta}) + E(\hat{\theta}) - \theta)^2 = E(\hat{\theta} - E(\hat{\theta}) + B(\hat{\theta}))^2 =$$

$$E\left[(\hat{\theta} - E(\hat{\theta}))^2\right] + B(\hat{\theta})^2 + 2B(\hat{\theta})E(\hat{\theta} - E(\hat{\theta})) = Var(\hat{\theta}) + B(\hat{\theta})^2 + 2B(\hat{\theta})E(\hat{\theta})$$

$$- 2B(\hat{\theta})E(\hat{\theta}) = Var(\hat{\theta}) + B(\hat{\theta})^2 = \sigma(\hat{\theta})^2 + B(\hat{\theta})^2$$

Por lo tanto la acuracidad (error cuadrático medio) de un estimador se descompone en la suma del cuadrado del error de muestreo y el cuadrado del sesgo.

De esta forma se pueden representar las tres magnitudes en un triángulo rectángulo cuyos catetos son $\sigma(\hat{\theta})$ y $B(\hat{\theta})$ y cuya hipotenusa es $\sqrt{ECM(\hat{\theta})}$ de la forma siguiente:

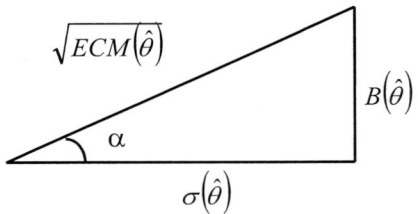

En esta figura se observa que la contribución del sesgo y la desviación típica a $\sqrt{ECM\left(\hat{\theta}\right)}$ viene dada por la tangente del ángulo α que ha de ser lo m ás pequeña posible para minimizar la raíz cuadrada de la acuracidad. Pero tenemos que

$$tan(\alpha) = \frac{B\left(\hat{\theta}\right)}{\sigma\left(\hat{\theta}\right)}$$

de tal forma que mientras menor sea este cociente menos influyentes serán el sesgo y la desviación típica en la raíz cuadrada de la acuracidad, o lo que es lo m ismo, la influencia del sesgo es m   enor cuanto m enor sea el cociente. En la práctica se considera que el sesgo no es influyente cuando

$$\left|\frac{B(\hat{\theta})}{\sigma(\hat{\theta})}\right| < \frac{1}{10}$$

Por otra parte, ya sabemos que a menor contribución del sesgo a $\sqrt{ECM\left(\hat{\theta}\right)}$ mayor contribución de $\sigma\left(\hat{\theta}\right)$, por lo que cuando el sesgo no sea influy ente toda la contribución la aporta el error de muestreo $\sigma\left(\hat{\theta}\right)$.

Hay que tener presente que un sesgo pe queño o nulo es una propiedad deseable para un estim ador, pero si la reducción de 1 sesgo va acom pañada de un aum ento de la desviación típica podemos obtener com o resultado la presencia de un m   ayor error cuadrático medio (ver la figura del triángulo rectángulo). De la m   isma form a, la desviación típica m uy pequeña es una propiedad siem   pre deseable para un estimador, pero hay que procurar que esta reducción de la desviación típica no vaya acompañada de un fuerte aumento del sesgo que desem boque en la presencia de un error cuadrático medio alto. De aquí la importancia que para estimadores sesgados tiene el cociente

$$\left|\frac{B(\hat{\theta})}{\sigma(\hat{\theta})}\right|$$

admitiéndose en la práctica el uso de es   timadores sesgados cuando la relación del sesgo al error de muestreo es del 10% o menor.

Para hablar de precisión de un es   timador y poder así llevar a cabo la comparación entre distintos estim adores para el m ismo parámetro poblacional, es necesario distinguir entre estimadores sesgados e insesgados.

Comparación de estimadores insesgados

Si un estim ador $\hat{\theta}$ del parám etro poblacional θ es insesgado, su   error cuadrático medio coincide con su varianza, ya que al ser $E(\hat{\theta}) = \theta$ se tiene:

$$V(\hat{\theta}) = E(\hat{\theta} - E(\hat{\theta}))^2 = E(\hat{\theta} - \theta)^2 = ECM(\hat{\theta})$$

De esta form a los conceptos de acuracidad y   error del estim ador son similares para estim adores insesgados. Por   lo tanto, **para comparar varios estimadores insesgados** $\hat{\theta}_i$ **del parámetro poblacional** θ en cuanto a precisión bastará considerar sus errores de m   uestreo $\sigma(\hat{\theta}_i) = +\sqrt{V(\hat{\theta}_i)}$, siendo m ás preciso el estimador que menor error de muestreo presente.

También en el caso de insesgadez el concepto de error relativo de m uestreo puede expresarse en términos de una única magnitud variable $\sigma(\hat{\theta})$ ya que:

$$CV(\hat{\theta}) = \frac{\sigma(\hat{\theta})}{E(\hat{\theta})} = \frac{\sigma(\hat{\theta})}{\theta}$$

y al ser θ una constante el error relativo está en función sólo del error de muestreo.

Por lo tanto, en el caso de estimadores insesgados, la precisión puede hacerse depender exclusivamente del error de muestreo $\sigma(\hat{\theta})$.

Comparación de estimadores sesgados

Si un estim ador $\hat{\theta}$ del parám etro poblacional θ es sesgado, la m agnitud general para analizar su precisión es su e rror cuadrático m edio. Por lo tanto, para comparar varios estim adores sesgados del parám etro poblacional θ en cuanto a precisión se utilizará el error cuadrático m edio y el estim ador más preciso será el que menor error cuadrático medio presente.

Pero en la práctica el cálculo del error cuadrático   medio puede ser problemático. En este caso utilizarem   os el resultado y a conocido de que   la contribución del sesgo a $\sqrt{ECM(\hat{\theta})}$ viene dada por el cociente $\dfrac{B(\hat{\theta})}{\sigma(\hat{\theta})}$, de tal form a que mientras mayor sea este cociente más influye el sesgo en la raíz cuadrada de la acuracidad, o lo que es lo mismo, la influencia del sesgo es menor en la precisión del estimador cuanto menor sea el cociente

$$\left|\frac{B(\hat{\theta})}{\sigma(\hat{\theta})}\right|$$

Por esta razón **cuando se intentan comparar varios estimadores** $\hat{\theta}_i$ **del parámetro poblacional θ todos sesgados**, se calcula

$$\left|\frac{B(\hat{\theta}_i)}{\sigma(\hat{\theta}_i)}\right|$$

para cada uno de ellos, siendo más preciso aquel estimador que presenta una relación del sesgo al error de muestreo en valor absoluto más pequeña. También puede utilizarse el coeficiente de variación

$$CV(\hat{\theta}_i) = \frac{\sigma(\hat{\theta}_i)}{E(\hat{\theta}_i)}$$

siendo más preciso el estimador con menor coeficiente de variación (error relativo). Se observa que el denominador del coeficiente de variación es el valor esperado del estimador, con lo que el coeficiente de variación recoge el efecto de un posible sesgo en el estimador.

Si los estimadores sesgados a comparar tienen todos sesgo despreciable, es decir

$$\left|\frac{B(\hat{\theta}_i)}{\sigma(\hat{\theta}_i)}\right| < \frac{1}{10}$$

se compararían como si fuesen insesgados, de acuerdo a lo expresado en el apartado anterior.

Comparación de estimadores sesgados e insesgados

Para comparar en cuanto a precisión varios estimadores $\hat{\theta}_i$ unos sesgados y otros insesgados del parámetro poblacional θ, se utilizará el error cuadrático medio, y el estimador más preciso será el que menor error cuadrático medio presente. A veces, ante las dificultades de cálculo del error cuadrático medio se utiliza el coeficiente de variación

$$CV\left(\hat{\theta}_i\right)=\frac{\sigma\left(\hat{\theta}_i\right)}{E(\hat{\theta}_i)}$$

que contempla el posible efecto del sesgo en su denom inador), siendo más preciso el estimador con menor coeficiente de variación (error relativo).

Si los estimadores sesgados tienen todos sesgo despreciable, es decir,

$$\left|\frac{B(\hat{\theta}_i)}{\sigma(\hat{\theta}_i)}\right|<\frac{1}{10}$$

se haría la comparación global como insesgados de acuerdo a los valores de $\sigma\left(\hat{\theta}_i\right)$.

Comparación de estimadores para distintos parámetros θ_i

Para comparar varios estimadores $\hat{\theta}_i$ de distintos parámetro poblacional θ_i en cuanto a precisión puede utilizarse el error cuadrático m edio, que siempre es el criterio de precisión más general. Sin em bargo las dif icultades de su cálculo originan que en la práctica se utilice el coeficiente de variación

$$CV\left(\hat{\theta}_i\right)=\frac{\sigma\left(\hat{\theta}_i\right)}{E(\hat{\theta}_i)}$$

Resultará m ás preciso aquel estim ador que tenga m enor coeficiente de variación. Se observa que el denom inador del coeficiente de variación es el valor esperado del estim ador, con lo que el coefic iente de variación recoge el efecto de un posible sesgo en el estimador.

El coeficiente de variación presenta la ventaja de ser una m edida relativa, que no tiene unidades, que recoge el pos ible efecto del sesgo, y que com o toda medida relativa es ideal para hacer comparaciones (en este caso de precisión). Esta es la razón por la que, a lo largo del texto, se utilizará asiduam ente el coeficiente de variación para comparar precisiones y calcular ganancias o pérdidas en precisión.

Por otra parte, com o no suelen conocerse los valores de $B\left(\hat{\theta}\right)$, $\sigma\left(\hat{\theta}\right)$, $E\left(\hat{\theta}\right)$, etc. porque en su cálculo intervienen datos poblacionales no conocidos, se utilizan en su lugar sus estimaciones $\hat{B}\left(\hat{\theta}\right)$, $\hat{\sigma}\left(\hat{\theta}\right)$, $\hat{E}\left(\hat{\theta}\right)$, etc. (que dependen sólo de datos m uestrales conocidos) para obtener las magnitudes

$$\hat{C}_V\left(\hat{\theta}_i\right)=\frac{\hat{\sigma}\left(\hat{\theta}_i\right)}{\hat{E}(\hat{\theta}_i)},\quad\left|\frac{B(\hat{\theta}_i)}{\sigma(\hat{\theta}_i)}\right|,\text{ etc.}$$

a utilizar en las comparaciones de precisión.

Cuantificación de la ganancia en precisión de los estimadores

Una vez que sabemos que el estimador $\hat{\theta}_1$ es más preciso que el estimador $\hat{\theta}_2$, surge la necesidad de cuantificar la ganancia en precisión que se obtiene por utilizar el estimador más preciso, es decir, nos interesamos por la cantidad de la mejora en la precisión. Como es natural, para medir esta ganancia en precisión se utilizará una medida relativa para dejar sin efecto en la comparación el problema de las unidades de medida. La medida más simple suele ser la tasa de variación relativa entre las magnitudes utilizadas para la medición de la precisión de los estimadores.

Si se utiliza el error cuadrático medio para medir la precisión de los estimadores, la ganancia en precisión vendrá dada por la tasa de variación:

$$\left(\frac{ECM(\hat{\theta}_1)}{ECM(\hat{\theta}_2)} - 1 \right) x100$$

Si se utiliza el error relativo (coeficiente de variación) para medir la precisión de los estimadores, la ganancia en precisión vendrá dada por la tasa de variación:

$$\left(\frac{CV(\hat{\theta}_1)}{CV(\hat{\theta}_2)} - 1 \right) x100$$

Si se utiliza el error de muestreo (desviación típica) para medir la precisión de los estimadores, la ganancia en precisión vendrá dada por la tasa de variación:

$$\left(\frac{\sigma(\hat{\theta}_1)}{\sigma(\hat{\theta}_2)} - 1 \right) x100$$

ESTIMACIÓN POR INTERVALOS DE CONFIANZA

Cuando se realiza una afirmación acerca de los parámetros de la población en estudio, basándose en la información contenida en la muestra, bien sea mediante los valores puntuales de un estadístico basado en la misma, o bien sea señalando un intervalo de valores dentro del cual se tiene confianza de que esté el valor del parámetro, decimos que estamos ante *estimaciones*. En el primer caso estamos ante el proceso de *estimación puntual* en el que utilizamos directamente los valores de un estadístico sobre la muestra dada (*estimaciones puntuales*) denominado *estimador puntual* para estimar los valores poblacionales. En el segundo caso estamos ante la *estimación por intervalos*, donde se calcula un intervalo de confianza en el que razonablemente cae el valor estimado con un *nivel de confianza* prefijado.

Realizar una estimación por intervalos (o definir un intervalo de confianza) para un parámetro poblacional θ al nivel de confianza α es hallar un intervalo real para el que se tiene una probabilidad $1-\alpha$ de que el verdadero valor del parámetro θ caiga dentro del citado intervalo. El valor $1-\alpha$ suele denominarse *coeficiente de confianza*.

Intervalos de confianza cuando el estimador es insesgado

Se trata de estimar el parámetro poblacional θ mediante un intervalo de confianza basado en el estimador $\hat{\theta}$ insesgado para θ ($E(\hat{\theta}) = \theta$). Para estimadores insesgados es necesario distinguir entre el caso en que la distribución del estimador es normal y el caso en que dicha distribución no puede asegurarse que sea normal.

a) El estimador $\hat{\theta}$ tiene una distribución normal

$$\hat{\theta} \to N\left(\theta, \sigma(\hat{\theta})^2\right) \Rightarrow \frac{\hat{\theta} - \theta}{\sigma(\hat{\theta})} \to N(0,1) \Rightarrow \quad \text{Se puede calcular } \lambda_\alpha \text{ tal que:}$$

$$P\left\{-\lambda_\alpha \le \frac{\hat{\theta} - \theta}{\sigma(\theta)} \le \lambda_\alpha\right\} = 1 - \alpha \quad \text{para un nivel de confianza } \alpha \text{ prefijado.}$$

Como $\hat{\theta}$ es insesgado para $\theta \Rightarrow E(\hat{\theta}) = \theta \Rightarrow \dfrac{\hat{\theta} - \theta}{\sigma(\theta)} = \dfrac{\hat{\theta} - E(\theta)}{\sigma(\theta)} \to N(0,1)$ lo que permite escribir lo siguiente:

$$P\{-\lambda_\alpha \le N(0,1) \le \lambda_\alpha\} = 1 - \alpha \Rightarrow P\{N(0,1) \le \lambda_\alpha\} - P\{N(0,1) \le -\lambda_\alpha\} = 1 - \alpha$$
$$\Rightarrow F_{N(0,1)}(\lambda_\alpha) - F_{N(0,1)}(-\lambda_\alpha) = 1 - \alpha$$

Como la distribución $N(0,1)$ es simétrica respecto del eje de ordenadas se tiene que $F_{N(0,1)}(-x) = 1 - F_{N(0,1)}(x)$, lo que permite escribir:

$$2F_{N(0,1)}(\lambda_\alpha) - 1 = 1 - \alpha \Rightarrow 2F_{N(0,1)}(\lambda_\alpha) = 2\alpha \Rightarrow F_{N(0,1)}(\lambda_\alpha) = 1 - \frac{\alpha}{2} \Rightarrow$$
$$\lambda_\alpha = F_{N(0,1)}^{-1}\left(1 - \frac{\alpha}{2}\right)$$

$F_{N(0,1)}$ es la función de distribución de la normal (0,1).

Ya tenemos el valor de λ_α para un coeficiente de confianza dado $1-\alpha$ (o para un nivel α). Ahora ya podemos calcular el intervalo de confianza para el parámetro θ al nivel α basado en el estimador insesgado $\hat{\theta}$ como se indica a continuación:

$$-\lambda_\alpha \le \frac{\hat{\theta} - \theta}{\sigma(\hat{\theta})} \le \lambda_\alpha \Rightarrow -\lambda_\alpha \sigma(\hat{\theta}) \le \hat{\theta} - \theta \le \lambda_\alpha \sigma(\hat{\theta}) \Rightarrow \left\{\hat{\theta} - \lambda_\alpha \sigma(\hat{\theta}) \le \theta \le \hat{\theta} + \lambda_\alpha \sigma(\hat{\theta})\right\}$$

El intervalo de confianza para el parámetro poblacional θ basado en $\hat{\theta}$ será:

$$[\hat{\theta} - \lambda_\alpha \sigma(\hat{\theta}), \hat{\theta} + \lambda_\alpha \sigma(\hat{\theta})]$$

Es usual que no se conozca el valor de $\sigma(\hat{\theta})$ porque en su cálculo intervienen datos poblacionales no conocidos, pero se utiliza en su lugar su estim ación $\hat{\sigma}(\hat{\theta})$ que depende únicamente de datos muestrales conocidos. En este caso no podem os asegurar con exactitud que el intervalo $[\hat{\theta} - \lambda_\alpha \sigma(\hat{\theta}), \hat{\theta} + \lambda_\alpha \sigma(\hat{\theta})]$ cubre a θ con probabilidad $1-\alpha$. Pero en la m ayoría de las ocasiones $\hat{\theta}$ tom a la form a de una sum a de variables normales, con lo que podrá inferirse su normalidad.

Si realm ente es dudoso que $\hat{\theta}$ tenga una distribución norm al, puede utilizarse la distribución t de Student con $n-1$ grados de libertad para calcular el intervalo de confianza para θ. En este caso tenemos:

$$\frac{\hat{\theta} - \theta}{\hat{\sigma}(\hat{\theta})} \to t_{n-1} \Rightarrow \text{ Se puede calcular } t_\alpha \text{ tal que } P\left\{ -t_\alpha \leq \frac{\hat{\theta} - \theta}{\hat{\sigma}(\hat{\theta})} \leq t_\alpha \right\} = 1 - \alpha$$

para un nivel de confianza α prefijado. Como la distribución t de Student también es simétrica respecto del eje de ordenadas, realizando los cálculos de forma similar al caso de la distribución norm al se tiene $t_\alpha = F_{t_{n-1}}^{-1}\left(1 - \dfrac{\alpha}{2}\right)$. El intervalo de confianza para el parámetro poblacional θ basado en $\hat{\theta}$ será ahora:

$$[\hat{\theta} - t_\alpha \sigma(\hat{\theta}), \hat{\theta} + t_\alpha \sigma(\hat{\theta})]$$

b) El estimador $\hat{\theta}$ no tiene una distribución normal

En este caso utilizamos la desigualdad de Tchebichev, que asegura que:

$$P\left\{ \left|\hat{\theta} - E(\hat{\theta})\right| < k \right\} \geq 1 - \frac{Var(\hat{\theta})}{k^2} \qquad \forall k > 0$$

Com o $\hat{\theta}$ es insesgado para $\theta \Rightarrow E(\hat{\theta}) = \theta$ y podemos escribir la desigualdad de Tchebichev de la siguiente forma:

$$P\left\{ \left|\hat{\theta} - E(\hat{\theta})\right| < k \right\} \geq 1 - \frac{Var(\hat{\theta})}{k^2} \qquad \forall k > 0$$

Ahora, para un nivel de significación α dado podemos tomar $k = \dfrac{\sigma\left(\hat{\theta}\right)}{\sqrt{\alpha}}$, o lo que es lo mismo $\dfrac{V\left(\hat{\theta}\right)}{k^2} = \alpha$. Entonces tenemos la desigualdad de Tchebychev como:

$$P\left\{\left|\hat{\theta}-\theta\right| < \frac{\sigma\left(\hat{\theta}\right)}{\sqrt{\alpha}}\right\} \geq 1-\alpha \Rightarrow P\left\{-\frac{\sigma\left(\hat{\theta}\right)}{\sqrt{\alpha}} \leq \hat{\theta}-\theta \leq \frac{\sigma\left(\hat{\theta}\right)}{\sqrt{\alpha}}\right\} = 1-\alpha$$

De esta forma podemos hallar ya un intervalo de confianza para $\hat{\theta}$ al nivel α.

$$\frac{-\sigma\left(\hat{\theta}\right)}{\sqrt{\alpha}} \leq \hat{\theta}-\theta \leq \frac{\sigma(\theta)}{\sqrt{\alpha}} \Rightarrow \begin{cases} \theta \geq \hat{\theta}-\dfrac{\sigma\left(\hat{\theta}\right)}{\sqrt{\alpha}} \\ \theta \leq \hat{\theta}+\dfrac{\sigma\left(\hat{\theta}\right)}{\sqrt{\alpha}} \end{cases} \Rightarrow \hat{\theta}-\frac{\sigma\left(\hat{\theta}\right)}{\sqrt{\alpha}} \leq \theta \leq \hat{\theta}+\frac{\sigma\left(\hat{\theta}\right)}{\sqrt{\alpha}}$$

El intervalo de confianza para el parámetro poblacional θ basado en $\hat{\theta}$ que cubre el valor de θ con una probabilidad 1-α (coeficiente de confianza) será:

$$\left[\hat{\theta}-\frac{\sigma\left(\hat{\theta}\right)}{\sqrt{\alpha}}, \hat{\theta}+\frac{\sigma\left(\hat{\theta}\right)}{\sqrt{\alpha}}\right]$$

Este intervalo suele ser m ás ancho que el obtenido cuando la distribución de $\hat{\theta}$ es norm al. A m edida que $\hat{\theta}$ se aleja m ás de la norm alidad, la anchura de este intervalo es m ucho m ayor respecto del obtenido para norm alidad. Ya sabemos que una estimación por intervalos es tanto m ejor cuanto más reducido sea el intervalo de confianza correspondiente, de ahí que la propiedad de normalidad sea m uy deseable, pues en este caso los intervalos obtenidos son m uy estrechos, lo que implica una buena estimación por intervalos.

Influencia del sesgo en los intervalos de confianza

Ahora vamos a considerar el caso en que el estim ador es $\hat{\theta}$ es sesgado para θ, es decir, existe un sesgo $B\left(\hat{\theta}\right) = E\left(\hat{\theta}\right)-\theta$. Ahora partimos de que por el teorem a central de límite, y para un tamaño de muestra suficientemente grande, se cumple:

$$\frac{\hat{\theta}-E\left(\hat{\theta}\right)}{\sigma\left(\hat{\theta}\right)} \rightarrow N\left(0,1\right)$$

Por lo tanto para un nivel α podemos calcular $\lambda_\alpha = F_{N(0,1)}^{-1}\left(1 - \dfrac{\alpha}{2}\right)$ tal que:

$$P\left\{-\lambda\alpha \leq \frac{\hat{\theta} - E\left(\hat{\theta}\right)}{\sigma\left(\hat{\theta}\right)} \leq \lambda_\alpha\right\} = 1 - \alpha$$

Ahora podemos realizar las siguientes operaciones:

$$-\lambda_\alpha \leq \frac{\hat{\theta} - E\left(\hat{\theta}\right)}{\sigma\left(\hat{\theta}\right)} \leq \lambda_\alpha \Rightarrow -\lambda_\alpha \leq \frac{\hat{\theta} - \theta + \theta - E\left(\hat{\theta}\right)}{\sigma\left(\hat{\theta}\right)} \leq \lambda_\alpha \Rightarrow$$

$$-\lambda_\alpha \leq \frac{\hat{\theta} - \theta - B\left(\hat{\theta}\right)}{\sigma\left(\hat{\theta}\right)} \leq \lambda_\alpha \Rightarrow -\lambda_\alpha \leq \frac{\hat{\theta} - \theta}{\sigma\left(\hat{\theta}\right)} - \frac{B\left(\hat{\theta}\right)}{\sigma\left(\hat{\theta}\right)} \leq \lambda_\alpha$$

Observamos que la presencia del sesgo produce como efecto en el intervalo de confianza la aparición del término $\dfrac{B\left(\hat{\theta}\right)}{\sigma\left(\hat{\theta}\right)}$ que ya es conocido para nosotros.

En caso de que

$$\left|\frac{B(\hat{\theta})}{\sigma(\hat{\theta})}\right| < 1/10$$

ya sabemos que la influencia del sesgo es despreciable, con lo que el intervalo de confianza es el mismo que para el caso de estimadores insesgados. Pero si no se cumple que

$$\left|\frac{B(\hat{\theta})}{\sigma(\hat{\theta})}\right| < 1/10$$

el sesgo de $\hat{\theta}$ influye en el intervalo de confianza para θ. En este caso podemos calcular el intervalo de confianza de la siguiente forma:

$$-\lambda_\alpha \leq \frac{\hat{\theta} - \theta - B\left(\hat{\theta}\right)}{\sigma\left(\hat{\theta}\right)} \leq \lambda_\alpha \Rightarrow -\lambda_\alpha \sigma\left(\hat{\theta}\right) \leq \hat{\theta} - \theta - B\left(\hat{\theta}\right) \leq \lambda_\alpha \sigma\left(\hat{\theta}\right) \Rightarrow$$

$$\left.\begin{array}{l} \theta \geq \hat{\theta} - \lambda_\alpha \sigma\left(\hat{\theta}\right) - B\left(\hat{\theta}\right) \\ \theta \leq \hat{\theta} + \lambda_\alpha \theta\left(\hat{\theta}\right) - B\left(\hat{\theta}\right) \end{array}\right\} \Rightarrow \hat{\theta} - \lambda_\alpha \sigma\left(\hat{\theta}\right) - B\left(\hat{\theta}\right) \leq \theta \leq \hat{\theta} + \lambda_\alpha \sigma\left(\hat{\theta}\right) - B\left(\hat{\theta}\right)$$

Con lo que intervalo de confianza para θ basado en el estimador $\hat{\theta}$ en presencia del sesgo no despreciable $B\left(\hat{\theta}\right) = E\left(\hat{\theta}\right) - \theta$ es el siguiente:

$$\left[\hat{\theta} - \lambda_\alpha \sigma\!\left(\hat{\theta}\right) - B\!\left(\hat{\theta}\right), \hat{\theta} + \lambda_\alpha \theta\!\left(\hat{\theta}\right) - B\!\left(\hat{\theta}\right)\right]$$

Observamos que se trata de un intervalo no centrado en $\hat{\theta}$ y desplazado en la cantidad $B\!\left(\hat{\theta}\right)$ respecto del intervalo sin sesgo, que debe centrarse situándonos en la peor de las circunstancias, es decir, tomando como extremo fijo del intervalo el más lejano del centro $\hat{\theta}$, y calculando el otro extremo por equidistancia al centro. Ante esta situación la presencia del sesgo $B\!\left(\hat{\theta}\right)$ origina que el intervalo de confianza para θ basado en el estimador $\hat{\theta}$ y centrado en $\hat{\theta}$ tenga una longitud superior al intervalo cuando no hay sesgo. Por lo tanto la presencia de sesgo conduce a una estimación por intervalos menos precisa.

ESTIMACIÓN PUNTUAL Y FORMACIÓN DE ESTIMADORES

Supongamos que tenemos definida una característica X en la población $U=\{u_1, u_2,..., u_N\}$ que toma el valor numérico X_i sobre la unidad u_i $i=1,2,...,N$ dando lugar al conjunto de valores $\{X_1, X_2,... ,X_N\}$. Consideramos ahora una cierta función θ de los N valores X_i que suele denominarse parámetro poblacional. Seleccionamos una muestra $s=\{u_1, u_2,..., u_n\}$ de U mediante un procedimiento de muestreo dado y consideramos los valores $s(X)=\{X_1, X_2,... ,X_n\}$ que toma la característica X en estudio sobre los elementos de la muestra. A partir de estos valores estimamos puntualmente el parámetro poblacional θ mediante la expresión $\hat{\theta}=\hat{\theta}(s(X))=\hat{\theta}(X_1, ...,X_n)$ basada en los valores X_i $i=1,2,...,n$ que toma la característica X sobre las unidades de la muestra s.

La función $\hat{\theta}$ que asocia a cada muestra s el valor numérico $\hat{\theta}(s(X)) = \hat{\theta}(X_1, ...,X_n)$ se denomina *estimador* del parámetro poblacional θ. A los valores $\hat{\theta}(s(X))$ para cada s del espacio muestral se les denomina *estimaciones puntuales*.

Entre los parámetros poblacionales θ (función de los N valores X_i) más comunes a estimar tenemos el total poblacional y la media poblacional para la característica X definidos de la forma siguiente:

Total poblacional $= X = \theta(X_1, ...,X_N) = \displaystyle\sum_{i=1}^{N} X_i$

Media poblacional $= \overline{X} = \theta(X_1, ...,X_N) = \dfrac{X}{N} = \dfrac{1}{N}\displaystyle\sum_{i=1}^{N} X_i = \displaystyle\sum_{i=1}^{N}\dfrac{X_i}{N}$

Hasta ahora hemos supuesto que la característica X definida sobre los elementos de la población es cuantitativa, es decir, cuantificable numéricamente.

Sin embargo también se pueden definir características cualitativas sobre los elementos de la población, como por ejemplo su pertenencia o no a una determinada clase A. Si para cada unidad u_i $i=1,2,...,N$ de la población definimos la característica A_i que toma valor 1 si la unidad u_i pertenece a la clase A y que toma valor 0 si la unidad u_i no pertenece a la clase A, podemos definir el total de elementos de la población que pertenecen a la clase A (total de clase) y la proporción de elementos de la población que pertenecen a la clase A (proporción de clase) de la forma siguiente:

$$\text{\textbf{Total de clase}} = A = \theta(A_1, ...,A_N) = \sum_{i=1}^{N} A_i$$

$$\text{\textbf{Proporción de clase}} = P = \theta(A_1, ...,A_N) = \frac{A}{N} = \frac{1}{N}\sum_{i=1}^{N} A_i = \sum_{i=1}^{N} \frac{A_i}{N}$$

Analizados ya los cuatro parámetros poblacionales más típicos a estimar, vemos que en general un parámetro poblacional θ puede expresarse como una suma de elementos Y_i función de los valores que la característica cuantitativa X o cualitativa A considerada toma sobre los elementos de la población. De esta forma podemos escribir:

$$\theta = \sum_{i=1}^{N} Y_i$$

en cuyo caso tenemos:
$$\begin{cases} Y_i = X_i \text{ para el total poblacional} \\ Y_i = \dfrac{X_i}{N} \text{ para la media poblacional} \\ Yi = A_i \text{ para el total de clase} \\ Yi = \dfrac{A_i}{N} \text{ para la proporción de clase} \end{cases}$$

Ahora surge el problema de analizar la forma de los estimadores puntuales óptimos $\hat{\theta} = \hat{\theta}(X_1, ...,X_n)$ para estos parámetro poblacionales típicos. Resulta que las mejores propiedades suelen presentarlas los estimadores lineales insesgados de la forma:

$$\hat{\theta} = \sum_{i=1}^{n} w_i Y_i$$

Existen justificaciones para considerar que el parámetro poblacional

$$\theta = \sum_{i=1}^{N} Y_i$$

puede estimarse convenientemente mediante el estimador

$$\hat{\theta} = \sum_{i=1}^{n} w_i Y_i$$

entre las que podemos citar las siguientes:

- Todas las mediciones de la variable en estudio sobre las unidades de la muestra intervienen en la formación del estimador.

- La importancia de la aportación al estimador de la unidad muestral u_i puede controlarse mediante el coeficiente de ponderación w_i.

- Cuando $w_i = 1$ todas las unidades muestrales intervienen de igual forma en la formación del estimador.

- Cuando las unidades de muestreo son compuestas, es decir, formadas por varias unidades elementales, los coeficientes w_i pueden regular la importancia de la unidad u_i en la formación del estimador asociándola con su tamaño o número de unidades elementales que contiene.

- Los coeficientes w_i pueden depender, entre otros factores, del tamaño de las unidades muestrales, del orden de colocación de las mismas en la muestra y sobre todo de la probabilidad que tiene la unidad u_i de pertenecer a la muestra según el método de muestreo considerado.

- Las funciones lineales son las más sencillas de manejar matemáticamente.

NORMALIDAD DE LOS ESTIMADORES

Como la distribución normal es continua, en poblaciones finitas no cabe hablar en rigor de normalidad. No obstante admitimos este supuesto cuando la distribución de frecuencias de la variable X medida sobre los elementos de la población se ajusta a la distribución normal. Si un estimador está formado por una suma o combinación lineal de los X_i (que como hemos visto es lo habitual en los estimadores más usados) para población base normal, tendrá distribución normal en el muestreo porque una combinación lineal de normales es normal. Si la distribución de la población base no es normal, se ha demostrado que en condiciones muy generales la distribución de estimadores lineales converge a la normal cuando tiende a infinito el tamaño de la muestra. Por esta razón, en estos casos, puede admitirse que el estimador se distribuye normalmente aunque proceda de observaciones efectuadas en una población base no normal. Sin embargo, para admitir la proximidad de la distribución del estimador a la normal, debe tenerse en cuenta que cuanto más alejada esté la población base de dicha distribución mayor será el tamaño de muestra requerido para que ésta sea representativa.

En la práctica de poblaciones finitas es habitual encontrarse con poblaciones normales o, al m enos con sim etría en su distribución de frecuencias, por lo que la hipótesis de norm alidad de los estim adores lineales será razonable incluso para tamaños de m uestra m oderados. Pero ta mbién son m uy abundantes las poblaciones muy asimétricas, con una fuerte concentraci ón de la frecuencia en valores pequeños y moderados de la variable y una m arcada cola hacia la derecha que corresponde a frecuencias bajas de valores altos y m uy alto s. Así ocurre en la distribución de las explotaciones agrarias según la variable: supe rficie de las tierras, o la distribución de las em presas de construcción respecto de la variable núm ero de em pleados, o la distribución de los municipios respecto de la variable número de habitantes, etc.

Para com probar la hipótesis de norm alidad de los valores de X en la población base puede utilizarse cualquier contraste no param étrico con o los de Kolmogorov-Smirnov, Saphiro-Wilks, asimetría y curtosis, etc.

Ejercicio 1. Para medir la variable X=nivel de precipitación atmosférica en una determinada región disponemos de un marco de 4 zonas climáticas de la misma cuyos niveles de precipitación actual son de 6, 4, 3 y 8 decenas de litros por metro cuadrado, siendo sus probabilidades iniciales de selección en el muestreo 1/6, 1/3, 1/3 y 1/6 respectivamente. Se trata de estimar en decenas de litros por metro cuadrado el nivel actual medio de precipitación atmosférica en la región extrayendo muestras de la variable X con tamaño 2 sin reposición y sin tener en cuenta el orden de colocación de sus elementos. Para ello se consideran los estimadores alternativos MEDIA ARITMÉTICA, MEDIA GEOMÉTRICA, MEDIA CUADRÁTICA y MEDIA ARMÓNICA. Se pide lo siguiente:

1) Especificar el espacio muestral definido por este procedimiento de muestreo S(X), las probabilidades asociadas a las muestas P(S) y la distribución en el muestreo de los cuatro estimadores analizando su precisión. ¿Cuál de ellos es mejor? Razonar la respuesta y cuantificar las ganancias en precisión.

2) Hallar intervalos de confianza para la media según los cuatro estimadores basados en la muestra de mayor probabilidad para un nivel de confianza del 2 por mil (α=0,002). Como dato se sabe que F⁻¹(0.999)= 3, siendo F la función de distribución de la normal (0,1). Comentar los resultados.

Como el procedim iento de m uestreo es sin reposición y no interviene el orden de colocación de las unidades en las muestras, el espacio muestral tendrá

$$\binom{4}{2} = 6$$

muestras. En el siguiente cuadro se especifican las m uestras, sus probabilidades y los valores de los estimadores para cada muestra.

$S(X)$	$P(X)$	$\hat{\bar{X}}$	$\hat{\bar{X}}_G$	$\hat{\bar{X}}_C$	$\hat{\bar{X}}_H$
(6 4)	3/20	5	$\sqrt{24}$	$\sqrt{26}$	24/5
(6 3)	3/20	9/2	$\sqrt{18}$	$\sqrt{45/2}$	4
(6 8)	1/15	7	$\sqrt{48}$	$\sqrt{50}$	48/7
(4 3)	1/3	7/2	$\sqrt{12}$	$\sqrt{25/2}$	24/7
(4 8)	3/20	6	$\sqrt{32}$	$\sqrt{40}$	16/3
(3 8)	3/20	11/2	$\sqrt{24}$	$\sqrt{73/2}$	48/11

Dado que no hay reposición y que no importa el orden de colocación de los elementos en las muestras (muestras con los mismos elementos colocados en orden diferente se consideran la misma muestra), las probabilidades de la columna $P(X)$ se han calculado de la siguiente forma:

$$P(6,4) = P\{6,4\} + P\{4,6\} = P(6)P(4/6) + P(4)P(6/4) = \frac{1}{6}\cdot\frac{2}{5} + \frac{2}{6}\cdot\frac{1}{4} = \frac{3}{20}$$

$$P(6,3) = P\{6,3\} + P\{3,6\} = P(6)P(3/6) + P(3)P(6/3) = \frac{1}{6}\cdot\frac{2}{5} + \frac{2}{6}\cdot\frac{1}{4} = \frac{3}{20}$$

$$P(6,8) = P\{6,8\} + P\{8,6\} = P(6)P(8/6) + P(8)P(6/8) = \frac{1}{6}\cdot\frac{1}{5} + \frac{1}{6}\cdot\frac{1}{5} = \frac{1}{15}$$

$$P(4,3) = P\{4,3\} + P\{3,4\} = P(4)P(3/4) + P(3)P(4/3) = \frac{2}{6}\cdot\frac{2}{4} + \frac{2}{6}\cdot\frac{2}{4} = \frac{1}{3}$$

$$P(4,8) = P\{4,8\} + P\{8,4\} = P(4)P(8/4) + P(8)P(4/8) = \frac{2}{6}\cdot\frac{1}{4} + \frac{1}{6}\cdot\frac{2}{5} = \frac{3}{20}$$

$$P(3,8) = P\{3,8\} + P\{8,3\} = P(3)P(8/3) + P(8)P(3/8) = \frac{2}{6}\cdot\frac{1}{4} + \frac{1}{6}\cdot\frac{2}{5} = \frac{3}{20}$$

Las distribuciones de probabilidad de los cuatro estimadores se calculan con la expresión ya conocida $P^T(\hat{\theta}(X_1, ...,X_n) = t) = \sum_{\{S_i / \hat{\theta}(S_i(X))=t\}} P(S_i)$, de la siguiente forma:

$$\hat{\bar{X}}\begin{cases} P^T(\hat{\bar{X}} = 5) = P(6,4) = \dfrac{3}{20} \\[2mm] P^T(\hat{\bar{X}} = \dfrac{9}{2}) = P(6,3) = \dfrac{3}{20} \\[2mm] P^T(\hat{\bar{X}} = 7) = P(6,8) = \dfrac{1}{15} \\[2mm] P^T(\hat{\bar{X}} = \dfrac{7}{2}) = P(4,3) = \dfrac{1}{3} \\[2mm] P^T(\hat{\bar{X}} = 6) = P(4,8) = \dfrac{3}{20} \\[2mm] P^T(\hat{\bar{X}} = \dfrac{11}{2}) = P(3,8) = \dfrac{3}{20} \end{cases}$$

$$\hat{\bar{X}}_G\begin{cases} P^T(\hat{\bar{X}}_G = \sqrt{24}) = P(6,4) + P(3,8) = \dfrac{3}{10} \\[2mm] P^T(\hat{\bar{X}}_G = \sqrt{18}) = P(6,3) = \dfrac{3}{20} \\[2mm] P^T(\hat{\bar{X}}_G = \sqrt{48}) = P(6,8) = \dfrac{1}{15} \\[2mm] P^T(\hat{\bar{X}}_G = \sqrt{12}) = P(4,3) = \dfrac{1}{3} \\[2mm] P^T(\hat{\bar{X}}_G = \sqrt{32}) = P(4,8) = \dfrac{3}{20} \end{cases}$$

$$\bar{\hat{X}}_C \begin{cases} P^T(\bar{\hat{X}}_C = \sqrt{26}) = P(6,4) = \dfrac{3}{20} \\[2mm] P^T(\bar{\hat{X}}_C = \sqrt{\dfrac{45}{2}}) = P(6,3) = \dfrac{3}{20} \\[2mm] P^T(\bar{\hat{X}}_C = \sqrt{50}) = P(6,8) = \dfrac{1}{15} \\[2mm] P^T(\bar{\hat{X}}_C = \sqrt{\dfrac{25}{2}}) = P(4,3) = \dfrac{1}{3} \\[2mm] P^T(\bar{\hat{X}}_C = \sqrt{40}) = P(4,8) = \dfrac{3}{20} \\[2mm] P^T(\bar{\hat{X}}_C = \sqrt{\dfrac{73}{2}}) = P(3,8) = \dfrac{3}{20} \end{cases} \qquad \bar{\hat{X}}_H \begin{cases} P^T(\bar{\hat{X}}_H = \dfrac{24}{5}) = P(6,4) = \dfrac{3}{20} \\[2mm] P^T(\bar{\hat{X}}_H = 4) = P(6,3) = \dfrac{3}{20} \\[2mm] P^T(\bar{\hat{X}}_H = \dfrac{48}{7}) = P(6,8) = \dfrac{1}{15} \\[2mm] P^T(\bar{\hat{X}}_H = \dfrac{24}{7}) = P(4,3) = \dfrac{1}{3} \\[2mm] P^T(\bar{\hat{X}}_H = \dfrac{16}{3}) = P(4,8) = \dfrac{3}{20} \\[2mm] P^T(\bar{\hat{X}}_H = \dfrac{48}{11}) = P(3,8) = \dfrac{3}{20} \end{cases}$$

Una vez conocida la distribución de probabilidad en el m uestreo de los cuatro estim adores analizarem os si son in sesgados o no. Para ello calculam os en primer lugar los valores de las m edias aritmética, geométrica, cuadrática y armónica poblacionales como sigue:

$$\bar{X} = (6+4+3+8)/4 = 21/4 \qquad \bar{X}_G = \sqrt[4]{6.4.3.8} = 4,89$$

$$\bar{X}_C = \sqrt{\frac{6^2 + 4^2 + 3^2 + 8^2}{4}} = 5,59 \qquad \bar{X}_H = \frac{4}{1/6 + 1/4 + 1/3 + 1/8} = 4,57$$

Ahora, para com probar la insesgadez, hallam os la esperanza m atemática de los estimadores tal y como se indica a continuación:

$$E(\bar{\hat{X}}) = 5 \cdot \frac{3}{20} + \frac{9}{2} \cdot \frac{3}{20} + 7 \cdot \frac{1}{15} + \frac{7}{2} \cdot \frac{1}{3} + 6 \cdot \frac{3}{20} + \frac{11}{2} \cdot \frac{3}{20} = 4,78 \neq \bar{X} = \frac{21}{4} = 5,25$$

$$E(\bar{\hat{X}}_G) = \sqrt{24} \cdot \frac{3}{10} + \sqrt{18} \cdot \frac{3}{20} + \sqrt{48} \cdot \frac{1}{15} + \sqrt{12} \cdot \frac{1}{3} + \sqrt{32} \cdot \frac{3}{20} = 4,57 \neq \bar{X}_G = 4,89$$

$$E(\bar{\hat{X}}_C) = \sqrt{26} \cdot \frac{3}{20} + \sqrt{\frac{45}{2}} \cdot \frac{3}{20} + \sqrt{50} \cdot \frac{1}{15} + \sqrt{\frac{25}{2}} \cdot \frac{1}{3} + \sqrt{40} \cdot \frac{3}{20} + \sqrt{\frac{73}{2}} \cdot \frac{3}{20} = 4,98$$
$$\neq \bar{X}_C = 5,59$$

$$E(\bar{\hat{X}}_H) = \frac{24}{5} \cdot \frac{3}{20} + 4 \cdot \frac{3}{20} + \frac{48}{7} \cdot \frac{1}{15} + \frac{24}{7} \cdot \frac{1}{3} + \frac{16}{3} \cdot \frac{3}{20} + \frac{48}{11} \cdot \frac{3}{20} = 4,37 \neq \bar{X}_H = 4,57$$

Vemos que todos los estimadores son sesgados y los valores de sus sesgos son:

$$B(\bar{\hat{X}}) = E(\bar{\hat{X}}) - \bar{X} = 4,78 - 5,25 = -0,47 \qquad B(\bar{\hat{X}}_G) = E(\bar{\hat{X}}_G) - \bar{X}_G = 4,57 - 4,89 = -0,32$$

$$B(\bar{\hat{X}}_C) = E(\bar{\hat{X}}_C) - \bar{X}_C = 4,98 - 5,59 = -0,61 \quad B(\bar{\hat{X}}_H) = E(\bar{\hat{X}}_H) - \bar{X}_H = 4,37 - 4,57 = -0,2$$

Ahora calculamos las varianzas de todos los estimadores como sigue:

$$V(\hat{\bar{X}}) = E(\hat{\bar{X}} - 4,78)^2 = (5 - 4,78)^2 \cdot \frac{3}{20} + (\frac{9}{2} - 4,78)^2 \cdot \frac{3}{20} + (7 - 4,78)^2 \cdot \frac{1}{15}$$

$$+ (\frac{7}{2} - 4,78)^2 \cdot \frac{1}{3} + (6 - 4,78)^2 \cdot \frac{3}{20} + (\frac{11}{2} - 4,78)^2 \cdot \frac{3}{20} = 1,19$$

$$V(\hat{\bar{X}}_G) = E(\hat{\bar{X}}_G - 4,57)^2 = (\sqrt{24} - 4,57)^2 \cdot \frac{3}{10} + (\sqrt{18} - 4,57)^2 \cdot \frac{3}{20} + (\sqrt{48} - 4,57)^2 \cdot \frac{1}{15}$$

$$+ (\sqrt{12} - 4,57)^2 \cdot \frac{1}{3} + (\sqrt{32} - 4,57)^2 \cdot \frac{3}{20} = 1,004$$

$$V(\hat{\bar{X}}_C) = E(\hat{\bar{X}}_C - 4,98)^2 = (\sqrt{26} - 4,98)^2 \cdot \frac{3}{20} + (\sqrt{\frac{45}{2}} - 4,98)^2 \cdot \frac{3}{20} + (\sqrt{50} - 4,98)^2 \cdot \frac{1}{15}$$

$$+ (\sqrt{\frac{25}{2}} - 4,98)^2 \cdot \frac{1}{3} + (\sqrt{40} - 4,98)^2 \cdot \frac{3}{20} + (\sqrt{\frac{73}{2}} - 4,98)^2 \cdot \frac{3}{20} = 1,43$$

$$V(\hat{\bar{X}}_H) = E(\hat{\bar{X}}_H - 4,37)^2 = (\frac{24}{5} - 4,37)^2 \cdot \frac{3}{20} + (4 - 4,37)^2 \cdot \frac{3}{20} + (\frac{48}{7} - 4,37)^2 \cdot \frac{1}{15}$$

$$+ (\frac{24}{7} - 4,37)^2 \cdot \frac{1}{3} + (\frac{16}{3} - 4,37)^2 \cdot \frac{3}{20} + \frac{48}{11} \cdot (\frac{3}{20} - 4,37)^2 = 0,89$$

Como todos los estimadores son sesgados se pueden hacer las comparaciones a través del error cuadrático medio, pero antes se deben calcular las cantidades

$$\frac{|B(\hat{\theta}_i)|}{|\sigma(\hat{\theta}_i)|}$$

para ver si el sesgo es o no despreciable. Tenemos:

$$\frac{|B(\hat{\bar{X}})|}{|\sigma(\hat{\bar{X}})|} = \frac{0,47}{\sqrt{1,19}} = 0.43, \quad \frac{|B(\hat{\bar{X}}_G)|}{|\sigma(\hat{\bar{X}}_G)|} = \frac{0,32}{\sqrt{1,004}} = 0.32, \quad \frac{|B(\hat{\bar{X}}_C)|}{|\sigma(\hat{\bar{X}}_C)|} = \frac{0,61}{\sqrt{1,43}} = 0.51, \quad \frac{|B(\hat{\bar{X}}_H)|}{|\sigma(\hat{\bar{X}}_H)|} = \frac{0,2}{\sqrt{0,89}} = 0.21$$

Todos los valores son superiores a 1/10 con lo que el sesgo no resulta despreciable en ningún caso (el mejor estimador es la media armónica seguido de la geométrica, aritmética y cuadrática). Calculamos ahora los errores cuadráticos medios.

$$ECM(\hat{\bar{X}}) = E(\hat{\bar{X}} - 5,25)^2 = (5 - 5,25)^2 \cdot \frac{3}{20} + (\frac{9}{2} - 5,25)^2 \cdot \frac{3}{20} + (7 - 5,25)^2 \cdot \frac{1}{15}$$

$$+ (\frac{7}{2} - 5,25)^2 \cdot \frac{1}{3} + (6 - 5,25)^2 \cdot \frac{3}{20} + (\frac{11}{2} - 5,25)^2 \cdot \frac{3}{20} = 1,41$$

$$ECM(\hat{\bar{X}}_G) = E(\hat{\bar{X}}_G - 4,89)^2 = (\sqrt{24} - 4,89)^2 \cdot \frac{3}{10} + (\sqrt{18} - 4,89)^2 \cdot \frac{3}{20} + (\sqrt{48} - 4,89)^2 \cdot \frac{1}{15}$$

$$+ (\sqrt{12} - 4,89)^2 \cdot \frac{1}{3} + (\sqrt{32} - 4,89)^2 \cdot \frac{3}{20} = 1,1$$

$$ECM(\hat{\bar{X}}_C) = E(\hat{\bar{X}}_C - 5,59)^2 = (\sqrt{26} - 5,59)^2 \cdot \frac{3}{20} + (\sqrt{\frac{45}{2}} - 5,59)^2 \cdot \frac{3}{20} + (\sqrt{50} - 5,59)^2 \cdot \frac{1}{15}$$

$$+ (\sqrt{\frac{25}{2}} - 5,59)^2 \cdot \frac{1}{3} + (\sqrt{40} - 5,59)^2 \cdot \frac{3}{20} + (\sqrt{\frac{73}{2}} - 5,59)^2 \cdot \frac{3}{20} = 1,8$$

$$ECM(\hat{\bar{X}}_H) = E(\hat{\bar{X}}_H - 4,57)^2 = (\frac{24}{5} - 4,57)^2 \cdot \frac{3}{20} + (4 - 4,57)^2 \cdot \frac{3}{20} + (\frac{48}{7} - 4,57)^2 \cdot \frac{1}{15}$$

$$+ (\frac{24}{7} - 4,57)^2 \cdot \frac{1}{3} + (\frac{16}{3} - 4,57)^2 \cdot \frac{3}{20} + \frac{48}{11} \cdot (\frac{3}{20} - 4,57)^2 = 0,93$$

Según estos resultados el m ejor estimador es la m edia armónica, seguido de la media geométrica, la media aritmética y la media cuadrática (coincide con el otro criterio).

Para cuantificar las ganancias en precisión calculamos:

$$\left(\frac{1,1}{0,93}-1\right)\cdot 100 = 18,27, \quad \left(\frac{1,41}{0,93}-1\right)\cdot 100 = 51,6, \quad \left(\frac{1,8}{0,93}-1\right)\cdot 100 = 93,5$$

Se observa que el uso de la m edia arm ónica m ejora en un 18,27%   la estimación a partir de la m edia geométrica, que el uso de la m edia armónica mejora en un 51,1% la estim ación a partir de la media aritmética, y que el uso de la m edia armónica mejora en un 93.5% la estimación a partir de la media cuadrática.

Suponiendo norm alidad de la población y   una vez com probada la influencia del sesgo para todos los estimadores, podemos calcular los intervalos de confianza para los parámetros poblacionales basados en los valores de los estim adores para la m uestra de mayor probabilidad (4, 3) utilizando el intervalo descentrado:

$$[\ \hat{\theta}-\lambda_\alpha\sigma(\hat{\theta})-B(\hat{\theta}),\ \hat{\theta}+\lambda_\alpha\theta(\hat{\theta})-B(\hat{\theta})\ ]$$

$$[7/2-3\sqrt{1,194}-(-0,47),\quad 7/2+3\sqrt{1,194}-(-0,47)]=[0.69,\,7.1]\to[-0.1,\,7.1]$$

$$\left[\sqrt{12}-3\sqrt{1,003}-(-0,32),\quad \sqrt{12}+3\sqrt{1,003}-(-0,32)\right]=[0.78,\,6.79]\to[0.13,\,6.79]$$

$$\left[\sqrt{25/2}-3\sqrt{1,437}-(-0,61),\quad \sqrt{25/2}+3\sqrt{1,437}-(-0,61)\right]=[0.55,\,7.74]\to[-0.68,7.74]$$

$$\left[24/7-3\sqrt{0,896}-(-0,2),\quad 24/7+3\sqrt{0,896}-(-0,2)\right]=[0.79,\,6.47]\to[0.39,\,6.47]$$

Una vez centrados los intervalos, se observa   que el intervalo de menor longitud corresponde al estim ador m ás preciso (la m edia arm ónica), el intervalo siguiente en precisión es también el siguiente en longitud, y así sucesivamente.

Ejercicio 2. Para la población $A=\{A_1,A_2,A_3,A_4,A_5\}$ *consideramos el siguiente proceso de selección de muestras de tamaño 3. De una urna con 3 bolas numeradas del 1 al 3 se extraen al azar y sin reposición 2 bolas. A continuación de otra urna con 2 bolas numeradas con el 4 y el 5 se extrae una bola. Se pide:*

a) Espacio muestral asociado a este experimento de muestreo y probabilidades de las muestras. Consideramos el estimador por analogía $\hat{\theta}$ *= suma de los subíndices de unidades de las muestras para estimar la característica poblacional* θ *= suma de los subíndices de las unidades de población. Calcular la precisión del estimador y hallar un intervalo de confianza al 95%.*

b) Se considera el estimador por analogía $\hat{\bar{\theta}}$ *= Media de los subíndices de unidades de las muestras para estimar la característica poblacional* $\bar{\theta}$ *= Media de los subíndices de las unidades de población. Calcular la precisión de este estimador y hallar un intervalo de confianza al 95%, ¿qué estimación es mejor? Cuantificar la ganancia en precisión.*

Para hallar el espacio m uestral asoc iado a este procedim iento de m uestreo consideramos la urna U_1 con tres bolas y la urna U_2 con dos bolas.

Como en la urna U_1 seleccionam os dos bolas sin reposición las posibilidades son $(A_1 A_2)$, $(A_1 A_3)$ y $(A_2 A_3)$. Como para cada par de bolas seleccionadas de la urna U_1 se selecciona una bola en la urna U $_2$, las posibles m uestras de tres elem entos serán (A $_1$ $A_2 A_4$), $(A_1 A_2 A_5)$, $(A_1 A_3 A_4)$, $(A_1 A_3 A_5)$, $(A_2 A_3 A_4)$ y $(A_2 A_3 A_5)$.

Las probabilidades de las muestras se calcula como se indica a continuación:

$$P(A_1 A_2 A_4)=P(A_1 A_2 /U_1)P(A_4 /U_2)=P_1(A_1)P_1(A_2 / A_1)P_2(A_4)=(1/3)*(1/2)*(1/2)=1/12$$
$$P(A_1 A_2 A_5)=P(A_1 A_2 /U_1)P(A_5 /U_2)=P_1(A_1)P_1(A_2 / A_1)P_2(A_5)=(1/3)*(1/2)*(1/2)=1/12$$

El cálculo de las probabilidades de las restantes m uestras es sim ilar y el valor es 1/12 para todas ellas, es decir, estamos ante un m étodo de selección con probabilidades iguales. Ya podem os form ar la tabla con las m uestras del espacio muestral S_X, sus probabilidades Pi y los valores de los dos estimadores del problema sobre las m ismas $T_1= \hat\theta$ y $T_2=\hat{\bar\theta}$, datos que nos van a perm itir el cálculo de las distribuciones en el muestreo de los estimadores. En el siguiente cuadro se especifican las muestras, sus probabilidades y los valores de los estimadores para cada muestra.

S_X	Pi	T_1	T_2
$A_1 A_2 A_4$	1 / 12	7	7 / 3
$A_1 A_2 A_5$	1 / 12	8	8 / 3
$A_1 A_3 A_4$	1 / 12	8	8 / 3
$A_1 A_3 A_5$	1 / 12	9	3
$A_2 A_3 A_4$	1 / 12	9	3
$A_2 A_3 A_5$	1 / 12	10	10 / 3
$A_2 A_1 A_4$	1 / 12	7	7 / 3
$A_2 A_1 A_5$	1 / 12	8	8 / 3
$A_3 A_1 A_4$	1 / 12	8	8 / 3
$A_3 A_1 A_5$	1 / 12	9	3
$A_3 A_2 A_4$	1 / 12	9	3
$A_3 A_2 A_5$	1 / 12	10	10 / 3

Las distribuciones de probabilidad de lo s dos estim adores se calcularán m ediante la expresión ya conocida $P^T(\hat\theta (X_1, ...,X_n) = t) = \sum_{\{S_i / \hat\theta(S_i(X))=t\}} P(S_i)$, de la siguiente forma:

$$T_1 \begin{cases} P^T(T_1 = 7) = 2 \cdot \dfrac{1}{12} = \dfrac{1}{6} \\[2mm] P^T(T_1 = 8) = 4 \cdot \dfrac{1}{12} = \dfrac{1}{3} \\[2mm] P^T(T_1 = 9) = 4 \cdot \dfrac{1}{12} = \dfrac{1}{3} \\[2mm] P^T(T_1 = 10) = 2 \cdot \dfrac{1}{12} = \dfrac{1}{6} \end{cases} \qquad T_2 \begin{cases} P^T(T_2 = 7/3) = 2 \cdot \dfrac{1}{12} = \dfrac{1}{6} \\[2mm] P^T(T_2 = 8/3) = 4 \cdot \dfrac{1}{12} = \dfrac{1}{3} \\[2mm] P^T(T_2 = 3) = 4 \cdot \dfrac{1}{12} = \dfrac{1}{3} \\[2mm] P^T(T_2 = 10/3) = 2 \cdot \dfrac{1}{12} = \dfrac{1}{6} \end{cases}$$

Una vez conocida la distribución de probabilidad en el m uestreo de los dos estimadores analizarem os si son insegados o no. Para ello calculam os en prim er lugar los valores del total de los subíndi ces de la población y de la m edia de los subíndices de la población, que son los pa rámetros que estam os estim ando con los estimadores T_1 y T_2 respectivamente. Se tiene:

$$X = (1 + 2 + 3 + 4 + 5) = 15 \quad \overline{X} = (1 + 2 + 3 + 4 + 5)/5 = 3$$

Ahora, para com probar la insesgadez, hallam os la esperanza m atemática de los estimadores tal y como se indica a continuación:

$$E(T_1) = 7 \cdot \frac{1}{6} + 8 \cdot \frac{1}{3} + 9 \cdot \frac{1}{3} + 10 \cdot \frac{1}{6} = 8,5 \neq 15 = X$$

$$E(T_2) = \frac{7}{3} \cdot \frac{1}{6} + \frac{8}{3} \cdot \frac{1}{3} + 3 \cdot \frac{1}{3} + \frac{10}{3} \cdot \frac{1}{6} = 2,8333 \neq \overline{X} = 3$$

El estimador T_1 es sesgado con sesgo $B(T_1) = E(T_1) - X = 8,5 - 15 = -6,5$, y el estimador T_2 también es sesgado con sesgo $B(T_2) = E(T_2) - \overline{X} = 2,8333 - 3 = -0,166$. Las varianzas de los estimadores son:

$$V(T_1) = (7 - 8,5)^2 \cdot \frac{1}{6} + (8 - 8,5)^2 \cdot \frac{1}{3} + (9 - 8,5)^2 \cdot \frac{1}{3} + (10 - 8,5)^2 \cdot \frac{1}{6} = 0,916$$

$$V(T_2) = (\frac{7}{3} - 2,833)^2 \cdot \frac{1}{6} + (\frac{8}{3} - 2,833)^2 \cdot \frac{1}{3} + (3 - 2,833)^2 \cdot \frac{1}{3} + (\frac{10}{3} - 2,833)^2 \cdot \frac{1}{6} = 0,1018$$

Con lo que las desviaciones típicas valdrán:

$$\sigma(T_1) = \sqrt{0,916} = 0,957 \quad y \quad \sigma(T_2) = \sqrt{0,1018} = 0,319$$

Com o $|B(T_1)/\sigma(T_1)| = 6.8 > 1/10$ el sesgo del estim ador T_1 no es despreciable Como $|B(T_2)/\sigma(T_2)| = 0,52 > 1/10$ el sesgo del estim ador T_2 no es despreciable, y como los dos estimadores son sesgados con ses gos no despreciables, la com paración de estimadores puede hacerse a través de las cantidades $|B(T_i)/\sigma(T_i)|$ o a través d e los errores cuadráticos medios. Tenemos:

$$ECM\ (T_1) = (7-15)^2\cdot\frac{1}{6} + (8-15)^2\cdot\frac{1}{3} + (9-15)^2\cdot\frac{1}{3} + (10-15)^2\cdot\frac{1}{6} = 43.166$$

$$ECM\ (T_2) = (\frac{7}{3}-3)^2\cdot\frac{1}{6} + (\frac{8}{3}-3)^2\cdot\frac{1}{3} + (3-3)^2\cdot\frac{1}{3} + (\frac{10}{3}-3)^2\cdot\frac{1}{6} = 0,13$$

Evidentemente el m ejor estim ador es T_2, pues su error cuadrático m edio es mucho menor que el de T_1. La ganancia en precisión por usar T_2 en vez de T_1 es:

$$GP = (EMC(T_2)/EMC(T_1) - 1)*100 = (43,166/0,13-1)*100 = 33104,6\%$$

Si hubiésem os seguido el criterio de com paración dado por $|B(T_i)/\sigma(T_i)|$ el resultado es el m ismo, y a que el m ejor estim ador sería T $_2$. *Obsérvese que para cuantificar la ganancia en precisión de una forma correcta hay que utilizar necesariamente el criterio del error medio cuadrático y no sirve utilizar los valores dados por $|B(T_i)/\sigma(T_i)|$.*

Para hallar un interval o de confianza para T_1 (que es sesgado) basado en la primera muestra se utilizará la fórmula:

$$[\hat\theta - \lambda_\alpha\sigma(\hat\theta) - B(\hat\theta), \hat\theta + \lambda_\alpha\sigma(\hat\theta) - B(\hat\theta)] = [7 - 1.96\cdot0.957 + 6.5,\ 7 + 1.96\cdot0.957 + 6.5]$$
$$= [11.62, 15.37] \rightarrow [-1.34, 15.37]$$

Para el resto de las m uestras se realizan cálculos sim ilares cuy os resultados se presentan en las columnas INFT1 y SUPT1 de la figura 2-49.

Para hallar un intervalo de confianza pa ra T2 (que es sesgado) basado en la primera muestra , realizamos los siguientes cálculos:

$$[\hat\theta - \lambda_\alpha\sigma(\hat\theta) - B(\hat\theta),\ \hat\theta + \lambda_\alpha\theta(\hat\theta) - B(\hat\theta)] = [7/3 - 1.96\cdot0.319 + 0.16,\ 7/3 + 1.96\cdot0.319 + 0.16]$$
$$= [1.86, 3.12] \rightarrow [1.54, 3.12]$$

Para el resto de las muestras se realizan cálculos similares.

> *Ejercicio 3. Para la población $A=\{A_1, A_2, \cdots, A_{12}\}$ consideramos el siguiente proceso de selección de muestras de tamaño 3. Se selecciona un entero al azar en el conjunto $\{1,2,3,4\}$ y siendo δ este número se forma la muestra $\{A_\delta, A_{\delta+4}, \cdots, A_{\delta+8}\}$. Considerando la variable $X_i = X(A_i) = i$ se pide la distribución, esperanza y varianza de los estimadores $T_1 = Máx(X_i)$ y $T_2 = 2(\sum X_i)/n - 1$. ¿Cuál de los dos estimadores es más preciso? Realizar estimaciones por intervalos al 95% basadas en las muestras de mayor valor de los estimadores y comentar los resultados*

Como el procedimiento de m uestreo consiste en un principio en seleccionar al azar un núm ero en el conjunto $\{1,2,3,4\}$, los números elegidos pueden ser el 1, el 2, el 3 o el 4, y todos ellos con probabilidad 1/4. Si el núm ero elegido es el 1 se for-m a la m uestra $\{A_1, A_5, A_9\}$, si es el 2 se forma la muestra $\{A_2, A_6, A_{10}\}$, si es el 3 se forma la muestra $\{A_3, A_7, A_{11}\}$ y si es el 4 se form a la m uestra $\{A_4, A_8, A_{12}\}$. De esta forma todas las muestras tendrán probabilidad 1/4.

En el siguiente cuadro se especifi can las m uestras (con la variable X m edida sobre sus elem entos, es decir, $X(A_i) = i$), sus probabilidades y los valores de los estimadores para cada muestra.

$S(X)$	$P(X)$	T_1	T_2
{1,5,9}	1/4	9	9
{2,6,10}	1/4	10	11
{3,7,11}	1/4	11	13
{4,8,12}	1/4	12	15

Las distribuciones de probabilidad de los dos estim adores se calcularán mediante la expresión $P^T(\hat{\theta}(X_1, ...,X_n) = t) = \sum_{\{S_i / \hat{\theta}(S_i(X))=t\}} P(S_i)$, de la siguiente forma:

$$T_1 \begin{cases} P^T(T_1 = 9) = P\{1,5,9\} = \dfrac{1}{4} \\[2mm] P^T(T_1 = 10) = P\{2,6,10\} = \dfrac{1}{4} \\[2mm] P^T(T_1 = 11) = P\{3,7,11\} = \dfrac{1}{4} \\[2mm] P^T(T_1 = 12) = P\{4,8,12\} = \dfrac{1}{4} \end{cases} \qquad T_1 \begin{cases} P^T(T_1 = 9) = P\{1,5,9\} = \dfrac{1}{4} \\[2mm] P^T(T_1 = 11) = P\{2,6,10\} = \dfrac{1}{4} \\[2mm] P^T(T_1 = 13) = P\{3,7,11\} = \dfrac{1}{4} \\[2mm] P^T(T_1 = 15) = P\{4,8,12\} = \dfrac{1}{4} \end{cases}$$

Una vez conocida la distribución de probabilidad en el m uestreo de los dos estimadores analizarem os si son insegados o no. Para ello calculam os en prim er lugar los valores del m áximo poblacional y de 2 veces la m edia poblacional m enos uno. Como la variable X medida sobre la población produce los valores $\{1,2,3,...,12\}$, el m áximo será 12 y dos veces la media poblacional m enos uno valdrá tam bién 12. Ahora, para com probar la insesgadez, hallam os la esperanza m atemática de los estimadores tal y como se indica a continuación:

$$E(T_1) = 9 \cdot \frac{1}{4} + 10 \cdot \frac{1}{4} + 11 \cdot \frac{1}{4} + 12 \cdot \frac{1}{4} = 10,5 \neq Max(X_i) = 12$$

$$E(T_2) = 9 \cdot \frac{1}{4} + 11 \cdot \frac{1}{4} + 13 \cdot \frac{1}{4} + 15 \cdot \frac{1}{4} = 12 = 12 = 2\overline{X} - 1$$

El estimador T_1 es sesgado con sesgo $B(T_1) = E(T_1) - Max(X_i) = 10,5 - 12 = -1,5$, pero el estimador T_2 es insesgado con sesgo. Las varianzas de los estimadores son:

$$V(T_1) = (9 - 10,5)^2 \cdot \frac{1}{4} + (10 - 10,5)^2 \cdot \frac{1}{4} + (11 - 10,5)^2 \cdot \frac{1}{4} + (12 - 10,5)^2 \cdot \frac{1}{4} = 1,25$$

$$V(T_2) = (9 - 12)^2 \cdot \frac{1}{4} + (11 - 12)^2 \cdot \frac{1}{4} + (13 - 12)^2 \cdot \frac{1}{4} + (15 - 12)^2 \cdot \frac{1}{4} = 5$$

Con lo que las desviaciones típicas valdrán:

$$\sigma(T_1) = \sqrt{1,25} = 1,118 \quad y \quad \sigma(T_2) = \sqrt{5} = 2,236$$

Com o $|B(T_1)/\sigma(T_1)| = 0,67 > 1/10$ el sesgo del estimador T_1 no es despreciable, y como T_2 es insesgado, la com paración de estim adores ha de hacerse a través del error cuadrático medio obligatoriamente. Tenemos:

$$ECM(T_1) = (9-12)^2 \cdot \frac{1}{4} + (10-12)^2 \cdot \frac{1}{4} + (11-12)^2 \cdot \frac{1}{4} + (12-12)^2 \cdot \frac{1}{4} = 3,5$$

$$ECM(T_2) = (9-12)^2 \cdot \frac{1}{4} + (11-12)^2 \cdot \frac{1}{4} + (13-12)^2 \cdot \frac{1}{4} + (15-12)^2 \cdot \frac{1}{4} = 5$$

Obsérvese que el m ejor estim ador es T_1, pues su error cuadrático m edio es menor que el de T_2, a pesar de que T_1 es sesgado y T_2 es insesgado. Obsérvese también que el error cuadrático m edio de T_2 es igual a su varianza, dado que T_2 es insesgado. La ganancia en precisión por usar T_1 en vez de T_2 es:

$$GP = (EMC(T_2)/EMC(T_1) - 1)*100 = (5/3,5-1)*100 = 42,8\%$$

Para hallar un interval o de confianza para T_2 (que es insesgado) basado en la muestra de mayor m áximo {4,8,12}, suponem os prim eramente que la población se distribuye normalmente, en cuyo caso se utiliza como intervalo de confianza el siguiente:

$$[\hat{\theta} - \lambda_\alpha \sigma(\hat{\theta}), \hat{\theta} + \lambda_\alpha \sigma(\hat{\theta})] = [12 - 1.96 \cdot 2.236, 12 + 1.96 \cdot 2.236] = [7.6, 16.4]$$

Si la población no se distribuye normalmente el intervalo para T_2 es:

$$\left[\hat{\theta} - \frac{\sigma(\hat{\theta})}{\sqrt{\alpha}}, \hat{\theta} + \frac{\sigma(\hat{\theta})}{\sqrt{\alpha}}\right] = \left[12 - \frac{2.236}{\sqrt{0.05}}, 12 + \frac{2.236}{\sqrt{0.05}}\right] = [-2, 22]$$

Para poder suponer normalidad sería un buen síntoma que los coeficientes de asimetría y curtosis de la distribución de l estim ador fuesen próxim os a cero. Para calcular estos coeficientes para T_2 necesitamos los momentos de orden 3 y 4 de T_2.

$$\mu_3(T_2) = (9-12)^3 \cdot \frac{1}{4} + (11-12)^3 \cdot \frac{1}{4} + (13-12)^3 \cdot \frac{1}{4} + (15-12)^3 \cdot \frac{1}{4} = 0$$

$$\mu_4(T_2) = (9-12)^4 \cdot \frac{1}{4} + (11-12)^4 \cdot \frac{1}{4} + (13-12)^4 \cdot \frac{1}{4} + (15-12)^4 \cdot \frac{1}{4} = 41$$

Los coeficientes de asimetría y curtosis serán:

$$A = \frac{\mu_3}{\sigma^3} = \frac{0}{\sigma^3} = 0 \quad y \quad K = \frac{41}{2,236^4} - 3 = -1,4$$

Se obtiene una sim etría perf ecta para la distribución de T_2 y una curtosis baja, y a que está dentro del intervalo [-2,2]. Podem os entonces suponer razona-blemente la presencia de norm alidad y que darnos con el intervalo correspondiente a la existencia de normalidad.

Se observa que la   longitud del intervalo de confianza cuando no hay normalidad es mayor que en el caso de normalidad, con lo que la estimación es más tosca (peor) en el caso de no normalidad.

Para hallar un intervalo de confianza para T_1 (que es sesgado)   basado en la muestra de mayor valor del estimador $\{4,8,12\}$, realizamos los siguientes cálculos:

$$[\hat{\theta}-\lambda_\alpha\sigma(\hat{\theta})-B(\hat{\theta}),\hat{\theta}+\lambda_\alpha\theta(\hat{\theta})-B(\hat{\theta})]=[12-1.96\cdot1.118+1.5,12+1.96\cdot1.118+1.5]$$
$$=[11.3,15.8]\rightarrow[8.2,15.7]$$

Hemos obtenido un intervalo de confianza para T_1 más estrecho que el intervalo de confianza con normalidad para T_2. Ello corrobora el hecho de que el estimador T_1 es mejor que el T_2, pues no olvidemos que una estimación por intervalos es tanto mejor cuanto menor longitud tiene el intervalo de confianza.

Ejercicio 4. En una población de N=10 unidades se encuentran éstas formando 4 subconjuntos A(i) i=1,...,4. Los valores de una característica X medida sobre los elementos de la población se presentan en la tabla adjunta:

A(i)→	A(1)	A(2)	A(3)	A(4)
Xi→	1, 2, 3	4, 6	9, 11	2, 2, 5

Se considera un procedimiento de muestreo que consiste en elegir cada subconjunto A(i) con probabilidades proporcionales a sus tamaños. Se considera el estimador T₁ = Media de los subconjuntos, para estimar la media poblacional, y se considera el estimador T₂ = Total de los subconjuntos, para estimar el total poblacional. Se pide:

1°) Especificar el espacio muestral relativo a este procedimiento de muestreo y las probabilidades asociadas a las muestras. Hallar también las distribuciones de probabilidad en el muestreo de los estimadores T₁ y T₂ ¿Cuál de éllos es mejor? Razona la respuesta y cuantifica la ganancia en precisión.

2°) Hallar un intervalo de confianza para la media al nivel α = 0,002 basado en el subconjunto de mayor total. Se sabe que F⁻¹ (0,999) = 3 siendo F la función de distribución de una Normal (0,1). Hallar también un intervalo de confianza del 95% para el total basado en el subconjunto de mayor media. Se sabe que F⁻¹ (0,975) = 2 siendo F la función de distribución de una Normal (0,1).

Como el procedimiento de muestreo es con probabilidades proporcionales a los tamaños Mi de los subconjuntos tenemos que $P_i = kM_i$ $i =1,2,3,4$ para una constante de proporcionalidad k que se calcula de la forma siguiente:

$$P_i = kM_i \Rightarrow \sum_{i=1}^{4} P_i = k \sum_{i=1}^{4} M_i \Rightarrow 1 = k \cdot 10 \Rightarrow k = 1/10 \Rightarrow \begin{cases} P_1 = 3/10 \\ P_2 = 2/10 = 1/5 \\ P_3 = 2/10 = 1/5 \\ P_4 = 3/10 \end{cases}$$

En el siguiente cuadro se especifican las m uestras, sus probabilidades y los valores de los estimadores para cada muestra.

$S(X)$	$P(X)$	T_1	T_2
$\{1,2,3\}$	$3/10$	2	6
$\{4,6\}$	$1/5$	5	10
$\{9,11\}$	$1/5$	10	20
$\{2,2,5\}$	$3/10$	3	9

Las distribuciones de probabilidad de los dos estim adores se calcularán mediante la expresión $P^T(\hat{\theta}(X_1, ...,X_n) = t) = \sum_{\{S_i / \hat{\theta}(S_i(X))=t\}} P(S_i)$, de la siguiente forma:

$$T_1 \begin{cases} P^T(T_1 = 2) = P\{1,2,3\} = \dfrac{3}{10} \\ P^T(T_1 = 5) = P\{4,6\} = \dfrac{1}{5} \\ P^T(T_1 = 10) = P\{9,11\} = \dfrac{1}{5} \\ P^T(T_1 = 3) = P\{2,2,5\} = \dfrac{3}{10} \end{cases}$$

$$T_2 \begin{cases} P^T(T_2 = 6) = P\{1,2,3\} = \dfrac{3}{10} \\ P^T(T_2 = 10) = P\{4,6\} = \dfrac{1}{5} \\ P^T(T_2 = 20) = P\{9,11\} = \dfrac{1}{5} \\ P^T(T_2 = 9) = P\{2,2,5\} = \dfrac{3}{10} \end{cases}$$

Una vez conocida la distribución de probabilidad en el m uestreo de los dos estimadores analizaremos si son insesgados o no. Para ello, calculam os en prim er lugar los valores de la m edia poblacional y el total poblacional, que son los parámetros que estamos estimando. Se tiene:

$$\overline{X} = (1 + 2 + 3 + 4 + 6 + 9 + 11 + 2 + 2 + 5)/10 = 45/10$$
$$X = (1 + 2 + 3 + 4 + 6 + 9 + 11 + 2 + 2 + 5) = 45$$

Ahora, para com probar la insesgadez, hallam os la esperanza m atemática de los estimadores tal y como se indica a continuación:

$$E(T_1) = 2 \cdot \frac{3}{10} + 5 \cdot \frac{1}{5} + 10 \cdot \frac{1}{5} + 3 \cdot \frac{3}{10} = 4,5 = \overline{X}$$
$$E(T_2) = 6 \cdot \frac{3}{10} + 10 \cdot \frac{1}{5} + 20 \cdot \frac{1}{5} + 9 \cdot \frac{3}{10} = 10,5 \neq X = 45$$

El   estimador T_1 es insesgado, pero el estim   ador T_2 es sesgado con sesgo $B(T_2) = E(T_2)-X=10,5-45 = -34,5$. Las varianzas de los estimadores son:

$$V(T_1) = (2-4,5)^2 \cdot \frac{3}{10} + (5-4,5)^2 \cdot \frac{1}{5} + (10-4,5)^2 \cdot \frac{1}{5} + (3-4,5)^2 \cdot \frac{3}{10} = 8,65$$

$$V(T_2) = (6-10,5)^2 \cdot \frac{3}{10} + (10-10,5)^2 \cdot \frac{1}{5} + (20-10,5)^2 \cdot \frac{1}{5} + (9-10,5)^2 \cdot \frac{3}{10} = 24,85$$

Con lo que las desviaciones típicas valdrán:

$$\sigma(T_1) = \sqrt{8,65} = 2.94 \quad y \quad \sigma(T_2) = \sqrt{24,85} = 4.98$$

Com   o $|B(T_2)/\sigma(T_2)| = 6.92 > 1/10$ el sesgo del estimador T_2 no es despreciable, y c omo T_1 es insesgado, la com paración de estim adores ha de hacerse a través del error cuadrático medio. Tenemos:

$$ECM(T_1) = (2-4,5)^2 \cdot \frac{3}{10} + (5-4,5)^2 \cdot \frac{1}{5} + (10-4,5)^2 \cdot \frac{1}{5} + (3-4,5)^2 \cdot \frac{3}{10} = 8,65$$

$$ECM(T_2) = (6-45)^2 \cdot \frac{3}{10} + (10-45)^2 \cdot \frac{1}{5} + (20-45)^2 \cdot \frac{1}{5} + (9-45)^2 \cdot \frac{3}{10} = 1215,1$$

Evidentemente el m ejor estim ador es T_1, pues su error cuadrático m edio es mucho menor que el de T_2. La ganancia en precisión por usar T_1 en vez de T_2 es:

$$GP = (EMC(T_2)/EMC(T_1) - 1)*100 = (1215,1/8,65-1)*100=13946,24\%$$

Para hallar un interval o de confianza para T_1 (que es insesgado) basado en la muestra de mayor total $\{2,2,5\}$, suponem os primeramente que la población se distribuye normalmente, en cuyo caso se utiliza como intervalo de confianza el siguiente:

$$[\hat{\theta} - \lambda_\alpha \sigma(\hat{\theta}), \hat{\theta} + \lambda_\alpha \sigma(\hat{\theta})] = [3 - 3 \cdot 2.94, \, 3 + 3 \cdot 2.94] = [-5.82, \, 11.82]$$

Si la población no se distribuye normalmente el intervalo para T_1 es:

$$\left[\hat{\theta} - \frac{\sigma(\hat{\theta})}{\sqrt{\alpha}}, \hat{\theta} + \frac{\sigma(\hat{\theta})}{\sqrt{\alpha}}\right] = \left[3 - \frac{2.94}{\sqrt{0.002}}, 3 + \frac{2.94}{\sqrt{0.002}}\right] = [-62.74, \, 68.7]$$

Se observa que la   longitud del intervalo de confianza cuando no hay normalidad es mucho m ayor que en el cas o de norm alidad, con lo que la estim ación es más tosca (peor) en el caso de no normalidad.

Para hallar un interval o de confianza para T_2 (que es sesgado)   basado en la muestra de mayor media $\{9,11\}$, realizamos los siguientes cálculos:

$$[\hat{\theta} - \lambda_\alpha \sigma(\hat{\theta}) - B(\hat{\theta}), \hat{\theta} + \lambda_\alpha \theta(\hat{\theta}) - B(\hat{\theta})] = [20 - 2 \cdot 4.98 + 34.5, \, 20 + 2 \cdot 4.98 + 34.5]$$
$$= [44.54, \, 64.81] \rightarrow [-24.81, \, 64.81]$$

Ejercicio 5. Consideramos una población de 3 unidades $\{u_1, u_2 u_3\}$ *cuyas probabilidades iniciales de selección son iguales a 1/3. Se estraen muestras de tamaño 2 con reposición sin tener en cuenta el orden de colocación de sus elementos. Se pide:*

a) Espacio muestral y probabilidad asociadas a las muestras para este tipo de muestreo

b) Se estima por analogía el parámetro poblacional $\theta = n^o$ *de unidades distintas en la población mediante el estimador* $\hat{\theta} = n^o$ *de unidades distintas en la muestra Hallar la distribución en el muestreo del estimador* $\hat{\theta}$ *de* θ

c) Analizar la precisión de $\hat{\theta}$ *para los valores* $\theta = 1$, $\theta = 2$, $\theta = 3$ *del parámetro poblacional* θ

d) Se estima el parámetro poblacional $\overline{\theta} = N^o$ *medio de unidades distintas en la población mediante el estimador por analogía* $\hat{\overline{\theta}} = N^o$ *medio de unidades distintas en la muestra. Hallar la distribución en el muestreo de* $\hat{\overline{\theta}}$ *y analizar su precisión para los valores* $\overline{\theta} = 1$ *y* $\overline{\theta} = 2$ *del parámetro poblacional* $\overline{\theta}$

e) ¿Cuál de las dos estimaciones anteriores es mejor? Hallar intervalos de confianza para ambos estimadores $\hat{\theta}$ *y* $\hat{\overline{\theta}}$ *al 95% y comparar sus precisiones.*

Dado que el muestreo es con reposición y no interviene el orden de colocación de los elementos en las muestras habrá 6 muestras posibles cuyas probabilidades se calculan como se indica a continuación:

$P(u_1 u_1) = P(u_1)P(u_1) = (1/3)(1/3) = 1/9$
$P(u_1 u_2) = P\{u_1 u_2\} + P\{u_2 u_1\} = P(u_1)P(u_2) + P(u_2)P(u_1) = (1/3)(1/3) + (1/3)(1/3) = 2/9$

De forma análoga $P(u_1 u_3) = P(u_2 u_3) = 2/9$ y $P(u_2 u_2) = P(u_3 u_3) = 1/9$

Ya podemos formar la tabla con las muestras del espacio muestral S_X, sus probabilidades P_i y los valores de los dos estimadores del problema sobre las mismas $T_1 = \hat{\theta}$ y $T_2 = \hat{\overline{\theta}}$, datos que nos van a permitir el cálculo de las distribuciones en el muestreo de los estimadores. En el siguiente cuadro se especifican las muestras, sus probabilidades y los valores de los estimadores para cada muestra.

S_X	P_i	T_1	T_2
$u_1 u_1$	1 / 9	1	1 / 2
$u_1 u_2$	2 / 9	2	1
$u_1 u_3$	2 / 9	2	1
$u_2 u_2$	1 / 9	1	1 / 2
$u_2 u_3$	2 / 9	2	1
$u_3 u_3$	1 / 9	1	1 / 2

Las distribuciones de probabilidad de   los dos estim adores se calcularán mediante la expresión $P^T(\hat{\theta}(X_1, ...,X_n) = t) = \sum_{\{S_i / \hat{\theta}(S_i(X))=t\}} P(S_i)$, de la siguiente forma:

$$T_1 \begin{cases} P^T(T_1=1) = 3 \cdot \dfrac{1}{9} = \dfrac{1}{3} \\ P^T(T_1=2) = 3 \cdot \dfrac{2}{9} = \dfrac{2}{3} \end{cases} \qquad T_1 \begin{cases} P^T(T_2=1/2) = 3 \cdot \dfrac{1}{9} = \dfrac{1}{3} \\ P^T(T_2=1) = 3 \cdot \dfrac{2}{9} = \dfrac{2}{3} \end{cases}$$

Una vez conocida la distribución de probabilidad en el m uestreo de los dos estimadores analizarem os si T_1 es insegado o no para los parámetros poblacionales $\theta=1$, $\theta=2$ y $\theta=3$ (una, dos o tres unidades dis tintas en la población). Para ello hallamos la esperanza matemática de T_1 tal y como se indica a continuación:

$$E(T_1) = 1 \cdot \frac{1}{3} + 2 \cdot \frac{2}{3} = 5/3 \neq \theta \;\; \forall \theta = 1,2,3$$

Se observa que cualquiera que sea θ existe sesgo. Los sesgos $B_1(T_1)$, $B_2(T_1)$ y $B_3(T_1)$ relativos a los valores $\theta = 1$, $\theta = 2$ y $\theta = 3$ del parámetro poblacional son:

$B_1(T_1) = E(T_1)-1 = 2/3$, $B_2(T_1) = E(T_1)-2 = -1/3$ y $B_3(T_1) = E(T_1)-3 = -4/3$

Ahora calculamos la varianza de T_1 como se indica a continuación:

$$V(T_1) = (1-5/3)^2 \cdot \frac{1}{3} + (2-5/3)^2 \cdot \frac{2}{3} = 2/9 \Rightarrow \sigma(T_1) = \frac{\sqrt{2}}{3}$$

Como $|B_1(T_1)/\sigma(T_1)| = \sqrt{2} > 1/10$, $|B_2(T_1)/\sigma(T_1)| = (\sqrt{2})/2 > 1/10$ y $|B_3(T_1)/\sigma(T_1)| = 2\sqrt{2} > 1/10$, el sesgo del estim ador T_1 no es despreciable para $\theta = 1$, $\theta = 2$ y $\theta = 3$. No obstante la menor razón del sesgo a la desviación típica se obtiene para $\theta = 2$.

Para corroborar el resultado anterior   vamos a hallar los errores cuadráticos medios de T_1 para $\theta = 1$, $\theta = 2$ y $\theta = 3$ de la forma siguiente:

$ECM_1(T_1) = B_1^2(T_1)+V(T_1) = 4/9 + 2/9 = 2/3$
$ECM_2(T_1) = B_2^2(T_1)+V(T_1) = 1/9 + 2/9 = 1/3$
$ECM_3(T_1) = B_3^2(T_1)+V(T_1) = 16/9 + 2/9 = 2$

También se observa que el m enor error cuadrático m edio de T_1 se obtiene para $\theta = 2$. Luego el estim ador T_1 es m ás preciso cuando $\theta=2$, es decir, cuando existen dos unidades distintas en la población.

Ahora analizarem os si T_2 es insegado o no   para los parámetros poblacionales $\bar{\theta} = 1$ y $\bar{\theta} = 2$ (una o dos unidades distintas en m edia en la población). Para ello hallamos la esperanza matemática de T_2 tal y como se indica a continuación:

$$E(T_2) = \frac{1}{2} \cdot \frac{1}{3} + 1 \cdot \frac{2}{3} = 5/6 \neq \overline{\theta} \ \forall \overline{\theta} = 1,2$$

Se observa que cualquiera que sea $\overline{\theta}$ existe sesgo. Los sesgos $B_1(T_2)$ y $B_2(T_2)$ relativos a los valores $\overline{\theta} = 1$ y $\overline{\theta} = 2$ del parámetro poblacional son:

$$B_1(T_2) = E(T_2)\text{-}1 = \text{-}1/6 \ \text{y} \ B_2(T_2) = E(T_2)\text{-}2 = \text{-}7/6$$

Ahora calculamos la varianza de T_2 como se indica a continuación:

$$V(T_2) = (1/2 - 5/6)^2 \cdot \frac{1}{3} + (1 - 5/6)^2 \cdot \frac{2}{3} = 8/9 \Rightarrow \sigma(T_2) = \frac{2\sqrt{2}}{3}$$

Como $|B_1(T_2)/\sigma(T_2)| = (\sqrt{2})/8 > 1/10$ y $|B_2(T_2)/\sigma(T_2)| = (7\sqrt{2})/8 > 1/10$, el sesgo del estimador T_2 no es despreciable para $\overline{\theta} = 1$ y $\overline{\theta} = 2$. No obstante la m enor razón del sesgo a la desviación típica se obtiene para $\overline{\theta} = 1$.

Para corroborar el resultado anterior vamos a hallar los errores cuadráticos medios de T_2 para $\overline{\theta} = 1$ y $\overline{\theta} = 2$ de la forma siguiente:

$$ECM_1(T_2) = B_1^2(T_2) + V(T_2) = 1/36 + 8/9 = 11/12$$
$$ECM_2(T_2) = B_2^2(T_2) + V(T_2) = 49/36 + 8/9 = 9/4$$

También se observa que el m enor error cuadrático m edio de T_2 se obtiene para $\overline{\theta} = 1$. Luego el estimador T_2 es más preciso cuando $\overline{\theta} = 1$.

Para comparar T_1 estim ador de θ con T_2 estim ador de $\overline{\theta}$ utilizamos sus errores cuadráticos m edios en las situaciones óptim as, es decir, en las situaciones de m áxima precisión de am bas estim aciones, es decir, cuando $\theta = 2$ y $\overline{\theta} = 1$ respectivamente. Precisamente en estas situaciones se tenía $ECM(T_1) = 1/3$ y $ECM_1(T_2) = 11/12$, luego el mejor estimador es T_1, pues su error cuadrático medio es menor.

Para hallar un interval o de confianza para T_1 (que es sesgado) basado en la primera muestra se considerará el caso óptimo $\theta = 2$ $(B(T_1) = \text{-}1/3)$ y se usará la fórmula:

$$[\hat{\theta} - \lambda_\alpha \sigma(\hat{\theta}) - B(\hat{\theta}), \ \hat{\theta} + \lambda_\alpha \sigma(\hat{\theta}) - B(\hat{\theta})] = [1 - 1.96 \cdot \sqrt{2}/3 + 1/3, 1 + 1.96 \cdot \sqrt{2}/3 + 1/3]$$
$$= [0.4, 2.25] \rightarrow [-0.25, 2.25]$$

Para la segunda muestra tendremos el siguiente intervalo de confianza:

$$[\hat{\theta} - \lambda_\alpha \sigma(\hat{\theta}) - B(\hat{\theta}), \ \hat{\theta} + \lambda_\alpha \sigma(\hat{\theta}) - B(\hat{\theta})] = [2 - 1.96 \cdot \sqrt{2}/3 + 1/3, \ 2 + 1.96 \cdot \sqrt{2}/3 + 1/3]$$
$$= [1.4, 3.25] \rightarrow [0.75, 3.25]$$

Para la cuarta y sexta muestras los intervalos de confianza son iguales que para la primera, ya que el valor del estim ador es el mismo. Para la tercera y quinta muestras los intervalos de confianza son iguales   que para la segunda, y   a que el valor del estimador es el m ismo. No obstante se obs   erva que todos los intervalos tienen una anchura de 2.5 unidades.

Para hallar un interval o de confianza para T_2 (que es sesgado)   basado en la primera m uestra se considerará el caso óptim   o $\overline{\theta} = 1$ $(B(T_2) = -1/6)$ y   se usará la fórmula:

$$[\hat{\theta} - \lambda_\alpha \sigma(\hat{\theta}) - B(\hat{\theta}), \ \hat{\theta} + \lambda_\alpha \sigma(\hat{\theta}) - B(\hat{\theta})] = [1/2 - 1.96 \cdot 2\sqrt{2}/3 + 1/6, \ 1/2 + 1.96 \cdot 2\sqrt{2}/3 + 1/6]$$
$$= [-1.2, 2.5] \rightarrow [-1.5, 2.5]$$

Para la segunda muestra tendremos el siguiente intervalo de confianza:

$$[\hat{\theta} - \lambda_\alpha \sigma(\hat{\theta}) - B(\hat{\theta}), \ \hat{\theta} + \lambda_\alpha \sigma(\hat{\theta}) - B(\hat{\theta})] = [1 - 1.96 \cdot 2\sqrt{2}/3 + 1/6, \ 1 + 1.96 \cdot 2\sqrt{2}/3 + 1/6]$$
$$= [-0.7, 3] \rightarrow [-1, 3]$$

Para la cuarta y sexta muestras los intervalos de confianza son iguales que para la primera, ya que el valor del estim ador es el mismo. Para la tercera y quinta muestras los intervalos de confianza son iguales   que para la segunda, y   a que el valor del estimador es el m ismo. No obstante se obs   erva que todos los intervalos tienen una anchura de 4 unidades.

Según estos resultados son m ás anchos lo s intervalos de confianza para el estimador T_2 que para el estim ador T_1 , lo que indica que T_1 es mejor estimador que T_2, pues una estim ación por intervalos es tant   o m ejor cuanto m enos longitud tenga el intervalo de confianza. Este resultado   concuerda con el criterio del error cuadrático medio visto anteriormente.

CAPÍTULO 3

MÉTODOS DE SELECCIÓN DE LA MUESTRA. PROBABILIDADES IGUALES Y DESIGUALES

En este capítulo nos ocuparemos de los métodos generales de selección de la muestra y su repercusión en la estimación lineal insesgada de los principales parámetros poblacionales. Se tratarán los métodos de selección de la muestra con probabilidades desiguales con y sin reposición analizando los principales estimadores y sus errores en cada método. Como caso particular se obtendrán resultados para probabilidades iguales. También se estudiarán métodos de selección mixtos que contemplan probabilidades iguales y desiguales.

MUESTREO SIN REPOSICIÓN Y CON REPOSICIÓN. PROBABILIDADES IGUALES Y DESIGUALES

Inicialmente podemos clasificar los métodos de selección de muestras en dos grandes clases: métodos de muestreo sin reposición y métodos de muestreo con reposición. Decimos que un procedimiento aleatorio de muestreo es *sin reposición* cuando todas las muestras que tienen algún elemento repetido son imposibles. Las unidades seleccionadas no se reponen a la población para seleccionar la siguiente unidad de la muestra, con lo que las muestras resultantes tienen todos sus elementos distintos. Como norma general (si no se especifica lo contrario) no se tiene en cuenta el orden de colocación de los elementos en la muestra, es decir, muestras con los mismos elementos colocados en distinto orden son similares. Por lo tanto el espacio muestral S contiene:

$$C_{N,n} = \binom{N}{n}$$

muestras de tamaño n extraídas de la población de tamaño N, cada una de las cuales puede denotarse por $(\tilde{x})$ y contiene a las $n!$ muestras con los mismos elementos. Cuando se considera el orden de colocación de los elementos en la muestra, de tal forma que muestras con los mismos elementos colocados en distinto orden son distintas, el espacio muestral S contiene como número de muestras de tamaño n:

$$V_{N,n} = \binom{N}{n} n!$$

Decimos que un procedim iento aleatorio de m uestreo es **con reposición** cuando las m uestras que tienen algún elem ento repetido son posibles. Las unidades seleccionadas se reponen a la población para seleccionar la siguiente unidad de la muestra, con lo que las m uestras resulta ntes pueden tener uno, varios o todos sus elementos repetidos. Si se tiene en cuenta el orden de colocación de los elementos en las muestras, el espacio m uestral tendrá $VR_{N,n} = N^n$ elementos. Si no se tiene en cuenta el orden en las muestras, el espacio muestral tendrá:

$$CR_{N,n} = \binom{N-n-1}{n}$$

elementos.

Adicionalmente podemos clasificar los m étodos de selección de muestras en otras dos grandes clases: métodos de m uestreo con probabilidades iguales y métodos de muestreo con probabilidades desiguales.

Decimos que un procedim iento aleatorio de m uestreo es **con probabilidades iguales** cuando la probabilidad que tiene cualquier unidad u_i de ser elegida para la muestra es la misma en cada extracción. En caso de que no sea la m isma estaremos ante m uestreo **con probabilidades desiguales**. Tanto el m uestreo con reposición como el muestreo si reposición pueden ser con probabilidades iguales o desiguales.

SELECCIÓN SIN REPOSICIÓN Y PROBABILIDADES DESIGUALES. ESTIMADORES LINEALES INSESGADOS

Probabilidad de las unidades de pertenecer a la muestra

Consideremos una población de tamaño N, de unidades $\{u_1, u_2, \cdots, u_N\}$. Seleccionamos sin reposición una m uestra $(\widetilde{\mathbf{x}})$ de tamaño n. Ya sabemos que en este esquema de selección cada unidad u $_i$ de la población puede pertenecer a la m uestra $(\widetilde{\mathbf{x}})$ sólo una vez. Ahora para cada $i=1,2,...,N$ consideramos la variable aleatoria de apoyo e_i definida de la siguiente forma:

$$e_i = \begin{cases} 1 & si \quad u_i \in (\widetilde{\mathbf{x}}) \quad con\ probabilidad\ \pi_i \\ 0 & si \quad u_i \notin (\widetilde{\mathbf{x}}) \quad con\ probabilidad\ 1-\pi_i \end{cases}$$

De esta form a estamos considerando una vari able aleatoria definida en función de la **probabilidad π_i de que la i-ésima unidad de la población pertenezca a la muestra**.

Podemos calcular la esperanza y la varianza de e_i de la siguiente forma:

$$E(e_i) = 1.P(e_i=1) + 0.P(e_i=0) = 1.\pi_i + 0.(1-\pi_i) = \pi_i$$

$$E(e_i^2) = 1^2.P(e_i=1) + 0^2.P(e_i=0) = 1.\pi_i + 0.(1-\pi_i) = \pi_i$$

$$Var(e_i) = E(e_i^2) - [E(e_i)]^2 = \pi_i - \pi_i^2 = \pi_i(1-\pi_i)$$

Ahora para cada $i,j = 1,2,..., N$ con $i \neq j$ consideram os la variable aleatoria producto $e_i . e_j$, que evidentemente está definida de la siguiente forma:

$$e_i.e_j = \begin{cases} 1 & si \quad (u_i, u_j) \in (\widetilde{\mathbf{x}}) & con \ probabilidad \ \pi_{ij} \\ 0 & si \quad (u_i, u_j) \notin (\widetilde{\mathbf{x}}) & con \ probabilidad \ 1 - \pi_{ij} \end{cases}$$

Tenemos entonces que:

$E(e_i\,e_j) = 1.\,\pi_{ij} + 0.(1-\pi_{ij}) = \pi_{ij}$

$Cov(e_i,\,e_j) = E(e_i.e_j) - E(e_i).E(e_j) = \pi_{ij} - \pi_i\pi_j$

Observam os que $Cov(e_i,\,e_j)$ depende de π_{ij}, es decir, de la **probabilidad de que las unidades u_i y u_j pertenezcan simultáneamente a la muestra**.

Vamos a enum erar ahora determ inadas propiedades relativas a la proba-bilidad π_i de que la unidad u_i pertenezca a la m uestra y a la probabilidad π_{ij} de que las unidades u_i y u_j pertenezcan a la muestra. Tenemos:

1. $\displaystyle\sum_{i=1}^{N} \pi_i = n$ ya que $\displaystyle\sum_{i=1}^{N} \pi_i = \sum_{i=1}^{N} E(e_i) = E(\sum_{i=1}^{N} e_i) = E(n) = n$

2. $\displaystyle\sum_{\substack{i=1 \\ i \neq j}}^{N} \pi_i = n - \pi_j$ ya que $\displaystyle\sum_{\substack{i=1 \\ i \neq j}}^{N} \pi_i = \sum_{i=1}^{N} \pi_i - \pi_j = n - \pi_j$

3. $\displaystyle\sum_{\substack{i=1 \\ i \neq j}}^{N} \pi_{ij} = (n-1)\pi_j$ ya que $\displaystyle\sum_{\substack{i=1 \\ i \neq j}}^{N} \pi_{ij} = \sum_{\substack{i=1 \\ i \neq j}}^{N} E(e_i e_j) = E(\sum_{\substack{i=1 \\ i \neq j}}^{N} (e_i e_j)) = E(e_j \sum_{\substack{i=1 \\ i \neq j}}^{N} (e_i))$

$$= E(e_j(\sum_{i=1}^{N}(e_i) - e_j)) = E(e_j \sum_{i=1}^{N}(e_i) - e_j^{\,2}) = E(ne_j - e_j^{\,2}) = nE(e_j) - E(e_j^{\,2})$$

$$= n\pi_j - \pi_j = (n-1)\pi_j$$

4. $\displaystyle\sum_{\substack{i=1 \\ i \neq j}}^{N} (\pi_{ij} - \pi_i\pi_j) = -\pi_j(1-\pi_j)$ ya que $\displaystyle\sum_{\substack{i=1 \\ i \neq j}}^{N} (\pi_{ij} - \pi_i\pi_j) = \sum_{\substack{i=1 \\ i \neq j}}^{N} (\pi_{ij}) - \sum_{\substack{i=1 \\ i \neq j}}^{N} (\pi_i\pi_j)$

$$(n-1)\pi_j - \pi_j \sum_{\substack{i=1 \\ i \neq j}}^{N} (\pi_i) = (n-1)\pi_j - \pi_j(n - \pi_j) = -\pi_j(1-\pi_j)$$

Estimador de Horvitz y Thompson

Del capítulo anterior sabemos que un estimador lineal adecuado para estimar el parámetro poblacional $\theta = \displaystyle\sum_{i=1}^{N} Y_i$ es el estimador $\hat{\theta} = \displaystyle\sum_{i=1}^{n} w_i Y_i$.

Tenemos que:

$$E(\hat{\theta}) = E\left(\sum_{i=1}^{n} w_i Y_i\right) = E\left(\sum_{i=1}^{N} w_i Y_i e_i\right) = \sum_{i=1}^{N} w_i Y_i E(e_i) = \sum_{i=1}^{N} w_i Y_i \pi_i$$

Si al estimador $\hat{\theta} = \sum_{i=1}^{n} w_i Y_i$ del parámetro poblacional $\theta = \sum_{i=1}^{N} Y_i$, además de la linealidad, le exigimos la insesgadez, ha de cumplirse $E(\hat{\theta}) = \theta$, y se tiene:

$$E(\hat{\theta}) = \theta \Rightarrow \sum_{i=1}^{N} w_i Y_i \pi_i = \sum_{i=1}^{N} Y_i \Rightarrow w_i \pi_i = 1 \Rightarrow w_i = \frac{1}{\pi_i}$$

De esta forma ya tenemos que en el caso de muestreo sin reposición el estimador lineal insesgado para el parámetro poblacional $\theta = \sum_{i=1}^{N} Y_i$ es el estimador

$\hat{\theta}_{HT} = \sum_{i=1}^{n} w_i Y_i = \sum_{i=1}^{n} \frac{1}{\pi_i} Y_i = \sum_{i=1}^{n} \frac{Y_i}{\pi_i}$, denominado estimador de Horvitz y Thompson.

Al particularizar el estimador de Horvitz y Thompson para los distintos parámetros poblacionales, tenemos los siguientes estimadores:

Total $\rightarrow$ $\qquad \theta = X = \sum_{i=1}^{N} X_i \Rightarrow Y_i = X_i \Rightarrow \quad \hat{X}_{HT} = \sum_{i=1}^{n} \frac{X_i}{\pi_i}$

Media $\rightarrow$ $\qquad \theta = \overline{X} = \sum_{i=1}^{N} \frac{X_i}{N} \Rightarrow Y_i = \frac{X_i}{N} \Rightarrow \hat{\overline{X}}_{HT} = \frac{1}{N}\sum_{i=1}^{n} \frac{X_i}{\pi_i}$

Total de clase $\rightarrow$ $\qquad \theta = A = \sum_{i=1}^{N} A_i \Rightarrow Y_i = A_i \Rightarrow \quad \hat{A}_{HT} = \sum_{i=1}^{n} \frac{A_i}{\pi_i}$

Proporción $\rightarrow$ $\qquad \theta = P = \sum_{i=1}^{N} \frac{A_i}{N} \Rightarrow Y_i = \frac{A_i}{N} \Rightarrow \quad \hat{P}_{HT} = \frac{1}{N}\sum_{i=1}^{n} \frac{A_i}{\pi_i}$

Varianza del estimador de Horvitz y Thompson

$$V\left(\hat{\theta}_{HT}\right) = V\left(\sum_{i=1}^{n} \frac{Y_i}{\pi_i}\right) = V\left(\sum_{i=1}^{N} \frac{Y_i}{\pi_i} e_i\right) = \sum_{i=1}^{N} V\left(\frac{Y_i}{\pi_i} e_i\right) + 2\sum_{i=1}^{N}\sum_{j>i}^{N} Cov\left(\frac{Y_i}{\pi_i} e_i, \frac{Y_j}{\pi_j} e_j\right) =$$

$$\sum_{i=1}^{N} \frac{Y_i^2}{\pi_i^2} V(e_i) + 2\sum_{i=1}^{N}\sum_{j>i}^{N} \frac{Y_j}{\pi_j}\frac{Y_i}{\pi_i} cov(e_i, e_j) = \sum_{i=1}^{N} \frac{Y_i^2}{\pi_i^2}\pi_i(1-\pi_i) + 2\sum_{i=1}^{N}\sum_{j>i}^{N} \frac{Y_i}{\pi_i}\frac{Y_j}{\pi_j}\left(\pi_{ij} - \pi_i\pi_j\right)$$

y se tiene:

$$V\left(\hat{\theta}_{HT}\right) = \sum_{i=1}^{N} \frac{Y_i^2}{\pi_i}(1 - \pi_i) + 2\sum_{i=1}^{N}\sum_{j>i}^{N} \frac{Y_i}{\pi_i}\frac{Y_j}{\pi_j}\left(\pi_{ij} - \pi_i\pi_j\right)$$

Estimación de la varianza del estimador de Horvitz y Thompson

Como la expresión de la varianza del estimador de Horvitz y Thompson extiende sus índices de sumación hasta el valor N, y dado que los únicos datos conocidos en realidad son sólo los muestrales, será necesario estimar dicha varianza de forma que dependa únicamente de valores muestrales (índices de sumación extendidos sólo hasta n). La raíz cuadrada de esta estimación de la varianza será utilizada como error de muestreo del estimador de Horvitz y Thompson. Se tiene que un estimador insesgado para $V\left(\hat{\theta}_{HT}\right)$ viene dado por la expresión:

$$\hat{V}\left(\hat{\theta}_{HT}\right) = \sum_{i=1}^{n} \frac{Y_i^2}{\pi_i^2}(1 - \pi_i) + 2\sum_{i=1}^{n}\sum_{j>i}^{n} \frac{Y_i}{\pi_i}\frac{Y_j}{\pi_j}\frac{\left(\pi_{ij} - \pi_i\pi_j\right)}{\pi_{ij}}$$

Para comprobar la insesgadez hemos de ver que $E\left(\hat{V}\left(\hat{\theta}_{HT}\right)\right) = V\left(\hat{\theta}_{HT}\right)$.

$$E\left[\hat{V}\left(\hat{\theta}_{HT}\right)\right] = E\left(\sum_{i=1}^{n} \frac{Y_i^2}{\pi_i^2}(1 - \pi_i)\right) + 2E\left(\sum_{i=1}^{n}\sum_{j>i}^{n} \frac{Y_i}{\pi_i}\frac{Y_j}{\pi_j}\frac{\left(\pi_{ij} - \pi_i\pi_j\right)}{\pi_{ij}}\right) =$$

$$E\left(\sum_{i=1}^{N} \frac{Y_i^2}{\pi_i^2}(1 - \pi_i)e_i\right) + 2E\left(\sum_{i=1}^{N}\sum_{j>i}^{N} \frac{Y_i}{\pi_i}\frac{Y_j}{\pi_j}\frac{\left(\pi_{ij} - \pi_i\pi_j\right)}{\pi_{ij}}e_ie_j\right) =$$

$$\sum_{i=1}^{N} \frac{Y_i^2}{\pi_i^2}(1 - \pi_i)E(e_i) + 2\sum_{i=1}^{N}\sum_{j>i}^{N} \frac{Y_i}{\pi_i}\frac{Y_j}{\pi_j}\frac{\left(\pi_{ij} - \pi_i\pi_j\right)}{\pi_{ij}}E(e_ie_j) =$$

$$\sum_{i=1}^{N} \frac{Y_i^2}{\pi_i}(1 - \pi_i) + 2\sum_{i=1}^{N}\sum_{j>i}^{N} \frac{Y_i}{\pi_i}\frac{Y_j}{\pi_j}\left(\pi_{ij} - \pi_i\pi_j\right) = V\left(\hat{\theta}_{HT}\right)$$

Luego, efectivamente $\hat{V}\left(\hat{\theta}_{HT}\right)$ es un estimador insesgado de $V\left(\hat{\theta}_{HT}\right)$.

Estimador de la varianza de Yates y Grundy

Un estimador insesgado de la varianza del estimador de Horvitz y Thompson viene dado por la siguiente expresión debida a Yates y Grundy:

$$\hat{V}\left(\hat{\theta}_{HT}\right) = \sum_{i=1}^{n}\sum_{j>i}^{n}\left(\frac{Y_i}{\pi_i} - \frac{Y_j}{\pi_j}\right)^2 \frac{\left(\pi_i\pi_j - \pi_{ij}\right)}{\pi_{ij}}$$

Para comprobarlo realizamos algunas transformaciones en la forma $V\left(\hat{\theta}_{HT}\right)$:

$$V\left(\hat{\theta}_{HT}\right)=\sum_{i=1}^{N}\frac{Y_i^2}{\pi_i^2}\underbrace{\pi_i\left(1-\pi_i\right)}_{\sum_{\substack{j=1\\j\neq i}}^{N}(\pi_i\pi_j-\pi_{ij})}+2\sum_{i=1}^{N}\sum_{j>i}^{N}\frac{Y_i}{\pi_i}\frac{Y_j}{\pi_j}\left(\pi_{ij}-\pi_i\pi_j\right)$$

$$=\sum_{i=1}^{N}\sum_{j\neq i}^{N}\frac{Y_i^2}{\pi_i^2}\left(\pi_i\pi_j-\pi_{ij}\right)-2\sum_{i=1}^{N}\sum_{j>i}^{N}\frac{Y_i}{\pi_i}\frac{Y_j}{\pi_j}\left(\pi_i\pi_j-\pi_{ij}\right)$$

$$=\sum_{i=1}^{N}\sum_{j>i}^{N}\left(\frac{Y_i^2}{\pi_i^2}+\frac{Y_j^2}{\pi_j^2}\right)\left(\pi_i\pi_j-\pi_i\right)-2\sum_{i=1}^{N}\sum_{j>i}^{N}\frac{Y_i}{\pi_i}\frac{Y_j}{\pi_j}\left(\pi_i\pi_j-\pi_{ij}\right)$$

$$=\sum_{i=1}^{N}\sum_{j>i}^{N}\left(\frac{Y_i^2}{\pi_i^2}+\frac{Y_j^2}{\pi_j^2}-2\frac{Y_i}{\pi_i}\frac{Y_j}{\pi_j}\right)\left(\pi_i\pi_j-\pi_{ij}\right)$$

$$=\sum_{i=1}^{N}\sum_{j>i}^{N}\left(\frac{Y_i}{\pi_i}-\frac{Y_j}{\pi_j}\right)^2\left(\pi_i\pi_j-\pi_{ij}\right)$$

Ahora veremos que $\hat{V}\left(\hat{\theta}_{HT}\right)$ es un estimador insesgado de $V\left(\hat{\theta}_{HT}\right)$:

$$E\left[\hat{V}\left(\hat{\theta}_{HT}\right)\right]=E\left[\sum_{i=1}^{n}\sum_{j>i}^{n}\left(\frac{Y_i}{\pi_i}-\frac{Y_j}{\pi_j}\right)^2\left(\frac{\pi_i\pi_j-\pi_{ij}}{\pi_{ij}}\right)\right]=E\left[\sum_{i=1}^{N}\sum_{j>i}^{N}\left(\frac{Y_i}{\pi_i}-\frac{Y_j}{\pi_j}\right)^2\left(\frac{\pi_i\pi_j-\pi_{ij}}{\pi_{ij}}\right)e_i e_j\right]$$

$$=\sum_{i=1}^{N}\sum_{j>i}^{N}\left(\frac{Y_i}{\pi_i}-\frac{Y_j}{\pi_j}\right)^2\left(\frac{\pi_i\pi_j-\pi_{ij}}{\pi_{ij}}\right)E(e_i e_j)=\sum_{i=1}^{N}\sum_{j>i}^{N}\left(\frac{Y_i}{\pi_i}-\frac{Y_j}{\pi_j}\right)^2\left(\pi_i\pi_j-\pi_{ij}\right)=V\left(\hat{\theta}_{HT}\right)$$

MÉTODOS ESPECIALES DE SELECCIÓN SIN REPOSICIÓN Y PROBABILIDADES DESIGUALES. PROBABILIDADES PROPORCIONALES A LOS TAMAÑOS

En muchas ocasiones es conveniente el uso de procedim ientos de m uestreo que asignen diferentes probabilidades de inclus ión en la m uestra a las unidades de la población, sobre todo cuando se trabaja con unidades   de muestreo compuestas, es decir, con unidades de m uestreo que agrupan a varias unidades elementales. En este caso suele denom inarse tam año de la unidad   compuesta al número de unidades elementales que contiene. Dentro de est   os métodos de selección sin reposición y probabilidades desiguales tienen especial interés aquellos en los que la probabilidad π_i de que una unidad com puesta u_i pertenezca a la muestra es proporcional al tam año M_i de dicha unidad.

Modelo polinomial o esquema de urna generalizado

Sea M_i el entero positivo asociado a la unidad con puesta u_i que representa su tamaño (número de unidades elementales que contiene).

En la práctica las unidades de m uestreo suelen ser conglom erados, aunque a veces este m odelo tam bién suele utilizarse con unidades de m uestreo simples, en cuyo caso los M_i son ponderaciones utilizadas para dar un m ayor peso o im portancia a determinadas unidades muestrales.

Mediante este m odelo se selecciona si n reposición de la población para la muestra la unidad com puesta u_i de tam año M_i. Como se trata del m odelo clásico de selección sin reposición, se procede a retirar de la población las M_i unidades elementales que com ponen la unidad de muestreo compuesta u $_i$ antes de proceder a la selección para la m uestra de la siguiente unidad de m uestreo compuesta. Cuando se realiza la siguiente selección ya faltan de la población M_i unidades elementales. Se supone que en la población hay N unidades de m uestreo compuestas que contienen un total de M unidades elementales, es decir:

$$M = \sum_{i=1}^{N} M_i$$

Este modelo clásico de selección de la muestra sin reposición es equivalente a considerar un ***modelo de urna generalizado*** consistente en introducir en una urna M bolas que representan las unidades elem entales de la población y que se clasifican en N grupos distinguibles cada uno de los cuales tiene las M_i bolas correspondientes al tamaño de la unidad com puesta u_i, de tal form a que cada unidad com puesta de muestreo u_i queda representada en la urna por M_i bolas distinguibles. Si en una extracción se obtiene una bola que representa una unidad elem ental del grupo de la unidad compuesta u_i, se procede a retirar de la urna las M_i bolas correspondientes a todas las unidades elementales de u_i antes de realizar la siguiente selección.

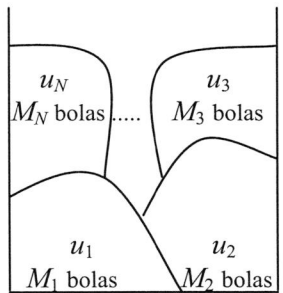

Según este modelo, la probabilidad de seleccionar la unidad u$_i$ en una extracción (probabilidad unitaria de selección) es $P_i = M_i/M = p(u_i)$ $i = 1, 2,...,N$. Se cumple que:

$$P_i = \frac{M_i}{M} = \frac{M_i}{\sum_{i=1}^{N} M_i} \Rightarrow \sum_{i=1}^{N} P_i = \sum_{i=1}^{N} \frac{M_i}{M} = \frac{\sum_{i=1}^{N} M_i}{M} = \frac{M}{M} = 1$$

con lo que el modelo está bien definido.

Hemos visto al definir los estim adores y sus varianzas en el muestreo sin reposición con probabilidades desiguales que las fórmulas dependen de los valores π_i y π_{ij} relativos respectivam ente a la probab ilidad de que una unidad de la población pertenezca a la m uestra y de que un par de unidades de la población pertenezcan a la muestra. Por lo tanto en todo m odelo sin reposición con probabilidades desiguales es necesario especificar los valores π_i y π_{ij}. Se consideran m uestras de tamaño $n=2$ para simplificar los resultados que posteriorm ente podrán generalizarse a m uestras de tamaño n. La unidad u_i puede ser seleccionada para la m uestra de tamaño dos, bien como primera unidad de la m isma, o bien com o segunda unidad y no prim era, en cuyo caso se elige u_i com o segunda unidad y $u_{j\neq i}$ com o prim era, y a que el procedimiento es sin reposición. Tendremos:

$$\pi_i = P(u_i \in (\tilde{x})) = P(u_i \in 1^a) + P(u_i \in 2^a \cap u_{j\neq i} \in 1^a)$$

$$= P(u_i \in 1^a) + P(u_i \in 2^a / u_{j\neq i} \in 1^a)P(u_{j\neq i} \in 1^a)$$

$$= P(u_i \in 1^a) + \sum_{j\neq i} P(u_i \in 2^a / u_j \in 1^a)P(u_j \in 1^a)$$

$$= P_i + \sum_{j\neq i} \frac{M_i}{M - M_j}\frac{M_j}{M} = P_i + \frac{M_i}{M}\sum_{j\neq i} \frac{M_j}{M - M_j} = P_i + \frac{M_i}{M}\sum_{j\neq i} \frac{M_j/M}{M/M - M_j/M}$$

$$= P_i + P_i\sum_{j\neq i} \frac{P_j}{1 - P_j} = P_i\left(1 + \sum_{j\neq i} \frac{P_j}{1 - P_j}\right) = P_i * k = \frac{M_i}{M} * k = M_i * k'$$

Se observa que π_i es proporcional a M_i (y a P_i) tamaño de la unidad u_i, con lo que el método es *sin reposición y con probabilidades proporcionales a los tamaños*.

Vamos a calcular ahora la probabilidad π_{ij} de que un par de unidades de la población pertenezcan a la muestra de tamaño 2.

$$\pi_{ij} = P((u_iu_j) \in (\tilde{x})) = P(u_i \in 1^a \cap u_j \in 2^a) + P(u_j \in 1^a \cap u_i \in 2^a)$$

$$= P(u_j \in 2^a / u_i \in 1^a)P(u_i \in 1^a) + P(u_i \in 2^a / u_j \in 1^a)P(u_j \in 1^a)$$

$$= \frac{M_j}{M - M_i}P_i + \frac{M_i}{M - M_j}P_j = \frac{M_j/M}{M/M - M_i/M}P_i + \frac{M_i/M}{M/M - M_j/M}P_j$$

$$= \frac{P_j}{1 - P_i}P_i + \frac{P_i}{1 - P_j}P_j = P_iP_j\left(\frac{1}{1 - P_i} + \frac{1}{1 - P_j}\right)$$

Modelo de Ikeda

Ikeda propuso el método de selección siguiente: la primera unidad se obtiene sin reposición con probabilidad P_i proporcional a su tam año M_i y las n-1 unidades restantes de la muestra se seleccionan sin reposición y con probabilidades iguales.

Sea $P_i = \dfrac{M_i}{M}$ la probabilidad asignada a la unidad u_i, siendo M_i una medida de su tamaño y $M = \sum\limits_i^N M_i$. Vamos a calcular π_i y π_{ij} para este método.

La probabilidad π_i de que la unidad u_i pertenezca a la m uestra es igual a la probabilidad de obtener u_i en la prim era selección m ás la probabilidad de que no se obtenga u_i en la primera selección y sí en cualquiera de las n-1 restantes. Luego:

$$\pi_i = P_i + (1 - P_i) * \frac{n-1}{N-1} = \frac{N-n}{N-1} * P_i + \frac{n-1}{N-1}$$

La probabilidad π_{ij} de que las unidades u_i y u_j pertenezcan a la m uestra será igual a la probabilidad de que u_i se obtenga en la primera selección y u_j en cualquiera de las restantes, m ás la probabilidad de que u_j se obtenga en la prim era y u_i en cualquiera de las restantes, más la probabilidad de que ni u_i ni u_j se obtengan en las dos primeras selecciones y sí se obtengan en las n-2 restantes. Tendremos:

$$\begin{aligned} \pi_{ij} &= P_i * \frac{n-1}{N-1} + P_j \frac{n-1}{N-1} + \left(1 - \left(P_i + P_j\right)\right) * \frac{n-1}{N-1} * \frac{n-2}{N-2} \\ &= \frac{\left(P_i + P_j\right) * (n-1)}{(N-1) * (N-2)} * [N-n] + \frac{(n-1) * (n-2)}{(N-1) * (N-2)} = \\ &= \frac{n-1}{N-1} * \left[\frac{N-n}{N-2}\left(P_i + P_j\right) + \frac{n-2}{N-2} \right] \end{aligned}$$

Mediante este método la probabilidad que tiene una m uestra s de ser elegida resulta ser proporcional a la suma de los tamaños de sus unidades. Veamos:

La probabilidad de obtener la unidad u_i en la primera selección es P_i y la de las n-1 unidades restantes de la muestra $\dfrac{1}{\binom{N-1}{n-1}}$, y como u_i puede ser cualquiera de las n unidades de la muestra s, tendremos:

$$P(s) = \sum_{i=1}^{n} P_i * \frac{1}{\binom{N-1}{n-1}} = \frac{1}{M} * \frac{1}{\binom{N-1}{n-1}} * \sum_{i=1}^{n} M_i = k * \sum_{i=1}^{n} M_i$$

luego ya tenemos la proporcionalidad a la suma de los tamaños de las unidades muestrales.

Este método de Ikeda es un caso particular del ***método más general de Mitzuno***, que consiste en comenzar efectuando m extracciones sin reposición y con probabilidades iguales, en la extracción m+1 se asignan probabilidades $P_i + \sum\limits_{r=1}^{m} \dfrac{P_r}{N-m}$ donde P_r

corresponde a la unidad extraída en r-ésimo lugar ($1 \leq r \leq m$), y por último las $n-(m+1)$ unidades muestrales restantes se seleccionan sin reposición y probabilidades iguales. El método de Ikeda es un caso particular del método de Mitzuno para $m=0$.

Modelo de Brewer

Brewer propuso el siguiente método de selección para muestras de tamaño 2: la prim era unidad se extrae sin reposición con probabilidad proporcional a $k_i = P_i \dfrac{(1-P_i)}{(1-2P_i)}$ siendo $P_i < \frac{1}{2}$. La segunda extracción se realiza sin reposición y con probabilidades proporcionales a P_i.

La probabilidad π_i de que la unidad u_i pertenezca a la muestra será:

$$\pi_i = P(u_i \in (\tilde{x})) = P(u_i \in 1^a) + P(u_i \in 2^a \cap u_{j \neq i} \in 1^a)$$
$$= P(u_i \in 1^a) + P(u_i \in 2^a / u_{j \neq i} \in 1^a) P(u_{j \neq i} \in 1^a)$$
$$= P(u_i \in 1^a) + \sum_{j \neq i} P(u_i \in 2^a / u_j \in 1^a) P(u_j \in 1^a)$$

$$\pi_i = \frac{\dfrac{P_i(1-P_i)}{1-2P_i}}{\displaystyle\sum_{i=1}^{N} \dfrac{P_i(1-P_i)}{1-2P_i}} + \sum_{j \neq i}^{N} \left(\frac{P_i}{1-P_j} * \frac{\dfrac{P_j(1-P_j)}{1-2P_j}}{\displaystyle\sum_{i=1}^{N} \dfrac{P_i(1-P_i)}{1-2P_i}} \right) = \frac{\dfrac{P_i(1-P_i)}{1-2P_i}}{\displaystyle\sum_{i=1}^{N} \dfrac{P_i(1-P_i)}{1-2P_i}} + \frac{\displaystyle\sum_{j \neq i}^{N} \dfrac{P_i}{1-P_j} * \dfrac{P_j(1-P_j)}{1-2P_j}}{\displaystyle\sum_{i=1}^{N} \dfrac{P_i(1-P_i)}{1-2P_i}}$$

$$= \frac{P_i\left(\dfrac{1-P_i}{1-2P_i} + \displaystyle\sum_{j \neq i}^{N} \dfrac{P_j}{1-2P_j}\right)}{\displaystyle\sum_{i=1}^{N} \dfrac{P_i(1-P_i)}{1-2P_i}} = \frac{P_i\left(\dfrac{1-2P_i}{1-2P_i} + \overbrace{\dfrac{P_i}{1-2P_i} + \displaystyle\sum_{j \neq i}^{N} \dfrac{P_j}{1-2P_j}}\right)}{\dfrac{1}{2}\displaystyle\sum_{i=1}^{N} \dfrac{P_i(1+(1-2P_i))}{1-2P_i}} = \frac{P_i\left(1 + \displaystyle\sum_{j=1}^{N} \dfrac{P_j}{1-2P_j}\right)}{\dfrac{1}{2}\left(1 + \displaystyle\sum_{i=1}^{N} \dfrac{P_i}{1-2P_i}\right)} = 2P_i$$

La probabilidad π_{ij} de que las unidades u_i y u_j pertenezcan a la muestra será:

$$\pi_{ij} = P((u_i u_j) \in (\tilde{x})) = P(u_i \in 1^a \cap u_j \in 2^a) + P(u_j \in 1^a \cap u_i \in 2^a)$$
$$= P(u_j \in 2^a / u_i \in 1^a) P(u_i \in 1^a) + P(u_i \in 2^a / u_j \in 1^a) P(u_j \in 1^a)$$

Para simplificar notación llamamos $k = \displaystyle\sum_{i=1}^{N} k_i$ y tenemos:

$$\pi_{ij} = \frac{P_j}{1-P_i} * \frac{P_i(1-P_i)}{(1-2P_i)*k} + \frac{P_i}{1-P_j} * \frac{P_j(1-P_j)}{(1-2P_j)*k} = \frac{P_i P_j}{k} * \left[\frac{1}{1-2P_i} + \frac{1}{1-2P_j}\right]$$

Este resultado puede transformarse algo teniendo en cuenta que:

$$k = \sum_{i=1}^{N} k_i = \sum_{i=1}^{N} \frac{P_i(1-P_i)}{1-2P_i} = \frac{1}{2} \sum_{i=1}^{N} \frac{P_i(1+(1-2P_i))}{1-2P_i} = \frac{1}{2}\left[\sum_{i=1}^{N} P_i + \sum_{i=1}^{N} \frac{P_i}{1-2P_i}\right] = \frac{1+\sum_{i=1}^{N}\frac{P_i}{1-2P_i}}{2}$$

se puede escribir:

$$\pi_{ij} = \frac{2P_iP_j}{1+\sum_{i=1}^{N}\frac{P_i}{1-2P_i}} * \left[\frac{1}{1-2P_i} + \frac{1}{1-2P_j}\right]$$

Hemos visto que para muestras de tamaño 2 se tiene que $\pi_i = 2P_i$, y para tamaño n se demuestra que:

$$\pi_i = nP_i = n*\frac{M_i}{M} = \frac{n}{M}*M_i = k'M_i$$

Se demuestra así que en el modelo de Brewer π_i *es proporcional al tamaño M_i.*

Modelo de Durbin

El método de Durbin consiste en un muestreo con probabilidades desiguales y sin reemplazamiento con el siguiente método de selección para una muestra de tamaño $n=2$: la primera unidad es seleccionada con probabilidad dada P_i y la segunda unidad se selecciona con probabilidades proporcionales a k_j, siendo:

$$k_j = P_j\left[\frac{1}{1-2P_i} + \frac{1}{1-2P_j}\right]$$

La probabilidad π_i de que la unidad u_i pertenezca a la muestra será:

$$\pi_i = P(u_i \in (\tilde{x})) = P(u_i \in 1^a) + P(u_i \in 2^a \cap u_{j\neq i} \in 1^a)$$
$$= P(u_i \in 1^a) + P(u_i \in 2^a/u_{j\neq i} \in 1^a)P(u_{j\neq i} \in 1^a)$$
$$= P(u_i \in 1^a) + \sum_{j\neq i} P(u_i \in 2^a/u_j \in 1^a)P(u_j \in 1^a)$$

Según está definido el método de selección de la muestra tenemos:

$$\pi_i = P_i + \sum_{j(j\neq i)} \frac{P_i\left[\frac{1}{1-2P_j}+\frac{1}{1-2P_i}\right]}{\sum_{i(i\neq j)} P_i\left[\frac{1}{1-2P_j}+\frac{1}{1-2P_i}\right]} P_j = P_i\left\{1 + \sum_{j(j\neq i)} P_j \frac{\left[\frac{1}{1-2P_j}+\frac{1}{1-2P_i}\right]}{\sum_{i(i\neq j)} P_i\left[\frac{1}{1-2P_j}+\frac{1}{1-2P_i}\right]}\right\}$$

El denominador de la expresión anterior puede transformarse como sigue:

$$\sum_{i(i\neq j)} P_i \left[\frac{1}{1-2P_j} + \frac{1}{1-2P_i} \right] = \frac{\sum_{i(i\neq j)} P_i}{1-2P_j} + \sum_{i(i\neq j)} \frac{P_i}{1-2P_i} = \frac{1-P_j}{1-2P_j} + \sum_{i(i\neq j)} \frac{P_i}{1-2P_i} =$$

$$= \underbrace{\frac{1-P_j}{1-2P_j} - \frac{P_j}{1-2P_j}}_{} + \underbrace{\frac{P_j}{1-2P_j} + \sum_{i(i\neq j)} \frac{P_i}{1-2P_i}}_{} = \frac{1-2P_j}{1-2P_j} + \sum_i \frac{P_i}{1-2P_i} = 1 + \sum_i \frac{P_i}{1-2P_i}$$

Como el numerador es similar pero con índices en j, podemos escribir:

$$\pi_i = P_i \left\{ 1 + \frac{\sum_{j(j\neq i)} P_j \left[\frac{1}{1-2P_j} + \frac{1}{1-2P_i} \right]}{1 + \sum_i \frac{P_i}{1-2P_i}} \right\} = P_i \left\{ 1 + \frac{1 + \sum_j \frac{P_j}{1-2P_j}}{1 + \sum_i \frac{P_i}{1-2P_i}} \right\} = 2P_i$$

La probabilidad π_{ij} de que las unidades u_i y u_j pertenezcan a la muestra será:

$$\pi_{ij} = P((u_i u_j) \in (\widetilde{x})) = P(u_i \in 1^{a} \cap u_j \in 2^{a}) + P(u_j \in 1^{a} \cap u_i \in 2^{a})$$

$$= P(u_j \in 2^{a}/u_i \in 1^{a}) P(u_i \in 1^{a}) + P(u_i \in 2^{a}/u_j \in 1^{a}) P(u_j \in 1^{a})$$

$$\pi_{ij} = \frac{P_j \left[\frac{1}{1-2P_i} + \frac{1}{1-2P_j} \right]}{\sum_{j(j\neq i)} P_j \left[\frac{1}{1-2P_i} + \frac{1}{1-2P_j} \right]} P_i + \frac{P_i \left[\frac{1}{1-2P_j} + \frac{1}{1-2P_i} \right]}{\sum_{i(i\neq j)} P_i \left[\frac{1}{1-2P_i} + \frac{1}{1-2P_j} \right]} P_j$$

$$= \frac{P_i P_j \left[\frac{2}{1-2P_i} + \frac{2}{1-2P_j} \right]}{1 + \sum_i \frac{P_i}{1-2P_i}} = \frac{2P_i P_j}{1 + \sum_i \frac{P_i}{1-2P_i}} \left[\frac{1}{1-2P_i} + \frac{1}{1-2P_j} \right]$$

Se observa que los valores de π_i y π_{ij} son idénticos a los obtenidos con el método de selección de Brewer. También el método de Durbin, al igual que el de Brewer, proporciona **probabilidades π_i proporcionales a los tamaños M_i**.

SELECCIÓN CON REPOSICIÓN Y PROBABILIDADES DESIGUALES. ESTIMADORES LINEALES INSESGADOS

Consideremos una población de tamaño N, con unidades $\{u_1, u_2, \cdots, u_N\}$. Seleccionamos con reposición una muestra $(\widetilde{x})$ de tamaño n. Ya sabemos que en este esquema de selección cada unidad u_i de la población puede pertenecer a la muestra $(\widetilde{x})$ de tamaño n desde 0 a n veces. Ahora para cada $i=1,2,...,N$ definimos la variable aleatoria de apoyo e_i como el número de veces que la unidad i-ésima u_i de la población pertenece a la muestra de tamaño n.

Evidentemente e_i se distribuye según una binomial de parámetro n y P_i, siendo P_i la probabilidad de selección de la unidad i-ésima para la muestra en cada extracción (probabilidad unitaria de selección). A diferencia del caso del muestreo sin reposición en el que la variable aleatoria de apoyo e_i sólo podía tomar los valores 0 y 1 (la unidad i-ésima de la población sólo podía pertenecer como máximo una vez a la muestra), en el muestreo con reposición la variable aleatoria de apoyo e_i puede tomar los valores 0,1,2,...,n, ya que la unidad i-esima de la población puede pertenecer a la muestra desde 0 a n veces. Tenemos entonces:

$$e_i \to binomial(n, P_i), \quad E[e_i] = nP_i, \quad V[e_i] = nP_i Q_i = nP_i(1 - P_i)$$

La **probabilidad de una muestra** cualquiera de tamaño n seguirá el modelo multinomial (conjunta de n binomiales e_i), ya que al haber reposición puede seleccionarse para la muestra cada unidad u_i de la población t_i veces con $i = 1,2,...,N$ y $\sum_{i=1}^{N} t_i = n$, con lo que tendremos:

$$P(\tilde{x}) = P(\underbrace{u_1, \cdots u_1}_{t_1 \text{ veces}}, \underbrace{u_2, \cdots, u_2}_{t_2 \text{ veces}}, \cdots, \underbrace{u_N, \cdots, u_N}_{t_N \text{ veces}}) = P(e_1 = t_1, e_2 = t_2, \cdots, e_N = t_N)$$

$$= \frac{n!}{t_1! t_2! \cdots t_N!} P_1^{t_1} P_2^{t_2} \cdots P_N^{t_N} \quad n! = (t_1 + t_2 + \cdots + t_N) ! \sum_{i=1}^{N} t_i = n$$

La selección con reposición es equivalente a lanzar n bolas sobre N compartimentos, de forma que en un compartimento puedan caer 0,1,2,...,n bolas. P_i sería la probabilidad de que una bola caiga en el compartimento i en cada lanzamiento. Precisamente éste es el ejemplo clásico para la definición de la ley de probabilidad multinomial (o polinomial).

Como la ley de probabilidad de nuestra multinomial (e_1, e_2, ..., e_N) es:

$$P(\tilde{x}) = P(e_1 = t_1, e_2 = t_2, \cdots, e_N = t_N) = \frac{n!}{t_1! t_2! \cdots t_N!} P_1^{t_1} P_2^{t_2} \cdots P_N^{t_N}$$

podemos calcular su **función generatriz de momentos** en el punto (θ_1, θ_2, ..., θ_N) de la forma siguiente:

$$g_{(e_1, \cdots, e_N)}(\theta_1, \theta_2, \cdots, \theta_N) = E\left[e^{(\theta_1, \theta_2, \cdots, \theta_N) \begin{pmatrix} e_1 \\ \vdots \\ e_N \end{pmatrix}} \right] = E\left(e^{\theta_1 e_1 + \cdots + \theta_N e_N} \right)$$

$$= \sum_{t_1 + t_2 + \cdots + t_N = n} e^{\theta_1 t_1 + \cdots + \theta_N t_N} P(e_1 = t_1, e_2 = t_2, \cdots, e_N = t_N) = \sum e^{\theta_1 t_1 + \cdots + \theta_N t_N} \frac{n!}{t_1! t_2! \cdots t_N!} P_1^{t_1} \cdots P_N^{t_N}$$

$$= \sum_{t_1 + t_2 + \cdots + t_N = n} \left(e^{\theta_1} P_1 \right)^{t_1} \cdots \left(e^{\theta_N} P_N \right)^{t_N} \frac{n!}{t_1! t_2! \cdots t_N!} = \left[P_1 e^{\theta_1} + \cdots + P_N e^{\theta_N} \right]^n$$

Ahora a partir de la función generatriz de momentos podemos calcular los valores de $E(e_i e_j)$ y $Cov(e_i, e_j)$ de la forma siguiente:

$$E(e_i \cdot e_j) = \frac{\partial^2}{\partial\theta_i\partial\theta_j}\left(P_1 e^{\theta_1} + P_2 e^{\theta_{21}} + \cdots + P_N e^{\theta_N}\right)^n \Big|_{(0,\ldots,0)}$$

$$= \frac{\partial}{\partial\theta_i}\left[\frac{\partial}{\partial\theta_j}\left(P_1 e^{\theta_1} + P_2 e^{\theta_{21}} + \cdots + P_N e^{\theta_N}\right)^N\right]_{(0,\ldots,0)}$$

$$= \frac{\partial}{\partial\theta_i}\left[n\left(P_1 e^{\theta_1} + P_2 e^{\theta_{21}} + \cdots + P_N e^{\theta_N}\right)^{n-1} P_j e^{\theta_j}\right]_{(0,\ldots,0)}$$

$$= \left[n(n-1)\left(P_1 e^{\theta_1} + P_2 e^{\theta_{21}} + \cdots + P_N e^{\theta_N}\right)^{n-2} P_i e^{\theta_i} P_j e^{\theta_j}\right]_{(0,\ldots,0)}$$

$$= n(n-1)\underbrace{\left(P_1 + \cdots + P_N\right)}_{1}^{n-2} P_i P_j = n(n-1)P_i P_j$$

$$Cov(e_i, e_j) = E(e_i \cdot e_j) - E(e_i)E(e_j) = n(n-1)P_i P_j - nP_i \cdot nP_j$$

$$= n(n-1)P_i P_j - n^2 P_i \cdot P_j = n^2 P_i \cdot P_j - nP_i P_j - n^2 P_i \cdot P_j = -nP_i \cdot P_j$$

De esta forma y a tenemos definido el vector esperanza matemática y la matriz de varianzas covarianzas Σ para nuestra ley de probabilidad multinomial.

$$E(e_1, \cdots, e_N) = (nP_1, \cdots, nP_N)$$

$$\sum_{(e_1,\cdots,e_N)} = \begin{pmatrix} nP_1(1-P_1) & -nP_1P_2 & \cdots & -nP_1P_N \\ -nP_2P_1 & nP_2(1-P_2) & \cdots & -nP_2P_N \\ \vdots & \vdots & & \vdots \\ -nP_NP_1 & -nP_NP_2 & \cdots & nP_N(1-P_N) \end{pmatrix}$$

Estimador de Hansen y Hurwitz

Estimamos la característica poblacional $\theta = \sum_{i=1}^{N} Y_i$ mediante el estimador lineal $\hat{\theta} = \sum_{i=1}^{n} \omega_i Y_i$ de modo que $E(\hat{\theta}) = \theta$, es decir $\hat{\theta}$ es un estimador lineal insesgado para θ. Tenemos:

$$E(\hat{\theta}) = E\left(\sum_{i=1}^{n} \omega_i Y_i\right) = E\left(\sum_{i=1}^{N} \omega_i Y_i e_i\right) = \sum_{i=1}^{N} \omega_i Y_i \underbrace{E(e_i)}_{nP_i} = \sum_{i=1}^{N} \omega_i Y_i nP_i$$

Pero como por insesgadez $E(\hat{\theta}) = \theta$, tendremos:

$$\sum_{i=1}^{N} \omega_i Y_i nP_i = \sum_{i=1}^{N} Y_i \Rightarrow \omega_i nP_i = 1 \Rightarrow \omega_i = \frac{1}{nP_i}$$

Luego el estimador lineal insesgado (de Hansen y Hurwitz) para $\theta = \sum_{i=1}^{N} Y_i$

será:

$$\hat{\theta}_{HH} = \sum_{i=1}^{n} \omega_i Y_i = \sum_{i=1}^{n} \frac{1}{nP_i} Y_i = \sum_{i=1}^{n} \frac{Y_i}{nP_i}$$

con lo que podemos escribir la expresión del estimador de Hansen y Hurwitz como:

$$\hat{\theta}_{HH} = \sum_{i=1}^{n} \frac{Y_i}{nP_i}$$

Al particularizar el estimador de Hansen y Hurwitz para los distintos parámetros poblacionales, tenemos los siguientes estimadores:

Total $\rightarrow$ $\qquad \theta = X = \sum_{i=1}^{N} X_i \Rightarrow Y_i = X_i \Rightarrow \quad \hat{X}_{HH} = \sum_{i=1}^{n} \frac{X_i}{nP_i}$

Media $\rightarrow$ $\qquad \theta = \overline{X} = \sum_{i=1}^{N} \frac{X_i}{N} \Rightarrow Y_i = \frac{X_i}{N} \Rightarrow \quad \hat{\overline{X}}_{HH} = \sum_{i=1}^{n} \frac{\dfrac{X_i}{N}}{nP_i} = \frac{1}{N} \sum_{i=1}^{n} \frac{X_i}{nP_i}$

Total de clase $\rightarrow$ $\quad \theta = A = \sum_{i=1}^{N} A_i \Rightarrow Y_i = A_i \Rightarrow \quad \hat{A}_{HH} = \sum_{i=1}^{n} \frac{A_i}{nP_i}$

Proporción $\rightarrow$ $\qquad \theta = P = \sum_{i=1}^{N} \frac{A_i}{N} \Rightarrow Y_i = \frac{A_i}{N} \Rightarrow \quad \hat{P}_{HH} = \sum_{i=1}^{n} \frac{\dfrac{A_i}{N}}{nP_i} = \frac{1}{N} \sum_{i=1}^{n} \frac{A_i}{nP_i}$

Varianza del estimador de Hansen y Hurwitz

$$V(\hat{\theta}_{HH}) = V\left(\sum_{i=1}^{n} \frac{Y_i}{nP_i}\right) = V\left(\sum_{i=1}^{N} \frac{Y_i}{nP_i} e_i\right) = \sum_{i=1}^{N} V\left(\frac{Y_i}{nP_i} e_i\right) + \sum_{i \neq j}^{N} \mathrm{cov}\left(\frac{Y_i}{nP_i} e_i, \frac{Y_j}{nP_j} e_j\right)$$

$$= \sum_{i=1}^{N} \frac{Y_i^2}{n^2 P_i^2} \underbrace{V(e_i)}_{nP_i(1-P_i)} + \sum_{i \neq j}^{N} \frac{Y_i}{nP_i} \frac{Y_j}{nP_j} \underbrace{\mathrm{cov}(e_i, e_j)}_{-nP_iP_j}$$

$$= \sum_{i=1}^{N} \frac{Y_i^2}{n^2 P_i^2} nP_i(1-P_i) + \sum_{i \neq j}^{N} \frac{Y_iY_j}{n^2 P_iP_j}(-nP_iP_j) = \frac{1}{n} \sum_{i=1}^{N} \frac{Y_i^2}{P_i} - \frac{1}{n} \sum_{i=1}^{N} Y_i^2 - \frac{1}{n} \sum_{i \neq j}^{N} Y_iY_j$$

Como por otra parte podemos escribir:

$$\left(\sum_{i=1}^{N} Y_i\right)^2 = \sum_{i=1}^{N} Y_i^2 + \sum_{i \neq j}^{N} Y_i Y_j \Rightarrow -\sum_{i \neq j}^{N} Y_i Y_j = \sum_{i \neq j}^{N} Y_i^2 - \underbrace{\left(\sum_{i=1}^{N} Y_i\right)^2}_{\theta^2} = \sum_{i \neq j}^{N} Y_i^2 - \theta^2$$

sustituyendo $-\sum_{i \neq j}^{N} Y_i Y_j = \sum_{i \neq j}^{N} Y_i^2 - \theta^2$ podemos expresar el valor de la varianza del estimador de Hansen y Hurwitz como se indica a continuación:

$$V(\hat{\theta}_{HH}) = \frac{1}{n}\sum_{i=1}^{N}\frac{Y_i^2}{P_i} - \frac{1}{n}\sum_{i=1}^{N}Y_i^2 + \frac{1}{n}\sum_{i \neq j}^{N}Y_i^2 - \frac{1}{n}\theta^2 = \frac{1}{n}\left[\sum_{i=1}^{N}\frac{Y_i^2}{P_i} - \theta^2\right] = \frac{1}{n}\left[\sum_{i=1}^{N}\left(\frac{Y_i}{P_i}\right)^2 P_i - \theta^2\right]$$

Vamos a ver ahora que la varianza del estim   ador de Hansen y   Hurwitz también puede expresarse como:

$$V(\hat{\theta}_{HH}) = \frac{1}{n}\sum_{i=1}^{N}\left(\frac{Y_i}{P_i} - \theta\right)^2 P_i$$

En   efecto:

$$\sum_{i=1}^{N}\left(\frac{Y_i}{P_i} - \theta\right)^2 P_i = \sum_{i=1}^{N}\left(\frac{Y_i^2}{P_i^2} - 2\frac{Y_i}{P_i}\theta + \theta^2\right)P_i = \sum_{i=1}^{N}\frac{Y_i^2}{P_i^2}P_i - 2\theta\underbrace{\sum_{i=1}^{N}\frac{Y_i}{P_i}P_i}_{\sum_{i=1}^{N}Y_i=\theta} + \theta^2\underbrace{\sum_{i=1}^{N}P_i}_{1}$$

$$= \sum_{i=1}^{N}\frac{Y_i^2}{P_i} - 2\theta^2 + \theta^2 = \sum_{i=1}^{N}\frac{Y_i^2}{P_i} - \theta^2$$

La varianza del estimador de Hansen y Hurwitz también se expresa como:

$$V(\hat{\theta}_{HH}) = \frac{1}{n}\sum_{i=1}^{N}\sum_{j>i}^{N}\left(\frac{Y_i}{P_i} - \frac{Y_j}{P_j}\right)^2 P_i P_j$$

En   efecto:

$$\sum_{i=1}^{N}\frac{Y_i^2}{P_i} - \theta^2 = \sum_{i=1}^{N}\frac{Y_i^2}{P_i} - \left(\sum_{i=1}^{N}Y_i\right)^2 = \sum_{i=1}^{N}\frac{Y_i^2}{P_i} - \sum_{i=1}^{N}Y_i^2 - 2\sum_{i=1}^{N}\sum_{j>i}^{N}Y_i Y_j$$

$$= \sum_{i=1}^{N}\frac{Y_i^2}{P_i}(1 - P_i) - 2\sum_{i=1}^{N}\sum_{j>i}^{N}Y_i Y_j = \underbrace{\sum_{i=1}^{N}\frac{Y_i^2}{P_i}\left(\sum_{j\neq i}P_j\right)}_{\sum_{i=1}^{N}\sum_{j\neq i}\frac{Y_i^2}{P_i}P_j} - 2\sum_{i=1}^{N}\sum_{j>i}^{N}Y_i Y_j$$

$$= \sum_{i=1}^{N}\sum_{j>i}^{N}\left(\frac{Y_i^2}{P_i}P_j + \frac{Y_j^2}{P_j}P_i\right) - 2\sum_{i=1}^{N}\sum_{j>i}^{N}Y_i Y_j = \sum_{i=1}^{N}\sum_{j>i}^{N}\left(\frac{Y_i}{P_i} + \frac{Y_j}{P_j}\right)^2 P_i P_j$$

Estimación de la varianza del estimador de Hansen y Hurwitz

Un estimador insesgado para la varian za del estimador de Hansen y Hurwitz viene dado por la expresión:

$$\hat{V}(\hat{\theta}_{HH}) = \frac{1}{n(n-1)} \left[\sum_{i=1}^{n} \left(\frac{Y_i}{P_i} \right)^2 - n\hat{\theta}_{HH}^2 \right]$$

En efecto:

$$E\left(\hat{V}(\hat{\theta}_{HH})\right) = E\left(\frac{1}{n(n-1)} \left[\sum_{i=1}^{n} \left(\frac{Y_i}{P_i} \right)^2 - n\hat{\theta}_{HH}^2 \right] \right) = \frac{1}{n(n-1)} \left[E\left(\sum_{i=1}^{n} \left(\frac{Y_i}{P_i} \right)^2 \right) - nE\left(\hat{\theta}_{HH}^2\right) \right]$$

$$= \frac{1}{n(n-1)} \left[E\left(\sum_{i=1}^{N} \left(\frac{Y_i}{P_i} \right)^2 e_i \right) - nE\left(\hat{\theta}_{HH}^2\right) \right] = \frac{1}{n(n-1)} \left[\sum_{i=1}^{N} \left(\frac{Y_i}{P_i} \right)^2 \underbrace{E(e_i)}_{nP_i} - nE\left(\hat{\theta}_{HH}^2\right) \right]$$

$$= \frac{1}{n(n-1)} \left[n\sum_{i=1}^{N} \frac{Y_i^2}{P_i} - n\left(V(\hat{\theta}_{HH}) + \left(E(\hat{\theta}_{HH})\right)^2 \right) \right] = \frac{1}{n-1} \left[\sum_{i=1}^{N} \frac{Y_i^2}{P_i} - V(\hat{\theta}_{HH}) - \theta^2 \right]$$

$$= \frac{1}{n-1} \left[\sum_{i=1}^{N} \frac{Y_i^2}{P_i} - V(\hat{\theta}_{HH}) - \underbrace{\left(\sum_{i=1}^{N} Y_i \right)^2}_{\theta^2} \right] = \frac{1}{n-1} \left[\underbrace{\sum_{i=1}^{N} \frac{Y_i^2}{P_i} - \theta^2}_{nV(\hat{\theta}_{HH})} - V(\hat{\theta}_{HH}) \right]$$

$$= \frac{1}{n-1} \left[nV(\hat{\theta}_{HH}) - V(\hat{\theta}_{HH}) \right] = \frac{(n-1)V(\hat{\theta}_{HH})}{n-1} = V(\hat{\theta}_{HH})$$

Vamos a ver ahora que un estim   ador insesgado para la varianza del estimador de Hansen y Hurwitz también puede expresarse como:

$$\hat{V}(\hat{\theta}_{HH}) = \frac{1}{n(n-1)} \left(\sum_{i=1}^{n} \frac{Y_i}{P_i} - \hat{\theta}_{HH} \right)^2$$

En   efecto:

$$\sum_{i=1}^{n} \left(\frac{Y_i}{P_i} - \hat{\theta}_{HH} \right)^2 = \sum_{i=1}^{n} \left(\frac{Y_i^2}{P_i^2} - 2\frac{Y_i}{P_i}\hat{\theta}_{HH} + \hat{\theta}_{HH}^2 \right)_i = \sum_{i=1}^{n} \frac{Y_i^2}{P_i^2} - 2\hat{\theta}_{HH} \underbrace{\sum_{i=1}^{n} \frac{Y_i}{P_i}}_{n\hat{\theta}_{HH}} + n\hat{\theta}_{HH}^2$$

$$= \sum_{i=1}^{n} \frac{Y_i^2}{P_i^2} - 2n\hat{\theta}_{HH}^2 + n\hat{\theta}_{HH}^2 = \sum_{i=1}^{n} \left(\frac{Y_i}{P_i} \right)^2 - n\hat{\theta}_{HH}^2$$

MÉTODOS ESPECIALES DE SELECCIÓN CON REPOSICIÓN Y PROBABILIDADES DESIGUALES. PROBABILIDADES PROPORCIONALES A LOS TAMAÑOS

Vamos a ocuparnos a continuación de los m   étodos de selección con reposición y probabilidades desiguales, entr e los que tienen especial interés aquellos en los que en cada extracción la probabilidad P_i de selección de   una unidad compuesta u_i es proporcional al tamaño M_i de dicha unidad.

Modelo polinomial

Vamos a ver un m   odelo probabilís tico que responde a la selección de muestras con reposición m ediante n extracciones independientes y con probabilidades de selección de las unidades en cada extracción proporcionales a los tam años. Sea M_i un entero positivo asociado a la unidad u_i que denom inamos tam año de u $_i$ para $i=1,2,...,N$ (M_i puede ser el núm ero de unidades elem entales de la unidad com puesta u_i o una ponderación o medida de la importancia que concedemos a la selección de la unidad u_i para la muestra). Si $M = \sum\limits_{i=1}^{N} M_i$, la probabilidad de selección de la unidad i-ésima en una extracción será:

$$P_i = \frac{M_i}{\sum\limits_{i=1}^{N} M_i} = \frac{M_i}{M} \Rightarrow \sum\limits_{i=1}^{N} P_i = \sum\limits_{i=1}^{N} \frac{M_i}{M} = \frac{\sum\limits_{i=1}^{N} M_i}{M} = \frac{\sum\limits_{i=1}^{N} M_i}{\sum\limits_{i=1}^{N} M_i} = 1$$

Ya sabemos que un m étodo de selección de unidades com   puestas para la muestra es con probabilidades P_i proporcionales a los tam años M_i (número de unidades elementales) de dichas unidades, si ex   iste una constante de proporcionalidad k de tal modo que $P_i = kM_i$. El valor de la constante k puede hallarse de la siguiente forma :

$$P_i = kM_i \Rightarrow \sum\limits_{i=1}^{N} P_i = k\sum\limits_{i=1}^{N} M_i \Rightarrow 1 = kM \Rightarrow k = \frac{1}{M}$$

Una vez determinada la constante de proporcionalidad podemos escribir:

$$P_i = kM_i = \frac{1}{M} M_i = \frac{M_i}{M} = \frac{M_i}{\sum\limits_{i=1}^{N} M_i}$$

A continuación se expone un m   étodo práctico que perm   ite seleccionar muestras con reposición de m   odo que en cada extracción la unidad u_i tiene probabilidad P_i proporcional a su tamaño M_i.

Consideramos el intervalo de   números enteros $[1, M]$ y lo dividim os en N subintervalos I_i cada uno de ellos con M_i unidades, como se indica en el cuadro siguiente:

Subintervalos	Unidades	Tamaños
$I_1 = [1, M_1]$	u_1	M_1
$I_2 = [M_1 + 1, M_1 + M_2]$	u_2	M_2
$I_3 = [M_1 + M_2 + 1, M_1 + M_2 + M_3]$	u_3	M_3
$\vdots$	$\vdots$	$\vdots$
$I_N = [\left(\sum\limits_{i=1}^{N-1} M_i\right) + 1, \underbrace{\sum\limits_{i=1}^{N} M_i}_{M}]$	u_N	M_N

Ahora elegim os un entero $\delta \in [1,M]$ aleatoriam ente y con probabilidades iguales y seleccionamos como primera unidad de la m uestra la unidad u_i tal que $\delta \in I_i$. Repetimos este proceso n veces hasta obtener una muestra de tamaño n, de modo que para cualquiera de las n extracciones se cumple:

$$P(u_i) = P(\delta \in I_i) = \frac{M_i}{M} = P_i$$

El procedim iento de selección es con reposición, pues el entero $\delta \in [1,M]$ elegido aleatoriam ente puede caer varias veces dentro del m ismo intervalo I_i, con lo que la unidad u_i estará varias veces en la m uestra. Tam bién hem os visto que el procedimiento de selección se realiza en cada extracción con probabilidades proporcionales a los tamaños, ya que $P_i = M_i/M$.

Método de Lahiri

Una variante que abrevia el m odelo polinomial la constituy e el m étodo de Lahiri, que perm ite también seleccionar muestras con reposición y probabilidades proporcionales a los tamaños.

Sea M_0 un núm ero entero m ayor o igual que todos los M_i, por ejem plo $M_0 = \underset{i=1,2,...,N}{Max} (M_i)$. Elegimos un par de números aleatorios (i, j) tales que $1 \le i \le N$ y $1 \le j \le M_0$. Si $j \le M_i$ la unidad seleccionada para la m uestra es la u_i. Si $j > M_i$ se repite la selección del par de núm eros aleatorios (i, j) tales que $1 \le i \le N$ y $1 \le j \le M_0$ tantas veces como sea necesario hasta que $j \le M_i$. Mediante este método tendremos :

$P(u_i = u_1) = P(\text{la 1}^a \text{ selección del par } (i,j) \text{ tenga efecto}) = P(1 \le i \le N)*P(j \le M_i) = \dfrac{1}{N} \dfrac{M_i}{M_0}$

$P(u_i = u_2) = P(\text{la 1}^a \text{ selección del par } (i,j) \text{ no tenga efecto y si lo tenga la 2}^a \text{ selección})$

$\quad = \overline{P} *P(1 \le i \le N)*P(j \le M_i) = \overline{P} \dfrac{1}{N} \dfrac{M_i}{M_0}$ con $\overline{P} = P(j > M_i)$

$P(u_i = u_3) = P(\text{ni la 1}^a \text{ ni la 2}^a \text{ selección del par } (i,j) \text{ tengan efecto y si lo tenga la 3}^a)$

$\quad = \overline{P}^2 *P(1 \le i \le N)*P(j \le M_i) = \overline{P}^2 \dfrac{1}{N} \dfrac{M_i}{M_0}$

$P(u_i = u_j) = P(\text{ni la 1}^a \text{ ni la 2}^a \text{ ... ni la } (j\text{-}1)^a \text{ selección del par } (i,j) \text{ tengan efecto y sí la } j^a)$

$\quad = \overline{P}^{j-1} *P(1 \le i \le N)*P(j \le M_i) = \overline{P}^{j-1} \dfrac{1}{N} \dfrac{M_i}{M_0}$

Por lo tanto ya podemos escribir lo siguiente:

$$P(u_i) = P(u_i = u_1) + P(u_i = u_2) + ... = \sum_{j=1}^{\infty} \overline{P}^{\,j-1} \frac{1}{N} \frac{M_i}{M_0} = \frac{M_i}{NM_0} \sum_{J=1}^{\infty} \overline{P}^{\,j-1}$$

$$= \frac{M_i}{NM_0} \cdot \frac{1}{1 - \overline{P}} = \frac{1}{NM_0(1 - \overline{P})} \cdot M_i = k \cdot M_i = P_i$$

Luego $P_i = P(u_i)$ es proporcional al tamaño M_i.

ESQUEMA MIXTO DE SELECCIÓN DE SÁNCHEZ CRESPO Y GABEIRAS. PROBABILIDADES GRADUALES

Se considera un esquem a de urna en el que la unidad u_i viene representada por M_i bolas. En este esquem a de selección con *probabilidades gradualmente variables* al seleccionar la unidad u_i se retira una bola de entre las M_i que representan a u_i y *no se vuelve a reponer a la urna para la siguiente extracción*. Se podrá extraer la unidad u_i las veces que corresponda m ientras no se acaben las M_i bolas que la representan o mientras no se cubra el tam año n de la m uestra, por lo que la unidad u_i puede figurar en la muestra un máximo de veces igual a $Mín(M_i, n)$ $i = 1,..,N$.

Se trata de un método mixto de selección, y a que por un lado es sin reposición porque cuando se selecciona una   unidad com puesta para la m uestra se retira una de sus unidades simples y no se repone para hacer la siguiente extracción. Sin em bargo, por otro lado tenem os que la unidad u_i puede figurar en la m uestra varias veces, característica tipica del muestreo con reposición.

Definimos la variable aleatoria de apoy o e_i como el número de veces que la unidad i-ésima u_i de la población pertenece a la m uestra de tamaño n. Evidentemente e_i se distribuy e según una hipergeom étrica de parám etro M, n y P_i, siendo P_i la probabilidad de selección de la unidad i-ésima para la m uestra.. Ya sabem os que la variable aleatoria de apoy o e_i puede tom ar los valores $0,1,2,..,$ $Mín(M_i, n)$ $i=1,..,N$. Tenemos entonces:

$$e_i \rightarrow Hipergeomé trica(M, n, P_i)$$
$$E[e_i] = nP_i$$
$$V[e_i] = \frac{M-n}{M-1} nP_iQ_i = \frac{M-n}{M-1} nP_i(1 - P_i)$$

La *probabilidad de una muestra* cualquiera de tam año n seguirá el m odelo hipergeométrico generalizado (conjunta de n hipergeométricas e_i). Si cada unidad u_i de la población puede seleccionarse para la m   uestra t_i veces con $i=1,2,...,N$ y $\sum_{i=1}^{N} t_i = n$, tendremos:

$$P(\tilde{x}) = P(\underbrace{u_1,\cdots u_1}_{t_1 \ veces}, \underbrace{u_2,\cdots,u_2}_{t_2 \ veces}, \cdots, \underbrace{u_N,\cdots,u_N}_{t_N \ veces}) = P(e_1 = t_1, e_2 = t_2, \cdots, e_N = t_N)$$

$$= \frac{\binom{M_1}{t_1}\binom{M_2}{t_2}\cdots\binom{M_N}{t_N}}{\binom{M_1 + M_2 + \cdots M_N}{t_1 + t_2 + \cdots t_N}} = \frac{\binom{M \cdot P_1}{t_1}\binom{M \cdot P_2}{t_2}\cdots\binom{M \cdot P_N}{t_N}}{\binom{M}{n}} \quad con \quad \sum_{i=1}^{N} t_i = n$$

Podemos calcular la ***función generatriz de momentos*** del m odelo hipergeométrico generalizado en el punto $(\theta_1, \theta_2, ..., \theta_N)$ de la forma siguiente:

$$g_{(e_1,\cdots,e_N)}(\theta_1,\theta_2,\cdots,\theta_N) = E\left[e^{(\theta_1,\theta_2,\cdots,\theta_N)\begin{pmatrix} e_1 \\ \vdots \\ e_N \end{pmatrix}}\right] = E\left(e^{\theta_1 e_1 + \cdots + \theta_N e_N}\right) =$$

$$\sum_{t_1+t_2+\cdots+t_N=n} e^{\theta_1 t_1+\cdots+\theta_N t_N} P(e_1 = t_1, e_2 = t_2, \cdots, e_N = t_N) = \sum_{t_1+t_2+\cdots+t_N=n} e^{\theta_1 t_1+\cdots+\theta_N t_N} \frac{\binom{M_1}{t_1}\binom{M_2}{t_2}\cdots\binom{M_N}{t_N}}{\binom{M}{n}}$$

Ahora a partir de la función generatriz de m omentos podem os calcular los valores de $E(e_i e_j)$ y $Cov(e_i, e_j)$ de la forma siguiente:

$$E(e_i \cdot e_j) = \frac{\partial}{\partial \theta_i}\left[\frac{\partial}{\partial \theta_j}\left(\sum_{t_1+t_2+\cdots+t_N=n} e^{\theta_1 t_1+\cdots+\theta_N t_N}\frac{\binom{M_1}{t_1}\binom{M_2}{t_2}\cdots\binom{M_N}{t_N}}{\binom{M}{n}}\right)\right]_{(0,\ldots,0)} =$$

$$\frac{\partial}{\partial \theta_i}\left[\sum_{t_1+t_2+\cdots+t_N=n} t_j\, e^{\theta_1 t_1+\cdots+\theta_N t_N}\frac{\binom{M_1}{t_1}\cdots\binom{M_N}{t_N}}{\binom{M}{n}}\right]_{(0,\ldots,0)} = \left[\sum_{t_1+t_2+\cdots+t_N=n} t_i t_j\, e^{\theta_1 t_1+\cdots+\theta_N t_N}\frac{\binom{M_1}{t_1}\cdots\binom{M_N}{t_N}}{\binom{M}{n}}\right]_{(0,\ldots,0)}$$

$$= \sum_{t_1+t_2+\cdots+t_N=n} t_i t_j \frac{\binom{M_1}{t_1}\binom{M_2}{t_2}\cdots\binom{M_N}{t_N}}{\binom{M}{n}} = \sum_{t_1+t_2+\cdots+t_N=n} \frac{\binom{M_1}{t_1}\cdots t_i\binom{M_i}{t_i}\cdots t_j\binom{M_j}{t_j}\cdots\binom{M_N}{t_N}}{\binom{M}{n}} =$$

$$\sum_{t_1+..+t_N=n} \frac{\binom{M_1}{t_1}\cdots M_i\binom{M_i-1}{t_i-1}\cdots M_j\binom{M_j-1}{t_j-1}\cdots\binom{M_N}{t_N}}{\binom{M}{n}} = \frac{M_i M_j}{\binom{M}{n}} \sum_{t_1+..+t_N=n} \binom{M_1}{t_1}\cdots\binom{M_i-1}{t_i-1}\cdots\binom{M_j-1}{t_j-1}\cdots\binom{M_N}{t_N}$$

$$\frac{M_i M_j}{\binom{M}{n}}\binom{M_1+\cdots M_N - 2}{t_1+\cdots+t_N-2} = M_i M_j \frac{\binom{M-2}{n-2}}{\binom{M}{n}} = MP_i \cdot MP_j \frac{n(n-1)}{M(M-1)} = MP_i P_j \frac{n(n-1)}{(M-1)}$$

Ahora calcularemos la covarianza de la siguiente forma:

$$Cov(e_i, e_j) = E(e_i \cdot e_j) - E(e_i)E(e_j) = MP_iP_j \frac{n(n-1)}{M-1}_j - nP_i \cdot nP_j$$

$$= nP_iP_j \left(\frac{M(n-1)}{M-1} - n \right) = -\frac{M-n}{M-1} nP_i \cdot P_j$$

De esta forma a y a tenem os definido el vector esperanza m atemática y la matriz de varianzas covarianzas Σ para nuestra ley de probabilidad hipergeom étrica generalizada.

$$E(e_1, \cdots, e_N) = (nP_1, \cdots, nP_N)$$

$$\Sigma_{(e_1, \cdots, e_N)} = \begin{pmatrix} \frac{M-n}{M-1} nP_1(1-P_1) & -\frac{M-n}{M-1} nP_1P_2 & \cdots & -\frac{M-n}{M-1} nP_1P_N \\ -\frac{M-n}{M-1} nP_2P_1 & \frac{M-n}{M-1} nP_2(1-P_2) & \cdots & -\frac{M-n}{M-1} nP_2P_N \\ \vdots & \vdots & & \vdots \\ -\frac{M-n}{M-1} nP_NP_1 & -\frac{M-n}{M-1} nP_NP_2 & \cdots & \frac{M-n}{M-1} nP_N(1-P_N) \end{pmatrix}$$

ESTIMADOR INSESGADO DE SÁNCHEZ CRESPO Y GABEIRAS

Vamos a calcular ahora la form a general de los estim adores insesgados en el caso de probabilidades de selección gradualmente variables.

Estimamos la característica poblacional $\theta = \sum_{i=1}^{N} Y_i$ mediante el estimador lineal

$$\hat{\theta} = \sum_{i=1}^{n} \omega_i Y_i$$

de modo que $E(\hat{\theta}) = \theta$, es decir $\hat{\theta}$ es un estimador lineal insesgado para θ. Tenemos:

$$E(\hat{\theta}) = E\left(\sum_{i=1}^{n} \omega_i Y_i \right) = E\left(\sum_{i=1}^{N} \omega_i Y_i e_i \right) = \sum_{i=1}^{N} \omega_i Y_i \underbrace{E(e_i)}_{nP_i} = \sum_{i=1}^{N} \omega_i Y_i nP_i$$

Pero como por insesgadez $E(\hat{\theta}) = \theta$, tendremos:

$$\sum_{i=1}^{N} \omega_i Y_i nP_i = \sum_{i=1}^{N} Y_i \Rightarrow \omega_i nP_i = 1 \Rightarrow \omega_i = \frac{1}{nP_i}$$

Luego el estim ador lineal insesgado (de Sánchez Crespo y Gabeiras) para

$\theta = \sum_{i=1}^{N} Y_i$ será $\hat{\theta}_{SCG} = \sum_{i=1}^{n} \omega_i Y_i = \sum_{i=1}^{n} \frac{1}{nP_i} Y_i = \sum_{i=1}^{n} \frac{Y_i}{nP_i} = \hat{\theta}_{HH}$ que coincide con la expresión del estimador de Hansen y Hurwitz.

Varianza del estimador de Sánchez Crespo y Gabeiras

$$V\left(\hat{\theta}_{SCG}\right) = V\left(\frac{1}{n}\sum_i^n \frac{Y_i}{P_i}\right) = \frac{1}{n^2}\left[\sum_i^N \frac{Y_i^2}{P_i^2}V(e_i) + \sum_{i\neq j}^N \frac{Y_iY_j}{P_iP_j}Cov(e_i,e_j)\right] =$$

$$\frac{1}{n^2}\left[\sum_i^N \frac{Y_i^2}{P_i^2}\frac{M-n}{M-1}nP_i(1-P_i) + \sum_{i\neq j}^N \frac{Y_iY_j}{P_iP_j}\left(-\frac{M-n}{M-1}nP_iP_j\right)\right] =$$

$$\frac{M-n}{M-1}\cdot\frac{1}{n}\left[\sum_i^N \frac{Y_i^2}{P_i}(1-P_i) - \sum_{i\neq j}^N Y_iY_j\right] = \frac{M-n}{M-1}\cdot\frac{1}{n}\left[\sum_i^N \frac{Y_i^2}{P_i} - \sum_i^N Y_i^2 - \underbrace{\sum_{i\neq j}^N Y_iY_j}_{\left(\sum_i^N Y_i\right)^2 - \sum_i^N Y_i^2}\right]$$

$$= \frac{M-n}{M-1}\cdot\frac{1}{n}\left[\sum_i^N \frac{Y_i^2}{P_i} - \left(\underbrace{\sum_i^N Y_i}_{\theta}\right)^2\right] = \frac{M-n}{M-1}*\frac{1}{n}\sum_i^N\left(\frac{Y_i}{P_i}-\theta\right)^2 P_i = \frac{M-n}{M-1}V(\hat{\theta}_{HH})$$

Se ha utilizado que:

$$\sum_i^N\left(\frac{Y_i}{p_i}-\theta\right)^2 P_i = \sum_i^N \frac{Y_i^2}{P_i^2}P_i + \theta^2\underbrace{\sum_i^N P_i}_{1} - 2\theta\underbrace{\sum_i^N Y_i}_{\theta} = \sum_i^N \frac{Y_i^2}{p_i} - \theta^2$$

Estimación de la varianza

Un estimador insesgado para la varianza del estimador de Sánchez Crespo y Gabeiras viene dado por la expresión:

$$\hat{V}(\hat{\theta}_{SCG}) = \frac{M-n}{M}\frac{1}{n(n-1)}\left[\sum_{i=1}^n\left(\frac{Y_i}{P_i}\right)^2 - n\hat{\theta}_{SCG}^2\right] = \frac{M-n}{M}\hat{V}(\hat{\theta}_{HH})$$

ya que:

$$E\left(\hat{V}(\hat{\theta}_{SCG})\right) = E\left(\frac{M-n}{Mn(n-1)}\left[\sum_{i=1}^n\left(\frac{Y_i}{P_i}\right)^2 - n\hat{\theta}_{SCG}^2\right]\right) = \frac{M-n}{Mn(n-1)}\left[E\left(\sum_{i=1}^n\left(\frac{Y_i}{P_i}\right)^2\right) - nE\left(\hat{\theta}_{SCG}^2\right)\right] =$$

$$\frac{M-n}{Mn(n-1)}\left[E\left(\sum_{i=1}^N\left(\frac{Y_i}{P_i}\right)^2 e_i\right) - nE\left(\hat{\theta}_{SCG}^2\right)\right] = \frac{M-n}{Mn(n-1)}\left[\sum_{i=1}^N\left(\frac{Y_i}{P_i}\right)^2\underbrace{E(e_i)}_{nP_i} - nE\left(\hat{\theta}_{SCG}^2\right)\right] =$$

$$\frac{M-n}{Mn(n-1)}\left[n\sum_{i=1}^N \frac{Y_i^2}{P_i} - n\left(V(\hat{\theta}_{SCG}) + \left(E(\hat{\theta}_{SCG})\right)^2\right)\right] = \frac{M-n}{M(n-1)}\left[\sum_{i=1}^N \frac{Y_i^2}{P_i} - V(\hat{\theta}_{SCG}) - \theta^2\right] =$$

$$\frac{M-n}{M(n-1)}\left[\sum_{i=1}^N \frac{Y_i^2}{P_i} - V(\hat{\theta}_{SCG}) - \underbrace{\left(\sum_{i=1}^N Y_i\right)^2}_{\theta^2}\right] = \frac{M-n}{M(n-1)}\left[\underbrace{\sum_{i=1}^N \frac{Y_i^2}{P_i} - \theta^2}_{\frac{n(M-1)}{M-n}V(\hat{\theta}_{SCG})} - V(\hat{\theta}_{SCG})\right] =$$

$$\frac{M-n}{M(n-1)}\left[\frac{n(M-1)}{M-n}V(\hat{\theta}_{SCG}) - V(\hat{\theta}_{SCG})\right] = \frac{M-n}{M(n-1)}\underbrace{\left(\frac{n(M-1)}{M-n}-1\right)}_{\frac{M(n-1)}{M-n}}V(\hat{\theta}_{SCG}) = V(\hat{\theta}_{SCG})$$

Vamos a ver ahora que un estim   ador   insesgado para la varianza del estimador de Sánchez Crespo y Gabeiras también puede expresarse como:

$$\hat{V}(\hat{\theta}_{SCG}) = \frac{M-n}{Mn(n-1)} \left(\sum_{i=1}^{n} \frac{Y_i}{P_i} - \hat{\theta}_{SCG} \right)^2$$

En   efecto:

$$\sum_{i=1}^{n} \left(\frac{Y_i}{P_i} - \hat{\theta}_{SCG} \right)^2 = \sum_{i=1}^{n} \left(\frac{Y_i^2}{P_i^2} - 2\frac{Y_i}{P_i}\hat{\theta}_{SCG} + \hat{\theta}_{SCG}^2 \right)_i = \sum_{i=1}^{n} \frac{Y_i^2}{P_i^2} - 2\hat{\theta}_{SCG} \underbrace{\sum_{i=1}^{n} \frac{Y_i}{P_i}}_{n\hat{\theta}_{HH}} + n\hat{\theta}_{SCG}^2$$

$$= \sum_{i=1}^{n} \frac{Y_i^2}{P_i^2} - 2n\hat{\theta}_{SCG}^2 + n\hat{\theta}_{SCG}^2 = \sum_{i=1}^{n} \left(\frac{Y_i}{P_i} \right)^2 - n\hat{\theta}_{SCG}^2$$

Se observa que el estim   ador de Sá nchez Crespo y Gabeiras tiene   menor varianza y menor varianza estimada que el estimador de Hansen y Hurwitz, ya que:

$$V\left(\hat{\theta}_{SCG}\right) = \frac{M-n}{M-1}V(\hat{\theta}_{HH}) \le V(\hat{\theta}_{HH}) \quad \text{y} \quad \hat{V}\left(\hat{\theta}_{SCG}\right) = \frac{M-n}{M}\hat{V}(\hat{\theta}_{HH}) \le \hat{V}(\hat{\theta}_{HH})$$

Mantenimiento de las probabilidades de selección

Con el esquem a de m uestreo de probabilidades de selección gradualm ente variables de Sánchez Crespo y Gabeiras, la probabilidad que la unidad u_i tiene en las distintas selecciones es igual a su probabilidad en la primera selección. Veamos:

$$P\left(u_i;1^a\right) = \frac{M_i}{M} = P_i$$

$$P\left(u_i;2^a\right) = P\left(u_i;2^a \cap u_i;1^a\right) + P\left(u_i;2^a \cap u_{j\ne i};1^a\right) = P\left(u_i;2^a / u_i;1^a\right)P(u_i;1^a) +$$

$$P\left(u_i;2^a / u_{j\ne i};1^a\right)P(u_{j\ne i};1^a) = P\left(u_i;2^a / u_i;1^a\right)P(u_i;1^a) + \sum_{j\ne i} P\left(u_i;2^a / u_j;1^a\right)P(u_j;1^a)$$

$$P\left(u_i;2^a\right) = \frac{M_i}{M} \cdot \frac{M_i-1}{M-1} + \sum_{j\ne i} \frac{M_j}{M} \cdot \frac{M_i}{M-1} = \frac{M_i(M_i-1) + M_i \overbrace{\sum_{j\ne i} M_j}^{\sum_i M_j - M_i = M - M_i}}{M(M-1)} =$$

$$\frac{M_i(M_i-1) + M_i(M-M_i)}{M(M-1)} = \frac{M_i(M_i-1+M-M_i)}{M(M-1)} = \frac{M_i(M-1)}{M(M-1)} = \frac{M_i}{M} = P_i$$

PROBABILIDADES IGUALES

Cuando la probabilidad que tiene cualquier unidad u_i de la población de ser elegida para la muestra es la misma en cada extracción se dice que estam os ante un método de muestreo con probabilidades iguales.

Evidentemente habrá que distinguir entre métodos con reposición y métodos sin reposición, y dentro de cada uno de ellos habrá que considerar el caso en que el orden de colocación de los elementos en las muestras intervenga (muestras con los mismos elementos colocados en distinto orden son distintas) o no intervenga (muestras con los mismos elementos colocados en distinto orden son la misma muestra).

Muestreo sin reposición

No interviene el orden

Si el muestreo es sin reposición y no interviene el orden, el número de muestras del espacio muestral será el de las combinaciones sin repetición de N elementos tomados de n en n, es decir:

$$C_{N,n} = \binom{N}{n}$$

y la probabilidad de una muestra cualquiera será:

$$P(u_1, u_2, ..., u_n) = \frac{1}{C_{N,n}} = \frac{1}{\binom{N}{n}}$$

Interviene el orden

Si el muestreo es sin reposición e interviene el orden, el número de muestras del espacio muestral será el de las las variaciones sin repetición de N elementos tomados de n en n, es decir:

$$V_{N,n} = C_{N,n} P_n = \binom{N}{n} n!$$

y la probabilidad de una muestra cualquiera será:

$$P(u_1, u_2, ..., u_n) = \frac{1}{C_{N,n} P_n} = \frac{1}{\binom{N}{n} n!}$$

Muestreo con reposición

Interviene el orden

Si el muestreo es con reposición e interviene el orden, el número de muestras del espacio muestral será el de las variaciones con repetición de N elementos tomados de n en n, es decir $VR_{N,n} = N^n$, y la probabilidad de una muestra cualquiera será:

$$P(u_1, u_2, ..., u_n) = \frac{1}{VR_{N,n}} = \frac{1}{N^n}$$

No interviene el orden

Si el m uestreo es con reposición y   no   interviene el orden, el núm   ero de muestras del espacio m   uestral será el de las com   binaciones con repetición de N elementos tomados de n en n, es decir:

$$CR_{N,n} = \binom{N+n-1}{n}$$

y la probabilidad de todas las m uestras no es la m isma, con lo que este m étodo de selección no produce muestras equiprobables.

Los m étodos con probabilidades iguales son casos particulares   de los métodos más generales con probabilidades desiguales. Las expresiones de los estima-dores, sus varianzas y estim aciones de las   varianzas halladas en este capítulo son expresiones generales para probabilidades desiguales. Estas m ismas expresiones para probabilidades iguales se hallarán com   o casos particulares de las anteriores sustituyendo π_i, π_{ij} y P $_i$ por sus valores particulares en cada m étodo de m uestreo con probabilidades iguales, tal y como se verá en capítulos sucesivos.

Ejercicio 1. Supongamos que tenemos una población de $N=5$ unidades primarias para las que una variable X medida sobre ellas proporciona los valores 3, 3, 4, 6 y 8. Se toma una muestra de tamaño $n=2$ sin reposición asignando en la primera extracción probabilidades proporcionales a los números 10, 16, 16, 25 y 33, y también en la segunda (prescindiendo de la unidad seleccionada en primer lugar). Se pide:

1) Calcular las probabilidades π_{ij} ($i \neq j$) y comprobar que $\sum \pi_i = 2$ para $i=1,2,...,5$

2) Comprobar también que $\displaystyle\sum_{\substack{i=1 \\ i \neq j}}^{N} \pi_i = n - \pi_j$ y $\displaystyle\sum_{\substack{i=1 \\ i \neq j}}^{N} \pi_{ij} = (n-1)\pi_j$

3) Obtener estimadores lineales insesgados para el total y la media (para la muestra de mayor probabilidad), así como sus errores de muestreo.

Como no se especifica nada respecto al or den de colocación de los elem entos en las muestras y el muestreo es sin reposici ón supondremos que el orden no interviene. Habrá $\binom{5}{2}$=10 muestras posibles, que son: (3,3), (3,4), (3,6), (3,8), (3,4), (3,6), (3,8), (4,6), (4,8) y (6,8). Las probabilidades proporcionales   a $M_1=10$, $M_2=16$, $M_3=16$, $M_4=25$ y $M_5=33$ originan los siguientes valores para las m   ismas: $M_1/M=1/10$, $M_2/M=4/25$, $M_3/M=4/25$, $M_4/M=1/4$ y $M_5/M=33/100$. Las probabilidades π_{ij} se calcularán de la siguiente forma:

$$\pi_{ij} = P((u_i u_j) \in (\tilde{x})) = P(u_i \in 1^a \cap u_j \in 2^a) + P(u_j \in 1^a \cap u_i \in 2^a)$$
$$= P(u_i \in 1^a)P(u_j \in 2^a / u_i \in 1^a) + P(u_j \in 1^a)P(u_i \in 2^a / u_j \in 1^a) =$$
$$\frac{M_i}{M} \cdot \frac{M_j}{M - M_i} + \frac{M_j}{M} \cdot \frac{M_i}{M - M_j} = P_i \cdot \frac{P_j}{1 - P_i} + P_j \cdot \frac{P_i}{1 - P_j} = P_i P_j \left[\frac{1}{1 - P_i} + \frac{1}{1 - P_j} \right]$$

$\pi_{11} = P(3,3) = P(3 \in 1^a)P(3 \in 2^a/3 \in 1^a) + P(3 \in 1^a)P(3 \in 2^a/3 \in 1^a) = (M_1/M)(M_2/(M-M1)) + (M_2/M)(M_1/(M-M2)) = (1/10)(16/90) + (4/25)(10/84) = 0,0368$

$\pi_{12} = P(3,4) = P(3 \in 1^a)P(4 \in 2^a/3 \in 1^a) + P(4 \in 1^a)P(3 \in 2^a/4 \in 1^a) = (M_1/M)(M_3/(M-M1)) + (M_3/M)(M_1/(M-M3)) = (1/10)(16/90)+(4/25)(10/84) = 0,0368$

$\pi_{13} = P(3,6) = P(3 \in 1^a)P(6 \in 2^a/3 \in 1^a) + P(6 \in 1^a)P(3 \in 2^a/6 \in 1^a) = (M_1/M)(M_4/(M-M1)) + (M_4/M)(M_1/(M-M4)) (1/10)(25/90)+(1/4)(10/75) = 0,0611$

De la m isma form a se obtiene π_{14}=0,0611, π_{15}=0,0859, π_{23}=0,0609, π_{24}=0,1009, π_{25}=0,1416, π_{34}=0,1009, π_{35}=0,1416 y π_{45}=0,2331

El cálculo de los π_i se realiza de la forma siguiente:

$$\pi_1 = \pi_{12}+\pi_{13}+\pi_{14}+\pi_{15}=0,0368+0,0368+0,0611+0,0859=0,22069$$
$$\pi_2 = \pi_{12}+\pi_{23}+\pi_{24}+\pi_{25}=0,0368+0,0609+0,1009+0,1416=0,34039$$
$$\pi_3 = \pi_{13}+\pi_{23}+\pi_{34}+\pi_{35}=0,0368+0,0609+0,1009+0,1416=0,34039$$
$$\pi_4 = \pi_{14}+\pi_{24}+\pi_{34}+\pi_{45}=0,0611+0,1009+0,1009+0,2331=0,49614$$
$$\pi_5 = \pi_{15}+\pi_{25}+\pi_{35}+\pi_{45}=0,0859+0,1416+0,1416+0,2331=0,60237$$

Aquí se han calculado los π_{ij} a través de la expresión $\sum_{\substack{i=1 \\ i \neq j}}^{N} \pi_{ij} = (n-1)\pi_j$

Pero también pueden calcularse los π_i mediante una expresión que los haga depender solamente de los P_i, tal y como se indica a continuación.

$$\pi_i = P(u_i \in (\tilde{x})) = P(u_i \in 1^a) + P(u_i \in 2^a \cap u_{j \neq i} \in 1^a) = P(u_i \in 1^a) +$$
$$P(u_i \in 2^a / u_{j \neq i} \in 1^a)P(u_{j \neq i} \in 1^a) = P(u_i \in 1^a) + \sum_{j \neq i} P(u_i \in 2^a / u_j \in 1^a)P(u_j \in 1^a)$$
$$= P_i + \sum_{j \neq i} \frac{M_i}{M - M_j} P_j = P_i + \sum_{j \neq i} \frac{P_i}{1 - P_j} P_j = P_i \left(1 + \sum_{j \neq i} \frac{P_j}{1 - P_j} \right) = P_i \left(\frac{1 - 2P_i + P_i}{1 - P_i} + \sum_{j \neq i} \frac{P_j}{1 - P_j} \right)$$
$$= P_i \left(\frac{1 - 2P_i}{1 - P_i} + \underbrace{\frac{P_i}{1 - P_i} + \sum_{j \neq i} \frac{P_j}{1 - P_j}}_{} \right) = P_i \left(\frac{1 - 2P_i}{1 - P_i} + \sum_{j=1}^{N} \frac{P_j}{1 - P_j} \right) = P_i \left(\frac{1 - 2P_i}{1 - P_i} + \sum_{i=1}^{N} \frac{P_i}{1 - P_i} \right)$$

Se cumple que:

$$\sum_{i=1}^{5} \pi_i = 0,22069+0,34039+0,34039+0,49614+0,60237=1,9999$$

$$\sum_{\substack{i=1 \\ i\neq 1}}^{N} \pi_i = 0,34039+0,34039+0,49614+0,60237 = 2-0,22069 = n-\pi_1$$

$$\sum_{\substack{i=1 \\ i\neq 2}}^{N} \pi_i = 0,22069+0,34039+0,49614+0,60237 = 2-0,34039 = n-\pi_2$$

De forma similar se cumple las igualdades para $i\neq3$, $i\neq4$ e $i\neq5$.

Está claro que se cum ple la igualdad $\sum_{\substack{i=1 \\ i\neq j}}^{N} \pi_{ij} = (n-1)\pi_j$, ya que los π_i fueron calculados a través de ella.

Podemos ordenar los datos en la tabla siguiente:

$S(X)$	$P(X) = \pi_{ij}$	$\hat{X}_{HT} = \sum_{i=1}^{2} \dfrac{X_i}{\pi_i}$	$\hat{\bar{X}}_{HT} = \dfrac{1}{N}\sum_{i=1}^{2} \dfrac{X_i}{\pi_i}$
(3,3)	0,0368	3 / 0,22069 + 3 / 0,34039 = 22,41	4,482
(3,4)	0,0368	3 / 0,22069 + 4 / 0,34039 = 25,34	5,068
(3,6)	0,0611	3 / 0,22069 + 6 / 0,49614 = 25,69	5,138
(3,8)	0,0859	3 / 0,22069 + 8 / 0,60237 = 26,87	5,374
(3,4)	0,0609	3 / 0,34039 + 4 / 0,34039 = 20,56	4,112
(3,6)	0,1009	3 / 0,34039 + 6 / 0,49614 = 20,91	4,182
(3,8)	0,1416	3 / 0,34039 + 8 / 0,60237 = 22,09	4,418
(4,6)	0,1009	4 / 0,34039 + 6 / 0,49614 = 23,84	4,768
(4,8)	0,1416	4 / 0,34039 + 8 / 0,60237 = 25,03	5,006
(6,8)	0,2331	6 / 0,49614 + 8 / 0,60237 = 25,37	5,074

Como el m uestreo es sin reposición se utiliza el estim ador insesgado de Horwitz y Thompson. Para el total dicho estimador basado en la muestra de mayor probabilidad, la (6,8), vale 25,37. Para la media vale 5,074.

Para calcular las varianzas de estos estim   adores se pueden utilizar directamente las fórm ulas adecuadas, o bien se puede calcular la distribución en el muestreo de los estimadores. Para el total tenemos:

$$V\left(\hat{X}_{HT}\right) = \sum_{i=1}^{5} \frac{X_i^2}{\pi_i}\left(1-\pi_i\right) + 2\sum_{i=1}^{5}\sum_{j>i}^{5} \frac{X_i}{\pi_i}\frac{X_j}{\pi_j}\left(\pi_{ij}-\pi_i\pi_j\right) = \frac{X_1^2}{\pi_1}\left(1-\pi_1\right) + \cdots + \frac{X_5^2}{\pi_5}\left(1-\pi_5\right) +$$

$$+2\left(\frac{X_1}{\pi_1}\frac{X_2}{\pi_2}\left(\pi_{12}-\pi_1\pi_2\right) + \cdots + \frac{X_4}{\pi_4}\frac{X_5}{\pi_5}\left(\pi_{45}-\pi_4\pi_5\right)\right) = \frac{3^2}{0,22069}\left(1-0,22069\right) + \cdots + \frac{8^2}{0,60237}\left(1-0,60237\right)$$

$$+2\left(\frac{3}{0,22069}\frac{3}{0,34039}\left(0,03683-0,22069*0,34039\right) + \cdots + \frac{6}{0,49614}\frac{8}{0,60237}\left(0,23313-0,49614*0,60237\right)\right)$$

$$=4,25$$

Para la media, $V\left(\hat{X}_{HT}\right)=N^{2}V\left(\hat{\bar{X}}_{HT}\right)\Rightarrow V\left(\hat{\bar{X}}_{HT}\right)=V\left(\hat{X}_{HT}\right)/25=4,25/25=0,17$

El estimador insesgado para la varianza basado en la muestra de mayor probabilidad (6,8) será:

$$\hat{V}\left(\hat{X}_{HT}\right)=\sum_{i=1}^{2}\frac{X_{i}^{2}}{\pi_{i}^{2}}(1-\pi_{i})+2\sum_{i=1}^{2}\sum_{j>i}^{2}\frac{X_{i}}{\pi_{i}}\frac{X_{j}}{\pi_{j}}\frac{\left(\pi_{ij}-\pi_{i}\pi_{j}\right)}{\pi_{ij}}=\frac{X_{1}^{2}}{\pi_{1}^{2}}(1-\pi_{1})+\frac{X_{2}^{2}}{\pi_{2}^{2}}(1-\pi_{2})+2\left(\frac{X_{1}}{\pi_{1}}\frac{X_{2}}{\pi_{2}}\frac{\left(\pi_{12}-\pi_{1}\pi_{2}\right)}{\pi_{12}}\right)=0,41$$

Para la media, $\hat{V}(\hat{\bar{X}}_{HT})=\hat{V}(\hat{X}_{HT})/25=0,41/25=0,016$.

Ejercicio 2. Supongamos que tenemos una población de N=5 unidades primarias para las que una variable X medida sobre ellas proporciona los valores 3, 3, 4, 6 y 8. Se toma una muestra de tamaño n=2 sin reposición asignando en la primera extracción probabilidades proporcionales a los números 10, 16, 16, 25 y 33, y en la segunda con probabilidades iguales (prescindiendo de la unidad seleccionada en primer lugar). Se pide:

1. Calcular las probabilidades π_{ij} (i≠j) y comprobar que $\sum\pi_{i}$ =2 para i=1,2,...,5
2. Obtener un estimador lineal insesgado para el total basado en la muestra (4,8), así como su error de muestreo. Para la misma muestra hallar una estimación insesgada para la varianza del total mediante el estimador de Yates y Grundy.

Al igual que en el problema anterior, como o no se especifica nada respecto al orden de colocación de los elementos en las muestras y el muestreo es sin reposición supondremos que el orden no interviene.

Habrá $\binom{5}{2}$=10 muestras posibles, que son:

(3,3), (3,4), (3,6), (3,8), (3,4), (3,6), (3,8), (4,6), (4,8) y (6,8)

Las probabilidades P_{i} proporcionales a M_{1}=10, M_{2}=16, M_{3}=16, M_{4}=25 y M_{5}=33 en la primera extracción tienen los siguientes valores: $P_{1}=M_{1}/M$=1/10, $P_{2}=M_{2}/M$=4/25, $P_{3}=M_{3}/M$=4/25, $P_{4}=M_{4}/M$=1/4 y $P_{5}=M_{5}/M$=33/100. Las probabilidades iguales en segunda extracción valdrán 1/4. Las probabilidades π_{ij} se calcularán de la siguiente forma:

$$\pi_{ij} = P((u_i u_j) \in (\tilde{x})) = P(u_i \in 1^a \cap u_j \in 2^a) + P(u_j \in 1^a \cap u_i \in 2^a)$$
$$= P(u_i \in 1^a)P(u_j \in 2^a / u_i \in 1^a) + P(u_j \in 1^a)P(u_i \in 2^a / u_j \in 1^a) =$$
$$\frac{M_i}{M} \cdot \frac{1}{4} + \frac{M_j}{M} \cdot \frac{1}{4} = P_i \cdot \frac{1}{4} + P_j \cdot \frac{1}{4} = \frac{P_i + P_j}{4}$$

Calculamos ahora los π_i mediante una expresión que los haga depender solamente de los P_i, tal y como se indica a continuación.

$$\pi_i = P(u_i \in (\tilde{x})) = P(u_i \in 1^a) + P(u_i \in 2^a \cap u_{j \neq i} \in 1^a)$$
$$= P(u_i \in 1^a) + P(u_i \in 2^a / u_{j \neq i} \in 1^a)P(u_{j \neq i} \in 1^a)$$
$$= P(u_i \in 1^a) + \sum_{j \neq i} P(u_i \in 2^a / u_j \in 1^a)P(u_j \in 1^a)$$
$$= P_i + \sum_{j \neq i} \frac{1}{4}P_j = P_i + \frac{1}{4}\sum_{j \neq i}P_j = P_i + \frac{1}{4}(1 - P_i) = \frac{3}{4}P_i + \frac{1}{4}$$

Se observa que estamos ante el ***método de selección sin reposición de Ikeda*** para el caso de tamaño de muestra *n*=2.

Ya tenemos todos los datos para calcular los valores de π_i y π_{ij}, pues sólo dependen de P_i y P_j que son datos. También podemos calcular ya el estimador $\hat{X}_{HT}$.

$S(X)$	$P(X) = \pi_{ij} = \dfrac{P_i + P_j}{4}$	$\hat{X}_{HT} = \displaystyle\sum_{i=1}^{2} \dfrac{X_i}{\pi_i}$	$\pi_i = \dfrac{3}{4}P_i + \dfrac{1}{4}$
(3,3)	0,065	$3/0,325 + 3/0,37 = 17,34$	
(3,4)	0,065	$3/0,325 + 4/0,37 = 20,04$	
(3,6)	0,0875	$3/0,325 + 6/0,4375 = 22,95$	0,325
(3,8)	0,1075	$3/0,325 + 8/0,4975 = 25,31$	0,37
(3,4)	0,08	$3/0,37 + 4/0,37 = 18,92$	0,37
(3,6)	0,1025	$3/0,37 + 6/0,4375 = 21,82$	0,4375
(3,8)	0,1225	$3/0,37 + 8/0,4975 = 24,19$	0,4975
(4,6)	0,1025	$4/0,37 + 6/0,4375 = 24,53$	
(4,8)	0,1225	$4/0,37 + 8/0,4975 = 26,90$	
(6,8)	0,145	$6/0,4375 + 8/0,4975 = 29,8$	

Vemos que para la muestra (4,8) el estimador insesgado de Horvitz y Thompson para el total poblacional vale 26,90. Para hallar la varianza del estimador del total se puede utilizar su distribución en el muestreo o bien se puede aplicar directamente la fórmula apropiada tal y como se indica a continuación:

$$V\left(\hat{X}_{HT}\right)=\sum_{i=1}^{5}\frac{X_i^2}{\pi_i}\left(1-\pi_i\right)+2\sum_{i=1}^{5}\sum_{j>i}^{5}\frac{X_i}{\pi_i}\frac{X_j}{\pi_j}\left(\pi_{ij}-\pi_i\pi_j\right)=\frac{X_1^2}{\pi_1}\left(1-\pi_1\right)+\cdots+\frac{X_5^2}{\pi_5}\left(1-\pi_5\right)+$$

$$+2\left(\frac{X_1}{\pi_1}\frac{X_2}{\pi_2}\left(\pi_{12}-\pi_1\pi_2\right)+\cdots+\frac{X_4}{\pi_4}\frac{X_5}{\pi_5}\left(\pi_{45}-\pi_4\pi_5\right)\right)=\frac{3^2}{0,325}\left(1-0,325\right)+\cdots+\frac{8^2}{0,4975}\left(1-0,4975\right)$$

$$+2\left(\frac{3}{0,325}\frac{3}{0,37}\left(0,065-0,325*0,37\right)+\cdots+\frac{6}{0,4375}\frac{8}{0,4975}\left(0,145-0,4375*0,4975\right)\right)=12,66$$

El estimador insesgado para la varianza basado en la muestra (4,8) será:

$$\hat{V}\left(\hat{X}_{HT}\right)=\sum_{i=1}^{2}\frac{X_i^2}{\pi_i^2}\left(1-\pi_i\right)+2\sum_{i=1}^{2}\sum_{j>i}^{2}\frac{X_i}{\pi_i}\frac{X_j}{\pi_j}\frac{\left(\pi_{ij}-\pi_i\pi_j\right)}{\pi_{ij}}=\frac{X_1^2}{\pi_1^2}\left(1-\pi_1\right)+\frac{X_2^2}{\pi_2^2}\left(1-\pi_2\right)+2\left(\frac{X_1}{\pi_1}\frac{X_2}{\pi_2}\frac{\left(\pi_{12}-\pi_1\pi_2\right)}{\pi_{12}}\right)$$

$$=\frac{4^2}{0,37^2}\left(1-0,37\right)+\frac{8^2}{0,4975^2}\left(1-0,4975\right)+2\left(\frac{4}{0,37}\frac{8}{0,4975}\frac{\left(0,1225-0,37*0,4975\right])}{0,1225}\right)=43,3$$

Para la media se tiene que $\hat{V}\left(\bar{\hat{X}}_{HT}\right)=\frac{1}{25}\hat{V}\left(\hat{X}_{HT}\right)=1,73$.

Para hallar el estimador insesgado para la varianza basado en la muestra (4,8) también se puede usar el estimador insesgado de Yates y Grundy de la forma siguiente:

$$\hat{V}\left(\hat{X}_{HT}\right)=\sum_{i=1}^{2}\sum_{j>i}^{2}\left(\frac{X_i}{\pi_i}-\frac{X_j}{\pi_j}\right)^2\frac{\left(\pi_i\pi_j-\pi_{ij}\right)}{\pi_{ij}}=\left(\frac{X_1}{\pi_1}-\frac{X_2}{\pi_2}\right)^2\frac{\left(\pi_1\pi_2-\pi_{12}\right)}{\pi_{12}}=\left(\frac{4}{0,37}-\frac{8}{0,4975}\right)^2\frac{\left(0,37*0,4975-0,1225\right])}{0,1225}=13,958$$

Para la media, $\hat{V}\left(\bar{\hat{X}}_{HT}\right)=\frac{1}{25}\hat{V}\left(\hat{X}_{HT}\right)=0,55$

Se observa que para la m   uestra (4,8) el estim ador de Yates y   Grundy para la varianza del total resulta m   ás preciso que el estim   ador de la varianza de Horwitz y Thompson .

Ejercicio 3. Consideramos una población con tres regiones {U₁, U₂, U₃} en la que se conocen los valores de su población X en miles de habitantes: X(U₁)=2 X(U₂)=3 y X(U₃)=6. Se seleccionan dos regiones sin reemplazamiento con probabilidades proporcionales a su población en cada extracción, resultando elegidas las regiones U₁ y U₃. Se pide:

Calcular la estimación puntual lineal insesgada para el total de la población X.
Calcular la estimación por intervalos al 95% para el total de la población X bajo el supuesto de normalidad.

Como el muestreo es con probabilidades proporcionales a los núm eros 2, 3 y 6, tenemos que las probabilidades iniciales de selección de cada unidad poblacional para la muestra son $P_i = M_i / \sum M_i$, es decir: 2/11, 3/11 y 6/11. Como el método es sin reposición tomamos como estimador del total el estimador de Horwitz y Thompson y tenemos:

$$\pi_i = P_i \left(\frac{1 - 2P_i}{1 - P_i} + \sum_{i=1}^{3} \frac{P_i}{1 - P_i} \right)$$

$$\pi_1 = (2/11) \left(\frac{1 - 2(2/11)}{1 - 2/11} + \frac{2/11}{1 - 2/11} + \frac{3/11}{1 - 3/11} + \frac{6/11}{1 - 6/11} \right) = 0{,}468$$

$$\pi_2 = (3/11) \left(\frac{1 - 2(3/11)}{1 - 3/11} + \frac{2/11}{1 - 2/11} + \frac{3/11}{1 - 3/11} + \frac{6/11}{1 - 6/11} \right) = 0{,}660$$

$$\pi_3 = (6/11) \left(\frac{1 - 2(6/11)}{1 - 6/11} + \frac{2/11}{1 - 2/11} + \frac{3/11}{1 - 3/11} + \frac{6/11}{1 - 6/11} \right) = 0{,}871$$

$$\hat{X}_{HT} = \sum_{i=1}^{2} \frac{X_i}{\pi_i} = \frac{2}{0{,}468} + \frac{6}{0{,}871} = 11{,}16$$

Para estimar la varianza necesitamos el valor de π_{12}. Tenemos:

$$\pi_{12} = P(U_1 U_3) = P(U_1)P(U_3/U_1) + P(U_3)P(U_1/U_3) = (2/11)(6/9) + (6/11)(2/5) = 0{,}34$$

El valor anterior puede calculase también mediante:

$$\pi_{ij} = P_i P_j \left(\frac{1}{1 - P_i} + \frac{1}{1 - P_j} \right) = \frac{2}{11} \frac{6}{11} \left(\frac{1}{1 - 2/11} + \frac{1}{1 - 6/11} \right) = 0{,}34$$

$$\hat{V}\left(\hat{X}_{HT} \right) = \sum_{i=1}^{2} \frac{X_i^2}{\pi_i^2} (1 - \pi_i) + 2 \sum_{i=1}^{2} \sum_{j>i}^{2} \frac{X_i}{\pi_i} \frac{X_j}{\pi_j} \left(\frac{\pi_{ij} - \pi_i \pi_j}{\pi_{ij}} \right) = \frac{4(1 - 0{,}468)}{0{,}468^2} + \frac{36(1 - 0{,}871)}{0{,}871^2} +$$

$$+ 2 \frac{2}{0{,}468} \cdot \frac{6}{0{,}871} \cdot \frac{0{,}34 - (0{,}468)(0{,}871)}{0{,}34} = 15{,}837 - 11{,}711 = 4{,}126$$

El error relativo de muestreo será $\dfrac{\sigma(\hat{X}_{HT})}{\hat{X}_{HT}} \cdot 100 = \dfrac{\sqrt{4{,}126}}{22} \cdot 100 \rightarrow 18{,}2\%$

La estimación por intervalos suponiendo normalidad en la población es:

$$\hat{X} \pm \lambda_\alpha \hat{\sigma}(\hat{X}) = 11{,}16 \pm 1{,}96\sqrt{4{,}126} = [7.17, 15.14]$$

> **Ejercicio 4.** *Consideremos una mancomunidad de tres municipios que poseen una población femenina de 1, 3 y 4 miles de mujeres respectivamente. Las poblaciones totales de cada municipio son 3, 5 y 7 miles de habitantes cada uno. Se trata de estudiar el número medio de mujeres en la mancomunidad. Para ello se toman muestras de dos municipios con probabilidades proporcionales a sus tamaños sin reposición y sin tener en cuenta el orden de colocación de sus elementos utilizando el método de Brewer. A partir de las distribuciones en el muestreo de $\hat{X}_{HT}$ y $\hat{V}(\hat{X}_{HT})$, hallar $V(\hat{X}_{HT})$, $E(\hat{X}_{HT})$ y $E(\hat{V}(\hat{X}_{HT}))$. Comentar los resultados.*

Como estam os ante un m étodo de selección de unidades prim arias compuestas con probabilidades iniciales proporcionales a los tamaños 3, 5 y 7, dichas probabilidades serán $\{3/15, 5/15, 7/15\}$. Com o no hay reposición y las probabilidades son desiguales, utilizamos el estimador de Horwitz y Thompson.

Dado que el método de selección es el de Brewer tenemos:

$$\pi_i = nP_i = 2P_i \quad , \quad \pi_{ij} = \frac{2P_iP_j}{1 + \displaystyle\sum_{i=1}^{N}\frac{P_i}{1 - 2P_i}} * \left[\frac{1}{1 - 2P_i} + \frac{1}{1 - 2P_j}\right]$$

Dado que el método es sin reposición y no importa el orden de colocación de los elem entos en las m uestras, el espacio m uestral está constituido por la m uestras (u_1,u_2), (u_1,u_3) y (u_2,u_3) con $P_1 = p(u_1) = 3/15$, $P_2 = p(u_2) = 5/15$ y $P_3 = p(u_3) = 7/15$. La distribución en el m uestreo (con el esquem a de selección de Brewer) del estimador de Horvitz y Thompson y del estimador de su varianza, así com o el espacio m uestral y las probabilidades asociadas a las muestras se presentan en el siguiente cuadro:

X_1	X_2	π_i	π_{ij}	$\hat{X}_{HT} = \dfrac{X_1}{2P_1} + \dfrac{X_2}{2P_2}$	$\hat{V}_{YG}(\hat{X}_{HT}) = \dfrac{\pi_1\pi_2 - \pi_{12}}{\pi_{12}}\left(\dfrac{X_1}{\pi_1} + \dfrac{X_2}{\pi_2}\right)^2$
1	3	$\dfrac{6}{15}$	$\dfrac{1}{15}$	7	12
1	4	$\dfrac{10}{15}$	$\dfrac{5}{15}$	$\dfrac{95}{14}$	0,38265
3	4	$\dfrac{14}{15}$	$\dfrac{9}{15}$	$\dfrac{123}{14}$	0,00170

A partir de las distribuciones de $\hat{X}_{HT}$ y $\hat{V}(\hat{X}_{HT})$ podemos calcular su esperanza y su varianza de la siguiente forma:

$E(\hat{X}_{HT}) = 7(1/15) + (95/14)(5/15) + (123/14)(9/15) = 8$

$V(\hat{X}_{HT}) = (7-8)^2(1/15 - 8)^2 + (95/14 - 8)^2(5/15 - 8)^2 + (123/14 - 8)^2(9/15) = 0,9285$

$E(\hat{V}(\hat{X}_{HT})) = 12(1/15)+0,38265(5/15)+0,0017(9/15) = 0,9285$

$V(\hat{V}(\hat{X}_{HT})) = (12\text{-}0,9285)^2(1/15)+(0,38265\text{-}0,9285)^2 (5/15)+(0,0017\text{-}0,9285)^2 (9/15) = 8,768$

Según el resultado anterior se tiene $E(\hat{X}_{HT}) = 8 = X$, con lo que se comprueba que el estimador de Horwitz y Thompson es insesgado. También se tiene que $V(\hat{X}_{HT}) = 0.9285$ y $E(\hat{V}(\hat{X}_{HT})) = 0,9285 = V(\hat{X}_{HT})$, con lo que se comprueba que el estimador de la varianza es insesgado.

Ejercicio 5. Supongamos que tenemos una población de N=3 unidades primarias para las que una variable X medida sobre ellas proporciona los valores {1,3,4} con probabilidades iniciales de selección {1/6, 1/3, 1/2}. Se toman muestras de tamaño n=2 con reposición y sin tener en cuenta el orden de colocación de los elementos. A partir de las distribuciones en el muestreo de $\hat{X}_{HT}$ y $\hat{V}(\hat{X}_{HT})$ hallar $V(\hat{X}_{HT})$, $E(\hat{X}_{HT})$ y $E(\hat{V}(\hat{X}_{HT}))$. Comentar los resultados.

Para el caso de muestreo con reposición sin importar el orden de colocación de los elementos en las muestras la probabilidad de cualquier muestra será:
$$P(u_i,u_j) = P(u_i)P(u_j)+ P(u_j)P(u_i) = 2\,P(u_i)P(u_j) \quad y \quad P(u_i,u_i) = [P(u_i)]^2$$

Las muestras posibles son $(u1,u1)$, $(u1,u2)$, $(u1,u3)$, $(u2,u2)$ $(u2,u3)$ y $(u3,u3)$ con $P_1 = p(u_1) = 1/6$, $P_2 = p(u_2) = 1/3$ y $P_3 = p(u_3) = 1/2,$.

Como estamos en muestreo con reposición el estimador lineal insesgado para el total es el estimador de Hansen y Hurwitz ($\hat{X}_{HH} = X_1/2P_1 + X_2/2P_2$).

Como estimador insesgado para la varianza se puede utilizar:

$$\hat{V}(\hat{X}_{HH}) = \frac{1}{n(n-1)}\left[\sum_{i=1}^{n}\left(\frac{X_i}{P_i}\right)^2 - n\hat{X}_{HH}^2\right] = \frac{1}{2(2-1)}\left[\left(\frac{X_1}{P_1}\right)^2 + \left(\frac{X_2}{P_2}\right)^2 - 2\hat{X}_{HH}^2\right]$$

La distribución en el muestreo del estimador de Hansen y Hurwitz y del estimador de su varianza, así como el espacio muestral y las probabilidades asociadas a las muestras se presentan a continuación:

X_1	X_2		$P_{ij} = P(u_i, u_j)$	$\hat{X}_{HH} = \dfrac{X_1}{2P_1} + \dfrac{X_2}{2P_2}$	$\hat{V}(\hat{X}_{HH}) = \dfrac{1}{2}\left[\left(\dfrac{X_1}{P_1}\right)^2 + \left(\dfrac{X_2}{P_2}\right)^2 - 2\hat{X}_{HH}^2\right]$
1	1		0,1666	6	0
1	3		0,1666	7,5	2,25
1	4		0,1666	7	1
3	3		0,3333	9	0
3	4		0,3333	8,5	0,25
4	4		0,5	8	0

Según la tabla anterior, $E(\hat{X}_{HH}) = 6(0,1666) + \ldots + 8(0,5) = 8 = X = 1 + 3 + 4$, con lo que se com prueba que el estim ador de Hansen y Hurwitz es insesgado. También se tiene que $V(\hat{X}_{HH}) = (6-8)^2(0,1666 + \ldots + (8-8)^2(0,5) = 0,5$ y $E(\hat{V}(\hat{X}_{HH})) = 0(0,1666) + \ldots + 0(0,5) = 0,5 = V(\hat{X}_{HH})$, con lo que el estim ador de la varianza es insesgado. Por último se tiene que $V(\hat{V}(\hat{X}_{HH})) = (0-0,5)^2(0,1666) + \ldots + (0-0,5)^2(0,5) = 0,5$.

El cálculo de la varianza del estim ador del total de Hansen y Hurwitz también puede realizarse a través de su fórmula correspondiente como sigue:

$$V(\hat{X}_{HT}) = \frac{1}{2}\left(\sum_{i=1}^{3}\frac{X_i^2}{P_i} - X^2\right) = \frac{1}{2}\left(\frac{X_1^2}{P_1} + \frac{X_2^2}{P_2} + \frac{X_3^2}{P_3} - 8^2\right) = \frac{1}{2}\left(\frac{1^2}{1/6} + \frac{3^2}{1/3} + \frac{4^2}{1/2} - 8^2\right) = 0,5$$

Ejercicio 6. Supongamos que tenemos una población de N=3 unidades primarias para las que una variable X medida sobre ellas proporciona los valores {1,3,4} con probabilidades de selección {1/6, 1/3, 1/2}. Se toman muestras de tamaño n=2 considerando ahora el esquema de selección con probabilidades gradualmente variables de Sánchez Crespo y Gabeiras, calcular $V(\hat{X}_{SCG})$, $E(\hat{X}_{SCG})$ y $E(\hat{V}(\hat{X}_{SCG}))$ a partir de las distribuciones en el muestreo de $\hat{X}_{HH}$ y $\hat{V}(\hat{X}_{HH})$. Comentar y comparar los resultados con los del ejercicio anterior.

Según el esquem a de probabilidades gradualmente variables, se puede suponer que existen seis bolas en una urna de las que una bola representa a la unidad u_1, dos bolas representan a la unidad u_2 y tres bolas representan a la unidad u_3, ya que $P_1 = p(u_1) = 1/6$, $P_2 = p(u_2) = 1/3 = 2/6$ y $P_3 = p(u_3) = 1/2 = 3/6$. En cada selección se extrae una única bola que no se repone a la urna para seleccionar la siguiente bola, con lo que al seleccionar la segunda bola falta una bola de la urna. Según este esquem a, el espacio muestral y las probabilidades asociadas a las muestras serán:

$S(X)$	$P(u_i, u_j) = P(u_i)P(u_j/u_i) + P(u_j)P(u_i/u_j)$
(u_1, u_2)	$\dfrac{1}{6}\cdot\dfrac{1}{5} + \dfrac{2}{6}\cdot\dfrac{1}{5} = \dfrac{2}{15} = 0{,}13333333$
(u_1, u_3)	$\dfrac{1}{6}\cdot\dfrac{3}{5} + \dfrac{3}{6}\cdot\dfrac{1}{5} = \dfrac{3}{15} = 0{,}2$
(u_2, u_2)	$\dfrac{2}{6}\cdot\dfrac{1}{5} = \dfrac{1}{15} = 0{,}06666666$
(u_2, u_3)	$\dfrac{2}{6}\cdot\dfrac{3}{5} + \dfrac{3}{6}\cdot\dfrac{2}{5} = \dfrac{6}{15} = 0{,}4$
(u_3, u_3)	$\dfrac{3}{6}\cdot\dfrac{2}{5} = \dfrac{3}{15} = 0{,}2$

El estimador insesgado para el total de Sánchez Crespo y Gabeiras es:

$$\hat{X}_{SCG} = \sum_{i=1}^{n}\frac{X_i}{nP_i} = \frac{X_1}{2P_1} + \frac{X_2}{2P_2}$$

Su varianza es $V\left(\hat{X}_{HT}\right) = \dfrac{M-n}{M-1}\dfrac{1}{n}\left(\sum_{i=1}^{n}\dfrac{X_i^2}{P_i} - X^2\right) = \dfrac{6-2}{6-1}\left(\dfrac{X_1^2}{P_1} + \dfrac{X_2^2}{P_2} + \dfrac{X_3^2}{P_3} - 8^2\right)$

El estimador insesgado de la varianza vale:

$$\hat{V}(\hat{X}_{SCG}) = \frac{M-n}{M}\frac{1}{n(n-1)}\left[\sum_{i=1}^{n}\left(\frac{X_i}{P_i}\right)^2 - n\hat{X}_{SCG}^2\right] = \frac{6-2}{6}\frac{1}{2(2-1)}\left[\left(\frac{X_1}{P_1}\right)^2 + \left(\frac{X_2}{P_2}\right)^2 - 2\hat{X}_{SCG}^2\right]$$

El cuadro del diseño muestral completo sería el siguiente:

X_1	X_2	π_{ij}	$\hat{X}_{SCG} = \dfrac{X_1}{2P_1} + \dfrac{X_2}{2P_2}$	$\hat{V}(\hat{X}_{SCG}) = \dfrac{1}{3}\left[\left(\dfrac{X_1}{P_1}\right)^2 + \left(\dfrac{X_2}{P_2}\right)^2 - 2\hat{X}_{SCG}^2\right]$
1	3	0,1333	7,5	1,5
1	4	0,2	7	0,6666
3	3	0,0666	9	0
3	4	0,4	8,5	0,1666
4	4	0,2	8	0

A partir del diseño anterior se tiene $E(\hat{X}_{SCG}) = (7{,}5)0{,}1333 + \ldots + 8(0{,}2) = 8 = X = 1 + 3 + 4$, con lo que se comprueba que el estimador de Sánchez Crespo y Gabeiras es insesgado. También se tiene a partir del diseño que:

$$V(\hat{X}_{SCG}) = (7{,}5\text{-}8)^2(0{,}1333) + \ldots + (8\text{-}8)^2(0{,}2) = 0.4 \text{ y } E(\hat{V}(\hat{X}_{SCG}))$$
$$= (1{,}5)0{,}1333 + \ldots + 0(0{,}2) = 0{,}4 = V(\hat{X}_{SCG})$$

con lo que el estimador de la varianza es insesgado.

Por último se tiene:

$$V(\hat{V}(\hat{X}_{SCG})) = (1,5-0,4)^2(0,1333) + \ldots + (0-0,4)^2(0,2) = 0,24$$

El cálculo de la varianza del estim ador del total de Sánchez Crespo y Gabeiras tam bién puede realizarse a través de su fórmula correspondiente como sigue:

$$V(\hat{X}_{SCG}) = \frac{6-2}{6-1}\frac{1}{2}\left(\sum_{i=1}^{3}\frac{X_i^2}{P_i} - X^2\right) = \frac{4}{5}\frac{1}{2}\left(\frac{X_1^2}{P_1} + \frac{X_2^2}{P_2} + \frac{X_3^2}{P_3} - 8^2\right) = \frac{4}{5}\frac{1}{2}\left(\frac{1^2}{1/6} + \frac{3^2}{1/3} + \frac{4^2}{1/2} - 8^2\right) = 0,4$$

Observando los resultados de este ejercicio y del anterior, vem os que se cumple $V(\hat{X}_{SCG}) = \frac{M-n}{M-1} \cdot V(\hat{X}_{HH})$, ya que 0,4=[(6-2)/(6-1)]0,5.

Además, $\hat{V}(\hat{X}_{SCG}) = \frac{M-n}{M} \cdot \hat{V}(\hat{X}_{HH})$, y a que $\hat{V}(\hat{X}_{SCG}) = [(6-2)/6]\hat{V}(\hat{X}_{HH})$ para todos los elem entos correspondientes de las colum nas consideradas en las tablas anteriores.

Com o $V(\hat{X}_{SCG})$=0,4 y $V(\hat{X}_{HT})$=0,5, el m étodo de selección con probabilidades gradualm ente variables con el estim ador de Sánchez Crespo y Gabeiras resulta más preciso que el método de selección con reposición de Hansen y Hurwitz.

Ejercicio 7. *Una población consta de 40.000 unidades distribuidas en 400 conglomerados de 100 unidades cada uno. Una muestra aleatoria con probabilidades iguales sin reposición de tamaño 25 conglomerados presenta los siguientes datos:*

Total de unidades de la clase C	12	17	23	33	36
N° de conglomerados de la muestra	2	3	9	5	6

Estimar el total y la proporción de unidades de la población que pertenecen a la clase C, así como sus errores de muestreo absolutos y relativos.

Como el m uestreo es con probabilidades iguales y se seleccionan 25 conglomerados de entre 400 se tiene π_i=25/400=0,0625 y π_{ij}=(25*24)/(400*399) = 0,00376. Com o el m étodo es sin reposición tom amos com o estim ador del total de clase el estimador de Horwitz y Thompson y tenemos:

$$\hat{A}_{HT} = \sum_{i=1}^{25} \frac{A_i}{\pi_i} = \frac{2 \cdot 12 + 3 \cdot 17 + 9 \cdot 23 + 5 \cdot 33 + 6 \cdot 36}{25 / 400} = 10608$$

Para estimar la varianza tomamos el estimador de Yates y Grundy. Tenemos:

$$\hat{V}(\hat{A}_{HT}) = \sum_{i<j}^{25} \frac{\pi_i \pi_j - \pi_{ij}}{\pi_{ij}} \left(\frac{A_i}{\pi_i} - \frac{A_j}{\pi_j} \right)^2 = \frac{0,0625^2 - 0,00376}{0,00376 \cdot 0,0625^2} \left[2(12-17)^2 + \cdots + 5(33-36)^2 \right] = 67222,6$$

El error absoluto de muestreo será $\sigma(\hat{A}_{HT}) = \sqrt{67222,6} = 259,27$, con lo que el error relativo valdrá $\dfrac{\sigma(\hat{A}_{HT})}{\hat{A}_{HT}} \cdot 100 = \dfrac{259,27}{10608} \cdot 100 = 2,44\%$

Como estimador de la proporción de unidades pertenecientes a la case C tenemos:

$$\hat{P}_{HT} = \frac{\hat{A}_{HT}}{M} = \frac{10608}{40000} = 0,2642 = 26,42\%$$

El estimador insesgado de su varianza será :

$$\hat{V}(\hat{P}_{HT}) = \frac{\hat{V}(\hat{A}_{HT})}{M^2} = \frac{67222,6}{40000^2} = 0,000042$$

El error absoluto de muestreo será $\sigma(\hat{P}_{HT}) = \sqrt{0,000042} = 0,00648$, con lo que el error relativo valdrá $\dfrac{\sigma(\hat{P}_{HT})}{\hat{P}_{HT}} \cdot 100 = \dfrac{0,00648}{0,2642} \cdot 100 = 2,44\%$.

CAPÍTULO 4

MUESTREO ALEATORIO SIMPLE

Consideraremos en este capítulo el m   uestreo aleatorio sim ple tanto sin reposición com o con reposición. El m   uestreo aleatorio sim ple sin reposición se denomina también *muestreo irrestricto aleatorio*. Normalmente, cuando se habla de muestreo aleatorio simple sin especificar si hay o no reposición, se sobreentiende que se trata de m uestreo aleatorio sim ple sin reposición. Sin em bargo, para referirse a muestreo aleatorio simple con reposición es necesario especificarlo.

MUESTREO ALEATORIO SIMPLE SIN REPOSICIÓN

Se trata de un procedim iento de selección con probabilidades   iguales que consiste en obtener la m uestra unidad a uni dad de forma aleatoria sin reposición a la población de las unidades previam ente seleccionadas, teniendo presente adem ás que el orden de colocación de los elem   entos en las m uestras no interviene, es decir, muestras con los m   ismos elem entos coloca dos en orden distinto se consideran iguales. De esta forma las muestras con elementos repetidos son imposibles. Como el procedimiento de selección es con probabilidades iguales todas las m   uestras son equiprobables, y además se va a cum plir, como veremos luego, que todas las unidades de la población van a tener la misma probabilidad de pertenecer a la muestra.

Supongamos en todo m omento que el tamaño de la población es N y e l tamaño de la muestra es n. Como la muestra se selecciona sin reposición, se realiza la selección sucesiva de las unidades para la m   uestra con probabilidades $1/(N-t)$ para valores de $t = 0, 1,..., n$.

Probabilidad de una muestra cualquiera

Dada la forma de definirse el procedim iento de selección de la m uestra, el espacio muestral asociado tiene:

$$C_{N,n} = \binom{N}{n}$$

muestras posibles, ya que el orden de colocación de los elementos en las muestras no interviene. Como el procedimiento es con probabilidades iguales, la probabilidad de una muestra cualquiera será:

$$p(u_1,\cdots,u_n) = \frac{Casos\,favorables}{Casos\,posibles} = \frac{1}{C_{N,n}} = \frac{1}{\binom{N}{n}}$$

La probabilidad de una muestra también puede calcularse utilizando cálculo de probabilidades de la siguiente forma:

$$P(u_1,u_2,\cdots,u_n) = n!\,P(\{u_1,u_2,\cdots,u_n\}) = n!\,P(u_1)P(u_2/u_1)P(u_3/u_1u_2)\cdots P(u_n/u_1..u_{n-1})$$

$$= n!\frac{1}{N}\cdot\frac{1}{N-1}\cdot\frac{1}{N-2}\cdots\frac{1}{N-(n-1)} = n!\frac{1}{\dfrac{N!}{(N-n)!}} = \frac{n!(N-n)!}{N!} = \frac{1}{\dfrac{N!}{n!(N-n)!}} = \frac{1}{\binom{N}{n}}$$

En el cálculo anterior hemos supuesto que al no intervenir el orden de colocación de los elementos, la muestra $(u_1,...,u_n)$ contiene las $n!$ factorial posibles ordenaciones del conjunto $\{u_1,...,u_n\}$.

Probabilidad π_i que tiene una unidad de pertenecer a la muestra

A efectos de formalizar la teoría del muestreo aleatorio simple sin reposición es necesario calcular la probabilidad que tiene cualquier unidad de la población de pertenecer a la muestra. Para ello sabemos ya que el número de muestras posibles de tamaño n en selección irrestricta aleatoria es:

$$C_{N,n} = \binom{N}{n}$$

Por otra parte, el número de muestras posibles que se pueden formar con los elementos de la población y que contengan al elemento dado u_i será:

$$C_{N-1,n-1} = \binom{N-1}{n-1}$$

ya que en este caso se fija el elemento u_i y las muestras posibles resultan de las formas posibles de seleccionar de entre los $N-1$ elementos de la población restantes $n-1$ de ellos para la muestra (el elemento u_i ya está fijo en la muestra). Tenemos entonces:

$$\pi_i = P\left(u_i \in (\tilde{x})\right) = \frac{Casos\,favorables}{Casos\,posibles} = \frac{N^{\circ}\,de\,muestras\,que\,contienen\,la\,unidad\,u_i}{N^{\circ}\,total\,de\,muestras}$$

$$= \frac{\dbinom{N-1}{n-1}}{\dbinom{N}{n}} = \frac{\dfrac{(N-1)!}{(n-1)!(N-n)!}}{\dfrac{N!}{n!(N-n)!}} = \frac{\dfrac{(N-1)!}{(n-1)!(N-n)!}}{\dfrac{N.(N-1)!}{n(n-1)!(N-n)!}} = \frac{\dfrac{1}{N}}{n} = \frac{n}{N}$$

La   probabilidad π_i que tiene cualquier unidad u_i de la población de pertenecer a la muestra también puede calcularse utilizando cálculo de probabilidades. Sabem os que la unidad u_i puede pertenecer a la m uestra bien ocupando el prim er lugar de la misma, bien ocupando el segundo lugar y no el prim ero (no hay reposición y las unidades de la población sólo pueden pertenecer una sola vez   a la m uestra), bien ocupando el tercer lugar y no el segundo ni el primero, etc. De esta forma podemos escribir:

$$\pi_i = P\left(u_i \in (\tilde{x})\right) = P\left(u_i = u_1\right) + P\left((u_i = u_2)\cap(u_i \neq u_1)\right) + P\left((u_i = u_3)\cap(u_i \neq u_1)\cap(u_i \neq u_2)\right)$$
$$+ \cdots + P\left((u_i = u_n)\cap(u_i \neq u_{n-1})\cap(u_i \neq u_{n-2})\cap\cdots\cap(u_i \neq u_2)\cap(u_i \neq u_1)\right)$$

Ahora calculamos los valores de cada término de esta expresión y tenemos:

- $P\left(u_i = u_1\right) = \dfrac{1}{N}$

- $P\left((u_i = u_2) \cap (u_i \neq u_1)\right) = P\left(u_i = u_2 \,/\, u_i \neq u_1\right) P\left(u_i \neq u_1\right) = \dfrac{1}{N-1}\left(1 - P\left(u_i = u_1\right)\right) =$

$$\dfrac{1}{N-1}\left(1 - \dfrac{1}{N}\right) = \dfrac{1}{N-1}\dfrac{N-1}{N} = \dfrac{1}{N}$$

- $P\left((u_i = u_3) \cap (u_i \neq u_2)\cap(u_i \neq u_1)\right) = P\left(u_i = u_3 \,/\, (u_i \neq u_1) \cap (u_i \neq u_2)\right) P\left(u_i \neq u_2 \,/\, u_i \neq u_1\right) P\left(u_i \neq u_1\right) =$

$$\dfrac{1}{N-2}\cdot\left(1 - P\left(u_i \neq u_2 \,/\, u_i \neq u_1\right)\right)\left(1 - P\left(u_i = u_1\right)\right) = \dfrac{1}{N-2}\cdot\left(1 - \dfrac{1}{N-1}\right)\cdot\left(1 - \dfrac{1}{N}\right) = \dfrac{1}{N-2}\dfrac{N-2}{N-1}\dfrac{N-1}{N} = \dfrac{1}{N}$$

- $P\left((u_i = u_n) \cap (u_i \neq u_{n-1}) \cap (u_i \neq u_{n-2}) \cap\cdots\cap (u_i \neq u_2) \cap (u_i \neq u_1)\right) =$

$$P\left(u_i = u_n \,/\, (u_i \neq u_1) \cap (u_i \neq u_2)\cap\cdots\cap(u_i \neq u_{n-1})\right) \cdot P\left(u_i \neq u_{n-1} \,/\, (u_i \neq u_1) \cap (u_i \neq u_2)\cap\cdots\cap(u_i \neq u_{n-2})\right) \cdots$$

$$P\left(u_i \neq u_3 \,/\, (u_i \neq u_1) \cap (u_i \neq u_2)\right) \cdot P\left(u_i \neq u_2 \,/\, (u_i \neq u_1)\right) \cdot P\left(u_i \neq u_1\right) =$$

$$\dfrac{1}{N-(n-1)}\cdot\left(1 - P\left(u_i = u_{n-1} \,/\, (u_i \neq u_1) \cap (u_i \neq u_2)\cap\cdots\cap(u_i \neq u_{n-2})\right)\right)\cdots\left(1 - P\left(u_i = u_3 \,/\, (u_i \neq u_1) \cap (u_i \neq u_2)\right)\right)\cdot$$

$$\left(1 - P\left(u_i = u_2 \,/\, (u_i \neq u_1)\right)\right) \cdot \left(1 - P\left(u_i = u_1\right)\right) = \dfrac{1}{N-(n-1)}\left(1 - \dfrac{1}{N-(n-2)}\right)\cdots\left(1 - \dfrac{1}{N-1}\right)\left(1 - \dfrac{1}{N}\right) =$$

$$\dfrac{1}{N-(n-1)}\left(\dfrac{N-(n-1)}{N-(n-2)}\right)\cdots\left(\dfrac{N-2}{N-1}\right)\left(\dfrac{N-1}{N}\right) = \dfrac{1}{N}$$

Como todos los términos valen 1/N ya podemos escribir:

$$\pi_i = P\left(u_i \in (\tilde{x})\right) = \underbrace{\dfrac{1}{N} + \dfrac{1}{N} + \cdots\cdots + \dfrac{1}{N}}_{n\,veces} = \dfrac{n}{N}$$

Probabilidad π_{ij} que tienen el par de unidades de la población $(u_i\ u_j)$ de pertenecer a la muestra

A efectos de formalizar la teoría del muestreo aleatorio simple sin reposición también es necesario calcular la probabilidad que tiene cualquier para de unidades de la población de pertenecer a la muestra. Por una parte sabemos que el número de muestras posibles de tamaño n en selección irrestricta aleatoria es:

$$C_{N,n} = \binom{N}{n}$$

Por otra parte sabemos que el núm ero de m uestras posibles que se pueden formar con los elem entos de la población que contengan al par de elem entos dado $(u_i\ u_j)$ será:

$$C_{N-2,n-2} = \binom{N-2}{n-2}$$

ya que en este caso se fija el par de elem entos $(u_i\ u_j)$ y las m uestras posibles resultan de las form as posibles de seleccionar de entre los $N-2$ elem entos de la población restantes n-2 de ellos para la m uestra (los elem entos u_i y u_j y a están fijos en la muestra). Tenemos entonces:

$$\pi_{ij} = P\big((u_i, u_j) \in (\tilde{x})\big) = \frac{Casos\ favorables}{Casos\ posibles} = \frac{N^{\circ}\,de\,muestras\ que\,contienen\ el\,par\,(u_i, u_j)}{N^{\circ}total\,de\,muestras}$$

$$= \frac{\binom{N-2}{n-2}}{\binom{N}{n}} = \frac{\frac{(N-2)!}{(n-2)!(N-n)!}}{\frac{N!}{n!(N-n)!}} = \frac{\frac{(N-2)!}{(n-2)!(N-2)!}}{\frac{N.(N-1)(N-2)!}{n(n-1)(n-2)!(N-n)!}} = \frac{1}{\frac{N(N-1)}{n(n-1)}} = \frac{n(n-1)}{N(N-1)}$$

ESTIMADORES LINEALES INSESGADOS EN MUESTREO ALEATORIO SIMPLE SIN REPOSICIÓN

Del capítulo anterior y a sabemos que el estim ador lineal insesgado general para el caso de m uestreo sin reposición es el estim ador de Horvitz y Thompson $\hat{\theta}_{HT}$. Concretamente sabemos que mediante el estimador:

$$\hat{\theta}_{HT} = \sum_{i=1}^{n} \frac{Y_i}{\pi_i}$$

se estima la característica poblacional $\theta = \sum_{i=1}^{N} Y_i$, de modo que $E(\hat{\theta}) = \theta$, siendo π_i la probabilidad de que la unidad u_i pertenezca a la muestra.

Como en muestreo aleatorio simple sin reposición tenemos que $\pi_i = n/N$, ya podemos especificar los estimadores lineales insesgados para los parámetros poblacionales más comunes a estimar. Tendremos:

$$\theta = X = \sum_{i=1}^{N} X_i \Rightarrow Y_i = X_i \Rightarrow \hat{\theta} = \hat{X} = \sum_{i=1}^{n} \frac{X_i}{\pi_i} = \sum_{i=1}^{n} \frac{X_i}{\frac{n}{N}} = N \underbrace{\frac{1}{n} \sum_{i=1}^{n} X_i}_{\bar{x}} = N\bar{x}$$

$$\theta = \bar{X} = \sum_{i=1}^{N} \frac{X_i}{N} \Rightarrow Y_i = \frac{X_i}{N} \Rightarrow \hat{\theta} = \hat{\bar{X}} = \sum_{i=1}^{n} \frac{\frac{X_i}{N}}{\pi_i} = \sum_{i=1}^{n} \frac{\frac{X_i}{N}}{\frac{n}{N}} = \frac{1}{n} \sum_{i=1}^{n} X_i = \bar{x}$$

$$\theta = P = \sum_{i=1}^{N} \frac{A_i}{N} \Rightarrow Y_i = \frac{A_i}{N} \Rightarrow \hat{\theta} = \hat{P} = \sum_{i=1}^{n} \frac{\frac{A_i}{N}}{\frac{n}{N}} = \frac{1}{n} \sum_{i=1}^{n} A_i = \hat{P}$$

$$\theta = A = \sum_{i=1}^{N} A_i \Rightarrow Y_i = A_i \Rightarrow \hat{\theta} = \hat{A} = \sum_{i=1}^{n} \frac{A_i}{\frac{n}{N}} = N \frac{1}{n} \sum_{i=1}^{n} A_i = N\hat{P}$$

VARIANZAS DE LOS ESTIMADORES

Del capítulo anterior sabemos que la varianza del estimador de Horvitz y Thompson viene dada por la expresión:

$$V\left(\hat{\theta}_{HT}\right) = \sum_{i=1}^{N} \frac{Y_i^2}{\pi_i}(1 - \pi_i) + 2 \sum_{i<j}^{N} \frac{Y_i Y_j}{\pi_i \pi_j}\left(\pi_{ij} - \pi_i \pi_j\right)$$

Para el caso particular del muestreo aleatorio simple sin reposición se sabe que $\pi_i = n/N$ y $\pi_{ij} = n(n-1)/[N(N-1)]$. Considerando el estimador del total y sustituyendo estos valores de π_i y π_{ij} en la expresión de la varianza tenemos:

$$V\left(\hat{X}\right) = \sum_{i=1}^{N} \frac{X_i^2}{\frac{n}{N}}\left(1 - \frac{n}{N}\right) + 2 \sum_{i=1}^{N} \sum_{j>i}^{N} \frac{X_i X_j}{\frac{n}{N}\frac{n}{N}}\left(\frac{n(n-1)}{N(N-1)} - \frac{n}{N}\frac{n}{N}\right)$$

$$= \sum_{i=1}^{N} \frac{\left(X_i - \bar{X}\right)^2}{\frac{n}{N}}\left(1 - \frac{n}{N}\right) + 2 \sum_{i=1}^{N} \sum_{j>i}^{N} \frac{\left(X_i - \bar{X}\right)\left(X_j - \bar{X}\right)}{\frac{n}{N}\frac{n}{N}}\left(\frac{n(n-1)}{N(N-1)} - \frac{n}{N}\frac{n}{N}\right)$$

$$= \frac{N-n}{n}\left(\sum_{i=1}^{N}\left(X_i - \bar{X}\right)^2 - 2\frac{\sum_{i=1}^{N}\sum_{j>i}^{N}\left(X_i - \bar{X}\right)\left(X_j - \bar{X}\right)}{N-1}\right)$$

$$= \frac{N-n}{n}\left(\sum_{i=1}^{N}\left(X_i - \bar{X}\right)^2 + \frac{\sum_{i=1}^{N}\left(X_i - \bar{X}\right)^2}{N-1}\right)$$

El primer paso de la dem ostración se basa en que la varianza es invariante ante un cambio de origen, es decir, $V(\hat{X}) = V(\hat{X} - \overline{X})$, y la última igualdad se basa en lo siguiente:

$$\left(\sum_{i=1}^{N}(X_i - \overline{X})\right)^2 = \sum_{i=1}^{N}(X_i - \overline{X})^2 + 2\sum_{i=1}^{N}\sum_{j>i}^{N}(X_i - \overline{X})(X_j - \overline{X}) \underset{\underset{\underbrace{\sum_{i=1}^{N}(X_i - \overline{X}) = \underbrace{\sum_{i=1}^{N} X_i}_{N\overline{X}} - \underbrace{\sum_{i=1}^{N}\overline{X}}_{N\overline{X}} = 0}}{}}{=} 0$$

$$\Rightarrow -2\sum_{i=1}^{N}\sum_{j>i}^{N}(X_i - \overline{X})(X_j - \overline{X}) = \sum_{i=1}^{N}(X_i - \overline{X})^2$$

Entonces sacando factor común $\sum_{i=1}^{N}(X_i - \overline{X})^2$ podemos seguir escribiendo:

$$V(\hat{X}) = \frac{N-n}{n}\left[\left(1 + \frac{1}{N-1}\right)\sum_{i=1}^{N}(X_i - \overline{X})^2\right] = \frac{N(N-n)}{n(N-1)}\sum_{i=1}^{N}(X_i - \overline{X})^2$$

$$= \frac{N(N-n)}{n}\frac{1}{N-1}\sum_{i=1}^{N}(X_i - \overline{X})^2 = \frac{N(N-n)}{n}S^2 = N^2\frac{(N-n)}{N}\frac{S^2}{n}$$

$$= N^2\left(1 - \frac{n}{N}\right)\frac{S^2}{n} = N^2(1-f)\frac{S^2}{n}$$

De esta forma obtenemos la fórmula clásica para la varianza del estimador del total en muestreo aleatorio simple sin reposición:

$$V(\hat{X}) = N^2(1-f)\frac{S^2}{n}$$

Ahora es fácil obtener la varianza del estimador de la media como sigue:

$$\hat{X} = N\overline{x} = N\hat{\overline{X}} \Rightarrow \hat{\overline{X}} = \frac{\hat{X}}{N} \Rightarrow V(\hat{\overline{X}}) = Var\left(\frac{\hat{X}}{N}\right) = \frac{1}{N^2}Var(\hat{X}) = \frac{1}{N^2}N^2(1-f)\frac{S^2}{n}$$

$$V(\hat{\overline{X}}) = (1-f)\frac{S^2}{n}$$

Para obtener la varianza del estim ador de la proporción tenem os que calcular previamente la expresión de la cuasivarianza S^2 para variables A_i que sólo tom an los valores 0 y 1 (cuando se estim a la proporción de elementos que pertenecen a una determinada clase A, la variable A_i vale 1 cuando la unidad u_i pertenece a la clase A, y vale 0 cuando no pertenece). Operamos de la siguiente forma:

$$S^2 = \frac{1}{N-1}\sum_{i=1}^{N}\left(X_i - \overline{X}\right)^2 = \frac{1}{N-1}\sum_{i=1}^{N}\left(A_i - P\right)^2 = \frac{1}{N-1}\sum_{i=1}^{N}\left(A_i^2 - 2PA_i + P^2\right) =$$

$$\frac{1}{N-1}\left(\sum_{i=1}^{N}A_i^2 - 2P\sum_{i=1}^{N}A_i + \sum_{i=1}^{N}P^2\right) = \frac{1}{N-1}\left(NP - 2NP^2 + NP^2\right) =$$

$$\frac{1}{N-1}\left(NP - NP^2\right) = \frac{1}{N-1}NP(1-P) = \frac{1}{N-1}NPQ$$

Se ha utilizado que $P = \dfrac{1}{N}\displaystyle\sum_{i=1}^{N}A_i \Rightarrow \displaystyle\sum_{i=1}^{N}A_i = NP$ y $\underbrace{\displaystyle\sum_{i=1}^{N}A_i^2 = \displaystyle\sum_{i=1}^{N}A_i}_{A_i=0 \text{ ó } A_i=1}$

Ya podemos obtener la varianza del estimador de la proporción como sigue:

$$V\left(\hat{P}\right) = (1-f)\frac{S^2}{n} = (1-f)\frac{\dfrac{N}{N-1}PQ}{n} = \frac{N}{N-1}\frac{1}{n}(1-f)PQ$$

Para obtener la varianza del estimador del total de clase tenemos:

$$V\left(\hat{A}\right) = N^2(1-f)\frac{S^2}{n} = N^2(1-f)\frac{\dfrac{N}{N-1}PQ}{n} = \frac{N^3}{N-1}\frac{1}{n}(1-f)PQ$$

ESTIMACIÓN DE VARIANZAS

Se trata de calcular estim adores insesgados para las varianzas de los estimadores del total, m edia, proporción y total de clase. Para ello utilizam os la expresión general del estimador insesgado para la varianza en m uestreo sin reposición vista en el capítulo anterior, que era:

$$\hat{V}\left(\hat{\theta}_{HT}\right) = \sum_{i=1}^{n}\frac{Y_i^2}{\pi_i^2}(1-\pi_i) + \sum_{i<j}^{n}\frac{Y_iY_j}{\pi_i\pi_j}\frac{\pi_{ij}-\pi_i\pi_j}{\pi_{ij}}$$

Si aplicamos la expresión anterior al estimador del total tendremos:

$$\hat{V}\left(\hat{X}\right) = \sum_{i=1}^{n}\frac{X_i^2}{\dfrac{n^2}{N^2}}\left(1-\frac{n}{N}\right) + 2\sum_{i=1}^{n}\sum_{j>i}^{n}\frac{X_iX_j}{\dfrac{n}{N}\dfrac{n}{N}}\frac{\left(\dfrac{n(n-1)}{N(N-1)} - \dfrac{n}{N}\dfrac{n}{N}\right)}{\dfrac{n(n-1)}{N(N-1)}} =$$

$$\sum_{i=1}^{n}\frac{(X_i - \overline{x})^2}{\dfrac{n^2}{N^2}}\left(1-\frac{n}{N}\right) + 2\sum_{i=1}^{n}\sum_{j>i}^{n}\frac{(X_i - \overline{x})(X_j - \overline{x})}{\dfrac{n}{N}\dfrac{n}{N}}\frac{\left(\dfrac{n(n-1)}{N(N-1)} - \dfrac{n}{N}\dfrac{n}{N}\right)}{\dfrac{n(n-1)}{N(N-1)}} =$$

$$\frac{N(N-n)}{n^2}\left[\sum_{i=1}^{n}(X_i-\overline{x})^2 - \frac{1}{n-1}\underbrace{2\sum_{i=1}^{n}\sum_{j>i}^{n}(X_i-\overline{x})(X_j-\overline{x})}_{-\sum_{i=1}^{n}(X_i-\overline{x})^2}\right] =$$

$$\frac{N(N-n)}{n^2}\left(1+\frac{1}{n-1}\right)\sum_{i=1}^{n}(X_i-\overline{x})^2 = \frac{N(N-n)}{n^2}\frac{n}{n-1}\sum_{i=1}^{n}(X_i-\overline{x})^2 =$$

$$\frac{N(N-n)}{n}\underbrace{\frac{1}{n-1}\left[\sum_{i=1}^{n}(X_i-\overline{x})^2\right]}_{\hat{S}^2} = N^2\frac{(N-n)}{n}\frac{\hat{S}^2}{N} = N^2(1-f)\frac{\hat{S}^2}{N}$$

Ya hemos obtenido la siguiente expr esión para el estim ador insesgado de la varianza del estimador del total:

$$\hat{V}(\hat{X}) = N^2(1-f)\frac{\hat{S}^2}{n}$$

De este resultado se deduce que *en muestreo aleatorio simple sin reposición la cuasivarianza muestral definida por:*

$$\hat{S}^2 = \frac{1}{n-1}\sum_{i=1}^{n}(X_i-\overline{x})^2$$

es un estimador insesgado de la cuasivarianza poblacional $S^2 = \dfrac{1}{N-1}\sum_{i=1}^{N}(X_i-\overline{X})^2$ ya que:

$$E\left[\hat{V}(\hat{X})\right] = V(\hat{X}) \Rightarrow E\left[N^2(1-f)\frac{\hat{S}^2}{N}\right] = N^2(1-f)\frac{S^2}{N}$$

$$\Rightarrow N^2(1-f)\frac{E\left[\hat{S}^2\right]}{N} = N^2(1-f)\frac{S^2}{N} \Rightarrow E\left[\hat{S}^2\right] = S^2$$

El estimador insesgado de la varianza del estimador de la media se obtiene como se indica a continuación:

$$\hat{V}\left(\hat{\overline{X}}\right) = \hat{V}\left(\frac{\hat{X}}{N}\right) = \frac{1}{N^2}\hat{V}(\hat{X}) = \frac{1}{N^2}N^2(1-f)\frac{\hat{S}^2}{n} = (1-f)\frac{\hat{S}^2}{n}$$

Hemos obtenido entonces la siguiente expresión para el estim   ador insesgado de la varianza del estimador de la media:

$$\hat{V}\left(\hat{\overline{X}}\right) = (1-f)\frac{\hat{S}^2}{n}$$

Para hallar el estim ador insesgado de la varianza del   estimador de la proporción es necesario calcular el valor de $\hat{S}^2$ para variables A_i que sólo toman los valores 0 y 1 (cuando se estim a la proporción de elementos que pertenecen a una determinada clase A, la variable A_i vale 1 cuando la unidad u_i pertenece a la clase A, y vale 0 cuando no pertenece). Operamos de la siguiente forma:

$$\hat{S}^2 = \frac{1}{n-1}\sum_{i=1}^{n}\left(A_i^2 - 2\hat{P}A_i + \hat{P}^2\right) = \frac{1}{n-1}\left(\sum_{i=1}^{n}A_i^2 - 2\hat{P}\sum_{i=1}^{n}A_i + \sum_{i=1}^{n}\hat{P}^2\right) =$$

$$\frac{1}{n-1}\left(n\hat{P} - 2n\hat{P}^2 + n\hat{P}^2\right) = \frac{1}{n-1}\left(n\hat{P} - n\hat{P}^2\right) = \frac{1}{n-1}n\hat{P}\left(1 - \hat{P}\right) = \frac{n}{n-1}\hat{P}\hat{Q}$$

Se ha utilizado que $\hat{P} = \frac{1}{n}\sum_{i=1}^{n}A_i \Rightarrow \sum_{i=1}^{n}A_i = n\hat{P}$ y $\underbrace{\sum_{i=1}^{n}A_i^2 = \sum_{i=1}^{n}A_i}_{A_i=0 \text{ ó } A_i=1}$

Ya podem os obtener el estimador insesgado de la varianza del estim ador de la proporción como sigue:

$$\hat{V}\left(\hat{P}\right) = \left(1 - f\right)\frac{\hat{S}^2}{n} = \left(1 - f\right)\frac{\frac{n}{n-1}\hat{P}\hat{Q}}{n} = \left(1 - f\right)\frac{1}{n-1}\hat{P}\hat{Q}$$

Para obtener el estim ador insesgado de la varianza del estim ador del total de clase tenemos:

$$\hat{V}\left(\hat{A}\right) = N^2\left(1 - f\right)\frac{\hat{S}^2}{n} = N^2\left(1 - f\right)\frac{\frac{n}{n-1}\hat{P}\hat{Q}}{n} = N^2\left(1 - f\right)\frac{1}{n-1}\hat{P}\hat{Q}$$

TAMAÑO DE LA MUESTRA

Un cuestión muy importante en cualquier método de selección de unidades de una población es conocer el tam   año de m uestra adecuado para com eter un determinado error de m   uestreo prefija do. En la práctica del m   uestreo nos encontramos de inm   ediato con este problem   a. Evidentem ente tenem os que seleccionar la muestra, para lo que es estrictam ente necesario conocer su tam año. Como es natural, al aproxim ar las características poblacionales m ediante estim a-dores basados en la muestra se comete un error, error que mide la representatividad de dicha muestra. Dependiendo de la accesib ilidad y disponibilidad del m arco, del coste de entrevista de las unidades encuestadas, del presupuesto disponible y de otros muchos factores, fijaremos un error de muestreo que en todo caso debe ser el mínimo posible. Dicho error de m uestreo puede venir dado en térm inos absolutos, en térm inos relativos o sujeto adiciona lmente a un coeficiente de confianza dado (sujeto a límites de tolerancia).

A continuación calcularem os los tam años de m uestra necesarios para cometer un error de m uestreo dado al estim ar las características poblacionales m ás comunes m ediante m uestreo aleatorio sim ple sin reposición. Inicialm ente se distinguirá entre el error com ún de muestreo $e = \sigma(\hat{\theta})$ dado por la desviación típica del estimador, y el error relativo de m uestreo dado por el coeficiente de variación del estimador $e_r(\hat{\theta}) = CV(\hat{\theta}) = \dfrac{\sigma(\hat{\theta})}{E(\hat{\theta})}$.

Tamaño de muestra para un error de muestreo dado

Sea $e = \sigma(\hat{\theta})$ el error de muestreo prefijado. Vamos a ver cuál es el tamaño de la muestra a seleccionar para com eter dicho error según las diferentes características poblacionales a estimar.

Media:

$$e = \sigma(\hat{\bar{X}}) = \sqrt{(1-f)\frac{S^2}{n}} \Rightarrow e^2 = \left(1 - \frac{n}{N}\right)\frac{S^2}{n} = \frac{S^2}{n} - \frac{S^2}{N}$$

$$\Rightarrow \frac{S^2}{n} = e^2 + \frac{S^2}{N} \Rightarrow n = \frac{S^2}{e^2 + \dfrac{S^2}{N}} = \frac{NS^2}{Ne^2 + S^2}$$

Se observa que cuando $N \to \infty$ (fracción de m uestreo n/N tendiendo a cero) el tamaño mu estral $n \to S^2/e^2 = n_0$ (**n inversamente proporcional al cuadrado del error de muestreo**). La expresión del tam año muestral n puede ponerse en función de N y del valor n_0 como sigue:

$$n = \frac{S^2}{e^2 + \dfrac{S^2}{N}} = \frac{S^2/e^2}{1 + \dfrac{S^2/e^2}{N}} = \frac{n_0}{1 + \dfrac{n_0}{N}} = \frac{n_0 N}{n_0 + N} = f(N)$$

Si representamos gráficamente la curva de ecuación $n=f(N)$ observamos que pasa por el origen de coordenadas, y a que f(0)=0, que tiene una asíntota paralela al eje OX de ecuación $n = n_0$, y a que $\lim_{N \to \infty} f(N) = n_0$, que es siem pre creciente dado que la primera derivada:

$$f'(N) = \frac{n_0^2}{(n_0 + N)^2}$$

es siempre positiva, que no tiene m áximos ni mínimos dado que la ecuación definida por $f'(N)=0$ no tiene solución en N, que es siempre convexa ya que:

$$f''(N) = -\frac{2n_0^2}{(n_0 + N)^3}$$

es siem pre negativa y que no tiene puntos de inflexión y a que que la ecuación definida por $f\,''(N){=}0$ no tiene solución en N. Por tanto, la representación gráfica de $n{=}f(N)$ es la siguiente:

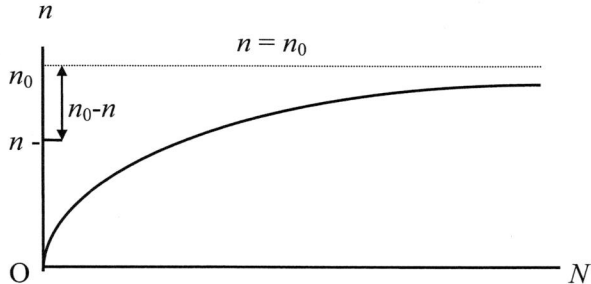

Como la curva $n{=}f(N)$ es creciente, al aum entar el tam año poblacional N también aum enta el tam año m uestral n necesario para un error de m   uestreo dado. Pero como n ha de ser un núm ero entero y la curva $n{=}n_0$ es una asíntota horizontal, desde un cierto N en adelante los aum entos de N no producen aum   entos en n. Precisamente los aumentos de N no producen aumentos en n cuando $|n_0{-}n|{<}1$. Pero:

$$\left|n_0 - n\right| = \left|n_0 - \frac{n_0 N}{n_0 + N}\right| = \frac{n_0^2}{n_0 + N} < 1 \Rightarrow n_0^2 < n_0 + N \Rightarrow N > n_0(n_0 - 1) = \frac{S^2}{e^2}\left(\frac{S^2}{e^2} - 1\right)$$

Luego la misma precisión da una m uestra de tamaño n para una población de N elementos que para una población de N' elementos con $N'{>}N$ siempre y cuando se cumpla que:

$$N > n_0(n_0 - 1) = \frac{S^2}{e^2}\left(\frac{S^2}{e^2} - 1\right)$$

Total:

$$e = \sigma(\hat{X}) = \sqrt{N^2\left(1 - f\right)\frac{S^2}{n}} \Rightarrow e^2 = N^2\left(1 - \frac{n}{N}\right)\frac{S^2}{n} = \frac{N^2 S^2}{n} - \frac{N^2 S^2}{N} \Rightarrow$$

$$\Rightarrow \frac{N^2 S^2}{n} = e^2 + \frac{N^2 S^2}{N} \Rightarrow n = \frac{N^2 S^2}{e^2 + \dfrac{N^2 S^2}{N}} = \frac{N^3 S^2}{\underbrace{Ne^2 + N^2 S^2}_{N\left(e^2 + NS^2\right)}} = \frac{N^2 S^2}{e^2 + NS^2} =$$

$$\frac{N^2\left(\dfrac{S}{e}\right)^2}{1 + N\left(\dfrac{S}{e}\right)^2} = \frac{N^2 n_1}{1 + N n_1} = f(N)$$

Si representam os gráficam ente la curva de ecuación $n=f(N)$ observam os que pasa por el origen de coordenadas y a que $f(0)=0$, que tiene una asíntota oblicua de ecuación $n=N-1/n_1$ ya que:

$$\lim_{N\to\infty}\frac{f(N)}{N}=1,\quad \lim_{N\to\infty}(f(N)-N)=\lim_{N\to\infty}\frac{-N}{1+n_1N}=-\frac{1}{n_1}$$

La curva $n=f(N)$ es siempre creciente ya que la primera derivada:

$$f'(N)=\frac{2n_1N+n_1^2N^2}{(1+n_1N)^2}$$

es siempre positiva.

La curva $n=f(N)$ no tiene m áximos ni m ínimos y a que la ecuación definida por $f'(N)=0$ no tiene solución en N. Además, es siempre cóncava ya que:

$$f''(N)=\frac{2n_1^2N}{(1+n_1N)^3}$$

es siempre positiva.

Por tanto, la representación gráfica de $n=f(N)$ es la siguiente:

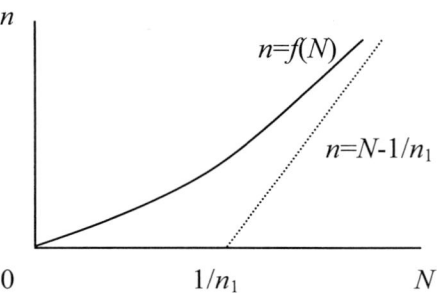

Observando la gráfica de $n=f(N)$ se ve que n siem pre crece al crecer N, es decir, que al aum entar el tam año poblacional tam bién aum entará el tamaño de muestra necesario para cometer un error de muestreo prefijado.

Proporción

Las fórmulas del tam año m uestral para la proporción y el total de clase se obtendrán sustituyendo el valor de S^2 para variables A_i (que sólo tom an los valores 0 y 1) en las fórmulas del tam año m uestral para la m edia y el total poblacional respectivamente. Para la proporción tendremos:

$$n = \frac{NS^2}{Ne^2 + S^2} = \frac{N\dfrac{N}{N-1}PQ}{\dfrac{N}{N-1}PQ + Ne^2} = \frac{N^2PQ}{\underbrace{NPQ + (N-1)Ne^2}_{N\left(e^2(N-1)+PQ\right)}} = \frac{NPQ}{e^2(N-1)+PQ}$$

En el caso de la proporción se observa que cuando $N \to \infty$ (fracción de muestreo n/N tendiendo a cero) el tamaño muestral:

$$n \to S^2 / e^2 = \frac{N}{N-1}PQ \Big/ e^2 \cong PQ\Big/e^2 = n_0$$

Se observa que *n inversamente proporcional al cuadrado del error de muestreo y directamente proporcional a la proporción poblacional P*. En este caso la misma precisión da una m uestra de tam año n para una población de N elementos que para una población de N' elementos con $N'>N$ siempre y cuando se cum pla la desigualdad definida por:

$$N > n_0(n_0 - 1) = \frac{\dfrac{N}{N-1}PQ}{e^2}\left(\frac{\dfrac{N}{N-1}PQ}{e^2} - 1\right) \cong \frac{PQ}{e^2}\left(\frac{PQ}{e^2} - 1\right)$$

En este caso del cálculo del tam   año m uestral para la estimación de la proporción es m uy interesante tener en cuenta que *para poblaciones grandes o fracción de muestreo pequeña (N→∞), el valor máximo de n se obtiene para P = Q = 1/2*. Para constatar este resultado sabemos que si $N \to \infty$ el tamaño muestral n tiende al valor $n_0 = PQ/e^2 = f(P)$, expresión que tenemos que maximizar en P. Si igualamos la primera derivada al valor cero tenem os que como $f(P) = P(1-P)/e^2$ entonces $f'(P) = (1-2P)/e^2 = 0 \Rightarrow P = 1/2$. Por otra parte $f''(P) = -2/e^2 < 0$, lo que asegura la presencia de un máximo para la función f en el punto $P = 1/2$. Como $Q = 1-P = 1-1/2 = 1/2$, el valor máximo de n para poblaciones grandes o fracciones de m uestreo pequeñas se obtiene para $P = Q = 1/2$. Por lo tanto, para un erro r prefijado se necesitarán tam años de muestra más pequeños cuanto más próximo esté P a cero o a uno.

Este resultado es muy im portante en la práctica, y a que cuando se estim an proporciones y no se conoce el valor de la proporción poblacional P ni se tiene una aproximación suya (proporcionada por una encuesta sim ilar, por una encuesta piloto, por la m isma encuesta realizada anteriorm ente ni por ningún otro método), entonces se tom a $P = 1/2$, con lo que estam os situándonos en el caso de máximo tamaño muestral para el error fijado, lo cual   siem pre es aceptable estadísticam ente. La dificultad práctica puede ser que se obtenga un tamaño muestral n demasiado grande para el presupuesto de que se dispone.

Como para poblaciones grandes o fracciones de muestreo pequeñas el valor máximo de n se obtiene para $P = Q=1/2$ y $n_0 = PQ/e^2=1/(4e^2)$, podemos decir que el tamaño de muestra es inversamente proporcional al cuadrado del error, y que para obtener una precisión doble (error mitad) es necesario un tamaño de muestra cuatro veces mayor.

Total de clase

$$n = \frac{N^2 S^2}{e^2 + NS^2} = \frac{N^2 \dfrac{N}{N-1} PQ}{e^2 + \dfrac{N}{N-1} PQN} = \frac{N^3 PQ}{e^2(N-1) + N^2 PQ}$$

Tamaño de muestra para un error relativo de muestreo dado

Sea $\quad e_r(\hat{\theta}) = CV(\hat{\theta}) = \dfrac{\sigma(\hat{\theta})}{E(\hat{\theta})}$ el error relativo de muestreo prefijado.

Vamos a ver cuál es el tamaño de la muestra a seleccionar para cometer dicho error según las diferentes características poblacionales a estimar.

Media:

$$e_r = CV\left(\hat{\bar{X}}\right) = \frac{\sigma\left(\hat{\bar{X}}\right)}{E\left(\hat{\bar{X}}\right)} = \frac{\sqrt{(1-f)\dfrac{S^2}{n}}}{\bar{X}} \Rightarrow e_r^2 = \frac{(1-f)\dfrac{S^2}{n}}{(\bar{X})^2} = \frac{(1-f)}{n}\left(\frac{S}{\bar{X}}\right)^2 =$$

$$\frac{(1-f)}{n}C_{1,x}^2 = \frac{\left(1-\dfrac{n}{N}\right)}{n}C_{1,x}^2 \Rightarrow n e_r^2 = C_{1,x}^2 - \frac{n C_{1,x}^2}{N} \Rightarrow n = \frac{C_{1,x}^2}{e_r^2 + \dfrac{C_{1,x}^2}{N}} = \frac{N C_{1,x}^2}{N e_r^2 + C_{1,x}^2}$$

En este caso también podemos expresar el tamaño n de la siguiente forma:

$$n = \frac{C_{1,x}^2}{e_r^2 + \dfrac{C_{1,x}^2}{N}} = \frac{C_{1,x}^2/e_r^2}{1 + \dfrac{C_{1,x}^2/e_r^2}{N}} = \frac{n_0}{1 + \dfrac{n_0}{N}} = \frac{n_0 N}{n_0 + N}$$

Para poblaciones grandes se tiene que $\quad n \underset{N\to\infty}{\to} n_0 = C_{1,x}^2/e_r^2$ y puede realizarse una representación gráfica y un análisis similar al caso del estimador de la media para error de muestreo dado. Sólo hay que tener presente que el papel que desempeñaba antes la cuasivarianza lo desempeña ahora el coeficiente de variación.

Total:

$$e_r = CV(\hat{X}) = \frac{\sigma(\hat{X})}{E(\hat{X})} = \frac{\sqrt{N^2(1-f)\dfrac{S^2}{n}}}{X} = \frac{\sqrt{N^2(1-f)\dfrac{S^2}{n}}}{N\overline{X}} \Rightarrow e_r^2 = \frac{N^2}{N^2}\frac{(1-f)}{n}\left(\frac{S}{\overline{X}}\right)^2$$

$$= \frac{(1-f)}{n}\left(\frac{S}{\overline{X}}\right)^2 = \frac{(1-f)}{n}C_{1,x}^2 = \frac{\left(1-\dfrac{n}{N}\right)}{n}C_{1,x}^2 \Rightarrow n = \frac{C_{1,x}^2}{e_r^2 + \dfrac{C_{1,x}^2}{N}} = \frac{NC_{1,x}^2}{Ne_r^2 + C_{1,x}^2}$$

Se observa que el tam año de m uestra necesario para com eter un error relativo de muestreo dado coincide para la estimación de la media y del total.

Proporción y Total de clase:

Las fórmulas del tam año m uestral para la proporción y el total de clase se obtendrán sustituyendo el valor de $C_{1,x}^2$ para variables A_i (que solo tom an los valores 0 y 1) en las fórmulas del tam año m uestral para la m edia y el total poblacional respectivamente. Tendremos:

$$C_{1,x}^2 = \frac{S^2}{\overline{X}^2} = \frac{\dfrac{N}{N-1}PQ}{P^2} = \frac{NQ}{P(N-1)}$$

con lo que el tamaño muestral para estimación de proporción y total de clase será:

$$n = \frac{N\dfrac{NQ}{P(N-1)}}{Ne_r^2 + \dfrac{NQ}{P(N-1)}} = \frac{N^2Q}{NP(N-1)e_r^2 + NQ} = \frac{NQ}{P(N-1)e_r^2 + Q}$$

Se observa que podemos escribir lo siguiente:

$$n = \frac{\dfrac{Q}{P(N-1)}}{e_r^2 + \dfrac{\dfrac{Q}{P(N-1)}}{N}} = \frac{\dfrac{Q}{P(N-1)}\Big/e_r^2}{1 + \dfrac{\dfrac{Q}{P(N-1)}\Big/e_r^2}{N}} = \frac{n_0}{1 + \dfrac{n_0}{N}}$$

Si $\qquad N \rightarrow \infty (f \rightarrow 0) \Rightarrow n \rightarrow n_0 = \dfrac{\dfrac{Q}{P}}{e_r^2}$

Tamaño de muestra para un error de muestreo y un coeficiente de confianza (límite de tolerancia) dados

En determinadas ocasiones, aparte de calcular el tamaño muestral para un error de muestreo dado, prefijamos un nivel de confianza adicional para el cálculo de dicho tamaño, con la finalidad de relajar en cierta forma el cálculo de n. De esta forma se halla n con un grado de tolerancia definido por el nivel de confianza.

Supongamos que estimamos el parámetro θ mediante el estimador insesgado $\hat{\theta}$ cometiendo el error absoluto máximo admisible $e_\alpha = \left|\hat{\theta} - \theta\right|$ para un coeficiente de confianza $P_\alpha = 1 - \alpha$. Tenemos:

$$P\left(\left|\hat{\theta} - \theta\right| \le e_\alpha\right) = P_\alpha = 1 - \alpha \Rightarrow P\left(-e_\alpha \le \hat{\theta} - \theta \le e_\alpha\right) = 1 - \alpha \Rightarrow$$

$$P\left(\underbrace{\frac{-e_\alpha}{\sigma\left(\hat{\theta}\right)}}_{-\lambda\alpha} \le \frac{\hat{\theta} - \theta}{\sigma\left(\hat{\theta}\right)} \le \underbrace{\frac{e_\alpha}{\sigma\left(\hat{\theta}\right)}}_{\lambda\alpha}\right) = 1 - \alpha \Rightarrow \lambda\alpha = \frac{e_\alpha}{\sigma\left(\hat{\theta}\right)} \Rightarrow e_\alpha = \lambda_\alpha \sigma\left(\hat{\theta}\right)$$

De esta forma vemos que la identidad fundamental para hallar n según un error de muestreo dado cuando existe un coeficiente de confianza adicional también dado es la siguiente:

$$e_\alpha = \lambda_\alpha \sigma\left(\hat{\theta}\right)$$

Vamos a calcular ahora los valores de n para un error de muestreo e_α con coeficiente de confianza α para los diferentes estimadores.

Media:

$$e_\alpha = \lambda_\alpha \sigma(\bar{\bar{X}}) = \lambda_\alpha \sqrt{(1 - f)\frac{S^2}{n}} \Rightarrow e_\alpha^2 = \frac{\lambda_\alpha^2 S^2}{n}\left(1 - \frac{n}{N}\right) = \frac{\lambda_\alpha^2 S^2}{n} - \frac{\lambda_\alpha^2 S^2}{N} \Rightarrow$$

$$\frac{\lambda_\alpha^2 S^2}{n} = e_\alpha^2 + \frac{\lambda_\alpha^2 S^2}{N} \Rightarrow n = \frac{\lambda_\alpha^2 N S^2}{N e_\alpha^2 + \lambda_\alpha^2 S^2} = \frac{\lambda_\alpha^2 S^2}{e_\alpha^2 + \frac{\lambda_\alpha^2 S^2}{N}} = \frac{\dfrac{\lambda_\alpha^2 S^2}{e_\alpha^2}}{1 + \dfrac{\dfrac{\lambda_\alpha^2 S^2}{e_\alpha^2}}{N}} = \frac{n_\alpha}{1 + \dfrac{n_\alpha}{N}}$$

Cuando la población es grande o la fracción de muestreo es pequeña, es decir, si $N \to \infty$ $(f \to 0)$ $\Rightarrow n \to n_0$ con $n_0 = \dfrac{\lambda_\alpha^2 S^2}{e_\alpha^2}$ y se puede expresar n como:

$$n = f(N) = \frac{n_o}{1 + \dfrac{n}{N}} = \frac{n_o N}{N + n_o}$$

pudiendo realizarse una representación gráfica y   un análisis sim   ilar al caso del estimador de la media cuando no existía coeficiente de confianza adicional, siendo la única diferencia en todos los cálculos el factor λ_α^2.

Total:

$$e_\alpha = \lambda_\alpha \sigma(\hat{X}) = \lambda_\alpha \sqrt{N^2(1-f)\frac{S^2}{n}} \Rightarrow e_\alpha^2 = \lambda_\alpha^2 N^2(1-f)\frac{S^2}{n} = \lambda_\alpha^2 N^2\left(1-\frac{n}{N}\right)\frac{S^2}{n}$$

$$= \frac{\lambda_\alpha^2 S^2 N^2}{n} - \lambda_\alpha^2 S^2 N \Rightarrow \frac{\lambda_\alpha^2 S^2 N^2}{n} = \lambda_\alpha^2 S^2 N + e_\alpha^2 \Rightarrow n = \frac{\lambda_\alpha^2 S^2 N^2}{\lambda_\alpha^2 S^2 N + e_\alpha^2}$$

que puede expresarse como:

$$n = \frac{N^2 \dfrac{\lambda_\alpha^2 S^2}{e_\alpha^2}}{N \dfrac{\lambda_\alpha^2 S^2}{e_\alpha^2} + 1} = \frac{N^2 n_1}{1 + N n_1}$$

Construyendo la gráfica de $n=f(N)$ se ve que n siempre crece al crecer N, es decir, que al aum   entar el tam   año poblacional tam   bién aum entará el   tamaño de muestra necesario para cometer un error de muestreo prefijado.

Proporción

Las fórmulas del tam año m uestral para la proporción y   el total de clase se obtendrán sustituy endo el valor de S^2 para variables A_i en las fórm ulas del tam año muestral para la m edia y el total poblaci onal respectivam ente. Para la proporción tendremos:

$$n = \frac{\lambda_\alpha^2 N S^2}{N e_\alpha^2 + \lambda_\alpha^2 S^2} = \frac{\lambda_\alpha^2 N \dfrac{N}{N-1} PQ}{N e_\alpha^2 + \lambda_\alpha^2 \dfrac{N}{N-1} PQ} = \frac{\lambda_\alpha^2 N \dfrac{N}{N-1} PQ}{e_\alpha^2 + \lambda_\alpha^2 \dfrac{1}{N-1} PQ} = \frac{\lambda_\alpha^2 N PQ}{(N-1)e_\alpha^2 + \lambda_\alpha^2 PQ}$$

En este caso también se puede expresar el valor de n de la forma $n = \dfrac{n_0}{1 + \dfrac{n_0}{N}}$

$$n_0 = \frac{\lambda_\alpha^2 \dfrac{N}{N-1} PQ}{e_\alpha^2}$$

ya que

$$n = \frac{\lambda_\alpha^2 \dfrac{N}{N-1} PQ}{e_\alpha^2 + \lambda_\alpha^2 \dfrac{1}{N-1} PQ} = \frac{\lambda_\alpha^2 \dfrac{N}{N-1} PQ \Big/ e_\alpha^2}{1 + \dfrac{\lambda_\alpha^2 \dfrac{N}{N-1} PQ \Big/ e_\alpha^2}{N}}$$

y si $N \to \infty (f \to 0) \Rightarrow n \to n_0 = \dfrac{\lambda_\alpha^2 PQ}{e_\alpha^2}$.

Por otra parte la función definida   por $n_0(P,Q) = \dfrac{\lambda_\alpha^2 PQ}{e_\alpha^2}$ presenta su

máximo valor cuando $P = Q = 1/2$ con $P+Q=1$.

Entonces,   *para poblaciones grandes o fracción de muestreo pequeña (N→∞), el valor máximo de n se obtiene para P=Q=1/2.* Luego, cuando se estim an proporciones y no se conoce el valor de la proporción poblacional P ni se tiene   una aproximación suya (proporcionada por una encuesta sim ilar, por una encuesta piloto, por la misma encuesta realizada anteriorm ente ni por ningún otro m étodo), puede tomarse $P=1/2$, siempre y cuando no se obtenga un tam año m uestral n dem asiado grande en términos de coste.

Total de clase

$$n = \frac{\lambda_\alpha^2 S^2 N^2}{\lambda_\alpha^2 S^2 N + e_\alpha^2} = \frac{\lambda_\alpha^2 N^2 \dfrac{N}{N-1} PQ}{e_\alpha^2 + \lambda_\alpha^2 \dfrac{N}{N-1} PQN} = \frac{\lambda_\alpha^2 \dfrac{N^3}{N-1} PQ}{e_\alpha^2 + \lambda_\alpha^2 \dfrac{N^2}{N-1} PQ} = \frac{\lambda_\alpha^2 N^3 PQ}{(N-1)e_\alpha^2 + \lambda_\alpha^2 N^2 PQ}$$

Se observa que las fórmulas obtenidas para el tam año m uestral según un error de m uestreo dado con un coeficiente de confianza adicional al estim ar los distintos parámetros poblacionales son iguales a las obtenidas sin coeficiente de confianza, salvo el térm ino λ_α^2, que es precisam ente el que m ide el nivel de con- fianza o grado de tolerancia.

Tamaño de muestra para un error relativo de muestreo y un coeficiente de confianza (límite de tolerancia) dados

En determinadas ocasiones, aparte de calcular el tamaño muestral para un error relativo de muestreo dado, prefijamos un nivel de confianza adicional para el cálculo de dicho tamaño, con la finalidad de relajar en cierta forma el cálculo de n. De esta forma se halla n con un grado de tolerancia definido por el nivel de confianza.

Supongamos que estimamos el parámetro θ mediante el estimador insesgado $\hat{\theta}$ cometiendo el error relativo máximo admisible:

$$e_{r\alpha} = \left| \frac{\hat{\theta} - \theta}{\theta} \right|$$

para un coeficiente de confianza $P_\alpha = 1 - \alpha$. Tenemos:

$$P\left(\left| \frac{\hat{\theta} - \theta}{\theta} \right| \le e_{r\alpha} \right) = 1 - \alpha \Rightarrow P\left(-e_{r\alpha} \le \frac{\hat{\theta} - \theta}{\theta} \le e_{r\alpha} \right) = 1 - \alpha \Rightarrow$$

$$P(-\theta e_{r\alpha} \le \hat{\theta} - \theta \le \theta e_{r\alpha}) = 1 - \alpha \Rightarrow P\left(\frac{-\theta e_{r\alpha}}{\sigma(\hat{\theta})} \le \frac{\hat{\theta} - \theta}{\sigma(\hat{\theta})} \le \frac{\theta e_{r\alpha}}{\sigma(\hat{\theta})} \right) = 1 - \alpha$$

$$\Rightarrow \lambda_\alpha = \frac{\theta e_{r\alpha}}{\sigma(\hat{\theta})} \Rightarrow e_{r\alpha} = \lambda_\alpha \frac{\sigma(\hat{\theta})}{\theta} = \lambda_\alpha \frac{\sigma(\hat{\theta})}{E[\hat{\theta}]} = \lambda_\alpha Cv(\hat{\theta})$$

De esta forma vemos que la identidad fundamental para hallar n según un error relativo de muestreo dado cuando existe un coeficiente de confianza adicional también dado viene dada en términos del coeficiente de variación del estimador de la forma $e_\alpha = \lambda_\alpha Cv(\hat{\theta})$. Vamos a calcular ahora los valores de n para un error de muestreo e_α con coeficiente de confianza α para los diferentes estimadores.

Media:

$$e_{r,\alpha} = \lambda_\alpha Cv(\hat{\overline{X}}) = \lambda_\alpha \frac{\sigma(\hat{\overline{X}})}{E(\hat{\overline{X}})} = \lambda_\alpha \frac{\sqrt{(1-f)\dfrac{S^2}{n}}}{\overline{X}} \Rightarrow e^2_{r,\alpha} = \lambda_\alpha^2 \frac{(1-f)\dfrac{S^2}{n}}{\overline{X}^2} =$$

$$\lambda_\alpha^2 \frac{1-f}{n}\left(\frac{S}{\overline{X}} \right)^2 = \lambda_\alpha^2 \frac{1-f}{n} C_{1,x}^2 = \lambda_\alpha^2\left(1 - \frac{n}{N} \right)\frac{C_{1,x}^2}{n} = \lambda_\alpha^2 \frac{C_{1,x}^2}{n} - \lambda_\alpha^2 \frac{C_{1,x}^2}{N} \Rightarrow$$

$$\lambda_\alpha^2 \frac{C_{1,x}^2}{n} = e^2_{r,\alpha} + \lambda_\alpha^2 \frac{C_{1,x}^2}{N} \Rightarrow n = \frac{\lambda_\alpha^2 C_{1,x}^2}{e^2_{r,\alpha} + \lambda_\alpha^2 \dfrac{C_{1,x}^2}{N}} = \frac{\dfrac{\lambda_\alpha^2 C_{1,x}^2}{e^2_{r,\alpha}}}{1 + \dfrac{\lambda_\alpha^2 C_{1,x}^2}{e^2_{r,\alpha}}} = \frac{n_0}{1 + \dfrac{n_0}{N}}$$

Para poblaciones grandes:

$$n \underset{N \to \infty}{\to} n_0 = \frac{\lambda_\alpha^2 C_{1,x}^2}{e^2_{r,\alpha}}$$

y puede realizarse una representación gráfica y   un análisis sim ilar al caso del estimador de la m edia para error de muestreo y coeficiente de confianza dados. Sólo hay que tener presente que el papel   que desempeñaba antes la cuasivarianza lo desempeña ahora el coeficiente de variación.

De todas formas el tamaño muestral para un error relativo de muestreo dado $e_{r,\alpha}$ con un coeficiente de confianza adicional P_α, viene dado por la expresión:

$$n = \frac{\lambda_\alpha^2 C_{1,x}^2}{e^2_{r,\alpha} + \lambda_\alpha^2 \dfrac{C_{1,x}^2}{N}} = \frac{N\lambda_\alpha^2 C_{1,x}^2}{Ne^2_{r,\alpha} + \lambda_\alpha^2 C_{1,x}^2}$$

Total:

$$e_{r,\alpha} = \lambda_\alpha Cv(\hat{X}) = \lambda_\alpha \frac{\sigma(\hat{X})}{E(\hat{X})} = \lambda_\alpha \frac{\sqrt{N^2(1-f)\dfrac{S^2}{n}}}{X} = \lambda_\alpha \frac{\sqrt{N^2(1-f)\dfrac{S^2}{n}}}{N\overline{X}} \Rightarrow$$

$$e^2_{r,\alpha} = \lambda_\alpha^2 \frac{N^2(1-f)\dfrac{S^2}{n}}{N^2\overline{X}^2} = \underbrace{\lambda_\alpha^2 \frac{(1-f)\dfrac{S^2}{n}}{\overline{X}^2}}_{Como\,para\,la\,media} \Rightarrow n = \frac{N\lambda_\alpha^2 C_{1,x}^2}{Ne^2_{r,\alpha} + \lambda_\alpha^2 C_{1,x}^2}$$

Se observa que el tam   año de m uestra necesario para com   eter un error relativo de m uestreo dado para un coeficie nte de confianza tam bién dado coincide para la estimación de la media y del total.

Proporción y Total de clase:

Las fórmulas del tam año m uestral para la proporción y   el total de clase se obtendrán sustituyendo el valor de $C_{1,x}^2$ para variables A_i en las fórm ulas del tam año muestral para la media y el total poblacional respectivamente. Tendremos:

$$n = \frac{\lambda_\alpha^2 C_{1,x}^2}{e^2_{r,\alpha} + \lambda_\alpha^2 \dfrac{C_{1,x}^2}{N}} = \frac{\lambda_\alpha^2 \dfrac{NQ}{P(N-1)}}{e^2_{r,\alpha} + \lambda_\alpha^2 \dfrac{NQ}{P(N-1)}} = \frac{\lambda_\alpha^2 \dfrac{NQ}{P(N-1)}}{e^2_{r,\alpha} + \lambda_\alpha^2 \dfrac{Q}{P(N-1)}} = \frac{NQ\lambda_\alpha^2}{P(N-1)e^2_{r,\alpha} + \lambda_\alpha^2 Q}$$

Se observa que podemos escribir lo siguiente:

$$n = \frac{\lambda_\alpha^2 C_{1,x}^2}{e^2{}_{r,\alpha} + \lambda_\alpha^2 \dfrac{C_{1,x}^2}{N}} = \frac{\lambda_\alpha^2 \dfrac{NQ}{P(N-1)}}{e^2{}_{r,\alpha} + \lambda_\alpha^2 \dfrac{NQ}{P(N-1)}}{N}} = \frac{\lambda_\alpha^2 \dfrac{NQ}{P(N-1)}\Big/ e^2{}_{r,\alpha}}{1 + \dfrac{\lambda_\alpha^2 \dfrac{NQ}{P(N-1)}\Big/ e^2{}_{r,\alpha}}{N}} = \frac{n_0}{1 + \dfrac{n_0}{N}}$$

Si $\qquad N \to \infty (f \to 0) \Rightarrow n \to n_0 = \dfrac{\lambda_\alpha^2 \dfrac{Q}{P}}{e_{r,\alpha}^2}$

Se observa que las fórmulas obtenidas para el tam año m uestral según un error relativo de m uestreo dado con un coeficiente de confianza adicional al estim ar los distintos parám etros poblacionales son iguales a las obtenidas sin coeficiente de confianza, salvo el térm ino λ_α^2, que es precisam ente el que m ide el nivel de confianza o grado de tolerancia.

El cuadro siguiente resume las expresiones de los tamaños muestrales.

Tipo de error → Parámetro ↓	Absoluto e	Relativo e_r	Absoluto y coeficiente de confianza adicional e_α	Relativo y confianza $e_{r\alpha}$
Media	$\dfrac{NS^2}{Ne^2 + S^2}$	$\dfrac{NC_{1,x}^2}{Ne_r^2 + C_{1,x}^2}$	$\dfrac{\lambda_\alpha^2 NS^2}{Ne^2 + \lambda_\alpha^2 S^2}$	$\dfrac{\lambda_\alpha^2 NC_{1,x}^2}{Ne_{r\alpha}^2 + \lambda_\alpha^2 C_{1,x}^2}$
Total	$\dfrac{N^2 S^2}{e^2 + NS^2}$	$\dfrac{NC_{1,x}^2}{Ne_r^2 + C_{1,x}^2}$	$\dfrac{\lambda_\alpha^2 N^2 S^2}{e^2 + \lambda_\alpha^2 NS^2}$	$\dfrac{\lambda_\alpha^2 NC_{1,x}^2}{Ne_{r\alpha}^2 + \lambda_\alpha^2 C_{1,x}^2}$
Proporción	$\dfrac{NPQ}{e^2(N-1) + PQ}$	$\dfrac{NQ}{P(N-1)e_r^2 + Q}$	$\dfrac{\lambda_\alpha^2 NPQ}{e^2(N-1) + \lambda_\alpha^2 PQ}$	$\dfrac{NQ\lambda_\alpha^2}{e_{r\alpha}^2(N-1)P + \lambda_\alpha^2 Q}$
Total de clase	$\dfrac{N^3 PQ}{e^2(N-1) + N^2 PQ}$	$\dfrac{NQ}{P(N-1)e_r^2 + Q}$	$\dfrac{\lambda_\alpha^2 N^3 PQ}{e^2(N-1) + \lambda_\alpha^2 N^2 PQ}$	$\dfrac{NQ\lambda_\alpha^2}{e_{r\alpha}^2(N-1)P + \lambda_\alpha^2 Q}$

En todas las fórmulas S^2 es la cuasivarianza poblacional y $C_{1,x}^2 = \left(S/\overline{X}\right)^2$. Por otra parte, λ_α es el valor crítico de la normal unitaria al nivel α.

MUESTREO ALEATORIO SIMPLE CON REPOSICIÓN

Se trata de un procedim iento de selección con probabilidades iguales que consiste en obtener la m uestra unidad a unidad de forma aleatoria con reposición a la población de las unidades previamente seleccionadas. De esta forma las muestras con elementos repetidos son posibles y cualquier elem ento de la población puede estar repetido en la muestra 0, 1,..., n veces. Supongamos en todo momento que el tamaño de la población es N y el tam año de la m uestra es n. Como la muestra se selecciona con reposición (se reponen a la población las unidades previamente seleccionadas) y con probabilidades iguales, se realiza la selección sucesiva de las unidades para la muestra con probabilidades $P_i = 1/N$ y todas las muestras son equiprobables, ya que:

$$P(u_1, u_2, ..., u_n) = P(u_1)P(u_2) ... P(u_n) = (1/N)(1/N) ... (1/N) = 1/(N^n)$$

Ya hemos visto en el capítulo anterior que si llam amos e_i a la variable definida com o el núm ero de veces que la unidad u_i de la población aparece en la muestra ($i=1,2,...,N$) dicha variable es una binomial de parámetros n y $P_i=1/N$. Por lo tanto tendremos:

$$E[e_i] = n\frac{1}{N} = \frac{n}{N}$$

$$Var[e_i] = nP_iQ_i = nP_i(1-P_i) = n\frac{1}{N}\left(1-\frac{1}{N}\right) = \frac{n(N-1)}{N^2}$$

$$Cov(e_i, e_j) = -nP_iP_j = -n\frac{1}{N}\frac{1}{N} = \frac{-n}{N^2}$$

ESTIMADORES LINEALES INSESGADOS EN MUESTREO ALEATORIO SIMPLE CON REPOSICIÓN

Del capítulo anterior ya sabemos que el estimador lineal insesgado general para el caso de muestreo con reposición es el estimador de Hansen y Hurwitz $\hat{\theta}_{HH}$.

Concretamente sabemos que mediante el estimador:

$$\hat{\theta}_{HH} = \sum_{i=1}^{n} \frac{Y_i}{nP_i} \qquad P_i = P(\text{seleccionar la unidad } u_i \text{ para la muestra})$$

se estima la característica poblacional $\theta = \sum_{i=1}^{N} Y_i$ de modo que $E(\hat{\theta}) = \theta$.

Como en muestreo aleatorio simple con reposición tenem os que $P_i = 1/N$, ya podem os especificar los estim adores lineales insesgados para los parám etros poblacionales más comunes a estimar. Tendremos:

$$\theta = X = \sum_{i=1}^{N} X_i \Rightarrow Y_i = X_i \Rightarrow \hat{\theta} = \hat{X} = \sum_{i=1}^{n} \frac{X_i}{nP_i} = \sum_{i=1}^{n} \frac{X_i}{\frac{n}{N}} = N\underbrace{\frac{1}{n}\sum_{i=1}^{n} X_i}_{\bar{x}} = N\bar{x}$$

$$\theta = \overline{X} = \sum_{i=1}^{N} \frac{X_i}{N} \Rightarrow Y_i = \frac{X_i}{N} \Rightarrow \hat{\theta} = \hat{\overline{X}} = \sum_{i=1}^{n} \frac{\frac{X_i}{N}}{nP_i} = \sum_{i=1}^{n} \frac{\frac{X_i}{N}}{\frac{n}{N}} = \frac{1}{n}\sum_{i=1}^{n} X_i = \bar{x}$$

$$\theta = P = \sum_{i=1}^{N} \frac{A_i}{N} \Rightarrow Y_i = \frac{A_i}{N} \Rightarrow \hat{\theta} = \hat{P} = \sum_{i=1}^{n} \frac{\frac{A_i}{N}}{\frac{n}{N}} = \frac{1}{n}\sum_{i=1}^{n} A_i = \hat{P}$$

$$\theta = A = \sum_{i=1}^{N} A_i \Rightarrow Y_i = A_i \Rightarrow \hat{\theta} = \hat{A} = \sum_{i=1}^{n} \frac{A_i}{\frac{n}{N}} = N\frac{1}{n}\sum_{i=1}^{n} A_i = N\hat{P}$$

Se observa que se obtienen los m   ismos estimadores insesgados para los parámetros poblacionales que para el caso de m   uestreo aleatorio sim   ple sin reposición.

VARIANZAS DE LOS ESTIMADORES

Del capítulo anterior sabem os que la varianza del estimador de Hansen y Hurwitz viene dada por la expresión:

$$V\left(\hat{\theta}_{HH}\right) = \frac{1}{n}\sum_{i=1}^{N}\left(\frac{Y_i}{P_i} - Y\right)^2 P_i$$

Para el caso particular del m uestreo aleatorio simple sin reposición se sabe que $P_i = 1/N$ y si consideram os el estim ador del total poblacional, sustituy endo $P_i = 1/N$ en la expresión de la varianza tenemos:

$$V(\hat{X}) = \frac{1}{n}\sum_{i=1}^{N}\left(\frac{X_i}{P_i} - X\right)^2 P_i = \frac{1}{n}\sum_{i=1}^{N}\left(\frac{X_i}{\frac{1}{N}} - X\right)^2 \frac{1}{N} = \frac{1}{n}\sum_{i=1}^{N}(NX_i - X)^2 \frac{1}{N} =$$

$$\frac{1}{n}\sum_{i=1}^{N}(NX_i - N\overline{X})^2 \frac{1}{N} = \frac{1}{n}\sum_{i=1}^{N}N^2\left(X_i - \overline{X}\right)^2 \frac{1}{N} = \frac{N^2}{n}\frac{1}{N}\sum_{i=1}^{N}\left(X_i - \overline{X}\right)^2 = N^2\frac{\sigma^2}{n}$$

De esta forma obtenemos la fórmula clásica para la varianza del estim ador del total en muestreo aleatorio simple sin reposición:

$$V(\hat{X}) = N^2\frac{\sigma^2}{n}$$

Ahora es fácil obtener la varianza del estimador de la media como sigue:

$$\hat{X} = N\overline{x} = N\hat{\overline{X}} \Rightarrow \hat{\overline{X}} = \frac{\hat{X}}{N} \Rightarrow V\left(\hat{\overline{X}}\right) = Var\left(\frac{\hat{X}}{N}\right) = \frac{1}{N^2}Var\left(\hat{X}\right) = \frac{1}{N^2}N^2\frac{\sigma^2}{n}$$

$$V\left(\hat{\overline{X}}\right) = \frac{\sigma^2}{n}$$

Para obtener la varianza del estimador de la proporción tenemos que sustituir en la fórm ula de la varianza de la m   edia la expresión de la   cuasivarianza $S^2 = NPQ/(N-1)$ para variables A_i que sólo tom an los valores 0 y 1 (cuando se estim a la proporción de elementos que pertenecen a una determ   inada clase A, la variable A_i vale 1 cuando la unidad u_i pertenece a la clase A, y vale 0 cuando no pertenece). Y a podemos obtener la varianza del estimador de la proporción como sigue:

$$V\left(\hat{P}\right)= \frac{\sigma^2}{n} = \frac{\dfrac{N-1}{N}S^2}{n} = \frac{\dfrac{N-1}{N}\dfrac{NPQ}{N-1}}{n} = \frac{PQ}{n}$$

Para obtener la varianza del estimador del total de clase tenemos:

$$V\left(\hat{A}\right)= N^2\frac{\sigma^2}{n} = N^2\frac{\dfrac{N-1}{N}S^2}{n} = N^2\frac{\dfrac{N-1}{N}\dfrac{NPQ}{N-1}}{n} = N^2\frac{PQ}{n}$$

Evidentem ente $S^2 =NPQ/(N-1) \Rightarrow \sigma^2 =(N-1) S^2/N=PQ$ y el valor de σ^2 puede sustituirse siempre por PQ para variables A_i que sólo toman los valores 0 y 1.

ESTIMACIÓN DE VARIANZAS

Se trata de calcular estim adores insesgados para las varianzas de los estimadores del total, m edia, proporción y total de clase. Para ello utilizam os la expresión general del estim ador insesga do para la varianza en m uestreo con reposición vista en el capítulo anterior, que era:

$$\hat{V}(\hat{\theta}_{HH}) = \frac{1}{n(n-1)}\sum_{i=1}^{n}\left(\frac{Y_i}{P_i} - \hat{Y}_{HH}\right)^2$$

Si aplicamos la expresión anterior al estimador del total tendremos:

$$\hat{V}\left(\hat{X}\right)= \frac{1}{n(n-1)}\sum_{i=1}^{n}\left(\frac{X_i}{\dfrac{1}{N}} - \hat{X}\right)^2 = \frac{1}{n(n-1)}\sum_{i=1}^{n}\left(NX_i - \hat{X}\right)^2 = \frac{1}{n(n-1)}\sum_{i=1}^{n}\left(NX_i - N\hat{\bar{X}}\right)^2$$

$$= \frac{1}{n(n-1)}\sum_{i=1}^{n}\left(NX_i - N\bar{x}\right)^2 \frac{N^2}{n(n-1)}\sum_{i=1}^{n}\left(X_i - \bar{x}\right)^2 = \frac{N^2}{n}\frac{1}{n-1}\sum_{i=1}^{n}\left(X_i - \bar{x}\right)^2 = N^2\frac{\hat{S}^2}{n}$$

Hemos obtenido entonces la siguiente expresión para el estim ador insesgado de la varianza del estimador del total:

$$\hat{V}\left(\hat{X}\right)= N^2\frac{\hat{S}^2}{n}$$

De este resultado se deduce que *la cuasivarianza muestral definida por:*

$$\hat{S}^2 = \frac{1}{n-1} \sum_{i=1}^{n} \left(X_i - \overline{x} \right)^2$$

es un estimador insesgado de la varianza poblacional definida por:

$$\sigma^2 = \frac{1}{N} \sum_{i=1}^{N} \left(X_i - \overline{X} \right)^2$$

en muestreo aleatorio simple con reposición tal y como vemos a continuación:

$$E\left[\hat{V}\left(\hat{X}\right)\right] = V\left(\hat{X}\right) \Rightarrow E\left[N^2 \frac{\hat{S}^2}{n}\right] = N^2 \frac{\sigma^2}{n} \Rightarrow N^2 \frac{E\left[\hat{S}^2\right]}{n} = N^2 \frac{\sigma^2}{n} \Rightarrow E\left[\hat{S}^2\right] = \sigma^2$$

El estimador insesgado de la varianza del estimador de la media se obtiene como se indica a continuación:

$$\hat{V}\left(\overline{\hat{X}}\right) = \hat{V}\left(\frac{\hat{X}}{N}\right) = \frac{1}{N^2} \hat{V}\left(\hat{X}\right) = \frac{1}{N^2} N^2 \frac{\hat{S}^2}{n} = \frac{\hat{S}^2}{n}$$

Hemos obtenido entonces la siguiente expresión para el estim   ador insesgado de la varianza del estimador de la media:

$$\hat{V}\left(\overline{\hat{X}}\right) = \frac{\hat{S}^2}{n}$$

Para hallar el estim   ador insesgado de la varianza del   estimador de la proporción es necesario utilizar el valor de $\hat{S}^2$ para variables A_i que sólo tom an los valores 0 y 1 (cuando se estim   a la proporción   de elementos que pertenecen a una determinada clase A, la variable A_i vale 1 cuando la unidad u_i pertenece a la clase A, y vale 0 cuando no pertenece). Ya sabemos que dicho valor viene dado por la expresión:

$$\hat{S}^2 = \frac{n}{n-1} \hat{P}\hat{Q} \quad \text{con} \quad \hat{P} = \frac{1}{n} \sum_{i=1}^{n} A_i \quad \text{y} \quad \hat{Q} = 1 - \hat{P}$$

Ya podem os obtener el estimador insesgado de la varianza del estim ador de la proporción como sigue:

$$\hat{V}\left(\hat{P}\right) = \frac{\hat{S}^2}{n} = \frac{\dfrac{n}{n-1} \hat{P}\hat{Q}}{n} = \frac{1}{n-1} \hat{P}\hat{Q}$$

Para obtener el estim ador insesgado de la varianza del estim ador del total de clase tenemos:

$$\hat{V}\left(\hat{A}\right) = N^2 \frac{\hat{S}^2}{n} = N^2 \frac{\frac{n}{n-1}\hat{P}\hat{Q}}{n} = N^2 \frac{1}{n-1}\hat{P}\hat{Q}$$

Se observa que las fórmulas para la estimación de varianzas en el muestreo aleatorio simple con reposición coinciden con las fórmulas en el caso de sin reposición salvo el factor 1-*f*.

TAMAÑO DE LA MUESTRA

1) Error de muestreo dado $e = \sigma\left(\hat{\theta}\right)$

Media, Total, Proporción y Total de Clase

$$e^2 = V\left(\hat{\bar{X}}\right) = \frac{\sigma^2}{n} \Rightarrow n = \frac{\sigma^2}{e^2}$$

$$e^2 = V\left(\hat{X}\right) = N^2 \frac{\sigma^2}{n} \Rightarrow n = \frac{\sigma^2 N^2}{e^2}$$

$$e^2 = V\left(\hat{P}\right) = \frac{PQ}{n} \Rightarrow n = \frac{PQ}{e^2}$$

$$e^2 = V\left(\hat{A}\right) = N^2 \frac{PQ}{n} \Rightarrow n = \frac{N^2 PQ}{e^2}$$

2) Error relativo de muestreo dado $e_r = Cv\left(\hat{\theta}\right)$

Media, Total, Proporción y Total de Clase

$$e_r = Cv\left(\hat{\bar{X}}\right) = \frac{\sqrt{V(\hat{\bar{X}})}}{E(\hat{\bar{X}})} = \frac{\sqrt{\sigma^2/n}}{\bar{X}} \Rightarrow e_r^2 = \frac{\sigma^2}{n\left(\bar{X}\right)^2} = \frac{\left(\sigma/\bar{X}\right)^2}{n} = \frac{C_x^2}{n} \Rightarrow n = \frac{C_x^2}{e_r^2}$$

$$e_r = Cv\left(\hat{X}\right) = \frac{\sqrt{V(\hat{X})}}{E(\hat{X})} = \frac{\sqrt{N^2\sigma^2/n}}{N\bar{X}} \Rightarrow e_r^2 = \frac{N^2\sigma^2/n}{N^2\left(\bar{X}\right)^2} = \frac{\left(\sigma/\bar{X}\right)^2}{n} = \frac{C_x^2}{n} \Rightarrow n = \frac{C_x^2}{e_r^2}$$

$$e_r = Cv\left(\hat{P}\right) = \frac{\sqrt{V(\hat{P})}}{E(\hat{P})} = \frac{\sqrt{PQ/n}}{P} \Rightarrow e_r^2 = \frac{PQ}{nP^2} \Rightarrow n = \frac{Q}{Pe_r^2}$$

$$e_r = Cv\left(\hat{A}\right) = \frac{\sqrt{V(\hat{A})}}{E(\hat{A})} = \frac{\sqrt{N^2PQ/n}}{NP} \Rightarrow e_r^2 = \frac{N^2PQ/n}{N^2\left(P\right)^2} = \frac{PQ}{nP^2} \Rightarrow n = \frac{Q}{Pe_r^2}$$

Se observa que el tamaño muestral es el mismo en los casos de la estimación del total y la estimación de la media, así como en los casos de la estimación de la proporción y la estimación del total de clase.

3) Error de muestreo y coeficiente de confianza dados $e_\alpha = \lambda_\alpha \sigma(\hat\theta)$

Media, Total, Proporción y Total de Clase

$$e_\alpha = \lambda_\alpha \sigma\left(\hat{\bar{X}}\right) \Rightarrow e_\alpha^{\,2} = \lambda_\alpha^2 V\left(\hat{\bar{X}}\right) = \lambda_\alpha^2 \frac{\sigma^2}{n} \Rightarrow n = \frac{\lambda_\alpha^2 \sigma^2}{e_\alpha^2}$$

$$e_\alpha = \lambda_\alpha \sigma\left(\hat{X}\right) \Rightarrow e_\alpha^2 = \lambda_\alpha^2 V\left(\hat{X}\right) = \lambda_\alpha^2 N^2 \frac{\sigma^2}{n} \Rightarrow n = \frac{\lambda_\alpha^2 \sigma^2 N^2}{e_\alpha^2}$$

$$e_\alpha = \lambda_\alpha \sigma\left(\hat{P}\right) \Rightarrow e_\alpha^2 = \lambda_\alpha^2 V\left(\hat{P}\right) = \lambda_\alpha^2 \frac{PQ}{n} \Rightarrow n = \frac{\lambda_\alpha^2 PQ}{e_\alpha^2}$$

$$e_\alpha = \lambda_\alpha \sigma\left(\hat{A}\right) \Rightarrow e_\alpha^2 = \lambda_\alpha^2 V\left(\hat{A}\right) = \lambda_\alpha^2 N^2 \frac{PQ}{n} \Rightarrow n = \frac{\lambda_\alpha^2 N^2 PQ}{e_\alpha^2}$$

Se observa que la única diferencia que hay   entre estas fórm ulas para el tamaño mu estral n y las obtenidas sin la presencia de un coeficiente de confianza P_α sólo difieren en el término λ_α^2 función de $\lambda_\alpha = F^{-1}(1-\alpha/2)$ con $F \to N(0,1)$.

4) Error relativo de muestreo y coeficiente de confianza dados

$$e_{ra} = \lambda_\alpha Cv(\hat\theta)$$

Media, Total, Proporción y Total de Clase

$$e_{ra} = \lambda_\alpha Cv\left(\hat{\bar{X}}\right) = \frac{\lambda_\alpha \sqrt{V(\hat{\bar{X}})}}{E(\hat{\bar{X}})} = \frac{\lambda_\alpha \sqrt{\sigma^2/n}}{\bar{X}} \Rightarrow e_{ra}^2 = \frac{\lambda_\alpha^2 \sigma^2}{n(\bar{X})^2} = \frac{\lambda_\alpha^2 (\sigma/\bar{X})^2}{n} = \frac{\lambda_\alpha^2 C_x^2}{n} \Rightarrow n = \frac{\lambda_\alpha^2 C_x^2}{e_{ra}^2}$$

$$e_{ra} = \lambda_\alpha Cv\left(\hat{X}\right) = \frac{\lambda_\alpha \sqrt{V(\hat{X})}}{E(\hat{X})} = \frac{\lambda_\alpha \sqrt{\dfrac{N^2 \sigma^2}{n}}}{N\bar{X}} \Rightarrow e_{ra}^2 = \frac{\lambda_\alpha^2 \dfrac{N^2 \sigma^2}{n}}{N^2 (\bar{X})^2} = \frac{\lambda_\alpha^2 \left(\dfrac{\sigma}{\bar{X}}\right)^2}{n} = \frac{\lambda_\alpha^2 C_x^2}{n} \Rightarrow n = \frac{\lambda_\alpha^2 C_x^2}{e_{ra}^2}$$

$$e_{ra} = \lambda_\alpha Cv\left(\hat{P}\right) = \frac{\lambda_\alpha \sqrt{V(\hat{P})}}{E(\hat{P})} = \frac{\lambda_\alpha \sqrt{PQn}}{P} \Rightarrow e_{ra}^2 = \frac{\lambda_\alpha^2 PQ}{nP^2} \Rightarrow n = \frac{\lambda_\alpha^2 Q}{e_{ra}^2 P}$$

$$e_{ra} = \lambda_\alpha Cv\left(\hat{A}\right) = \frac{\lambda_\alpha \sqrt{V(\hat{A})}}{E(\hat{A})} = \frac{\lambda_\alpha \sqrt{N^2 PQn}}{NP} \Rightarrow e_{ra}^2 = \frac{\lambda_\alpha^2 N^2 PQn}{N^2 (P)^2} = \frac{\lambda_\alpha^2 PQ}{nP^2} \Rightarrow n = \frac{\lambda_\alpha^2 Q}{e_{ra}^2 P}$$

Se observa que el tam año muestral es el mismo en los casos de la estimación del total y la estimación de la m edia, así com o en los casos de la estim ación de la proporción y la estimación del total de clase. Adem ás se observa que la única diferencia que hay entre estas fórmulas para el tamaño muestral n y las obtenidas sin la presencia de un coeficiente de c onfianza P_α sólo difieren en el térm ino λ_α^2 función de $\lambda_\alpha = F^{-1}(1-\alpha/2)$ con $F \to N(0,1)$.

El cuadro siguiente resume las expresiones de los tamaños muestrales.

Tipo de error → Parámetro ↓	Absoluto e	Relativo e_r	Absoluto y coeficiente de confianza adicional e_α	Relativo y confianza $e_{r\alpha}$
Media	$\dfrac{\sigma^2}{e^2}$	$\dfrac{C_x^2}{e_r^2}$	$\dfrac{\lambda_\alpha^2 \sigma^2}{e^2}$	$\dfrac{\lambda_\alpha^2 C_x^2}{e_{r\alpha}^2}$
Total	$\dfrac{N^2 \sigma^2}{e^2}$	$\dfrac{C_x^2}{e_r^2}$	$\dfrac{\lambda_\alpha^2 N^2 \sigma^2}{e^2}$	$\dfrac{\lambda_\alpha^2 C_x^2}{e_{r\alpha}^2}$
Proporción	$\dfrac{PQ}{e^2}$	$\dfrac{Q}{Pe_r^2}$	$\dfrac{\lambda_\alpha^2 PQ}{e^2}$	$\dfrac{\lambda_\alpha^2 Q}{Pe_{r\alpha}^2}$
Total de clase	$\dfrac{N^2 PQ}{e^2}$	$\dfrac{Q}{Pe_r^2}$	$\dfrac{\lambda_\alpha^2 N^2 PQ}{e^2}$	$\dfrac{\lambda_\alpha^2 Q}{Pe_{r\alpha}^2}$

En todas las fórmulas σ^2 es la varianza poblacional y $C_x^2 = \left(\sigma / \overline{X} \right)^2$. Por otra parte, λ_α es el valor crítico de la normal unitaria al nivel α.

COMPARACIÓN ENTRE MUESTREO ALEATORIO SIMPLE SIN Y CON REPOSICIÓN

Se pueden realizar comparaciones de precisión entre el muestreo aleatorio simple sin reposición (muestreo irrestricto aleatorio) y el muestreo aleatorio simple con reposición. Estas comparaciones pueden realizarse a través de las varianzas de los estimadores o a través del tamaño de muestra necesario para cometer un error de muestreo dado.

Comparaciones a través del tamaño muestral

Está claro que será mejor aquel método de selección en el que se necesite menor tamaño muestral para cometer un error de muestreo dado.

Cuando se estudiaron los tamaños de muestra necesarios para cometer un error de muestreo dado se demostró que para poblaciones grandes o fracciones de muestreo pequeñas (que es lo común) y muestreo sin reposición el valor de n era:

$$n_{SR} = \frac{n_0}{1 + n_0 / N}$$

tanto en el caso de estimaciones de medias y proporciones para un error de muestreo dado como en el caso de estimaciones de medias, totales, proporciones y totales de clase para un error relativo de muestreo dado con o sin coeficiente de confianza. En los mismos casos para muestreo con reposición se observa que el tamaño muestral resulta ser $n_{CR} = n_0$. Por lo tanto tenemos:

$$n_{SR} = \frac{n_0}{1 + n_0/N} = \frac{n_{CR}}{1 + n_{CR}/N} < n_{CR} \Rightarrow n_{SR} < n_{CR}$$

En el caso de estim ación sin reposición de totales y totales de clase para un error de muestreo dado con o sin coeficiente de confianza se demostró que:

$$n_{SR} = \frac{N^2 n_1}{1 + N n_1} \cong \frac{n_{CR}}{1 + n_{CR}/N} < n_{CR} \Rightarrow n_{SR} < n_{CR}$$

En los m ismos casos para m uestreo con reposición se observa que el tam año muestral resulta ser $n_{CR} = N^2 n_1$

Esto es, que en todas las situaciones, *en el caso de muestreo sin reposición, se necesita menos tamaño de muestra para cometer el mismo error que en el caso del muestreo con reposición*, por lo tanto tam bién en térm inos de tam año muestral necesario el muestreo sin reposición es más eficiente que el muestreo con reposición.

Comparaciones a través del error de muestreo

Está claro que será m ás preciso aquel m étodo de selección cuy o error de muestreo sea m enor, es decir, el que tenga m enor varianza de los estim adores. Poniendo subíndice SR a las varianzas sin reposición y CR con reposición tenemos:

$$\left. \begin{array}{l} V_{SR}\left(\hat{\bar{X}}\right) = (1-f)\dfrac{S^2}{n} = (1-\dfrac{n}{N})\dfrac{\dfrac{N}{N-1}\sigma^2}{n} = \dfrac{N-n}{N-1}\dfrac{\sigma^2}{n} \\[3mm] V_{CR}\left(\hat{\bar{X}}\right) = \dfrac{\sigma^2}{n} \Rightarrow n = \dfrac{\sigma^2}{e^2} \end{array} \right\} \Rightarrow \begin{cases} \dfrac{V_{SR}\left(\hat{\bar{X}}\right)}{V_{CR}\left(\hat{\bar{X}}\right)} = \dfrac{N-n}{N-1} < 1 \\[4mm] \Rightarrow V_{SR}\left(\hat{\bar{X}}\right) < V_{CR}\left(\hat{\bar{X}}\right) \end{cases}$$

$$\left. \begin{array}{l} V_{SR}\left(\hat{X}\right) = N^2 \dfrac{N-n}{N-1}\dfrac{\sigma^2}{n} \\[3mm] V_{CR}\left(\hat{X}\right) = N^2 \dfrac{\sigma^2}{n} \end{array} \right\} \Rightarrow \dfrac{V_{SR}\left(\hat{X}\right)}{V_{CR}\left(\hat{X}\right)} = \dfrac{N-n}{N-1} < 1 \Rightarrow V_{SR}\left(\hat{X}\right) < V_{CR}\left(\hat{X}\right)$$

$$\left. \begin{array}{l} V_{SR}\left(\hat{A}\right) = N^2 \dfrac{N-n}{N-1}\dfrac{PQ}{n} \\[3mm] V_{CR}\left(\hat{A}\right) = N^2 \dfrac{PQ}{n} \end{array} \right\} \Rightarrow \dfrac{V_{SR}\left(\hat{A}\right)}{V_{CR}\left(\hat{A}\right)} = \dfrac{N-n}{N-1} < 1 \Rightarrow V_{SR}\left(\hat{A}\right) < V_{CR}\left(\hat{A}\right)$$

$$\left. \begin{array}{l} V_{SR}\left(\hat{P}\right) = \dfrac{N-n}{N-1}\dfrac{PQ}{n} \\[3mm] V_{CR}\left(\hat{P}\right) = \dfrac{PQ}{n} \end{array} \right\} \Rightarrow \dfrac{V_{SR}\left(\hat{P}\right)}{V_{CR}\left(\hat{P}\right)} = \dfrac{N-n}{N-1} < 1 \Rightarrow V_{SR}\left(\hat{P}\right) < V_{CR}\left(\hat{P}\right)$$

Se observa que para todos los estim adores la varianza es menor en el caso del muestreo sin reposición, lo que nos indica que *el muestreo sin reposición es en general más preciso que el muestreo con reposición.*

SUBPOBLACIONES

En muchas ocasiones la población se subdivide en clases dentro de las cuales se realizan estimaciones diferentes. Por ej emplo, en una encuesta de fam ilias se pueden hacer estim aciones por separado para familias con 0, 1, 2, ... niños. Estas *subpoblaciones* suelen denominarse *dominios de estudio*.

La utilización de subpoblaciones se fundam enta en que la obtención de un marco que liste específicam ente los elem entos de la población que interesa estudiar es frecuentemente im posible, sobre todo cuando utilizam os unidades poblacionales muy elem entales. Norm almente se dispone de m arcos m enos finos cuy as unidades contienen a las unidades elementales en estudio. Por ejem plo, podem os desear una muestra de los hogares que tienen niños, pero el m ejor marco disponible puede ser una lista de todos los hogares en la ci udad (sin poder desagregar hasta los hogares que tienen niños). Podemos estar interesados en las cuentas atrasadas de una empresa, pero el único m arco disponible puede listar todas las cuentas por cobrar de la em presa (sin distinguir entre las atrasadas o no). En este tipo de   situaciones deseamos estimar parámetros de una subpoblación de la población representada en el marco. El muestreo es com plicado porque no sabem os si un elem ento pertenece a la subpoblación sino hasta después de que éste ha sido muestreado.

Supongamos que dividimos una población de tam año N en subpoblaciones o dominios. En la situación m ás simple cada unidad de la población cae dentro de uno de los dominios.

Consideremos que el j_-ésimo dom inio contiene N_j unidades, y que n_j es el número de unidades, en una m uestra aleatoria simple de tamaño n, que pertenecen al dominio j. Si Y_{jk} ($k=1,2,...,n_j$ y $\sum n_j = n$) son los valores de   la variable en estudio medida sobre los elem entos de la m uestra que pertenecen al dominio j-ésimo, un *estimador insesgado de la media en la subpoblación o dominio j* será el siguiente:

$$\hat{\bar{Y}}_j = \bar{y}_j = \sum_{k=1}^{n_j} \frac{Y_{jk}}{n_j}$$

cuya varianza puede expresarse como:

$$V(\bar{y}_j) = (1 - \frac{n_j}{N_j}) \frac{S_j^2}{n_j} \text{ siendo } S_j^2 = \frac{1}{N_j - 1} \sum_{k=1}^{N_j} \left(Y_{jk} - \bar{Y}_j\right)^2 \text{ dónde } \bar{Y}_j = \sum_{k=1}^{N_j} \frac{Y_{jk}}{N_j}$$

y pudiéndose expresarse la estimación de su varianza como:

$$\hat{V}(\overline{y}_j) = (1 - \frac{n_j}{N_j})\frac{\hat{S}_j^2}{n_j} \text{ siendo } \hat{S}_j^2 = \frac{1}{n_j - 1}\sum_{k=1}^{n_j}\left(Y_{jk} - \overline{y}_j\right)^2 \text{ dónde } \overline{y}_j = \sum_{k=1}^{n_j}\frac{Y_{jk}}{n_j}$$

Si no se conoce el valor de N_j, se sustituye n_j/N_j por n/N.

En el caso del muestreo con reposición tenemos:

$$V(\overline{y}_j) = \frac{\sigma_j^2}{n_j} \text{ siendo } \sigma_j^2 = \frac{1}{N_j}\sum_{k=1}^{N_j}\left(Y_{jk} - \overline{Y}_j\right)^2 \text{ y } \hat{V}(\overline{y}_j) = \frac{\hat{S}_j^2}{n_j}$$

Un *estimador insesgado del total en la subpoblación o dominio j en caso de conocer N_j* será el siguiente:

$$\hat{Y}_j = N_j\overline{y}_j = N_j\sum_{k=1}^{n_j}\frac{Y_{jk}}{n_j}$$

cuya varianza y estimación de varianza son respectivamente:

$$V(\hat{Y}_j) = N_j^2 V(\overline{y}_j) = N_j^2(1 - \frac{n_j}{N_j})\frac{S_j^2}{n_j} \text{ y } \hat{V}(\hat{Y}_j) = N_j^2(1 - \frac{n_j}{N_j})\frac{\hat{S}_j^2}{n_j}$$

En el muestreo con reposición tendremos:

$$V(\hat{Y}_j) = N_j^2 V(\overline{y}_j) = N_j^2\frac{\sigma_j^2}{n_j} \text{ y } \hat{V}(\hat{Y}_j) = N_j^2\frac{\hat{S}_j^2}{n_j}$$

Un *estimador insesgado del total en la subpoblación o dominio j en caso de no conocer N_j* será el siguiente:

$$\hat{Y}_j = N_j\sum_{k=1}^{n_j}\frac{Y_{jk}}{n_j} = \sum_{k=1}^{n_j}\frac{N_j}{n_j}Y_{jk} \underset{\substack{Se\ aplica \\ \frac{N_j}{n_j}\to\frac{N}{n}}}{=} \frac{N}{n}\sum_{k=1}^{n_j}Y_{jk} = \frac{N}{n}\underbrace{y_j}_{\substack{Total \\ muestral \\ endo\min io \\ j-\acute{e}simo}}$$

cuya varianza y estimación de varianza son respectivamente:

$$V(\hat{Y}_j) = N^2(1 - \frac{n}{N})\frac{S'^2}{n} \text{ y } \hat{V}(\hat{Y}_j) = N^2(1 - \frac{n}{N})\frac{\hat{S}'^2}{n}$$

siendo:

$$S'^2 = \frac{1}{N-1}\left(\sum_{Dominio\ j}Y_{jk}^2 - \frac{Y_j^2}{N}\right) \quad \hat{S}'^2 = \frac{1}{n-1}\left(\sum_{k=1}^{n_j}Y_{jk}^2 - \frac{y_j^2}{n}\right) \quad y_j = \sum_{k=1}^{n_j}Y_{jk}$$

En el muestreo con reposición tendremos:

$$V(\hat{Y}_j) = N^2 \frac{\sigma'^2}{n} \qquad \hat{V}(\hat{Y}_j) = N^2 \frac{\hat{S}'^2}{n} \qquad \sigma'^2 = \frac{1}{N}\left(\sum_{Dominio\ j} Y_{jk}^{\ 2} - \frac{Y_j^2}{N} \right)$$

Ejercicio 1. Consideramos una población finita de 6 elementos sobre los que medimos una variable X, obteniendo como resultados Xi = {8, 3, 1, 11, 4, 7}, i=1...6. Se extraen muestras mediante muestreo irrestricto aleatorio. Se pide:

1) Hallar el tamaño de muestra necesario para que el error de muestreo sea 2 al estimar la media de la población ¿Y al estimar el total poblacional? Hallar también el tamaño de muestra necesario para que el error relativo de muestreo sea 0.48 en las mismas estimaciones. Calcular todos los tamaños de muestra anteriores en presencia de un coeficiente de confianza adicional del 95%.Comentarios

3) Contestar a todas las preguntas del apartado anterior para muestreo con reposición. Comparar los resultados con los de muestreo sin reposición. Comentarios

4)¿A partir de qué tamaño poblacional N el aumento del tamaño muestral n no interviene en el error absoluto de muestreo para la estimación de la media? ¿Cuánto valdrá N con un coeficiente de confianza del 95%? Hallar intervalos de confianza al 95% para la media y el total basados en las muestras de elementos pares.

Para hallar el tamaño de muestra necesario para estimar la media con un error de muestreo *e* igual a 2, se aplica la fórmula:

$$n = \frac{NS^2}{S^2 + ne^2} = \frac{6 \cdot 13,6}{13,6 + 6.2^2} = 2,17$$

con lo que se tomará como tamaño de muestra necesario n=3, y será necesario tomar para la muestra la mitad de la población.

Para hallar el tamaño de muestra necesario para estimar el total con un error de muestreo *e* igual a 2, se aplica la fórmula:

$$n = \frac{N^2 S^2}{NS^2 + e^2} = \frac{6^2 \cdot 13,6}{6 \cdot 13,6 + 2^2} = 5,7$$

con lo que se tomará como tamaño de muestra necesario n=6, es decir, tomaremos como muestra toda la población (no habrá más remedio que aumentar la tasa de error).

Si introducimos un coeficiente de confianza del 95%, los tamaños de muestra necesarios para cometer el mismo error de muestreo $e_\alpha=2$ al estimar la media y el total lógicamente serán algo superiores a los calculados anteriormente. Tendremos:

$$Media \rightarrow \quad n = \frac{n_0}{1 + \dfrac{n_0}{N}} = \frac{12,9}{1 + \dfrac{12,9}{6}} = 4 \quad con \quad n_0 = \frac{\lambda_\alpha^2 S^2}{e_\alpha^2} = \frac{1,96^2 \cdot 13,5}{2^2} = 12,9$$

$$Total \rightarrow \quad n = \frac{N^2 n_1}{1 + N n_1} = \frac{6^2 12,9}{1 + 6 \cdot 12,9} = 5,9 \quad con \quad n_1 = \frac{\lambda_\alpha^2 S^2}{e_\alpha^2} = \frac{1,96^2 \cdot 13,5}{2^2} = 12,9$$

Para el caso de un error relativo de muestreo igual a e$_r$=0,48 el tamaño de muestra necesario es el mismo para la estimación del total y de la media. Tendremos:

$$n = \frac{C_{1,x}^2}{e_r^2 + \dfrac{C_{1,x}^2}{N}} = \frac{0,42}{0,48^2 + \dfrac{0,42}{6}} = 1,398 \quad con \quad C_{1,x}^2 = \frac{S^2}{\overline{X}^2} = \frac{13,6}{5,6666^2} = 0,42$$

con lo que se tomará como tamaño de muestra necesario $n=2$.

Para el caso de un error relativo de muestreo igual a e$_{r\alpha}$=0,48 con un coeficiente de confianza del 95%, el tamaño de muestra necesario es el mismo para la estimación del total y de la media, y lógicamente será mayor que cuando no existe el coeficiente de confianza. Tendremos:

$$n = \frac{\lambda_\alpha^2 C_{1,x}^2}{e_{r\alpha}^2 + \lambda_\alpha^2 \dfrac{C_{1,x}^2}{N}} = \frac{1,96^2 \cdot 0,42}{0,48^2 + 1,96^2 \cdot \dfrac{0,42}{6}} = 3,23$$

con lo que se tomará como tamaño de muestra necesario $n=4$, que evidentemente es superior al tamaño de muestra necesario sin coeficiente de confianza.

El valor de N a partir del cual su aumento no interviene en el tamaño de muestra necesario para cometer un error de muestreo dado al estimar la media con un coeficiente de confianza del 95%, vendrá dado por la expresión $N>n_0(n_0-1)$ con:

$$n_0 = \frac{\lambda_\alpha^2 S^2}{e_\alpha^2} = \frac{1,96^2 \cdot 13,5}{2^2} = 12,9$$

Luego se tiene que $N>12,9(12,9-1)=153,51$. Por tanto, tamaños poblacionales N mayores que 154 no tienen influencia en el valor del n necesario para cometer un error de muestreo dado al estimar la media con un coeficiente de confianza del 95%. Si no existiese coeficiente de confianza, el valor de de n$_0$ sería:

$$n_0 = \frac{S^2}{e_\alpha^2} = \frac{13,5}{2^2} = 3,375$$

Con lo que $N>3,375(3,375-1)=8,015$, es decir, tamaños poblacionales N de 9 en adelante no tienen influencia en el valor de n necesario para cometer un error de muestreo dado al estimar la media.

Vamos a calcular ahora los tamaños muestrales suponiendo muestreo con reposición.

Para hallar el tamaño de muestra necesario para estimar la media con un error de muestreo *e* igual a 2, se aplica la fórmula:

$$n = \frac{\sigma^2}{e^2} = \frac{11,33}{2^2} = 2,83 \ \text{ con } \ \sigma^2 = \frac{N-1}{N} S^2 = \frac{6-1}{6} 13,6 = 11,33$$

con lo que se tomará como tamaño de muestra necesario n=3, con lo que será necesario tomar para la muestra la mitad de la población. El valor exacto de *n* es superior al de sin reposición, pero al tomar su parte entera más uno, el tamaño de muestra coincide.

Para hallar el tamaño de muestra necesario para estimar el total con un error de muestreo *e* igual a 2, se aplica la fórmula:

$$n = \frac{N^2 \sigma^2}{e^2} = \frac{6^2 \cdot 11,3}{2^2} = 101,7$$

con lo que se tomará como tamaño de muestra necesario *n*=6, es decir, tomaremos como muestra toda la población (no habrá más remedio que aumentar la tasa de error, ya que el tamaño de muestra que se necesita, que es mucho mayor que en el caso de sin reposición, es también muy superior al tamaño de nuestra población).

Si introducimos un coeficiente de confianza del 95%, los tamaños de muestra necesarios para cometer el mismo error de muestreo e_α=2 al estimar la media y el total lógicamente serán algo superiores a los calculados anteriormente. Tendremos:

$$Media \rightarrow \quad n = \frac{\lambda_\alpha^2 \sigma^2}{e^2} = \frac{1.96^2 \cdot 11,33}{2^2} = 10,87$$

$$Total \rightarrow \quad n = \frac{\lambda_\alpha^2 \sigma^2 N^2}{e^2} = \frac{1.96^2 \cdot 11,33.6^2}{2^2} = 391,4$$

En ambos casos se obtienen tamaños de muestra superiores a los obtenidos cuando no hay coeficiente de confianza y muy superiores al caso de sin reposición. No habrá más remedio que aumentar la tasa de error, ya que el tamaño de muestra que se necesita es muy superior al tamaño de nuestra población.

Para el caso de un error relativo de muestreo igual a e_r=0,48 el tamaño de muestra necesario es el mismo para la estimación del total y de la media. Tendremos:

$$n = \frac{C_x^2}{e_r^2} = \frac{0,59^2}{0,48^2} = 1,5 \ \text{ con } \ C_x = \frac{\sigma}{\overline{X}} = \frac{\sqrt{11,33}}{5,6666} = 0,59$$

con lo que se tomará como tamaño de muestra necesario *n*=2.

Para el caso de un error relativo de m   uestreo igual a $e_{r\alpha}$=0,48 con un coeficiente de confianza del 95%, el tamaño de muestra necesario es el mismo para la estimación del total y de la media, y lógicamente será mayor que cuando no existe el coeficiente de confianza. Tendremos:

$$n = \frac{\lambda_\alpha^2 C_x^2}{e_{r\alpha}^2} = \frac{1,96^2 \cdot 0,59^2}{0,48^2} = 5,8$$

con lo que se tom   ará com o tamaño de m uestra necesario n=6, que evidentem ente es superior al tamaño de muestra necesario sin coeficiente de confianza.

Se observa que el tamaño de muestra necesario para com eter un error dado en caso de existencia de coeficiente de c   onfianza es mayor que en el caso norm   al. Adicionalmente, el tamaño de m uestra necesario para cometer un error dado en el caso de reposición es siempre mayor que en el caso sin reposición.

Dado que se puede suponer norm alidad para X, los intervalos de confianza para la media y el total al 95% según la muestra (8,4) pueden calcularse como sigue:

$$\left(\bar{x} - \lambda_\alpha \sigma(\bar{x}), \bar{x} + \lambda_\alpha \sigma(\bar{x})\right) = \left(6 - 1,96 \cdot \sqrt{2,12}, \ 6 + 1,96 \cdot \sqrt{2,12}\right) = (3.15, 8.85)$$

$$\left(\hat{X} - \lambda_\alpha \sigma(\hat{X}), \hat{X} + \lambda_\alpha \sigma(\hat{X})\right) = \left(36 - 1,96 \cdot \sqrt{12,71}, \ 36 + 1,96 \cdot \sqrt{12,71}\right) = (29, 43)$$

Ejercicio 2. Con el objetivo del análisis de la divisibilidad de un conjunto de números consideramos la población virtual Xi = {2, 13, 17, 23, 6, 1}, i=1...6. Se extraen muestras mediante muestreo irrestricto aleatorio.

1) Hallar el tamaño de muestra necesario para que el error de muestreo sea 1/4 al estimar la proporción de números primos de la población. Hallar también el tamaño de muestra necesario para que el error relativo de muestreo sea del 2% en la misma estimación.

2) Hallar intervalos de confianza al 99% (α=0.01) para el total y la proporción de números primos en la población basados en las muestras cuyos dos elementos son números no primos. Tenemos como dato conocido que F⁻¹(0.995)= 2.57, siendo F la función de distribución de la normal (0,1). Comentar los resultados.

3) Hallar el tamaño de muestra necesario para que el error de muestreo sea 6 al estimar el total de números primos de la población con un coeficiente de confianza del 99% y suponiendo muestreo aleatorio simple con reposición. Hallar dicho tamaño en las condiciones anteriores pero para un error relativo de muestreo del 90%. Comentar los resultados.

Para hallar el tam año de m uestra necesario para estim ar la proporción con un error de muestreo e igual a 1/4, se aplica la fórmula:

$$n = \frac{NPQ}{PQ + (N-1)e^2} = \frac{6 \cdot 0,6666(1 - 0,6666)}{0,6666(1 - 0,6666) + (6 - 1).0,5^2} = 0,9$$

Con lo que se tomará como tamaño de muestra necesario $n=1$.

Para el caso de un error relativo de muestreo igual al 2% ($e_r=0,02$) el tamaño de muestra necesario es el mismo para la estimación del total de clase y de la proporción. Tendremos:

$$n = \frac{C_{1,x}^2}{e_r^2 + \frac{C_{1,x}^2}{N}} = \frac{0,6}{0,02^2 + \frac{0,6}{6}} = 5,9 \quad C_{1,x}^2 = \frac{S^2}{\overline{X}^2} = \frac{NQ}{(N-1)P} = \frac{6(1-0,6666)}{(6-1)0,6666} = 0,6$$

con lo que se tomará como tamaño de muestra necesario $n=6$, es decir, necesitamos tomar como muestra toda la población (el error a cometer es demasiado pequeño).

Dada la no normalidad de los A_i, para hallar un intervalo de confianza para la proporción al 99%, basado en la única muestra (0,0) correspondiente al único par de elementos ambos no primos (2,6), utilizamos el intervalo:

$$\left[\hat{P} - \frac{\sigma(\hat{P})}{\sqrt{\alpha}}, \hat{P} + \frac{\sigma(\hat{P})}{\sqrt{\alpha}} \right] = \left[0 - \frac{\sqrt{0,6666(1-0,66666)}}{\sqrt{0,01}}, 0 + \frac{\sqrt{0,6666(1-0,66666)}}{\sqrt{0,01}} \right] = \left[-4.7, 4.7 \right]$$

Si se hubiera supuesto normalidad el intervalo de confianza para P al 99% sería:

$$[\hat{P} - \lambda_\alpha \sigma(\hat{P}), \hat{P} + \lambda_\alpha \sigma(\hat{P}) = [0 - 2,57\sqrt{0,6666(1-0,66666)}, 0 + 2,57\sqrt{0,6666(1-0,66666)}] = \left[-1.2, 1.2 \right]$$

Se observa que el intervalo de confianza en presencia de normalidad es más estrecho (más preciso) que sin normalidad.

Dada la no normalidad de los A_i, para hallar un intervalo de confianza para el total de clase al 99%, basado en la única muestra (0,0) correspondiente al único par de elementos ambos no primos (2,6), utilizamos el intervalo:

$$\left[\hat{A} - \frac{\sigma(\hat{A})}{\sqrt{\alpha}}, \hat{A} + \frac{\sigma(\hat{A})}{\sqrt{\alpha}} \right] = \left[0 - \frac{6\sqrt{0,6666(1-0,66666)}}{\sqrt{0,01}}, 0 + \frac{6\sqrt{0,6666(1-0,66666)}}{\sqrt{0,01}} \right] = \left[-28.3, 28.3 \right]$$

Para hallar el tamaño de muestra necesario para que el error de muestreo sea 6 al estimar el total de números primos de la población con un coeficiente de confianza del 99% y suponiendo muestreo aleatorio simple con reposición utilizamos:

$$n = \frac{\lambda_\alpha^2 N^2 PQ}{e_\alpha^2} = \frac{2,57^2 6^2 \cdot 0,6666(1-0,6666)}{6^2} = 1,4$$

Luego el tamaño de muestra necesario será $n=2$.

Para hallar el tamaño de muestra necesario para que el error relativo de muestreo sea del 90% al estimar el total de números primos de la población con un coeficiente de confianza del 99% y suponiendo muestreo aleatorio simple con reposición utilizamos:

$$n = \frac{\lambda_\alpha^2 C_X^2}{e_{r\alpha}^2} = \frac{\lambda_\alpha^2 \frac{Q}{P}}{e_{r\alpha}^2} = \frac{2,57^2 \frac{1-0,66666}{0,6666}}{0,9^2} = 4,07$$

Luego el tamaño de muestra necesario será $n=5$.

Ejercicio 3. De una población con 33 millones de habitantes se ha obtenido una muestra de 10.000. En ella 4.000 se han clasificado como población activa, y de estos, 40 se encuentran en situación de desempleo. Se pide:

a) Estimar el porcentaje de población activa. Estimar también el número de personas activas que se encuentran en situación de desempleo. Calcular los errores absoluto y relativo de muestreo en ambas estimaciones así como intervalos de confianza con un riesgo del 3 por mil.

b) ¿Cuántas personas de todas las edades sería necesario incluir en una muestra para estimar la tasa de actividad en España con un error absoluto E=0,02 y una probabilidad del 95%? Del último censo se sabe que en el país hay un 39% de activos. Contestar a la misma pregunta para cometer un error relativo del 5%.

El porcentaje estimado de población activa será:

$$\hat{P} = \frac{4000}{10000} = 0,4 \quad (40\%)$$

El error de muestreo será:

$$\hat{\sigma}(\hat{P}) = \sqrt{\left(1 - \frac{n}{N}\right) \frac{\hat{P}(1-\hat{P})}{n-1}} = \sqrt{\left(1 - \frac{10000}{33000000}\right) \frac{0,4(1-0,4)}{10000-1}} = 0,00489$$

El error relativo de m uestreo será la estimación del coeficiente de variación de $\hat{P}$, que se calcula de la siguiente forma:

$$\hat{C}v(\hat{P}) = \frac{\hat{\sigma}(\hat{P})}{\hat{P}} = \frac{0,00489}{0,4} = 0,012225 \quad (1,2225\%)$$

Para hallar el intervalo de confianza para la proporción con $\alpha=0,003$, utilizamos $\lambda_\alpha = F^{-1}{}_{N(0,1)}(1-\alpha/2) = F^{-1}{}_{N(0,1)}(1-0,003/2) = F^{-1}{}_{N(0,1)}(0,9985) = 2,997$. El intervalo será:

$$[\hat{P} - \lambda_\alpha \sigma(\hat{P}), \hat{P} + \lambda_\alpha \sigma(\hat{P})] = [0,4 - 2,997 \cdot 0,00489 , 0,4 + 2,997 \cdot 0,00489] = (0.3853,0.4146)$$

Se podría interpretar el intervalo de c onfianza diciendo que el porcentaje de la población activa está com prendido entre el 38,53% y el 41,46% con una probabilidad del 997 por mil, es decir, prácticamente la certeza.

El total estim ado de personas activas que se encuentran en situación de desempleo será:

$$\hat{A} = 33000000 \underbrace{\left(\frac{40}{10000} \right)}_{\hat{P}} = 132000$$

El error de muestreo será:

$$\hat{\sigma}(\hat{A}) = \sqrt{N^2 \left(1 - \frac{n}{N} \right) \frac{\hat{P}(1 - \hat{P})}{n-1}} = 33000000 \sqrt{\left(1 - \frac{10000}{33000000} \right) \frac{0,004(1 - 0,004)}{10000 - 1}} = 20827$$

El error relativo de m uestreo será la estimación del coeficiente de variación de $\hat{A}$, que se calcula de la siguiente forma:

$$\hat{C}v(\hat{A}) = \frac{\hat{\sigma}(\hat{A})}{\hat{A}} = \frac{20827}{132000} = 0,157 \quad (15,7\%)$$

Para hallar el intervalo de confianza para el total con $\alpha=0,003$, utilizamos el valor $\lambda_\alpha = F^{-1}{}_{N(0,1)} (1-\alpha/2) = F^{-1}{}_{N(0,1)} (1-0,003/2) = F^{-1}{}_{N(0,1)} (0,9985) = 2,997$. El intervalo será:

$$[\hat{A} - \lambda_\alpha \sigma(\hat{A}), \ \hat{A} + \lambda_\alpha \sigma(\hat{A})] = [132000 - 2,997 \cdot 20827, \ 132000 + 2,997 \cdot 20827] = (69581,194419)$$

El tam año de m uestra necesario para estim ar la tasa de actividad en España con un error de muestreo $e_\alpha=0,02$ y un coeficiente de confianza del 95% será:

$$n = \frac{\lambda_\alpha^2 NPQ}{(N-1)e_\alpha^2 + \lambda_\alpha^2 PQ} = \frac{1,96^2 \cdot 33000000 \cdot 0,39 \cdot (1 - 0,39)}{(33000000 - 1) \cdot 0,02^2 + 1,96^2 \cdot 0,39 \cdot (1 - 0,39)} = 2379$$

El tamaño de muestra necesario para estimar la tasa de actividad en España con un error relativo de muestreo $e_{r\alpha} = 0,05$ y un coeficiente de confianza del 95% será:

$$n = \frac{\lambda_{r\alpha}^2 NQ}{(N-1)Pe_{r\alpha}^2 + \lambda_{r\alpha}^2 Q} = \frac{1,96^2 \cdot 33000000 \cdot (1 - 0,39)}{(33000000 - 1) \cdot 0,39 \cdot 0,02^2 + 1,96^2 \cdot (1 - 0,39)} = 2379$$

Ejercicio 4. Mediante muestreo irrestricto aleatorio se trata de estimar la proporción y el total de piezas correctas producidas en un proceso industrial en el que se fabrican un total de 6.000 unidades. Una muestra piloto ha suministrado 1/3 de piezas defectuosas. Se pide:

1) Hallar el tamaño de muestra necesario para que el error de muestreo sea de una décima al estimar la proporción de piezas correctas producidas en el proceso industrial. Hallar también el tamaño de muestra necesario para que el error relativo de muestreo sea de 20% en la misma estimación.

2) Hallar el tamaño de muestra necesario para que el error de muestreo sea de 600 unidades al estimar el total de piezas correctas con un coeficiente de confianza del 99.7% y suponiendo muestreo aleatorio simple con reposición. Hallar dicho tamaño en las condiciones anteriores pero para un error relativo de muestreo del 10%.

Tenemos como datos N=6000 y P=2/3. El tamaño de muestra necesario para estimar la proporción de piezas defectuosas con un error de muestreo e=0,1 será:

$$n = \frac{NPQ}{(N-1)e^2 + PQ} = \frac{6000 \cdot 0,6666 \cdot (1-0,6666)}{(6000-1) \cdot 0,1^2 + 0,6666 \cdot (1-0,6666)} = 22,14$$

Será necesario utilizar un tamaño de muestra de 23 piezas.

El tamaño de muestra necesario para estimar la proporción de piezas defectuosas con un error relativo de muestreo e_r=0,2 será:

$$n = \frac{NQ}{(N-1)Pe_r^2 + Q} = \frac{6000 \cdot (1-0,6666)}{(6000-1) \cdot 0,6666 \cdot 0,2^2 + (1-0,6666)} = 12,47$$

Será necesario utilizar un tamaño de muestra de 13 piezas.

Para hallar el tamaño de muestra necesario para estimar el total de piezas correctas con α=0,003, se usa $\lambda_\alpha = F^{-1}_{N(0,1)}(1-\alpha/2) = F^{-1}_{N(0,1)}(1-0,003/2) = F^{-1}_{N(0,1)}(0,9985) = 2,997$. Dicho tamaño en muestreo con reposición para un error de muestreo e_α=600 se calcula de la siguiente forma:

$$n = \frac{\lambda_\alpha^2 PQN^2}{e_\alpha^2} = \frac{2,997^2 \cdot 0,6666(1-0,6666)6000^2}{600^2} = 199,6 \quad (200 \text{ piezas})$$

El tamaño de muestra en muestreo con reposición para un error relativo de muestreo $e_{r\alpha}$=0,1 con α=0,003 se calcula de la siguiente forma:

$$n = \frac{\lambda_\alpha^2 Q}{e_\alpha^2 P} = \frac{2,997^2 \cdot (1-0,6666)}{0,1^2 \cdot 0,6666} = 449,1 \quad (450 \text{ piezas})$$

Ejercicio 5. Mediante muestreo irrestricto aleatorio se obtiene una muestra de tamaño 50 procedente de una población de 750 unidades. Al medir una característica X sobre los elementos de la muestra se obtienen los siguientes datos:

$$\sum_{i=1}^{50} X_i = 454 \quad y \quad \sum_{i=1}^{50} X_i^2 = 4306$$

De esta muestra 20 unidades pertenecen a una subpoblación, y al medir la característica X sobre estas 20 unidades se obtienen los siguientes resultados:

$$\sum_{i=1}^{20} X_i = 172 \quad y \quad \sum_{i=1}^{20} X_i^2 = 1536$$

1° Estimar la media y el total de la característica X para la población y para la subpoblación, así como sus errores absolutos y relativos de muestreo.

2° Responder a las preguntas del apartado anterior para muestreo aleatorio simple con reposición comentando resultados y comparándolos con los del apartado 1.

Para estimar la media y el total de la población con $n=50$ y $N=750$ se tiene:

$$\overline{x} = \frac{\sum_{i=1}^{50} X_i}{n} = \frac{454}{50} = 9,08 \quad \text{y} \quad \hat{X} = N\overline{x} = 750\frac{\sum_{i=1}^{50} X_i}{n} = 750 \cdot 9,08 = 6810$$

Las estimaciones de los errores de muestreo serán:

$$\hat{V}(\overline{x}) = (1 - \frac{50}{750}) \frac{\frac{1}{49}\left[\underbrace{\sum_{i=1}^{50} X_i^2}_{4306} - \left(\underbrace{\sum_{i=1}^{50} X_i}_{454}\right)^2 \Big/ 50\right]}{50} = 0,07 \Rightarrow \hat{\sigma}(\overline{x}) = \sqrt{0,07} = 0,26$$

$$\hat{V}(\hat{X}) = N^2\hat{V}(\overline{x}) = 750^2 \cdot 0,07 = 39375 \Rightarrow \hat{\sigma}(\hat{X}) = \sqrt{39375} = 198,43$$

Las estim aciones de los errores relativos de m   uestreo (coeficientes de variación de los estimadores) serán las siguientes:

$$\hat{C}v(\overline{x}) = \frac{\hat{\sigma}(\overline{x})}{\overline{x}} = \frac{0,27}{9,08} = 0,029 \quad (2,9\%) \quad \text{y} \quad \hat{C}v(\hat{X}) = \frac{\hat{\sigma}(\hat{X})}{\hat{X}} = \frac{198,43}{6810} = 0,029 \quad (2,9\%)$$

Evidentemente los errores relativos de m uestreo coinciden al estim   ar la media y el total para la población.

Para estimar la m edia y el tota l de la subpoblación con $n=50$, $N=750$, $n_1=20$ y N_1 desconocido, se tiene:

$$\overline{x}_1 = \frac{\sum_{i=1}^{20} X_i}{n_1} = \frac{172}{20} = 8,6 \qquad \hat{X}_1 = N \cdot \frac{x_1}{n} = 750\frac{\sum_{i=1}^{20} X_i}{50} = 750 \cdot \frac{172}{50} = 2580$$

$$\hat{V}(\overline{x}_1) = (1 - \frac{n}{N})\frac{\frac{1}{n_1 - 1}\left[\sum_{i=1}^{20} X_i^2 - \left(\sum_{i=1}^{20} X_i\right)^2 \Big/ n_1\right]}{n_1} = (1 - \frac{50}{750})\frac{\frac{1}{19}\left[1536 - 172^2/20\right]}{20} = 0,14$$

$$\hat{V}(\hat{X}_1) = N^2(1 - \frac{n}{N})\frac{\frac{1}{n-1}\left[\sum_{i=1}^{20} X_i^2 - \left(\sum_{i=1}^{20} X_i\right)^2 \Big/ n\right]}{n} = 750^2(1 - \frac{50}{750})\frac{\frac{1}{49}\left[1536 - 172^2/50\right]}{50} = 202354,28$$

Luego las estimaciones de los errores de muestreo para la subpoblación serán:

$$\hat{\sigma}(\overline{x}_1) = \sqrt{\hat{V}(\overline{x}_1)} = \sqrt{0,14} = 0,374 \quad \text{y} \quad \hat{\sigma}(\hat{X}_1) = \sqrt{\hat{V}(\hat{X}_1)} = \sqrt{202354,28} = 450$$

Las estim aciones de los errores relati   vos de m   uestreo (coeficientes de variación) para la subpoblación serán:

$$\hat{C}v(\bar{x}_1) = \frac{\hat{\sigma}(\bar{x}_1)}{\bar{x}_1} = \frac{0,374}{8,6} = 0,043 \quad (4,3\%) \qquad \hat{C}v(\hat{X}_1) = \frac{\hat{\sigma}(\hat{X}_1)}{\hat{X}_1} = \frac{450}{2580} = 0,1744 \quad (17,44\%)$$

Para la subpoblación y a no coinciden lo s errores relativos de m   uestreo al estimar la media y el total.

En el caso de muestreo con reposición los estim adores son los m ismos (para la población y para la subpoblación). Los erro res de m uestreo para la población y la subpoblación serán:

$$\hat{\sigma}_{CR}(\bar{x}) = \sqrt{\hat{V}_{CR}(\bar{x})} = \sqrt{\frac{\hat{V}(\bar{x})}{1-f}} = \frac{\sqrt{0,07}}{1-50/750} = 0,289$$

$$\hat{\sigma}_{CR}(\hat{X}) = \sqrt{\hat{V}_{CR}(\hat{X})} = \sqrt{\frac{\hat{V}(\hat{X})}{1-f}} = \frac{\sqrt{39375}}{1-50/750} = 212,28$$

$$\hat{\sigma}_{CR}(\bar{x}_1) = \sqrt{\hat{V}_{CR}(\bar{x}_1)} = \sqrt{\frac{\hat{V}(\bar{x}_1)}{1-f}} = \frac{\sqrt{0,14}}{1-50/750} = 0,4$$

$$\hat{\sigma}_{CR}(\hat{X}_1) = \sqrt{\hat{V}_{CR}(\hat{X}_1)} = \sqrt{\frac{\hat{V}(\hat{X}_1)}{1-f}} = \frac{\sqrt{202354,28}}{1-50/750} = 482,14$$

Se observa que los errores de m uestreo al estim ar la media y el total, tanto para la población como para la subpoblación, son m ayores en el caso de m uestreo con reposición que en el caso de muestreo sin reposición.

Las estim aciones de los errores relati   vos de m   uestreo (coeficientes de variación) para la población y la subpoblación serán:

$$\hat{C}v(\bar{x}) = \frac{\hat{\sigma}_{CR}(\bar{x})}{\bar{x}} = \frac{0,289}{9,08} = 0,031 \quad (3,1\%) \qquad \hat{C}v(\hat{X}) = \frac{\hat{\sigma}_{CR}(\hat{X})}{\hat{X}} = \frac{212,28}{6810} = 0,031 \quad (3,1\%)$$

$$\hat{C}v(\bar{x}_1) = \frac{\hat{\sigma}_{CR}(\bar{x}_1)}{\bar{x}_1} = \frac{0,4}{8,6} = 0,046 \quad (4,6\%) \qquad \hat{C}v(\hat{X}_1) = \frac{\hat{\sigma}_{CR}(\hat{X}_1)}{\hat{X}_1} = \frac{482,1}{2580} = 0,186 \quad (18,6\%)$$

Los errores relativos de muestreo al estimar la m edia y el total tam bién son mayores en el caso de m uestreo con reposición, tanto para la población como para la subpoblación.

Ejercicio 6. De una población con N=100 unidades se ha extraído una muestra irrestricta aleatoria de tamaño n=8, siendo los datos de una variable X medida sobre ella los siguientes: {25, 32, 28, 35, 26, 34, 30, 28}. Basándose en esta muestra estimar la media y el total poblacional de X así como sus errores absoluto y relativo de muestreo. Determinar también:

1°) Basándose en la muestra anterior ¿Qué tamaño de muestra sería necesario para que el error de muestreo sea 2 al estimar la media y 50 al estimar el total?, ¿y para que el error relativo sea del 6%? Contestar a las mismas preguntas con un coeficiente de confianza del 95%

2°) A partir de la muestra anterior, estimar la proporción de números pares en la población y el total de la clase de los números pares estimando los errores absoluto y relativo de muestreo. ¿Qué tamaño de muestra sería necesario para que el error relativo de muestreo fuese del 6% al 95% de confianza al estimar la proporción?

3°) Hallar el tamaño de muestra del apartado anterior suponiendo muestreo con reposición. Comentarios.

Se observa que la media muestral es 29.75, la cuasivarianza muestral es 13,3571 y la cuasidesviación típica muestral es 3,65474. También se obtienen buenos valores para los coeficientes de asimetría (0,28) y curtosis (-0,79) que al estar comprendidos en el intervalo [-2 2], aseguran la normalidad.

Las estimaciones de la media y el total y sus errores absoluto y relativo son:

$$\hat{\bar{X}} = \bar{x} = 29,75 \qquad e = \hat{\sigma}(\bar{x}) = \sqrt{(1-f)\frac{\hat{S}^2}{n}} = \sqrt{\left(1-\frac{8}{100}\right)\frac{13.3571}{8}} = 1,536$$

$$e_r = Cv(\bar{x}) = \frac{\hat{\sigma}(\bar{x})}{\bar{x}} = \frac{1,536}{29,75} = 0,051 \quad (5,1\%)$$

$$\hat{X} = N \cdot \bar{x} = 100 \cdot 29,75 = 2975 \qquad e = \hat{\sigma}(\hat{X}) = N \cdot \hat{\sigma}(\bar{x}) = 100 \cdot 1,536 = 153,6$$

$$e_r = Cv(\hat{X}) = \frac{\hat{\sigma}(\hat{X})}{\hat{X}} = \frac{153,6}{2975} = 0,051 \quad (5,1\%)$$

Evidentemente los errores relativos de las estimaciones de media y total coinciden.

Para hallar el tamaño de muestra necesario para estimar la media con un error de muestreo *e* igual a 50, consideramos la muestra anterior como una muestra piloto que nos proporciona una estimación del valor de la cuasivarianza. Se aplica la fórmula:

$$n = \frac{NS^2}{S^2 + Ne^2} = \frac{100 \cdot 13,3571}{13,3571 + 100.2^2} = 3,23$$

con lo que se tomará como tamaño de muestra necesario $n=4$.

Para hallar el tamaño de muestra necesario para estimar el total con un error de muestreo e igual a 50, se aplica la fórmula:

$$n = \frac{N^2 S^2}{NS^2 + e^2} = \frac{100^2 \cdot 13,3571}{100 \cdot 13,3571 + 50^2} = 34,82$$

con lo que se tomará como tamaño de muestra necesario n=35.

Si introducimos un coeficiente de confianza del 95%, los tamaños de muestra necesarios para cometer el mismo error de muestreo $e_\alpha=2$ al estimar la media y $\underline{e}_\alpha=50$ para el total lógicamente serán algo superiores a los calculados anteriormente. Tenemos:

$$Media \rightarrow n = \frac{n_0}{1 + \dfrac{n_0}{N}} = \frac{12,82}{1 + \dfrac{12,82}{100}} = 11,36 \ \ con \ \ n_0 = \frac{\lambda_\alpha^2 S^2}{e_\alpha^2} = \frac{1,96^2 \cdot 13,3571}{2^2} = 12,82$$

$$Total \rightarrow n = \frac{N^2 n_1}{1 + N n_1} = \frac{100^2 12,82}{1 + 100 \cdot 12,82} = 99,92 \ \ con \ \ n_0 = \frac{\lambda_\alpha^2 S^2}{e_\alpha^2} = \frac{1,96^2 \cdot 13,3571}{2^2} = 12,82$$

Para el caso de un error relativo de muestreo igual a $e_r=0,06$ el tamaño de muestra necesario es el mismo para la estimación del total y de la media. Tendremos:

$$n = \frac{C_{1,x}^2}{e_r^2 + \dfrac{C_{1,x}^2}{N}} = \frac{0,015}{0,06^2 + \dfrac{0,015}{100}} = 4 \ \ con \ \ C_{1,x}^2 = \frac{S^2}{\overline{X}^2} = \frac{13,3571}{29,75^2} = 0,015$$

Para el caso de un error relativo de muestreo igual a $e_{r\alpha}=0,06$ con un coeficiente de confianza del 95%, el tamaño de muestra necesario es el mismo para la estimación del total y de la media, y lógicamente será mayor que cuando no existe el coeficiente de confianza. Tendremos:

$$n = \frac{\lambda_\alpha^2 C_{1,x}^2}{e_{r\alpha}^2 + \lambda_\alpha^2 \dfrac{C_{1,x}^2}{N}} = \frac{1,96^2 \cdot 0,015}{0,06^2 + 1,96^2 \cdot \dfrac{0,015}{100}} = 61,54$$

con lo que se tomará como tamaño de muestra necesario $n=65$, que evidentemente es superior al tamaño de muestra necesario sin coeficiente de confianza.

A continuación consideramos la muestra asociada a la inicial, cuyos valores son cero para números impares y uno para números pares, es decir, la nueva muestra será $\{0,1,1,0,1,1,1,1\}$. A partir de esta muestra estimaremos la proporción P y el total de la clase A de los valores pares de X en la población, así como los errores de muestreo correspondientes. Tenemos:

$$\hat{P} = \frac{\sum_{i=1}^{8} A_i}{n} = \frac{6}{8} = 0,75 \quad (75\%) \qquad \hat{A} = N \cdot \hat{P} = 100\frac{6}{8} = 75$$

$$e = \hat{\sigma}(\hat{P}) = \sqrt{(1-f)\frac{\hat{P}\hat{Q}}{n-1}} = \sqrt{\left(1 - \frac{8}{100}\right)\frac{0,75 \cdot 0,25}{8-1}} = 0,0246$$

$$e = \hat{\sigma}(\hat{A}) = N \cdot \hat{\sigma}(\hat{P}) = 100 \cdot 0,0246 = 2,46$$

El tamaño de muestra necesario para estimar la proporción de números pares en la población con un error relativo de muestreo $e_{r\alpha}=0,06$ y un coeficiente de confianza del 95% será:

$$n = \frac{\lambda_{r\alpha}^2 NQ}{(N-1)Pe_{r\alpha}^2 + \lambda_{r\alpha}^2 Q} = \frac{1,96^2 \cdot 100 \cdot (1-0,75)}{(100-1) \cdot 0,75 \cdot 0,06^2 + 1,96^2 \cdot (1-0,75)} = 78,22$$

Vamos a realizar a continuación *para muestreo con reposición* el cálculo del tamaño de muestra necesario para que el error relativo de muestreo sea 0,06 al estimar la proporción de números pares de la población con un coeficiente de confianza del 95%. Utilizamos:

$$n = \frac{\lambda_\alpha^2 C_X^2}{e_{r\alpha}^2} = \frac{\lambda_\alpha^2 \dfrac{Q}{P}}{e_{r\alpha}^2} = \frac{1,96^2 \dfrac{1-0,75}{0,75}}{0,06^2} = 355$$

luego el tamaño de muestra necesario será n=355, que supera al tamaño poblacional. Ello es debido a lo bajo que es el error especificado a cometer. En este caso habrá que aumentar el error a cometer. No obstante se ha comprobado que el tamaño de muestra necesario para estimar el mismo parámetro cometiendo el mismo error siempre es mayor en el muestreo con reposición, lo que indica que este tipo de muestreo es menos preciso que el muestreo sin reposición. Esto concuerda también con el hecho de que los errores de muestreo siempre son menores en el caso de sin reposición.

Ejercicio 7. En una región con N=1000 viviendas determinar el tamaño de muestra necesario para que, con un grado de confianza del 95%, la estimación de la proporción de viviendas sin agua corriente no difiera en más del 0,1 del valor verdadero. Comentar los resultados para muestreo sin reposición y con reposición.

$$P(|\hat{P} - P| \le 0,10) = 0,95 \Leftrightarrow P(-0,10 \le \hat{P} - P \le 0,10) = 0,95 \Leftrightarrow$$

$$P\left(\frac{-0,10}{\sigma(\hat{P})} \le \frac{\hat{P} - P}{\sigma(\hat{P})} \le \frac{0,10}{\sigma(\hat{P})}\right) = 0,95 \Leftrightarrow P\left(\frac{-0,10}{\sigma(\hat{P})} \le N(0,1) \le \frac{0,10}{\sigma(\hat{P})}\right) = 0,95$$

De lo anterior se deduce que:

$$\frac{0,10}{\sigma(\hat{P})} = \lambda_\alpha = 1,96 \Rightarrow \sigma(\hat{P}) = \frac{0,10}{1,96} = 0,051$$

Luego el problema se traduce en calcular el tam año de m uestra necesario para cometer un error de m uestreo de 0,051 al estimar la proporción de viviendas sin agua corriente. *Como no tenemos información acerca de la proporción poblacional P de viviendas sin agua corriente, nos colocamos en la situación más desfavorable, es decir, P=Q=1/2.* Tendremos:

$$n = \frac{NP(1-P)}{P(1-P) + (N-1)e^2} = \frac{1000 \cdot 0,5 \cdot 0,5}{0,5 \cdot 0,5 + 999.0,051^2} = 91 \text{ viviendas}$$

Para el caso de muestreo con reposición tendremos:

$$n = \frac{P(1-P)}{e^2} = \frac{0,5 \cdot 0,5}{0,051^2} = 96 \text{ viviendas}$$

Se observa que el tam año de m uestra necesario para cometer el mismo error de muestreo al estimar igual parámetro es superior en el caso de muestreo con reposición.

Ejercicio 8. Dada una población de N=1000 establecimientos que se dedican a la producción de un determinado artículo, determinar el tamaño de muestra necesario para que, con un grado de confianza del 95%, la estimación de la producción total quede dentro del 10% del valor verdadero. Se utiliza muestreo irrestricto aleatorio y se sabe por una muestra piloto que el coeficiente de variación poblacional es 0,6.

$$P(|\hat{X} - X| \le 0,10X) = 0,95 \Leftrightarrow P(-0,10X \le \hat{X} - X \le 0,10X) = 0,95 \Leftrightarrow$$

$$P\left(\frac{-0,10X}{\sigma(\hat{X})} \le \frac{\hat{X} - X}{\sigma(\hat{X})} \le \frac{0,10X}{\sigma(\hat{X})}\right) = 0,95 \Leftrightarrow P\left(\frac{-0,10X}{\sigma(\hat{X})} \le N(0,1) \le \frac{0,10X}{\sigma(\hat{X})}\right) = 0,95$$

$$\Rightarrow \frac{0,10X}{\sigma(\hat{X})} = \lambda_\alpha \Rightarrow 0,10 = \lambda_\alpha \frac{\sigma(\hat{X})}{X} = \lambda_\alpha \frac{\sigma(\hat{X})}{E(\hat{X})} = \lambda_\alpha Cv(\hat{X}) = e_{ra} \quad \lambda_\alpha = 1,96$$

Luego el problema se traduce en calcular el tam año de m uestra necesario para cometer un error relativo de muestreo de 0,051 al estimar la producción total.

$$n = \frac{\lambda_\alpha^2 N C_{1,x}^2}{N e_{ra}^2 + \lambda_\alpha^2 C_{1,x}^2} = \frac{\lambda_\alpha^2 N \dfrac{S^2}{\overline{X}^2}}{N e_{ra}^2 + \lambda_\alpha^2 \dfrac{S^2}{\overline{X}^2}} = \frac{\dfrac{\lambda_\alpha^2 N^2}{N-1}\left(\dfrac{\sigma}{\overline{X}}\right)^2}{N e_{ra}^2 + \dfrac{\lambda_\alpha^2 N}{N-1}\left(\dfrac{\sigma}{\overline{X}}\right)^2} = \frac{\dfrac{\lambda_\alpha^2 N}{N-1}(CV)^2}{e_{ra}^2 + \dfrac{\lambda_\alpha^2}{N-1}(CV)^2} = \frac{\dfrac{1,96^2 \cdot 1000}{999}\cdot 0,6^2}{0,1^2 + \dfrac{1,96^2}{999}\cdot 0,6^2} = 122$$

Ejercicio 9. *Una muestra irrestricta aleatoria de tamaño n=600 procedente de una población de N=15.000 unidades presenta los siguientes datos para una variable X:*

$$\sum_{i=1}^{600} X_i = 2946 \quad y \quad \sum_{i=1}^{600} X_i^2 = 18694$$

Hallar intervalos de confianza al 95% para el total y la media poblacionales de X admitiendo normalidad para la distribución de los estimadores. Tomando la muestra anterior como muestra piloto ¿qué tamaño de muestra será necesario para cometer un error absoluto de muestreo de 1.000 unidades al estimar el total de la población anterior? ¿Y para cometer un error relativo de muestreo del 15%?

$$\hat{X} = N \cdot \overline{x} = 15000 \cdot \frac{2946}{600} = 73650 \quad \hat{S}^2 = \frac{1}{n-1}\left[\sum_{i=1}^{20} X_i^2 - \left(\sum_{i=1}^{20} X_i\right)^2 \Big/ n\right] = 7,06$$

$$\hat{\sigma}(\hat{X}) = \sqrt{N^2(1-f)\frac{\hat{S}^2}{n}} = \sqrt{15000^2\left(1-\frac{600}{15000}\right)\frac{7,06}{600}} = 1594,239$$

$$IC(X) = \hat{X} \pm \lambda_\alpha \hat{\sigma}(\hat{X}) = 73650 \pm 1,96 \cdot 1594,239 = (70526,\ 76775)$$

$$\overline{x} = \frac{2946}{600} = 4,91 \qquad \hat{\sigma}(\overline{x}) = \sqrt{(1-f)\frac{\hat{S}^2}{n}} = \sqrt{\left(1-\frac{600}{15000}\right)\frac{7,06}{600}} = 0,106282$$

$$IC(\overline{x}) = \overline{x} \pm \lambda_\alpha \hat{\sigma}(\overline{x}) = 4,91 \pm 1,96 \cdot 0,106282 = (4,70168,\ 5,11831)$$

El tamaño de muestra necesario para cometer un error absoluto de muestreo de 1.000 unidades al estimar el total poblacional de X, se puede calcular despejando n en la fórmula de la desviación típica del estimador del total, de la forma siguiente:

$$1000^2 = 15000^2\left(1-\frac{n}{15000}\right)\frac{7,06}{n} \Rightarrow n = \frac{15000^2 \cdot 7,06}{1000^2 + 15000 \cdot 7,06} = 1437$$

El tamaño de muestra necesario para cometer un error relativo de muestreo del 15% al estimar el total poblacional de X puede hallarse como sigue:

$$n = \frac{N C_{1,x}^2}{N e_r^2 + C_{1,x}^2} = \frac{N \dfrac{S^2}{\overline{X}^2}}{N e_r^2 + \dfrac{S^2}{\overline{X}^2}} = \frac{15000 \dfrac{7,06}{4,91^2}}{15000 \cdot 0,15^2 + \dfrac{7,06}{4,91^2}} = 13$$

Hemos utilizado un valor de $S^2 = 7,06$ porque la muestra de tamaño 600 con los datos dados en el enunciado del problema se utiliza como muestra piloto.

Ejercicio 10. Una muestra irrestricta aleatoria de n = 100 estudiantes del último año de un colegio fue seleccionada para estimar: (1) la fracción de entre los N = 300 estudiantes del último año que asistirán a una universidad, y (2) la fracción de estudiantes que han tenido trabajos de tiempo parcial durante su estancia en el colegio. Sean Yi y Xi (i = 1, 2, ..., 100) las respuestas del i-ésimo estudiante seleccionado. Estableceremos que Yi = 0 si el i-ésimo estudiante no planifica asistir a una institución superior, e Yi = 1 si lo planifica. Asimismo, sea Xi = 0 si el estudiante i-ésimo no ha tenido trabajo durante su estancia en el colegio y sea Xi = 1 si lo ha tenido. Usando los datos de la muestra presentados en la tabla adjunta, estime P1, la proporción de estudiantes del último año que planea asistir a una universidad y P2, la proporción de estudiantes del último año que ha tenido un trabajo de tiempo parcial durante sus cursos en el colegio (incluyendo los veranos).

Estudiante	Y	X
1	1	0
2	0	1
3	0	1
4	1	1
5	0	0
6	0	0
7	0	1
.	.	.
.	.	.
.	.	.
96	0	1
97	1	0
98	0	1
99	0	1
100	1	1

$$\sum_{i=1}^{100} Y_i = 15 \qquad \sum_{i=1}^{100} X_i = 65$$

Las estimaciones de las respectivas proporciones estarán dadas por las proporciones muestrales:

$$\hat{P}_1 = \frac{1}{100} \sum_{i=1}^{100} Y_i = \frac{15}{100} = 0,15 \qquad \hat{P}_2 = \frac{1}{100} \sum_{i=1}^{100} X_i = \frac{65}{100} = 0,65$$

Los límites para los respectivos errores de estimación al 95% estarán dados por los radios de los dos intervalos de confianza, que se calculan como sigue:

$$\lambda_\alpha \sigma(\hat{P}_1) = 2\sqrt{(1 - \frac{n}{N}) \frac{\hat{P}_1 \hat{Q}_1}{n-1}} = 2\sqrt{\left(1 - \frac{100}{300}\right) \frac{0,15 \cdot 0,85}{99}} = 0,059$$

$$\lambda_\alpha \sigma(\hat{P}_2) = 2\sqrt{(1 - \frac{n}{N})\frac{\hat{P}_2\hat{Q}_2}{n-1}} = 2\sqrt{\left(1 - \frac{100}{300}\right)\frac{0,65 \cdot 0,35}{99}} = 0,078$$

Hemos obtenido que el 15% de los est udiantes de último año planifica asistir a la universidad con un lím ite del error de la estim ación del 5,9% , y el 65% de los estudiantes de último año ha tenido un trabaj o a tiempo parcial durante su estancia en el colegio con un límite para el error de la estimación del 7,8%.

Ejercicio 11. *Un prestamista se dispone a contabilizar deudas atrasadas de 10000 clientes. Necesita aproximar la deuda sin cobrar y para ello elige una muestra aleatoria de 36 clientes, los cuales adeudan en media 7500 euros con un error (cuasidesviación típica) de 3000 euros. Realizar una estimación por intervalos al 95% de la deuda sin cobrar. ¿Qué tamaño de muestra deberá seleccionarse para estimar la deuda pendiente con un error de muestreo inferior a 2500000 euros.*

Sea X la variable que mide la deuda sin cobrar. Dicha deuda total se estim ará mediante:

$$\hat{X} = N\bar{x} = 1000 * 7500 = 7500000 \text{ euros}$$

El error de muestreo será:

$$\sigma(\hat{X}) = \sqrt{N^2(1 - \frac{n}{N})\frac{\hat{S}^2}{n}} = \sqrt{1000^2\left(1 - \frac{36}{1000}\right)\frac{3000^2}{36}} = 2764,8$$

El intervalo de confianza para el total poblacional será:

$$[\hat{X} - \lambda_\alpha\sigma(\hat{X}), \hat{X} + \lambda_\alpha\sigma(\hat{X})] = [75000 - 1,96(27648); \ 75000 + 1,96(27648)] = [6521765\,9; 8478234\,1]$$

Para estim ar la deuda pendiente c on un error inferior a 2500000 euros, se debe elegir una muestra de tamaño superior al valor siguiente:

$$n = \frac{N^2\lambda_\alpha^2\hat{S}^2}{e_T^2 + N\lambda_\alpha^2\hat{S}^2} = \frac{10000^2 * 1,96^2 * 3000^2}{(2500000)^2 + 10000 * 1,96^2 * 3000^2} = 524,19 \approx 525$$

MUESTREO ESTRATIFICADO

CONCEPTO DE MUESTREO ESTRATIFICADO

El objetivo del diseño de encuestas por m   uestreo es m aximizar la cantidad de información para un coste dado. El m uestreo irrestricto aleatorio, diseño básico de m   ues- treo, suele sum inistrar buenas estim aciones de parám etros poblacionales a un   coste bajo, pero existen otros procedim ientos de m uestreo, com o el m uestreo estratificado, que en muchas ocasiones incrementa la cantidad de información para un coste dado.

En el m uestreo estratificado, una *población heterogénea* con N unidades $\{u_i\}_{i=1,2,...N}$ se subdivide en L *subpoblaciones lo más homogéneas posibles* no solapadas denominadas *estratos* $\{u_{hi}\}_{\substack{h=1,2,\cdots,L \\ i=1,2,\cdots N_h}}$ de tamaños $N_1, N_2,...,N_L$.

La muestra estratificada de tam año n se obtiene seleccionando n_h elementos ($h=1,2,...,L$) de cada uno de los L estratos en que se subdivide la población de form a independiente. Si la m uestra estratificada se obtiene   seleccionando una muestra aleatoria sim ple en cada estrato de form a independiente, el m uestreo se *denomina muestreo aleatorio estratificado*, pero en general nada im   pide utilizar diferentes tipos de selección en cada estrato. Para un   estrato en particular pueden pertenecer todas sus unidades a la muestra, parte de ellas o ninguna. También puede ocurrir que para form ar la m uestra estratificada se obtengan elem entos de todos los estratos o sólo de parte de ellos. Si sabemos seguro que un determinado estrato aporta unidades para la m uestra, dicho estrato se denom ina *estrato correpresentado.* Por otra parte, las unidades de la población que con certeza van a pertenecer a la m   uestra se denominan *unidades autorrepresentadas*.

Podemos representar gráficam ente la población dividida en h estratos de tamaño N_h de cada uno de los cuales seleccionam   os de modo independiente n_h unidades (mediante muestreo aleatorio simple si no se especifica otra cosa) para la muestra estratificada de tamaño n, de la forma siguiente:

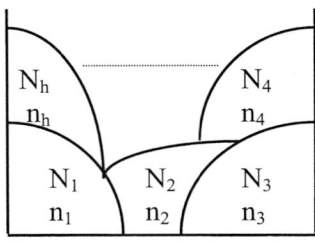

POBLACIÓN

Podemos expresar la formación de estratos en la población y la formación de la muestra estratificada de la forma siguiente:

POBLACIÓN

$$\{u_1\ u_2\ \cdots\ u_N\} \xrightarrow{\textit{Se divide en L estratos}} \begin{Bmatrix} u_{11}\ u_{12}\ \cdots\ u_{1N_1} \\ u_{21}\ u_{22}\ \cdots\ u_{2N_2} \\ \cdots\cdots\cdots\cdots\cdots \\ u_{L1}\ u_{L2}\ \cdots\ u_{LN_L} \end{Bmatrix} \quad \sum_{h=1}^{L} N_h = N$$

MUESTRA

$$\{u_1\ u_2\ \cdots\ u_n\} \xrightarrow{\textit{Se extrae en cada estrato}} \begin{Bmatrix} u_{11}\ u_{12}\ \cdots\ u_{1n_1} \\ u_{21}\ u_{22}\ \cdots\ u_{2n_2} \\ \cdots\cdots\cdots\cdots\cdots \\ u_{L1}\ u_{L2}\ \cdots\ u_{Ln_L} \end{Bmatrix} \quad \sum_{h=1}^{L} n_h = n$$

RAZONES PARA EL USO DE MUESTREO ESTRATIFICADO

Son diversos los m otivos que aconsej an efectuar una partición de nuestra población $\{u_i\}_{i=1,2,\dots N}$ en L subpoblaciones, no solapadas, $\{u_{hi}\}_{\substack{h=1,2,\cdots,L \\ i=1,2,\cdots N_h}}$, entre los que destacan los siguientes:

- El m uestreo estratificado *puede aportar información más precisa de algunas subpoblaciones* que varían bastante en tam año y propiedades entre sí, pero que son homogéneas dentro de sí. Los estratos deberían en lo posible estar constituidos por unidades homogéneas, ya que en el caso lím ite de estricta hom ogeneidad bastará con seleccionar una sola unidad en cada estrato.

- El uso adecuado del muestreo estratificado *puede generar ganancia en precisión*, pues al dividir una población heterogénea en estratos homogéneos, el muestreo en estos estratos tiene poco error debido precisamente a la homogeneidad. El error total derivado del muestreo en todos los estratos se observa que es menor que en el caso de no estratificar la población.

- *Conveniencias de tipo administrativo* también pueden ser razón suficiente para utilizar muestreo estratificado. Por ejemplo, en el caso de agencias u organismos públicos que disponen de sucursales en distintos puntos, cada una de las cuales supervisaría la encuesta en su correspondiente estrato poblacional, con el consiguiente ahorro en costes de organización, desplazamientos, etc.

- En ciertos casos *el simple orden en que aparecen las u_i en la población marco implica una estratificación*. Por ejemplo, la disponibilidad de listas censales ordenadas por zonas censales lleva a considerar como estratos dichas zonas.

- En otros casos la estratificación viene motivada por el *requerimiento de estimaciones para ciertas áreas o regiones geográficas*. En esta situación cada estrato será un área compacta, como por ejemplo un municipio, uma provincia, una colonia de una ciudad, etc.

- Generalmente el motivo de la estratificación es la consideración conjunta de la eficiencia en cuanto a la precisión para una estimación global y los recursos disponibles.

- También es una razón para utilizar muestreo estratificado la *existencia de una variable precisa para la estratificación* cuyos valores permitan dividir convenientemente la población en estratos homogéneos. Las variables utilizadas para la estratificación deberán estar correlacionadas con las variables objeto de la investigación. Ya sabemos que se denomina estratificación al proceso por el que se asigna, de acuerdo con ciertos criterios, cada unidad u_i a una de las subpoblaciones a las que llamaremos estratos. Estos criterios suelen venir definidos por los valores de determinadas variables llamadas variables de estratificación. Por ejemplo, si se quiere estudiar el volumen de negocio de los establecimientos de venta al público de una ciudad se puede utilizar como variable de estratificación su número de empleados, y clasificar (estratificar) los establecimientos en grandes superficies, supermercados, tiendas grandes, tiendas pequeñas y otros, según el número de empleados, resultando así una división de los establecimientos en grupos homogéneos. Si se quieren estudiar características de hospitales se puede utilizar la variable de estratificación número de pacientes, para estratificarlos en grandes hospitales, clínicas medias y cínicas pequeñas, resultando así grupos de hospitales con problemática similar. Para realizar estadísticas en el sector educativo puede utilizarse la variable de estratificación nivel de enseñanza, tomando como estratos los niveles de enseñanza infantil, enseñanza primaria, enseñanza secundaria obligatoria, bachillerato y enseñanza unive rsitaria (cada estrato tiene así unas características muy peculiares que lo hacen hom ogéneo). Para realizar estadísticas sobre los ingresos de las fam ilias en una ciudad puede estratificarse según los valores de la variable cualificación profesional de los cabezas de sus componentes (a m ás cualificación norm almente hay m ás ingresos, con lo que los estratos resultarán homogéneos).

- Los criterios de estratificación, su núm ero y el de estratos dependen de los objetivos concretos de cada caso, de la información disponible y de la estructura de la población. Un criterio obvio es form ar un estrato con las unidades que por su im portancia deben figurar con certeza en la m uestra. A estas unidades se las denomina *autorrepresentadas*. Por otro lado, si nos conform amos con la presencia en la m uestra con certeza de alguna unidad perteneciente a un grupo, llamaremos a éste *correpresentado*. En cuanto al núm ero de estratos un núm ero moderado de ellos y de criterios de est ratificación puede ser suficiente para obtener una ganancia en precisión adecuada. Ésta, en general, es decreciente al aumentar el número de estratos.

ESTIMADORES LINEALES INSESGADOS EN MUESTREO ALEATORIO ESTRATIFICADO SIN REPOSICIÓN

Vamos a considerar que seleccionam os en cada estrato las unidades para la muestra mediante muestreo aleatorio sim ple sin reposición y que la selección se realiza de form a independiente en cada estrato. Un estim ador de un parám etro poblacional puede expresarse com o sum a de las estim aciones para el parámetro en los diferentes estratos mediante m uestreo aleatorio sim ple. Cualquier parám etro poblacional puede expresarse como suma de los valores de la variable en estudio (o una función lineal suya) sobre las unidades de los estratos. Hechas estas aclaraciones consideraremos el parámetro poblacional:

$$\theta = \sum_{h}^{L} \sum_{i}^{N_h} Y_{hi}$$

que puede ser estim ado m ediante la sum a extendida a todos los estratos de los estimadores lineales insesgados de Horvitz y Thom pson en cada estrato, es decir mediante el estimador:

$$\hat{\theta} = \sum_{h}^{L} \sum_{i}^{n_h} \frac{Y_{hi}}{\pi_{hi}}$$

donde π_{hi} es la probabilidad de que la unidad u_{hi} pertenezca a la m uestra $(\widetilde{X}_h)$ de n_h unidades, obtenida de entre las N_h unidades del estrato h-ésimo.

La insesgadez del estim ador $\hat{\theta}$ se puede probar introduciendo la   variable auxiliar e_{hi} definida por:

$$
e_{hi} = \begin{cases} 1 \, si \, u_{hi} \in (\tilde{X}_h) \, con \, probabilid \, ad \, \pi_{hi} = \dfrac{n_h}{N_h} \\[3mm] 0 \, si \, u_{hi} \notin (\tilde{X}_h) \, con \, probabilid \, ad \, 1 - \pi_{hi} = 1 - \dfrac{n_h}{N_h} \end{cases}
$$

Sea $\hat{\theta} = \displaystyle\sum_{h=1}^{L}\sum_{i=1}^{n_h} w_{hi}Y_{hi}$ un estimador lineal insesgado del parámetro poblacional:

$$
\theta = \sum_{h}^{L}\sum_{i}^{N_h} Y_{hi}
$$

Se tiene:

$$
E(\hat{\theta}) = E\left(\sum_{h=1}^{L}\sum_{i=1}^{n_h} w_{hi}Y_{hi} \right) = E\left(\sum_{h=1}^{L}\sum_{i=1}^{N_h} w_{hi}Y_{hi}e_{hi} \right) = \sum_{h=1}^{L}\sum_{i=1}^{N_h} w_{hi}Y_{hi}E(e_{hi}) =
$$

$$
\underbrace{\sum_{h=1}^{L}\sum_{i=1}^{N_h} w_{hi}Y_{hi}\pi_{hi}}_{E(\hat{\theta})} \;\underset{Por\,insesgadez}{=}\; \underbrace{\sum_{h=1}^{L}\sum_{i=1}^{N_h} Y_{hi}}_{\theta} \Rightarrow w_{hi}Y_{hi}\pi_{hi} = Y_{hi} \Rightarrow w_{hi} = \frac{1}{\pi_{hi}}
$$

Con lo que el estimador lineal insesgado para el parámetro $\theta = \displaystyle\sum_{h}^{L}\sum_{i}^{N_h} Y_{hi}$ es:

$$
\hat{\theta} = \sum_{h=1}^{L}\sum_{i=1}^{n_h} w_{hi}Y_{hi} = \sum_{h}^{L}\sum_{i}^{n_h} \frac{Y_{hi}}{\pi_{hi}}
$$

La aplicación de este estim ador general a las estim aciones del total, m edia, proporción y total de clase es inm   ediata teniendo presente que $\pi_{hi} = \dfrac{n_h}{N_h} = f_h$.

Obtendremos:

Estimación del total poblacional

$$
\theta = X \Rightarrow Y_{hi} = X_{hi} \Rightarrow \hat{X}_{st} = \sum_{h=1}^{L}\sum_{i=1}^{n_h} \frac{X_{hi}}{\pi_{hi}} = \sum_{h=1}^{L}\sum_{i=1}^{n_h} \frac{X_{hi}}{n_h/N_h} = \sum_{h=1}^{L} N_h \underbrace{\frac{1}{n_h}\sum_{i=1}^{n_h} X_{hi}}_{\hat{\bar{X}}_h = \bar{x}_h}
$$

$$
= \sum_{h=1}^{L} N_h \hat{\bar{X}}_h = \sum_{h=1}^{L} N_h \bar{x}_h = \sum_{h=1}^{L} \hat{X}_h
$$

El estimador del total poblacional en m   uestreo estratificado aleatorio es la suma de los estimadores del total en cada estrato.

Estimación de la media poblacional

$$\theta = \overline{X} \Rightarrow Y_{hi} = \frac{X_{hi}}{N} \Rightarrow \hat{\overline{X}}_{st} = \overline{x}_{st} = \sum_{h=1}^{L} \frac{1}{N} \sum_{i=1}^{n_h} \frac{X_{hi}}{\pi_{hi}} = \sum_{h=1}^{L} \frac{1}{N} \sum_{i=1}^{n_h} \frac{X_{hi}}{n_h / N_h}$$

$$= \sum_{h=1}^{L} \underbrace{\frac{N_h}{N}}_{W_h} \frac{1}{n_h} \sum_{i=1}^{n_h} X_{hi} = \sum_{h=1}^{L} W_h \overline{x}_h$$

El estim ador de la m edia poblacional en muestreo estratificado aleatorio es la media ponderada de los estim adores de la m edia en cada estrato, siendo los coeficientes de ponderación $W_h = N_h / N$ que cumplen:

$$\sum_{h=1}^{L} W_h = \sum_{h=1}^{L} \frac{N_h}{N} = \frac{\sum_{h=1}^{L} N_h}{N} = \frac{N}{N} = 1$$

Estimación del total de clase

$$\theta = A \Rightarrow Y_{hi} = A_{hi} \Rightarrow \hat{A}_{st} = \sum_{h=1}^{L} \sum_{i=1}^{n_h} \frac{A_{hi}}{\pi_{hi}} = \sum_{h=1}^{L} \sum_{i=1}^{n_h} \frac{A_{hi}}{n_h / N_h} = \sum_{h=1}^{L} N_h \underbrace{\frac{1}{n_h} \sum_{i=1}^{n_h} A_{hi}}_{\hat{P}_h}$$

$$= \sum_{h=1}^{L} N_h \hat{P}_h = \sum_{h=1}^{L} \hat{A}_h$$

El estimador del total de clase en muestreo estratificado aleatorio es la suma de los estimadores del total de clase en cada estrato.

Estimación de la proporción

$$\theta = P \Rightarrow Y_{hi} = \frac{A_{hi}}{N} \Rightarrow \hat{P}_{st} = \sum_{h=1}^{L} \frac{1}{N} \sum_{i=1}^{n_h} \frac{A_{hi}}{\pi_{hi}} = \sum_{h=1}^{L} \frac{1}{N} \sum_{i=1}^{n_h} \frac{A_{hi}}{n_h / N_h} = \sum_{h=1}^{L} \underbrace{\frac{N_h}{N}}_{W_h} \underbrace{\frac{1}{n_h} \sum_{i=1}^{n_h} A_{hi}}_{\hat{P}_h}$$

$$= \sum_{h=1}^{L} W_h \hat{P}_h$$

El estim ador de la proporción en m uestreo estratificado aleatorio es la media ponderada de los estimadores de la proporción en cada estrato, siendo los coeficientes de ponderación $W_h = N_h / N$ de suma unitaria.

VARIANZAS DE LOS ESTIMADORES

La varianza del estimador $\hat{X}_{st}$ es igual a la sum a de las varianzas de las estimaciones de los totales en cada estrato, y a que el muestreo que supondremos sin reposición se realiza de forma independiente en los distintos estratos.

$$V\left(\hat{X}_{st}\right) = V\left(\sum_{h=1}^{L} \hat{X}_h\right) = \sum_{h=1}^{L} V(\hat{X}_h) = \sum_{h=1}^{L} N_h^2 \cdot (1 - f_h) \cdot \frac{S_h^2}{n_h}$$

Análogamente se obtendrían las varianzas para los estim adores de la media, el total de clase y la proporción:

$$V\left(\overline{x}_{st}\right) = V\left(\sum_{h=1}^{L} W_h \, \overline{x}_h\right) = \sum_{h=1}^{L} W_h^2 V(\overline{x}_h) = \sum_{h=1}^{L} W_h^2 \cdot (1 - f_h) \cdot \frac{S_h^2}{n_h}$$

$$V\left(\hat{A}_{st}\right) = V\left(\sum_{h=1}^{L} \hat{A}_h\right) = \sum_{h}^{L} V(\hat{A}_h) = \sum_{h=1}^{L} N_h^2 \cdot (1 - f_h) \cdot \frac{N_h}{N_h - 1} \cdot \frac{P_h Q_h}{n_h}$$

$$V\left(\hat{P}_{st}\right) = V\left(\sum_{h=1}^{L} W_h \hat{P}_h\right) = \sum_{h=1}^{L} W_h^2 V(\hat{P}_h) = \sum_{h=1}^{L} W_h^2 \cdot (1 - f_h) \cdot \frac{N_h}{N_h - 1} \cdot \frac{P_h Q_h}{n_h}$$

ESTIMACIÓN DE VARIANZAS

Del capítulo anterior sabem os que en el estrato h-ésimo la cuasivarianza muestral:

$$\hat{S}_h^2 = \frac{1}{n_h - 1} \cdot \sum_{i=1}^{n_h} \left(X_{hi} - \overline{x}_h\right)^2 = \frac{n_h}{n_h - 1}\left[\frac{1}{n_h} \sum_{i=1}^{n_h} \left(X_{hi} - \overline{x}_h\right)^2\right] = \frac{n_h}{n_h - 1} \hat{\sigma}_h^2$$

es un estimador insesgado de la cuasivarianza poblacional:

$$S_h^2 = \frac{1}{N_h - 1} \cdot \sum_{i=1}^{N_h} \left(X_{hi} - \overline{X}_h\right)^2 = \frac{N_h}{N_h - 1}\left[\frac{1}{N_h} \sum_{i=1}^{N_h} \left(X_{hi} - \overline{X}_h\right)^2\right] = \frac{N_h}{N_h - 1} \sigma_h^2$$

También sabem os del capítulo anterior que en el caso de proporciones   las cuasivarianzas muestrales y poblacionales para los estratos son respectivamente:

$$\hat{S}_h^2 = \frac{n_h}{n_h - 1} \cdot \hat{P}_h \hat{Q}_h \qquad S_h^2 = \frac{N_h}{N_h - 1} \cdot P_h Q_h$$

con lo que $\hat{S}_h^2 = \dfrac{n_h}{n_h - 1} \cdot \hat{P}_h \hat{Q}_h$ es un estimador insesgado para $S_h^2 = \dfrac{N_h}{N_h - 1} \cdot P_h Q_h$.

Ahora ya podemos sustituir en las expresiones de la varianzas de los estim a-dores cada término por su estimador insesgado, con lo que se obtienen los siguientes estimadores insesgados para las varianzas de los estimadores:

$$\hat{V}\left(\hat{X}_{st}\right) = \sum_{h=1}^{L} N_h^2 \cdot \left(1 - f_h\right) \cdot \frac{\hat{S}_h^2}{n_h}$$

$$\hat{V}\left(\overline{X}_{st}\right) = \sum_{h=1}^{L} W_h^2 \cdot \left(1 - f_h\right) \cdot \frac{\hat{S}_h^2}{n_h}$$

$$\hat{V}\left(\hat{A}_{st}\right) = \sum_{h=1}^{L} N_h^2 \cdot \left(1 - f_h\right) \cdot \frac{n_h}{n_h - 1} \cdot \frac{\hat{P}_h \hat{Q}_h}{n_h} = \sum_{h=1}^{L} N_h^2 \cdot \left(1 - f_h\right) \cdot \frac{\hat{P}_h \hat{Q}_h}{n_h - 1}$$

$$\hat{V}\left(\hat{P}_{st}\right) = \sum_{h=1}^{L} W_h^2 \cdot \left(1 - f_h\right) \cdot \frac{\hat{P}_h \hat{Q}_h}{n_h - 1}$$

Sustituyendo en las fórm   ulas de la sección   anterior, obtendremos los estimadores insesgados.

AFIJACIÓN DE LA MUESTRA

Se llam a afijación de la m   uestra al reparto, asignación, adjudicación, adscripción o distribución del tamaño muestral n entre los diferentes estratos. Esto es, a la determinación de los valores de n $_h$ que verifiquen $n_1 + n_2 + ... + n_L = n$. Pueden establecerse m uchas afijaciones o m aneras de re partir la m uestra entre los estratos, pero las m ás im portantes son: la afijación uniforme   e, la afijación proporcional, la afijación de varianza mínima y la afijación óptima.

Afijación uniforme

Consiste en asignar el mismo número de unidades m uestrales a cada estrato, con lo que se tom arán todos los n_h iguales a n/L, aumentando o dism inuyendo este tamaño en una unidad si n no fuese m últiplo de L, esto es $n_h = E(n/L) + 1$, donde E denota la parte entera.

$$n_h = k \,\forall h = 1 \cdots L \Rightarrow \sum_{h=1}^{L} n_h = \sum_{h=1}^{L} k \Rightarrow n = Lk \Rightarrow f_h = \frac{n_h}{N_h} = \frac{k}{N_h}$$

Para este tipo de afijación, las varianzas de los estimadores serán:

$$V\left(\hat{X}_{st}\right) = \sum_{h=1}^{L} N_h^2 \cdot \left(1 - \frac{k}{N_h}\right) \cdot \frac{S_h^2}{k}$$

$$V\left(\overline{x}_{st}\right) = \sum_{h=1}^{L} W_h^2 \cdot \left(1 - \frac{k}{N_h}\right) \cdot \frac{S_h^2}{k}$$

$$V\left(\hat{A}_{st}\right) = \sum_{h=1}^{L} N_h^2 \cdot \left(1 - \frac{k}{N_h}\right) \cdot \frac{N_h}{N_h - 1} \cdot \frac{P_h Q_h}{k}$$

$$V\left(\hat{P}_{st}\right) = \sum_{h=1}^{L} W_h^2 \cdot \left(1 - \frac{k}{N_h}\right) \cdot \frac{N_h}{N_h - 1} \cdot \frac{P_h Q_h}{k}$$

Este tipo de afijación da la misma importancia a todos los estratos, en cuanto a tamaño de la muestra, con lo cual favorecerá a los estratos de menor tamaño y perjudicará a los grandes en cuanto a precisión. Sólo es conveniente en poblaciones con estratos de tamaño similar.

Afijación proporcional

Consiste en asignar a cada estrato un número de unidades muestrales proporcional a su tamaño. Las n unidades de la muestra se distribuyen proporcionalmente a los tamaños de los estratos expresados en número de unidades. Tenemos:

$$n_h = N_h k \Rightarrow \underbrace{\sum_{h=1}^{L} n_h}_{n} = \sum_{h=1}^{L} N_h k = k \underbrace{\sum_{h=1}^{L} N_h}_{N} \Rightarrow n = kN \Rightarrow k = \frac{n}{N} = f$$

$$f_h = \frac{n_h}{\underbrace{N_h}_{\pi_{hi}}} = \frac{N_h k}{N_h} = k = f$$

$$W_h = \frac{N_h}{N} = \frac{n_h/k}{n/k} = \frac{n_h}{n}$$

$$\hat{X}_{st} = \sum_{h=1}^{L} N_h \overline{x}_h = \sum_{h=1}^{L} \frac{n_h}{k} \overline{x}_h = \frac{1}{K} \sum_{h=1}^{L} n_h \underbrace{\overline{x}_h}_{x_h/n_h} = \frac{\sum_{h=1}^{L} x_h}{k} = \frac{x}{f} = \frac{Total\,muestral}{Fraccion\,de\,muestreo}$$

$$\hat{\overline{X}}_{st} = \overline{x}_{st} = \sum_{h=1}^{L} W_h \overline{x}_h = \sum_{h=1}^{L} \frac{n_h}{n} \overline{x}_h = \frac{1}{n} \sum_{h=1}^{L} n_h \underbrace{\overline{x}_h}_{x_h/n_h} = \frac{\sum_{h=1}^{L} x_h}{n} = \frac{Total\,muestral}{Tamaño\,de\,muestra}$$

A la vista de los resultados anteriores podemos asegurar lo siguiente:

- Las fracciones de muestreo en los estratos son iguales y coinciden con la fracción global de muestreo, siendo su valor la constante de proporcionalidad.

- Los coeficientes de ponderación W_h se obtienen exclusivamente a partir de la muestra, pues para su cálculo sólo son necesarios valores muestrales (n_h y n).

- El estimador insesgado para el total poblacional puede expresarse como el cociente entre el total muestral y la fracción de muestreo, o lo que es lo mismo, como el producto del total muestral por la inversa de la fracción de muestreo. Similar propiedad tiene el estimador insesgado para el total de clase (producto del total de clase muestral por la inversa de la fracción de muestreo).

- El estimador insesgado para la media poblacional puede expresarse como el cociente entre el total muestral y el tamaño de la muestra. Similar propiedad tiene el estimador insesgado para la proporción poblacional (cociente entre el total de clase muestral y el tamaño de la muestra).

- Todas las unidades de la población tienen la misma probabilidad de figurar en la muestra de n unidades, es decir, estamos en el caso de **muestras autoponderadas** ya que:

$$\pi_{hi} = \frac{n_h}{N_h} = k = f$$

Para este tipo de afijación, las varianzas de los estimadores serán:

$$V(\hat{X}_{st}) = \sum_{h=1}^{L} N_h^2 \cdot (1-f_h) \cdot \frac{S_h^2}{n_h} = \sum_{h=1}^{L} N_h^2 \cdot (1-k) \cdot \frac{S_h^2}{kN_h} = \frac{(1-k)}{k} \sum_{h=1}^{L} N_h \cdot S_h^2$$

$$V(\bar{x}_{st}) = \sum_{h=1}^{L} W_h^2 \cdot (1-f_h) \cdot \frac{S_h^2}{n_h} = \sum_{h=1}^{L} \frac{n_h^2}{n^2} \cdot (1-k) \cdot \frac{S_h^2}{n_h} = \frac{(1-k)}{n} \sum_{h=1}^{L} \frac{n_h}{n} \cdot S_h^2 = \frac{(1-k)}{n} \sum_{h=1}^{L} W_h \cdot S_h^2$$

$$V(\hat{A}_{st}) = \frac{(1-k)}{k} \sum_{h=1}^{L} N_h \cdot \frac{N_h}{N_h - 1} \cdot P_h Q_h = \frac{(1-k)}{k} \sum_{h=1}^{L} \frac{N_h^2}{N_h - 1} \cdot P_h Q_h$$

$$V(\hat{P}_{st}) = \frac{(1-k)}{n} \sum_{h=1}^{L} W_h \cdot \frac{N_h}{N_h - 1} \cdot \frac{P_h Q_h}{k} = \frac{(1-k)}{k} \sum_{h=1}^{L} \frac{N_h^2/N}{N_h - 1} \cdot P_h Q_h$$

Afijación de mínima varianza (o afijación de Neyman)

La afijación de mínima varianza o afijación de Neyman consiste en determinar los valores de n_h (número de unidades que se extraen del estarto h-ésimo para la muestra) de forma que para un tamaño de muestra fijo igual a n la varianza de los estimadores sea mínima.

Estimación de la media y la proporción

Si consideramos el estimador de la media, el problema consiste en hacer mínima la expresión $V(\bar{x}_{st})$ bajo la condición $\sum_{h=1}^{L} n_h = n$.

La varianza de la media se puede expresar como:

$$V(\bar{x}_{st}) = \sum_{h=1}^{L} W_h^2 \cdot \frac{S_h^2}{n_h} \left(1 - \frac{n_h}{N_h}\right) = \sum_{h=1}^{L} W_h^2 \cdot \frac{S_h^2}{n_h} - \sum_{h=1}^{L} W_h \cdot \frac{S_h^2}{N}$$

de tal forma que sólo el primer sumando depende de n_h. Estamos así ante el problema de optimización con restricciones siguiente:

$$\left.\begin{array}{c} \min V(\bar{x}_{st}) \\ \sum_{h=1}^{L} n_h = n \end{array}\right\}$$

Este problema se resuelve aplicando el m étodo de los m ultiplicadores de Lagrange, considerando la función lagrangiana siguiente:

$$\phi(n_h, \lambda) = V(\overline{x}_{st}) + \lambda \left(\sum_{h=1}^{L} n_h - n \right) = \sum_{h=1}^{L} W_h^2 \cdot \frac{S_h^2}{n_h} - \sum_{h=1}^{L} W_h \cdot \frac{S_h^2}{N} + \lambda \left(\sum_{h=1}^{L} n_h - n \right)$$

El paso siguiente es derivar la función lagrangiana respecto de sus variables, igualar a cero y eliminar el parámetro λ. Tenemos:

$$\left. \begin{array}{l} \dfrac{\partial \phi}{\partial n_h} = -W_h^2 \cdot \dfrac{S_h^2}{n_h^2} + \lambda = 0 \\[2mm] (h = 1,2,\cdots,L) \\[2mm] \dfrac{\partial \phi}{\partial \lambda} = \displaystyle\sum_{h=1}^{L} n_h - n = 0 \end{array} \right\} \Rightarrow \lambda = W_h^2 \cdot \frac{S_h^2}{n_h^2} = \frac{N_h^2}{N^2} \cdot \frac{S_h^2}{n_h^2} \Rightarrow \sqrt{\lambda} = \frac{N_h}{N} \cdot \frac{S_h}{n_h}$$

Haciendo operaciones tenemos:

$$N\sqrt{\lambda} = \frac{N_h S_h}{n_h} \Rightarrow \frac{n_h}{N_h S_h} = \frac{1}{N\sqrt{\lambda}} = Cte$$

para h=1, 2, ..., L. Desarrollando la igualdad para todo h y aplicando las propiedades de las proporciones tenemos:

$$\frac{n_1}{N_1 S_1} = \frac{n_2}{N_2 S_2} = \cdots = \frac{n_L}{N_L S_L} = Cte \Rightarrow \frac{n_h}{N_h S_h} = \frac{n_1 + n_1 + \cdots n_L}{N_1 S_1 + N_2 S_2 + \cdots N_L S_L} = \frac{n}{\displaystyle\sum_{h=1}^{L} N_h S_h} \Rightarrow$$

$$n_h = n \cdot \frac{N_h S_h}{\displaystyle\sum_{h=1}^{L} N_h S_h}$$

Otra expresión para n_h es $n_h = n \cdot \dfrac{N_h S_h}{\displaystyle\sum_{h=1}^{L} N_h S_h} = n \cdot \dfrac{\dfrac{N_h}{N} S_h}{\displaystyle\sum_{h=1}^{L} \dfrac{N_h}{N} S_h} = n \cdot \dfrac{W_h S_h}{\displaystyle\sum_{h=1}^{L} W_h S_h}$

Vemos que los valores de n_h son proporcionales a los productos $N_h \cdot S_h$ y en el supuesto de que $S_h = S$, $\forall h$=1, 2, ..., L esta afijación de   mínima varianza coincidiría con la proporcional tal y como se ve a continuación:

$$S_h = S \Rightarrow n_h = n \cdot \frac{N_h S}{\sum_{h=1}^{L} N_h S} = \frac{nN_h}{N} = kN_h \, con \, k = \frac{n}{N}$$

La utilidad de esta afijación es m ayor si hay grandes diferencias en la variabilidad de los estratos. En otro caso la m ayor sencillez y autoponderación de la afijación proporcional hacen preferible el em pleo de ésta. Por otra parte, si se conocen los valores de una variable auxiliar Y_i correlacionada con la variable en estudio X_i puede ser ventajosa la afijación que tom a los n_h proporcionales a los productos $N_h S_h \sqrt{1 - Q_{hxy}}$, donde Q_{hxy} representa el coeficiente de correlación entre X_i e Y_i en el estrato h-ésimo.

Valor de la varianza mínima

Una vez calculados los n_h para afijación de m ínima varianza en el caso de la estim ación de la m edia, vam os a ver cuán to vale la varianza del estim ador de la media para este tipo de afijación. Tenemos:

$$V(\overline{x}_{st}) = \sum_{h=1}^{L} W_h^2 \cdot \frac{S_h^2}{n_h}\left(1 - \frac{n_h}{N_h}\right) = \sum_{h=1}^{L} W_h^2 \cdot \frac{S_h^2}{n_h} - \sum_{h=1}^{L} W_h \cdot \frac{S_h^2}{N} = \sum_{h=1}^{L} W_h^2 \cdot \frac{S_h^2}{n \cdot \dfrac{W_h S_h}{\sum_{h=1}^{L} W_h S_h}} -$$

$$-\sum_{h=1}^{L} W_h \cdot \frac{S_h^2}{N} = \sum_{h=1}^{L} \frac{W_h S_h}{n \cdot \dfrac{1}{\sum_{h=1}^{L} W_h S_h}} - \frac{1}{N}\sum_{h=1}^{L} W_h S_h^2 = \frac{1}{n}\left(\sum_{h=1}^{L} W_h S_h\right)^2 - \frac{1}{N}\sum_{h=1}^{L} W_h S_h^2$$

Si se quiere la afijación y la expresión de la varianza m ínima para el estimador de la proporción basta sustituir en la fórmula anterior S_h^2 por $P_h Q_h N_h/(N_h-1)$.

Estimación del total y el total de clase

Si consideram os el estim ador del total, el problema consiste en hacer m ínima la expresión $V(\hat{X}_{st})$ bajo la condición $\sum_{h=1}^{L} n_h = n$. La varianza del total se puede expresar por:

$$V(\hat{X}_{st}) = \sum_{h=1}^{L} N_h^2 \cdot \frac{S_h^2}{n_h}\left(1 - \frac{n_h}{N_h}\right) = \sum_{h=1}^{L} N_h^2 \cdot \frac{S_h^2}{n_h} - \sum_{h=1}^{L} N_h \cdot \frac{S_h^2}{N}$$

de tal form a que sólo el prim er sumando depende de n_h. Estamos así ante el problema de optimización con restricciones siguiente:

$$\left. \begin{array}{c} \min V\left(\hat{X}_{st} \right) \\[2mm] \sum_{h=1}^{L} n_h = n \end{array} \right\}$$

Este problema se resuelve aplicando el m étodo de los m ultiplicadores de Lagrange, considerando la función lagrangiana siguiente:

$$\phi(n_h, \lambda) = V\left(\hat{X}_{st} \right) + \lambda \left(\sum_{h=1}^{L} n_h - n \right) = \sum_{h=1}^{L} N_h^2 \cdot \frac{S_h^2}{n_h} - \sum_{h=1}^{L} N_h \cdot \frac{S_h^2}{N} + \lambda \left(\sum_{h=1}^{L} n_h - n \right)$$

El paso siguiente es derivar la función lagrangiana respecto de sus variables, igualar a cero y eliminar el parámetro λ. Tenemos:

$$\left. \begin{array}{l} \dfrac{\partial \phi}{\partial n_h} = -N_h^2 \cdot \dfrac{S_h^2}{n_h^2} + \lambda = 0 \\[3mm] (h = 1,2,\cdots,L) \\[3mm] \dfrac{\partial \phi}{\partial \lambda} = \sum_{h}^{L} n_h - n = 0 \end{array} \right\} \Rightarrow \lambda = N_h^2 \cdot \frac{S_h^2}{n_h^2} \Rightarrow \sqrt{\lambda} = \frac{N_h S_h}{n_h} = Cte$$

Haciendo operaciones tenem os: $\dfrac{n_h}{N_h S_h} = \dfrac{1}{\sqrt{\lambda}} = Cte$ para h=1, 2, ..., L.

Desarrollando la igualdad para   todo h y aplicando las propiedades de las proporciones tenemos:

$$\frac{n_1}{N_1 S_1} = \frac{n_2}{N_2 S_2} = \cdots = \frac{n_L}{N_L S_L} = Cte \Rightarrow \frac{n_h}{N_h S_h} = \frac{n_1 + n_1 + \cdots n_L}{N_1 S_1 + N_2 S_2 + \cdots N_L S_L} = \frac{n}{\sum_{h=1}^{L} N_h S_h} \Rightarrow$$

$$n_h = n \cdot \frac{N_h S_h}{\sum_{h=1}^{L} N_h S_h}$$

Observamos que la expresión que nos da la afijación para la estim ación del total coincide con la del estim ador para la m edia. Vem os que los valores de n_h son proporcionales a los productos $N_h \cdot S_h$ y en el supuesto de que $S_h = S$, $\forall h$=1, 2, ..., L esta afijación de mínima varianza coincidiría con la proporcional tal y como se ve a continuación:

$$S_h = S \Rightarrow n_h = n \cdot \frac{N_h S}{\sum_{h=1}^{L} N_h S} = \frac{n N_h}{N} = k N_h \, con \, k = \frac{n}{N}$$

La utilidad de esta afijación es m ayor si hay grandes diferencias en la variabilidad de los estratos. En otro caso la mayor sencillez y autoponderación de la afijación proporcional hacen preferible el em pleo de ésta. Por otra parte, si se conocen los valores de una variable auxiliar Y_i correlacionada con la variable en estudio X_i puede ser ventajosa la afijación que tom a los n_h proporcionales a los productos $N_h S_h \sqrt{1 - Q_{hxy}}$, donde Q_{hxy} representa el coeficiente de correlación entre X_i e Y_i en el estrato h-ésimo).

Valor de la varianza mínima

Una vez calculados los n_h para afijación de m ínima varianza en el caso de la estimación del total, vam os a ver cuánto vale la varianza del estim ador de la m edia para este tipo de afijación. Tenemos:

$$V\left(\hat{X}_{st}\right) = \sum_{h=1}^{L} N_h^2 \cdot \frac{S_h^2}{n_h}\left(1 - \frac{n_h}{N_h}\right) = \sum_{h=1}^{L} N_h^2 \cdot \frac{S_h^2}{n_h} - \sum_{h=1}^{L} N_h \cdot S_h^2 = \sum_{h=1}^{L} N_h^2 \cdot \frac{S_h^2}{n. \dfrac{N_h S_h}{\displaystyle\sum_{h=1}^{L} N_h S_h}} -$$

$$- \sum_{h=1}^{L} N_h \cdot S_h^2 = \sum_{h=1}^{L} \frac{N_h S_h}{n. \dfrac{1}{\displaystyle\sum_{h=1}^{L} N_h S_h}} - \sum_{h=1}^{L} N_h S_h^2 = \frac{1}{n}\left(\sum_{h=1}^{L} N_h S_h\right)^2 - \sum_{h=1}^{L} N_h S_h^2$$

Si se quiere la afijación y la expresión de la varianza mínima para el estimador del total de clase basta sustituir en la fórmula anterior S_h^2 por $P_h Q_h N_h / (N_h - 1)$.

AFIJACIÓN ÓPTIMA

La afijación óptima consiste en determ inar los valores de n_n (núm ero de unidades que se extraen del estrato h-ésimo para la m uestra) de form a que para un coste fijo C la varianza de los estimadores sea mínima. El coste fijo C será la suma de los costes derivados de la selección de las unidades m uestrales de los estratos, es decir, si c_h es el coste por unidad de m uestreo en el estrato h, el coste total de selección de las n_h unidades muestrales en ese estrato será $c_h n_h$. Sumando los costes $c_h n_h$ para los L estratos tenemos el coste total de selección de la muestra estratificada.

Estimación de la media y la proporción

Si consideramos el estim ador de la m edia, el problem a consiste en hacer mínima la expresión $V(\bar{x}_{st})$ bajo la condición $\sum_{h=1}^{L} c_h n_h = C$. La varianza de la media es:

$$V(\overline{x}_{st}) = \sum_{h=1}^{L} W_h^2 \cdot \frac{S_h^2}{n_h}\left(1 - \frac{n_h}{N_h}\right) = \sum_{h=1}^{L} W_h^2 \cdot \frac{S_h^2}{n_h} - \sum_{h=1}^{L} W_h \cdot \frac{S_h^2}{N}$$

de tal forma que sólo el primer sumando depende de n_h. Estamos así ante el problema de optimización con restricciones siguiente:

$$\left.\begin{array}{c} \min V(\overline{x}_{st}) \\[2mm] \displaystyle\sum_{h=1}^{L} c_h n_h = C \end{array}\right\}$$

Este problema se resuelve aplicando el método de los multiplicadores de Lagrange, considerando la función lagrangiana siguiente:

$$\phi(n_h, \lambda) = V(\overline{x}_{st}) + \lambda\left(\sum_{h=1}^{L} c_h n_h - C\right) = \sum_{h=1}^{L} W_h^2 \cdot \frac{S_h^2}{n_h} - \sum_{h=1}^{L} W_h \cdot \frac{S_h^2}{N} + \lambda\left(\sum_{h=1}^{L} c_h n_h - C\right)$$

El paso siguiente es derivar la función lagrangiana respecto de sus variables, igualar a cero y eliminar el parámetro λ. Tenemos:

$$\left.\begin{array}{l} \dfrac{\partial \phi}{\partial n_h} = -W_h^2 \cdot \dfrac{S_h^2}{n_h^2} + \lambda c_h = 0 \\[3mm] (h = 1,2,\cdots,L) \\[3mm] \dfrac{\partial \phi}{\partial \lambda} = \displaystyle\sum_{h}^{L} c_h n_h - C = 0 \end{array}\right\} \Rightarrow \lambda = \frac{W_h^2}{c_h} \cdot \frac{S_h^2}{n_h^2} = \frac{N_h^2}{N^2} \cdot \frac{S_h^2}{c_h n_h^2} \Rightarrow \sqrt{\lambda} = \frac{N_h}{N} \cdot \frac{S_h}{\sqrt{c_h}\, n_h}$$

Operando tenemos:

$$N\sqrt{\lambda} = \frac{N_h S_h / \sqrt{c_h}}{n_h} \Rightarrow \frac{n_h}{N_h S_h / \sqrt{c_h}} = \frac{1}{N\sqrt{\lambda}} = Cte$$

para $h=1, 2, ..., L$. Desarrollando la igualdad para todo h y aplicando las propiedades de las proporciones tenemos:

$$\frac{n_1}{N_1 S_1 / \sqrt{c_1}} = \cdots = \frac{n_L}{N_L S_L / \sqrt{c_L}} = Cte \Rightarrow \frac{n_h}{N_h S_h / \sqrt{c_h}} = \frac{n_1 + n_1 + \cdots n_L}{N_1 S_1 / \sqrt{c_1} + \cdots N_L S_L / \sqrt{c_L}} =$$

$$\frac{n}{\displaystyle\sum_{h=1}^{L} N_h S_h / \sqrt{c_h}} \Rightarrow n_h = n \cdot \frac{N_h S_h / \sqrt{c_h}}{\displaystyle\sum_{h=1}^{L} N_h S_h / \sqrt{c_h}} = n \cdot \frac{\dfrac{N_h}{N} S_h / \sqrt{c_h}}{\displaystyle\sum_{h=1}^{L} \frac{N_h}{N} S_h / \sqrt{c_h}} = n \cdot \frac{W_h S_h / \sqrt{c_h}}{\displaystyle\sum_{h=1}^{L} W_h S_h / \sqrt{c_h}}$$

Podemos escribir entonces que $\quad n_h = n \cdot \dfrac{N_h\, S_h \big/ \sqrt{c_h}}{\displaystyle\sum_{h=1}^{L} N_h\, S_h \big/ \sqrt{c_h}}$

Vemos que los valores de n_h son proporcionales a los productos $N_h \cdot S_h \big/ \sqrt{c_h}$ y en el supuesto de que $\quad C_h = k \ \ \forall h = 1, 2, ..., \ L$ (coste constante en todos los estratos) la afijación óptima coincide con la de mínima varianza, y si además $S_h = S$, $\forall h = 1, 2, ..., L$ la afijación óptima coincidirá con la de mínima varianza y con la proporcional.

Valor de la varianza mínima

Una vez calculados los n_h para afijación óptim a en el caso de la estim ación de la m edia, vamos a ver cuánto vale la varianza del estimador de la m edia para este tipo de afijación. Tenemos:

$$V\left(\overline{x}_{st}\right) = \sum_{h=1}^{L} W_h^2 \cdot \frac{S_h^2}{n_h}\left(1 - \frac{n_h}{N_h}\right) = \sum_{h=1}^{L} W_h^2 \cdot \frac{S_h^2}{n_h} - \sum_{h=1}^{L} W_h \cdot \frac{S_h^2}{N} =$$

$$\sum_{h=1}^{L} W_h^2 \cdot \frac{S_h^2}{n_h = n \cdot \dfrac{W_h\, S_h \big/ \sqrt{c_h}}{\displaystyle\sum_{h=1}^{L} W_h\, S_h \big/ \sqrt{c_h}}} - \sum_{h=1}^{L} W_h \cdot \frac{S_h^2}{N} = \sum_{h=1}^{L} \frac{W_h S_h \sqrt{c_h}}{n \cdot \dfrac{1}{\displaystyle\sum_{h=1}^{L} W_h\, S_h \big/ \sqrt{c_h}}} -$$

$$-\frac{1}{N}\sum_{h=1}^{L} W_h S_h^2 = \frac{1}{n}\left(\sum_{h=1}^{L} W_h\, S_h \big/ \sqrt{c_h}\right)\left(\sum_{h=1}^{L} W_h S_h \sqrt{c_h}\right) - \frac{1}{N}\sum_{h=1}^{L} W_h S_h^2$$

Si se quiere la afijación óptim a y la expresión de la varianza m ínima para el estimador de la proporción basta sustituir en la fórmula anterior S_h^2 por $P_h Q_h N_h / (N_h - 1)$.

Estimación del total y el total de clase

Para el estim ador del total, el problem a consiste en hacer m ínima la expresión $V\left(\hat{X}_{st}\right)$ bajo la condición $\displaystyle\sum_{h=1}^{L} c_h n_h = C$. La varianza del total se puede expresar como:

$$V\left(\hat{X}_{st}\right) = \sum_{h=1}^{L} N_h^2 \cdot \frac{S_h^2}{n_h}\left(1 - \frac{n_h}{N_h}\right) = \sum_{h=1}^{L} N_h^2 \cdot \frac{S_h^2}{n_h} - \sum_{h=1}^{L} N_h \cdot \frac{S_h^2}{N}$$

de tal forma que sólo el primer sumando depende de n_h. Estamos así ante el problem a de optimización con restricciones siguiente:

$$\left.\begin{array}{c} \min V\left(\hat{X}_{st}\right) \\ \displaystyle\sum_{h=1}^{L} c_h n_h = C \end{array}\right\}$$

Este problema se resuelve aplicando el m étodo de los m ultiplicadores de Lagrange, considerando la función lagrangiana siguiente:

$$\phi(n_h,\lambda) = V\left(\hat{X}_{st}\right) + \lambda\left(\sum_{h=1}^{L} c_h n_h - C\right) = \sum_{h=1}^{L} N_h^2 \cdot \frac{S_h^2}{n_h} - \sum_{h=1}^{L} N_h \cdot \frac{S_h^2}{N} + \lambda\left(\sum_{h=1}^{L} c_h n_h - C\right)$$

El paso siguiente es derivar la función lagrangiana respecto de sus variables, igualar a cero y eliminar el parámetro λ. Tenemos:

$$\left.\begin{array}{l} \dfrac{\partial\phi}{\partial n_h} = -N_h^2 \cdot \dfrac{S_h^2}{n_h^2} + \lambda c_h = 0 \\[2mm] (h = 1,2,\cdots,L) \\[2mm] \dfrac{\partial\phi}{\partial\lambda} = \displaystyle\sum_{h}^{L} c_h n_h - C = 0 \end{array}\right\} \Rightarrow \lambda = \frac{N_h^2}{c_h} \cdot \frac{S_h^2}{n_h^2} = \frac{N_h^2 S_h^2}{c_h n_h^2} \Rightarrow \sqrt{\lambda} = \frac{N_h S_h}{\sqrt{c_h}\, n_h}$$

Operando tenemos:

$$\sqrt{\lambda} = \frac{N_h\, S_h/\sqrt{c_h}}{n_h} \Rightarrow \frac{n_h}{N_h\, S_h/\sqrt{c_h}} = \frac{1}{\sqrt{\lambda}} = Cte$$

para $h=1, 2, ..., L$. Desarrollando la igualdad para todo h y aplicando las propiedades de las proporciones tenemos:

$$\frac{n_1}{N_1\, S_1/\sqrt{c_1}} = \cdots = \frac{n_L}{N_L\, S_L/\sqrt{c_L}} = Cte \Rightarrow \frac{n_h}{N_h\, S_h/\sqrt{c_h}} = \frac{n_1 + n_1 + \cdots n_L}{N_1\, S_1/\sqrt{c_1} + \cdots N_L\, S_L/\sqrt{c_L}} =$$

$$\frac{n}{\displaystyle\sum_{h=1}^{L} N_h\, S_h/\sqrt{c_h}} \Rightarrow n_h = n \cdot \frac{N_h\, S_h/\sqrt{c_h}}{\displaystyle\sum_{h=1}^{L} N_h\, S_h/\sqrt{c_h}} = n \cdot \frac{\dfrac{N_h}{N}\, S_h/\sqrt{c_h}}{\displaystyle\sum_{h=1}^{L} \dfrac{N_h}{N}\, S_h/\sqrt{c_h}} = n \cdot \frac{W_h\, S_h/\sqrt{c_h}}{\displaystyle\sum_{h=1}^{L} W_h\, S_h/\sqrt{c_h}}$$

Podemos escribir entonces que $\quad n_h = n \cdot \dfrac{N_h\, S_h/\sqrt{c_h}}{\displaystyle\sum_{h=1}^{L} N_h\, S_h/\sqrt{c_h}}$

Vemos que los valores de n_h son proporcionales a los productos $N_h \cdot S_h / \sqrt{c_h}$ y en el supuesto de que $C_h = k \ \forall h = 1, 2, ..., L$ (coste constante en todos los estratos) la afijación óptima coincide con la de mínima varianza, y si además $S_h = S, \forall h = 1, 2, ..., L$ la afijación óptima coincidirá con la de mínima varianza y con la proporcional. Se observa que los valores de n_h para la estimación del total coinciden con sus valores para la estimación de la media en afijación óptima. No olvidemos que esta coincidencia también se daba en afijación de mínima varianza.

Valor de la varianza mínima

Una vez calculados los n_h para afijación óptima en el caso de la estimación del total, vamos a ver cuánto vale la varianza del estimador del total para este tipo de afijación. Tenemos:

$$V\left(\hat{X}_{st}\right) = \sum_{h=1}^{L} N_h^2 \cdot \frac{S_h^2}{n_h}\left(1 - \frac{n_h}{N_h}\right) = \sum_{h=1}^{L} N_h^2 \cdot \frac{S_h^2}{n_h} - \sum_{h=1}^{L} N_h \cdot S_h^2 =$$

$$\sum_{h=1}^{L} N_h^2 \cdot \frac{S_h^2}{n_h = n \cdot \dfrac{N_h \, S_h / \sqrt{c_h}}{\sum\limits_{h=1}^{L} N_h \, S_h / \sqrt{c_h}}} - \sum_{h=1}^{L} N_h \cdot S_h^2 = \sum_{h=1}^{L} \frac{N_h S_h \sqrt{c_h}}{n.\dfrac{1}{\sum\limits_{h=1}^{L} N_h \, S_h / \sqrt{c_h}}} -$$

$$-\sum_{h=1}^{L} N_h S_h^2 = \frac{1}{n}\left(\sum_{h=1}^{L} N_h \, S_h / \sqrt{c_h}\right)\left(\sum_{h=1}^{L} N_h S_h \sqrt{c_h}\right) - \sum_{h=1}^{L} N_h S_h^2$$

Si se quiere la afijación óptima y la expresión de la varianza mínima para el estimador del total de clase en afijación óptima basta sustituir en la fórmula anterior S_h^2 por $P_h Q_h N_h / (N_h - 1)$.

COMPARACIÓN DE EFICIENCIAS SEGÚN LOS DISTINTOS TIPOS DE AFIJACIÓN

En este epígrafe se realiza un estudio comparativo de la conveniencia de los tintos tipos de afijación en términos de su eficiencia medida a través del error de muestreo, o lo que es lo mismo, a través de la varianza. Por lo tanto será más eficiente aquel tipo de afijación que presente menos varianza. Comenzamos descomponiendo la cuasivarianza poblacional de la forma siguiente:

$$S^2 = \frac{1}{N-1} \cdot \sum_{h=1}^{L}\sum_{i=1}^{N_h}\left(X_{hi}-\overline{X}\right)^2 = \frac{1}{N-1}\cdot\sum_{h=}^{L}\sum_{i=1}^{N_h}\left(X_{hi}-\overline{X}_h+\overline{X}_h-\overline{X}\right)^2 =$$

$$\frac{1}{N-1}\cdot\left(\sum_{h=1}^{L}\sum_{i=1}^{N_h}\left(X_{hi}-\overline{X}_h\right)^2 + \sum_{h=1}^{L}\sum_{i=1}^{N_h}\left(\overline{X}_h-\overline{X}\right)^2 + 2\underbrace{\sum_{h=1}^{L}\sum_{i=1}^{N_h}\left(X_{hi}-\overline{X}_h\right)\left(\overline{X}_h-\overline{X}\right)}_{0}\right) =$$

$$\frac{1}{N-1}\cdot\sum_{h=1}^{L}\sum_{i=1}^{N_h}\left(X_{hi}-\overline{X}_h\right)^2 + \frac{1}{N-1}\sum_{h=1}^{L}\sum_{i=1}^{N_h}\left(\overline{X}_h-\overline{X}\right)^2 = \frac{1}{N-1}\cdot\sum_{h=1}^{L}(N_h-1)S_h^2 +$$

$$+\frac{1}{N-1}\cdot\sum_{i=1}^{N_h}N_h\left(\overline{X}_h-\overline{X}\right)^2 \underset{\substack{\downarrow \\ N-1\cong N \\ N_h-1\cong N_h}}{\cong} \frac{1}{N}\cdot\sum_{h=1}^{L}N_hS_h^2 + \frac{1}{N}\cdot\sum_{h=1}^{L}N_h\left(\overline{X}_h-\overline{X}\right)^2 =$$

$$\sum_{h=1}^{L}\frac{N_h}{N}S_h^2 + \sum_{h=1}^{L}\frac{N_h}{N}\left(\overline{X}_h-\overline{X}\right)^2 = \sum_{h=1}^{L}W_hS_h^2 + \sum_{h=1}^{L}W_h\left(\overline{X}_h-\overline{X}\right)^2$$

En la expresión anterior para S^2 se ha utilizado que las sum as de los productos cruzados valen cero, es decir, $\sum_{h=1}^{L}\sum_{i=1}^{N_h}\left(X_{hi}-\overline{X}_h\right)\left(\overline{X}_h-\overline{X}\right)=0$. En efecto:

$$\sum_{h=1}^{L}\sum_{i=1}^{N_h}\left(X_{hi}-\overline{X}_h\right)\left(\overline{X}_h-\overline{X}\right) = \sum_{h=1}^{L}\sum_{i=1}^{N_h}\left(X_{hi}\overline{X}_h - X_{hi}\overline{X} - \overline{X}_h^2 + \overline{X}_h\overline{X}\right) =$$

$$\sum_{h=1}^{L}\left(\overline{X}_h\underbrace{\sum_{i=1}^{N_h}X_{hi}}_{N_h\overline{X}_h} - \overline{X}\underbrace{\sum_{i=1}^{N_h}X_{hi}}_{N_h\overline{X}_h} - N_h\overline{X}_h^2 + N_h\overline{X}_h\overline{X}\right) =$$

$$\sum_{h=1}^{L}\left(N_h\overline{X}_h^2 - N_h\overline{X}_h\overline{X} - N_h\overline{X}_h^2 + N_h\overline{X}_h\overline{X}\right) = 0$$

Vamos a realizar ahora com paraciones de eficiencias a partir de la expresión de S^2 recientemente obtenida. Tenemos:

$$S^2 = \sum_{h=1}^{L}W_hS_h^2 + \sum_{h=1}^{L}W_h\left(\overline{X}_h-\overline{X}\right)^2 \Rightarrow \frac{S^2}{n} = \frac{1}{n}\sum_{h=1}^{L}W_hS_h^2 + \frac{1}{n}\sum_{h=1}^{L}W_h\left(\overline{X}_h-\overline{X}\right)^2 \Rightarrow$$

$$\underbrace{(1-f)\frac{S^2}{n}}_{V_{MAS}(\overline{x})} = \underbrace{\frac{1-f}{n}\sum_{h=1}^{L}W_hS_h^2}_{V_{MEP}(\overline{x})} + \underbrace{\frac{1-f}{n}\sum_{h=1}^{L}W_h\left(\overline{X}_h-\overline{X}\right)^2}_{\geq 0} \Rightarrow V_{MAS}(\overline{x}) \underset{\substack{\downarrow \\ La\,igualdad\,se\,da \\ si\,\overline{X}_h=\overline{X}\,h=1,\cdots,L}}{\geq} V_{MEP}(\overline{x})$$

Acabamos de dem ostrar que ***el muestreo estratificado con afijación proporcional es más preciso que el muestreo aleatorio simple***, produciéndose la igualdad de precisiones cuando las medias de los estratos son todas iguales.

Por lo tanto la ganancia en precisi ón del m uestreo estratificado respecto del aleatorio simple será m ayor cuanto m ás di stintas entre sí sean las m edias de los estratos, es decir, para que el m uestreo estratificado sea preciso es conveniente que los estratos sean heterogéneos entre sí en media, afirmación que ya conocíamos desde el comienzo del tem a y que constituy e una de las especificaciones clásicas en el muestreo estratificado.

A continuación vam os a com parar las precisiones de la afijación proporcional y la de mínima varianza. Tenemos:

$$V_{MEP}(\overline{x}) - V_{MEMV}(\overline{x}) = \underbrace{\frac{1-f}{n}}_{\frac{1}{n} - \frac{1}{N}} \sum_{h=1}^{L} W_h S_h^2 - \left(\frac{1}{n} \left(\sum_{h=1}^{L} W_h S_h \right)^2 - \frac{1}{N} \sum_{h=1}^{L} W_h S_h^2 \right) =$$

$$\frac{1}{n} \left(\sum_{h=1}^{L} W_h S_h^2 - \left(\sum_{h=1}^{L} W_h S_h \right)^2 \right) = \frac{1}{n} \sum_{h=1}^{L} W_h \left(S_h - \overline{S} \right)^2 \underset{\substack{\downarrow \\ La\,igualdad\,se\,da \\ si\,S_h = \overline{S}\,h=1,\cdots,L}}{\geq} 0\,con\,\overline{S} = \sum_{h=1}^{L} W_h S_h$$

El último paso de la dem ostración anterior, realizado en función de la m edia ponderada de las cuasidesviaciones típicas de los estratos $\overline{S}$, se justifica como sigue:

$$\sum_{h=1}^{L} W_h \left(S_h - \overline{S} \right)^2 = \sum_{h=1}^{L} W_h S_h^2 - 2\overline{S} \underbrace{\sum_{h=1}^{L} W_h S_h}_{\overline{S}} + \overline{S}^2 \underbrace{\sum_{h=1}^{L} W_h}_{1} =$$

$$\sum_{h=1}^{L} W_h S_h^2 - 2\overline{S}^2 + \overline{S}^2 = \sum_{h=1}^{L} W_h S_h^2 - \overline{S}^2 = \sum_{h=1}^{L} W_h S_h^2 - \left(\sum_{h=1}^{L} W_h S_h \right)^2$$

Hemos demostardo que $V_{MEP}(\overline{x}) - V_{MEMV}(\overline{x}) \geq 0 \Rightarrow V_{MEP}(\overline{x}) \geq V_{MEMV}(\overline{x})$, luego el muestreo estratificado con afijación de m ínima varianza es m ás preciso que el m uestreo estratificado con afijación pr oporcional, produciéndose la igualdad de precisiones cuando las cuasidesviaciones típicas de los estratos son todas iguales. Por lo tanto la ganancia en precisión del m uestreo estratificado con afijación de m ínima varianza respecto del m uestreo estratificado con afijación proporcional será m ayor cuanto m ás distintas entre sí sean las cuasidesviaciones típicas de los estratos, es decir, para que el muestreo estratificado sea m ás preciso es conveniente que los estratos sean heterogéneos entre sí en desviación típica, afirm ación que y a conocíamos desde el com ienzo del tema y que constituye una de las especificaciones clásicas en el muestreo estratificado.

En realidad ya sabemos que:

$$V_{MAS}(\overline{x}) \geq V_{MEP}(\overline{x}) \geq V_{MEMV}(\overline{x})$$

lo que perm ite asegurar que en general el m   uestreo estratificado con afijación   de mínima varianza es m ás preciso que el m uestreo estratificado con afijación propor-cional y que el aleatorio sim ple, siendo adem   ás el estratificado con afijación proporcional más preciso que el aleatorio simple.

Además hemos visto que:

$$\underbrace{(1-f)\frac{S^2}{n}}_{V_{MAS}(\bar{x})} = \underbrace{\frac{1-f}{n}\sum_{h=1}^{L}W_h S_h^2}_{V_{MEP}(\bar{x})} + \frac{1-f}{n}\sum_{h=1}^{L}W_h\left(\bar{X}_h - \bar{X}\right)^2 =$$

$$V_{MEMV}(\bar{x}) + \frac{1}{n}\sum_{h=1}^{L}W_h\left(S_h - \bar{S}\right)^2 + \frac{1-f}{n}\sum_{h=1}^{L}W_h\left(\bar{X}_h - \bar{X}\right)^2$$

Luego el increm ento de la eficienc ia del m uestreo estratificado con afijación de mínima varianza respecto del m uestreo aleatorio simple recoge un térm ino debido a la variabilidad de las m edias de los estra tos y otro debido a la variabilidad de las desviaciones típicas de los estratos. Se produce la igualdad de eficiencias cuando las cuasivarianzas y las m edias de los estratos son   constantes, y se produce la máxima diferencia de eficiencias cuanto m ás distintas sean las cuasivarianzas y las medias de los estratos, es decir, cuanto m   ayor sea la   heterogeneidad entre los estratos, tal y como es lógico en muestreo estratificado.

TAMAÑO DE LA MUESTRA

Vamos a analizar ahora el tam   año de m uestra estratificada necesario   para cometer un determ inado error de m uestreo conocido de antem ano. Distinguirem os los casos de error de m   uestreo dado con y sin coeficiente de confianza adicional y además distinguiremos entre los diferentes tipos de afijación de la muestra.

1) Error de muestreo dado $e = \sigma\left(\hat{\theta}\right)$

Media, Total, Proporción y Total de Clase con afijación proporcional

$$e^2 = V\left(\bar{\hat{X}}\right) = \frac{1-f}{n}\sum_{h=1}^{L}W_h S_h^2 = \frac{1-\dfrac{n}{N}}{n}\sum_{h=1}^{L}W_h S_h^2 \Rightarrow n = \frac{\displaystyle\sum_{h=1}^{L}W_h S_h^2}{e^2 + \dfrac{1}{N}\displaystyle\sum_{h=1}^{L}W_h S_h^2}$$

$$e^2 = V\left(\hat{X}\right) = \frac{1-f}{f}\sum_{h=1}^{L}N_h S_h^2 = \frac{1-\dfrac{n}{N}}{\dfrac{n}{N}}\sum_{h=1}^{L}N_h S_h^2 \Rightarrow n = \frac{N\displaystyle\sum_{h=1}^{L}N_h S_h^2}{e^2 + \displaystyle\sum_{h=1}^{L}N_h S_h^2}$$

Los tamaños de muestra en los casos de la estimación de la proporción y el total de clase se calculan sustituyendo S_h^2 por $\dfrac{N_h}{N_h-1}P_hQ_h$ en las fórmulas del tamaño de la muestra para la estimación de la media y el total respectivamente.

Media, Total, Proporción y Total de Clase con afijación de mínima varianza

$$e^2 = V\left(\hat{\bar{X}}\right) = \frac{1}{n}\left(\sum_{h=1}^{L}W_hS_h\right)^2 - \frac{1}{N}\sum_{h=1}^{L}W_hS_h^2 \Rightarrow n = \frac{\left(\sum_{h=1}^{L}W_hS_h\right)^2}{e^2 + \dfrac{1}{N}\sum_{h=1}^{L}W_hS_h^2}$$

$$e^2 = V\left(\hat{X}\right) = \frac{1}{n}\left(\sum_{h=1}^{L}N_hS_h\right)^2 - \sum_{h=1}^{L}N_hS_h^2 \Rightarrow n = \frac{\left(\sum_{h=1}^{L}N_hS_h\right)^2}{e^2 + \sum_{h=1}^{L}N_hS_h^2}$$

Los tamaños de muestra en los casos de la estimación de la proporción y el total de clase se calculan sustituyendo S_h^2 por $\dfrac{N_h}{N_h-1}P_hQ_h$ en las fórmulas del tamaño de la muestra para la estimación de la media y el total respectivamente.

2) Error de muestreo y coeficiente de confianza dados $e_\alpha = \lambda_\alpha\sigma\left(\hat{\theta}\right)$

Media, Total, Proporción y Total de Clase con afijación proporcional

$$e^2 = \lambda_\alpha^2 V\left(\hat{\bar{X}}\right) = \lambda_\alpha^2\frac{1-f}{n}\sum_{h=1}^{L}W_hS_h^2 = \lambda_\alpha^2\frac{1-\dfrac{n}{N}}{n}\sum_{h=1}^{L}W_hS_h^2 \Rightarrow n = \frac{\sum_{h=1}^{L}W_hS_h^2}{\dfrac{e^2}{\lambda_\alpha^2} + \dfrac{1}{N}\sum_{h=1}^{L}W_hS_h^2}$$

$$e^2 = \lambda_\alpha^2 V\left(\hat{X}\right) = \lambda_\alpha^2\frac{1-f}{f}\sum_{h=1}^{L}N_hS_h^2 = \lambda_\alpha^2\frac{1-\dfrac{n}{N}}{\dfrac{n}{N}}\sum_{h=1}^{L}N_hS_h^2 \Rightarrow n = \frac{N\sum_{h=1}^{L}N_hS_h^2}{\dfrac{e^2}{\lambda_\alpha^2} + \sum_{h=1}^{L}N_hS_h^2}$$

Se observa que la única diferencia que hay entre estas fórmulas para el tamaño muestral n y las obtenidas sin la presencia de un coeficiente de confianza P_α sólo difieren en el término λ_α^2 función de $\lambda_\alpha=F^{-1}(1-\alpha/2)$ con $F\rightarrow N(0,1)$.

Los tamaños de m uestra en los casos de la estimación de la proporción y el total de clase se calculan sustituyendo S_h^2 por $\dfrac{N_h}{N_h - 1} P_h Q_h$ en las fórmulas del tamaño de la muestra para la estimación de la media y el total respectivamente.

Media, Total, Proporción y Total de Clase con afijación de mínima varianza

$$e^2 = \lambda_\alpha^2 V\left(\hat{\overline{X}}\right) = \lambda_\alpha^2 \left(\frac{1}{n}\left(\sum_{h=1}^{L} W_h S_h\right)^2 - \frac{1}{N}\sum_{h=1}^{L} W_h S_h^2 \right) \Rightarrow n = \frac{\left(\displaystyle\sum_{h=1}^{L} W_h S_h\right)^2}{\dfrac{e^2}{\lambda_\alpha^2} + \dfrac{1}{N}\displaystyle\sum_{h=1}^{L} W_h S_h^2}$$

$$e^2 = \lambda_\alpha^2 V\left(\hat{X}\right) = \lambda_\alpha^2 \left(\frac{1}{n}\left(\sum_{h=1}^{L} N_h S_h\right)^2 - \sum_{h=1}^{L} N_h S_h^2 \right) \Rightarrow n = \frac{\left(\displaystyle\sum_{h=1}^{L} N_h S_h\right)^2}{\dfrac{e^2}{\lambda_\alpha^2} + \displaystyle\sum_{h=1}^{L} N_h S_h^2}$$

Se observa en este caso tam   bién que la única diferencia que hay   entre estas fórmulas para el tam año muestral n y las obtenidas sin la presencia de un coeficiente de confianza P_α sólo difieren en el término λ_α^2 función de $\lambda_\alpha = F^{-1}(1-\alpha/2)$ con $F \rightarrow N(0,1)$.

Los tamaños de m uestra en los casos de la estimación de la proporción y el total de clase se calculan sustituyendo S_h^2 por $\dfrac{N_h}{N_h - 1} P_h Q_h$ en las fórmulas del tamaño de la muestra para la estimación de la media y el total respectivamente.

Tamaño de la muestra sin especificar el tipo de afijación

En el caso más general de m uestreo estratificado aleatorio, sin especificar el tipo de afijación em   pleado, tenem os, fijados el error m   áximo admisible y el coeficiente de confianza P_α, la siguiente ecuación fundam ental *cuando se trata de estimar la media*:

$$e^2 = \lambda_\alpha^2 \sigma^2\left(\overline{x}_{st}\right) = \lambda_\alpha^2 \sum_{h=1}^{L} W_h^2 \left(1 - \frac{n_h}{N_h}\right) \frac{S_h^2}{n_h} = \lambda_\alpha^2 \left(\sum \frac{W_h^2 S_h^2}{n_h} - \frac{\sum W_h S_h^2}{N} \right) =$$

$$\lambda_\alpha^2 \left(\sum \frac{W_h^2 S_h^2}{n\dfrac{n_h}{n}} - \frac{\sum W_h S_h^2}{N} \right) = \lambda_\alpha^2 \left(\sum \frac{W_h^2 S_h^2}{n w_h} - \frac{\sum W_h S_h^2}{N} \right) \Rightarrow \frac{e^2}{\lambda_\alpha^2} = \sum \frac{W_h^2 S_h^2}{n w_h} -$$

$$-\frac{\sum W_h S_h^2}{n_h} \Rightarrow \frac{e^2}{\lambda_\alpha^2} + \frac{\sum W_h S_h^2}{N} = \frac{1}{n}\sum \frac{W_h^2 S_h^2}{w_h} \Rightarrow n = \frac{\left(\displaystyle\sum \frac{W_h^2}{w_h} S_h^2\right)}{\left(\dfrac{e^2}{\lambda_\alpha^2} + \dfrac{\sum W_h S_h^2}{N}\right)}$$

Ya tenemos una fórmula general para calcular el tamaño de muestra en el caso de la estimación de la media para cualquier afijación. Según esta fórmula, para calcular n necesitamos conocer:

- Los tamaños de los estratos, N_1, N_2 , ..., N_L , que nos permiten obtener los coeficientes $W_h = N_h / N$
- La precisión prefijada, representada por el error máximo admisible e
- El grado de seguridad o confianza P_α , representado por el coeficiente λ_α
- La variabilidad de cada estrato, representada por la cuasivarianza estratal S_h^2 y que suele conocerse de una encuesta similar anterior o a través de encuesta piloto
- El peso $w_h = \dfrac{n_h}{n}$ correspondiente a cada estrato en la muestra.

De aquí se pueden deducir las fórmulas del tamaño muestral n para los distintos tipos de afijación a través del valor que toma $w_h = \dfrac{n_h}{n}$.

Para afijación proporcional $w_h = \dfrac{n_h}{n} = \dfrac{N_h}{N} = W_h$

Para afijación de mínima varianza tenemos:

$$w_h = \frac{n_h}{n} = \frac{n \dfrac{N_h S_h}{\displaystyle\sum_{h=1}^{L} N_h S_h}}{n} = \frac{N_h S_h}{\displaystyle\sum_{h=1}^{L} N_h S_h} = \frac{\dfrac{N_h}{N} S_h}{\displaystyle\sum_{h=1}^{L} \dfrac{N_h}{N} S_h} = \frac{W_h S_h}{\displaystyle\sum_{h=1}^{L} W_h S_h}$$

Si en la fórmula general par n sustituimos estos valores de w_h para cada tipo de afijación, se obtienen las mismas fórmulas que fueron deducidas anteriormente para el tamaño muestral en caso de estimación de la media.

De forma similar, *cuando se trata de estimar el total tenemos*:

$$e^2 = \lambda_\alpha^2 \sigma^2 \left(\hat{X}_{st} \right) = \lambda_\alpha^2 \sum_{h=1}^{L} N_h^2 \left(1 - \frac{n_h}{N_h} \right) \frac{S_h^2}{n_h} = \lambda_\alpha^2 \left(\sum \frac{N_h^2 S_h^2}{n_h} - \sum N_h S_h^2 \right) =$$

$$\lambda_\alpha^2 \left(\sum \frac{N_h^2 S_h^2}{n \dfrac{n_h}{n}} - \sum N_h S_h^2 \right) = \lambda_\alpha^2 \left(\sum \frac{N_h^2 S_h^2}{n w_h} - \sum N_h S_h^2 \right) \Rightarrow \frac{e^2}{\lambda_\alpha^2} = \sum \frac{N_h^2 S_h^2}{n w_h} -$$

$$- \sum N_h S_h^2 \Rightarrow \frac{e^2}{\lambda_\alpha^2} + \sum N_h S_h^2 = \frac{1}{n} \sum \frac{N_h^2 S_h^2}{w_h} \Rightarrow n = \frac{\left(\sum \dfrac{N_h^2}{w_h} S_h^2 \right)}{\left(\dfrac{e^2}{\lambda_\alpha^2} + \sum N_h S_h^2 \right)}$$

Al igual que antes de aquí se pueden deducir las fórm   ulas del tam año muestral n para los distintos tipos de afijación a través del valor que toma $w_h = \dfrac{n_h}{n}$.

Si en la fórmula general para n sustituimos estos valores de w_h para cada tipo de afijación, se obtienen las m ismas fórm ulas que fueron   deducidas anteriormente para el tamaño muestral en caso de estimación del total.

Vamos a resum ir ahora las fórmulas del ***tamaño de muestra estratificada necesario para cometer un determinado error de muestreo*** conocido de antem ano. Distinguiremos los casos de error de m   uestreo dado con y sin coeficiente de confianza adicional y , además, distinguirem os entre los diferentes tipos de afijación de la muestra.

Tipo de error → / Parámetro ↓	Absoluto proporcional	Absoluto varianza mínima	Absoluto y coeficiente de confianza adicional proporcional	Absoluto y coeficiente de confianza adicional varianza mínima
Media	$\dfrac{\sum_{h=1}^{L} W_h S_h^2}{e^2 + \dfrac{1}{N}\sum_{h=1}^{L} W_h S_h^2}$	$\dfrac{\left(\sum_{h=1}^{L} W_h S_h\right)^2}{e^2 + \dfrac{1}{N}\sum_{h=1}^{L} W_h S_h^2}$	$\dfrac{\sum_{h=1}^{L} W_h S_h^2}{\dfrac{e^2}{\lambda_\alpha^2} + \dfrac{1}{N}\sum_{h=1}^{L} W_h S_h^2}$	$\dfrac{\left(\sum_{h=1}^{L} W_h S_h\right)^2}{\dfrac{e^2}{\lambda_\alpha^2} + \dfrac{1}{N}\sum_{h=1}^{L} W_h S_h^2}$
Total	$\dfrac{N\sum_{h=1}^{L} N_h S_h^2}{e^2 + \sum_{h=1}^{L} N_h S_h^2}$	$\dfrac{\left(\sum_{h=1}^{L} N_h S_h\right)^2}{e^2 + \sum_{h=1}^{L} N_h S_h^2}$	$\dfrac{N\sum_{h=1}^{L} N_h S_h^2}{\dfrac{e^2}{\lambda_\alpha^2} + \sum_{h=1}^{L} N_h S_h^2}$	$\dfrac{\left(\sum_{h=1}^{L} N_h S_h\right)^2}{\dfrac{e^2}{\lambda_\alpha^2} + \sum_{h=1}^{L} N_h S_h^2}$
Proporción	$\dfrac{\sum_{h=1}^{L} W_h \frac{N_h}{N_h-1} P_h Q_h}{e^2 + \dfrac{1}{N}\sum_{h=1}^{L} W_h \frac{N_h}{N_h-1} P_h Q_h}$	$\dfrac{\left(\sum_{h=1}^{L} W_h \sqrt{\frac{N_h}{N_h-1} P_h Q_h}\right)^2}{e^2 + \dfrac{1}{N}\sum_{h=1}^{L} W_h \frac{N_h}{N_h-1} P_h Q_h}$	$\dfrac{\sum_{h=1}^{L} W_h \frac{N_h}{N_h-1} P_h Q_h}{\dfrac{e^2}{\lambda_\alpha^2} + \dfrac{1}{N}\sum_{h=1}^{L} W_h \frac{N_h}{N_h-1} P_h Q_h}$	$\dfrac{\left(\sum_{h=1}^{L} W_h \sqrt{\frac{N_h}{N_h-1} P_h Q_h}\right)^2}{\dfrac{e^2}{\lambda_\alpha^2} + \dfrac{1}{N}\sum_{h=1}^{L} W_h \frac{N_h}{N_h-1} P_h Q_h}$
Total de clase	$\dfrac{N\sum_{h=1}^{L} N_h \frac{N_h}{N_h-1} P_h Q_h}{e^2 + \sum_{h=1}^{L} N_h \frac{N_h}{N_h-1} P_h Q_h}$	$\dfrac{\left(\sum_{h=1}^{L} N_h \sqrt{\frac{N_h}{N_h-1} P_h Q_h}\right)^2}{e^2 + \sum_{h=1}^{L} N_h \frac{N_h}{N_h-1} P_h Q_h}$	$\dfrac{N\sum_{h=1}^{L} N_h \frac{N_h}{N_h-1} P_h Q_h}{\dfrac{e^2}{\lambda_\alpha^2} + \sum_{h=1}^{L} N_h \frac{N_h}{N_h-1} P_h Q_h}$	$\dfrac{\left(\sum_{h=1}^{L} N_h \sqrt{\frac{N_h}{N_h-1} P_h Q_h}\right)^2}{\dfrac{e^2}{\lambda_\alpha^2} + \sum_{h=1}^{L} N_h \frac{N_h}{N_h-1} P_h Q_h}$

Vamos a resum ir ahora las fórmulas del ***tamaño de muestra estratificada necesario para cometer un determinado error relativo de muestreo*** conocido de antemano.

Distinguiremos los casos de error relativo de   muestreo dado con y sin coeficiente de confianza adicional y   , adem ás, distinguirem os entre los diferentes tipos de afijación de la muestra.

Tipo de error → / Parámetro ↓	Relativo proporcional	Relativo varianza mínima	Relativo y coeficiente de confianza adicional proporcional	Relativo y coeficiente de confianza adicional varianza mínima
Media	$\dfrac{\sum_{h=1}^{L} W_h S_h^2}{\overline{X}^2 e^2 + \dfrac{1}{N}\sum_{h=1}^{L} W_h S_h^2}$	$\dfrac{\left(\sum_{h=1}^{L} W_h S_h\right)^2}{\overline{X}^2 e^2 + \dfrac{1}{N}\sum_{h=1}^{L} W_h S_h^2}$	$\dfrac{\sum_{h=1}^{L} W_h S_h^2}{\dfrac{\overline{X}^2 e^2}{\lambda_\alpha^2} + \dfrac{1}{N}\sum_{h=1}^{L} W_h S_h^2}$	$\dfrac{\left(\sum_{h=1}^{L} W_h S_h\right)^2}{\dfrac{\overline{X}^2 e^2}{\lambda_\alpha^2} + \dfrac{1}{N}\sum_{h=1}^{L} W_h S_h^2}$
Total	$\dfrac{N\sum_{h=1}^{L} N_h S_h^2}{N^2 \overline{X}^2 e^2 + \sum_{h=1}^{L} N_h S_h^2}$	$\dfrac{\left(\sum_{h=1}^{L} N_h S_h\right)^2}{N^2 \overline{X}^2 e^2 + \sum_{h=1}^{L} N_h S_h^2}$	$\dfrac{N\sum_{h=1}^{L} N_h S_h^2}{\dfrac{N^2 \overline{X}^2 e^2}{\lambda_\alpha^2} + \sum_{h=1}^{L} N_h S_h^2}$	$\dfrac{\left(\sum_{h=1}^{L} N_h S_h\right)^2}{\dfrac{N^2 \overline{X}^2 e^2}{\lambda_\alpha^2} + \sum_{h=1}^{L} N_h S_h^2}$
Proporción	$\dfrac{\sum_{h=1}^{L} W_h \dfrac{N_h}{N_h-1} P_h Q_h}{P^2 e^2 + \dfrac{1}{N}\sum_{h=1}^{L} W_h \dfrac{N_h}{N_h-1} P_h Q_h}$	$\dfrac{\left(\sum_{h=1}^{L} W_h \sqrt{\dfrac{N_h}{N_h-1} P_h Q_h}\right)^2}{P^2 e^2 + \dfrac{1}{N}\sum_{h=1}^{L} W_h \dfrac{N_h}{N_h-1} P_h Q_h}$	$\dfrac{\sum_{h=1}^{L} W_h \dfrac{N_h}{N_h-1} P_h Q_h}{\dfrac{P^2 e^2}{\lambda_\alpha^2} + \dfrac{1}{N}\sum_{h=1}^{L} W_h \dfrac{N_h}{N_h-1} P_h Q_h}$	$\dfrac{\left(\sum_{h=1}^{L} W_h \sqrt{\dfrac{N_h}{N_h-1} P_h Q_h}\right)^2}{\dfrac{P^2 e^2}{\lambda_\alpha^2} + \dfrac{1}{N}\sum_{h=1}^{L} W_h \dfrac{N_h}{N_h-1} P_h Q_h}$
Total de clase	$\dfrac{N\sum_{h=1}^{L} N_h \dfrac{N_h}{N_h-1} P_h Q_h}{N^2 P^2 e^2 + \sum_{h=1}^{L} N_h \dfrac{N_h}{N_h-1} P_h Q_h}$	$\dfrac{\left(\sum_{h=1}^{L} N_h \sqrt{\dfrac{N_h}{N_h-1} P_h Q_h}\right)^2}{N^2 P^2 e^2 + \sum_{h=1}^{L} N_h \dfrac{N_h}{N_h-1} P_h Q_h}$	$\dfrac{N\sum_{h=1}^{L} N_h \dfrac{N_h}{N_h-1} P_h Q_h}{\dfrac{N^2 P^2 e^2}{\lambda_\alpha^2} + \sum_{h=1}^{L} N_h \dfrac{N_h}{N_h-1} P_h Q_h}$	$\dfrac{\left(\sum_{h=1}^{L} N_h \sqrt{\dfrac{N_h}{N_h-1} P_h Q_h}\right)^2}{\dfrac{N^2 P^2 e^2}{\lambda_\alpha^2} + \sum_{h=1}^{L} N_h \dfrac{N_h}{N_h-1} P_h Q_h}$

Vamos a resumir ahora las fórmulas del *tamaño de muestra estratificada necesario para cometer un determinado error absoluto o relativo de muestreo conocido de antemano con afijación óptima*.

Error→ / Parámetro ↓	Absoluto Óptima	Relativo Óptima	Absoluto Confianza adicional	Relativo Confianza adicional
Media	$\dfrac{\left(\sum_{h=1}^{L} W_h S_h /\sqrt{C_h}\right)\left(\sum_{h=1}^{L} W_h S_h C_h\right)}{e^2 + \dfrac{1}{N}\sum_{h=1}^{L} W_h S_h^2}$	$\dfrac{\left(\sum_{h=1}^{L} W_h S_h /\sqrt{C_h}\right)\left(\sum_{h=1}^{L} W_h S_h C_h\right)}{\overline{X}^2 e^2 + \dfrac{1}{N}\sum_{h=1}^{L} W_h S_h^2}$	$\dfrac{\left(\sum_{h=1}^{L} W_h S_h /\sqrt{C_h}\right)\left(\sum_{h=1}^{L} W_h S_h C_h\right)}{\dfrac{e^2}{\lambda_\alpha^2} + \dfrac{1}{N}\sum_{h=1}^{L} W_h S_h^2}$	$\dfrac{\left(\sum_{h=1}^{L} W_h S_h /\sqrt{C_h}\right)\left(\sum_{h=1}^{L} W_h S_h C_h\right)}{\dfrac{\overline{X}^2 e^2}{\lambda_\alpha^2} + \dfrac{1}{N}\sum_{h=1}^{L} W_h S_h^2}$
Total	$\dfrac{\left(\sum_{h=1}^{L} N_h S_h /\sqrt{C_h}\right)\left(\sum_{h=1}^{L} N_h S_h C_h\right)}{e^2 + \sum_{h=1}^{L} N_h S_h^2}$	$\dfrac{\left(\sum_{h=1}^{L} N_h S_h /\sqrt{C_h}\right)\left(\sum_{h=1}^{L} N_h S_h C_h\right)}{\overline{X}^2 e^2 + \sum_{h=1}^{L} N_h S_h^2}$	$\dfrac{\left(\sum_{h=1}^{L} N_h S_h /\sqrt{C_h}\right)\left(\sum_{h=1}^{L} N_h S_h C_h\right)}{\dfrac{e^2}{\lambda_\alpha^2} + \sum_{h=1}^{L} N_h S_h^2}$	$\dfrac{\left(\sum_{h=1}^{L} N_h S_h /\sqrt{C_h}\right)\left(\sum_{h=1}^{L} N_h S_h C_h\right)}{\dfrac{\overline{X}^2 e^2}{\lambda_\alpha^2} + \sum_{h=1}^{L} N_h S_h^2}$

Los tamaños de muestra en los casos de la estimación de la proporción y el total de clase se calculan sustituyendo S_h por:

$$\sqrt{\dfrac{N_h}{N_h -1} P_h Q_h}$$

en las fórmulas del tamaño de la muestra para la estimación de la media y el total respectivamente.

MUESTREO ESTRATIFICADO CON REPOSICIÓN

Ya sabemos que en el muestreo estratificado una *población heterogénea* con N unidades $\{u_i\}_{i=1,2,\dots N}$ se subdivide en L *subpoblaciones lo más homogéneas posibles* no solapadas denominadas *estratos* $\{u_{hi}\}_{\substack{h=1,2,\cdots,L \\ i=1,2,\cdots N_h}}$ de tamaños $N_1, N_2, \dots, N_L$.

La muestra estratificada de tam año n se obtiene seleccionando n_h elementos (h=1,2,...,L) de cada uno de los L estratos en que se subdivide la población de form a independiente. Si la m uestra estratificada se obtiene   seleccionando una muestra aleatoria simple con reposición en cada est rato de forma independiente, el m uestreo se **denomina muestreo aleatorio estratificado con reposición**. Aunque en este capítulo consideraremos el caso   más   sencillo (m uestreo aleatorio sim   ple con reposición en cada estrato), en general na da impide utilizar otros tipos de selección con reposición en los estratos, e incluso diferentes tipos de muestreo en cada estrato.

Estimadores lineales insesgados

Vamos a considerar que seleccionam os en cada estrato las unidades para la muestra m ediante m uestreo aleatorio sim ple con reposición y que la selección se realiza de form a independiente en cada   estrato. Un estim ador de un parám etro poblacional puede expresarse com o suma de las estim aciones para el parámetro en los diferentes estratos m ediante muestreo aleatorio sim ple con reposición. Cualquier parámetro poblacional puede expresarse com o suma de los valores de la variable en estudio (o una función lineal suya) sobre las unidades de los estratos.

Hechas estas aclaraciones consideraremos el parámetro poblacional:

$$\theta = \sum_h^L \sum_i^{N_h} Y_{hi}$$

que puede ser estim   ado m ediante la sum a extendida a todos los estratos de   los estimadores lineales insesgados de Hansen   y Hurwitz en cada estrato, es decir mediante el estimador:

$$\hat{\theta} = \sum_h^L \sum_i^{n_h} \frac{Y_{hi}}{n_h P_{hi}}$$

donde $P_{hi} = 1/N_h$ es la probabilidad unitaria de selección de   la unidad u_{hi} para la muestra $(\tilde{X}_h)$ de n_h unidades, obtenida de entre las N_h unidades del estrato h-ésimo. Se observa entonces que la expresión   del estimador es la m isma con reposición que sin reposición pues:

$$\hat{\theta}_{HH} = \sum_h^L \sum_i^{n_h} \frac{Y_{hi}}{n_h P_{hi}} = \sum_h^L \sum_i^{n_h} \frac{Y_{hi}}{n_h / N_h} = \hat{\theta}_{HT}$$

Por otra parte, com o en todos los   estratos se realiza   muestreo aleatorio simple con reposición, el estim ador de Ha nsen y Hurwitz en cada estrato coincide con el estim ador Horwitz y Thompson (y a visto en el capítulo anterior), con lo que los estimadores en muestreo aleatorio estratificado con reposición coincidirán con los ya estudiados para el caso de sin reposición.

La insesgadez del estimador $\hat{\theta}$ se puede probar introduciendo la variable auxiliar e_{hi} definida como el número de veces que la unidad u_{hi} pertenece a la muestra de n_h unidades seleccionada en el estrato h-ésimo. Por su forma de definición la variable e_{hi} es una binomial de parámetros $(n_h, P_{hi}) = (n_h, 1/N_h)$ cuya esperanza es $P_{hi} = n_h/N_h$.

Sea $\hat{\theta} = \sum_{h=1}^{L} \sum_{i=1}^{n_h} w_{hi} Y_{hi}$ un estimador lineal insesgado del parámetro poblacional:

$$\theta = \sum_{h}^{L} \sum_{i}^{N_h} Y_{hi}$$

Se tiene:

$$E(\hat{\theta}) = E\left(\sum_{h=1}^{L} \sum_{i=1}^{n_h} w_{hi} Y_{hi} \right) = E\left(\sum_{h=1}^{L} \sum_{i=1}^{N_h} w_{hi} Y_{hi} e_{hi} \right) = \sum_{h=1}^{L} \sum_{i=1}^{N_h} w_{hi} Y_{hi} E(e_{hi}) =$$

$$\underbrace{\sum_{h=1}^{L} \sum_{i=1}^{N_h} w_{hi} Y_{hi} n_h P_{hi}}_{E(\hat{\theta})} \underset{\underset{Por\,insesgadez}{\downarrow}}{=} \underbrace{\sum_{h=1}^{L} \sum_{i=1}^{N_h} Y_{hi}}_{\theta} \Rightarrow w_{hi} Y_{hi} n_h P_{hi} = Y_{hi} \Rightarrow w_{hi} = \frac{1}{n_h P_{hi}}$$

Con lo que el estimador lineal insesgado para el parámetro $\theta = \sum_{h}^{L} \sum_{i}^{N_h} Y_{hi}$ es:

$$\hat{\theta} = \sum_{h=1}^{L} \sum_{i}^{n_h} w_{hi} Y_{hi} = \sum_{h}^{L} \sum_{i}^{n_h} \frac{Y_{hi}}{n_h P_{hi}} = \sum_{h}^{L} \sum_{i}^{n_h} \frac{Y_{hi}}{n_h / N_h}$$

Concluimos que los estimadores lineales insesgados del total, media, proporción y total de clase serán los mismos en los casos de sin reposición y con reposición.

Varianzas de los estimadores

La varianza del estimador $\hat{X}_{st}$ es igual a la suma de las varianzas de las estimaciones de los totales en cada estrato, y a que el muestreo que supondremos con reposición se realiza de forma independiente en los distintos estratos.

$$V\left(\hat{X}_{st} \right) = V\left(\sum_{h=1}^{L} \hat{X}_h \right) = \sum_{h=1}^{L} V(\hat{X}_h) = \sum_{h=1}^{L} N_h^2 \cdot \frac{\sigma_h^2}{n_h}$$

Análogamente se obtendrían las varianzas para los estimadores de la media, el total de clase y la proporción:

$$V\left(\overline{x}_{st} \right) = V\left(\sum_{h=1}^{L} W_h \overline{x}_h \right) = \sum_{h=1}^{L} W_h^2 V(\overline{x}_h) = \sum_{h=1}^{L} W_h^2 \cdot \frac{\sigma_h^2}{n_h}$$

$$V\left(\hat{A}_{st} \right) = V\left(\sum_{h=1}^{L} \hat{A}_h \right) = \sum_{h}^{L} V\left(\hat{A}_h \right) = \sum_{h=1}^{L} N_h^2 \cdot \frac{P_h Q_h}{n_h}$$

$$V\left(\hat{P}_{st} \right) = V\left(\sum_{h=1}^{L} W_h \hat{P}_h \right) = \sum_{h=1}^{L} W_h^2 V\left(\hat{P}_h \right) = \sum_{h=1}^{L} W_h^2 \cdot \frac{P_h Q_h}{n_h}$$

Estimación de varianzas

Del capítulo anterior sabem os que en m uestreo con reposición en el estrato h-ésimo la cuasivarianza muestral:

$$\hat{S}_h^2 = \frac{1}{n_h - 1} \cdot \sum_{i=1}^{n_h} \left(X_{hi} - \overline{x}_h \right)^2 = \frac{n_h}{n_h - 1} \left[\frac{1}{n_h} \sum_{i=1}^{n_h} \left(X_{hi} - \overline{x}_h \right)^2 \right] = \frac{n_h}{n_h - 1} \hat{\sigma}_h^2$$

es un estimador insesgado de la varianza poblacional $\sigma_h^2 = \dfrac{1}{N_h} \cdot \sum_{i=1}^{N_h} \left(X_{hi} - \overline{X}_h \right)^2$.

También sabem os del capítulo anterior que en el caso de proporciones   las cuasivarianzas muestrales y poblacionales para los estratos son respectivamente:

$$\hat{S}_h^2 = \frac{n_h}{n_h - 1} \cdot \hat{P}_h \hat{Q}_h \; y \, \sigma_h^2 = \frac{N_h - 1}{N_h} S_h^2 = \frac{N_h - 1}{N_h} \cdot \frac{N_h}{N_h - 1} \cdot P_h Q_h = P_h Q_h$$

con lo que $\hat{S}_h^2 = \dfrac{n_h}{n_h - 1} \cdot \hat{P}_h \hat{Q}_h$ es un estimador insesgado para $\sigma_h^2 = P_h Q_h$.

Ahora ya podemos sustituir en las expresiones de la varianzas de los estim a-dores cada término por su estimador insesgado, con lo que se obtienen los siguientes estimadores insesgados para las varianzas de los estimadores:

$$\hat{V}\left(\hat{X}_{st} \right) = \sum_{h=1}^{L} N_h^2 \cdot \frac{\hat{S}_h^2}{n_h}$$

$$\hat{V}\left(\overline{X}_{st} \right) = \sum_{h=1}^{L} W_h^2 \cdot \frac{\hat{S}_h^2}{n_h}$$

$$\hat{V}\left(\hat{A}_{st} \right) = \sum_{h=1}^{L} N_h^2 \cdot \frac{n_h}{n_h - 1} \cdot \frac{\hat{P}_h \hat{Q}_h}{n_h} = \sum_{h=1}^{L} N_h^2 \cdot \frac{\hat{P}_h \hat{Q}_h}{n_h - 1}$$

$$\hat{V}\left(\hat{P}_{st} \right) = \sum_{h=1}^{L} W_h^2 \cdot \frac{\hat{P}_h \hat{Q}_h}{n_h - 1}$$

Afijación de la muestra

Dada la form a en que están definidos los cálculos de los n_h para las afijaciones uniforme y proporcional, dichas afijaciones no van a verse afectadas por el hecho de que el m uestreo sea con o sin reposición. Sin em bargo sí variarán las varianzas de los estimadores. Las afijaciones de m ínima varianza y óptima sí van a verse afectadas por la existencia de reposición o no, y a que el cálculo de n_h depende de las varianzas en los estratos.

Afijación uniforme

Dado que este tipo de afijación consiste en asignar el m   ismo núm ero de unidades muestrales a cada estrato no interviene para nada en el reparto de unidades muestrales entre los estratos el hecho de que haya o no reposición. Se tom arán todos los n_h iguales a $k=n/L$, aumentando o disminuyendo este tamaño en una unidad si n no fuese múltiplo de L, esto es $n_h=E(n/L)+1$ donde E denota la parte entera.

Para este tipo de afijación, las varianzas de los estimadores serán:

$$V\left(\hat{X}_{st}\right)=\sum_{h=1}^{L}N_h^2\cdot\frac{\sigma_h^2}{k}, V\left(\overline{x}_{st}\right)=\sum_{h=1}^{L}W_h^2\cdot\frac{\sigma_h^2}{k}, V\left(\hat{A}_{st}\right)=\sum_{h=1}^{L}N_h^2\frac{P_hQ_h}{k}, V\left(\hat{P}_{st}\right)=\sum_{h=1}^{L}W_h^2\cdot\frac{P_hQ_h}{k}$$

Afijación proporcional

Dado que este tipo de afijación consiste en asignar a cada estrato   un número de unidades muestrales proporcional a su tamaño, no interviene para nada en el reparto de uni-dades muestrales entre los estratos el hecho de que hay a o no reposición. Las n unidades de la muestra se di stribuyen pr oporcionalmente a l os tamaños de los estratos, expresados en número de unidades.

Para este tipo de afijación las varianzas de los estimadores serán:

$$V\left(\hat{X}_{st}\right)=\sum_{h=1}^{L}N_h^2\cdot\frac{\sigma_h^2}{n_h}=\sum_{h=1}^{L}N_h^2\frac{\sigma_h^2}{kN_h}=\frac{1}{k}\sum_{h=1}^{L}N_h\cdot\sigma_h^2, V\left(\hat{A}_{st}\right)=\frac{1}{k}\sum_{h=1}^{L}N_hP_hQ_h$$

$$V\left(\overline{x}_{st}\right)=\sum_{h=1}^{L}W_h^2\frac{\sigma_h^2}{n_h}=\sum_{h=1}^{L}\frac{n_h^2}{n^2}\frac{\sigma_h^2}{n_h}=\frac{1}{n}\sum_{h=1}^{L}W_h\cdot\sigma_h^2, V\left(\hat{P}_{st}\right)=\frac{1}{n}\sum_{h=1}^{L}W_h\cdot\frac{P_hQ_h}{k}$$

Afijación de mínima varianza (o afijación de Neyman)

Si consideramos el estimador de la media, el problem a consiste en hacer mínima la expresión $V\left(\overline{x}_{st}\right)$ bajo la condición $\sum_{h=1}^{L}n_h=n$.

Estamos así ante el problema de optimización con restricciones siguiente:

$$\left.\begin{array}{c}\min V\left(\overline{x}_{st}\right)\\\sum_{h=1}^{L}n_h=n\end{array}\right\}$$

Este problema se resuelve aplicando el m étodo de los m ultiplicadores de Lagrange, considerando la función lagrangiana siguiente:

$$\phi(n_h, \lambda) = V(\bar{x}_{st}) + \lambda\left(\sum_{h=1}^{L} n_h - n\right) = \sum_{h=1}^{L} W_h^2 \cdot \frac{\sigma_h^2}{n_h} + \lambda\left(\sum_{h=1}^{L} n_h - n\right)$$

El paso siguiente es derivar la función lagrangiana respecto de sus variables, igualar a cero y eliminar el parámetro λ. Tenemos:

$$\left.\begin{array}{l} \dfrac{\partial\phi}{\partial n_h} = -W_h^2 \cdot \dfrac{\sigma_h^2}{n_h^2} + \lambda = 0 \\[2mm] (h = 1,2,\cdots,L) \\[2mm] \dfrac{\partial\phi}{\partial\lambda} = \displaystyle\sum_{h}^{L} n_h - n = 0 \end{array}\right\} \Rightarrow \lambda = W_h^2 \cdot \frac{\sigma_h^2}{n_h^2} = \frac{N_h^2}{N^2} \cdot \frac{\sigma_h^2}{n_h^2} \Rightarrow \sqrt{\lambda} = \frac{W_h \sigma_h}{n_h} = Cte$$

Aplicando las propiedades de las proporciones tenemos:

$$\frac{W_h \sigma_h}{n_h} = \frac{\displaystyle\sum_{h=1}^{L} W_h \sigma_h}{\displaystyle\sum_{h=1}^{L} n_h} = \frac{\displaystyle\sum_{h=1}^{L} W_h \sigma_h}{n} \Rightarrow n_h = n \cdot \frac{W_h \sigma_h}{\displaystyle\sum_{h=1}^{L} W_h \sigma_h} = n \cdot \frac{\dfrac{N_h}{N}\sigma_h}{\displaystyle\sum_{h=1}^{L} \dfrac{N_h}{N}\sigma_h} = n \cdot \frac{N_h \sigma_h}{\displaystyle\sum_{h=1}^{L} N_h \sigma_h}$$

Vemos que los valores de n_h son proporcionales a los productos $N_h \cdot \sigma_h$ **y en** el supuesto de que $\sigma_h = \sigma$, $\forall h$=1, 2, ..., L esta afijación de m ínima varianza coincidiría con la proporcional tal y como se ve a continuación:

$$\sigma_h = \sigma \Rightarrow n_h = n \cdot \frac{N_h \sigma}{\displaystyle\sum_{h=1}^{L} N_h \sigma} = \frac{n N_h}{N} = k N_h \; con \; k = \frac{n}{N}$$

Una vez calculados los n_h para afijación de m ínima varianza en el caso de la estimación de la m edia con reposición, va mos a ver cuánto vale la varianza   del estimador de la media para este tipo de afijación. Tenemos:

$$V(\bar{x}_{st}) = \sum_{h=1}^{L} W_h^2 \cdot \frac{\sigma_h^2}{n_h} = \sum_{h=1}^{L} W_h^2 \cdot \frac{\sigma_h^2}{n \cdot \dfrac{W_h \sigma_h}{\displaystyle\sum_{h=1}^{L} W_h \sigma_h}} = \sum_{h=1}^{L} \frac{W_h \sigma_h}{n \cdot \dfrac{1}{\displaystyle\sum_{h=1}^{L} W_h \sigma_h}} = \frac{1}{n}\left(\sum_{h=1}^{L} W_h \sigma_h\right)^2$$

Si se quiere la ***afijación de mínima varianza y la expresión de la varianza mínima para el estimador de la proporción*** basta sustituir en la fórm ula anterior σ_h^2 por $P_h Q_h$.

Si consideramos el estimador del total, estamos así ante el problema de optimización con restricciones siguiente:

$$\left. \begin{array}{c} \min V\left(\hat{X}_{st}\right) \\ \sum_{h=1}^{L} n_h = n \end{array} \right\}$$

Este problema se resuelve aplicando el método de los multiplicadores de Lagrange, considerando la función lagrangiana siguiente:

$$\phi(n_h, \lambda) = V\left(\hat{X}_{st}\right) + \lambda\left(\sum_{h=1}^{L} n_h - n\right) = \sum_{h=1}^{L} N_h^2 \cdot \frac{\sigma_h^2}{n_h} + \lambda\left(\sum_{h=1}^{L} n_h - n\right)$$

El paso siguiente es derivar la función lagrangiana respecto de sus variables, igualar a cero y eliminar el parámetro λ. Tenemos:

$$\left. \begin{array}{c} \dfrac{\partial \phi}{\partial n_h} = -N_h^2 \cdot \dfrac{\sigma_h^2}{n_h^2} + \lambda = 0 \\ (h = 1, 2, \cdots, L) \\ \dfrac{\partial \phi}{\partial \lambda} = \sum_{h}^{L} n_h - n = 0 \end{array} \right\} \Rightarrow \lambda = N_h^2 \cdot \frac{\sigma_h^2}{n_h^2} \Rightarrow \sqrt{\lambda} = \frac{N_h \sigma_h}{n_h} = Cte$$

Aplicando las propiedades de las proporciones tenemos:

$$\frac{N_h \sigma_h}{n_h} = \frac{\sum_{h=1}^{L} N_h \sigma_h}{\sum_{h=1}^{L} n_h} = \frac{\sum_{h=1}^{L} N_h \sigma_h}{n} \Rightarrow n_h = n \cdot \frac{N_h \sigma_h}{\sum_{h=1}^{L} N_h \sigma_h} = n \cdot \frac{\frac{N_h}{N} \sigma_h}{\sum_{h=1}^{L} \frac{N_h}{N} \sigma_h} = n \cdot \frac{W_h \sigma_h}{\sum_{h=1}^{L} W_h \sigma_h}$$

Vemos que los valores de n_h son proporcionales a los productos $N_h \cdot \sigma_h$ y en el supuesto de que $\sigma_h = \sigma$, $\forall h = 1, 2, ..., L$ esta afijación de mínima varianza coincidiría con la proporcional.

Una vez calculados los n_h para afijación de mínima varianza en el caso de la estimación del total con reposición, vamos a ver cuánto vale la varianza del estimador del total para este tipo de afijación. Tenemos:

$$V\left(\hat{X}_{st}\right) = \sum_{h=1}^{L} N_h^2 \cdot \frac{\sigma_h^2}{n_h} = \sum_{h=1}^{L} N_h^2 \cdot \frac{\sigma_h^2}{n \cdot \frac{N_h \sigma_h}{\sum_{h=1}^{L} N_h \sigma_h}} = \sum_{h=1}^{L} \frac{N_h \sigma_h}{n \cdot \frac{1}{\sum_{h=1}^{L} N_h \sigma_h}} = \frac{1}{n}\left(\sum_{h=1}^{L} N_h \sigma_h\right)^2$$

Si se quiere la **afijación de mímima varianza y la expresión de la varianza mínima para el estimador del total de clase** basta sustituir en la fórmula anterior σ_h^2 por P_hQ_h.

Afijación óptima

Si consideramos el estimador de la media, el problem a consiste en hacer mínima la expresión $V(\overline{x}_{st})$ bajo la condición $\displaystyle\sum_{h=1}^{L} c_h n_h = C$.

Estamos así ante el problema de optimización con restricciones siguiente:

$$\left.\begin{array}{c} \min V(\overline{x}_{st}) \\[2mm] \displaystyle\sum_{h=1}^{L} c_h n_h = C \end{array}\right\}$$

Este problema se resuelve aplicando el m étodo de los m ultiplicadores de Lagrange, considerando la función lagrangiana siguiente:

$$\phi(n_h,\lambda) = V(\overline{x}_{st}) + \lambda\left(\sum_{h=1}^{L} c_h n_h - C\right) = \sum_{h=1}^{L} W_h^2 \cdot \frac{\sigma_h^2}{n_h} + \lambda\left(\sum_{h=1}^{L} c_h n_h - C\right)$$

El paso siguiente es derivar la función lagrangiana respecto de sus variables, igualar a cero y eliminar el parámetro λ. Tenemos:

$$\left.\begin{array}{c} \dfrac{\partial\phi}{\partial n_h} = -W_h^2 \cdot \dfrac{\sigma_h^2}{n_h^2} + \lambda c_h = 0 \\[3mm] (h=1,2,\cdots,L) \\[3mm] \dfrac{\partial\phi}{\partial\lambda} = \displaystyle\sum_{h=1}^{L} c_h n_h - C = 0 \end{array}\right\} \Rightarrow \lambda = W_h^2 \cdot \frac{\sigma_h^2}{c_h n_h^2} = \frac{N_h^2}{N^2}\cdot\frac{\sigma_h^2}{c_h n_h^2} \Rightarrow \sqrt{\lambda} = \frac{\dfrac{W_h\sigma_h}{\sqrt{c_h}}}{n_h} = Cte$$

Aplicando las propiedades de las proporciones tenemos:

$$\frac{\dfrac{W_h\sigma_h}{\sqrt{c_h}}}{n_h} = \frac{\displaystyle\sum_{h=1}^{L}\dfrac{W_h\sigma_h}{\sqrt{c_h}}}{\displaystyle\sum_{h=1}^{L} n_h} = \frac{\displaystyle\sum_{h=1}^{L}\dfrac{W_h\sigma_h}{\sqrt{c_h}}}{n} \Rightarrow n_h = n\cdot\frac{\dfrac{W_h\sigma_h}{\sqrt{c_h}}}{\displaystyle\sum_{h=1}^{L}\dfrac{W_h\sigma_h}{\sqrt{c_h}}} = n\cdot\frac{\dfrac{N_h}{N}\dfrac{\sigma_h}{\sqrt{c_h}}}{\displaystyle\sum_{h=1}^{L}\dfrac{N_h}{N}\sigma_h} = n\cdot\frac{\dfrac{N_h\sigma_h}{\sqrt{c_h}}}{\displaystyle\sum_{h=1}^{L}\dfrac{N_h\sigma_h}{\sqrt{c_h}}}$$

Vemos que los valores de n_h son proporcionales a los productos $N_h \cdot \sigma_h/\sqrt{c_h}$ y en el supuesto de que $C_h=k$ $\forall h=1, 2, ..., L$ (coste constante en todos los estratos) la afijación óptima coincide con la de m ínima varianza, y si adem ás $\sigma_h = \sigma,$ $\forall h=1, 2, ..., L$ la afijación óptima coincidirá con la de mínima varianza y con la proporcional.

Una vez calculados los n_h para afijación óptim a en el caso de la estim ación de la m edia con reposición, vam os a ver cuán to vale la varianza del estim ador de la media para este tipo de afijación. Tenemos:

$$V(\overline{x}_{st}) = \sum_{h=1}^{L} W_h^2 \cdot \frac{\sigma_h^2}{n_h} = \sum_{h=1}^{L} W_h^2 \cdot \frac{\sigma_h^2}{n \cdot \dfrac{W_h\,\sigma_h/\sqrt{c_h}}{\sum\limits_{h=1}^{L} W_h\,\sigma_h/\sqrt{c_h}}} = \sum_{h=1}^{L} \frac{W_h\sigma_h\sqrt{c_h}}{n.\dfrac{1}{\sum\limits_{h=1}^{L} W_h\,\sigma_h/\sqrt{c_h}}}$$

$$= \frac{1}{n}\left(\sum_{h=1}^{L} W_h\,\sigma_h/\sqrt{c_h}\right)\left(\sum_{h=1}^{L} W_h\sigma_h\sqrt{c_h}\right)$$

Si se quiere la **afijación óptima y la expresión de la varianza mínima para el estimador de la proporción** basta sustituir en las fómulas anterioriores $\underline{\sigma}_h^2$ por P_hQ_h.

Si consideramos el estimador del total, el problem a consiste en hacer mínima la expresión $V(\hat{X}_{st})$ bajo la condición $\sum\limits_{h=1}^{L} c_h n_h = C$.

Estamos así ante el problema de optimización con restricciones siguiente:

$$\left.\begin{array}{l} \min V(\hat{X}_{st}) \\[2mm] \sum\limits_{h=1}^{L} c_h n_h = C \end{array}\right\}$$

Este problema se resuelve aplicando el m étodo de los m ultiplicadores de Lagrange, considerando la función lagrangiana siguiente:

$$\phi(n_h, \lambda) = V(\hat{X}_{st}) + \lambda\left(\sum_{h=1}^{L} c_h n_h - C\right) = \sum_{h=1}^{L} N_h^2 \cdot \frac{\sigma_h^2}{n_h} + \lambda\left(\sum_{h=1}^{L} c_h n_h - C\right)$$

El paso siguiente es derivar la función lagrangiana respecto de sus variables, igualar a cero y eliminar el parámetro λ. Tenemos:

$$\left.\begin{array}{l} \dfrac{\partial\phi}{\partial n_h} = -N_h^2 \cdot \dfrac{\sigma_h^2}{n_h^2} + \lambda c_h = 0 \\[3mm] (h=1,2,\cdots,L) \\[3mm] \dfrac{\partial\phi}{\partial\lambda} = \sum\limits_{h=1}^{L} c_h n_h - C = 0 \end{array}\right\} \Rightarrow \lambda = N_h^2 \cdot \frac{\sigma_h^2}{c_h n_h^2} = \frac{N_h^2\sigma_h^2}{c_h n_h^2} \Rightarrow \sqrt{\lambda} = \frac{\dfrac{N_h\sigma_h}{\sqrt{c_h}}}{n_h} = Cte$$

Aplicando las propiedades de las proporciones tenemos:

$$\frac{\dfrac{N_h \sigma_h}{\sqrt{c_h}}}{n_h} = \frac{\displaystyle\sum_{h=1}^{L} \frac{N_h \sigma_h}{\sqrt{c_h}}}{\displaystyle\sum_{h=1}^{L} n_h} = \frac{\displaystyle\sum_{h=1}^{L} \frac{N_h \sigma_h}{\sqrt{c_h}}}{n} \Rightarrow n_h = n \cdot \frac{\dfrac{N_h \sigma_h}{\sqrt{c_h}}}{\displaystyle\sum_{h=1}^{L} \frac{N_h \sigma_h}{\sqrt{c_h}}} = n \cdot \frac{\dfrac{N_h}{N}\dfrac{\sigma_h}{\sqrt{c_h}}}{\displaystyle\sum_{h=1}^{L} \frac{N_h}{N}\sigma_h} = n \cdot \frac{\dfrac{W_h \sigma_h}{\sqrt{c_h}}}{\displaystyle\sum_{h=1}^{L} \frac{W_h \sigma_h}{\sqrt{c_h}}}$$

Vemos que los valores de n_h son proporcionales a los productos $N_h \cdot \sigma_h / \sqrt{c_h}$ y en el supuesto de que $C_h = k \ \forall h = 1, 2, ..., L$ (coste constante en todos los estratos) la afijación óptima coincide con la de mínima varianza, y si además $\sigma_h = \sigma, \ \forall h = 1, 2, ..., L$ la afijación óptima coincidirá con la de mínima varianza y con la proporcional.

Una vez calculados los n_h para afijación óptima en el caso de la estimación del total con reposición, vamos a ver cuánto vale la varianza del estimador del total para este tipo de afijación. Tenemos:

$$V\left(\hat{X}_{st}\right) = \sum_{h=1}^{L} N_h^2 \cdot \frac{\sigma_h^2}{n_h} = \sum_{h=1}^{L} N_h^2 \cdot \frac{\sigma_h^2}{n_h = n \cdot \dfrac{N_h \, \sigma_h / \sqrt{c_h}}{\displaystyle\sum_{h=1}^{L} N_h \, \sigma_h / \sqrt{c_h}}} = \sum_{h=1}^{L} \frac{N_h \sigma_h \sqrt{c_h}}{n \cdot \dfrac{1}{\displaystyle\sum_{h=1}^{L} N_h \, \sigma_h / \sqrt{c_h}}}$$

$$= \frac{1}{n}\left(\sum_{h=1}^{L} N_h \, \sigma_h / \sqrt{c_h}\right)\left(\sum_{h=1}^{L} N_h \sigma_h \sqrt{c_h}\right)$$

Si se quiere la **afijación óptima y la expresión de la varianza mínima para el estimador del total de clase** basta sustituir en las fórmulas anterioriores σ_h^2 por $P_h Q_h$.

Comparación de eficiencias según los distintos tipos de afijación

En este epígrafe se realiza un estudio comparativo de la conveniencia de los tintos tipos de afijación con reposición en términos de su eficiencia medida a través del error de muestreo, o lo que es lo mismo, a través de la varianza. Por lo tanto será más eficiente aquel tipo de afijación que presente menos varianza. Comenzamos descomponiendo la varianza poblacional de la forma siguiente:

$$\sigma^2 = \frac{1}{N} \cdot \sum_{h=1}^{L} \sum_{i=1}^{N_h} \left(X_{hi} - \overline{X} \right)^2 = \frac{1}{N} \cdot \sum_{h=}^{L} \sum_{i=1}^{N_h} \left(X_{hi} - \overline{X}_h + \overline{X}_h - \overline{X} \right)^2 =$$

$$\frac{1}{N} \cdot \left(\sum_{h=1}^{L} \sum_{i=1}^{N_h} \left(X_{hi} - \overline{X}_h \right)^2 + \sum_{h=1}^{L} \sum_{i=1}^{N_h} \left(\overline{X}_h - \overline{X} \right)^2 + 2\underbrace{\sum_{h=1}^{L} \sum_{i=1}^{N_h} \left(X_{hi} - \overline{X}_h \right)\left(\overline{X}_h - \overline{X} \right)}_{0} \right) =$$

$$\frac{1}{N} \cdot \sum_{h=1}^{L} \sum_{i=1}^{N_h} \left(X_{hi} - \overline{X}_h \right)^2 + \frac{1}{N} \sum_{h=1}^{L} \sum_{i=1}^{N_h} \left(\overline{X}_h - \overline{X} \right)^2 = \frac{1}{N} \cdot \sum_{h=1}^{L} N_h \sigma_h^2 + \frac{1}{N} \cdot \sum_{i=1}^{N_h} N_h \left(\overline{X}_h - \overline{X} \right)^2$$

$$= \sum_{h=1}^{L} \frac{N_h}{N} \sigma_h^2 + \sum_{h=1}^{L} \frac{N_h}{N} \left(\overline{X}_h - \overline{X} \right)^2 = \sum_{h=1}^{L} W_h \sigma_h^2 + \sum_{h=1}^{L} W_h \left(\overline{X}_h - \overline{X} \right)^2$$

En la expresión anterior para σ^2 se ha utilizado que las sumas de los productos cruzados valen cero, es decir, $\sum_{h=1}^{L} \sum_{i=1}^{N_h} \left(X_{hi} - \overline{X}_h \right)\left(\overline{X}_h - \overline{X} \right) = 0$, igualdad ya demostrada.

Vamos a realizar ahora comparaciones de eficiencias a partir de la expresión de σ^2 recientemente obtenida. Tenemos:

$$\sigma^2 = \sum_{h=1}^{L} W_h \sigma_h^2 + \sum_{h=1}^{L} W_h \left(\overline{X}_h - \overline{X} \right)^2 \Rightarrow \underbrace{\frac{\sigma^2}{n}}_{V_{MAS}(\overline{x})} = \underbrace{\frac{1}{n} \sum_{h=1}^{L} W_h \sigma_h^2}_{V_{MEP}(\overline{x})} + \underbrace{\frac{1}{n} \sum_{h=1}^{L} W_h \left(\overline{X}_h - \overline{X} \right)^2}_{\geq 0} \Rightarrow$$

$$V_{MAS}(\overline{x}) \underset{\underset{\substack{La\ igualdad\ se\ da \\ si\ \overline{X}_h = \overline{X}\ h=1,\cdots,L}}{\downarrow}}{\gtreqless} V_{MEP}(\overline{x})$$

Acabamos de demostrar que *el muestreo estratificado con reposición y afijación proporcional es más preciso que el muestreo aleatorio simple con reposición*, produciéndose la igualdad de precisiones cuando las medias de los estratos son todas iguales. Por lo tanto la ganancia en precisión del muestreo estratificado con reposición respecto del aleatorio simple con reposición será mayor cuanto más distintas entre sí sean las medias de los estratos, es decir, para que el muestreo estratificado con reposición sea preciso es conveniente que los estratos sean heterogeneos entre sí en media, afirmación que ya conocíamos desde el comienzo del tema y que constituye una de las especificaciones clásicas en el muestreo estratificado.

A continuación vamos a comparar las precisiones de la afijación proporcional y la de mínima varianza con reposición. Tenemos:

$$V_{MEP}(\overline{x}) - V_{MEMV}(\overline{x}) = \frac{1}{n} \sum_{h=1}^{L} W_h \sigma_h^2 - \frac{1}{n} \left(\sum_{h=1}^{L} W_h \sigma_h \right)^2 = \frac{1}{n} \left(\sum_{h=1}^{L} W_h \sigma_h^2 - \left(\sum_{h=1}^{L} W_h \sigma_h \right)^2 \right)$$

$$= \frac{1}{n} \sum_{h=1}^{L} W_h \left(\sigma_h - \overline{\sigma} \right)^2 \underset{\underset{\substack{La\ igualdad\ se\ da \\ si\ S_h = \overline{S}\ h=1,\cdots,L}}{\downarrow}}{\geq} 0\ con\ \overline{\sigma} = \sum_{h=1}^{L} W_h \sigma_h \Rightarrow V_{MEP}(\overline{x}) \geq V_{MEMV}(\overline{x})$$

El último paso de la dem ostración anterior, relizado en función de la m edia ponderada de las desviaciones típicas de los estratos $\overline{\sigma}$, se justifica como sigue:

$$\sum_{h=1}^{L} W_h \left(\sigma_h - \overline{\sigma}\right)^2 = \sum_{h=1}^{L} W_h \sigma_h^2 - 2\overline{\sigma}\underbrace{\sum_{h=1}^{L} W_h \sigma_h}_{\overline{\sigma}} + \overline{\sigma}^2 \underbrace{\sum_{h=1}^{L} W_h}_{1} =$$

$$\sum_{h=1}^{L} W_h \sigma_h^2 - 2\overline{\sigma}^2 + \overline{\sigma}^2 = \sum_{h=1}^{L} W_h \sigma_h^2 - \overline{\sigma}^2 = \sum_{h=1}^{L} W_h \sigma_h^2 - \left(\sum_{h=1}^{L} W_h \sigma_h\right)^2$$

Hemos dem ostardo que $V_{MEP}(\overline{x}) - V_{MEMV}(\overline{x}) \geq 0 \Rightarrow V_{MEP}(\overline{x}) \geq V_{MEMV}(\overline{x})$, luego el m uestreo estratificado con reposic ión y afijación de m ínima varianza es más preciso que el m uestreo estratifica do con reposición y afijación proporcional, produciéndose la igualdad de precisiones cu ando las cuasidesviaciones típicas de los estratos son todas iguales. Por lo tanto la ga nancia en precisión del muestreo estra-tificado con reposición y afijación de m ínima varian za respecto del m uestreo estratificado con reposición y afijación proporcional será m ayor cuanto m ás distintas entre sí sean las desviaciones típicas de los estratos, es deci r, para que el m uestreo estratificado con reposición sea m ás preciso es conveniente que lo s estratos sean heterogeneos entre sí en desviación típica, afirm ación que y a conocíam os desde el com ienzo del tem a y que constituye una de las especificaciones clásicas en el muestreo estratificado.

En realidad ya sabemos que:

$$V_{MAS}(\overline{x}) \geq V_{MEP}(\overline{x}) \geq V_{MEMV}(\overline{x})$$

lo que perm ite asegurar que en general el m uestreo estratificado con reposición y afijación de mínima varianza es m ás preciso que el m uestreo estratificado con reposición y afijación proporcional y que el aleatorio simple con reposición, siendo además el estratificado con reposición y afijación proporcional m ás preciso que el aleatorio simple con reposición.

Además hemos visto que:

$$\underbrace{\frac{\sigma^2}{n}}_{V_{MAS}(\overline{x})} = \underbrace{\frac{1}{n}\sum_{h=1}^{L} W_h \sigma_h^2 + \frac{1}{n}\sum_{h=1}^{L} W_h \left(\overline{X}_h - \overline{X}\right)^2}_{V_{MEP}(\overline{x})} =$$

$$V_{MEMV}(\overline{x}) + \frac{1}{n}\sum_{h=1}^{L} W_h \left(\sigma_h - \overline{\sigma}\right)^2 + \frac{1}{n}\sum_{h=1}^{L} W_h \left(\overline{X}_h - \overline{X}\right)^2$$

Luego el increm ento de la eficiencia del m uestreo estratificado con repo-sición y afijación de m ínima varianza respecto del muestreo aleatorio simple con reposición recoge un término debido a la variabilidad de las m edias de los estratos y otro debido a la variabilidad de las desviaciones típicas de los estratos.

Se produce la igualdad de eficiencias cuando las varianzas y   las m edias de los estratos son constantes, y se produce la m áxima diferencia de eficiencias cuanto más distintas sean las varianzas y las m edias de los estratos, es decir, cuanto m ayor sea la heterogeneidad entre los estrato   s, tal y   com o es lógico en m   uestreo estratificado.

Tamaño de la muestra

Vamos a analizar ahora el tam   año de m uestra estratificada con reposición necesario para com eter un determinado error de m uestreo conocido de antem ano. Distinguiremos los casos de error de m uestreo dado con y sin coeficiente de confianza adicional y además distinguiremos entre los diferentes tipos de afijación de la muestra.

1) Error de muestreo dado $e = \sigma\!\left(\hat{\theta}\right)$

Media, Total, Proporción y Total de Clase con afijación proporcional

$$e^2 = V\!\left(\hat{\bar{X}}\right) = \frac{1}{n}\sum_{h=1}^{L} W_h \sigma_h^2 \Rightarrow n = \frac{\displaystyle\sum_{h=1}^{L} W_h \sigma_h^2}{e^2}$$

$$e^2 = V\!\left(\hat{X}\right) = \frac{1}{f}\sum_{h=1}^{L} N_h \sigma_h^2 = \frac{N}{n}\sum_{h=1}^{L} N_h \sigma_h^2 \Rightarrow n = \frac{N\displaystyle\sum_{h=1}^{L} N_h \sigma_h^2}{e^2}$$

Los tam años de m uestra en los casos de la estimación de la proporción y el total de clase con reposición se calculan sustituy endo σ_h^2 por $P_h Q_h$ en las fórmulas del tamaño de la muestra para la estimación de la media y el total respectivamente.

Media, Total, Proporción y Total de Clase con afijación de mínima varianza

$$e^2 = V\!\left(\hat{\bar{X}}\right) = \frac{1}{n}\left(\sum_{h=1}^{L} W_h \sigma_h\right)^2 \Rightarrow n = \frac{\left(\displaystyle\sum_{h=1}^{L} W_h \sigma_h\right)^2}{e^2}$$

$$e^2 = V\!\left(\hat{X}\right) = \frac{1}{n}\left(\sum_{h=1}^{L} N_h \sigma_h\right)^2 \Rightarrow n = \frac{\left(\displaystyle\sum_{h=1}^{L} N_h \sigma_h\right)^2}{e^2}$$

Los tam años de m uestra en los casos de la estimación de la proporción y el total de clase con reposición se calculan sustituy endo σ_h^2 por $P_h Q_h$ en las fórmulas del tamaño de la muestra para la estimación de la media y el total respectivamente.

2) Error de muestreo y coeficiente de confianza dados $e_\alpha = \lambda_\alpha \sigma(\hat{\theta})$

Media, Total, Proporción y Total de Clase con afijación proporcional

$$e_\alpha^2 = \lambda_\alpha^2 V\left(\hat{\bar{X}}\right) = \lambda_\alpha^2 \frac{1}{n} \sum_{h=1}^{L} W_h \sigma_h^2 \Longrightarrow n = \frac{\lambda_\alpha^2}{e_\alpha^2} \sum_{h=1}^{L} W_h \sigma_h^2$$

$$e_\alpha^2 = \lambda_\alpha^2 V\left(\hat{X}\right) = \lambda_\alpha^2 \frac{N}{n} \sum_{h=1}^{L} N_h \sigma_h^2 \Rightarrow n = \frac{\lambda_\alpha^2}{e_\alpha^2} N \sum_{h=1}^{L} N_h \sigma_h^2$$

Se observa que la única diferencia que hay   entre estas fórm   ulas para el tamaño mu estral n y las obtenidas sin la presencia de un coeficiente de   confianza P_α sólo es el término λ_α^2 función de $\lambda_\alpha = F^{-1}(1-\alpha/2)$ con $F \to N(0,1)$.

Los tamaños de m uestra en los casos de la estimación de la proporción y el total de clase con reposición se calculan sustituy endo σ_h^2 por $P_h Q_h$ en las fórmulas del tamaño de la muestra para la estimación de la media y el total respectivamente.

Media, Total, Proporción y Total de Clase con afijación de mínima varianza

$$e_\alpha^2 = \lambda_\alpha^2 V\left(\hat{\bar{X}}\right) = \lambda_\alpha^2 \frac{1}{n}\left(\sum_{h=1}^{L} W_h \sigma_h\right)^2 \Rightarrow n = \frac{\lambda_\alpha^2}{e_\alpha^2}\left(\sum_{h=1}^{L} W_h \sigma_h\right)^2$$

$$e_\alpha^2 = \lambda_\alpha^2 V\left(\hat{X}\right) = \lambda_\alpha^2 \frac{1}{n}\left(\sum_{h=1}^{L} N_h \sigma_h\right)^2 \Rightarrow n = \frac{\lambda_\alpha^2}{e_\alpha^2}\left(\sum_{h=1}^{L} N_h \sigma_h\right)^2$$

Se observa en este caso tam bién que la única diferencia que hay   entre estas fórmulas para el tam año muestral n y las obtenidas sin la presencia de un coeficiente de confianza P_α es el término λ_α^2 función de $\lambda_\alpha = F^{-1}(1-\alpha/2)$ con $F \to N(0,1)$.

Los tamaños de m uestra en los casos de la estimación de la proporción y el total de clase con reposición se calculan sustituy endo σ_h^2 por $P_h Q_h$ en las fórmulas del tamaño de la muestra para la estimación de la media y el total respectivamente.

Vamos a analizar ahora el tam   año de muestra estratificada con reposición necesario para com eter un determ inado e rror de m uestreo conocido de   antemano. Distinguiremos los casos de error de m   uestreo dado con y sin coeficiente de confianza adicional y , además, distinguiremos entre los diferentes tipos de afijación de la muestra.

Tipo de error → Parámetro ↓	Absoluto proporcional	Absoluto varianza mínima	Absoluto y coeficiente de confianza adicional proporcional	Absoluto y coeficiente de confianza adicional varianza mínima
Media	$\dfrac{\sum\limits_{h=1}^{L} W_h \sigma_h^2}{e^2}$	$\dfrac{\left(\sum\limits_{h=1}^{L} W_h \sigma_h\right)^2}{e^2}$	$\dfrac{\sum\limits_{h=1}^{L} W_h \sigma_h^2}{e^2 / \lambda_\alpha^2}$	$\dfrac{\left(\sum\limits_{h=1}^{L} W_h \sigma_h\right)^2}{e^2 / \lambda_\alpha^2}$
Total	$\dfrac{N \sum\limits_{h=1}^{L} N_h \sigma_h^2}{e^2}$	$\dfrac{\left(\sum\limits_{h=1}^{L} N_h \sigma_h\right)^2}{e^2}$	$\dfrac{N \sum\limits_{h=1}^{L} N_h \sigma_h^2}{e^2 / \lambda_\alpha^2}$	$\dfrac{\left(\sum\limits_{h=1}^{L} N_h \sigma_h\right)^2}{e^2 / \lambda_\alpha^2}$
Proporción	$\dfrac{\sum\limits_{h=1}^{L} W_h P_h Q_h}{e^2}$	$\dfrac{\left(\sum\limits_{h=1}^{L} W_h \sqrt{P_h Q_h}\right)^2}{e^2}$	$\dfrac{\sum\limits_{h=1}^{L} W_h P_h Q_h}{e^2 / \lambda_\alpha^2}$	$\dfrac{\left(\sum\limits_{h=1}^{L} W_h \sqrt{P_h Q_h}\right)^2}{e^2 / \lambda_\alpha^2}$
Total de clase	$\dfrac{N \sum\limits_{h=1}^{L} N_h P_h Q_h}{e^2}$	$\dfrac{\left(\sum\limits_{h=1}^{L} N_h \sqrt{P_h Q_h}\right)^2}{e^2}$	$\dfrac{N \sum\limits_{h=1}^{L} N_h P_h Q_h}{e^2 / \lambda_\alpha^2}$	$\dfrac{\left(\sum\limits_{h=1}^{L} N_h \sqrt{P_h Q_h}\right)^2}{e^2 / \lambda_\alpha^2}$

Vamos a resum ir ahora las fórmulas del **tamaño de muestra estratificada necesario para cometer un determinado error relativo de muestreo** conocido de antemano.

Distinguiremos los casos de error relativo de muestreo dado con y sin coeficiente de confianza adicional y, adem ás, distinguirem os entre los diferentes tipos de afijación de la muestra.

Tipo de error → Parámetro ↓	Relativo proporcion al	Relativo varianza mínima	Relativo y coeficient e de confianza adicional proporcion al	Relativo y coeficient e de confianza adicional varianza mínima
Media	$\dfrac{\sum\limits_{h=1}^{L} W_h \sigma_h^2}{\overline{X}^2 e^2}$	$\dfrac{\left(\sum\limits_{h=1}^{L} W_h \sigma_h\right)^2}{\overline{X}^2 e^2}$	$\dfrac{\sum\limits_{h=1}^{L} W_h \sigma_h^2}{\overline{X}^2 e^2 / \lambda_\alpha^2}$	$\dfrac{\left(\sum\limits_{h=1}^{L} W_h \sigma_h\right)^2}{\overline{X}^2 e^2 / \lambda_\alpha^2}$
Total	$\dfrac{\sum\limits_{h=1}^{L} N_h \sigma_h^2}{N \overline{X}^2 e^2}$	$\dfrac{\left(\sum\limits_{h=1}^{L} N_h \sigma_h\right)^2}{N^2 \overline{X}^2 e^2}$	$\dfrac{\sum\limits_{h=1}^{L} N_h \sigma_h^2}{N \overline{X}^2 e^2 / \lambda_\alpha^2}$	$\dfrac{\left(\sum\limits_{h=1}^{L} N_h \sigma_h\right)^2}{N^2 \overline{X}^2 e^2 / \lambda_\alpha^2}$
Proporción	$\dfrac{\sum\limits_{h=1}^{L} W_h P_h Q_h}{P^2 e^2}$	$\dfrac{\left(\sum\limits_{h=1}^{L} W_h \sqrt{P_h Q_h}\right)^2}{P^2 e^2}$	$\dfrac{\sum\limits_{h=1}^{L} W_h P_h Q_h}{P^2 e^2 / \lambda_\alpha^2}$	$\dfrac{\left(\sum\limits_{h=1}^{L} W_h \sqrt{P_h Q_h}\right)^2}{P^2 e^2 / \lambda_\alpha^2}$
Total de clase	$\dfrac{\sum\limits_{h=1}^{L} N_h P_h Q_h}{N P^2 e^2}$	$\dfrac{\left(\sum\limits_{h=1}^{L} N_h \sqrt{P_h Q_h}\right)^2}{N^2 P^2 e^2}$	$\dfrac{\sum\limits_{h=1}^{L} N_h P_h Q_h}{N P^2 e^2 / \lambda_\alpha^2}$	$\dfrac{\left(\sum\limits_{h=1}^{L} N_h \sqrt{P_h Q_h}\right)^2}{N^2 P^2 e^2 / \lambda_\alpha^2}$

Vamos a resum ir ahora las fórmulas del **tamaño de muestra estratificada necesario para cometer un determinado error absoluto o relativo de muestreo conocido de antemano con afijación óptima.**

Error→ Parámetro↓	Absoluto Óptima	Relativo Óptima	Absoluto Confianza adicional	Relativo Confianza adicional
Media	$$\dfrac{(\sum_{h=1}^{L}W_h\sigma_h/\sqrt{C_h})(\sum_{h=1}^{L}W_h\sigma_h C_h)}{e^2}$$	$$\dfrac{(\sum_{h=1}^{L}W_h\sigma_h/\sqrt{C_h})(\sum_{h=1}^{L}W_h\sigma_h C_h)}{\overline{X}^2 e^2}$$	$$\dfrac{(\sum_{h=1}^{L}W_h\sigma_h/\sqrt{C_h})(\sum_{h=1}^{L}W_h\sigma_h C_h)}{\dfrac{e^2}{\lambda_\alpha^2}}$$	$$\dfrac{(\sum_{h=1}^{L}W_h\sigma_h/\sqrt{C_h})(\sum_{h=1}^{L}W_h\sigma_h C_h)}{\dfrac{\overline{X}^2 e^2}{\lambda_\alpha^2}}$$
Total	$$\dfrac{(\sum_{h=1}^{L}N_h\sigma_h/\sqrt{C_h})(\sum_{h=1}^{L}N_h S_h C_h)}{e^2}$$	$$\dfrac{(\sum_{h=1}^{L}N_h\sigma_h/\sqrt{C_h})(\sum_{h=1}^{L}N_h S_h C_h)^2}{\overline{X}^2 e^2}$$	$$\dfrac{(\sum_{h=1}^{L}N_h\sigma_h/\sqrt{C_h})(\sum_{h=1}^{L}N_h\sigma_h C_h)}{\dfrac{e^2}{\lambda_\alpha^2}}$$	$$\dfrac{(\sum_{h=1}^{L}N_h\sigma_h/\sqrt{C_h})(\sum_{h=1}^{L}N_h\sigma_h C_h)^2}{\dfrac{\overline{X}^2 e^2}{\lambda_\alpha^2}}$$

Los tamaños de muestra en los casos de la estimación de la proporción y el total de clase se calculan sustituyendo S_h por:

$$\sqrt{\frac{N_h}{N_h-1}P_h Q_h}$$

en las fórmulas del tamaño de la muestra para la estimación de la media y el total respectivamente.

MUESTREO ESTRATIFICADO CON UNIDADES AUTORREPRESENTADAS

Ya se indicó al principio de este capítulo que se denominan unidades autorrepresentadas aquellas que con certeza van a entrar en la muestra estratificada. Cuando existen n_L unidades autorrepresentadas formamos con ellas el estrato L-ésimo, para el cual será $n_L = N_L$, ya que al pertenecer todas sus unidades a la muestra, su tamaño muestral coincidirá con su tamaño poblacional.

En los restantes L-1 estratos realizamos muestreo aleatorio simple, siendo el tamaño de muestra obtenido de ellos $n'=n-n_L=n-N_L$. Sean N', X' y $\overline{X}'$ el número de unidades, el total y la media para el conjunto de estos L-1 estratos. Se cumple que:

$$\text{Total poblacional} = X = X'+X_L = N'\hat{\overline{X}}'+X_L$$

$$\text{Media poblacional} = \overline{X} = \frac{X}{N} = \frac{X'+X_L}{N} = \frac{N'\overline{X}'+X_L}{N}$$

Los estimadores lineales insesgados para los parámetros poblacionales en el caso de muestras autorrepresentadas podrán expresarse de la siguiente forma:

$$\hat{X}_a = \hat{X}'+X_L = \sum_{h=1}^{L-1}N_h\overline{x}_h + X_L \quad (N'=N-N_L)$$

$$\hat{\overline{X}}_a = \frac{X}{N} = \frac{N'\hat{\overline{X}}'+X_L}{N} = \frac{N'\sum_{h=1}^{L-1}W_h'\overline{x}_h + X_L}{N} \quad (W_h'=\frac{N_h}{N'})$$

Veamos que estos estimadores son efectivamente insesgados para el total y la media poblacionales respectivamente.

$$E(\hat{X}_a) = E(\hat{X}') + X_L = \sum_{h=1}^{L-1} N_h E(\overline{x}_h) + X_L = \sum_{h=1}^{L-1} N_h \overline{X}_h + X_L = X' + X_L = X$$

$$E(\hat{\overline{X}}_a) = E\left(\frac{\hat{X}_a}{N}\right) = \frac{E(\hat{X}_a)}{N} = \frac{X}{N} = \overline{X}$$

Las varianzas para estos estimadores insesgados serán:

$$V(\hat{X}_a) = V(\hat{X}') + V(X_L) = V(\hat{X}')$$

$$V(\hat{\overline{X}}_a) = V(\frac{\hat{X}_a}{N}) = \frac{V(\hat{X}_a)}{N^2} = \frac{V(\hat{X}')}{N^2} = \frac{V(N'\overline{X}')}{N^2} = \frac{N'^2 V(\overline{X}')}{N^2} = \left(\frac{N'}{N}\right)^2 V(\overline{X}')$$

$V(X_L)$ porque todas las unidades del estrato L-ésim o pertenecen a la m uestra estratificada, con lo que es im posible la extracción aleatoria y el error cometido al selccionar la muestra en dicho estrato es cero.

Se observa que las varianzas de los estim adores dependen sólo de las varianzas para los L-1 prim eros estratos, con lo que el problem a de cálculo de varianzas en muestreo estratificado con un estrato de unidades autorrepresentadas se reduce al cálculo de varianzas relativas a los L-1 estratos restantes. Es decir, sólo contribuyen al error de m uestreo los L-1 primeros estratos, y el estrato de unidades autorrepresentadas no contribuye al error de muestreo.

EFICIENCIA DEL MUESTREO ESTRATIFICADO AUTORREPRESENTADO. N_L ÓPTIMO PARA n FIJO

Tratamos de com parar en cuanto a eficiencia el m uestreo aleatorio estratificado (caso 1) y el m uestreo estratificado de unidades autorrepresentadas con N_L unidades fijas en el estrato L realizando muestreo aleatorio estratificado en los otros L-1 estratos (caso 2).

Muestreo con reposición y afijación óptima

$$\left. \begin{array}{l} V(\hat{\overline{X}}_1) = \dfrac{1}{n} \sum_{h=1}^{L} \left(W_h \sigma_h\right)^2 = \dfrac{A}{n} \\[3mm] V(\hat{\overline{X}}_2) = \dfrac{1}{n'} \sum_{h=1}^{L-1} \left(W_h \sigma_h\right)^2 = \dfrac{B}{n'} = \dfrac{B}{n-N_L} \end{array} \right\} V(\hat{\overline{X}}_2) < V(\hat{\overline{X}}_1) \Leftrightarrow \dfrac{B}{n-N_L} < \dfrac{A}{n} \Leftrightarrow N_L < \left(1 - \dfrac{B}{A}\right) n$$

Por lo tanto, el muestreo estratificado con unidades autorrepresentadas es más preciso que el muestreo aleatorio estratificado para un tamaño de muestra n fijo, cuando el número de unidades autorrepresentadas cumple la expresión anterior.

Muestreo con reposición y afijación proporcional

Los resultados son los mismos sustituyendo A y B por A' y B' donde:

$$A' = \sum_{h=1}^{L} W_h \sigma_h^{2} \quad B' = \sum_{h=1}^{L-1} W_h \sigma_h^{2}$$

POSTESTRATIFICACIÓN

Cuando se manejan determinadas variables de estratificación puede ocurrir que no se conozca el estrato a que pertenece una unidad sino hasta después de recoger los datos.

Ejemplos típicos son las características personales como la edad, el sexo, la estatura, etc., y el nivel de educación.

Los tamaños de los estratos N_h se pueden obtener de manera bastante exacta a partir de las estadísticas oficiales, pero las unidades se pueden clasificar en estratos solamente después de conocer los datos de la muestra. Por lo tanto, puede suponerse que los W_h y los N_h son conocidos.

Este método se utiliza cuando se desconocen *a priori* las unidades que pertenecen a cada estrato. Obtenida la muestra, las unidades se asignan al estrato correspondiente. Si los pesos de éstos son conocidos, se puede utilizar el estimador insesgado:

$$\overline{x}' = \sum_{h=1}^{L} W_h \overline{x}_h$$

cuya precisión es similar a la obtenida con la afijación proporcional, siempre que todos los n_h sean grandes; por ejemplo, superiores a 20 unidades. Si de los W_h se conocen sólo las aproximaciones W'_h, el estimador:

$$\overline{x}'' = \sum_{h=1}^{L} W'_h \overline{x}_h$$

será sesgado y la cuantía del sesgo será:

$$E[\overline{x}''] - \overline{X} = \sum_{h=1}^{L} W'_h \, \overline{X}_h - \sum_{h=1}^{L} W_h \cdot \overline{X}_h = \sum_{h=1}^{L} \left(W'_h \, W_h \right) \cdot \overline{X}_h$$

La acuracidad vendrá dada por el error medio cuadrático

$$E.M.C.(\overline{x}'') = \sum_{h=1}^{L} W'^2_h \cdot \frac{S_h^2}{n_h} \cdot \left(1 - f_h\right) + \left[\sum \left(W'_h - W_h \right) \overline{X}_h \right]^2$$

El estimador del total es: $\hat{X}'' = \sum_{h=1}^{L} N'_h \, \overline{x}_h$.

El método de postestratificación puede aplicarse tam bién a una m uestra y a estratificada por otro factor, por ejem plo, en cinco regiones geográficas a condición de que los W_h se conozcan separadam ente en cada región. Esta estratificación doble se utiliza mucho en las cuentas nacionales de Estados Unidos. Los errores se calculan y estiman mediante:

$$V(\overline{x}'') = \frac{N-n}{N^2 n} \sum_{h=1}^{L} N'_h \cdot S'^2_h + \frac{N-n}{N n^2} \sum_{h=1}^{L} S'^2_h \left(1 - f'_h\right)$$

$$V(\hat{X}'') = \frac{N-n}{n} \sum_{h=1}^{L} N'_h \cdot S'^2_h + \frac{N(N-n)}{n^2} \sum_{h=1}^{L} S'^2_h \left(1 - f'_h\right)$$

$$\hat{V}(\overline{x}'') = \frac{N-n}{N^2 n} \sum_{h=1}^{L} N'_h \cdot \hat{S}'^2_h + \frac{N-n}{N n^2} \sum_{h=1}^{L} \hat{S}'^2_h \left(1 - f'_h\right)$$

$$\hat{V}(\hat{X}'') = \frac{N-n}{n} \sum_{h=1}^{L} N'_h \cdot \hat{S}'^2_h + \frac{N(N-n)}{n^2} \sum_{h=1}^{L} \hat{S}'^2_h \left(1 - f'_h\right)$$

Para totales y proporciones cambiamos $\hat{S}_h^2$ por $\dfrac{n'_h}{n'_h - 1} \hat{P}'_h (1 - \hat{P}'_h)$ y S'^2_h por:

$$\frac{N'_h}{N'_h - 1} P'_h (1 - P'_h)$$

El apóstrofe indica siempre valor de postestratificación.

Ejercicio 1. Sea X la variable salario anual en millones de unidades monetarias. Al medir la variable X sobre una población de 870 personas se obtiene la siguiente distribución de frecuencias:

Valores de X	2	3	4	7	10	12	16	20	25	30	35	50	60	100
Frecuencias (n_i)	20	30	60	100	150	200	120	80	50	20	18	10	8	4

Con el objeto de establecer pautas para futuras encuestas de salarios se estratifica la población utilizando dos métodos diferentes de estratificación. El método I consiste en realizar 3 estratos según los criterios dados por $2 \leq X \leq 7$, $10 \leq X \leq 25$, $30 \leq X \leq 100$. El método II consiste en realizar 3 estratos según los criterios dados por $2 \leq X \leq 10$, $12 \leq X \leq 35$, $50 \leq X \leq 100$. Se pide lo siguiente:

1°) Suponiendo muestreo con reposición y para un tamaño de muestra n=100, realizar las afijaciones uniforme, proporcional y de mínima varianza para los dos métodos de estratificación. Comentar los resultados. Elegir el mejor método de estratificación y su tipo de afijación justificando la respuesta. Cuantificar la ganancia en precisión para el método y afijación elegidos respecto del muestreo aleatorio simple con reposición.

2°) Responder a las mismas cuestiones del apartado anterior suponiendo muestreo sin reposición. Comentar los resultados comparándolos con los del apartado anterior.

3°) Para la misma muestra de tamaño 100 realizar la afijación óptima para los dos métodos de estratificación, siendo los costes por unidad en cada estrato los siguientes: $C_{11}= 1$, $C_{21}= 16$, $C_{31}= 25$, $C_{12}= 4$, $C_{22}= 9$ y $C_{32}= 36$, donde Cij=Coste por unidad en el estrato i según el método de estratificación j. Considerar muestreo sin reposición y con reposición y comparar los resultados. Para este tipo de afijación ¿cuál es el mejor método de estratificación? Razona la respuesta.

4°) En una encuesta de salarios posterior ¿qué tamaño de muestra sería necesario para conseguir un error de muestreo de 0,5 al estimar la media salarial sin reposición y afijación de mínima varianza? ¿y si el muestreo es con reposición? Comentar los resultados.

5°) En una encuesta de salarios posterior ¿qué tamaño de muestra sería necesario para conseguir un error relativo de muestreo del 15% al 95% de coeficiente de confianza ($\lambda_{r\alpha} =1,96$) al estimar el total salarial con reposición y afijación proporcional. ¿Y si el muestreo es sin reposición? Comentar los resultados.

Comenzaremos calculando los totales, medias, varianzas, desviaciones típicas, cuasivarianzas y cuasidesviaciones típicas de X en los estratos definidos según los dos criterios de estratificaciación. Para el   trabajo sin reposición necesitam   os las cuasivarianzas y cuasidesviaciones típicas, y para el trabajo con reposición necesitam os las varianzas y las desviaciones típicas de la variable X en los estratos.

Para el primer criterio de estratificación tenem os que $S_{11}=1,9$, $S_{21}=4,56$, $S_{31}=18,55$, $S^2_{11}=3,62$, $S^2_{21}=20,84$ y $S^2_{31}=344,32$. Además $N_{11}=210$, $N_{21}=600$ y $N_{31}=60$. En cuanto a las varianzas y desviacione s típicas estratales se observa que $\sigma_{11}=1,89$, $\sigma_{21}=4,56$, $\sigma_{31}=18,4$, $\sigma^2_{11}=3,6$, $\sigma^2_{21}=20,81$ y $\sigma^2_{31}=338,58$.

Para la segunda opción de estratificación tenem os que $S_{12}=2,82$, $S_{22}=6,11$, $S_{32}=18,56$, $S^2_{12}=7,97$, $S^2_{22}=37,43$ y $S^2_{32}=344,58$. Además $N_{12}=360$, $N_{22}=488$ y $N_{32}=22$. Vamos a calcular ahora las varianzas y desviaciones típicas estratales. Por otro lado $\sigma_{12}=2,82$, $\sigma_{22}=6,11$, $\sigma_{32}=18,13$, $\sigma^2_{12}=7,95$, $\sigma^2_{22}=37,35$ y $\sigma^2_{32}=328,92$.

Vamos a realizar las afijaciones uniform e, proporcional y de m ínima varianza para los dos m étodos de estratificación y a calcular la precisión del estimador de la media en dichas afijaciones suponiendo muestreo con reposición.

La afijación uniform e consiste en seleccionar en cada estrato el mismo número de unidades para la muestra. Como hay tres estratos y la m uestra es de tamaño 100 elegiremos 33 unidades en dos estratos y 34 en el otro en ambos métodos de estratificación. Pero en el segundo m étodo nos encontram os con el problem a de que el estrato sólo tiene 22 unidades, por lo que es im posible realizar la afijación uniforme. La varianza del estim ador de la m edia m ediante el prim er m étodo de estratificación y afijación uniforme ($n_{11}=33$, $n_{21}=33$, $n_{31}=34$) será:

$$V(\overline{x}_{st}) = \sum_{h=1}^{L} W_{h1}^2 \frac{\sigma_{h1}^2}{n_{h1}} = \sum_{h=1}^{L} \frac{N_{h1}^2}{N^2} \frac{\sigma_{h1}^2}{n_{h1}} = \frac{N_{11}^2}{N^2} \frac{\sigma_{11}^2}{n_{11}} + \frac{N_{21}^2}{N^2} \frac{\sigma_{21}^2}{n_{21}} + \frac{N_{31}^2}{N^2} \frac{\sigma_{31}^2}{n_{31}} = 0,3535$$

La afijación proporcional consiste en seleccionar de cada estrato un número de elementos para la m uestra proporcional al tamaño del estrato. Para el método 1 de estratificación tenemos:

$$n_{h1} = kN_{h1} \Rightarrow \underbrace{\sum_{h=1}^{L} n_{h1}}_{n} = k \underbrace{\sum_{h=1}^{L} N_{h1}}_{N} \Rightarrow k = \frac{n}{N} = \frac{100}{870} \Rightarrow \begin{cases} n_{11} = \dfrac{100}{870} N_{11} \cong 24 \\[2mm] n_{21} = \dfrac{100}{870} N_{21} \cong 69 \\[2mm] n_{31} = \dfrac{100}{870} N_{31} \cong 7 \end{cases}$$

Se extraerán para la muestra 24 unidades del primer estrato, 69 del segundo y 7 del tercero. La varianza en este método 1 para afijación proporcional será:

$$V_{P1}(\overline{x}_{st}) = \frac{1}{n} \sum_{h=1}^{L} W_{h1} \sigma_{h1}^2 = \frac{1}{n} \sum_{h=1}^{L} \frac{N_{h1}}{N} \sigma_{h1}^2 = \frac{1}{100} \left(\frac{N_{11}}{N} \sigma_{11}^2 + \frac{N_{21}}{N} \sigma_{21}^2 + \frac{N_{31}}{N} \sigma_{31}^2 \right) = 0,3856$$

Para el método 2 de estratificación tenemos:

$$n_{12} = \frac{100}{870} N_{12} \cong 41, \quad n_{22} = \frac{100}{870} N_{22} \cong 56, \quad n_{32} = \frac{100}{870} N_{32} \cong 3$$

Se extraerán para la muestra 41 unidades del primer estrato, 56 del segundo y 3 del tercero. La varianza en este método 2 para afijación proporcional será:

$$V_{P2}(\overline{x}_{st}) = \frac{1}{n}\sum_{h=1}^{L} W_{h2}\sigma_{h2}^2 = \frac{1}{n}\sum_{h=1}^{L} \frac{N_{h2}}{N}\sigma_{h2}^2 = \frac{1}{100}\left(\frac{N_{12}}{N}\sigma_{12}^2 + \frac{N_{22}}{N}\sigma_{22}^2 + \frac{N_{32}}{N}\sigma_{32}^2\right) = 0,3255$$

Para afijación de mínima varianza se utiliza la expresión $n_h = n \cdot \dfrac{N_h\sigma_h}{\sum\limits_{h=1}^{L} N_h\sigma_h}$.

Para el método 1 de estratificación tenemos:

$$n_{h1} = n \cdot \frac{N_{h1}\sigma_{h1}}{\sum\limits_{h=1}^{L} N_{h1}\sigma_{h1}} \Rightarrow \begin{cases} n_{11} = 100 \cdot \dfrac{N_{11}\sigma_{11}}{N_{11}\sigma_{11} + N_{21}\sigma_{21} + N_{31}\sigma_{31}} \cong 9 \\[3mm] n_{21} = 100 \cdot \dfrac{N_{21}\sigma_{21}}{N_{11}\sigma_{11} + N_{21}\sigma_{21} + N_{31}\sigma_{31}} \cong 65 \\[3mm] n_{31} = 100 \cdot \dfrac{N_{31}\sigma_{31}}{N_{11}\sigma_{11} + N_{21}\sigma_{21} + N_{31}\sigma_{31}} \cong 26 \end{cases}$$

Se extraerán para la muestra 9 unidades del primer estrato, 65 del segundo y 26 del tercero. La varianza en este método 1 para afijación de mínima varianza será:

$$V_{MV1}(\overline{x}_{st}) = \frac{1}{n}\left(\sum_{h=1}^{L} W_{h1}\sigma_{h1}\right)^2 = \frac{1}{n}\left(\sum_{h=1}^{L} \frac{N_{h1}}{N}\sigma_{h1}\right)^2 = \frac{1}{100}\left(\frac{N_{11}}{N}\sigma_{11} + \frac{N_{21}}{N}\sigma_{21} + \frac{N_{31}}{N}\sigma_{31}\right)^2 = 0,2373$$

Para el método 2 de estratificación tenemos:

$$n_{h2} = n \cdot \frac{N_{h2}\sigma_{h2}}{\sum\limits_{h=1}^{L} N_{h2}\sigma_{h2}} \Rightarrow \begin{cases} n_{12} = 100 \cdot \dfrac{N_{12}\sigma_{12}}{N_{12}\sigma_{12} + N_{22}\sigma_{22} + N_{32}\sigma_{32}} \cong 23 \\[3mm] n_{22} = 100 \cdot \dfrac{N_{22}\sigma_{22}}{N_{12}\sigma_{12} + N_{22}\sigma_{22} + N_{32}\sigma_{32}} \cong 68 \\[3mm] n_{32} = 100 \cdot \dfrac{N_{32}\sigma_{32}}{N_{12}\sigma_{12} + N_{22}\sigma_{22} + N_{32}\sigma_{32}} \cong 9 \end{cases}$$

Se extraerán para la muestra 23 unidades del primer estrato, 68 del segundo y 9 del tercero. La varianza en este método 2 para afijación de mínima varianza será:

$$V_{MV2}(\overline{x}_{st}) = \frac{1}{n}\left(\sum_{h=1}^{L} W_{h2}\sigma_{h2}\right)^2 = \frac{1}{n}\left(\sum_{h=1}^{L} \frac{N_{h2}}{N}\sigma_{h2}\right)^2 = \frac{1}{100}\left(\frac{N_{12}}{N}\sigma_{12} + \frac{N_{22}}{N}\sigma_{22} + \frac{N_{32}}{N}\sigma_{32}\right)^2 = 0,2555$$

Recopilando resultados se observa que en am bos procedim ientos de estratificación la m ejor afijación es la de varianza m ínima, y a que tiene el menor error de m uestreo (menor varianza⇒menor desviación típica). El m ejor procedimiento de estratificación es el 1, pues para afijación con varianza mínima (la mejor en 1 y 2) tiene m enor varianza que el procedim iento 2. Sin em bargo, para afijación proporcional el mejor procedimiento de estratificación es el 2.

Para cuantificar la ganancia en preci sión de la afijación con m ínima varianza con el procedimiento 1 de estratificación (método y afijación elegidos como mejores) respecto del muestreo aleatorio simple con reposición, calcularemos la varianza de la media para este último método como sigue:

$$V(\bar{x}) = \frac{\sigma^2}{n} = \frac{\dfrac{1}{870}\sum_{i=}^{14}\left(X_i - \dfrac{1}{870}\sum_{i=1}^{14} n_i X_i\right)^2 \cdot n_i}{100} = \frac{116,5}{100} = 1,165$$

Ya podemos cuantificar la ganancia en precisión $G = \dfrac{1,165 - 0,237}{1,165} \cong 80\%$.

Para *realizar todas las afijaciones sin reposición* observam os que en la afijación uniforme y en la proporcional no interviene el hecho de que el m uestreo sea con o sin reposición, sin embargo las varianzas sí cambian. La varianza para afijación uniforme sin reposición en el m étodo 1 de estratificación (en el 2 no es posible la afijación uniforme) viene dada por:

$$V(\bar{x}_{st}) = \sum_{h=1}^{L} W_{h1}^2 (1 - f_{h1}) \frac{S_{h1}^2}{n_{h1}} = \sum_{h=1}^{L} \frac{N_{h1}^2}{N^2}(1 - \frac{n_{h1}}{N_{h1}})\frac{S_{h1}^2}{n_{h1}} = 0,31$$

Las varianzas para afijación proporcional en los métodos 1 y 2 son:

$$V_{P1}(\bar{x}_{st}) = \frac{1-k}{n}\sum_{h=1}^{L} W_{h1} S_{h1}^2 = \frac{1-k}{n}\sum_{h=1}^{L}\frac{N_{h1}}{N} S_{h1}^2 = \frac{1-\dfrac{100}{870}}{100}\left(\frac{N_{11}}{N} S_{11}^2 + \frac{N_{21}}{N} S_{21}^2 + \frac{N_{31}}{N} S_{31}^2\right) = 0,345$$

$$V_{P2}(\bar{x}_{st}) = \frac{1-k}{n}\sum_{h=1}^{L} W_{h2} S_{h2}^2 = \frac{1-k}{n}\sum_{h=1}^{L}\frac{N_{h2}}{N} S_{h2}^2 = \frac{1-\dfrac{100}{870}}{100}\left(\frac{N_{12}}{N} S_{12}^2 + \frac{N_{22}}{N} S_{22}^2 + \frac{N_{32}}{N} S_{32}^2\right) = 0,292$$

Para afijación de mínima varianza se utiliza la expresión $n_h = n \cdot \dfrac{N_h S_h}{\displaystyle\sum_{h=1}^{L} N_h S_h}$.

Para el método 1 de estratificación tenemos:

$$n_{h1} = n \cdot \frac{N_{h1} S_{h1}}{\sum_{h=1}^{L} N_{h1} S_{h1}} \Rightarrow \begin{cases} n_{11} = 100 \cdot \dfrac{N_{11} S_{11}}{N_{11} S_{11} + N_{21} S_{21} + N_{31} S_{31}} \cong 9 \\[3mm] n_{21} = 100 \cdot \dfrac{N_{21} S_{21}}{N_{11} S_{11} + N_{21} S_{21} + N_{31} S_{31}} \cong 65 \\[3mm] n_{31} = 100 \cdot \dfrac{N_{31} S_{31}}{N_{11} S_{11} + N_{21} S_{21} + N_{31} S_{31}} \cong 26 \end{cases}$$

Se extraerán para la m uestra 9 unidades del primer estrato, 65 del segundo y 26 del tercero. Se observa que la afij   ación coincide con la obtenida para con reposición (las varianzas y cuasivarianzas difieren poco). La varianza en este m étodo 1 para afijación de mínima varianza será:

$$V_{MV1}(\overline{x}_{st}) = \frac{1}{n} \left(\sum_{h=1}^{L} W_{h1} S_{h1} \right)^2 - \frac{1}{N} \sum_{h=1}^{L} W_{h1} S_{h1}^2 = \frac{1}{n} \left(\sum_{h=1}^{L} \frac{N_{h1}}{N} S_{h1} \right)^2 - \frac{1}{N} \sum_{h=1}^{L} \frac{N_{h1}}{N} S_{h1}^2 =$$

$$\frac{1}{100} \left(\frac{N_{11}}{N} S_{11} + \frac{N_{21}}{N} S_{21} + \frac{N_{31}}{N} S_{31} \right)^2 - \frac{1}{870} \left(\frac{N_{11}}{N} S_{11}^2 + \frac{N_{21}}{N} S_{21}^2 + \frac{N_{31}}{N} S_{31}^2 \right) = 0,193$$

Para el método 2 de estratificación tenemos:

$$n_{h2} = n \cdot \frac{N_{h2} S_{h2}}{\sum_{h=1}^{L} N_{h2} S_{h2}} \Rightarrow \begin{cases} n_{12} = 100 \cdot \dfrac{N_{12} S_{12}}{N_{12} S_{12} + N_{22} S_{22} + N_{32} S_{32}} \cong 23 \\[3mm] n_{22} = 100 \cdot \dfrac{N_{22} S_{21}}{N_{12} S_{12} + N_{22} S_{22} + N_{32} S_{32}} \cong 68 \\[3mm] n_{32} = 100 \cdot \dfrac{N_{32} S_{32}}{N_{12} S_{12} + N_{22} S_{22} + N_{32} S_{32}} \cong 9 \end{cases}$$

Se extraerán para la muestra 23 unidades del primer estrato, 68 del segundo y 9 del tercero. Vuelve a coincidir la af   ijación sin reposición con la afijción con reposición. La varianza en este método 2 para afijación de mínima varianza será:

$$V_{MV2}(\overline{x}_{st}) = \frac{1}{n} \left(\sum_{h=1}^{L} W_{h2} S_{h2} \right)^2 - \frac{1}{N} \sum_{h=1}^{L} W_{h2} S_{h2}^2 = \frac{1}{n} \left(\sum_{h=1}^{L} \frac{N_{h2}}{N} S_{h2} \right)^2 - \frac{1}{N} \sum_{h=1}^{L} \frac{N_{h2}}{N} S_{h2}^2 =$$

$$\frac{1}{100} \left(\frac{N_{12}}{N} S_{12} + \frac{N_{22}}{N} S_{22} + \frac{N_{32}}{N} S_{32} \right)^2 - \frac{1}{870} \left(\frac{N_{12}}{N} S_{12}^2 + \frac{N_{22}}{N} S_{22}^2 + \frac{N_{32}}{N} S_{32}^2 \right) = 0,218$$

Recopilando resultados para m uestreo sin reposición se observa que en am bos procedimientos de estratificación la m ejor afijación es la de varianza m ínima, ya que tiene el m enor error de m uestreo (menor varianza⇒menor desviación típica). El m ejor procedimiento de estratificación es el 1, pues para afijación con   varianza mínima (la mejor en 1 y 2) tiene m enor varianza que el procedim   iento 2. Sin em bargo, para afijación proporcional el mejor procedimiento de estratificación es el 2.

Si com paramos estos resultados con   los obtenidos con reposición vem os que todas las varianzas para todo tipo de afijaciones son menores en muestreo sin reposición.

Para cuantificar la ganancia en preci sión de la afijación con m ínima varianza con el procedimiento 1 de estratificación y muestreo sin reposición (método y afijación elegidos   como m ejores) respecto del m   uestreo aleatorio sim   ple sin reposición, calcularemos la varianza de la media para este último método como sigue:

$$V(\bar{x}) = (1-f)\frac{S^2}{n} = \left(1 - \frac{100}{870}\right)\frac{\dfrac{1}{870-1}\sum_{i=}^{14}\left(X_i - \dfrac{1}{870}\sum_{i=1}^{14}n_iX_i\right)^2 \cdot n_i}{100} = \frac{116,6}{100} = 1,166$$

Ya podemos cuantificar la ganancia en precisión $G = \dfrac{1,166 - 0,193}{1,166} \cong 83,5\%$.

Se observa que la ganancia en preci   sión es superior para m   uestreo sin reposición.

A continuación vam os a considerar ***afijación óptima en muestreo sin reposición***. Se utiliza la expresión $n_h = n \cdot \dfrac{N_h S_h / \sqrt{C_h}}{\displaystyle\sum_{h=1}^{L} N_h S_h / \sqrt{C_h}}$.

Para el método 1 de estratificación tenemos:

$$n_{h1} = n \cdot \frac{N_{h1}S_{h1}/\sqrt{C_{h1}}}{\displaystyle\sum_{h=1}^{L} N_{h1}S_{h1}/\sqrt{C_{h1}}} \Rightarrow \begin{cases} n_{11} = 100 \cdot \dfrac{N_{11}S_{11}/\sqrt{C_{11}}}{N_{11}S_{11}/\sqrt{C_{11}} + N_{21}S_{21}/\sqrt{C_{21}} + N_{31}S_{31}/\sqrt{C_{31}}} \cong 31 \\[2em] n_{21} = 100 \cdot \dfrac{N_{21}S_{21}/\sqrt{C_{21}}}{N_{11}S_{11}/\sqrt{C_{11}} + N_{21}S_{21}/\sqrt{C_{21}} + N_{31}S_{31}/\sqrt{C_{31}}_{31}} \cong 52 \\[2em] n_{31} = 100 \cdot \dfrac{N_{31}S_{31}/\sqrt{C_{31}}}{N_{11}S_{11}/\sqrt{C_{11}} + N_{21}S_{21}/\sqrt{C_{21}} + N_{31}S_{31}/\sqrt{C_{31}}} \cong 17 \end{cases}$$

Se extraerán para la muestra 31 unidades del primer estrato, 52 del segundo y 17 del tercero. La varianza en este método 1 para afijación óptima será:

$$V_{MV1}(\bar{x}_{st}) = \frac{1}{n}\left(\sum_{h=1}^{L} W_{h1}S_{h1}\sqrt{C_{h1}}\right)\left(\sum_{h=1}^{L} \frac{W_{h1}S_{h1}}{\sqrt{C_{h1}}}\right) - \frac{1}{N}\sum_{h=1}^{L} W_{h1}S_{h1}^2 =$$

$$\frac{1}{100}\left(\frac{N_{11}}{N}S_{11}\sqrt{C_{11}} + \frac{N_{21}}{N}S_{21}\sqrt{C_{21}} + \frac{N_{31}}{N}S_{31}\sqrt{C_{31}}\right) \cdot \left(\frac{\dfrac{N_{11}}{N}S_{11}}{\sqrt{C_{11}}} + \frac{\dfrac{N_{21}}{N}S_{21}}{\sqrt{C_{21}}} + \frac{\dfrac{N_{31}}{N}S_{31}}{\sqrt{C_{31}}}\right)$$

$$-\frac{1}{870}\left(\frac{N_{11}}{N}S_{11}^2 + \frac{N_{21}}{N}S_{21}^2 + \frac{N_{31}}{N}S_{31}^2\right) = 0,2468$$

Para el método 2 de estratificación tenemos:

$$n_{h1} = n \cdot \frac{N_{h2}S_{h2}/\sqrt{C_{h2}}}{\sum\limits_{h=1}^{L} N_{h2}S_{h2}/\sqrt{C_{h2}}} \Rightarrow \begin{cases} n_{11} = 100 \cdot \dfrac{N_{12}S_{12}/\sqrt{C_{12}}}{N_{12}S_{12}/\sqrt{C_{12}} + N_{22}S_{22}/\sqrt{C_{22}} + N_{32}S_{32}/\sqrt{C_{32}}} \cong 32 \\[2em] n_{21} = 100 \cdot \dfrac{N_{22}S_{22}/\sqrt{C_{22}}}{N_{12}S_{12}/\sqrt{C_{12}} + N_{22}S_{22}/\sqrt{C_{22}} + N_{32}S_{32}/\sqrt{C_{32}}} \cong 63 \\[2em] n_{31} = 100 \cdot \dfrac{N_{32}S_{32}/\sqrt{C_{32}}}{N_{12}S_{12}/\sqrt{C_{12}} + N_{22}S_{22}/\sqrt{C_{22}} + N_{32}S_{32}/\sqrt{C_{32}}} \cong 5 \end{cases}$$

Se extraerán para la muestra 32 unidades del primer estrato, 63 del segundo y 5 del tercero. La varianza en este método 2 para afijación óptima será:

$$V_{MV2}(\bar{x}_{st}) = \frac{1}{n}\left(\sum_{h=1}^{L} W_{h2}S_{h2}\sqrt{C_{h2}}\right)\left(\sum_{h=1}^{L} \frac{W_{h2}S_{h2}}{\sqrt{C_{h2}}}\right) - \frac{1}{N}\sum_{h=1}^{L} W_{h2}S_{h2}^2 =$$

$$\frac{1}{100}\left(\frac{N_{12}}{N}S_{12}\sqrt{C_{12}} + \frac{N_{22}}{N}S_{22}\sqrt{C_{22}} + \frac{N_{32}}{N}S_{32}\sqrt{C_{32}}\right) \cdot \left(\frac{\dfrac{N_{12}}{N}S_{12}}{\sqrt{C_{12}}} + \frac{\dfrac{N_{22}}{N}S_{22}}{\sqrt{C_{22}}} + \frac{\dfrac{N_{32}}{N}S_{32}}{\sqrt{C_{32}}}\right)$$

$$-\frac{1}{870}\left(\frac{N_{12}}{N}S_{12}^2 + \frac{N_{22}}{N}S_{22}^2 + \frac{N_{32}}{N}S_{32}^2\right) = 0,2405$$

A continuación vam os a considerar **_afijación óptima en muestreo con_**

reposición. Se utiliza la expresión $n_h = n \cdot \dfrac{N_h \sigma_h / \sqrt{C_h}}{\sum\limits_{h=1}^{L} N_h \sigma_h / \sqrt{C_h}}$.

Para el método 1 de estratificación tenemos:

$$n_{h1} = n \cdot \frac{N_{h1}\sigma_{h1}/\sqrt{C_{h1}}}{\sum\limits_{h=1}^{L} N_{h1}\sigma_{h1}/\sqrt{C_{h1}}} \Rightarrow \begin{cases} n_{11} = 100 \cdot \dfrac{N_{11}\sigma_{11}/\sqrt{C_{11}}}{N_{11}\sigma_{11}/\sqrt{C_{11}} + N_{21}\sigma_{21}/\sqrt{C_{21}} + N_{31}\sigma_{31}/\sqrt{C_{31}}} \cong 31 \\[2em] n_{21} = 100 \cdot \dfrac{N_{21}\sigma_{21}/\sqrt{C_{21}}}{N_{11}\sigma_{11}/\sqrt{C_{11}} + N_{21}\sigma_{21}/\sqrt{C_{21}} + N_{31}\sigma_{31}/\sqrt{C_{31}}_{\,31}} \cong 52 \\[2em] n_{31} = 100 \cdot \dfrac{N_{31}S_{31}/\sqrt{C_{31}}}{N_{11}\sigma_{11}/\sqrt{C_{11}} + N_{21}\sigma_{21}/\sqrt{C_{21}} + N_{31}\sigma_{31}/\sqrt{C_{31}}} \cong 17 \end{cases}$$

Se extraerán para la muestra 31 unidades del primer estrato, 52 del segundo y 17 del tercero. Vem os que esta afijación co incide con la de sin reposición (las varianzas y las cuasivarianzas son prácticam ene iguales). La varianza en este m étodo 1 para afijación óptima con reposición será:

$$V_{MV1}(\bar{x}_{st}) = \frac{1}{n}\left(\sum_{h=1}^{L} W_{h1}\sigma_{h1}\sqrt{C_{h1}}\right)\left(\sum_{h=1}^{L} \frac{W_{h1}\sigma_{h1}}{\sqrt{C_{h1}}}\right) =$$

$$\frac{1}{100}\left(\frac{N_{11}}{N}\sigma_{11}\sqrt{C_{11}} + \frac{N_{21}}{N}\sigma_{21}\sqrt{C_{21}} + \frac{N_{31}}{N}\sigma_{31}\sqrt{C_{31}}\right)\cdot\left(\frac{\frac{N_{11}}{N}\sigma_{11}}{\sqrt{C_{11}}} + \frac{\frac{N_{21}}{N}\sigma_{21}}{\sqrt{C_{21}}} + \frac{\frac{N_{31}}{N}\sigma_{31}}{\sqrt{C_{31}}}\right) = 0,289$$

Para el método 2 de estratificación tenemos:

$$n_{h1} = n\cdot\frac{N_{h2}\sigma_{h2}/\sqrt{C_{h2}}}{\sum_{h=1}^{L} N_{h2}\sigma_{h2}/\sqrt{C_{h2}}} \Rightarrow \begin{cases} n_{11} = 100\cdot\dfrac{N_{12}\sigma_{12}/\sqrt{C_{12}}}{N_{12}\sigma_{12}/\sqrt{C_{12}} + N_{22}\sigma_{22}/\sqrt{C_{22}} + N_{32}\sigma_{32}/\sqrt{C_{32}}} \cong 32 \\[3mm] n_{21} = 100\cdot\dfrac{N_{22}\sigma_{22}/\sqrt{C_{22}}}{N_{12}\sigma_{12}/\sqrt{C_{12}} + N_{22}\sigma_{22}/\sqrt{C_{22}} + N_{32}\sigma_{32}/\sqrt{C_{32}}} \cong 63 \\[3mm] n_{31} = 100\cdot\dfrac{N_{32}\sigma_{32}/\sqrt{C_{32}}}{N_{12}\sigma_{12}/\sqrt{C_{12}} + N_{22}\sigma_{22}/\sqrt{C_{22}} + N_{32}\sigma_{32}/\sqrt{C_{32}}} \cong 5 \end{cases}$$

Se extraerán para la muestra 32 unidades del primer estrato, 63 del segundo y 5 del tercero. Vem os que esta afijación co incide con la de sin reposición (las varianzas y las cuasivarianzas son prácticam ene iguales). La varianza en este m étodo 2 para afijación óptima con reposición será:

$$V_{MV2}(\bar{x}_{st}) = \frac{1}{n}\left(\sum_{h=1}^{L} W_{h2}\sigma_{h2}\sqrt{C_{h2}}\right)\left(\sum_{h=1}^{L} \frac{W_{h2}\sigma_{h2}}{\sqrt{C_{h2}}}\right) =$$

$$\frac{1}{100}\left(\frac{N_{12}}{N}\sigma_{12}\sqrt{C_{12}} + \frac{N_{22}}{N}\sigma_{22}\sqrt{C_{22}} + \frac{N_{32}}{N}\sigma_{32}\sqrt{C_{32}}\right)\cdot\left(\frac{\frac{N_{12}}{N}\sigma_{12}}{\sqrt{C_{12}}} + \frac{\frac{N_{22}}{N}\sigma_{22}}{\sqrt{C_{22}}} + \frac{\frac{N_{32}}{N}\sigma_{32}}{\sqrt{C_{32}}}\right) = 0,278$$

Recopilando resultados, para m uestreo sin y con reposición y afijación óptim a, se observa que el mejor procedimiento de estratificación es el 2, ya que tiene el menor error de muestreo (m enor varianza $\Rightarrow$ menor desviación típica). Todas las varianzas para esta afijación óptima son menores en muestreo sin reposición que en muestreo con reposición.

En una encuesta posterior podem os cons iderar los resultados de la encuesta actual com o valores producidos por una m uestra piloto, y podrán ser utilizados en el cálculo de tamaños muestrales para cometer errores prefijados.

Para hallar el tam año de m uestra necesar io para conseguir estim ar la media salarial con un error de m uestreo igual a 0,5 con reposición y afijación de m ínima varianza, se utilizaría el primer método de estratificación, que era el m ás preciso para afijación de mínima varianza. La expresión que nos da el tamaño de muestra es:

$$n = \frac{\left(\sum_{h=1}^{N} W_{h1} \sigma_{h1}\right)^2}{e^2} = \frac{\left(\sum_{h=1}^{N} \frac{N_{h1}}{N} \sigma_{h1}\right)^2}{e^2} = \frac{23,7}{0,5^2} \cong 95$$

Si el muestreo fuese sin reposición el tamaño de muestra sería:

$$n = \frac{\left(\sum_{h=1}^{N} W_{h1} S_{h1}\right)^2}{e^2 + \frac{1}{N}\sum_{h=1}^{N} W_{h1} S_{h1}^2} = \frac{\left(\sum_{h=1}^{N} \frac{N_{h1}}{N} S_{h1}\right)^2}{e^2 + \frac{1}{N}\sum_{h=1}^{N} \frac{N_{h1}}{N} S_{h1}^2} = \frac{23,8}{0,294} \cong 81$$

Se observa que en m uestreo sin reposición es necesario un tam año m uestral menor que en muestreo con reposición para cometer el mismo error de muestreo.

Vamos a calcular ahora el tamaño de muestra necesario para conseguir un error relativo de m uestreo del 15% al 95% de confianza al estim ar el total salarial con reposición. Para afijación proporcional ha bíamos visto que el m ejor m étodo de estratificación era el segundo, con lo que plantearemos lo siguiente:

$$e_{r\alpha}^2 = \lambda_\alpha^2 Cv^2(\hat{X}_{st}) = \lambda_\alpha^2 \frac{V(\hat{X}_{st})}{E^2(\hat{X}_{st})} = \lambda_\alpha^2 \frac{\frac{N}{n}\sum_{h=1}^{N} N_{h2}\sigma_{h2}^2}{X^2} \Rightarrow n = \frac{\lambda_\alpha^2 N \sum_{h=1}^{N} N_{h2}\sigma_{h2}^2}{X^2 e_{r\alpha}^2}$$

$$= \frac{1,96^2 \cdot 870 \cdot 28325}{12350^2 \cdot 0,15^2} \cong 28$$

Vamos ahora a calcular el m ismo tam año de m uestra, pero considerando muestreo sin reposición. Tenemos:

$$e_{r\alpha}^2 = \lambda_\alpha^2 \frac{V(\hat{X}_{st})}{E^2(\hat{X}_{st})} = \lambda_\alpha^2 \frac{\left(\frac{N}{n}-1\right)\sum_{h=1}^{N} N_{h2} S_{h2}^2}{X^2} \Rightarrow n = \frac{N\sum_{h=1}^{N} N_{h2} S_{h2}^2}{\frac{X^2 e_{r\alpha}^2}{\lambda_\alpha^2} + \sum_{h=1}^{N} N_{h2} S_{h2}^2}$$

$$= \frac{870 \cdot 28715,8}{\frac{12350^2 \cdot 0,15^2}{1,96^2} + 28715,8} \cong 28$$

Se observa que para com eter el m ismo error relativo del 15% con un 95% de confianza al estimar el total poblacional con afijación proporcional, el tam año muestral necesario resulta ser semejante en los casos de sin reposición y con reposición.

> **Ejercicio 2.** *Una población de tamaño 1.000 está dividida en tres estratos para los que se conocen los siguientes datos:* $\sigma_1=4$, $\sigma_2=12$, $\sigma_3=80$, $W_1=0.6$, $W_2=0.3$ *y* $W_3=0.1$. *Se pide:*
>
> 1) *Determinar el tamaño de muestra que con afijación proporcional da una varianza del estimador de la media igual a 5, considerando muestreo con y sin reposición. Realizar las respectivas afijaciones proporcionales. ¿Qué resultados se obtendrían con afijación de mínima varianza? Realizar las respectivas afijaciones de mínima varianza. Comentar todos los resultados y compararlos.*
>
> 2) *Determinar el tamaño de muestra para afijación óptima con costes C1=1.000, C2=1.200 y C3=2.000, considerando muestreo con y sin reposición. Realizar las respectivas afijaciones óptimas. Comprobar que los resultados coinciden para costes unitarios con los de afijación de mínima varianza.*

Comenzamos recopilando los datos necesarios para el problema.

$W_1=0,6=N_1/N \Rightarrow N_1=600$

$\sigma_1^2=16=(N_1-1)S_1^2/N_1 \Rightarrow S_1^2=6,02 \Rightarrow S_1=4,003$

$W_2=0,6=N_2/N \Rightarrow N_2=300$

$\sigma_2^2=16=(N_2-1)S_2^2/N_2 \Rightarrow S_2^2=144,5 \Rightarrow S_2=12,02$

$W_3=0,6=N_3/N \Rightarrow N_3=300$

$\sigma_3^2=16=(N_3-1)S_3^2/N_3 \Rightarrow S_3^2=6464,6 \Rightarrow S_3=80,4$

Afijación proporcional sin reposición

$$e^2 = V\left(\hat{\bar{X}}\right) = \left(\frac{1}{n} - \frac{1}{N}\right)\sum_{h=1}^{L} W_h S_h^2 \Rightarrow n = \frac{\displaystyle\sum_{h=1}^{L} W_h S_h^2}{e^2 + \dfrac{1}{N}\displaystyle\sum_{h=1}^{L} W_h S_h^2} \cong 122$$

Una vez hallado el tamaño de muestra realizamos la afijación como sigue:

$$n_h = kN_h \quad \text{con} \quad k = \frac{n}{N} = \frac{122}{1000} = 0,122 \Rightarrow \begin{cases} n_1 = kN_1 = 0,122 \cdot 600 \cong 73 \\ n_2 = kN_2 = 0,122 \cdot 300 \cong 37 \\ n_3 = kN_3 = 0,122 \cdot 100 \cong 12 \end{cases}$$

Afijación proporcional con reposición

$$e^2 = V\left(\hat{\bar{X}}\right) = \frac{1}{n}\sum_{h=1}^{L} W_h \sigma_h^2 \Rightarrow n = \frac{\displaystyle\sum_{h=1}^{L} W_h \sigma_h^2}{e^2} \cong 139$$

Se observa que el tamaño muestral necesario para cometer el mismo error que sin reposición es ahora superior. Ello es debido a que el muestreo con reposición es menos preciso que el muestreo sin reposición. Una vez hallado el tamaño de muestra realizamos la afijación proporcional como sigue:

$$n_h = kN_h \text{ con } k = \frac{n}{N} = \frac{139}{1000} = 0,139 \Rightarrow \begin{cases} n_1 = kN_1 = 0,139 \cdot 600 \cong 83 \\ n_2 = kN_2 = 0,139 \cdot 300 \cong 42 \\ n_3 = kN_3 = 0,139 \cdot 100 \cong 14 \end{cases}$$

Afijación de mínima varianza sin reposición

$$e^2 = V\left(\overset{\wedge}{\overline{X}}\right) = \frac{1}{n}\left(\sum_{h=1}^{L} W_h S_h\right)^2 - \frac{1}{N}\sum_{h=1}^{L} W_h S_h^2 \Rightarrow n = \frac{\left(\sum_{h=1}^{L} W_h S_h\right)^2}{e^2 + \frac{1}{N}\sum_{h=1}^{L} W_h S_h^2} = 35$$

Una vez hallado el tam año de m uestra realizam os la afijación de m ínima varianza como sigue:

$$n_h = n \cdot \frac{N_h S_h}{\sum_{h=1}^{L} N_h S_h} \Rightarrow \begin{cases} n_1 = 35 \cdot \dfrac{N_1 S_1}{N_1 S_1 + N_2 S_2 + N_3 S_3} \cong 6 \\[2ex] n_2 = 35 \cdot \dfrac{N_2 S_2}{N_1 S_1 + N_2 S_2 + N_3 S_3} \cong 9 \\[2ex] n_3 = 35 \cdot \dfrac{N_3 S_3}{N_1 S_1 + N_2 S_2 + N_3 S_3} \cong 20 \end{cases}$$

Afijación de mínima varianza con reposición

$$e^2 = V\left(\overset{\wedge}{\overline{X}}\right) = \frac{1}{n}\left(\sum_{h=1}^{L} W_h \sigma_h\right)^2 \Rightarrow n = \frac{\left(\sum_{h=1}^{L} W_h \sigma_h\right)^2}{e^2} \cong 40$$

Se observa que el tam año m uestral necesario para com eter el mismo error que sin reposición es ahora superior. Una vez hallado el tam año de m uestra realizamos la afijación de mínima varianza como sigue:

$$n_h = n \cdot \frac{N_h \sigma_h}{\sum_{h=1}^{L} N_h \sigma_h} \Rightarrow \begin{cases} n_1 = 35 \cdot \dfrac{N_1 \sigma_1}{N_1 \sigma_1 + N_2 \sigma_2 + N_3 \sigma_3} \cong 7 \\[2ex] n_2 = 35 \cdot \dfrac{N_2 \sigma_2}{N_1 \sigma_1 + N_2 \sigma_2 + N_3 \sigma_3} \cong 10 \\[2ex] n_3 = 35 \cdot \dfrac{N_3 \sigma_3}{N_1 \sigma_1 + N_2 \sigma_2 + N_3 \sigma_3} \cong 23 \end{cases}$$

Afijación óptima sin reposición

$$V(\bar{x}_{st}) = e^2 = \frac{1}{n}\left(\sum_{h=1}^{L} W_h S_h / \sqrt{c_h}\right)\left(\sum_{h=1}^{L} W_h S_h \sqrt{c_h}\right) - \frac{1}{N}\sum_{h=1}^{L} W_h S_h^2 \Rightarrow$$

$$n = \frac{\left(\sum_{h=1}^{L} W_h S_h / \sqrt{c_h}\right)\left(\sum_{h=1}^{L} W_h S_h \sqrt{c_h}\right)}{e^2 + \frac{1}{N}\sum_{h=1}^{L} W_h S_h^2} \cong 35$$

Una vez hallado el tamaño de muestra realizamos la afijación óptima como sigue:

$$n_h = n \cdot \frac{N_h S_h / \sqrt{C_h}}{\sum_{h=1}^{L} N_h S_h / \sqrt{C_h}} \Rightarrow \begin{cases} n_1 = 35 \cdot \dfrac{N_1 S_1 / \sqrt{C_1}}{N_1 S_1 / \sqrt{C_1} + N_2 S_2 / \sqrt{C_2} + N_3 S_3 / \sqrt{C_3}} \cong 7 \\[3mm] n_2 = 35 \cdot \dfrac{N_2 S_2}{N_1 S_1 / \sqrt{C_1} + N_2 S_2 / \sqrt{C_2} + N_3 S_3 / \sqrt{C_3}} \cong 10 \\[3mm] n_3 = 35 \cdot \dfrac{N_3 S_3}{N_1 S_1 / \sqrt{C_1} + N_2 S_2 / \sqrt{C_2} + N_3 S_3 / \sqrt{C_3}} \cong 18 \end{cases}$$

Afijación óptima con reposición

$$V(\bar{x}_{st}) = e^2 = \frac{1}{n}\left(\sum_{h=1}^{L} W_h \sigma_h / \sqrt{c_h}\right)\left(\sum_{h=1}^{L} W_h \sigma_h \sqrt{c_h}\right) \Rightarrow$$

$$n = \frac{\left(\sum_{h=1}^{L} W_h \sigma_h / \sqrt{c_h}\right)\left(\sum_{h=1}^{L} W_h \sigma_h \sqrt{c_h}\right)}{e^2} = 40$$

Se observa que el tamaño muestral necesario para cometer el mismo error que sin reposición es ahora superior. Una vez hallado el tamaño de muestra realizamos la afijación óptima como sigue:

$$n_h = n \cdot \frac{N_h \sigma_h / \sqrt{C_h}}{\sum_{h=1}^{L} N_h \sigma_h / \sqrt{C_h}} \Rightarrow \begin{cases} n_1 = 40 \cdot \dfrac{N_1 \sigma_1 / \sqrt{C_1}}{N_1 \sigma_1 / \sqrt{C_1} + N_2 \sigma_2 / \sqrt{C_2} + N_3 \sigma_3 / \sqrt{C_3}} \cong 8 \\[3mm] n_2 = 40 \cdot \dfrac{N_2 \sigma_2}{N_1 \sigma_1 / \sqrt{C_1} + N_2 \sigma_2 / \sqrt{C_2} + N_3 \sigma_3 / \sqrt{C_3}} \cong 12 \\[3mm] n_3 = 40 \cdot \dfrac{N_3 \sigma_3}{N_1 \sigma_1 / \sqrt{C_1} + N_2 \sigma_2 / \sqrt{C_2} + N_3 \sigma_3 / \sqrt{C_3}} \cong 20 \end{cases}$$

Si utilizamos costes unitarios los cálculos son exactamente los mismos que para la afijación de mínima varianza, luego los resultados también lo son.

Se observa que tanto en m uestreo con reposición com o sin reposición la afijación que m enos tamaño muestral necesita para com eter un determ inado error de muestreo es la afijación de mínima varianza, y en este caso también la óptima.

Ejercicio 3. Determinar el tamaño n de la muestra estratificada que con afijación de mínima varianza produzca la misma precisión que una muestra aleatoria simple (no estratificada) de tamaño n', para estimar la proporción P de una cierta clase en la población. Suponer en ambos casos muestreo con reposición y aplicar el resultado a los datos de la tabla con n'=1000.

Estratos

	I	II	III
Wh	0.2	0.3	0.5
Ph	0.5	0.6	0.4

- Realizar la afijación y calcular el valor de la varianza mínima

- Resolver el mismo problema para afijación proporcional y comparar resultados.

Se trata de igualar la varianza del estimador de la proporción en m uestreo estratificado con afijación de m ínima vari anza a la varianza del estim ador de la proporción en el muestreo aleatorio simple en ambos casos con reposición. Se tiene:

$$V_{AS}(\hat{P}) = \frac{P(1-P)}{n'} \quad \text{y} \quad V_{STMV}(\hat{P}) = \frac{\left(\sum_{h=1}^{3} W_h \sqrt{P_h(1-P_h)}\right)^2}{n}$$

Teniendo presente que $P=\sum W_h P_h$ se tiene el siguiente cuadro de datos:

Estratos	W_h	P_h	$1-P_h$	$W_h P_h$	$\sqrt{P_h(1-P_h)}$	$W_h\sqrt{P_h(1-P_h)}$
I	0,2	0,5	0,5	0,10	0,5	0,1
II	0,3	0,6	0,4	0,18	0,49	0,147
III	0,5	0,4	0,6	0,20	0,49	0,245
				$\sum_{h=1}^{3} W_h P_h = 48$		$\sum_{h=1}^{3} W_h \sqrt{P_h(1-P_h)} = 0,492$

Igualando las precisiones tenemos:

$$V_{AS}(\hat{P}) = V_{STMV}(\hat{P}) \Rightarrow \frac{P(1-P)}{n'} = \frac{\left(\sum_{h=1}^{3} W_h \sqrt{P_h(1-P_h)}\right)^2}{n} \Rightarrow$$

$$n = \frac{n'\left(\sum_{h=1}^{3} W_h \sqrt{P_h(1-P_h)}\right)^2}{P(1-P)} = \frac{1000\,(0,492)^2}{0,48(1-0,48)} = 970$$

Se obtiene un tam año de muestra $n=970$ en el m uestreo estratificado con afijación de mínima varianza, que es ligeram ente inferior al tam año necesario en muestreo aleatorio sim ple $n'=1000$. Existe entonces una ganancia en precisión por utilizar muestreo estratificado, pero es pequeña.

Una vez conocido el tam año $n=970$ de la m uestra estratificada con afijación de mínima varianza, vamos a realizar dicha afijación:

$$n_h = n \cdot \frac{W_h P_h(1-P_h)}{\sum_{h=1}^{L} W_h P_h(1-P_h)} \Rightarrow \begin{cases} n_1 = 970 \cdot \dfrac{W_1 P_1(1-P_1)}{W_1 P_1(1-P_1) + W_2 P_2(1-P_2) + W_3 P_3(1-P_3)} \cong 200 \\[3mm] n_2 = 970 \cdot \dfrac{W_2 P_2(1-P_2)}{W_1 P_1(1-P_1) + W_2 P_2(1-P_2) + W_3 P_3(1-P_3)} \cong 289 \\[3mm] n_3 = 970 \cdot \dfrac{W_3 P_3(1-P_3)}{W_1 P_1(1-P_1) + W_2 P_2(1-P_2) + W_3 P_3(1-P_3)} \cong 481 \end{cases}$$

A continuación se iguala la varian za del estim ador de la proporción en muestreo estratificado con afijación proporci onal a la varianza del estim ador de la proporción en el muestreo aleatorio simple en ambos casos con reposición. Se tiene:

$$V_{AS}(\hat{P}) = \frac{P(1-P)}{n'} \quad \text{y} \quad V_{STP}(\hat{P}) = \frac{\sum_{h=1}^{3} W_h P_h(1-P_h)}{n}$$

Igualando las precisiones tenemos:

$$V_{AS}(\hat{P}) = V_{STP}(\hat{P}) \Rightarrow \frac{P(1-P)}{n'} = \frac{\sum_{h=1}^{3} W_h P_h(1-P_h)}{n} \Rightarrow$$

$$n = \frac{n'\left(\sum_{h=1}^{3} W_h P_h(1-P_h)\right)}{P(1-P)} = \frac{1000\,(0,242)}{0,48(1-0,48)} = 970$$

Se obtiene un tam año de muestra $n=970$ en el m uestreo estratificado con afijación proporcional, que es ligeram ente inferior al tamaño necesario en muestreo aleatorio simple $n'=1000$. Existe entonces una ganancia en precisión por utilizar muestreo estratificado, pero es pequeña. Observamos que este tamaño de muestra con afijación proporcional coincide con el tam año de m uestra para afijación de mínima varianza, con lo que en este caso la precisión de ambos tipos de afijación es similar.

> *Ejercicio 4. Supongamos conocidos los siguientes datos de una población dividida en tres estratos: $S_1^2 = 9$, $S_2^2 = 225$, $S_3^2 = 1600$, $N_1=1000$, $N_2=600$, $N_3=200$, $C_1=1000$, $C_2=1200$ y $C_3=2000$. Se pide lo siguiente:*
>
> *a) Determinar el coste de una muestra estratificada que proporciona un error relativo de muestreo de 5% para estimar la media considerando afijaciones proporcional, de mínima varianza y óptima respectivamente. Se sabe que $\overline{X} = 22$ y que la función de coste es lineal. Comentar los resultados obtenidos para cada tipo de afijación y justificarlos.*
>
> *b) Contestar a las mismas cuestiones del apartado anterior, pero con reposición, y comparar los resultados con los obtenidos en el apartado a). Justificar los resultados y comprobar que la afijación óptima y la de mínima varianza coinciden para costes unitarios.*

Comenzamos recopilando los datos necesarios para el problema.

$W_1=N_1/N=1000/1800=0{,}55$ $S_1^2=9 \Rightarrow S_1=3$ $\sigma_1^2=(N_1-1)\,S_1^2/\,N_1=8{,}991$

$W_2=N_2/N=600/1800=0{,}33$ $S_2^2=225 \Rightarrow S_2=15$ $\sigma_2^2=(N_2-1)\,S_2^2/\,N_2=224{,}625$

$W_3=N_3/N=200/1800=0{,}11$ $S_3^2=1600 \Rightarrow S_3=40$ $\sigma_3^2=(N_3-1)\,S_3^2/\,N_3=39{,}899$

Afijación proporcional sin reposición

Como el error relativo de muestreo es del 5% tenemos:

$$e_r = Cv(\hat{\overline{X}}) = \frac{\sigma(\hat{\overline{X}})}{E(\hat{\overline{X}})} = \frac{\sqrt{V(\hat{\overline{X}})}}{\overline{X}} \Rightarrow e_r^{\;2} = \frac{V\left(\hat{\overline{X}}\right)}{\overline{X}^2} \Rightarrow 0{,}05^2 = \frac{V\left(\hat{\overline{X}}\right)}{22^2} \Rightarrow V\left(\hat{\overline{X}}\right)=1{,}21$$

Conocida la varianza ya podemos hallar el tamaño de muestra necesario para cometer el error de muestreo definido por la misma.

$$e^2 = V\left(\hat{\overline{X}}\right) = \left(\frac{1}{n}-\frac{1}{N}\right)\sum_{h=1}^{L} W_h S_h^2 \Rightarrow n = \frac{\displaystyle\sum_{h=1}^{L} W_h S_h^2}{e^2 + \dfrac{1}{N}\displaystyle\sum_{h=1}^{L} W_h S_h^2} \cong 191$$

Una vez hallado el tamaño de muestra realizamos la afijación como sigue:

$$n_h = kN_h \text{ con } k=\frac{n}{N}=\frac{191}{1800}=0{,}1061 \Rightarrow \begin{cases} n_1 = kN_1 = 0{,}1061\cdot 1000 \cong 106 \\ n_2 = kN_2 = 0{,}1061\cdot 600 \cong 64 \\ n_3 = kN_3 = 0{,}1061\cdot 200 \cong 21 \end{cases}$$

El coste total de muestreo con afijación proporcional será:

$$106*1000+64*1200+21*2000=224800$$

Afijación proporcional con reposición

$$e^2 = V\left(\hat{\bar{X}}\right) = \frac{1}{n}\sum_{h=1}^{L}W_h\sigma_h^2 \Rightarrow n = \frac{\sum_{h=1}^{L}W_h\sigma_h^2}{e^2} \cong 214$$

Se observa que el tam año m uestral necesario para com eter el mismo error que sin reposición es ahora superior. Ello es debido a que el m uestreo con reposición es menos preciso que el m uestreo sin reposición. Una vez hallado el tam año de muestra realizamos la afijación proporcional con reposición como sigue:

$$n_h = kN_h \ \text{con} \ k = \frac{n}{N} = \frac{214}{1800} = 0,1188 \Rightarrow \begin{cases} n_1 = kN_1 = 0,1188 \cdot 1000 \cong 119 \\ n_2 = kN_2 = 0,1188 \cdot 600 \cong 71 \\ n_3 = kN_3 = 0,1188 \cdot 200 \cong 24 \end{cases}$$

El coste total de muestreo será 119*1000+71*1200+24*2000=252200, con lo que tenemos un coste muestreo superior al caso de sin reposición.

Afijación de mínima varianza sin reposición

$$e^2 = V\left(\hat{\bar{X}}\right) = \frac{1}{n}\left(\sum_{h=1}^{L}W_hS_h\right)^2 - \frac{1}{N}\sum_{h=1}^{L}W_hS_h^2 \Rightarrow n = \frac{\left(\sum_{h=1}^{L}W_hS_h\right)^2}{e^2 + \frac{1}{N}\sum_{h=1}^{L}W_hS_h^2} = 92$$

Se observa que se necesita un tamaño de muestra menor que en el caso de la afijación proporcional, resultado lógico, y a que la afijación de m ínima varianza es más precisa que la proporcional para el mismo error de muestreo. Una vez hallado el tamaño de muestra realizamos la afijación de mínima varianza como sigue:

$$n_h = n \cdot \frac{N_hS_h}{\sum_{h=1}^{L}N_hS_h} \Rightarrow \begin{cases} n_1 = 92 \cdot \dfrac{N_1S_1}{N_1S_1 + N_2S_2 + N_3S_3} \cong 14 \\ n_2 = 92 \cdot \dfrac{N_2S_2}{N_1S_1 + N_2S_2 + N_3S_3} \cong 41 \\ n_3 = 92 \cdot \dfrac{N_3S_3}{N_1S_1 + N_2S_2 + N_3S_3} \cong 37 \end{cases}$$

El coste total de m uestreo será 14*1000+41*1200+37*2000=137200, con lo que tenemos un coste muestreo inferior al caso de afijación proporcional sin reposición.

Afijación de mínima varianza con reposición

$$e^2 = V\left(\hat{\bar{X}}\right) = \frac{1}{n}\left(\sum_{h=1}^{L} W_h \sigma_h\right)^2 \Rightarrow n = \frac{\left(\sum_{h=1}^{L} W_h \sigma_h\right)^2}{e^2} \cong 102$$

Se observa que el tam año m uestral necesario para com eter el mismo error que sin reposición es ahora s uperior, pero es inferior al necesario para afijación proporcional con reposición. Una vez hallado el tam año de m uestra realizam os la afijación de mínima varianza como sigue:

$$n_h = n \cdot \frac{N_h \sigma_h}{\sum_{h=1}^{L} N_h \sigma_h} \Rightarrow \begin{cases} n_1 = 102 \cdot \dfrac{N_1 \sigma_1}{N_1 \sigma_1 + N_2 \sigma_2 + N_3 \sigma_3} \cong 15 \\[3mm] n_2 = 102 \cdot \dfrac{N_2 \sigma_2}{N_1 \sigma_1 + N_2 \sigma_2 + N_3 \sigma_3} \cong 46 \\[3mm] n_3 = 102 \cdot \dfrac{N_3 \sigma_3}{N_1 \sigma_1 + N_2 \sigma_2 + N_3 \sigma_3} \cong 41 \end{cases}$$

El coste total de m uestreo será 15*1000+46*1200+41*2000=152200, con lo que tenemos un coste m uestreo inferior al caso de afijación proporcional con reposición y superior al caso de afijación de mínima varianza con reposición.

Afijación óptima sin reposición

$$V(\bar{x}_{st}) = e^2 = \frac{1}{n}\left(\sum_{h=1}^{L} W_h S_h / \sqrt{c_h}\right)\left(\sum_{h=1}^{L} W_h S_h \sqrt{c_h}\right) - \frac{1}{N}\sum_{h=1}^{L} W_h S_h^2 \Rightarrow$$

$$n = \frac{\left(\sum_{h=1}^{L} W_h S_h / \sqrt{c_h}\right)\left(\sum_{h=1}^{L} W_h S_h \sqrt{c_h}\right)}{e^2 + \dfrac{1}{N}\sum_{h=1}^{L} W_h S_h^2} \cong 93$$

Una vez hallado el tamaño de m uestra realizam os la afijación óptim a como sigue:

$$n_h = n \cdot \frac{N_h S_h / \sqrt{C_h}}{\sum_{h=1}^{L} N_h S_h / \sqrt{C_h}} \Rightarrow \begin{cases} n_1 = 93 \cdot \dfrac{N_1 S_1 / \sqrt{C_1}}{N_1 S_1 / \sqrt{C_1} + N_2 S_2 / \sqrt{C_2} + N_3 S_3 / \sqrt{C_3}} \cong 17 \\[3mm] n_2 = 864 \cdot \dfrac{N_2 S_2}{N_1 S_1 / \sqrt{C_1} + N_2 S_2 / \sqrt{C_2} + N_3 S_3 / \sqrt{C_3}} \cong 45 \\[3mm] n_3 = 864 \cdot \dfrac{N_3 S_3}{N_1 S_1 / \sqrt{C_1} + N_2 S_2 / \sqrt{C_2} + N_3 S_3 / \sqrt{C_3}} \cong 31 \end{cases}$$

El coste total de m uestreo será 17*1000+45*1200+31*2000=133000, con lo que tenemos un coste m uestreo inferior al caso de afijación proporcional y de afijación de mínima varianza sin reposición.

Afijación óptima con reposición

$$V\left(\overline{x}_{st}\right) = e^2 = \frac{1}{n}\left(\sum_{h=1}^{L} W_h\,\sigma_h\big/\sqrt{c_h}\right)\left(\sum_{h=1}^{L} W_h\sigma_h\sqrt{c_h}\right) \Rightarrow$$

$$n = \frac{\left(\displaystyle\sum_{h=1}^{L} W_h\,\sigma_h\big/\sqrt{c_h}\right)\left(\displaystyle\sum_{h=1}^{L} W_h\sigma_h\sqrt{c_h}\right)}{e^2} = 104$$

Se observa que el tam año m uestral necesario para com eter el mismo error que sin reposición es ahora superior.

A continuación realizam os la afijación óptim a con reposición para la estructura de costes definida en el problema.

$$n_h = n \cdot \frac{N_h\sigma_h/\sqrt{C_h}}{\displaystyle\sum_{h=1}^{L} N_h\sigma_h/\sqrt{C_h}} \Rightarrow \begin{cases} n_1 = 104 \cdot \dfrac{N_1\sigma_1/\sqrt{C_1}}{N_1\sigma_1/\sqrt{C_1} + N_2\sigma_2/\sqrt{C_2} + N_3\sigma_3/\sqrt{C_3}} \cong 18 \\[3mm] n_2 = 104 \cdot \dfrac{N_2\sigma_2}{N_1\sigma_1/\sqrt{C_1} + N_2\sigma_2/\sqrt{C_2} + N_3\sigma_3/\sqrt{C_3}} \cong 51 \\[3mm] n_3 = 104 \cdot \dfrac{N_3\sigma_3}{N_1\sigma_1/\sqrt{C_1} + N_2\sigma_2/\sqrt{C_2} + N_3\sigma_3/\sqrt{C_3}} \cong 35 \end{cases}$$

El coste total de m uestreo será 18*1000+51*1200+35*2000=149000, con lo que tenemos un coste m uestreo inferior al caso de afijación proporcional y de afijación de mínima varianza con reposición.

Si utilizamos costes unitarios los cál culos son exactam ente los m ismos que para la afijación de mínima varianza, tanto con reposición como sin reposición, luego los resultados también lo son.

Se observa que tanto en m uestreo con reposición com o sin reposición la afijación que m enos coste ocasiona para co meter un determ inado error de m uestreo es la afijación óptim a para la estructura de costes dada, seguida de la afijación de mínima varianza y de la afijación proporcional.

Ejercicio 5. Consideramos un proceso de muestreo estratificado con afijación óptima en el que se define la función de coste total C de la siguiente forma:

$$C = c_0 + \sum_{h=1}^{L} c_h \sqrt{n_h}$$

donde c_0 representa un coste fijo dado y los c_h son también conocidos y representan el coste unitario en el estrato h (h=1,2,...,L). Se pide:

1° Realizar la afijación de mínima varianza para un coste total C fijo al estimar la media poblacional y hallar la expresión general que nos da la varianza mínima.

2° Responder a las preguntas del apartado anterior considerando la extracción de una muestra estratificada de tamaño 1.000 de una población de tamaño 10.000 con los datos que se dan a continuación. Comparar los resultados con los que se obtendrían para afijación óptima con función de coste lineal y cuantificar la ganancia en precisión. Comentar los resultados.

Estrato	W_h	S_h	c_h
1	0,4	4	1
2	0,3	5	2
3	0,3	6	3

Minimizaremos la varianza del estimador de la media, con la restricción dada por el coste total según la función de coste especificada, m   ediante el siguiente problema de optimización de Lagrange:

$$\min\left[\sum_{h=1}^{L} W_h^2 \cdot \frac{S_h^2}{n_h}\left(1 - \frac{n_h}{N_h}\right) = \sum_{h=1}^{L} W_h^2 \cdot \frac{S_h^2}{n_h} - \sum_{h=1}^{L} W_h \cdot \frac{S_h^2}{N_h}\right]$$
$$C_0 + \sum_{h=1}^{L} c_h \sqrt{n_h} = C$$

Este problema se resuelve aplicando el m étodo de los m ultiplicadores de Lagrange, considerando la función lagrangiana siguiente:

$$\phi(n_h, \lambda) = \sum_{h=1}^{L} W_h^2 \cdot \frac{S_h^2}{n_h} - \sum_{h=1}^{L} W_h \cdot \frac{S_h^2}{N_h} + \lambda\left(C_0 + \sum_{h=1}^{L} c_h \sqrt{n_h} - C\right)$$

El paso siguiente es derivar la funci ón lagrangiana respecto de sus variables, igualar a cero y eliminar el parámetro λ. Tenemos:

$$\left.\begin{array}{l} \dfrac{\partial \phi}{\partial n_h} = -W_h^2 \cdot \dfrac{S_h^2}{n_h^2} + \lambda \dfrac{c_h}{2\sqrt{n_h}} = 0 \\[4mm] (h = 1,2,\cdots,L) \\[4mm] \dfrac{\partial \phi}{\partial \lambda} = C_0 + \displaystyle\sum_{h}^{L} c_h \sqrt{n_h} - C = 0 \end{array}\right\} \Rightarrow \left(\dfrac{\lambda}{2}\right)^2 \dfrac{c_h^2}{n_h} = \dfrac{W_h^4 S_h^4}{n_h^4} \Rightarrow \left(\dfrac{\lambda}{2}\right)^2 = \dfrac{\dfrac{W_h^4 S_h^4}{c_h^2}}{n_h^3} \Rightarrow \underbrace{\left(\dfrac{\lambda}{2}\right)^{\frac{2}{3}}}_{k} = \dfrac{\left(\dfrac{W_h^2 S_h^2}{c_h}\right)^{\frac{2}{3}}}{n_h}$$

Aplicando las propiedades de las proporciones tenemos:

$$k = \dfrac{\left(\dfrac{W_h^2 S_h^2}{c_h}\right)^{\frac{2}{3}}}{n_h} = \dfrac{\displaystyle\sum_{h}^{L}\left(\dfrac{W_h^2 S_h^2}{c_h}\right)^{\frac{2}{3}}}{\underbrace{\displaystyle\sum_{h}^{L} n_h}_{n}} \Rightarrow n_h = n \cdot \dfrac{\left(\dfrac{W_h^2 S_h^2}{c_h}\right)^{\frac{2}{3}}}{\displaystyle\sum_{h}^{L}\left(\dfrac{W_h^2 S_h^2}{c_h}\right)^{\frac{2}{3}}}$$

Ahora realizamos ya la afijación para los datos de nuestro problema. Los resultados que se obtienen son $n_1 = 467$ $n_2 = 270$ y $n_3 = 263$. El valor de la varianza mínima resulta ser:

$$MinV(\bar{x}_{st}) = \sum_{h=1}^{L} W_h^2 \cdot \dfrac{S_h^2}{n_h}\left(1 - \dfrac{n_h}{N_h}\right) = \sum_{h=1}^{L} W_h^2 \cdot \dfrac{S_h^2}{n_h} - \sum_{h=1}^{L} W_h \cdot \dfrac{S_h^2}{N_h} = 0{,}0236645$$

Para afijación óptima con función de costes lineal tenemos:

$$n_h = n \cdot \dfrac{W_h S_h / \sqrt{C_h}}{\displaystyle\sum_{h=1}^{L} W_h S_h / \sqrt{C_h}} \Rightarrow \begin{cases} n_1 = 104 \cdot \dfrac{W_1 S_1 / \sqrt{C_1}}{W_1 S_1 / \sqrt{C_1} + W_2 S_2 / \sqrt{C_2} + W_3 S_3 / \sqrt{C_3}} \cong 432 \\[5mm] n_2 = 104 \cdot \dfrac{W_2 S_2}{W_1 S_1 / \sqrt{C_1} + W_2 S_2 / \sqrt{C_2} + W_3 S_3 / \sqrt{C_3}} \cong 287 \\[5mm] n_3 = 104 \cdot \dfrac{W_3 S_3}{W_1 S_1 / \sqrt{C_1} + W_2 S_2 / \sqrt{C_2} + W_3 S_3 / \sqrt{C_3}} \cong 281 \end{cases}$$

El valor de la varianza mínima resulta ser:

$$MinV(\bar{x}_{st}) = \sum_{h=1}^{L} W_h^2 \cdot \dfrac{S_h^2}{n_h}\left(1 - \dfrac{n_h}{N_h}\right) = \sum_{h=1}^{L} W_h^2 \cdot \dfrac{S_h^2}{n_h} - \sum_{h=1}^{L} W_h \cdot \dfrac{S_h^2}{N_h} = 0{,}0228258$$

Resulta ligeram ente m ás precisa la afijación óptima con función de coste lineal. La ganancia en precisión se cuantifica de la siguiente forma:

$$GP = (0{,}0236645 - 0{,}0228258)/0{,}0236645 = 0{,}0354413 = 3{,}54\%$$

> *Ejercicio 6. Se van a muestrear las familias de un pueblo para estimar la cantidad promedio de bienes por familia que se pueden convertir en dinero efectivo rápidamente. Las familias se estratifican en un estrato de renta alta y otro de renta baja. Se piensa que una casa en el estrato de renta alta tiene cerca de 9 veces más bienes que una casa en el estrato de renta baja, y se espera que S_h sea proporcional a la raíz cuadrada de la media del estrato. Se sabe que existen 4.000 familias en el estrato de renta alta y 20.000 familias en el estrato de renta baja. Se pide:*
>
> *a)¿Cómo se distribuiría de forma óptima entre los dos estratos una muestra de 1.000 familias extraída de la población?*
>
> *c) Si el objetivo es estimar la diferencia entre bienes por familia en ambos estratos ¿cómo debe distribuirse la muestra?*

Sea X la cantidad de bienes por fam ilia que se puede convertir en dinero en efectivo. Como la población está dividida en dos estratos, el estrato de renta alta y el estrato de renta baja, $L=2$, y además sabemos que $n=1000$, $N_1=4000$ y $N_2=20000$. Por otra parte también son datos $\overline{X}_1 = 9\overline{X}_2$ y $S_h \propto \sqrt{\overline{X}_h}$.

Llamamos $a=\overline{X}_1$ y $b=\overline{X}_2$ y escribimos la proporcionalidad como $S_h = k\sqrt{\overline{X}_h}$ ($S_1 = k\sqrt{a}$ y $S_2 = k\sqrt{b}$) para una constante de proporcionalidad k.

Para hacer la distribución óptim a de la m uestra entre los estratos es necesario elegir el mejor tipo de afijación. Realizaremos a continuación las distintas afijaciones:

Afijación uniforme

$$n_1 = n_2 = 500$$

$$V(\overline{x}_{st}) = \sum_{h=1}^{L} W_h^2 \cdot \frac{S_h^2}{n_h}\left(1 - \frac{n_h}{N_h}\right) = 0,000104938k^2a$$

Afijación proporcional

$$n_h = \frac{n}{N}N_h \Rightarrow \begin{cases} n_1 = \dfrac{1000}{24000}4000 = 167 \\ n_2 = \dfrac{1000}{24000}20000 = 833 \end{cases}$$

$$V\left(\hat{\overline{X}}\right) = \left(\frac{1}{n} - \frac{1}{N}\right)\sum_{h=1}^{L} W_h S_h^2 = 0,000248456k^2a$$

Afijación de mínima varianza

$$n_h = n \cdot \frac{N_h S_h}{\sum\limits_{h=1}^{L} N_h S_h} \Rightarrow \begin{cases} n_1 = 1000 \cdot \dfrac{4000k\sqrt{a}}{4000k\sqrt{a} + 2000k\sqrt{\dfrac{a}{9}}} \cong 375 \\[4mm] n_2 = 1000 \cdot \dfrac{2000k\sqrt{\dfrac{a}{9}}}{4000k\sqrt{a} + 2000k\sqrt{\dfrac{a}{9}}} \cong 625 \end{cases}$$

$$V\left(\hat{\overline{X}}\right) = \frac{1}{n}\left(\sum_{h=1}^{L} W_h S_h\right)^2 - \frac{1}{N}\sum_{h=1}^{L} W_h S_h^2 = 0,000186728 \; k^2 a$$

Resulta que en este caso la mejor afijación es la uniforme, porque es la que presenta menor varianza, seguida de la afijación de mínima varianza y de la afijación proporcional. Por tanto, la muestra se distribuirá entre los estratos tomando 500 unidades de cada uno.

Para distribuir la muestra al estimar la diferencia entre bienes por familia en ambos estratos, estimamos $\overline{X}_1 - \overline{X}_2$ minimizando $V(\overline{X}_1 - \overline{X}_2)$. Resolvemos el problema mediante el siguiente problema de optimización de Lagrange:

$$\left. \begin{array}{c} \min\left[(1-f_1)\dfrac{S_1^2}{n_1} + (1-f_2)\dfrac{S_2^2}{n_2}\right] \\[4mm] n_1 + n_2 = 1000 \end{array} \right\}$$

Este problema se resuelve aplicando el método de los multiplicadores de Lagrange, considerando la función lagrangiana siguiente:

$$\phi(n_1, n_2, \lambda) = (1-\frac{n_1}{N_1})\frac{S_1^2}{n_1} + (1-\frac{n_2}{N_2})\frac{S_2^2}{n_2} + \lambda(n_1 + n_2 - 1000) = \frac{S_1^2}{n_1} + \frac{S_2^2}{n_2} - \frac{S_1^2}{N_1} - \frac{S_2^2}{N_2} + \lambda(n_1 + n_2 - 1000)$$

El paso siguiente es derivar la función lagrangiana respecto de sus variables, igualar a cero y eliminar el parámetro λ. Tenemos:

$$\left. \begin{array}{l} \dfrac{\partial\phi}{\partial n_1} = -\dfrac{S_1^2}{n_1^2} + \lambda = 0 \\[4mm] \dfrac{\partial\phi}{\partial n_2} = -\dfrac{S_2^2}{n_2^2} + \lambda = 0 \\[4mm] \dfrac{\partial\phi}{\partial\lambda} = n_1 + n_2 - 1000 = 0 \end{array} \right\} \left. \begin{array}{c} \lambda = \dfrac{S_1^2}{n_1^2} \\[4mm] \Rightarrow \lambda = \dfrac{S_2^2}{n_2^2} \\[4mm] n_1 + n_2 = 1000 \end{array} \right\} \Rightarrow \left. \begin{array}{c} 1 = \dfrac{n_2^2 S_1^2}{n_1^2 S_2^2} = \dfrac{n_2^2 k^2 a}{n_1^2 k^2 a/9} = \dfrac{9 n_2^2}{n_1^2} \\[4mm] n_1 + n_2 = 1000 \end{array} \right\}$$

$$\left. \begin{array}{l} 1 = \dfrac{9n_2^2}{\left(1000 - n_2\right)^2} \\[4mm] n_1 = 1000 - n_2 \end{array} \right\} \Rightarrow \left(1000 - n_2\right)^2 = 9n_2^2 \Rightarrow 1000 - n_2 = 3n_2 \Rightarrow \begin{array}{l} n_2 = 250 \\[2mm] n_1 = 750 \end{array}$$

La m uestra se distribuirá entre los estratos tom   ando 750 unidades de un estrato y 250 del otro.

> *Ejercicio 7. Al medir la variable X que representa las ganancias mensuales en decenas de miles de pesetas sobre una población de 500 asalariados se obtiene la siguiente distribución de frecuencias:*
>
> | *Valores de X* | *2* | *3* | *5* | *10* | *20* | *50* | *100* | *200* |
> |---|---|---|---|---|---|---|---|---|
> | *Frecuencias (n_i)* | *100* | *80* | *200* | *30* | *30* | *30* | *20* | *10* |
>
> *Con el objeto de establecer grupos homogéneos de ganancias se estratifica la población utilizando el criterio dado por 2 ≤X < 10, 10 ≤X < 100, 100 ≤X ≤200. Para una muestra de tamaño 100 hallar las afijación de mínima varianza sin y con reposición para la estimación de la ganancia mensual media y comparar precisiones comentando los resultados.*

Comenzaremos calculando los totales, m   edias, varianzas, desviaciones típicas, cuasivarianzas y cu asidesviaciones típicas de X en los estratos definidos según el criterio de estratificaciación. Para el trabajo sin reposición necesitam os las cuasivarianzas y cuasidesviaciones típi   cas, y para el trabajo con reposición necesitamos las varianzas y las desviaciones típicas de la variable X en los estratos.

Tenem   os que S_1=1,32, S_2=17,1, S_3=47,95, S^2_1=1,75, S^2_2=292,13 y S^2_3=2298,85. Adem ás N_1=380, N_2=90 y N_3=30. Para las varianzas y   desviaciones típicas estratales tenem   os σ_1=1,32, σ_2=16,99, σ_3=47,14, σ^2_1=1,74, σ^2_2=288,88 y σ^2_3=2222,22.

Afijación de mínima varianza sin reposición

$$n_h = n \cdot \dfrac{N_h S_h}{\displaystyle\sum_{h=1}^{L} N_h S_h} \Rightarrow \begin{cases} n_1 = 100 \cdot \dfrac{N_1 S_1}{N_1 S_1 + N_2 S_2 + N_3 S_3} \cong 15 \\[5mm] n_2 = 100 \cdot \dfrac{N_2 S_2}{N_1 S_1 + N_2 S_2 + N_3 S_3} \cong 44 \\[5mm] n_3 = 100 \cdot \dfrac{N_3 S_3}{N_1 S_1 + N_2 S_2 + N_3 S_3} \cong 41 \end{cases}$$

Se observa que el núm   ero de unidades a seleccionar para la m uestra en el tercer estrato es superior al número de unidades de dicho estrato.

Ante esta circunstancia seleccionam os para la m uestra las 30 unidades del tercer estrato, es decir, todas las unidades del tercer estrato van a ser autorrepresentadas. Pero ahora las 70 uni dades restantes de la m uestra han de repartirse mediante afijación de m ínima varianza entre los dos prim eros estratos. Tendremos:

$$n_h = n \cdot \frac{N_h S_h}{\sum_{h=1}^{L} N_h S_h} \Rightarrow \begin{cases} n_1 = 70 \cdot \dfrac{N_1 S_1}{N_1 S_1 + N_2 S_2} \cong 17 \\[2ex] n_2 = 70 \cdot \dfrac{N_2 S_2}{N_1 S_1 + N_2 S_2} \cong 53 \end{cases}$$

Por lo tanto la nueva afijación es $n_1=17$, $n_2=53$ y $n_3=30$. Para hallar la varianza del estim ador de la m edia para esta afijación sin reposición hem os de tener en cuenta que los estratos con sus unidades autorrepresentadas no intervienen en el cálculo de las varianzas. Como el tercer estrato no interviene en el valor de la varianza calculamos:

$$W'_1 = \frac{N_1}{N'} = \frac{380}{470} = 0,8085 \qquad W'_2 = \frac{N_2}{N'} = \frac{90}{470} = 0,1915$$

La varianza será:

$$V\left(\hat{\bar{X}}\right) = \frac{1}{n'}\left(\sum_{h=1}^{2} W'_h S_h\right)^2 - \frac{1}{N'}\sum_{h=1}^{2} W'_h S_h^2 = 0,184064$$

Afijación de mínima varianza con reposición

Realizaremos la afijación de mínima varianza con reposición como sigue:

$$n_h = n \cdot \frac{N_h \sigma_h}{\sum_{h=1}^{L} N_h \sigma_h} \Rightarrow \begin{cases} n_1 = 100 \cdot \dfrac{N_1 \sigma_1}{N_1 \sigma_1 + N_2 \sigma_2 + N_3 \sigma_3} \cong 15 \\[2ex] n_2 = 100 \cdot \dfrac{N_2 \sigma_2}{N_1 \sigma_1 + N_2 \sigma_2 + N_3 \sigma_3} \cong 44 \\[2ex] n_3 = 100 \cdot \dfrac{N_3 \sigma_3}{N_1 \sigma_1 + N_2 \sigma_2 + N_3 \sigma_3} \cong 41 \end{cases}$$

Se observa que la afijación coincide exactam ente con la obtenida para muestreo sin reposición. Ahora el número de unidades a seleccionar para la m uestra en el tercer estrato vuelve a ser superior al número de unidades de dicho estrato. Ante esta circunstancia seleccionamos para la muestra las 30 unidades del tercer estrato, es decir, todas las unidades del tercer estrato van a ser autorrepresentadas. Pero ahora las 70 unidades restantes de la muestra han de repartirse m ediante afijación de mínima varianza con reposición entre los dos primeros estratos. Tendremos:

$$n_h = n \cdot \frac{N_h \sigma_h}{\sum_{h=1}^{L} N_h \sigma_h} \Rightarrow \begin{cases} n_1 = 70 \cdot \dfrac{N_1 \sigma_1}{N_1 \sigma_1 + N_2 \sigma_2} \cong 17 \\[4mm] n_2 = 70 \cdot \dfrac{N_2 \sigma_2}{N_1 \sigma_1 + N_2 \sigma_2} \cong 53 \end{cases}$$

Por lo tanto la nueva afijación es $n_1 = 17$, $n_2 = 53$ y $n_3 = 30$. Para hallar la varianza del estimador de la media para esta afijación con reposición hemos de tener en cuenta que los estratos con sus unidades autorrepresentadas no intervienen en el cálculo de las varianzas. Como el tercer estrato no interviene en el valor de la varianza calculamos:

$$W'_1 = \frac{N_1}{N'} = \frac{380}{470} = 0,8085 \quad W'_2 = \frac{N_2}{N'} = \frac{90}{470} = 0,1915$$

La varianza será:

$$V\left(\hat{\bar{X}}\right) = \frac{1}{n'} \left(\sum_{h=1}^{2} W'_h \sigma_h\right)^2 = \frac{1}{70}(0,8085 \cdot 1,32 + 0,1915 \cdot 16,99)^2 = 0,266705$$

Las afijaciones coinciden para muestreo con y sin reposición, pero el muestro sin reposición resulta más preciso, ya que tiene menor varianza.

Se observa que aunque haya estratos con todas sus unidades autorrepresentadas, el muestreo sin reposición sigue siendo más preciso que el muestreo con reposición.

Ejercicio 8. Una empresa de publicidad quiere estimar la proporción de hogares en un municipio donde se ve cierto programa televisivo. El municipio tiene en total 310 hogares y es dividido en tres estratos. Una muestra estratificada de n=40 hogares se selecciona con afijación proporcional. Estimar la proporción de hogares en el municipio donde se ve el programa televisivo estimando los errores absoluto y relativo cometidos. Datos:

Estratos	Tamaños muestrales	N° de hogares donde se ve el programa	$\hat{P}_h$
1	$n_1 = 20$	16	0.80
2	$n_2 = 8$	2	0.25
3	$n_3 = 12$	6	0,50

Dado que la selección de la muestra se realiza con afijación proporcional se tiene:

$$n_h = kN_h \ \text{ con } \ k = \frac{n}{N} = \frac{40}{310} = 0{,}129 \Rightarrow \begin{cases} N_1 = \dfrac{n_1}{k} = \dfrac{20}{0{,}129} \cong 155 \\[2mm] N_2 = \dfrac{n_2}{k} = \dfrac{8}{0{,}129} \cong 62 \\[2mm] N_1 = \dfrac{n_3}{k} = \dfrac{12}{0{,}129} \cong 93 \end{cases}$$

Ya podemos estimar la proporción de hogares en el municipio donde se ve el programa televisivo de la siguiente forma:

$$\hat{P}_{st} = \sum_{h=1}^{3} W_h \hat{P}_h = \sum_{h=1}^{3} \frac{N_h}{N} \hat{P}_h = \frac{155}{310} 0{,}80 + \frac{62}{310} 0{,}25 + \frac{93}{310} 0{,}50 = 0{,}60 \quad (60\%)$$

Resulta que en el 60%   de los hogares del m   unicipio se ve el   programa televisivo.

Para calcular el error absoluto de esta estimación hallamos la estim ación de la varianza del estimador de la proporción. Se tiene:

$$\hat{V}(\hat{P}_{st}) = \sum_{h=1}^{3} \frac{N_h^2}{N^2} \hat{V}(\hat{P}_h) = \sum_{h=1}^{3} \frac{N_h^2}{N^2} (1 - \frac{n_h}{N_h}) \frac{\hat{P}_h (1 - \hat{P}_h)}{n_h - 1} = 0{,}0045$$

El error relativo sería $\hat{C}v(\hat{P}_{st}) = \dfrac{\sqrt{\hat{V}(\hat{P}_{st})}}{\hat{P}_{st}} \cdot 100 = \dfrac{\sqrt{0{,}0045}}{0{,}60} \cdot 100 = 11{,}18\%$

CAPÍTULO 6

MUESTREO SISTEMÁTICO

DEFINICIÓN Y ESPECIFICACIONES
DEL MUESTREO SISTEMÁTICO

Consideramos una población de tam año N y agrupam os sus elementos en n zonas de tamaño k ($N=nk$). Para extraer una m uestra de tamaño n se elige al azar una unidad en la prim era zona, y para seleccionar las n-1 unidades restantes para la muestra se toma en cada zona la unidad que ocupa el mismo lugar dentro de su zona que el que ocupaba la prim era unidad selecci onada dentro de la prim era zona. Por ejemplo, si la unidad seleccionada para la m uestra al azar en la prim era zona es la tercera, se elegirán las n-1 unidades restantes para la m uestra tom ando la tercera unidad de cada zona. Las m uestras sistem áticas así obtenidas suelen denom inarse *muestras 1 en k*.

Inicialmente podemos considerar las $N=nk$ unidades de la población clasificadas en n zonas (filas) de tamaño k (tabla de dimensiones (n,k)) de la forma siguiente:

$i\backslash j$	1	2	3	$\cdots$	j	$\cdots$	k
1	u_{11}	u_{12}	u_{13}	$\cdots$	u_{1j}	$\cdots$	u_{1k}
2	u_{21}	u_{22}	u_{23}	$\cdots$	u_{1j}	$\cdots$	u_{2k}
$\vdots$	$\vdots$	$\vdots$	$\vdots$		$\vdots$		$\vdots$
i	u_{i1}	u_{i2}	u_{i3}	$\cdots$	u_{1j}	$\cdots$	u_{ik}
$\vdots$	$\vdots$	$\vdots$	$\vdots$		$\vdots$		$\vdots$
n	u_{n1}	u_{n2}	u_{n3}	$\cdots$	u_{nj}	$\cdots$	u_{nk}

Una vez clasificadas las unidades de la población en n zonas o filas de tamaño k, las numeramos de izquierda a derecha empezando por la primera unidad de la primera fila y pasando a la primera unidad de la siguiente fila una vez que se hay a agotado la fila anterior.

Una vez num eradas las $N=nk$ unidades podem os expresarlas de la siguiente forma:

$i\backslash j$	1	2	3	$\cdots$	j	$\cdots$	k
1	u_1	u_2	u_3	$\cdots$	u_j	$\cdots$	u_k
2	u_{k+1}	u_{k+2}	u_{k+3}	$\cdots$	u_{k+j}	$\cdots$	u_{k+k}
3	u_{2k+1}	u_{2k+2}	u_{2k+3}	$\cdots$	u_{2k+j}		u_{2k+k}
$\vdots$	$\vdots$	$\vdots$	$\vdots$		$\vdots$		$\vdots$
i	$u_{(i-1)k+1}$	$u_{(i-1)k+2}$	$u_{(i-1)k+3}$	$\cdots$	$u_{(i-1)k+j}$	$\cdots$	$u_{(i-1)k+k}$
$\vdots$	$\vdots$	$\vdots$	$\vdots$		$\vdots$		$\vdots$
n	$u_{(n-1)k+1}$	$u_{(n-1)k+2}$	$u_{(n-1)k+3}$	$\cdots$	$u_{(n-1)k+j}$	$\cdots$	$\underbrace{u_{(n-1)k+k}}_{u_N}$

Tal y como hemos definido el método de selección sistemática, comenzamos seleccionando una unidad en la prim era zona por m uestreo aleatorio sim ple (con probabilidad $1/k$). Si esta prim era unidad es la X_j, del resto de las zonas elegim os las unidades que ocupan el lugar j. Al hacer variar j desde 1 hasta k se obtienen las posibles muestras sistemáticas. Por lo tanto las posibles m uestras sistemáticas serán todas las columnas de la tabla anterior.

Con estas especificaciones el espacio m uestral está form ado por las siguientes k muestras posibles:

$$(\widetilde{u}_1) = \left\{ u_1, u_{1+k}, \cdots u_{1+(n-1)k} \right\}$$
$$\dots\dots\dots\dots\dots\dots\dots\dots\dots\dots\dots\dots$$
$$(\widetilde{u}_j) = \left\{ u_j, u_{j+k}, \cdots u_{j+(n-1)k} \right\}$$
$$\dots\dots\dots\dots\dots\dots\dots\dots\dots\dots\dots\dots$$
$$(\widetilde{u}_k) = \left\{ u_k, u_{k+k}, \cdots u_{k+(n-1)k} \right\}$$

Todas las muestras tendrán probabilidades iguales a la probabilidad de selección aleatoria simple de su primera unidad en la primera zona, es decir, todas las muestras tendrán probabilidad $1/k = n/(kN) = n/N$. Además, dado que es im posible que una unidad de la población aparezca m ás de una vez en una m uestra, el muestreo sistemático es un muestreo sin reposición.

Existen algunas variedades en la form a de selección de una m uestra sistemática. A veces se utiliza un m uestreo más rígido que suele llam arse ***muestreo estrictamente sistemático***, y que consiste en seleccionar para la m uestra las unidades que ocupan el punto m edio de cada zona de k elementos consecutivos (de cada fila). Este diseño fue propuesto por Madow con el nombre de ***muestreo sistemático centrado***. Aunque el resultado no suele diferir mucho del que se obtendría utilizando un origen aleatorio, debe tenerse en cuenta que el m uestreo deja de ser probabilístico para convertirse en intencional.

Otra modalidad del muestreo sistemático para lograr aún mayor facilidad en la selección consiste en sustituir el recuento   por una medición. Así podría hacerse para seleccionar fichas u hojas de papel superpuestas en número elevado, utilizando una cinta métrica y tomando como intervalo de muestreo una cierta distancia, por ejemplo, medio decímetro, después de elegir aleatoriamente el origen expresado en milímetros entre 1 y 50. El diferente grosor de las hojas puede   originar algún error, pero se facilita mucho la selección.

VENTAJAS E INCONVENIENTES EN EL MUESTREO SISTEMÁTICO

Como todos los métodos de selección de m uestras, la selección sistemática presenta ciertos pros y contras. Comenzaremos comentando las ventajas más importantes.

En muestreo sistemático, a diferencia de lo que puede ocurrir en el muestreo aleatorio y dada la forma de repartir la muestra por toda la población, ningún posible grupo grande de elementos de la   población con propiedades similares queda sin representación. En consecuencia, si los elementos numerados en el orden en que aparecen en la población tienden a formar grupos o zonas de elementos parecidos respecto de la característica que se estudia, el muestreo sistemático puede ser más representativo que el muestreo aleatorio simple.

En el muestreo sistemático puede considerarse cada zona   de k elementos consecutivos a partir del primero como un estrato, es decir, se puede dividir la población en n estratos constituidos cada uno de ellos por una   fila de la tabla anterior en la que hemos representado los elementos de la población numerados consecutivamente. Existe entonces un efecto que podemos llamar de extensión o estratificación. Obtener una muestra sistemática sería entonces equivalente a obtener una muestra estratificada con una unidad por estrato. Debe tenerse en cu enta, sin embargo, que en el muestreo estratificado aleatorio la selección se efectúa   independientemente en cada estrato, mientras que en el muestreo sistemático todos los elementos seleccionados ocupan el mismo lugar o número de orden dentro de cada zona de k elementos, con la que no hay aleatoriedad de selección. Además en el muestreo estratificado los estratos han de ser homogéneos dentro de sí y heterogéneos entre ellos, con lo que sería conveniente que las n zonas sistemáticas de k elementos cada una sean lo más homogéneas posible dentro de ellas y heterogéneas entre ellas.

El efecto anterior será beneficioso para la representatividad de la m uestra cuando haya rachas o estratos sucesivos constituidos por elementos iguales o parecidos entre sí. Por el contrario, si en la ordenación de elementos poblacionales existe cierta periodicidad y k es igual al período o múltiplo de éste, la representatividad disminuye.

También puede considerarse el muestreo sistemático como un caso particular del muestreo de conglomerados considerando como un conglomerado cada columna de la tabla presentada anteriormente que representa los elementos de la población numerados consecutivamente. De esta forma, seleccionar la muestra sistemática sería equivalente a seleccionar una muestra por conglomerados de tamaño uno, ya que cada columna de la tabla que resume los elementos de la población numerados es una muestra sistemática posible. En este caso es conveniente que cada columna forme un grupo de unidades lo más heterogéneas posibles y con propiedades similares a las de toda la población, de tal forma que una única columna (conglomerado) puede representar bien a toda la población. Son deseables columnas con heterogeneidad dentro de ellas y homogeneidad entre ellas.

Este procedimiento de muestreo tiene la ventaja de la gran rapidez y facilidad de selección de la muestra así como la facilidad de los cálculos algebraicos para obtener los estimadores lineales insesgados. Sin embargo se presenta un problema teórico fuerte a la hora de realizar estimaciones de varianzas.

Si la disposición de los elementos en la población es aleatoria, la selección sistemática equivale a un muestreo aleatorio simple. Sin embargo, no siempre es posible cerciorarse de dicha aleatoriedad para ver si es lícito admitir tal equivalencia. En la práctica, una ordenación alfabética de las unidades poblacionales puede resultar conveniente para conseguir aleatoriedad, pero es recomendable observar de antemano si existe alguna posible relación entre las letras iniciales y las características en estudio (por ejemplo, en el caso de nomenclatura geográfica, apellidos extranjeros, etc). También en la práctica, cuando se trata de proceder a la selección sistemática de bloques, manzanas o edificios, suele ser conveniente la numeración "serpentina" de los mismos, que consiste en poner a cada uno un número empezando de izquierda a derecha hasta agotar un fila o alineación de los mismos en el plano, continuando después de derecha a izquierda en la fila contigua inferior o superior, recorriendo así en sentidos opuestos todo el plano o conjunto de bloques.

La variabilidad de las muestras sistemáticas suele ser mucho menor que la de las muestras aleatorias simples y menor, incluso, que en las estratificadas.

Podríamos resumir las ventajas e inconvenientes del muestreo sistemático de la forma siguiente:

Ventajas:

- Extiende la muestra a toda población
- Recoge el posible efecto de estratificación debido al orden en que figuran las unidades de la población
- Permite la consideración de conglomerados en la población
- Es fácil de aplicar y comprobar

- No presenta problemas de cálculo algebraico
- No precisa distinción entre reposición y no reposición
- Si la disposición de los elem   entos en la población es aleatoria, la selección sistemática equivale a un muestreo aleatorio simple
- El error de m uestreo suele ser inferior que en m uestreo aleatorio simple o incluso que en estratificado.

Inconvenientes:

- La posibilidad de aumento de la varianza si existe periodicidad en la población
- El problema teórico que se presenta en la estimación de varianzas
- No hay independencia en la selección de unidades en las distintas zonas, ya que la unidades extraídas en cada zona dependen de la seleccionada en la primera zona
- En general sólo hay selección aleatoria para la primera unidad de la muestra

ESTIMADORES LINEALES INSESGADOS

Dado que el muestreo sistemático es sin reposición utilizarem os el estimador lineal insesgado de Horwitz y Thompson, que de forma general asegura que:

$$\hat{\theta}_{HT} = \sum_{i=1}^{n} \frac{Y_i}{\pi_i}$$

es un estimador lineal insesgado del parámetro poblacional $\theta = \sum_{i=1}^{N} Y_i$.

Como en m uestreo sistem ático se dividen las $N=nk$ unidades de la población en n zonas de k unidades cada una, y   además la probabilidad π_i de selección de un elemento poblacional cualquiera para la m   uestra será igual a la probabilidad de que resulte elegida la zona que lo contiene, esto es, $\pi_i = 1/ k = n/(nk) =   n/N$, podem os expresar la forma general del estimador de Horwitz y Thompson de la forma siguiente:

El   estimador:

$$\hat{\theta} = \sum_{i=1}^{n} \sum_{j=1}^{1} \frac{Y_{ij}}{\frac{1}{k}}$$

es un estimador lineal insesgado del parámetro poblacional $\theta = \sum_{i=1}^{n} \sum_{j=1}^{k} Y_{ij}$.

Su aplicación a las estim aciones del total, m edia, proporción y total de clase poblacionales deriva en los siguientes estimadores:

$$Total \rightarrow \theta = X \Rightarrow Y_{ij} = X_{ij} \Rightarrow \hat{X} = \sum_{i}^{n}\sum_{j=1}^{1}\frac{X_{ij}}{\frac{1}{k}} = \sum_{i=1}^{n}\underset{\frac{n}{N}}{k}\,X_{ij} = N.\frac{1}{n}\sum_{i=1}^{n}X_{ij} = N\bar{x}_j$$

$$Media \rightarrow \theta = \bar{X} \Rightarrow Y_{ij} = \frac{X_{ij}}{\frac{N}{nk}} \Rightarrow \hat{\bar{X}} = \sum_{i}^{n}\sum_{j=1}^{1}\frac{\frac{X_{ij}}{nk}}{\frac{1}{k}} = \frac{1}{n}\sum_{i=1}^{n}X_{ij} = \bar{x}_j$$

$$Proporción \rightarrow \theta = P \Rightarrow Y_{ij} = \frac{A_{ij}}{nk} \Rightarrow \hat{P} = \sum_{i}^{n}\sum_{j=1}^{1}\frac{\frac{A_{ij}}{nk}}{\frac{1}{k}} = \frac{1}{n}\sum_{i=1}^{n}A_{ij} = \hat{P}_j$$

$$Total\,de\,clase \rightarrow \theta = A \Rightarrow Y_{ij} = A_{ij} \Rightarrow \hat{A} = \sum_{i}^{n}\sum_{j=1}^{1}\frac{A_{ij}}{\frac{1}{k}} = \sum_{i=1}^{n}\underset{\frac{n}{N}}{k}\,A_{ij} = N.\frac{1}{n}\sum_{i=1}^{n}A_{ij} = N\hat{P}_j$$

Se observa que un estimador lineal insesgado para la media poblacional es la media de la muestra sistemática, para la proporción poblacional es la proporción de la muestra sistemática, para el total poblacional es N veces el total de la muestra sistemática y para el total de clase es N veces el total de clase muestral.

VARIANZAS DE LOS ESTIMADORES

Antes de hallar las expresiones de las varianzas para los estimadores insesgados de los parámetros poblacionales, vamos a realizar la siguiente descomposición de la suma de cuadrados para el análisis de la varianza poblacional:

$$\underbrace{\sum_{i=1}^{n}\sum_{j=1}^{k}\left(X_{ij}-\bar{X}\right)^2}_{Variación\ total} = \sum_{i=1}^{n}\sum_{j=1}^{k}\left(X_{ij}-\bar{x}_j+\bar{x}_j-\bar{X}\right)^2 = \sum_{i=1}^{n}\sum_{j=1}^{k}\left(X_{ij}-\bar{x}_j\right)^2 + \sum_{i=1}^{n}\sum_{j=1}^{k}\left(\bar{x}_j-\bar{X}\right)^2 +$$

$$+ \underbrace{2\sum_{i=1}^{n}\sum_{j=1}^{k}\left(X_{ij}-\bar{x}_j\right)\left(\bar{x}_j-\bar{X}\right)}_{0} = \underbrace{\sum_{i=1}^{n}\sum_{j=1}^{k}\left(X_{ij}-\bar{x}_j\right)^2}_{\substack{Variación\ dentro \\ de\ muestras}} + \underbrace{\sum_{i=1}^{n}\sum_{j=1}^{k}\left(\bar{x}_j-\bar{X}\right)^2}_{\substack{Variación\ entre \\ muestras}}$$

Los productos cruzados son cero porque:

$$\sum_{i=1}^{n}\sum_{j=1}^{k}\left(X_{ij}-\bar{x}_j\right)\left(\bar{x}_j-\bar{X}\right) = \sum_{i=1}^{n}\sum_{j=1}^{k}\left(X_{ij}\bar{x}_j - X_{ij}\bar{X} - \bar{x}_j^2 + \bar{x}_j\bar{X}\right) =$$

$$\sum_{j=1}^{k}\left(\bar{x}_j\underbrace{\sum_{i=1}^{n}X_{ij}}_{n\bar{x}_j} - \bar{X}\underbrace{\sum_{i=1}^{n}X_{ij}}_{n\bar{x}_j} - n\bar{x}_j^2 + n\bar{x}_j\bar{X}\right) = \sum_{j=1}^{k}\left(\underbrace{n\bar{x}_j^2 - n\bar{x}_j\bar{X} - n\bar{x}_j^2 + n\bar{x}_j\bar{X}}_{0}\right) = 0$$

Si definimos la cuasivarianza entre las k muestras posibles, o **cuasivarianza intermuestral** como:

$$S_{bs}^2 = \frac{1}{k-1} \sum_i^n \sum_j^k \left(\overline{x}_j - \overline{X} \right)^2$$

y la cuasivarianza dentro de las muestras o **cuasivarianza intramuestral** como:

$$S_{ws}^2 = \frac{1}{N-k} \sum_i^n \sum_j^k \left(X_{ij} - \overline{x}_j \right)^2$$

la descom posición de la sum a de cuadrados para el análisis de la varianza poblacional permite escribir lo siguiente:

$$\underbrace{\sum_{i=1}^n \sum_{j=1}^k \left(X_{ij} - \overline{X} \right)^2}_{(N-1)S^2} = \underbrace{\sum_{i=1}^n \sum_{j=1}^k \left(X_{ij} - \overline{x}_j \right)^2}_{(N-k)S_{ws}^2} + \underbrace{\sum_{i=1}^n \sum_{j=1}^k \left(\overline{x}_j - \overline{X} \right)^2}_{(k-1)S_{bs}^2} \Rightarrow$$

$$(N-1)S^2 = (N-k)S_{ws}^2 + (k-1)S_{bs}^2$$

La tabla del análisis de la varianza poblacional puede escribise como sigue:

Fuente devariación	Gradosde libertad	Sumasdecuadrados	Cuadrados medios
Entremuestas	$k-1$	$\sum_i^n \sum_j^k \left(\overline{x}_j - \overline{X} \right)^2$	S_{bs}^2
Dentrodemuestras	$N-k$	$\sum_i^n \sum_j^k \left(X_{ij} - \overline{x}_j \right)^2$	S_{ws}^2
Total	$k-1+(N-k) = N-1$	$\sum_i^n \sum_j^k \left(X_{ij} - \overline{X} \right)$	S^2

Según esta nom enclatura podemos expresar las varianzas de los estimadores de la forma siguiente:

$$V(\hat{\overline{X}}) = V(\overline{x}_j) = E\left[\overline{x}_j - \underbrace{E(\overline{x}_j)}_{\overline{X}} \right]^2 = \frac{1}{k} \sum_j^k \left(\overline{x}_j - \overline{X} \right)^2 = \frac{1}{nk} \sum_i^n \sum_j^k \left(\overline{x}_j - \overline{X} \right)^2 =$$

$$\frac{1}{nk}(k-1)S_{bs}^2 = \frac{k-1}{k} \frac{S_{bs}^2}{n} = \left(1 - \frac{1}{k} \right) \frac{S_{bs}^2}{n} = \left(1 - \frac{n}{nk} \right) \frac{S_{bs}^2}{n} = \left(1 - \frac{n}{N} \right) \frac{S_{bs}^2}{n} = (1-f) \frac{S_{bs}^2}{n}$$

$$V(\hat{X}) = V(N\overline{x}_j) = N^2 V(\overline{x}_j) = N^2 (1-f) \frac{S_{bs}^2}{n}$$

$$V(\hat{P}) = V(\hat{P}_j) = \frac{1}{k}\sum_{j}^{k}(\hat{P}_j - P)^2 = \frac{1}{nk}\sum_{i}^{n}\sum_{j}^{k}(\hat{P}_j - P)^2 = \frac{1}{N}\sum_{i}^{n}\sum_{j}^{k}(\hat{P}_j - P)^2$$

$$V(\hat{A}) = V(N\hat{P}_j) = N^2 V(\hat{P}_j) = N^2 \frac{1}{k}\sum_{j}^{k}(\hat{P}_j - P)^2 = N\sum_{i}^{n}\sum_{j}^{k}(\hat{P}_j - P)^2$$

Se observa que las varianzas de los estim adores son m ayores cuanto mayor sea la cuasivarianza interm uestral S_{bs}^2. Por lo tanto conviene que la variación entre muestras sea lo m ás pequeña posible, es decir, que haya homogeneidad entre las muestras y que todas las posibles muestras sean lo más parecidas entre sí.

Hemos obtenido expresiones para la varianza de los estim adores dependientes de la cuasivarianza intermuestral y comprobado que la varianza es menor cuanto menor es la variabilidad entre muestras. Vamos ahora a obtener expresiones para las *varianzas de los estimadores a partir de la cuasivarianza intramuestral*.

Aplicando la igualdad $(N-1)S^2 = (N-k)S_{ws}^2 + (k-1)S_{bs}^2$ tenemos:

$$V(\hat{\bar{X}}) = V(\bar{x}_j) = (1-f)\frac{S_{bs}^2}{n} = \frac{\overbrace{(k-1)S_{bs}^2}}{N} = \frac{(N-1)S^2 - (N-k)S_{ws}^2}{N} =$$

$$= \frac{N-1}{N}S^2 - \frac{N-k}{N}S_{ws}^2 = \frac{N-1}{N}S^2 - \frac{nk-k}{n}S_{ws}^2 = \sigma^2 - \frac{n-1}{n}S_{ws}^2$$

$$V(\hat{X}) = V(N\bar{x}_j) = N^2 V(\bar{x}_j) = N^2 \frac{(N-1)S^2 - (N-k)S_{ws}^2}{N} = N(N-1)S^2 - N(N-k)S_{ws}^2$$

Se observa que las varianzas de los estim adores son m enores cuanto mayor sea la cuasivarianza intram uestral S_{ws}^2. Por lo tanto conviene que la variación dentro de m uestras sea lo m ás grande posible, es deci r, que hay a heterogeneidad dentro de muestras.

Para ver la expresión de la varianza para el total y la proporción calculam os el valor de S_{ws}^2 en función de proporciones. Tenemos:

$$S_{ws}^2 = \frac{1}{N-k} \sum_i^n \sum_j^k \left(X_{ij} - \bar{x}_j \right)^2 = \frac{1}{N-k} \sum_i^n \sum_j^k \left(A_{ij} - \hat{P}_j \right)^2 =$$

$$\frac{1}{N-k} \sum_i^n \sum_j^k \left(A_{ij}^2 - 2 A_{ij} \hat{P}_j + \hat{P}_j^2 \right) = \frac{1}{N-k} \sum_j^k \left(\underbrace{\sum_i^n A_{ij}^2}_{\sum_i^n A_{ij}} - 2\hat{P}_j \underbrace{\sum_i^n A_{ij}}_{n\hat{P}_j} + \underbrace{\sum_i^n \hat{P}_j^2}_{n\hat{P}_j^2} \right)$$

$$= \frac{1}{N-k} \sum_j^k \left(n\hat{P}_j \underbrace{- 2n\hat{P}_j^2 + n\hat{P}_j^2}_{-n\hat{P}_j^2} \right) = \frac{1}{N-k} \sum_j^k n\hat{P}_j(1-\hat{P}_j) = \frac{n}{N-k} \sum_j^k \hat{P}_j(1-\hat{P}_j)$$

Ya podemos calcular ahora las varianzas de los estimadores de la proporción y el total de clase.

$$V(\hat{P}) = \sigma^2 - \frac{n-1}{n} S_{ws}^2 = PQ - \frac{n-1}{n} \frac{n}{\underbrace{N-k}_{nk-k=k(n-1)}} \sum_j^k \hat{P}_j(1-\hat{P}_j) = PQ - \frac{1}{k} \sum_j^k \hat{P}_j \hat{Q}_j)$$

$$V(\hat{A}) = V(N\hat{P}) = N^2 V(\hat{P}) = N^2 \left(PQ - \frac{1}{k} \sum_j^k \hat{P}_j \hat{Q}_j \right)$$

COMPARACIÓN ENTRE EL MUESTREO SISTEMÁTICO Y EL MUESTREO ALEATORIO SIMPLE

Se trata de analizar cuándo es útil usar el muestreo sistemático en lugar del muestreo aleatorio simple. A continuación se demuestra que cuando la cuasivarianza intramuestral S_{ws}^2 supera a la cuasivarianza poblacional S ^{2} el muestreo sistemático mejora en precisión al aleatorio simple.

$$S_{ws}^2 > S^2 \Rightarrow S_{ws}^2 = S^2 + \underbrace{A}_{positivo} \Rightarrow V(\bar{x}_j) = \frac{N-1}{N} S^2 - \frac{N-k}{N} \left(S^2 + A \right) =$$

$$\underbrace{\left(\frac{N-1}{N} - \frac{N-k}{N} \right)}_{\frac{K-1}{N} = \frac{K-1}{K} \frac{1}{n} = \left(1 - \frac{1}{k} \right) \frac{1}{n}} S^2 - \underbrace{\frac{N-k}{N}}_{\frac{nk-k}{nk} = \frac{n-1}{n}} A = (1-f) \underbrace{\frac{S^2}{n}}_{V_{MAS}(\bar{x})} - \underbrace{\frac{\overset{positivo}{n-1}}{n} A}_{positivo} < V_{MAS}(\bar{x})$$

Luego podemos decir que el muestreo sistemático es más preciso que el aleatorio simple cuando la variabilidad dentro de muestras es superior a la variabilidad dentro de las unidades de la población.

La precisión del m uestreo sistem ático y del aleatorio sim ple coinciden cuando $S_{ws}^2 = S^2$, es decir, cuando la variabilidad dentro de m uestras es sim ilar a la variabilidad dentro de las unidades de la población, y esto se da cuando la disposición de los elem entos en la poblaci ón es aleatoria. Esta disposición aleatoria de los elem entos de la población puede conseguirse simplemente numerándolos aleatoriamente antes de realizar las zonas sistemáticas para la selección de la muestra.

COEFICIENTE DE CORRELACIÓN INTRAMUESTRAL

Consideramos la variable X en estudio m edida sobre los elem entos de la muestra sistem ática j-ésim a. Tendremos $(\tilde{x}_j) = \{X_j, X_{j+k}, \cdots X_{j+(n-1)k}\}$, cuy os valores corresponden a la colum na j-esima del cuadro 2 (que presenta los valores de la variable X m edidos sobre todas las unidades de la población y a num eradas). Consideremos el par de valores de esta columna (muestra j-ésima) relativos a las filas i y z con $i<z$, es decir, el par de valores de la colum na j relativos a los elem entos (i,j) y (z,j) de la tabla. A estos valores que ocupan los lugares i y z de la colum na j en el cuadro 2, le corresponden los valores X_{ij} y X_{zj} del cuadro 1 (que presenta los valores de la variable X m edidos sobre todas las unidades de la población antes de su numeración).

$i\backslash j$	1	2	3	$\cdots$	j	$\cdots$	k
1	X_{11}	X_{12}	X_{13}	$\cdots$	X_{1j}	$\cdots$	X_{1k}
2	X_{21}	X_{22}	X_{23}	$\cdots$	X_{1j}	$\cdots$	X_{2k}
$\vdots$	$\vdots$	$\vdots$	$\vdots$		$\vdots$		$\vdots$
i	X_{i1}	X_{i2}	X_{i3}	$\cdots$	X_{1j}	$\cdots$	X_{ik}
$\vdots$	$\vdots$	$\vdots$	$\vdots$		$\vdots$		$\vdots$
z	X_{z1}	X_{z2}	X_{z3}	$\cdots$	X_{zj}	$\cdots$	X_{zk}
$\vdots$	$\vdots$	$\vdots$	$\vdots$		$\vdots$		$\vdots$
n	X_{n1}	X_{n2}	X_{n3}	$\cdots$	X_{nj}	$\cdots$	X_{nk}

Cuadro 1

$i\backslash j$	1	2	3	$\cdots$	j	$\cdots$	k
1	X_1	X_2	X_3	$\cdots$	X_j	$\ldots$	X_k
2	X_{k+1}	X_{k+2}	X_{k+3}	$\cdots$	X_{k+j}	$\cdots$	X_{k+k}
$\vdots$	$\vdots$	$\vdots$	$\vdots$		$\vdots$		
i	$X_{(i-1)k+1}$	$X_{(i-1)k+2}$	$X_{(i-1)k+3}$		$X_{(i-1)k+j}$	$\cdots$	$X_{(i-1)k+k}$
$\vdots$	$\vdots$	$\vdots$	$\vdots$		$\vdots$		$\vdots$
z	$X_{(z-1)k+1}$	$X_{(z-1)k+2}$	$X_{(z-1)k+3}$	$\cdots$	$X_{(z-1)k+j}$		$X_{(z-1)k+k}$
$\vdots$	$\vdots$	$\vdots$	$\vdots$		$\vdots$		$\vdots$
n	$X_{(n-1)k+1}$	$X_{(n-1)k+2}$	$X_{(n-1)k+3}$	$\ldots$	$X_{(n-1)k+j}$	$\cdots$	$X_{(n-1)k+k}$

Cuadro 2

En cada muestra $(\tilde{x}_j)$ hay $\binom{n}{2}$ pares distintos de valores (X_{ij}, X_{zj}) $i,z=1,...,n$.

Si consideramos las k muestras sistemáticas posibles $(j=1,...,k)$ habrá:

$$k \cdot \binom{n}{2}$$

pares distintos posibles de valores dentro de todas las m uestras de la población. El coeficiente de correlación lineal entre todos estos pares de valores se denomina *coeficiente de correlación intramuestral*.

Tal y como está definido, el coeficiente de correlación intram uestral mide la interrelación entre las unidades dentro de la s muestras. Lógicamente esta interrelación debe de ser lo m ás pequeña posible, y a que en el m uestreo sistem ático interesa la heterogeneidad intram uestral con la fina lidad de que una única muestra sistemática represente lo mejor posible a toda la población. Para que una m uestra sistemática aspire a ser fiel espejo de toda la población ha de ser heterogénea y la interrelación entre sus unidades ha de ser baja. Por lo tanto, inicialmente parece lógico que interesen valores muy pequeños del coeficiente de correlación intramuestral.

El coeficiente de correlación intramuestral podría expresarse como sigue:

$$\rho_w = \frac{Cov(X_{ij}, X_{zj})}{\sigma(X_{ij})\sigma(X_{zj})} = \frac{E(X_{ij} - E(X_{ij}))(X_{zj} - E(X_{zj}))}{\sigma^2} = \frac{\dfrac{1}{k\binom{n}{2}}\displaystyle\sum_{j}^{k}\sum_{i<z}^{n}(X_{ij} - \overline{X})(X_{zj} - \overline{X})}{\sigma^2}$$

$$= \frac{2\displaystyle\sum_{j}^{k}\sum_{i<z}^{n}(X_{ij} - \overline{X})(X_{zj} - \overline{X})}{N(n-1)\sigma^2} \quad \text{donde } \sigma^2 = \frac{1}{nk}\sum_{j}^{k}\sum_{i}^{n}(X_{ij} - \overline{X})^2 = \text{varianza poblacional}$$

Expresión de la varianza en función del coeficiente de correlación intramuestral

Se podrá expresar la varianza del estim   ador de la m edia en función del coeficiente de correlación intramuestral de la forma siguiente:

$$V(\overline{x}_j) = \frac{1}{k}\sum_{j}^{k}(\overline{x}_j - \overline{X})^2 = \frac{1}{k}\sum_{j}^{k}\left(\frac{1}{n}\sum_{i}^{n}X_{ij} - \frac{n\overline{X}}{n}\right)^2 = \frac{1}{k}\sum_{j}^{k}\left(\frac{1}{n}\sum_{i}^{n}X_{ij} - \frac{1}{n}\sum_{i}^{n}\overline{X}\right)^2 =$$

$$\frac{1}{k}\sum_{j}^{k}\left(\frac{1}{n}\sum_{i}^{n}(X_{ij} - \overline{X})\right)^2 = \frac{1}{kn^2}\left[\underbrace{\sum_{j}^{k}\sum_{i}^{n}(X_{ij} - \overline{X})^2}_{N\sigma^2} + \underbrace{2\sum_{j}^{k}\sum_{i<z}^{k}(X_{ij} - \overline{X})(X_{zj} - \overline{X})}_{N(n-1)\sigma^2\rho_\omega}\right] =$$

$$= \frac{1}{Nn}\left[N\sigma^2 + N(n-1)\sigma^2\rho_w\right] = \frac{\sigma^2}{n}\left[1 + (n-1)\rho_w\right] = \frac{N-1}{N}\frac{S^2}{n}\left[1 + (n-1)\rho_w\right]$$

Según esta expresión de la varianza en   función del coeficiente de correlación intramuestral se observa lo siguiente:

- La precisión m áxima, que evidentem ente se da cuando el error de m uestreo es cero ($V(\bar{x}_j)$=0), se produce si ($n-1)\rho_\omega$= -1, luego se puede asegurar que   PRECISIÓN

  $$\text{MÁXIMA} \Leftrightarrow V(\bar{x}_j) = 0 \Leftrightarrow \rho_\omega = -\frac{1}{n-1}$$

- La precisión m ínima, que evidentem ente se da cuando la varianza es m áxima, se produce si ρ_ω=1 (valor m áximo de ρ_ω que será el que efectivam ente hace m áxima $V(\bar{x}_j)$), luego se puede asegurar que PRECISIÓN MÍNIMA $\Leftrightarrow \rho_\omega$=1.

- Por otra parte si ρ_ω= 0 $\Rightarrow V(\bar{x}_j) = \dfrac{\sigma^2}{n}$, con lo que el m uestreo sistemático coincide en precisión con el muestreo aleatorio simple con reposición.

Hemos visto que la precisión del m uestreo sistem ático puede analizarse en función del coeficiente de   correlación intramuestral, de tal m odo que la precisión máxima se produce cuando ρ_ω = -1/(n-1) y la m ínima para ρ_ω = 0, *igualándose la precisión del muestreo sistemático con la del muestreo aleatorio simple para ρ_ω= 0*. De esta forma, para valores de ρ_ω entre -1/(n-1) y 0 el m uestreo sistemático es m ás preciso que el aleatorio sim ple, y para para valores de ρ_ω entre 0 y 1 el m uestreo sistemático es menos preciso que el aleatorio sim ple. Por lo tanto, en cuanto a precisión, convienen valores negativos del coeficiente de correlación intramuestral ρ_ω.

RELACIÓN ENTRE MUESTREO SISTEMÁTICO Y MUESTREO ESTRATIFICADO

En el m uestreo sistem ático pue de considerarse cada zona   de k elem entos consecutivos a partir del prim ero com o un es trato, es decir, se puede dividir la población en n estratos constituidos cada uno de ellos por una fila de la tabla del cuadro 2 en la que hem os representado los   elementos de la población num   erados consecutivamente. Obtener una m   uestra sist emática sería entonces equivalente   a obtener una muestra estratificada con una uni dad por estrato. Debe tenerse en cuenta, sin em bargo, que en el m   uestreo estratificado aleatorio la selección   se efectúa independientemente en cada estrato, m ientras que en el muestreo sistemático todos los elementos seleccionados ocupan el m ismo lugar o núm ero de orden dentro de cada zona de k elem entos, con la que no hay   aleatoriedad de selección.   Además en el muestreo estratificado los estratos han de ser hom ogéneos dentro de sí y heterogéneos entre ellos, con lo que sería conveniente que las n zonas sistem áticas de k elem entos cada una sean lo más homogéneas posible dentro de ellas y heterogéneas entre ellas.

Considerando cada una de las n zonas (filas) com o un estrato de k unidades, tenemos dividida la población en n estratos de k unidades cada uno, de m odo que la muestra sistem ática consta de una unida d por estrato que de form a general no es elegida aleatoriam ente dentro del m ismo. Esta clasificación de los elem   entos de la población en n filas de k unidades cada una origina la siguiente tabla del análisis de la varianza para la población:

Fuente devariación	Grados de libertad	Sumas decuadrados	Cuadrados medios
Entreestratos	$n-1$	$\sum\limits_{i}^{n}\sum\limits_{j}^{k}\left(\overline{X}_i - \overline{X}\right)^2$	S_{bst}^2
Dentrodeestratos	$N-n$	$\sum\limits_{i}^{n}\sum\limits_{j}^{k}\left(X_{ij} - \overline{X}_i\right)^2$	S_{wst}^2
Total	$n-1+(N-n)=N-1$	$\sum\limits_{i}^{n}\sum\limits_{j}^{k}\left(X_{ij} - \overline{X}_j\right)$	S^2

Se   tiene:

$$\underbrace{\sum_{i=1}^{n}\sum_{j=1}^{k}\left(X_{ij} - \overline{X}\right)^2}_{\text{Variación total}} = \sum_{i=1}^{n}\sum_{j=1}^{k}\left(X_{ij} - \overline{X}_i + \overline{X}_i - \overline{X}\right)^2 = \sum_{i=1}^{n}\sum_{j=1}^{k}\left(X_{ij} - \overline{X}_i\right)^2 + \sum_{i=1}^{n}\sum_{j=1}^{k}\left(\overline{X}_i - \overline{X}\right)^2 +$$

$$+ \underbrace{2\sum_{i=1}^{n}\sum_{j=1}^{k}\left(X_{ij} - \overline{X}_i\right)\left(\overline{X}_i - \overline{X}\right)}_{0} = \underbrace{\sum_{i=1}^{n}\sum_{j=1}^{k}\left(X_{ij} - \overline{X}_i\right)^2}_{\substack{\text{Variación dentro} \\ \text{de estratos}}} + \underbrace{\sum_{i=1}^{n}\sum_{j=1}^{k}\left(\overline{X}_i - \overline{X}\right)^2}_{\substack{\text{Variación entre} \\ \text{estratos}}}$$

Los productos cruzados son cero porque:

$$\sum_{i=1}^{n}\sum_{j=1}^{k}\left(X_{ij} - \overline{X}_i\right)\left(\overline{X}_i - \overline{X}\right) = \sum_{i=1}^{n}\sum_{j=1}^{k}\left(X_{ij}\overline{X}_i - X_{ij}\overline{X} - \overline{X}_i^2 + \overline{X}_i\overline{X}\right) =$$

$$\sum_{i=1}^{n}\left(\overline{X}_i\underbrace{\sum_{i=1}^{k}X_{ij}}_{n\overline{x}_i} - \overline{X}\underbrace{\sum_{j=1}^{k}X_{ij}}_{n\overline{x}_i} - n\overline{X}_i^2 + n\overline{X}_i\overline{X}\right) = \sum_{j=1}^{k}\left(\underbrace{n\overline{X}_i^2 - n\overline{X}_i\overline{X} - n\overline{X}_i^2 + n\overline{X}_i\overline{X}}_{0}\right) = 0$$

Si definimos la cuasivarianza entre las n estratos posibles, o ***cuasivarianza interestratal*** como:

$$S_{bst}^2 = \frac{1}{n-1}\sum_{i}^{n}\sum_{j}^{k}\left(\overline{X}_i - \overline{X}\right)^2$$

y la cuasivarianza dentro de los estratos o ***cuasivarianza intraestratal*** como:

$$S_{wst}^2 = \frac{1}{N-n}\sum_{i}^{n}\sum_{j}^{k}\left(X_{ij} - \overline{X}_i^2\right)^2$$

la descom posición de la sum   a de   cuadrados para el análisis de la varianza poblacional permite escribir lo siguiente:

$$\underbrace{\sum_{i=1}^{n}\sum_{j=1}^{k}(X_{ij}-\overline{X})^2}_{(N-1)S^2} = \underbrace{\sum_{i=1}^{n}\sum_{j=1}^{k}(X_{ij}-\overline{X}_i)^2}_{(N-n)S_{wst}^2} + \underbrace{\sum_{i=1}^{n}\sum_{j=1}^{k}(\overline{X}_i-\overline{X})^2}_{(n-1)S_{bst}^2} \Rightarrow$$

$$(N-1)S^2 = (N-n)S_{wst}^2 + (n-1)S_{bst}^2$$

Una vez dividida la población en n estratos (zonas o filas) de k unidades cada uno, podemos representarla, una vez numerados sus elementos y medida la variable en estudio X sobre ellos, mediante el cuadro 2, que se había presentado ya al principio del capítulo, y que en esencia es el siguiente:

	1	j	k
1	x_1	x_j	x_k
2	x_{1+k}	x_{j+k}	x_{k+k}
⋮	⋮	⋮	⋮
i	$x_{1+(i-1)k}$ ⋯	$x_{j+(i-1)k}$ ⋯	$x_{k+(i-1)k}$
⋮	⋮	⋮	⋮
n	$x_{1+(n-1)k}$	$x_{j+(n-1)k}$	$x_{k+(n-1)k}$

Como una muestra sistemática (columna) equivale a la estratificada con una unidad por estrato, podemos utilizar las fórmulas de estimaciones y sus errores del muestreo estratificado en el muestreo sistemático. Tenemos:

$$h=i;X_{hj}=X_{ij};n_h=n_i=1;W_h=\frac{N_h}{N}=\frac{k}{nk}=\frac{1}{n}=W_i;f_h=f_i=\frac{1}{k}$$

$$\overline{X}_h=\frac{1}{N_h}\sum_{h=1}^{N_h}X_{hj}=\overline{X}_i=\frac{1}{k}\sum_{i=1}^{k}X_{ij};\overline{x}_h=\frac{1}{n_h}\sum_{j}^{n_h}X_{hj}=\frac{1}{n_i}\sum_{j=1}^{n_i}X_{hj}=\overline{x}_i\underset{n_i=1}{=}X_{ij}$$

$$\hat{\overline{X}}_{st}=\overline{x}_{st}=\sum_{h}^{L}W_h\overline{x}_h=\frac{1}{n}\sum_{i}^{n}\overline{x}_i=\frac{1}{n}\sum_{i}^{n}X_{ij}=\overline{x}_j;V(\overline{x}_i)=\left(1-\underset{\underset{1/k}{\downarrow}}{f_i}\right)\frac{S_i^2}{\underset{1}{\underbrace{n_i}}}=V(X_{ij})$$

$$V(\overline{x}_{st})=\sum_{h}^{L}W_h^2V(\overline{x}_h)=\sum_{i}^{n}W_i^2V(\overline{x}_i)=\sum_{i}^{n}\frac{1}{n^2}(1-f_i)\cdot\frac{S_i^2}{n_i}=\frac{1}{n^2}\left(1-\frac{1}{k}\right)\sum_{i}^{n}S_i^2$$

$$con S_h^2=\frac{1}{N_h-1}\sum_{j}^{N_h}(X_{hj}-\overline{X}_h)^2=S_i^2=\frac{1}{k-1}\sum_{j}^{k}(X_{ij}-\overline{X}_i)^2$$

Tenemos entonces para la varianza de la media la siguiente expresión:

$$V\left(\hat{\overline{X}}\right)=V\left(\overline{x}_{st}\right)=\sum_{h}^{L}W_{h}^{2}V\left(\overline{x}_{h}\right)=\sum_{i}^{n}W_{i}^{2}V\left(\overline{x}_{i}\right)=\sum_{i}^{n}\frac{1}{n^{2}}\left(1-f_{i}\right)\cdot\frac{S_{i}^{2}}{n_{i}}=\frac{1}{n^{2}}\left(1-\frac{1}{k}\right)\sum_{i}^{n}S_{i}^{2}=$$

$$\frac{1}{n^{2}}\left(1-\frac{1}{k}\right)\sum_{i}^{n}\frac{1}{k-1}\sum_{j}^{k}\left(X_{ij}-\overline{X}_{i}\right)^{2}=\frac{1}{n^{2}k}\underbrace{\sum_{i}^{n}\sum_{j}^{k}\left(X_{ij}-\overline{X}_{i}\right)^{2}}_{(N-n)S_{wst}^{2}}=\frac{N-n}{Nn}S_{wst}^{2}=(1-f)\frac{S_{wst}^{2}}{n}$$

Pero a esta expresión de la varianza hem os llegado considerando selecciones independientes de unidades en los estratos para la muestra, y como sólo se extrae una unidad por estrato (fila) para la muestra, estaríamos ante una selección independiente de todas las unidades de la m uestra. Ya sabem os que en m uestreo sistem ático esa independencia no se da, y a que las unidades seleccionadas en sucesivas zonas dependen de la seleccionada en la prim era zona. A continuación vam os a intentar calcular la varianza de la media de modo general (sin suposición de independencia).

Se define ahora el **coeficiente de correlación $\rho_{\alpha st}$** como el coeficiente de correlación lineal entre las desviaciones respect o de las m edias de los estratos de todos los pares de valores que están en la m isma muestra sistemática. Su expresión puede calcularse de la siguiente forma:

$$\rho_{\alpha st}=\frac{cov\left(X_{ij};X_{zj}\right)}{\frac{1}{N}\sum_{j}^{k}\sum_{i=1}^{n}\left(X_{ij}-\overline{X}_{i}\right)^{2}}=\frac{\frac{1}{k\binom{n}{2}}\sum_{j}^{k}\sum_{i<z}^{n}\left(X_{ij}-\overline{X}_{i}\right)\left(X_{zj}-\overline{X}_{z}\right)}{\underbrace{\frac{1}{N}\sum_{j}^{k}\sum_{i=1}^{n}\left(X_{ij}-\overline{X}_{i}\right)^{2}}_{(N-n)S_{wst}^{2}}}=\frac{2\sum_{j}^{k}\sum_{i<z}^{n}\left(X_{ij}-\overline{X}_{i}\right)\left(X_{zj}-\overline{X}_{z}\right)}{n(n-1)(k-1)S_{wst}^{2}}$$

De la igualdad anterior se deduce que:

$$cov\left(X_{ij};X_{zj}\right)=\rho_{\alpha st}\frac{1}{N}\sum_{j}^{k}\sum_{i=1}^{n}\left(X_{ij}-\overline{X}_{i}\right)^{2}=\rho_{\alpha st}\frac{1}{N}(N-n)S_{wst}^{2}=\rho_{\alpha st}(1-f)S_{wst}^{2}$$

Ahora vamos a calcular la varianza del estimador de la m edia en función de $\rho_{\alpha st}$ y $S_{\alpha st}$ de la forma siguiente:

$$V(\hat{\overline{X}})=V\left(\overline{x}_{j}\right)=V\left(\frac{1}{n}\sum_{i}^{n}X_{ij}\right)=\frac{1}{n^{2}}\sum_{i}^{n}V\left(X_{ij}\right)+\frac{1}{n^{2}}\cdot2\sum_{i<z}cov\left(X_{ij};X_{zj}\right)=$$

$$\frac{1}{n^{2}}\sum_{i}^{n}V\left(\overline{x}_{i}\right)+\frac{1}{n^{2}}\cdot2\sum_{i<z}\rho_{\alpha st}(1-f)S_{wst}^{2}=\sum_{i}^{n}\underbrace{\left(\frac{1}{n^{2}}\right)}_{W_{i}^{2}}V\left(\overline{x}_{i}\right)+\frac{1}{n^{2}}2\binom{n}{2}\rho_{\alpha st}(1-f)S_{wst}^{2}$$

$$=\underbrace{V\left(\overline{x}_{st}\right)}_{(1-f)\frac{S_{wst}^{2}}{n}}+\frac{1}{n^{2}}n(n-1)\rho_{\alpha st}(1-f)S_{wst}^{2}=(1-f)\frac{S_{wst}^{2}}{n}\left(1+(n-1)\rho_{\alpha st}\right)$$

Según esta expresión de la varianza en función del coeficiente de correlación $\rho_{\omega st}$ se observa lo siguiente:

- La precisión máxima, que evidentemente se da cuando el error de m uestreo es cero ($V(\overline{x}_j)$=0), se produce si (n-1)$\rho_{\omega st}$ = -1, luego se puede asegurar que

$$\text{PRECISIÓN MÁXIMA} \Leftrightarrow V(\overline{x}_j) = 0 \Leftrightarrow \rho_{\omega st} = -\frac{1}{n-1}$$

- La precisión m ínima, que evidentem ente se da cuando la varianza es máxima, se produce si $\rho_{\omega st}$=1 (valor m áximo de $\rho_{\omega st}$ que será el que efectivam ente hace máxima $V(\overline{x}_j)$), luego se puede asegurar que PRECISIÓN MÍNIMA $\Leftrightarrow \rho_{\omega st}$=1.

- Por otra parte si $\rho_{\omega st} = 0 \Rightarrow V(\overline{x}_j) = (1-f)\dfrac{S^2_{wst}}{n}$, con lo que el m uestreo sistemático coincide en precisión con el m uestreo aleatorio estratificado considerando selección aleatoria independiente en cada estrato.

Hemos visto que la precisión del m uestreo sistem ático puede analizarse en función del coeficiente $\rho_{\omega st}$, de tal modo que la precisión m áxima se produce cuando $\rho_\omega = $ -1/(n+1) y l a mí nima para $\rho_{\omega st} = 0$, *igualándose la precisión del muestreo sistemático con la del muestreo aleatorio estratificado para $\rho_{\omega st} = 0$*. De esta forma, $\rho_{\omega st}$ es en cierta forma una m edida de la falta de aleatoreidad en la selección de unidades para la muestra en las distintas zonas sistemáticas (filas o estratos).

ESTIMACIÓN DE LA VARIANZA

El problema teórico de la estim ación de varianzas es el m ayor hándicap del muestreo sistemático. Contrariamente a lo que ocurre en otros tipos de muestreo, en muestreo sistem ático no existe un m étodo di recto para la estim ación de varianzas a partir de una muestra sistemática. No obstante, a partir de los valores que tom en ρ_ω o $\rho_{\omega st}$ podrán utilizarse determ inados m étodos aproxim ativos para la estim ación de varianzas. Distinguiremos los siguientes casos:

a) ρ_ω próximo a cero

Si el coeficiente de correlación intram uestral se aproxim a a cero puede su ponerse la población aleatoria, con lo que la estim ación de la varianza puede realizarse con la misma expresión que en muestreo aleatorio simple, es decir:

$$\hat{V}(\overline{x}) = \left(1-f\right) \cdot \frac{\hat{S}^2}{n}$$

siendo $\hat{S}^2$ la cuasivarianza de la muestra sistemática.

b) $\rho_{\alpha st}$ próximo a cero

Si $\rho_{\alpha st}$ se aproxima a cero se puede utilizar el muestreo sistemático como muestreo estratificado considerando cada zona sistemática como un estrato y seleccionando una muestra estratificada con una unidad por estrato. La razón de esta utilización es que la precisión del muestreo sistemático se iguala con la del muestreo aleatorio estratificado para $\rho_{\alpha st} = 0$. En la práctica, lo que se hace es mezclar, antes de la selección, las $2k$ unidades de dos zonas en una única zona, con lo que se transforman las n zonas de k unidades cada una en $n/2$ zonas de 2k unidades cada una (si n es impar, para la zona que queda suelta se repite aleatoriamente un elemento de la muestra). Con este modelo se transforman las n zonas de k unidades en $n/2$ zonas de $2k$ unidades. Con ello se dispone de dos unidades muestrales por zona. Aplicando las fórmulas de muestreo estratificado tendremos:

$$n_h = 2; f_h = \frac{2}{2k} = \frac{1}{k} = f; W_h = \frac{2k}{nk} = \frac{2}{n}; \overline{x}_h = \frac{1}{n_h}\sum_i^{n_h} x_{hi} = \frac{1}{2}\sum_i^2 x_{hi} = \frac{x_{h1} + x_{h2}}{2}$$

$$\hat{S}_h^2 = \frac{1}{n_h - 1}\sum_i^{n_h}(x_{hi} - \overline{x}_h)^2 = \frac{1}{2-1}\sum_i^2 (x_{hi} - \overline{x}_h)^2 = \left(x_{h1} - \frac{x_{h1} + x_{h2}}{2}\right)^2 + \left(x_{h2} - \frac{x_{h1} + x_{h2}}{2}\right)^2$$

$$= \left(\frac{x_{h1} - x_{h2}}{2}\right)^2 + \left(\frac{x_{h2} - x_{h1}}{2}\right)^2 = 2\left(\frac{x_{h1} - x_{h2}}{2}\right)^2 = \frac{(x_{h1} - x_{h2})^2}{2}$$

De esta forma ya podemos estimar la varianza de la media en el muestreo sistemático utilizando el estimador del muestreo estratificado de la siguiente forma:

$$\hat{V}(\overline{x}_{st}) = \sum_h^{\frac{n}{2}} W_h^2 (1 - f_h) \cdot \frac{\hat{S}_h^2}{n_h} = \sum_h^{\frac{n}{2}} \left(\frac{2}{n}\right)^2 (1 - f) \cdot \frac{(x_{h1} - x_{h2})^2/2}{2} = \frac{1-f}{n^2}\sum_h^{\frac{n}{2}}(x_{h1} - x_{h2})^2$$

c) Ni ρ_ω ni $\rho_{\alpha st}$ están próximos a cero

En este caso utilizaremos alguno de los métodos especiales generales para la estimación de varianzas. Concretamente podemos utilizar el *método de las muestras interpenetrantes*, que se utiliza cuando tenemos un conjunto de dos o más muestras, elegidas con el mismo esquema de muestreo (independientes o no) y tales que cada una proporcione una estimación válida del parámetro que se pretenda estimar con el mismo error de muestreo. Si las muestras son independientes es fácil obtener un estimador insesgado de la varianza del estimador, tal y como se muestra a continuación.

Sean $\hat{\theta}_1, \hat{\theta}_2, \cdots \hat{\theta}_k$ estimadores insesgados de θ basados en k muestras independientes.

Su media $\hat{\theta} = \frac{1}{k}\sum_{i}^{k}\hat{\theta}_i$ es también un estimador insesgado de θ, ya que:

$$E(\hat{\theta}) = \frac{1}{k}\sum_{i}^{k}\underbrace{E(\hat{\theta}_i)}_{\theta} = \frac{k\theta}{\theta} = \theta$$

y su varianza puede calcularse fácilmente como:

$$V\left(\hat{\theta}\right) = V\left(\frac{1}{k}\sum_{i}^{k}\hat{\theta}_i\right) = \frac{1}{k^2}\sum_{i}^{k}V(\hat{\theta}_i) = \frac{kV\left(\hat{\theta}_i\right)}{k^2} = \frac{V\left(\hat{\theta}_i\right)}{k}$$

Además, un estimador insesgado de esta varianza es:

$$\hat{V}\left(\hat{\theta}\right) = \frac{1}{k(k-1)}\left(\sum_{i}^{k}\hat{\theta}_i^2 - k\hat{\theta}^2\right)$$

ya que:

$$E\hat{V}\left(\hat{\theta}\right) = \frac{1}{k(k-1)}\left\{\sum_{i}^{k}\underbrace{E(\hat{\theta}_i^2)}_{V\left(\hat{\theta}_i\right)+E^2\left(\hat{\theta}_i\right)} - k\underbrace{E(\hat{\theta}^2)}_{V\left(\hat{\theta}\right)+E^2\left(\hat{\theta}\right)}\right\} = \frac{1}{k(k-1)}\left\{\sum_{i}^{k}V\left(\hat{\theta}_i\right) + k\theta^2 - kV\left(\hat{\theta}\right) - k\theta^2\right\}$$

$$= \frac{1}{k(k-1)}\left\{\sum_{i}^{k}kV\left(\hat{\theta}\right) - kV\left(\hat{\theta}\right)\right\} = \frac{k^2V\left(\hat{\theta}\right) - kV\left(\hat{\theta}\right)}{k(k-1)} = V\left(\hat{\theta}\right) \Rightarrow \hat{V}\left(\hat{\theta}\right) \text{ es insesgado de } V\left(\hat{\theta}\right)$$

Para aplicar el método de las muestras interpenetrantes al muestreo sistemático supongamos que en vez de elegir una muestra sistemática de tamaño n para un solo valor j, $1 \le j \le k$, es decir con un solo arranque aleatorio, obtenemos t muestras de tamaño n/t utilizando t arranques aleatorios. Estas muestras pueden considerarse independienttes, ya que la elección del arranque es aleatoria en la primera zona sistemática.

Podemos formar un estimador combinado de la media poblacional basado en las medias de las t muestras (cada media muestral es un estimador insesgado de la misma media poblacional) definido como:

$$\bar{x}_c = \frac{1}{t}\sum_{1}^{t}\bar{x}_i$$

siendo el estimador insesgado de su varianza mediante la aplicación del método de las muestras interpenetrantes:

$$\hat{V}\left(\bar{x}_c\right) = \frac{1}{t(t-1)}\sum_{i}^{t}\bar{x}_i^2 - t\bar{x}_c^2 = \frac{1}{t(t-1)}\left(\sum_{i}^{t}\bar{x}_i^2 - \sum_{i}^{t}\bar{x}_c^2\right) = \frac{1}{t(t-1)}\sum_{i}^{t}\left(\bar{x}_i^2 - \bar{x}_c^2\right)$$

En particular para $t=2$ tenemos:

$$\overline{x}_c = \frac{\overline{x}_1 + \overline{x}_2}{2} \Rightarrow \hat{V}(\overline{x}_c) = \overline{x}_1^2 - \left(\frac{\overline{x}_1 + \overline{x}_2}{2}\right)^2 + \overline{x}_2^2 - \left(\frac{\overline{x}_1 + \overline{x}_2}{2}\right)^2 = \frac{(\overline{x}_1 - \overline{x}_2)^2}{4}$$

Se observa que al aumentar el número de arranques aleatorios, manteniendo el mismo tamaño de muestra, la precisión obtenida se aproxima a a la del muestreo aleatorio simple.

Ejercicio 1. Dada la población siguiente:

u_i	u_1	u_2	u_3	u_4	u_5	u_6	u_7	u_8	u_9
X_i	1	3	5	2	4	6	2	7	3

se desea obtener una muestra sistemática de tamaño 3 (1 en 3). Determinar el espacio muestral y las probabilidades asociadas a las muestras posibles para este tipo de muestreo. Calcular las varianzas de los estimadores insesgados del total y de la media. Estimar dichas varianzas y comparar la precisión de este tipo de muestreo con la del muestreo aleatorio simple. Seleccionar la muestra más precisa.

Como se trata de un muestreo sistemático 1 en 3, dividimos la población en 3 zonas (filas) de 3 elementos cada una de la forma:

$$\begin{array}{ccc} 1 & 3 & 5 \\ 2 & 4 & 6 \\ 2 & 7 & 3 \end{array}$$

Las muestras posibles serán entonces (1,2,2), (3,4,7) y (5,6,3), siendo la probabilidad de cada una $1/k=1/3$. Tendremos:

$S(X)$	$P(X)$	$\hat{X} = N\overline{x}_j$	$\hat{\overline{X}} = \overline{x}_j$
(1,2,2)	1/3	15	5/3
(3,4,7)	1/3	42	14/3
(5,6,3)	1/3	42	14/3

$$\begin{cases} P^T(\hat{X}=15)=1/3 \\ P^T(\hat{X}=42)=2/3 \end{cases} \quad \begin{cases} P^T(\hat{\overline{X}}=5/3)=1/3 \\ P^T(\hat{\overline{X}}=14/3)=2/3 \end{cases}$$

Ya tenemos las distribuciones en el muestreo de los dos estimadores, con la que ya podemos calcular su media y su varianza como sigue:

$$E(\hat{X})=15*(1/3)+42*(2/3)=33=1+3+5+2+4+6+2+7=X$$

luego $\hat{X}$ es un estimador insesgado para el total poblacional X.

$$V(\hat{X})=(15-33)^2*(1/3)+(42-33)^2*(2/3)=162$$

$$E(\hat{\overline{X}})=(5/3)*(1/3)+(14/3)*(2/3)=33/9=11/3=(1+3+5+2+4+6+2+7)/9=\overline{X}$$

luego $\hat{\bar{X}}$ es un estimador insesgado para la media poblacional $\bar{X}$.

$$V(\hat{\bar{X}})=(5/3-11/3)^2*(1/3)+(14/3-11/3)^2*(2/3)=2= V(\hat{X})/N^2=162/81$$

Ya hemos calculado esperanzas y varianzas a partir de la distribución en el muestreo de los estimadores de la media y el total, pero las varianzas también pueden calcularse a partir de las fórmulas deducidas para el muestreo sistemático. Es conveniente hacer un cuadro con las muestras sistemáticas como columnas, colocando una fila inferior con las medias de columnas y una columna a la derecha con las medias de las filas. Veamos:

$$\begin{array}{ccc|c}
1 & 3 & 5 & 3 \\
2 & 4 & 6 & 4 \\
2 & 7 & 3 & 4 \\
\hline
\dfrac{5}{3} & \dfrac{14}{3} & \dfrac{14}{3} & \dfrac{11}{3}
\end{array}$$

$$\sum_{i=1}^{3}\sum_{j=1}^{3}(\overline{x}_j-\overline{X})^2 =3\left[\left(\frac{5}{3}-\frac{11}{3}\right)^2+\left(\frac{14}{3}-\frac{11}{3}\right)^2+\left(\frac{14}{3}-\frac{11}{3}\right)^2\right]=18$$

$$\sum_{i=1}^{3}\sum_{j=1}^{3}(X_{ij}-\overline{X})^2 =\left(1-\frac{11}{3}\right)^2+\left(3-\frac{11}{3}\right)^2+\left(5-\frac{11}{3}\right)^2+(2-\frac{11}{3})^2$$

$$+(4-\frac{11}{3})^2+(6-\frac{11}{3})^2+(2-\frac{11}{3})^2+(7-\frac{11}{3})^2+(3-\frac{11}{3})^2=32$$

$$\sum_{i=1}^{3}\sum_{j=1}^{3}(X_{ij}-\overline{x}_j)^2 =\left(1-5/3\right)^2+\left(3-14/3\right)^2+\left(5-14/3\right)^2+\left(2-5/3\right)^2$$

$$+(4-14/3)^2+(6-14/3)^2+(2-5/3)^2+(7-14/3)^2+(3-14/3)^2=14$$

La tabla del análisis de la varianza poblacional puede escribirse como sigue:

Fuente de variación	Grados de libertad	Sumas de cuadrados	Cuadrados medios
Entre muestras	$k-1=3-1=2$	$\sum_{i}^{n}\sum_{j}^{k}\left(\overline{x}_j-\overline{X}\right)^2 = 18$	$S_{bs}^2 = 18/2 = 9$
Dentro de muestras	$N-k=9-3=6$	$\sum_{i}^{n}\sum_{j}^{k}\left(X_{ij}-\overline{x}_j\right)^2 = 14$	$S_{ws}^2 = 14/6 = 2,33$
Total	$N-1=9-1=8$	$\sum_{i}^{n}\sum_{j}^{k}\left(X_{ij}-\overline{X}\right)^2 = 32$	$S^2 = 32/8 = 4$

Conocida esta tabla pueden realizarse ya todos los cálculos.

$$V(\hat{\bar{X}}) = V(\overline{x}_j)=\frac{1}{k}\sum_{j}^{k}\left(\overline{x}_j-\overline{X}\right)^2 = \frac{1}{3}\left[\underbrace{\left(\frac{5}{3}-\frac{11}{3}\right)^2+\left(\frac{14}{3}-\frac{11}{3}\right)^2+\left(\frac{14}{3}-\frac{11}{3}\right)^2}_{6}\right]=2$$

La varianza del estimador de la media también puede calcularse como:

$$V(\hat{\bar{X}}) = V(\overline{x}_j)=\left(1-\frac{n}{N}\right)\frac{S_{bs}^2}{n}=\left(1-f\right)\frac{S_{bs}^2}{n}=(1-\frac{3}{9})\frac{9}{3}=2$$

La varianza para el estimador del total será:

$$V(\hat{X}) = V\left(N\overline{x}_j\right) = N^2 V(\overline{x}_j) = N^2 (1-f)\frac{S_{bs}^2}{n} = 9^2 \cdot 2 = 162$$

Observamos que las varianzas coincide n con las calculadas anteriorm ente a partir de las distribuciones en el muestreo de los dos estimadores.

Ahora surge el problema de estimar las varianzas. Para ello observam os en primer lugar que $S_{ws}^2 = 2,33 \neq S^2 = 4$, por lo que la precisión en m uestreo aleatorio simple no va a coincidir con la pecisión de l muestreo sistemático, e inicialm ente no podremos utilizar la fórm ula del m uestreo aleatorio sim ple para estim ar varianzas. Además, como $S_{ws}^2 < S^2$, la precisión del m uestreo sistem ático es m enor que la del muestreo aleatorio simple. Veamos ahora cuál es el valor del coeficiente de correlación intramuestral ρ_ω. Su expresión será la siguiente:

$$\rho_w = \frac{2\sum_{j}^{k}\sum_{i<z}^{n}\left(X_{ij}-\overline{X}\right)\left(X_{zj}-\overline{X}\right)}{N(n-1)\sigma^2} = \frac{2\sum_{j}^{k}\sum_{i<z}^{n}\left(X_{ij}-\overline{X}\right)\left(X_{zj}-\overline{X}\right)}{(N-1)(n-1)S^2} = 0,34375$$

Se obtiene un coeficiente de correl ación intramuestral no m uy elevado que va a permitir estimar las varianzas, aunque con algunos reparos, a partir de la fórmula del muestreo aleatorio simple. Tendremos:

$$\hat{V}\left(\overline{x}_1\right) = (1-f)\cdot\frac{\hat{S}_1^2}{n} = \left(1-\frac{1}{3}\right)\left(\frac{1}{2}\left[\left(1-\frac{5}{3}\right)^2 + \left(2-\frac{5}{3}\right)^2 + \left(2-\frac{5}{3}\right)^2\right]\right)\Big/3 = 0,074$$

$$\hat{V}\left(\overline{x}_2\right) = (1-f)\cdot\frac{\hat{S}_2^2}{n} = \left(1-\frac{1}{3}\right)\left(\frac{1}{2}\left[\left(3-\frac{14}{3}\right)^2 + \left(4-\frac{14}{3}\right)^2 + \left(7-\frac{14}{3}\right)^2\right]\right)\Big/3 = 0,96$$

$$\hat{V}\left(\overline{x}_3\right) = (1-f)\cdot\frac{\hat{S}_3^2}{n} = \left(1-\frac{1}{3}\right)\left(\frac{1}{2}\left[\left(5-\frac{14}{3}\right)^2 + \left(6-\frac{14}{3}\right)^2 + \left(3-\frac{14}{3}\right)^2\right]\right)\Big/3 = 0,52$$

Observamos que la m ejor m uestra sistem ática es la primera. La estimación de la varianza para el estim ador del total basada en esta prim era m uestra, que es la más precisa, será:

$$\hat{V}\left(\hat{X}_1\right) = N^2 \hat{V}(\overline{x}_1) = N^2 (1-f)\cdot\frac{\hat{S}_1^2}{n} = 9^2 \cdot 0,074 = 6,512$$

La tabla del análisis de la varianza para la población es esencial   en estos problemas, ya que proporciona prácticam   ente toda la inform   ación para realizar cálculos.

Ejercicio 2. Dada la población siguiente:

u_i	u_1	u_2	u_3	u_4	u_5	u_6	u_7	u_8
X_i	1	3	5	2	4	6	2	7

se realiza muestreo sistemático 1 en 2. Se pide:

a) Calcular las varianzas de los estimadores insesgados del total y de la media. Utilizar adicionalmente la relación entre muestreo sistemático y estratificado

b) Estimar dichas varianzas y comparar la precisión de este tipo de muestreo con la del muestreo aleatorio simple. Realizar la estimación de varianzas aplicando la relación entre muestreo sistemático y estratificado. Seleccionar la muestra más precisa.

Como se trata de un muestreo sistemático 1 en 2 y $N=8$, habrá dos muestras sistemáticas posibles de tamaño 4 (columnas). Dividiremos entonces la población en 4 zonas (filas) de 2 elementos cada una de la forma:

1	3	2
5	2	3,5
4	6	5
2	7	4,5
3	4,5	3,75

$$\sum_{i=1}^{4}\sum_{j=1}^{2}(\overline{x}_j - \overline{X})^2 = 4\left[(3-3,75)^2 + (4,5-3,75)^2\right] = 4,5$$

$$\sum_{i=1}^{4}\sum_{j=1}^{2}(X_{ij} - \overline{x}_j)^2 = (1-3)^2 + (5-3)^2 + \dots + (6-4,5)^2 + (7-4,5)^2 = 27$$

$$\sum_{i=1}^{4}\sum_{j=1}^{2}(X_{ij} - \overline{X})^2 = (1-3,75)^2 + (5-3,75)^2 + \dots + (7-3,75)^2 = 31,5$$

Hemos creado un cuadro con las muestras sistemáticas como columnas, colocando una fila adicional inferior con las medias de columnas y una columna adicional a la derecha con las medias de las filas. Hemos hallado también las sumas de cuadrados, que nos permiten construir la siguiente tabla del análisis de la varianza:

Fuente de variación	Grados de libertad	Sumas de cuadrados	Cuadrados medios
Entre muestras	$k-1=2-1=1$	$\sum_{i}^{n}\sum_{j}^{k}\left(\overline{x}_j - \overline{X}\right)^2 = 4,5$	$S_{bs}^2 = 4,5/1 = 4,5$
Dentro de muestras	$N-k=8-2=6$	$\sum_{i}^{n}\sum_{j}^{k}\left(X_{ij} - \overline{x}_j\right)^2 = 27$	$S_{ws}^2 = 27/6 = 4,5$
Total	$N-1=8-1=7$	$\sum_{i}^{n}\sum_{j}^{k}\left(X_{ij} - \overline{X}\right)^2 = 31,5$	$S^2 = 31,5/7 = 4,5$

Conocida esta tabla pueden realizarse ya todos los cálculos.

$$V(\hat{\overline{X}}) = V(\overline{x}_j) = \frac{1}{k}\sum_{j}^{k}(\overline{x}_j - \overline{X})^2 = \frac{1}{2}\left[(3-3,75)^2 + (4,5-3,75)^2\right] = 0,5625$$

La varianza del estimador de la media también puede calcularse como:

$$V(\hat{\bar{X}}) = V(\bar{x}_j) = \left(1 - \frac{n}{N}\right)\frac{S_{bs}^2}{n} = (1-f)\frac{S_{bs}^2}{n} = (1-\frac{1}{2})\frac{4,5}{4} = 0,5625$$

La varianza para el estimador del total será:

$$V(\hat{X}) = V(N\bar{x}_j) = N^2 V(\bar{x}_j) = N^2(1-f)\frac{S_{bs}^2}{n} = 8^2 \cdot 0,5625 = 36$$

El cálculo de la varianza tam bién puede realizarse a través del valor del coeficiente de correlación intramuestral como:

$$V(\bar{x}_j) = \frac{\sigma^2}{n}(1 + (n-1)\rho_\omega)$$

Tenemos:

$$\rho_w = \frac{2\sum_{j}^{k}\sum_{i<z}^{n}(X_{ij} - \bar{X})(X_{zj} - \bar{X})}{N(n-1)\sigma^2} = \frac{2\sum_{j}^{k}\sum_{i<z}^{n}(X_{ij} - \bar{X})(X_{zj} - \bar{X})}{(N-1)(n-1)S^2} = -0,14285$$

Tendrem   os entonces:

$$V(\bar{x}_j) = \frac{\sigma^2}{n}(1 + (n-1)\rho_\omega) = \frac{\frac{7}{8}4,5}{4}(1 + 3(-0,14285)) = 0,5625$$

Ahora surge el problema de estimar las varianzas. Para ello observam os en primer lugar que $S_{ws}^2 = 4,5 = S^2$, por lo que la precisión en m uestreo aleatorio simple coincide con la precisión del muestreo sistemático, y podremos utilizar la fórmula del muestreo aleatorio sim ple para estim ar varianzas. Por otra parte el valor del coeficiente de correlación intram uestral ρ_ω indica que la precisión del m uestreo sistemático es buena, ya que es m uy bajo y adem ás es negativo. Al ser negativo vemos que no existe interrelación dentro de las m uestras, esto es que las m uestras tienden a ser heterogéneas dentro de sí, lo cual es m uy conveniente en m uestreo sistemático a la vista de que la m uestra ha de representar fielm ente a toda una población que se supone heterogénea.

Consideramos ahora cada una de las 4 zonas (filas) com o un estrato de 2 unidades. Tenem os entonces dividida la población en 4 estratos de 2 unidades cada uno, de m odo que la m uestra sistem ática c onsta de una unidad por estrato, que de forma general no es elegida aleatoriamente dentro del m ismo. Esta clasificación de los elementos de la población en 4 filas de 2 unidades cada una origina la siguiente tabla del análisis de la varianza para la población:

Fuente de variación	Grados de libertad	Sumas de cuadrados	Cuadrados medios
Entre estratos	$n-1 = 4-1 = 3$	$\sum_{i}^{n}\sum_{j}^{k}\left(\overline{X}_i - \overline{X}\right)^2 = 10,5$	$S_{bst}^2 = 10,5/3 = 3,5$
Dentro de estratos	$N-n = 8-4 = 4$	$\sum_{i}^{n}\sum_{j}^{k}\left(X_{ij} - \overline{X}_i\right)^2 = 21$	$S_{wst}^2 = 21/4 = 5,25$
Total	$N-1 = 8-1 = 7$	$\sum_{i}^{n}\sum_{j}^{k}\left(X_{ij} - \overline{X}_j\right) = 31,5$	$S^2 = 31,5/7 = 4,5$

$$\sum_{i}^{n}\sum_{j}^{k}\left(\overline{X}_i - \overline{X}\right)^2 = k\sum_{j}^{k}\left(\overline{X}_i - \overline{X}\right)^2 = 2\left[(2-3,75)^2 + (3,5-3,75)^2 + (5-3,75)^2 + (4,5-3,75)^2\right] = 10,5$$

$$\sum_{i}^{n}\sum_{j}^{k}\left(X_{ij} - \overline{X}_i\right)^2 = (1-2)^2 + (3-2)^2 + (5-3,5)^2 + (2-3,5)^2 + (4-5)^2 + (6-5)^2 + (2-4,5)^2 + (7-4,5)^2 = 21$$

A partir de esta equivalencia entre muestreo estratificado y muestreo sistemático podemos hallar la varianza del estimador de la media de la siguiente forma:

$$V(\hat{\overline{X}}) = V(\overline{x}_j) = (1-f)\frac{S_{wst}^2}{n} = \left(1 - \frac{1}{2}\right)\frac{5,25}{4} = 0,65625$$

Se observa que ahora la varianza es ligeramente superior al caso en que no se consideraba estratificación. Ello es debido a que la selección de la unidad por estrato para la muestra no es aleatoria salvo en el primer estrato. Una medida de esa falta de aleatoriedad la proporciona el coeficiente de correlación $\rho_{\omega st}$, cuyo valor se calcula como:

$$\rho_{\omega st} = \frac{2\sum_{j}^{k}\sum_{i<z}^{n}\left(X_{ij} - \overline{X}_i\right)\left(X_{zj} - \overline{X}_z\right)}{n(n-1)(k-1)S_{wst}^2} = \frac{2}{4.3.1.5,25}\left((1-2)(5-3,5) + (1-2)(4-5) + ... + (6-5)(7-4,5)\right) = -0,047$$

El valor de $\rho_{\omega st}$ es negativo y muy pequeño, lo que indica que la falta de aleatoriedad en la selección de una unidad por estrato no es muy elevada. Para calcular el valor correcto de la varianza de l estimador de la media considerando la falta de aleatoriedad se utiliza la siguiente expresión en función de $\rho_{\omega st}$:

$$V(\hat{\overline{X}}_{st}) = V(\overline{x}_{jst}) = (1-f)\frac{S_{wst}^2}{n}(1 + (n-1)\rho_{\omega st}) = (1-0,5)\frac{5,25}{4}(1 - (4-1)0,047) = 0,56$$

Se observa que ahora ya coincide la varianza con la calculada sin estratificar.

Para estimar la varianza de la media podemos utilizar la fórmula del muestreo aleatorio simple, ya que en este problema coincide en precisión con el sistemático. Tendremos los siguientes resultados para cada una de las dos muestras:

$$\hat{V}(\bar{x}_1) = (1-f)\cdot\frac{\hat{S}_1^2}{n} = \left(1-\frac{1}{2}\right)\left(\frac{1}{3}\left[(1-3)^2+(5-3)^2+(4-3)^2+(2-3)^2\right]/4\right) = 0,41$$

$$\hat{V}(\bar{x}_2) = (1-f)\cdot\frac{\hat{S}_2^2}{n} = \left(1-\frac{1}{2}\right)\left(\frac{1}{3}\left[(3-4,5)^2+(2-4,5)^2+(6-4,5)^2+(7-4,5)^2\right]/4\right) = 0,71$$

La mejor muestra sistemática resulta ser la prim era, pues es la que presenta menor varianza.

También podem os estim ar la varianza a   partir del muestreo estratificado, agrupando las 4 filas (estratos) de la pobl ación en grupos de 2, y considerando cada dos filas com o un estrato del que seleccionam   os dos unidades para la   muestra. Tendremos:

$$\left.\begin{array}{cc} 1 & 3 \\ 5 & 2 \end{array}\right\}Estrato\ 1$$

$$\left.\begin{array}{cc} 4 & 6 \\ 2 & 7 \end{array}\right\}Estrato\ 2$$

$$\hat{V}(\bar{x}_1) = \frac{1-f}{n^2}\sum_{h}^{\frac{n}{2}}(x_{h1}-x_{h2})^2 = \frac{1-0,5}{4^2}\left[(1-5)^2+(4-2)^2\right] = 0,625$$

$$\hat{V}(\bar{x}_2) = \frac{1-f}{n^2}\sum_{h}^{\frac{n}{2}}(x_{h1}-x_{h2})^2 = \frac{1-0,5}{4^2}\left[(3-2)^2+(6-7)^2\right] = 0,0625$$

Por esta vía la menor varianza la presenta la segunda muestra.

Ejercicio 3. Las 36 viviendas de una calle numeradas del 1 al 36 se ordenan alfabéticamente en un archivo de acuerdo con el apellido del jefe de familia. Las viviendas cuyo jefe de familia es extranjero son las que tienen los números 3, 5-7, 11-13, 15-16, 20- 22, 25-26, 28 y 30-34.

1º) Comparar la precisión de una muestra sistemática 1 en 4 con una muestra aleatoria simple del mismo tamaño para estimar la proporción de viviendas en las cuales el jefe de familia es extranjero.

2º) Justificar la respuesta en función del valor del coeficiente de correlación intramuestral y en función de la cuasivarianza intramuestral.

3º) Utilizando la relación entre muestreo sistemático y estratificado ¿qué tamaño de muestra sería necesario para estimar la proporción de viviendas en que el jefe de familia es extranjero para un error de muestreo de 16 centésimas? ¿Cuál sería el tamaño en muestreo aleatorio simple? Razonar la respuesta.

Si definimos una variable dicotómica A a la que asignamos el valor 1 para las viviendas en que el jefe de familia es extranjero y el valor 0 para el resto de las viviendas, y clasificamos las 36 viviendas en 9 filas de 4 viviendas cada una (muestreo sistem ático 1 en 4) siguie ndo el orden del enunciado del problema, tendremos la siguiente tabla:

0	0	1	0	1/4
1	1	1	0	3/4
0	0	1	1	1/2
1	0	1	1	3/4
0	0	0	1	1/4
1	1	0	0	1/2
1	1	0	1	3/4
0	1	1	1	3/4
1	1	0	0	1/2
5/9	5/9	5/9	5/9	5/9

Para calcular la varianza del estimador sistemático de la proporción hacemos:

$$V(\hat{P}) = \frac{1}{4}\left[\left(\frac{5}{9}-\frac{5}{9}\right)^2 + \left(\frac{5}{9}-\frac{5}{9}\right)^2 + \left(\frac{5}{9}-\frac{5}{9}\right)^2 + \left(\frac{5}{9}-\frac{5}{9}\right)^2\right] = 0$$

También podemos calcular la varianza del estimador de la proporción como:

$$V(\hat{P}) = PQ - \frac{1}{k}\sum_{j=1}^{k}\hat{P}_j\hat{Q}_j = \frac{20}{36}\left(1-\frac{20}{36}\right) - \frac{1}{4}\left(\frac{5}{9}\frac{4}{9} + \frac{5}{9}\frac{4}{9} + \frac{5}{9}\frac{4}{9} + \frac{5}{9}\frac{4}{9}\right) = 0$$

Con la notación que utilizam os habitualm ente la tabla ANOVA para la población será:

Fuente	Grados de libertad	Sumas de cuadrados	Cuadrados medios
Entre	$k-1 = 4-1 = 3$	$\displaystyle\sum_{i}^{n}\sum_{j}^{k}\left(\bar{x}_j - \bar{X}\right)^2 = 0$	$S_{bs}^2 = 0/3 = 0$
Dentro	$N-k = 36-4 = 32$	$\displaystyle\sum_{i}^{n}\sum_{j}^{k}\left(X_{ij} - \bar{x}_j\right)^2 = 8,88$	$S_{ws}^2 = 8,88/32 = 0,277$
Total	$N-1 = 36-1 = 35$	$\displaystyle\sum_{i}^{n}\sum_{j}^{k}\left(X_{ij} - \bar{X}\right)^2 = 8,88$	$S^2 = 8,88/35 = 0,254$

Conocida esta tabla pueden realizarse y a todos los cálculos. Por ejemplo, la varianza del estimador de la proporción también podría calcularse como:

$$V(\hat{P}) = V(\hat{P}_j) = \left(1 - \frac{n}{N}\right)\frac{S_{bs}^2}{n} = (1-f)\frac{S_{bs}^2}{n} = (1-\frac{1}{4})\frac{0}{9} = 0$$

Del valor de la varianza puede deducirse el valor del coeficiente de correlación intramuestral a través de la fórmula:

$$V(\overline{x}_j) = \frac{\sigma^2}{n}(1 + (n-1)\rho_\omega)$$

Tendremos:

$$0 = \frac{\frac{35}{36}0,254}{9}(1 + (9-1)\rho_\omega) \Rightarrow \rho_\omega = -\frac{1}{8} = -\frac{1}{n-1} = -0,125$$

Estamos ante el caso de m áxima precisión del m uestreo sistem ático, y a que la varianza es nula, o lo que es lo mismo:

$$\rho_\omega = -\frac{1}{n-1}$$

Este hecho concuerda c on los valores que toman S^2 y S^2_{ws}. Concretam ente $S^2=0,254<S^2_{ws}=0,277$, lo que indica que es m ás preciso el muestreo sistemático que el aleatorio simple. La varianza del estim ador de la proporción en el m uestreo aleatorio simple es (1-1/4)*0,254/9=0,021.

Consideramos ahora cada una de las 9 zonas (filas) com o un estrato de 4 unidades. Tenem os entonces dividida la población en 9 estratos de 4 unidades cada uno, de modo que la muestra sistemática consta de una unidad por estrato que de form a general no es elegida aleatoriam ente dentro del mismo. Esta clasificación de los elementos de la población en 9 filas de 4 unidades cada una origina la tabla del análisis de la varianza siguiente:

Fuente de variación	Grados de libertad	Sumas de cuadrados	Cuadrados medios
Entre estratos	$n-1 = 9-1 = 8$	$\sum_i^n \sum_j^k (\overline{X}_i - \overline{X})^2 = 1,388$	$S_{bst}^2 = 1,388/8 = 0,1735$
Dentro de estratos	$N-n = 36-9 = 27$	$\sum_i^n \sum_j^k (X_{ij} - \overline{X}_i)^2 = 7,5$	$S_{wst}^2 = 7,5/27 = 0,277$
Total	$N-1 = 36-1 = 35$	$\sum_i^n \sum_j^k (X_{ij} - \overline{X})^2 = 8,888$	$S^2 = 8,888/35 = 0,254$

Calculamos ahora el valor del coeficiente de correlación $\rho_{\omega st}$ como sigue:

$$\rho_{\varpi st}=\frac{2\sum_{j}^{k}\sum_{i<z}^{n}\left(X_{ij}-\overline{X}_{i}\right)\left(X_{zj}-\overline{X}_{z}\right)}{n(n-1)(k-1)S_{wst}^{2}}=\frac{2}{9.8.3.0,277}\left((0-\frac{1}{4})(1-\frac{3}{4})+(0-\frac{1}{4})(0-\frac{1}{2})+...+(1-\frac{3}{4})(0-\frac{1}{2})\right)=-0,125$$

Para calcular el tam año de m uestra necesario para cometer un error de muestreo igual a 0,16 despejam os n en la expresión que define la varianza de la proporción en función de $\rho_{\varpi st}$. Tenemos:

$$V(\hat{P}_{st})=(1-f)\frac{S_{wst}^{2}}{n}(1+(n-1)\rho_{\varpi st})\Rightarrow0,16^{2}=(1-\frac{n}{36})\frac{0,277}{n}(1+(n-1)(-0,125)\Rightarrow n=5$$

Para calcular el tam año de m uestra anterior en m uestreo aleatorio simple despejamos n en la expresión que define la va rianza de la proporción en ese tipo de muestreo. Tenemos:

$$V(\hat{P}_{st})=(1-f)\frac{S^{2}}{n}\Rightarrow0,16^{2}=(1-\frac{n}{36})\frac{0,254}{n}\Rightarrow n=8$$

Obviamente el tam año de m uestra necesario para com eter el m ismo error de muestreo es mayor en muestreo aleatorio simple que en m uestreo sistemático, ya que en este problema el muestreo sistemático es más preciso que el muestreo aleatorio simple.

Ejercicio 4. En un directorio de 13 casas de una calle las personas están distribuidas hogar a hogar como sigue:

1	2	3	4	5	6	7	8	9	10	11	12	13
M	M	M	M	M	M	M	M	M	M	M	M	M
F	F	F	F	F	F	F	F	F	F	F	F	F
f	f	m		m	f	f	m	m	m	f	f	
m	m	f		m	m	f	f		f	m		
f	f			f		m						

M=varón adulto, F=mujer adulta, m=hijo varón, f=hija

Se realiza muestreo sistemático de una de cada 5 personas (muestreo 1 en 5), numerando los elementos de la población por columnas hacia abajo y luego yendo a la parte superior de la siguiente columna (se empieza por la primera columna de la izquierda). Se pide lo siguiente:

1°) Calcular el valor del coeficiente de correlación $\rho_{\varpi st}$ y hallar la varianza del estimador de la proporción de varones adultos en la población utilizando la relación entre muestreo sistemático y muestreo estratificado.

2°) ¿Qué muestra sistemática es la mejor? ¿cuál es la proporción estimada de varones adultos en la población?

Si definimos una variable dicitómica A a la que asignamos el valor 1 para los varones y el valor 0 para el resto de las personas, y clasificamos las 50 personas en 10 filas de 5 personas cada una (m uestreo sistemático 1 en 5) siguiendo el orden del enunciado del problema, tendremos la siguiente tabla:

1	0	0	0	0	1/5
1	0	0	0	0	1/5
1	0	0	0	1	2/5
0	1	0	0	0	1/5
0	1	0	0	0	1/5
1	0	0	0	0	1/5
1	0	0	0	1	2/5
0	0	1	0	0	1/5
0	1	0	0	0	1/5
1	0	0	1	0	2/5
6/10	3/10	1/10	1/10	2/10	13/50

Para calcular la varianza del estimador de la proporción hacemos:

$$V(\hat{P}) = \frac{1}{5}\left[\left(\frac{6}{10}-\frac{13}{50}\right)^2+\left(\frac{3}{10}-\frac{13}{50}\right)^2+\left(\frac{1}{10}-\frac{13}{50}\right)^2+\left(\frac{1}{10}-\frac{13}{50}\right)^2+\left(\frac{2}{10}-\frac{13}{50}\right)^2\right]=0,0344$$

También podemos calcular la varianza de l estim ador de la proporción de la siguiente forma:

$$V(\hat{P})=PQ-\frac{1}{k}\sum_{j=1}^{k}\hat{P}_j\hat{Q}_j=\frac{13}{50}\left(1-\frac{13}{50}\right)-\frac{1}{5}\left(\frac{6}{10}\frac{4}{10}+\frac{3}{10}\frac{7}{10}+\frac{1}{10}\frac{9}{10}+\frac{1}{10}\frac{9}{10}+\frac{2}{10}\frac{8}{10}\right)=0,0344$$

Consideramos ahora cada una de las 10 zonas (filas) com o un estrato de 5 unidades. Tenemos entonces dividida la población en 10 estratos de 5 unidades cada uno, de m odo que la m uestra sistem ática c onsta de una unidad por estrato que de forma general no es elegida aleatoriamente dentro del m ismo. Esta clasificación de los elem entos de la población en 10 filas de 5 unidades cada una origina la tabla del análisis de la varianza siguiente:

Fuente de variación	Grados de libertad	Sumas de cuadrados	Cuadrados medios
Entre estratos	$n-1=10-1=9$	$\sum_{i}^{n}\sum_{j}^{k}\left(\overline{X}_i-\overline{X}\right)^2=0,42$	$S_{bst}^2=0,42/9=0,0466$
Dentro de estratos	$N-n=50-10=40$	$\sum_{i}^{n}\sum_{j}^{k}\left(X_{ij}-\overline{X}_i\right)^2=9,2$	$S_{wst}^2=9,2/40=0,23$
Total	$N-1=50-1=49$	$\sum_{i}^{n}\sum_{j}^{k}\left(X_{ij}-\overline{X}\right)^2=9,62$	$S^2=9,62/49=0,1963$

A partir de esta equivalencia entre muestreo estratificado y muestreo sistemático podemos hallar la varianza del estimador de la proporción de la siguiente forma:

$$V(\hat{P}) = V(\hat{P}_j) = (1-f)\frac{S^2_{wst}}{n} = \left(1-\frac{1}{5}\right)\frac{0,23}{10} = 0,0184$$

Se observa que ahora la varianza es distinta al caso en que no se consideraba estratificación. Ello es debido a que la selección de la unidad por estrato para la muestra no es aleatoria salvo en el primer estrato. Una medida de esa falta de aleatoriedad la proporciona el coeficiente de correlación ρ_{cst}, cuyo valor se calcula como:

$$\rho_{cst} = \frac{2\sum_{j}^{k}\sum_{i<z}^{n}(X_{ij} - \overline{X}_i)(X_{zj} - \overline{X}_z)}{n(n-1)(k-1)S^2_{wst}} = \frac{2}{10.9.4.0,23}\left((1-\frac{1}{5})(1-\frac{1}{5}) + (1-\frac{1}{5})(1-\frac{2}{5}) + ... + (0-\frac{1}{5})(0-\frac{2}{5})\right) = 0,09662$$

El valor de ρ_{cst} es pequeño lo que indica que la falta de aleatoriedad en la selección de una unidad por estrato no es muy elevada. Para calcular el valor correcto de la varianza del estimador de la proporción considerando la falta de aleatoriedad se utiliza la siguiente expresión en función de ρ_{cst}:

$$V(\hat{P}_{st}) = (1-f)\frac{S^2_{wst}}{n}(1+(n-1)\rho_{cst}) = (1-0,2)\frac{0,23}{10}(1+9\cdot 0,09662) = 0,0344$$

Se observa que ahora ya coincide la varianza con la calculada sin estratificar.

Para ver qué muestra es la mejor estimamos la varianza de la proporción para cada una de ellas. Podemos utilizar la fórmula del muestreo aleatorio simple, ya que en este problema ρ_{cst} es pequeño, lo que indica que la falta de aleatoriedad en la selección de una unidad por estrato no es muy elevada. Tendremos los siguientes resultados para cada una de las 5 muestras posibles:

$$\hat{V}(\hat{P}_1) = (1-f)\cdot\frac{\hat{P}_1\hat{Q}_1}{n-1} = (1-0,2)\cdot\frac{0,6_1(1-0,6)}{10-1} = 0,0213$$

$$\hat{V}(\hat{P}_2) = (1-f)\cdot\frac{\hat{P}_2\hat{Q}_2}{n-1} = (1-0,2)\cdot\frac{0,3(1-0,3)}{10-1} = 0,0186$$

$$\hat{V}(\hat{P}_3) = (1-f)\cdot\frac{\hat{P}_3\hat{Q}_3}{n-1} = (1-0,2)\cdot\frac{0,1(1-0,1)}{10-1} = 0,008$$

$$\hat{V}(\hat{P}_4) = \hat{V}(\hat{P}_3) = 0,008$$

$$\hat{V}(\hat{P}_5) = (1-f)\cdot\frac{\hat{P}_5\hat{Q}_5}{n-1} = (1-0,2)\cdot\frac{0,2(1-0,2)}{10-1} = 0,0142$$

Según estos resultados la m uestras m ás precisas son la tercera y la cuarta. Para estimar la proporción de varones adultos tom amos esas m uestras y tenemos $\hat{P} = \hat{P}_3 = \hat{P}_4 = 1/10$, es decir que se estima un 10% de varones adultos.

Ejercicio 5. En un proceso de control de calidad se trata de analizar la producción de piezas en serie de trece máquinas. Para ello se controlaron las piezas producidas por las trece máquinas en el primer minuto de su funcionamiento. La distribución de piezas producidas por cada máquina en el primer minuto es la siguiente:

N^o de máquina	1	2	3	4	5	6	7	8	9	10	11	12	13
N^o de piezas producidas	5	5	4	2	5	4	5	4	3	4	4	3	2

Para estimar el número de piezas defectuosas en el proceso de producción se realiza un muestreo sistemático 1 en 5, es decir, se selecciona una de cada cinco piezas empezando por la primera pieza de la primera máquina hasta que se agoten sus piezas, para pasar a continuación a la primera pieza de la segunda máquina hasta que se agoten sus piezas, y así sucesivamente hasta que se agoten todas las piezas de todas las máquinas. Suponiendo que la primera pieza producida por cada máquina es defectuosa y que todas las demás son correctas, se pide lo siguiente:

1°) Calcular la varianza del estimador de la proporción de piezas defectuosas producidas por las máquinas y el valor del coeficiente de correlación intramuestral. ¿Existirá ganancia en precisión respecto de un muestreo irrestricto aleatorio con fracción de muestreo del 20%? ¿Por qué? Cuantificarla. Realizar la tabla del análisis de la varianza para la producción total.

2°) Estimar la varianza para cada muestra sistemática posible según nuestro procedimiento de muestreo. ¿Con qué muestra sistemática nos quedaremos que represente mejor a toda la producción? ¿Existirá ganancia en precisión si se estiman las varianzas utilizando estratificación? Dar la estimación de la proporción de piezas defectuosas producidas por las máquinas.

Si definimos una variable dicitómica A a la que asignamos el valor 1 para las piezas defectuosas y el valor 0 para las piezas correctas, y clasificamos las 50 piezas en 10 filas de 5 piezas cada una (m uestreo sistemático 1 en 5) siguiendo el orden del enunciado del problema, tendremos la siguiente tabla:

1	0	0	0	0	1/5
1	0	0	0	0	1/5
1	0	0	0	1	2/5
0	1	0	0	0	1/5
0	1	0	0	0	1/5
1	0	0	0	0	1/5
1	0	0	0	1	2/5
0	0	1	0	0	1/5
0	1	0	0	0	1/5
1	0	0	1	0	2/5
6/10	3/10	1/10	1/10	2/10	13/50

Para calcular la varianza del estimador de la proporción hacemos:

$$V(\hat{P}) = \frac{1}{5}\left[\left(\frac{6}{10}-\frac{13}{50}\right)^2 + \left(\frac{3}{10}-\frac{13}{50}\right)^2 + \left(\frac{1}{10}-\frac{13}{50}\right)^2 + \left(\frac{1}{10}-\frac{13}{50}\right)^2 + \left(\frac{2}{10}-\frac{13}{50}\right)^2\right] = 0,0344$$

También podemos calcular la varianza de l estimador de la proporción de la siguiente forma:

$$V(\hat{P}) = PQ - \frac{1}{k}\sum_{j=1}^{k}\hat{P}_j\hat{Q}_j = \frac{13}{50}\left(1-\frac{13}{50}\right) - \frac{1}{5}\left(\frac{6}{10}\frac{4}{10} + \frac{3}{10}\frac{7}{10} + \frac{1}{10}\frac{9}{10} + \frac{1}{10}\frac{9}{10} + \frac{2}{10}\frac{8}{10}\right) = 0,0344$$

A continuación se construy e la tabla   del análisis de la varianza para la población (producción total).

Fuente	Grados de libertad	Sumas de cuadrados	Cuadrados medios
Entre	$k-1 = 5-1 = 4$	$\sum_{i}^{n}\sum_{j}^{k}\left(\overline{x}_j - \overline{X}\right)^2 = 1,72$	$S_{bs}^2 = 1,72/4 = 0,43$
Dentro	$N-k = 50-5 = 45$	$\sum_{i}^{n}\sum_{j}^{k}\left(X_{ij} - \overline{x}_j\right)^2 = 7,9$	$S_{ws}^2 = 7,9/45 = 0,1755$
Total	$N-1 = 50-1 = 49$	$\sum_{i}^{n}\sum_{j}^{k}\left(X_{ij} - \overline{X}\right)^2 = 9,62$	$S^2 = 9,62/49 = 0,1963$

Conocida esta tabla pueden realizarse y a todos los cálculos. Por ejemplo, la varianza del estimador de la proporción también podría calcularse como:

$$V(\hat{P}) = V(\hat{P}_j) = \left(1-\frac{n}{N}\right)\frac{S_{bs}^2}{n} = (1-f)\frac{S_{bs}^2}{n} = (1-\frac{1}{5})\frac{0,43}{10} = 0,0344$$

La varianza para el estimador del total de clase será:

$$V(\hat{A}) = V\left(N\hat{P}_j\right) = N^2 V(\hat{P}_j) = N^2 (1 - f)\frac{S_{bs}^2}{n} = 50^2 \cdot 0,0344 = 86$$

Del valor de la varianza puede deducirse el valor del coeficiente de correlación intramuestral a través de la fórmula:

$$V(\overline{x}_j) = \frac{\sigma^2}{n}(1 + (n-1)\rho_\omega)$$

Tendremos:

$$0,0344 = \frac{\dfrac{49}{50}0,1963}{10}(1 + (10 - 1)\rho_\omega) \Rightarrow \rho_\omega = 0,0875$$

Se observa un valor de ρ_ω muy cercano a cero, lo que indica   que el muestreo sistemático va a tener una precisión muy cercana a la del aleatorio sim ple al estim ar la proporción de piezas defectuosas. Esto   concuerda con el hecho de que S ^{2} y S $^2_{ws}$ también tienen valores m uy cercanos. Concretamente S^2 =0,1963>S$^2_{ws}$=0,1755, lo que indica que es más preciso el m uestreo aleatorio simple. La varianza del estim ador de la proporción en el m uestreo aleatorio sim ple es (1-1/5)0,1963/10=0,0157, lo que   indica que la ganancia en precisión del aleatorio simple será (0,0344-0,0157)/0,0344= 54,3%.

Dado el valor del coeficiente de correlación intram uestral m uy cercano a cero, podemos estimar varianzas mediante la fórmula del muestreo aleatorio simple. Se tiene:

$$\hat{V}\left(\hat{P}_1\right) = (1 - f) \cdot \frac{\hat{S}_1^2}{n} = (1 - f) \cdot \frac{\hat{P}_1\hat{Q}_1}{n-1} = \left(1 - \frac{1}{5}\right) \cdot \frac{\dfrac{6}{10_1}\left(1 - \dfrac{6}{10}\right)}{10-1} = 0,0213$$

$$\hat{V}\left(\hat{P}_2\right) = (1 - f) \cdot \frac{\hat{S}_2^2}{n} = (1 - f) \cdot \frac{\hat{P}_2\hat{Q}_2}{n-1} = \left(1 - \frac{1}{5}\right) \cdot \frac{\dfrac{3}{10_1}\left(1 - \dfrac{3}{10}\right)}{10-1} = 0,0186$$

$$\hat{V}\left(\hat{P}_3\right) = (1 - f) \cdot \frac{\hat{S}_3^2}{n} = (1 - f) \cdot \frac{\hat{P}_3\hat{Q}_3}{n-1} = \left(1 - \frac{1}{5}\right) \cdot \frac{\dfrac{1}{10_1}\left(1 - \dfrac{1}{10}\right)}{10-1} = 0,008$$

$$\hat{V}\left(\hat{P}_4\right) = \hat{V}\left(\hat{P}_3\right) = 0,008$$

$$\hat{V}\left(\hat{P}_5\right) = (1 - f) \cdot \frac{\hat{S}_5^2}{n} = (1 - f) \cdot \frac{\hat{P}_5\hat{Q}_5}{n-1} = \left(1 - \frac{1}{5}\right) \cdot \frac{\dfrac{2}{10_1}\left(1 - \dfrac{2}{10}\right)}{10-1} = 0,0142$$

Según estos resultados la muestras más precisas son la tercera y la cuarta.

También podem os estim ar la varianza a partir del muestreo estratificado, agrupando las 10 filas (estratos) de la pobl ación en grupos de 2, y considerando cada dos filas com o un estrato del que seleccionam os dos unidades para la muestra. Tendremos:

$$\hat{V}\left(\hat{P}_1\right)=\frac{1-f}{n^2}\sum_{h}^{\frac{n}{2}}(x_{h1}-x_{h2})^2=\frac{1-0.2}{10^2}\left[(1-1)^2+(1-0)^2+(0-1)^2+(1-0)^2+(0-1)^2\right]=0.032$$

$$\hat{V}\left(\hat{P}_2\right)=\frac{1-f}{n^2}\sum_{h}^{\frac{n}{2}}(x_{h1}-x_{h2})^2=\frac{1-0.2}{10^2}\left[(0-0)^2+(0-1)^2+(1-0)^2+(0-0)^2+(1-0)^2\right]=0.024$$

$$\hat{V}\left(\hat{P}_3\right)=0.008(0-1)^2=0.008=\hat{V}\left(\hat{P}_4\right)\qquad\hat{V}\left(\hat{P}_5\right)=0.008\left[(1-0)^2+(1-0)^2\right]=0.016$$

Las mejores m uestras según el m étodo del m uestreo estratificado tam bién resultan ser la tercera y la cuarta, y adem ás coinciden en varianza con el método anterior. Para las restantes muestras se observa ganancia en precisión del m étodo de estimación utilizando la fórmula del muestreo aleatorio simple. La proporción estimada de piezas defectuosas producidas será la de rivada de la 3ª o 4ª m uestra, esto es: $\hat{P}=\hat{P}_3=\hat{P}_4=1/10$, es decir que se estima un 10% de producción defectuosa.

Ejercicio 6. Un investigador desea determinar la calidad del azúcar contenida en la sabia de los árboles de una finca, que se encuentran situados a lo largo de la misma de forma natural en 7 hileras. El número total de árboles es desconocido, por lo que no puede realizarse una muestra irrestricta aleatoria. Como procedimiento alternativo el investigador decide usar una muestra sistemática de 1 en 7. En la tabla adjunta se encuentran los datos del contenido de azúcar en la sabia de los árboles muestreados:

Árbol muestreado	Contenido de azúcar en la savia X	X^2
1	82	6724
2	76	5776
3	83	6889
⋮	⋮	⋮
210	84	7056
211	80	6400
212	79	6241
	$\sum_{i=1}^{212}X_i=17066$	$\sum_{i=1}^{212}X_i^2=1486800$

Estimar el contenido de azúcar promedio en la sabia de los árboles de la finca estableciendo los errores absoluto y relativo de la estimación. Realizar la estimación mediante un intervalo de confianza al nivel del 5%.

La estimación de la media vendrá dada por:

$$\hat{\bar{X}} = \bar{x}_j = \frac{\sum_{i=1}^{212} X_i}{212} = 80,5$$

Para calcular el error absoluto de m uestreo consideramos la estimación de la varianza, que se basará en la fórm   ula del m uestreo aleatorio sim ple, y a que intuitivamente podemos suponer que la población de árboles en la finca es aleatoria en cuanto al contenido de azúcar en la sabia debido a que suponem   os una distribución natural de los m ismos en la finca. Previam ente necesitam os estim ar la cuasivarianza mediante:

$$\hat{S}^2 = \frac{\sum_{i=1}^{212} X_i^2 - \left(\sum_{i=1}^{212} X_i\right)^2 \Big/ 212}{212 - 1} = 535,48$$

Además, al ser la m   uestra sistem ática 1 en 7 y n=212 entonces N=nk=212*7 =1484 árboles. La estimación de la varianza del estimador de la media será:

$$\hat{V}(\hat{\bar{X}}) = \hat{V}(\bar{x}_j) = \left(1 - \frac{1}{7}\right)\frac{535,48}{212} = 2,16 \Rightarrow \hat{\sigma}(\hat{\bar{X}}) = 1,47$$

El error relativo de muestreo será:

$$\hat{C}v(\hat{\bar{X}}) = \frac{\sqrt{\hat{V}(\bar{x}_j)}}{E(\bar{x}_j)} = \frac{1,47}{\hat{\bar{X}}} = \frac{1,47}{80,5} = 0,0182 \quad (1,82\%)$$

El error relativo es bajo, por lo que   la estimación puede ser buena. Por otra parte, un intervalo de confianza para   la media suponiendo norm alidad en la población será:

$$\hat{\bar{X}} \pm \lambda_\alpha \hat{\sigma}(\hat{\bar{X}}) = 80,5 \pm 1,96 \cdot 1.47 = [77,6\ 83,4]$$

En caso de no poder suponer normalidad se toma el intervalo más tosco dado por:

$$\hat{\bar{X}} \pm \frac{\hat{\sigma}(\hat{\bar{X}})}{\sqrt{\alpha}} = 80,5 \pm \frac{1.47}{\sqrt{0,05}} = [74, 87]$$

El intervalo para no normalidad es más ancho (peor) que en el caso de normalidad, pero no demasiado.

> *Ejercicio 7. Una muestra sistemática de 1 en 10 es obtenida de una lista de votantes registrados para estimar la proporción de votantes que están a favor de la emisión de bonos propuesta. Se utilizan diferentes puntos de inicio aleatorio para asegurar que los resultados de la muestra no se ven afectados por variación periódica en la población. Los resultados codificados de esta encuesta de elección previa se muestran en la tabla adjunta. Estimar p, la proporción de los 5775 votantes registrados que están a favor de la emisión de bonos propuesta (N = 5775). Establecer un límite para el error de estimación.*

Votante	4	10	16	. . .	5760	5766	5772	$\sum_{i=1}^{962} y_i$
Respuesta	1	0	1	. . .	0	0	1	652

Al ser la muestra sistemática 1 en 6 y $N = 5775$ entonces $N = nk \Rightarrow 5775 = n*6 \Rightarrow E(n) = 962$ donde $E(n)$ significa parte entera de n. Por tanto, el tamaño muestral es 962.

Como n es grande y se han tomado varios puntos de inicio aleatorio en la extracción de la muestra sistemática, podemos estimar la proporción proporcional mediante la proporción muestral, y el error se estimará utilizando la fórmula del muestreo aleatorio simple. Tenemos:

$$\hat{P} = \hat{P}_j = \frac{\sum_{i=1}^{212} X_i}{962} = \frac{652}{962} = 0,678$$

$$\hat{V}(\hat{P}) = \hat{V}(\hat{P}_j) = \left(1 - \frac{n}{N}\right)\frac{\hat{P}_j(1 - \hat{P}_j)}{n - 1} = \left(1 - \frac{962}{5775}\right)\frac{0,678(1 - 0,678)}{962 - 1} = 0,000196 \Rightarrow \hat{\sigma}(\hat{\bar{X}}) = 0,014$$

El error relativo de muestreo cuando se asegura que el 67,8% de los votantes registrados favorece la emisión de bonos propuesta, será:

$$\hat{C}v(\hat{P}) = \frac{\sqrt{\hat{V}(\hat{P})}}{\hat{P}} = \frac{0,014}{0,678} = \frac{1,47}{80,5} = 0,0206 \quad (2,06\%)$$

Por otra parte, un intervalo de confianza para la proporción, suponiendo normalidad en la población será:

$$\hat{P} \pm \lambda_\alpha \hat{\sigma}(\hat{P}) = 0,678 \pm 2 \cdot 0,014$$

El límite para el error de estimación será el radio del intervalo de confianza, o sea, 0,028 (2,8%).

CAPÍTULO 7

MÉTODOS INDIRECTOS DE ESTIMACIÓN

ESTIMACIÓN MEDIANTE MÉTODOS INDIRECTOS

Este tipo de m étodos aprovechan la inform ación conocida relativa a una variable auxiliar Y (variable de apoy o) correlaciona da con la variable en estudio X para conseguir estimaciones m ás precisas para X que las calculadas únicam ente a partir de la muestra de la variable que se estudia.

La inform ación conocida relativa a la variable auxiliar puede ser probabilística o no probabilística. Las fuentes m ás típicas de inform ación auxiliar (valores de la variable Y) suelen ser variables obten idas en un censo anterior, variables relativas a la población en estudio pero de fechas anteriores, estim aciones relativas a una población diferente pero correlacionada con la que se estudia, etc.

Entre los métodos clásicos de estim ación indirecta m ás utilizados se encuentran el m étodo de *estimación por razón* (basado en la razón entre X e Y), el método de *estimación por regresión* (basado en la regresión entre X e Y) y el méto-do de *estimación por diferencia* (basado en la diferencia entre X e Y). Estos tres métodos serán desarrollados a lo largo de este capítulo.

ESTIMACIÓN NO LINEAL: ESTIMADORES DE LA RAZÓN

En m uestreo estadístico son típicas las características definidas por relaciones no lineales entre variables, que a su vez se estim an mediante *estimadores no lineales* en dichas variables. Como ejem plo clásico, y a la vez m ás utilizado en la práctica, tenemos el *método de estimación de la razón*, que trata de m ejorar la precisión de un estimador simple (por ejem plo un estim ador obtenido por m uestreo aleatorio sim ple o por m uestreo aleatorio estratificado) utilizando inform ación sobre una variable auxiliar Y que se supone correlacionada con la variable en estudio X.

Sean (X_i, Y_i) los diferentes pares de valores relativos a la variable en estudio y la variable auxiliar respectivamente. Se denomina razón poblacional R de X e Y al cociente entre las medias o totales poblacionales de X e Y. Tenemos:

$$R = \frac{\sum_{i}^{N} X_i}{\sum_{i}^{N} Y_i} = \frac{X}{Y} = \frac{X/N}{Y/N} = \frac{\overline{X}}{\overline{Y}} = \frac{\sum_{i}^{N} X_i / N}{\sum_{i}^{N} Y_i / N}$$

Se denomina razón muestral $\hat{R}$ de X e Y al cociente entre las medias o totales muestrales de X e Y. Tenemos:

$$\hat{R} = \frac{\sum_{i}^{n} X_i}{\sum_{i}^{n} Y_i} = \frac{x}{y} = \frac{x/n}{y/n} = \frac{\overline{x}}{\overline{y}} = \frac{\sum_{i}^{n} X_i / n}{\sum_{i}^{n} Y_i / n}$$

Mediante la estimación por razón se trata de estimar la razón poblacional R mediante la razón muestral $\hat{R}$, pero en general $\hat{R}$ no va a ser un estimador insesgado para R.

ANÁLISIS DEL SESGO DEL ESTIMADOR DE LA RAZÓN

Puesto que en general la esperanza de un cociente de variables aleatorias no es igual al cociente de las esperanzas, tenemos:

$$E(\hat{R}) = E\left(\frac{\overline{x}}{\overline{y}}\right) \neq \frac{E(\overline{x})}{E(\overline{y})} = \frac{\overline{X}}{\overline{Y}} = R$$

con lo que el estimador $\hat{R}$ suele ser sesgado. No obstante vamos a estudiar bajo qué circunstancias el estimador de la razón puede ser insesgado.

En primer lugar vamos a hallar un valor exacto del sesgo considerando la covarianza de los estimadores $\hat{R}$ e $\overline{y}$. Tenemos:

$$\text{cov}(\hat{R}, \overline{y}) = E(\hat{R}\overline{y}) - E(\hat{R}) \cdot \underbrace{E(\overline{y})}_{\overline{Y}} = \underbrace{E\left(\frac{\overline{x}}{\overline{y}} \cdot \overline{y}\right)}_{E(\overline{x}) = \overline{X}} - E(\hat{R}) \cdot \overline{Y} = \overline{X} - \overline{Y}E(\hat{R}) = R\overline{Y} - \overline{Y} \cdot E(\hat{R})$$

$$= \overline{Y} \cdot \underbrace{(R - E(\hat{R}))}_{-B(\hat{R})} = -\overline{Y}B(\hat{R}) \Rightarrow B(\hat{R}) = \frac{-\text{Cov}(\hat{R}, \overline{y})}{\overline{Y}} = \frac{-\rho_{(\hat{R}, \overline{y})} \sigma_{\hat{R}} \sigma_{\overline{y}}}{E(\overline{y})} = -\rho_{(\hat{R}, \overline{y})} \sigma_{\hat{R}} Cv(\overline{y})$$

Por lo tanto $B(\hat{R})=0 \Leftrightarrow \hat{R}$ e $\overline{y}$ *son variables incorreladas en el muestreo*, con lo que *ya tenemos la primera de las condiciones para la insesgadez del estimador de la razón*. Además se cumple que:

$$B(\hat{R}) = -\rho_{(\hat{R},\bar{y})}\sigma_{\hat{R}}Cv(\bar{y}) \Rightarrow \left|\frac{B(\hat{R})}{\sigma_{\hat{R}}}\right| = \left|\rho_{(\hat{R},\bar{y})}\right| \cdot Cv(\bar{y}) \le Cv(\bar{y})$$

con lo que el sesgo relativo (m ódulo del coci ente entre el sesgo del estim ador de la razón y su desviación típica) está acotado   por el coeficiente de variación de $\bar{y}$. Entonces *para que el sesgo del estimador de la razón sea despreciable* bastará con que el coeficiente de variación de la m edia muestral de la variable auxiliar sea m enor que 1/10, ya que en este caso:

$$\left|\frac{B(\hat{R})}{\sigma_{\hat{R}}}\right| \le Cv(\bar{y}) < \frac{1}{10}.$$

Se observa que el sesgo relativo es tanto   menor cuanto menor sea $Cv(\bar{y})$. Además, para intentar elim inar la in fluencia del sesgo se tom   arán tam años de muestra tales que el sesgo sea despreciable, es decir, tam años de m uestra tales que $Cv(\bar{y})<1/10$. Para hallar este tam   año de m uestra en el m   uestreo sin reposición operamos como se indica a continuación:

$$Cv(\bar{y}) = \frac{\sigma(\bar{y})}{E(\bar{y})} = \frac{\sqrt{V(\bar{y})}}{\bar{Y}} = \frac{\sqrt{\left(1-\frac{n}{N}\right)\frac{S_Y^2}{n}}}{\bar{Y}} < \frac{1}{10} \Rightarrow n > \frac{100NS_Y^2}{N\bar{y}^2 + 100S_Y^2} = \frac{100N\frac{S_Y^2}{\bar{y}^2}}{N+100\frac{S_Y^2}{\bar{y}^2}}$$

Para hallar el tam año de m uestra para el que el sesgo es despreciable en el muestreo con reposición operamos como se indica a continuación:

$$Cv(\bar{y}) = \frac{\sigma(\bar{y})}{E(\bar{y})} = \frac{\sqrt{V(\bar{y})}}{\bar{Y}} = \frac{\sqrt{\frac{\sigma_Y^2}{n}}}{\bar{Y}} < \frac{1}{10} \Rightarrow n > \frac{100\sigma_Y^2}{\bar{Y}^2} = 100\frac{\sigma_Y^2}{\bar{Y}^2}$$

A continuación vam os a analizar una segunda condición   para la insesgadez del estim ador de la razón. Verem os que *si la recta de regresión de la variable auxiliar Y sobre la variable en estudio X (o la de X sobre Y) pasa por el origen de coordenadas entonces el estimador de la razón $\hat{R}$ es insesgado para R.*

Si los puntos (X_i, Y_i) están situados sobre la recta de regresión de Y sobre X que pasa por el origen, se cumple que $Y_i=kX_i$, y se tiene:

$$\left. \begin{array}{l} R = \dfrac{X}{Y} = \dfrac{\displaystyle\sum_i^N X_i}{\displaystyle\sum_i^N Y_i} = \dfrac{\displaystyle\sum_i^N X_i}{\displaystyle\sum_i^N kX_i} = \dfrac{\displaystyle\sum_i^N X_i}{k\displaystyle\sum_i^N X_i} = \dfrac{1}{k} \\[4ex] \hat{R} = \dfrac{\bar{x}}{\bar{y}} = \dfrac{\displaystyle\sum_i^n X_i}{\displaystyle\sum_i^n Y_i} = \dfrac{\displaystyle\sum_i^n X_i}{\displaystyle\sum_i^n kX_i} = \dfrac{\displaystyle\sum_i^n X_i}{k\displaystyle\sum_i^n X_i} = \dfrac{1}{k} \end{array} \right\} \Rightarrow R = \hat{R} \Rightarrow B(\hat{R}) = E(\hat{R} - R) = 0$$

Si se hubiese tom ado la recta de regresión de X sobre Y, la dem ostración sería la misma, ya que $X_i = kY_i \Rightarrow Y_i = k'X_i$ con $k' = 1/k =$ constante.

Ya hem os visto dos condiciones para que el estim ador de la razón sea insesgado. Ahora vamos a estudiar un estim ador de la razón que siem pre resulta insesgado. Se trata concretamente del ***estimador de Hartley y Ross***.

Sean (X_i , Y_i) los diferentes pares de valores relativos a la variable en estudio y a la variable auxiliar respectivam ente. Comenzamos considerando el estim ador $\hat{R}_1$ sesgado de R definido como la media muestral de las razones X_i/Y_i.

$$\hat{R}_1 = \frac{1}{n}\sum_i^n \frac{X_i}{Y_i} = \frac{1}{n}\sum_i^n R_i$$

Como el muestreo es con probabilidades iguales y sin reposición tenemos:

$$E\left(\hat{R}_1\right) = E\left(\frac{1}{n}\sum_i^n \frac{X_i}{Y_i}\right) = E\left(\frac{1}{n}\sum_i^N \frac{X_i}{Y_i}e_i\right) = = \frac{1}{n}\sum_i^N \frac{X_i}{Y_i}E(e_i) = \frac{1}{n}\sum_i^N \frac{X_i}{Y_i}\cdot\frac{n}{N} = \frac{1}{N}\sum_i^N \frac{X_i}{Y_i}$$

El sesgo de este estimador será:

$$B\left(\hat{R}_1\right) = E\left(\hat{R}_1\right) - R = \frac{1}{N}\sum_i^N \frac{X_i}{Y_i} - \frac{\bar{X}}{\bar{Y}} = \frac{\bar{Y}\dfrac{1}{N}\displaystyle\sum_i^N \frac{X_i}{Y_i} - \bar{X}}{\bar{Y}} = \frac{\bar{Y}\dfrac{1}{N}\displaystyle\sum_i^N \frac{X_i}{Y_i} - \dfrac{1}{N}\displaystyle\sum_i^N X_i}{\bar{Y}}$$

$$= \frac{\bar{Y}\dfrac{1}{N}\displaystyle\sum_i^N \frac{X_i}{Y_i} - \dfrac{1}{N}\displaystyle\sum_i^N \frac{X_i}{Y_i}\cdot Y_i}{\bar{Y}} = \frac{-\dfrac{1}{N}\displaystyle\sum_i^N \frac{X_i}{Y_i}\cdot\left(Y_i - \bar{Y}\right)}{\bar{Y}} = \frac{-\dfrac{1}{N}\displaystyle\sum_i^N R_i\cdot\left(Y_i - \bar{Y}\right)}{\bar{Y}} =$$

$$= -\frac{N-1}{N\bar{Y}}\cdot\frac{\displaystyle\sum_i^N \left(R_i - \bar{R}\right)\cdot\left(Y_i - \bar{Y}\right)}{N-1}$$

Hemos utilizado que:

$$\sum_{i}^{N}\left(R_i - \overline{R}\right)\cdot\left(Y_i - \overline{Y}\right) = \sum_{i}^{N}\left(R_iY_i - R_i\overline{Y} - \overline{R}Y_i + \overline{R}\,\overline{Y}\right) =$$

$$\sum_{i}^{N}\left(R_iY_i - R_i\overline{Y}\right) - \overline{R}\underbrace{\sum_{i}^{N}Y_i}_{N\overline{R}\,\overline{Y}} + \underbrace{\sum_{i}^{N}\overline{R}\,\overline{Y}}_{N\overline{R}\,\overline{Y}} = \sum_{i}^{N}R_i\left(Y_i - \overline{Y}\right)$$

Ya que estam os en m uestreo sin reposición en el que cuasivarianzas poblacionales se estim an insesgadam ente mediante cuasivarianzas m uestrales un estimador insesgado de $B\!\left(\hat{R}_1\right)$ será:

$$\hat{B}(\hat{R}_1) = -\frac{N-1}{N\overline{Y}}\cdot\frac{\displaystyle\sum_{i}^{n}\left(R_i - \hat{R}_1\right)\!\left(Y_i - \overline{y}\right)}{n-1} = -\frac{N-1}{N\overline{Y}}\cdot\frac{\displaystyle\sum_{i}^{n}R_i\left(Y_i - \overline{y}\right)}{n-1} =$$

$$-\frac{N-1}{N\overline{Y}}\cdot\frac{\displaystyle\sum_{i}^{n}\underbrace{R_i}_{X_i/Y_i}Y_i - \overline{y}\sum_{i}^{n}R_i}{n-1} = \frac{N-1}{N\overline{Y}}\cdot\frac{n}{n-1}\cdot\left(\frac{1}{n}\sum_{i}^{n}X_i - \overline{y}\cdot\underbrace{\frac{1}{n}\sum_{i}^{n}R_i}_{\hat{R}_1}\right)$$

$$= -\frac{N-1}{N\overline{Y}}\cdot\frac{n}{n-1}\cdot\left(\overline{x} - \hat{R}_1\overline{y}\right)$$

En el primer paso de la expresión anterior que define $\hat{B}\!\left(\hat{R}_1\right)$ se ha utilizado que:

$$\sum_{i}^{n}\left(R_i - \hat{R}_1\right)\cdot\left(Y_i - \overline{y}\right) = \sum_{i}^{n}\left(R_iY_i - R_i\overline{y} - \hat{R}_1Y_i + \hat{R}_1\overline{y}\right) =$$

$$\sum_{i}^{n}\left(R_iY_i - R_i\overline{y}\right) - \hat{R}_1\underbrace{\sum_{i}^{n}Y_i}_{n\hat{R}_1\overline{y}} + \underbrace{\sum_{i}^{n}\hat{R}_1\overline{y}}_{n\hat{R}_1\overline{y}} = \sum_{i}^{n}R_i\left(Y_i - \overline{y}\right)$$

Si ahora consideramos el estim ador corregido del sesgo $\hat{R}_{HR} = \hat{R}_1 - \hat{B}(\hat{R}_1)$ tenemos ya un estimador insesgado para la razón R, pues:

$$E(\hat{R}_{HR}) = E(\hat{R}_1) - E(\hat{B}(\hat{R}_1)) = E(\hat{R}_1) - B(\hat{R}_1) = E(\hat{R}_1) - (E(\hat{R}_1) - R) = R$$

Ya hemos obtenido el estim ador insesga do de la razón R de Hartley y Ross, cuya expresión es entonces:

$$\hat{R}_{HR} = \hat{R}_1 - \hat{B}(\hat{R}_1) = \hat{R}_1 + \frac{N-1}{N\overline{Y}}\cdot\frac{n}{n-1}\cdot\left(\overline{x} - \hat{R}_1\overline{y}\right)$$

SESGO APROXIMADO DEL ESTIMADOR DE LA RAZÓN, MÉTODO GENERAL DE LINEALIZACIÓN

Para hallar una expresión aproxim ada del sesgo del estim ador de la razón consideramos la diferencia entre el estim ador $\hat{R}$ y la razón poblacional R, que puede expresarse en la forma siguiente:

$$\hat{R} - R = \frac{\overline{x}}{\overline{y}} - R = \frac{\overline{x} - R\overline{y}}{\overline{y}} = \frac{\overline{x} - R\overline{y}}{\overline{Y}} \cdot \frac{\overline{Y}}{\overline{y}} = \frac{\overline{x} - R\overline{y}}{\overline{Y}} \cdot \frac{\overline{Y}}{\overline{Y} + \overline{y} - \overline{Y}} = \frac{\overline{x} - R\overline{y}}{\overline{Y}} \cdot \frac{1}{1 + \dfrac{\overline{y} - \overline{Y}}{\overline{Y}}}$$

Teniendo en cuenta que $|r| < 1 \Rightarrow \sum_{n=0}^{\infty}(-1)^n r^n = \sum_{n=0}^{\infty}(-r)^n = \dfrac{1}{1-(-r)} = \dfrac{1}{1+r}$

y considerando que:

$$\left| \frac{\overline{y} - \overline{Y}}{\overline{Y}} \right| < 1 (\overline{Y} \neq 0)$$

podemos escribir lo siguiente:

$$\hat{R} - R = \frac{\overline{x} - R\overline{y}}{\overline{Y}} \cdot \left[1 - \frac{\overline{y} - \overline{Y}}{\overline{Y}} + \frac{(\overline{y} - \overline{Y})^2}{\overline{Y}^2} - \cdots \right]$$

de donde aplicando esperanzas y despreciando en el desarrollo en serie los términos de orden superior o igual a 2 se deduce la expresión asintótica del sesgo:

$$B(\hat{R}) = E(\hat{R}) - R = E(\hat{R} - R) = E\left(\frac{\overline{x} - R\overline{y}}{\overline{Y}} \cdot \left[1 - \frac{\overline{y} - \overline{Y}}{\overline{Y}} + \frac{(\overline{y} - \overline{Y})^2}{\overline{Y}^2} - \cdots \right] \right) \underset{\substack{\textit{Se desprecian términos} \\ \textit{cuyo orden es } \leq 2}}{=}$$

$$E\left(\frac{\overline{x} - R\overline{y}}{\overline{Y}} \cdot \left[1 - \frac{\overline{y} - \overline{Y}}{\overline{Y}} \right] \right) = E\left(\frac{\overline{x} - R\overline{y}}{\overline{Y}} - \frac{(\overline{x} - R\overline{y})(\overline{y} - \overline{Y})}{\overline{Y}^2} \right) = E\left(\frac{\overline{x} - R\overline{y}}{\overline{Y}} \right) - E\left(\frac{(\overline{x} - R\overline{y})(\overline{y} - \overline{Y})}{\overline{Y}^2} \right)$$

$$= \frac{E(\overline{x} - R\overline{y})}{\overline{Y}} - \frac{E[(\overline{x} - R\overline{y})(\overline{y} - \overline{Y})]}{\overline{Y}^2} \underset{E(\overline{x} - R\overline{y})=0}{=} - \frac{E(\overline{x} - R\overline{y}) \cdot (\overline{y} - \overline{Y})}{\overline{Y}^2} = \frac{R \cdot Var(\overline{y}) - Cov(\overline{x}, \overline{y})}{\overline{Y}^2}$$

Las dos últimas igualdades se basan en lo siguiente:

$$E(\overline{x} - R\overline{y}) = E(\overline{x}) - RE(\overline{y}) = \overline{X} - R\overline{Y} = \overline{X} - \frac{\overline{X}}{\overline{Y}}\overline{Y} = \overline{X} - \overline{X} = 0$$

$$E(\overline{x} - R\overline{y})(\overline{y} - \overline{Y}) = E(\overline{xy}) - \overline{Y}E(\overline{x}) - RE(\overline{y}^2) + R\overline{Y}E(\overline{y}) =$$

$$E(\overline{xy}) - \underset{E(\overline{x})E(\overline{y})}{\underline{\overline{X}\overline{Y}}} - R(E(\overline{y}^2) - [E(\overline{y})]^2) = cov(\overline{x}, \overline{y}) - RVar(\overline{y})$$

Podemos expresar este sesgo en térm inos de coeficientes de variación com o sigue:

$$B(\hat{R}) = \frac{R \cdot Var(\overline{y}) - Cov(\overline{x}, \overline{y})}{\overline{Y}^2} = \frac{R \cdot Var(\overline{y})}{\overline{Y}^2} - \frac{\overline{X}}{\overline{Y}} \frac{Cov(\overline{x}, \overline{y})}{\overline{XY}} = R(C_{\overline{y}}^2 - C_{\overline{xy}})$$

La expresión obtenida para el sesgo permite escribir:

Muestreo sin reposición

$$B(\hat{R}) = \frac{R \cdot Var(\overline{y}) - Cov(\overline{x}, \overline{y})}{\overline{Y}^2} = \frac{R(1-f)\dfrac{S_Y^2}{n} - (1-f)\dfrac{S_{XY}}{n}}{\overline{Y}^2} = \frac{(1-f)}{n\overline{Y}^2}(RS_Y^2 - S_{XY})$$

Muestreo con reposición

$$B(\hat{R}) = \frac{R \cdot Var(\overline{y}) - Cov(\overline{x}, \overline{y})}{\overline{Y}^2} = \frac{R\dfrac{\sigma_Y^2}{n} - \dfrac{\sigma_{XY}}{n}}{\overline{Y}^2} = \frac{1}{n\overline{Y}^2}(R\sigma_Y^2 - \sigma_{XY})$$

ESTIMACIÓN DEL SESGO DEL ESTIMADOR DE LA RAZÓN

La expresión obtenida para el sesgo del estimador de la razón va a permitir la estimación del mismo a partir de los valores muestrales:

Muestreo sin reposición

Como en muestreo sin reposición las cuasivarianzas poblacionales se estiman insesgadamente por cuasivarianzas muestrales, tenemos:

$$\hat{B}(\hat{R}) = \frac{(1-f)}{n\overline{Y}^2}(\hat{R}\hat{S}_Y^2 - \hat{S}_{XY})$$

Muestreo con reposición

Como en m uestreo con reposición las varianzas poblacionales se estiman insesgadamente por cuasivarianzas muestrales, tenemos:

$$\hat{B}(\hat{R}) = \frac{1}{n\overline{Y}^2}(\hat{R}\hat{S}_Y^2 - \hat{S}_{XY})$$

VARIANZA APROXIMADA DEL ESTIMADOR DE LA RAZÓN, MÉTODO GENERAL DE LINEALIZACIÓN

Considerando sólo el primer término de la expresión que desarrolla $\hat{R} - R$ se tiene:

$$V(\hat{R}) = V(\hat{R} - R) = V\left(\frac{\overline{x} - R\overline{y}}{\overline{Y}}\right) = \frac{1}{\overline{Y}^2}V(\overline{x} - R\overline{y}) = \frac{1}{\overline{Y}^2}V(\overline{x}) + R^2V(\overline{y}) - 2RCov(\overline{x}, \overline{y})$$

que en términos de coeficientes de variación puede expresarse como:

$$V(\hat{R}) = \frac{V(\overline{x}) + R^2V(\overline{y}) - 2RCov(\overline{x} \cdot \overline{y})}{\overline{Y}^2} = \frac{\overline{X}^2}{\overline{Y}^2} \cdot \frac{V(\overline{x})}{\overline{X}^2} + R^2 \frac{V(\overline{y})}{\overline{Y}^2} + \frac{\overline{X}}{\overline{Y}} R \frac{Cov(\overline{x} \cdot \overline{y})}{\overline{X} \cdot \overline{Y}} =$$

$$= R^2 \cdot \left(C_x^2 + C_y^2 - 2C_{xy}\right)$$

Para muestreo sin y con reposición se obtienen las siguientes fórmulas:

Muestreo sin reposición

$$V(\hat{R}) = \frac{V(\overline{x}) + R^2V(\overline{y}) - 2RCov(\overline{x} \cdot \overline{y})}{\overline{Y}^2} = \frac{(1-f)\dfrac{S_x^2}{n} + R^2(1-f)\dfrac{S_y^2}{n} - 2R(1-f)\dfrac{S_{xy}}{n}}{\overline{Y}^2}$$

$$= \frac{1-f}{\overline{Y}^2 n} \cdot \left(S_x^2 + R^2 S_y^2 - 2RS_{xy}\right) = \frac{1-f}{\overline{Y}^2 n(N-1)} \cdot \left[\sum_i^N X_i^2 + R^2 \sum_i^N Y_i^2 - 2R\sum_i^N X_i Y_i\right]$$

Muestreo con reposición

$$V(\hat{R}) = \frac{V(\overline{x}) + R^2V(\overline{y}) - 2RCov(\overline{x} \cdot \overline{y})}{\overline{Y}^2} = \frac{\dfrac{\sigma_x^2}{n} + R^2\dfrac{\sigma_y^2}{n} - 2R\dfrac{\sigma_{xy}}{n}}{\overline{Y}^2} =$$

$$= \frac{1}{\overline{Y}^2 n} \cdot \left(\sigma_x^2 + R^2 \sigma_y^2 - 2R\sigma_{xy}\right) = \frac{1}{\overline{Y}^2 nN} \cdot \left[\sum_i^N X_i^2 + R^2 \sum_i^N Y_i^2 - 2R\sum_i^N X_i Y_i\right]$$

ESTIMACIÓN DE LA VARIANZA DEL ESTIMADOR DE LA RAZÓN

Muestreo sin reposición

Utilizaremos que las cuasivarianzas muestrales estiman insesgadamente las cuasivarianzas poblacionales ($\hat{S}_x^2$ estimador insesgado de S_x^2, $\hat{S}_{Yx}^2$ estimador insesgado de S_y^2 y $\hat{S}_{XY}$ estimador insesgado de S_{xy}). A su vez utilizaremos el estimador reciente obtenido para la razón R. Tenemos:

$$\hat{V}\left(\hat{R}\right)=\frac{1-f}{\overline{Y}^{2}n}\cdot\left(\hat{S}_{x}^{2}+\hat{R}^{2}\hat{S}_{y}^{2}-2\hat{R}\hat{S}_{xy}\right)=\frac{1-f}{\overline{Y}^{2}n(n-1)}\cdot\left[\sum_{i}^{n}X_{i}^{2}+\hat{R}^{2}\sum_{i}^{n}Y_{i}^{2}-2\hat{R}\sum_{i}^{n}X_{i}Y_{i}\right]$$

Muestreo con reposición

Utilizaremos que las cuasivarianzas m uestrales estiman insesgadam ente las varianzas poblacionales ($\hat{S}_{x}^{2}$ estimador insesgado de σ_{x}^{2}, $\hat{S}_{Yx}^{2}$ estimador insesgado de σ_{y}^{2} y $\hat{S}_{XY}$ estimador insesgado de σ_{xy}).

A su vez utilizarem os el estim ador reciente obtenido para la razón R. Tenemos:

$$\hat{V}\left(\hat{R}\right)=\frac{1}{\overline{Y}^{2}n}\cdot\left(\hat{S}_{x}^{2}+\hat{R}^{2}\hat{S}_{y}^{2}-2\hat{R}\hat{S}_{xy}\right)=\frac{1}{\overline{Y}^{2}n(n-1)}\cdot\left[\sum_{i}^{n}X_{i}^{2}+\hat{R}^{2}\sum_{i}^{n}Y_{i}^{2}-2\hat{R}\sum_{i}^{n}X_{i}Y_{i}\right]$$

ESTIMACIONES DE LOS PARÁMETROS POBLACIONALES BASADAS EN LA ESTIMACIÓN POR RAZÓN

Podemos utilizar el estim ador de la razón para realizar estim aciones de los parámetros poblacionales típicos.

Estimación del total

El total poblacional X puede expresarse com o $X=\dfrac{X}{Y}\cdot Y=R\cdot Y$, lo que induce a tomar como estimador del total basado en la razón:

$$\hat{X}_{R}=\frac{x}{y}\cdot Y=\frac{\overline{x}}{\overline{y}}\cdot Y=\hat{R}\cdot Y$$

Estimación de la media

La m edia poblacional $\overline{X}$ puede expresarse com o $\overline{X}=\dfrac{\overline{X}}{\overline{Y}}\cdot\overline{Y}=R\cdot\overline{Y}$, lo que induce a tomar como estimador de la media basado en la razón:

$$\hat{\overline{X}}_{R}=\overline{x}_{R}=\frac{\overline{x}}{\overline{y}}\cdot\overline{Y}=\hat{R}\cdot\overline{Y}$$

Estimación del total y la proporción

De forma similar los estimadores para la proporción y total de clase basados en la razón tendrán las siguientes expresiones:

$$\hat{P}_{RX} = \frac{\hat{P}_X}{\hat{P}_Y} \cdot P_Y = \hat{R} \cdot P_Y \quad \text{y} \quad \hat{A}_{RX} = \frac{\hat{A}_X}{\hat{A}_Y} \cdot A_Y = \hat{R} \cdot A_Y$$

Todos estos estimadores serán insesgados cuando lo sea el estim   ador de la razón.

$$\text{Si } \hat{R} \text{ es insesgado de } R \Rightarrow \begin{cases} E(\hat{X}_R) = E(\hat{R}Y) = YE(\hat{R}) = YR = Y\dfrac{X}{Y} = X \\[2mm] E(\hat{\bar{X}}_R) = E(\hat{R}\bar{Y}) = \bar{Y}E(\hat{R}) = \bar{Y}R = \bar{Y}\dfrac{\bar{X}}{\bar{Y}} = \bar{X} \\[2mm] E(\hat{P}_{RX}) = E(\hat{R}P_Y) = P_Y E(\hat{R}) = P_Y R = P_Y\dfrac{P_X}{P_Y} = P_X \\[2mm] E(\hat{A}_{RX}) = E(\hat{R}A_Y) = A_Y E(\hat{R}) = A_Y R = A_Y\dfrac{A_X}{A_Y} = A_X \end{cases}$$

VARIANZAS DE LOS ESTIMADORES BASADOS EN LA RAZÓN

Muestreo sin reposición

$$V(\hat{X}_R) = V(\hat{R}Y) = Y^2 V(\hat{R}) = \underset{N^2\bar{Y}^2}{Y^2}\frac{1-f}{\bar{Y}^2 n}\cdot\left(S_x^2 + R^2 S_y^2 - 2RS_{xy}\right) =$$

$$N^2\frac{1-f}{n}\cdot\left(S_x^2 + R^2 S_y^2 - 2RS_{xy}\right) = N^2\frac{1-f}{n(N-1)}\cdot\left[\sum_i^N X_i^2 + R^2\sum_i^N Y_i^2 - 2R\sum_i^N X_iY_i\right]$$

$$V(\hat{\bar{X}}_R) = V(\hat{R}\bar{Y}) = \bar{Y}^2 V(\hat{R}) = \bar{Y}^2\frac{1-f}{\bar{Y}^2 n}\cdot\left(S_x^2 + R^2 S_y^2 - 2RS_{xy}\right) = = \frac{1-f}{n}\cdot\left(S_x^2 + R^2 S_y^2 - 2RS_{xy}\right)$$

$$= \frac{1-f}{n(N-1)}\cdot\left[\sum_i^N X_i^2 + R^2\sum_i^N Y_i^2 - 2R\sum_i^N X_iY_i\right]$$

$$V(\hat{P}) = \frac{1-f}{n}\cdot\left(S_x^2 + R^2 S_y^2 - 2RS_{xy}\right) = \frac{1-f}{n(N-1)}\cdot\left[\sum_i^N A_i^2 + R^2\sum_i^N B_i^2 - 2R\sum_i^N A_iB_i\right]$$

$$= \frac{1-f}{n(N-1)}\cdot\left[\sum_i^N A_i + \hat{R}^2\sum_i^N B_i - 2\hat{R}\sum_i^N A_iB_i\right] = \frac{N}{N-1}\frac{1-f}{n}\left(P_X + R^2 P_Y - 2RP_{xy}\right)$$

$$V(\hat{A}) = N^2 V(\hat{P}) = N^2\frac{1-f}{n}\cdot\left(S_x^2 + R^2 S_y^2 - 2RS_{xy}\right) = \frac{N^3}{N-1}\frac{1-f}{n}\left(P_X + R^2 P_Y - 2RP_{xy}\right)$$

Muestreo con reposición

$$V(\hat{X}_R) = V(\hat{R}Y) = Y^2 V(\hat{R}) = \underset{N^2\bar{Y}^2}{\underbrace{Y^2}} \frac{1}{\bar{Y}^2 n} \cdot \left(\sigma_x^2 + R^2 \sigma_y^2 - 2R\sigma_{xy}\right) = \frac{N^2}{n}\left(\sigma_x^2 + R^2\sigma_y^2 - 2R\sigma_{xy}\right)$$

$$= \frac{N}{n} \cdot \left[\sum_i^N X_i^2 + R^2 \sum_i^N Y_i^2 - 2R \sum_i^N X_i Y_i\right]$$

$$V(\hat{\bar{X}}_R) = V(\hat{R}\bar{Y}) = \bar{Y}^2 V(\hat{R}) = \bar{Y}^2 \frac{1}{\bar{Y}^2 n} \cdot \left(S_x^2 + R^2 S_y^2 - 2RS_{xy}\right) = \frac{1}{n}\left(\sigma_x^2 + R^2\sigma_y^2 - 2R\sigma_{xy}\right)$$

$$= \frac{1}{nN} \cdot \left[\sum_i^N X_i^2 + R^2 \sum_i^N Y_i^2 - 2R \sum_i^N X_i Y_i\right]$$

$$V(\hat{P}) = \frac{1}{n} \cdot \left(\sigma_x^2 + R^2\sigma_y^2 - 2R\sigma_{xy}\right) = \frac{1}{nN} \cdot \left[\sum_i^N A_i^2 + R^2 \sum_i^N B_i^2 - 2R \sum_i^N A_i B_i\right]$$

$$= \frac{1}{nN} \cdot \left[\sum_i^N A_i + \hat{R}^2 \sum_i^N B_i - 2\hat{R} \sum_i^N A_i B_i\right] = \frac{1}{n}\left(P_X + R^2 P_Y - 2RP_{xy}\right)$$

$$V(\hat{A}) = N^2 V(\hat{P}) = N^2 \frac{1}{n} \cdot \left(\sigma_x^2 + R^2\sigma_y^2 - 2R\sigma_{xy}\right) = \frac{N^2}{n}\left(P_X + R^2 P_Y - 2RP_{xy}\right)$$

ESTIMACIÓN DE VARIANZAS PARA LOS ESTIMADORES BASADOS EN LA RAZÓN

Muestreo sin reposición

Utilizaremos que las cuasivarianzas muestrales estiman insesgadamente las cuasivarianzas poblacionales ($\hat{S}_x^2$ estimador insesgado de S_x^2, $\hat{S}_{Yx}^2$ estimador insesgado de S_y^2 y $\hat{S}_{XY}$ estimador insesgado de S_{xy}). Tenemos:

$$\hat{V}(\hat{X}_R) = N^2 \frac{1-f}{n} \cdot \left(\hat{S}_x^2 + \hat{R}^2 \hat{S}_y^2 - 2\hat{R}\hat{S}_{xy}\right) = N^2 \frac{1-f}{n(n-1)} \cdot \left[\sum_i^n X_i^2 + \hat{R}^2 \sum_i^n Y_i^2 - 2\hat{R} \sum_i^n X_i Y_i\right]$$

$$\hat{V}(\hat{\bar{X}}_R) = \frac{1-f}{n} \cdot \left(\hat{S}_x^2 + \hat{R}^2 \hat{S}_y^2 - 2\hat{R}\hat{S}_{xy}\right) = \frac{1-f}{n(n-1)} \cdot \left[\sum_i^n X_i^2 + \hat{R}^2 \sum_i^n Y_i^2 - 2\hat{R} \sum_i^n X_i Y_i\right]$$

$$\hat{V}(\hat{P}_R) = \frac{1-f}{n} \cdot \left(\hat{S}_x^2 + \hat{R}^2 \hat{S}_y^2 - 2\hat{R}\hat{S}_{xy}\right) = \frac{1-f}{n(n-1)} \cdot \left[\sum_i^n A_i^2 + \hat{R}^2 \sum_i^n B_i^2 - 2\hat{R} \sum_i^n A_i B_i\right]$$

$$= \frac{1-f}{n(n-1)} \cdot \left[\sum_i^n A_i + \hat{R}^2 \sum_i^n B_i - 2\hat{R} \sum_i^n A_i B_i\right] = \frac{1-f}{n-1}\left(\hat{P}_X + \hat{R}^2 \hat{P}_Y - 2\hat{R}\hat{P}_{xy}\right)$$

$$V(\hat{A}_R) = N^2 V(\hat{P}_R) = N^2 \frac{1-f}{n(n-1)} \cdot \left(\hat{S}_x^2 + \hat{R}^2 \hat{S}_y^2 - 2\hat{R}\hat{S}_{xy}\right) = N^2 \frac{1-f}{n-1}\left(\hat{P}_X + \hat{R}^2 \hat{P}_Y - 2\hat{R}\hat{P}_{xy}\right)$$

Muestreo con reposición

Utilizaremos que las cuasivarianzas m uestrales estiman insesgadam ente las varianzas poblacionales ($\hat{S}_x^2$ estimador insesgado de σ_x^2, $\hat{S}_{Yx}^2$ estimador insesgado de σ_y^2 y $\hat{S}_{XY}$ estimador insesgado de σ_{xy}). Tenemos:

$$\hat{V}(\hat{X}_R) = \frac{N^2}{n}\left(\hat{S}_x^2 + \hat{R}^2\hat{S}_y^2 - 2\hat{R}\hat{S}_{xy}\right) = \frac{N^2}{n(n-1)} \cdot \left[\sum_i^n X_i^2 + \hat{R}^2 \sum_i^n Y_i^2 - 2\hat{R}\sum_i^n X_i Y_i\right]$$

$$\hat{V}(\hat{\bar{X}}_R) = \frac{1}{n}\left(\hat{S}_x^2 + \hat{R}^2\hat{S}_y^2 - 2\hat{R}\hat{S}_{xy}\right) = \frac{1}{n(n-1)} \cdot \left[\sum_i^n X_i^2 + \hat{R}^2 \sum_i^n Y_i^2 - 2\hat{R}\sum_i^n X_i Y_i\right]$$

$$\hat{V}(\hat{P}_R) = \frac{1}{n}\cdot\left(\hat{S}_x^2 + \hat{R}^2\hat{S}_y^2 - 2\hat{R}\hat{S}_{xy}\right) = \frac{1}{n(n-1)} \cdot \left[\sum_i^n A_i^2 + \hat{R}^2 \sum_i^n B_i^2 - 2\hat{R}\sum_i^n A_i B_i\right]$$

$$= \frac{1}{n(n-1)} \cdot \left[\sum_i^n A_i + \hat{R}^2 \sum_i^n B_i - 2\hat{R}\sum_i^n A_i B_i\right] = \frac{1}{n-1}\left(\hat{P}_X + \hat{R}^2 \hat{P}_Y - 2\hat{R}\hat{P}_{xy}\right)$$

$$\hat{V}(\hat{A}_R) = N^2\hat{V}(\hat{P}_R) = N^2 \frac{1}{n} \cdot \left(\hat{S}_x^2 + \hat{R}^2\hat{S}_y^2 - 2\hat{R}\hat{S}_{xy}\right) = N^2 \frac{1}{n-1}\left(\hat{P}_X + \hat{R}^2 \hat{P}_Y - 2\hat{R}\hat{P}_{xy}\right)$$

COMPARACIÓN DE LA ESTIMACIÓN POR RAZÓN Y EL MUESTREO ALEATORIO SIMPLE

A continuación se analizan las condici ones bajo las que la estim ación basada en la razón (*estimador de la media por unidad*) es m ás precisa que la estim ación aleatoria simple (*estimador simple*). Se tiene:

$$V\left(\hat{\bar{X}}_R\right) < V(\hat{\bar{X}}_{as}) \Leftrightarrow \frac{1-f}{n} \cdot \left(S_x^2 + R^2 S_y^2 - 2RS_{xy}\right) < \frac{1-f}{n} \cdot S_x^2 \Leftrightarrow R^2 S_y^2 < 2RS_{xy}$$

$$\Leftrightarrow RS_y^2 < 2 \underbrace{S_{xy}}_{\rho S_X S_Y} \Leftrightarrow \rho > \frac{1}{2}R\frac{S_y^2}{S_X S_Y} \Leftrightarrow \rho > \frac{1}{2}\underset{\frac{X}{Y}}{R}\frac{S_y}{S_X} \Leftrightarrow \rho > \frac{1}{2}\cdot\frac{S_y/Y}{S_X/X} \Leftrightarrow$$

$$\rho > \frac{1}{2}\cdot\frac{\sigma_y/Y}{\sigma_X/X} \Leftrightarrow \rho > \frac{1}{2}\frac{C_y}{C_X}$$

Luego la condición necesaria y suficiente para que el muestreo por razón sea más preciso que el aleatorio sim ple es que el coeficiente de correlación entre la variable auxiliar y la de estudio supere la mitad de la razón entre los coeficientes de variación de dichas variables.

ESTIMACIÓN POR RAZÓN EN MUESTREO ESTRATIFICADO

En el m uestreo estratificado pueden considerarse tam bién estim aciones de la razón. Existen dos técnicas distintas de obt ención de estimadores. La primera de ellas, denominada *estimación simple o separada*, consiste en obtener estim adores de la razón para la característica en estudio dentro de cada estrato y formar posteriormente el estimador estratificado que aglutina las estimaciones en cada estrato mediante el método habitual en muestreo estratificado. La segunda técnica, denom inada *estimación combinada*, c onsiste e n r ealizar e stimaciones p ara l os parámetros poblacionales directamente mediante razones de estimadores estratificados de la variable en estudio y la variable auxiliar. Cada una de estas técnicas tendrá sus pros y sus contras que serán analizados posteriormente.

ESTIMACIÓN SIMPLE O SEPARADA

Estimador simple o separado del total poblacional

Se consideran estim aciones para el to tal basadas en la razón en cada estrato definidas como $\hat{X}_{Rh} = \dfrac{\bar{x}_h}{\bar{y}_h} \cdot Y_h = \hat{R}_h \cdot Y_h$. Como en m uestreo estratificado la estim ación del total se form a sum ando las estim aciones de los totales en cada estrato $(\hat{X}_{st} = \sum_{h=1}^{L} \hat{X}_h)$, podemos definir el estimador simple o separado del total como:

$$\hat{X}_{RS} = \sum_{h}^{L} \hat{X}_{Rh} = \sum_{h}^{L} \hat{R}_h \cdot Y_h$$

Muestreo sin reposición

El valor de la *varianza de este estimador para muestreo sin reposición* será:

$$V(\hat{X}_{RS}) = \sum_{h}^{L} V(\hat{R}_h \cdot Y_h) = \sum_{h}^{L} Y_h^2 \cdot V(\hat{R}_h) = \sum_{h}^{L} \underset{\underset{N_h^2 \bar{Y}_h^2}{\downarrow}}{Y_h^2} \cdot \frac{1-f_h}{\bar{Y}_h^2 n_h} \left(S_{xh}^2 + R_h^2 S_{yh}^2 - 2R_h S_{xyh} \right) =$$

$$\sum_{h}^{L} \frac{N_h^2(1-f_h)}{n_h} \left(S_{xh}^2 + R_h^2 S_{yh}^2 - 2R_h S_{xyh} \right) = \sum_{h}^{L} \frac{N_h^2(1-f_h)}{n_h(N_h-1)} \left(\sum_{i}^{N_h} X_{hi}^2 + R_h^2 \sum_{i}^{N_h} Y_{hi}^2 - 2R_h \sum_{i}^{N_h} X_{hi}Y_{hi} \right)$$

La *estimación de la varianza para muestreo sin reposición* será:

$$\hat{V}(\hat{X}_{RS}) = \sum_{h}^{L} \frac{N_h^2(1-f_h)}{n_h} \left(\hat{S}_{xh}^2 + \hat{R}_h^2 \hat{S}_{yh}^2 - 2\hat{R}_h \hat{S}_{xyh} \right) =$$

$$= \sum_{h}^{L} \frac{N_h^2(1-f_h)}{n_h(n_h-1)} \left(\sum_{i}^{n_h} X_{hi}^2 + \hat{R}_h^2 \sum_{i}^{n_h} Y_{hi}^2 - 2\hat{R}_h \sum_{i}^{n_h} X_{hi}Y_{hi} \right)$$

El valor del *sesgo del estimador simple o separado* es el siguiente:

$$B(\hat{X}_{RS}) = E(\hat{X}_{RS}) - X = E(\sum_{h}^{L} \hat{R}_h Y_h) - \sum_{h}^{L} X_h = \sum_{h}^{L} E(\hat{R}_h) Y_h - \sum_{h}^{L} \frac{X_h}{Y_h} Y_h =$$

$$\sum_{h}^{L} E(\hat{R}_h) Y_h - \sum_{h}^{L} R_h Y_h = \sum_{h}^{L} \underbrace{(E(\hat{R}_h) - R_h)}_{B(\hat{R}_h)} Y_h = \sum_{h}^{L} B(\hat{R}_h) Y_h$$

Se observa que el sesgo total es la suma de los sesgos en cada estrato ponderados por los Y_h. **Para muestreo sin reposición la expresión del sesgo será**:

$$B(\hat{X}_{RS}) = \sum_{h}^{L} Y_h B(\hat{R}_h) = \sum_{h}^{L} Y_h \frac{(1-f_h)}{n_h \underbrace{\bar{Y}_h^2}_{Y_h^2/N_h^2}} \left(R_h S_{Yh}^2 - S_{XYh} \right) = \sum_{h}^{L} \frac{N_h^2 (1-f_h)}{n_h Y_h} \left(R_h S_{Yh}^2 - S_{XYh} \right)$$

que **puede estimarse como**: $\hat{B}(\hat{X}_{RS}) = \sum_{h}^{L} \frac{N_h^2 (1-f_h)}{n_h Y_h} \left(\hat{R}_h \hat{S}_{Yh}^2 - \hat{S}_{XYh} \right)$

Muestreo con reposición

El valor de la *varianza del estimador separado del total para muestreo con reposición* será:

$$V(\hat{X}_{RS}) = \sum_{h}^{L} V(\hat{R}_h \cdot Y_h) = \sum_{h}^{L} Y_h^2 V(\hat{R}_h) = \sum_{h}^{L} \underbrace{Y_h^2}_{N_h^2 \bar{Y}_h^2} \cdot \frac{1}{\bar{Y}_h^2 n_h} \left(\sigma_{xh}^2 + R_h^2 \sigma_{yh}^2 - 2R_h \sigma_{xyh} \right) =$$

$$\sum_{h}^{L} \frac{N_h^2}{n_h} \left(\sigma_{xh}^2 + R_h^2 \sigma_{yh}^2 - 2R_h \sigma_{xyh} \right) = \sum_{h}^{L} \frac{N_h^2}{n_h N_h} \left(\sum_{i}^{N_h} X_{hi}^2 + R_h^2 \sum_{i}^{N_h} Y_{hi}^2 - 2R_h \sum_{i}^{N_h} X_{hi} Y_{hi} \right)$$

La *estimación de la varianza para muestreo con reposición* será:

$$\hat{V}(\hat{X}_{RS}) = \sum_{h}^{L} \frac{N_h^2}{n_h} \left(\hat{S}_{xh}^2 + \hat{R}_h^2 \hat{S}_{yh}^2 - 2\hat{R}_h \hat{S}_{xyh} \right) = \sum_{h}^{L} \frac{N_h^2}{n_h (n_h - 1)} \left(\sum_{i}^{n_h} X_{hi}^2 + \hat{R}_h^2 \sum_{i}^{n_h} Y_{hi}^2 - 2\hat{R}_h \sum_{i}^{n_h} X_{hi} Y_{hi} \right)$$

Para muestreo con reposición la expresión del sesgo será:

$$B(\hat{X}_{RS}) = \sum_{h}^{L} Y_h B(\hat{R}_h) = \sum_{h}^{L} Y_h \frac{1}{n_h \underbrace{\bar{Y}_h^2}_{Y_h^2/N_h^2}} \left(R_h \sigma_{Yh}^2 - \sigma_{XYh} \right) = \sum_{h}^{L} \frac{N_h^2}{n_h Y_h} \left(R_h \sigma_{Yh}^2 - \sigma_{XYh} \right)$$

que **puede estimarse como**:

$$\hat{B}(\hat{X}_{RS}) = \sum_{h}^{L} \frac{N_h^2}{n_h Y_h} \left(\hat{R}_h \hat{S}_{Yh}^2 - \hat{S}_{XYh} \right)$$

Estimador simple o separado de la media poblacional

Se consideran estimaciones para la media basadas en la razón en cada estrato definidas como $\hat{\bar{X}}_{Rh} = \dfrac{\bar{x}_h}{\bar{y}_h} \cdot \bar{Y}_h = \hat{R}_h \cdot \bar{Y}_h$. Como en muestreo estratificado la estimación del total se forma sumando las estimaciones de las medias en cada estrato ponderadas por los $W_h = N_h/N$ ($\hat{\bar{X}}st = \sum\limits_{h=1}^{L} W_h \hat{\bar{X}}_h$), podemos definir el estimador simple o separado de la media como:

$$\hat{\bar{X}}_{RS} = \sum_{h}^{L} W_h \hat{\bar{X}}_{Rh} = \sum_{h}^{L} W_h \hat{R}_h \cdot \bar{Y}_h$$

Este estimador para la media puede expresarse como:

$$\hat{\bar{X}}_{RS} = \sum_{h}^{L} W_h \hat{\bar{X}}_{Rh} = \sum_{h}^{L} W_h \hat{R}_h \cdot \bar{Y}_h = \sum_{h}^{L} \frac{N_h}{N} \hat{R}_h \cdot \frac{Y_h}{N_h} = \frac{1}{N} \sum_{h}^{L} \hat{R}_h Y_h = \frac{\hat{X}_{RS}}{N}$$

Luego todas las fórmulas para el estimador de la media pueden obtenerse a partir de las fórmulas correspondientes ya vistas para el estimador del total.

Muestreo sin reposición

El valor de la **varianza de este estimador para muestreo sin reposición** será:

$$V(\hat{\bar{X}}_{RS}) = \frac{1}{N^2} V(\hat{X}_{RS}) = \sum_{h}^{L} \underbrace{\left(\frac{N_h^2}{N^2}\right)}_{W_h^2} \frac{(1-f_h)}{n_h} \left(S_{xh}^2 + R_h^2 S_{yh}^2 - 2R_h S_{xyh}\right) =$$

$$\sum_{h}^{L} \frac{W_h^2(1-f_h)}{n_h(N_h-1)} \left(\sum_{i}^{N_h} X_{hi}^2 + R_h^2 \sum_{i}^{N_h} Y_{hi}^2 - 2R_h \sum_{i}^{N_h} X_{hi} Y_{hi}\right)$$

La   **estimación de la varianza para muestreo sin reposición** será:

$$\hat{V}(\hat{\bar{X}}_{RS}) = \sum_{h}^{L} \frac{W_h^2(1-f_h)}{n_h} \left(\hat{S}_{xh}^2 + \hat{R}_h^2 \hat{S}_{yh}^2 - 2\hat{R}_h \hat{S}_{xyh}\right) =$$

$$= \sum_{h}^{L} \frac{W_h^2(1-f_h)}{n_h(n_h-1)} \left(\sum_{i}^{n_h} X_{hi}^2 + \hat{R}_h^2 \sum_{i}^{n_h} Y_{hi}^2 - 2\hat{R}_h \sum_{i}^{n_h} X_{hi} Y_{hi}\right)$$

El valor del **sesgo del estimador simple o separado** es el siguiente:

$$B(\hat{\bar{X}}_{RS}) = E(\hat{\bar{X}}_{RS}) - \bar{X} = E(\frac{\hat{X}_{RS}}{N}) - \frac{X}{N} = \frac{1}{N}(E(\hat{X}_{RS}) - X) = \frac{1}{N} B(\hat{X}_{RS}) = \sum_{h}^{L} B(\hat{R}_h)\frac{Y_h}{N}$$

Se observa que **el sesgo total es la suma de los sesgos en cada estrato** ponderados por los Y_h/N. **Para muestreo sin reposición la expresión del sesgo será**:

$$B(\hat{\bar{X}}_{RS}) = \frac{1}{N}B(\hat{X}_{RS}) = \sum_h^L \frac{N_h^2(1-f_h)}{Nn_hY_h}\left(R_hS_{Yh}^2 - S_{XYh}\right) = \sum_h^L \frac{W_h(1-f_h)}{n_h\bar{Y}_h}\left(R_hS_{Yh}^2 - S_{XYh}\right)$$

que **puede estimarse como**: $\hat{B}(\hat{\bar{X}}_{RS}) = \sum_h^L \frac{W_h(1-f_h)}{n_h\bar{Y}_h}\left(\hat{R}_h\hat{S}_{Yh}^2 - \hat{S}_{XYh}\right)$

Muestreo con reposición

El valor de la **varianza del estimador separado de la media para muestreo con reposición** será:

$$V(\hat{\bar{X}}_{RS}) = \frac{1}{N^2}V(\hat{X}_{RS}) = \sum_h^L \underbrace{\left(\frac{N_h^2}{N^2}\right)}_{W_h^2}\frac{1}{n_h}\left(\sigma_{xh}^2 + R_h^2\sigma_{yh}^2 - 2R_h\sigma_{xyh}\right) =$$

$$\sum_h^L \frac{W_h^2}{n_hN_h}\left(\sum_i^{N_h}X_{hi}^2 + R_h^2\sum_i^{N_h}Y_{hi}^2 - 2R_h\sum_i^{N_h}X_{hi}Y_{hi}\right)$$

La   **estimación de la varianza para muestreo con reposición** será:

$$\hat{V}(\hat{\bar{X}}_{RS}) = \sum_h^L \frac{W_h^2}{n_h}\left(\hat{S}_{xh}^2 + \hat{R}_h^2\hat{S}_{yh}^2 - 2\hat{R}_h\hat{S}_{xyh}\right) = \sum_h^L \frac{W_h^2}{n_h(n_h-1)}\left(\sum_i^{n_h}X_{hi}^2 + \hat{R}_h^2\sum_i^{n_h}Y_{hi}^2 - 2\hat{R}_h\sum_i^{n_h}X_{hi}Y_{hi}\right)$$

Para muestreo con reposición la expresión del sesgo será:

$$B(\hat{\bar{X}}_{RS}) = \frac{1}{N}B(\hat{X}_{RS}) = \sum_h^L \frac{N_h^2}{Nn_hY_h}\left(R_h\sigma_{Yh}^2 - \sigma_{XYh}\right) = \sum_h^L \frac{W_h}{n_h\bar{Y}_h}\left(R_h\sigma_{Yh}^2 - \sigma_{XYh}\right)$$

que **puede estimarse como**: $\hat{B}(\hat{\bar{X}}_{RS}) = \sum_h^L \frac{W_h}{n_h\bar{Y}_h}\left(\hat{R}_h\hat{S}_{Yh}^2 - \hat{S}_{XYh}\right)$

El método de estimación estratificada por razón simple o separada presenta como **principal ventaja** la obtención de estim aciones separadas por estratos, lo   que permite ofrecer información de la población al subnivel de estratos.

El   **principal inconveniente** de este m étodo es la acum ulación de los sesgos de las estimaciones en los estratos para el cálculo del sesgo total.

En la práctica suele utilizarse este método cuando los estratos   son de tamaño elevado (habrá pocos estratos en   la población, lo   que implica pocos sumandos en la acum ulación de sesgos). Tam bién suele utilizarse cuando los R_h tienden a ser muy distintos.

ESTIMADOR COMBINADO

Estimador combinado del total poblacional

Se considera inicialm ente la r azón de los estim adores estratificados $\hat{R}_C = \dfrac{\overline{x}_{st}}{\overline{y}_{st}} = \dfrac{\hat{\overline{X}}_{st}}{\hat{\overline{Y}}_{st}}$, y se form a el estim ador del total $\hat{X}_{RC} = \hat{R}_C \cdot Y$ (ya que el estim ador del total basado en la razón es $\hat{X} = \hat{R} \cdot Y$).

Muestreo sin reposición

El valor de la ***varianza de este estimador para muestreo sin reposición*** será:

$$V(\hat{X}_{RC}) = V(\hat{R}_C \cdot Y) = Y^2 \cdot V(\hat{R}_C) = \underbrace{Y^2 \cdot \frac{1}{\overline{Y}^2}}_{N^2 \overline{Y}^2} (\underbrace{V(\overline{x}_{st})}_{\sum\limits_{h}^{L} W_h^2(1-f_h)\frac{S_{Xh}^2}{n_h}} + R^2 \underbrace{V(\overline{y}_{st})}_{\sum\limits_{h}^{L} W_h^2(1-f_h)\frac{S_{Yh}^2}{n_h}} - 2R \underbrace{Cov(\overline{x}_{st},\overline{y}_{st}))}_{\sum\limits_{h}^{L} W_h^2(1-f_h)\frac{S_{XYh}}{n_h}}$$

$$N^2 \sum_{h}^{L} \frac{W_h^2(1-f_h)}{n_h}\left(S_{xh}^2 + R^2 S_{yh}^2 - 2R\, S_{xyh}\right) = N^2 \sum_{h}^{L} \frac{W_h^2(1-f_h)}{n_h(N_h-1)}\left(\sum_{i}^{N_h} X_{hi}^2 + R^2 \sum_{i}^{N_h} Y_{hi}^2 - 2R\sum_{i}^{N_h} X_{hi}Y_{hi}\right)$$

En el cálculo de esta varianza se ha aplicado la fórm ula general de la varianza del estimador de la razón ya estudiada anteriormente.

La ***estimación de la varianza para muestreo sin reposición*** será:

$$\hat{V}(\hat{X}_{RC}) = N^2 \sum_{h}^{L} \frac{W_h^2(1-f_h)}{n_h}\left(\hat{S}_{xh}^2 + \hat{R}^2\hat{S}_{yh}^2 - 2\hat{R}\,\hat{S}_{xyh}\right) = N^2 \sum_{h}^{L} \frac{W_h^2(1-f_h)}{n_h(n_h-1)}\left(\sum_{i}^{n_h} X_{hi}^2 + R^2 \sum_{i}^{n_h} Y_{hi}^2 - 2R\sum_{i}^{n_h} X_{hi}Y_{hi}\right)$$

El valor del ***sesgo del estimador combinado para el total*** es el siguiente:

$$B(\hat{X}_{RC}) = E(\hat{X}_{RC}) - X = E(\hat{R}_C Y) - \frac{X}{Y}Y = E(\hat{R}_C)Y - RY = \left(E(\hat{R}_C) - R\right)Y = B(\hat{R}_C)Y$$

Se observa que para el sesgo total no se acum ulan los sesgos en cada estrato. ***Para muestreo sin reposición la expresión del sesgo será***:

$$B(\hat{X}_{RC}) = B(\hat{R}_C)Y = \frac{R\overbrace{V(\overline{y}_{st})}^{\sum\limits_{h}^{L} W_h^2(1-f_h)\frac{S_{Yh}^2}{n_h}} - \overbrace{Cov(\overline{x}_{st},\overline{y}_{st})}^{\sum\limits_{h}^{L} W_h^2(1-f_h)\frac{S_{XYh}}{n_h}}}{\underbrace{\overline{Y}^2}_{Y^2/N^2}} \cdot Y = N^2 \sum_{h}^{L} \frac{W_h^2(1-f_h)}{n_h Y}(RS_{Yh}^2 - S_{XYh})$$

que ***puede estimarse como***:

$$\hat{B}(\hat{X}_{RC}) = N^2 \sum_{h}^{L} \frac{W_h^2(1-f_h)}{n_h \overline{Y}}\left(\hat{R}\hat{S}_{Yh}^2 - \hat{S}_{XYh}\right)$$

Muestreo con reposición

El valor de la **varianza del estimador combinado del total para muestreo con reposición** será:

$$V(\hat{X}_{RC}) = V(\hat{R}_C \cdot Y) = Y^2 \cdot V(\hat{R}_C) = \underbrace{Y^2 \cdot \frac{1}{\overline{Y}^2}}_{N^2 \overline{Y}^2} (\underbrace{V(\overline{x}_{st})}_{\sum_h^L W_h^2 \frac{\sigma_{Xh}^2}{n_h}} + R^2 \underbrace{V(\overline{y}_{st})}_{\sum_h^L W_h^2 \frac{\sigma_{Yh}^2}{n_h}} - 2R \underbrace{Cov(\overline{x}_{st}, \overline{y}_{st})}_{\sum_h^L W_h^2 \frac{\sigma_{XYh}}{n_h}})$$

$$N^2 \sum_h^L \frac{W_h^2}{n_h} \left(\sigma_{xh}^2 + R^2 \sigma_{yh}^2 - 2R \ \sigma_{xyh}\right) = N^2 \sum_h^L \frac{W_h^2}{n_h N_h} \left(\sum_i^{N_h} X_{hi}^2 + R^2 \sum_i^{N_h} Y_{hi}^2 - 2R \sum_i^{N_h} X_{hi} Y_{hi}\right)$$

La **estimación de la varianza para muestreo con reposición** será:

$$\hat{V}(\hat{X}_{RC}) = N^2 \sum_h^L \frac{W_h^2}{n_h} \left(\hat{S}_{xh}^2 + \hat{R}^2 \hat{S}_{yh}^2 - 2\hat{R}\hat{S}_{xyh}\right) = N^2 \sum_h^L \frac{W_h^2}{n_h(n_h - 1)} \left(\sum_i^{n_h} X_{hi}^2 + \hat{R}^2 \sum_i^{n_h} Y_{hi}^2 - 2\hat{R}\sum_i^{n_h} X_{hi} Y_{hi}\right)$$

Para muestreo con reposición la expresión del sesgo será:

$$B(\hat{X}_{RC}) = B(\hat{R}_C)Y = \frac{R\overbrace{V(\overline{y}_{st})}^{\sum_h^L W_h^2 \frac{\sigma_{Yh}^2}{n_h}} - \overbrace{Cov(\overline{x}_{st}, \overline{y}_{st})}^{\sum_h^L W_h^2 \frac{\sigma_{XYh}}{n_h}}}{\underbrace{\overline{Y}^2}_{Y^2/N^2}} \cdot Y = N^2 \sum_h^L \frac{W_h^2}{n_h Y} (R\sigma_{Yh}^2 - \sigma_{XYh})$$

que **puede estimarse como**:

$$\hat{B}(\hat{X}_{RC}) = N^2 \sum_h^L \frac{W_h^2}{n_h Y} \left(\hat{R}\hat{S}_{Yh}^2 - \hat{S}_{XYh}\right)$$

Estimador combinado de la media poblacional

Se considera inicialmente la razón de los estimadores estratificados $\hat{R}_C = \frac{\overline{x}_{st}}{\overline{y}_{st}} = \frac{\hat{\overline{X}}_{st}}{\hat{\overline{Y}}_{st}}$, y se forma el estimador de la media $\hat{\overline{X}}_{RC} = \hat{R}_C \cdot \overline{Y}$ (ya que el estimador del total basado en la razón es $\hat{\overline{X}} = \hat{R} \cdot \overline{Y}$).

Muestreo sin reposición

El valor de la **varianza de este estimador para muestreo sin reposición** será:

$$V(\hat{\overline{X}}_{RC}) = V(\hat{R}_C \cdot \overline{Y}) = \overline{Y}^2 \cdot V(\hat{R}_C) = \overline{Y}^2 \cdot \frac{1}{\overline{Y}^2} (\underbrace{V(\overline{x}_{st})}_{\sum_h^L W_h^2(1-f_h)\frac{S_{Xh}^2}{n_h}} + R^2 \underbrace{V(\overline{y}_{st})}_{\sum_h^L W_h^2(1-f_h)\frac{S_{Yh}^2}{n_h}} - 2R\underbrace{Cov(\overline{x}_{st}, \overline{y}_{st})}_{\sum_h^L W_h^2(1-f_h)\frac{S_{XYh}}{n_h}})$$

$$\sum_h^L \frac{W_h^2(1-f_h)}{n_h} \left(S_{xh}^2 + R^2 S_{yh}^2 - 2R \ S_{xyh}\right) = \sum_h^L \frac{W_h^2(1-f_h)}{n_h(N_h-1)} \left(\sum_i^{N_h} X_{hi}^2 + R^2 \sum_i^{N_h} Y_{hi}^2 - 2R\sum_i^{N_h} X_{hi} Y_{hi}\right)$$

En el cálculo de esta varianza se ha aplicado la fórm   ula general de la varianza del estimador de la razón ya estudiada anteriormente.

La   *estimación de la varianza para muestreo sin reposición* será:

$$\hat{V}(\hat{\bar{X}}_{RC}) = \sum_h^L \frac{W_h^2(1-f_h)}{n_h}\left(\hat{S}_{xh}^2 + \hat{R}^2\hat{S}_{yh}^2 - 2\hat{R}\,\hat{S}_{xyh}\right) = \sum_h^L \frac{W_h^2(1-f_h)}{n_h(n_h-1)}\left(\sum_i^{n_h}X_{hi}^2 + R^2\sum_i^{n_h}Y_{hi}^2 - 2R\sum_i^{n_h}X_{hi}Y_{hi}\right)$$

El valor del *sesgo del estimador combinado para la media* es el siguiente:

$$B(\hat{\bar{X}}_{RC}) = E(\hat{\bar{X}}_{RC}) - \bar{X} = E(\hat{R}_C\bar{Y}) - \frac{\bar{X}}{\bar{Y}}\bar{Y} = E(\hat{R}_C)\bar{Y} - R\bar{Y} = \left(E(\hat{R}_C) - R\right)\bar{Y} = B(\hat{R}_C)\bar{Y}$$

Se observa que para el sesgo total no se acum ulan los sesgos en cada estrato. *Para muestreo sin reposición la expresión del sesgo será*:

$$B(\hat{\bar{X}}_{RC}) = B(\hat{R}_C)\bar{Y} = \frac{R\,\overbrace{V(\bar{y}_{st})}^{\sum_h^L W_h^2(1-f_h)\frac{S_{Yh}^2}{n_h}} - \overbrace{Cov(\bar{x}_{st},\bar{y}_{st})}^{\sum_h^L W_h^2(1-f_h)\frac{S_{XYh}}{n_h}}}{\bar{Y}^2}\cdot\bar{Y} = \sum_h^L \frac{W_h^2(1-f_h)}{n_h\bar{Y}}(RS_{Yh}^2 - S_{XYh})$$

que *puede estimarse como*:

$$\hat{B}(\hat{\bar{X}}_{RC}) = \sum_h^L \frac{W_h^2(1-f_h)}{n_h Y}\left(\hat{R}\hat{S}_{Yh}^2 - \hat{S}_{XYh}\right)$$

Muestreo con reposición

El valor de la *varianza del estimador combinado de la media para muestreo con reposición* será:

$$V(\hat{\bar{X}}_{RC}) = V(\hat{R}_C\cdot\bar{Y}) = \bar{Y}^2\cdot V(\hat{R}_C) = \bar{Y}^2\cdot\frac{1}{\bar{Y}^2}(\underbrace{V(\bar{x}_{st})}_{\sum_h^L W_h^2\frac{\sigma_{Xh}^2}{n_h}} + R^2\underbrace{V(\bar{y}_{st})}_{\sum_h^L W_h^2\frac{\sigma_{Yh}^2}{n_h}} - 2R\underbrace{Cov(\bar{x}_{st},\bar{y}_{st})}_{\sum_h^L W_h^2\frac{\sigma_{XYh}}{n_h}})$$

$$\sum_h^L \frac{W_h^2}{n_h}\left(\sigma_{xh}^2 + R^2\sigma_{yh}^2 - 2R\,\sigma_{xyh}\right) = \sum_h^L \frac{W_h^2}{n_h N_h}\left(\sum_i^{N_h}X_{hi}^2 + R^2\sum_i^{N_h}Y_{hi}^2 - 2R\sum_i^{N_h}X_{hi}Y_{hi}\right)$$

La   *estimación de la varianza para muestreo con reposición* será:

$$\hat{V}(\hat{\bar{X}}_{RC}) = \sum_h^L \frac{W_h^2}{n_h}\left(\hat{S}_{xh}^2 + \hat{R}^2\hat{S}_{yh}^2 - 2\hat{R}\hat{S}_{xyh}\right) = \sum_h^L \frac{W_h^2}{n_h(n_h-1)}\left(\sum_i^{n_h}X_{hi}^2 + \hat{R}^2\sum_i^{n_h}Y_{hi}^2 - 2\hat{R}\sum_i^{n_h}X_{hi}Y_{hi}\right)$$

Para muestreo con reposición la expresión del sesgo será:

$$B(\hat{\bar{X}}_{RC}) = B(\hat{R}_C)\bar{Y} = \frac{\overbrace{R\hat{V}(\bar{y}_{st})}^{\sum_h^L W_h^2 \frac{\sigma_{Yh}^2}{n_h}} - \overbrace{Cov(\bar{x}_{st}, \bar{y}_{st})}^{\sum_h^L W_h^2 \frac{\sigma_{XYh}}{n_h}}}{\bar{Y}^2} \cdot \bar{Y} = \sum_h^L \frac{W_h^2}{n_h \bar{Y}}(R\sigma_{Yh}^2 - \sigma_{XYh})$$

que *puede estimarse como*:

$$\hat{B}(\hat{\bar{X}}_{RC}) = \sum_h^L \frac{W_h^2}{n_h \bar{\bar{Y}}}\left(\hat{R}\hat{S}_{Yh}^2 - \hat{S}_{XYh}\right)$$

El método de estimación estratificada por razón com binada presenta com o **principal ventaja** la no acumulación de los sesgos de las estim aciones en los estratos para el cálculo del sesgo total, lo que re duce el sesgo del estimador final respecto de la estimación separada.

El **principal inconveniente** de este método es la im posibilidad de obtención de estimaciones separadas por estratos, lo que no permite disponer de información de la población al subnivel de estratos.

En la práctica suele utilizarse este método cuando los estratos son de tam año pequeño (habrá m uchos estratos en la población, lo que im plica dem asiado sesgo por estimación separada). En general suele utilizarse siem pre que la estimación separada presenta demasiado sesgo. También suele utilizarse cuando los R_h tienden a ser constantes.

ESTIMACIÓN POR REGRESIÓN

Otro m étodo indirecto de estim ación lo constituy e la estim ación por regresión. Se utiliza para aum entar la precisión de las estim aciones sobre una variable X m ediante el uso de una variab le auxiliar Y correlacionada con X en el caso más general de que la recta de regresión no pase por el origen (cuando la recta de regresión pasaba por el origen se utilizaba la estimación por razón.

Considerando los pares de valores (X_i , Y_i) con $i = 1,2,.... N$ donde Y_i es una variable auxiliar correlacionada con la X_i, la recta de regresión de X sobre Y se puede escribir de la forma:

$$X_i - \bar{X} = B(Y_i - \bar{Y}) \Rightarrow \bar{X} = X_i - B(Y_i - \bar{Y}) = X_i + B(\bar{Y} - Y_i)$$

A partir de esta expresión para la m edia poblacional es lógico tom ar com o estimador de regresión para la media el estimador:

$$\bar{x}_{rg} = \bar{x} + b_o\left(\bar{Y} - \bar{y}\right)$$

El estimador para el total sería:

$$\hat{X}_{rg} = N\bar{x}_{rg}$$

Los estimadores para la proporción y el total de clase serían:

$$\hat{P}_{rg} = \hat{P}_X + b_o\left(P_Y - \hat{P}_Y\right) \quad \hat{A}_{rg} = N\hat{P}_{rg}$$

CASOS PARTICULARES DEL ESTIMADOR DE REGRESIÓN

A partir del estimador de regresión se pueden obtener como o casos particulares el estimador simple, el estimador por razón y el estimador por diferencia (que será estudiado posteriormente). Veamos:

$$\bar{x}_{rg} = \bar{x} + b_o\left(\bar{Y} - \bar{y}\right) \Rightarrow \begin{cases} b_o = 0 \, \bar{x}_{rg} = \bar{x} \, (estimador \, simple) \\ b_o = \dfrac{\bar{x}}{\bar{y}} \Rightarrow \bar{x}_{rg} = \bar{x} + \dfrac{\bar{x}}{\bar{y}}\left(\bar{Y} - \bar{y}\right) = \bar{x} + \dfrac{\bar{x}}{\bar{y}}\bar{Y} - \dfrac{\bar{x}}{\bar{y}}\bar{y} = \dfrac{\bar{x}}{\bar{y}}\bar{Y} = \hat{\bar{X}}_R \, (razón) \\ b_o = 1 \, \bar{x}_{rg} = \left(\bar{x} - \bar{y}\right) + \bar{Y} \, (estimador \, por \, diferencia) \end{cases}$$

SESGO DEL ESTIMADOR DE REGRESIÓN

El estimador de regresión es en general sesgado. Vamos a calcular el valor exacto de su sesgo. Tenemos:

$$E\left(\bar{x}_{rg}\right) = E(\bar{x} + b_o(\bar{Y} - \bar{y})) = E(\bar{x}) + \bar{Y}E(b_o) - E(b_o\bar{y}) = E(\bar{x}) + \underbrace{E(\bar{y})E(b_o) - E(b_o\bar{y})}_{-\text{cov}(b_o,\bar{y})}$$

$$= \bar{X} - \text{cov}(b_o, \bar{y}) \Rightarrow \underbrace{E\left(\bar{x}_{rg}\right) - \bar{X}}_{B(\bar{x}_{rg})} = -\text{cov}(b_o, \bar{y}) \Rightarrow B\left(\bar{x}_{rg}\right) = -\text{cov}(b_o, \bar{y})$$

Casos en que el estimador de regresión es insesgado

a) La relación entre X e Y es lineal

Supongamos que los puntos (X_i, Y_i) con $i=1,2,....N$ donde Y_i representa la variable auxiliar correlacionada con la variable en estudio X_i estuviesen situados sobre una línea recta que no pasa por el origen de ecuación $X_i = a + b Y_i$. Se tiene:

$$\left. \begin{array}{l} \dfrac{1}{n}\sum_i^n X_i = a + b\dfrac{1}{n}\sum_i^n Y_i \Rightarrow \bar{x} = a + b\bar{y} \\[3mm] \dfrac{1}{N}\sum_i^N X_i = a + b\dfrac{1}{N}\sum_i^N Y_i \Rightarrow \bar{X} = a + b\bar{Y} \end{array} \right\} \Rightarrow \bar{x} - \bar{X} = b\left(\bar{y} - \bar{Y}\right) \Rightarrow \bar{X} = \bar{x} + b\left(\bar{Y} - \bar{y}\right)$$

$$\Rightarrow \hat{\bar{X}}_{rg} = \bar{x}_{rg} = \bar{x} + b\left(\bar{Y} - \bar{y}\right) = \bar{X} \Rightarrow E(\bar{x}_{rg}) = \bar{X} \Rightarrow \bar{x}_{rg} \, es \, insesgado \, para \, \bar{X}$$

a) $b = b_o$ = constante

Si $\quad b_0$ es una constante, el estimador de regersión es insesgado, ya que:

$$E(\overline{x}_{rg}) = E(\overline{x} + b_o(\overline{Y} - \overline{y})) = E(\overline{x}) + \overline{Y}E(b_o) - E(b_o\overline{y}) = E(\overline{x}) + E(\overline{y})b_o - b_o E(\overline{y}) = \overline{X}$$

VARIANZA DEL ESTIMADOR DE REGRESIÓN Y ESTIMACIÓN DE VARIANZAS (b_0 Cte.)

Si $\quad b_o$ es una constante, el estimador de regresión es insesgado y su varianza viene dada por la expresión:

$$V(\overline{x}_{rg}) = V(\overline{x} + b_o(\overline{Y} - \overline{y})) = V(\overline{x}) + b_o^2 V(\overline{Y} - \overline{y}) = V(\overline{x}) + b_o^2 V(\overline{y}) - 2b_o \operatorname{cov}(\overline{x}, \overline{y})$$

Muestreo sin reposición

Para muestreo sin reposición la varianza del estimador de regresión para la media será:

$$V(\overline{x}_{rg}) = V(\overline{x}) + b_o^2 V(\overline{y}) - 2b_o \operatorname{cov}(\overline{x}, \overline{y}) = \frac{1-f}{n} \cdot \left(S_x^2 + b_o^2 S_y^2 - 2b_o S_{xy}\right)$$

siendo el estimador insesgado para esta varianza:

$$\hat{V}(\overline{x}_{rg}) = \frac{1-f}{n} \cdot \left(\hat{S}_x^2 + b_o^2 \hat{S}_y^2 - 2b_o \hat{S}_{xy}\right)$$

Para el estimador del total se tiene:

$$V(\hat{X}_{rg}) = N^2 V(\overline{x}_{rg}) = \frac{N^2(1-f)}{n} \cdot \left(S_x^2 + b_o^2 S_y^2 - 2b_o S_{xy}\right)$$

$$\hat{V}(\hat{X}_{rg}) = \frac{N^2(1-f)}{n} \cdot \left(\hat{S}_x^2 + b_o^2 \hat{S}_y^2 - 2b_o \hat{S}_{xy}\right)$$

Muestreo con reposición

Para muestreo con reposición la varianza del estimador de regresión para la media será:

$$V(\overline{x}_{rg}) = V(\overline{x}) + b_o^2 V(\overline{y}) - 2b_o \operatorname{cov}(\overline{x}, \overline{y}) = \frac{1}{n} \cdot \left(\sigma_x^2 + b_o^2 \sigma_y^2 - 2b_o \sigma_{xy}\right)$$

siendo el estimador insesgado para esta varianza:

$$\hat{V}\left(\overline{x}_{rg}\right) = \frac{1}{n} \cdot \left(\hat{S}_x^2 + b_o^2 \hat{S}_y^2 - 2b_o \hat{S}_{xy}\right)$$

Para el estimador del total se tiene:

$$V\left(\hat{X}_{rg}\right) = N^2 V(\overline{x}_{rg}) = \frac{N^2}{n} \cdot \left(\sigma_x^2 + b_o^2 \sigma_y^2 - 2b_o \sigma_{xy}\right)$$

$$\hat{V}\left(\hat{X}_{rg}\right) = \frac{N^2}{n} \cdot \left(\hat{S}_x^2 + b_o^2 \hat{S}_y^2 - 2b_o \hat{S}_{xy}\right)$$

VARIANZA MÍNIMA DEL ESTIMADOR DE REGRESIÓN (b_0 Cte.)

Se trata de determinar el valor de la constante b_o que haga mínima la función $V\left(\overline{x}_{rg}\right) = \varnothing(b_o)$.

Muestreo sin reposición

$$\varnothing(b_0) = V\left(\overline{x}_{rg}\right) = \frac{1-f}{n} \cdot \left(S_x^2 + b_o^2 S_y^2 - 2b_o S_{xy}\right)$$

Derivando respecto de b_o e igualando a cero tenemos:

$$\varnothing'(b_o) = \frac{1-f}{n}\left(2b_o S_y^2 - 2S_{xy}\right) = 0 \Rightarrow b_o = \frac{S_{xy}}{S_y^2} = \beta$$

El valor de la constante b_o que optimiza la varianza resulta ser la pendiente de la recta de regresión de X sobre Y. Para ver que efectivamente se trata de un mínimo comprobamos que la segunda derivada en b_o es positiva. Se tiene:

$$\varnothing''(b_o) = \frac{1-f}{n} \cdot 2 \cdot S_y^2 \geq 0$$

El valor de la varianza mínima será:

$$V_{\min}\left(\overline{x}_{rg}\right) = \frac{(1-f)}{n} \cdot \left[S_x^2 + \frac{S_{xy}^2}{S_y^2 S_y^2} \cdot S_y^2 - 2\frac{S_{xy}^2}{S_y^2}\right] = \frac{(1-f)}{n} \cdot \left[S_x^2 - \frac{S_{xy}^2}{S_y^2}\right] =$$

$$\frac{(1-f)}{n} \cdot \left[S_x^2 - \frac{\rho^2 S_x^2 S_y^2}{S_y^2}\right] = \frac{(1-f)}{n} \cdot S_x^2\left(1-\rho^2\right)$$

Una estimación insesgada de esta varianza mínima será:

$$\hat{V}_{\min}(\overline{x}_{rg}) = \frac{(1-f)}{n} \cdot \hat{S}_x^2 \left(1 - \hat{\rho}^2\right)$$

Para el estimador del total tenemos:

$$V_{\min}(\hat{X}_{rg}) = V_{\min}(N\overline{x}_{rg}) = N^2 V_{\min}(\overline{x}_{rg}) = \frac{N^2(1-f)}{n} S_x^2 \left(1 - \rho^2\right)$$

$$\hat{V}_{\min}(\overline{x}_{rg}) = \frac{N^2(1-f)}{n} \cdot \hat{S}_x^2 \left(1 - \hat{\rho}^2\right)$$

Muestreo con reposición

$$\varnothing(b_0) = V\left(\overline{x}_{rg}\right) = \frac{1}{n} \cdot \left(\sigma_x^2 + \sigma_o^2 S_y^2 - 2b_o \sigma_{xy}\right)$$

Derivando respecto de b_o e igualando a cero tenemos:

$$\varnothing'(b_o) = \frac{1}{n}\left(2b_o \sigma_y^2 - 2\sigma_{xy}\right) = 0 \Rightarrow b_o = \frac{\sigma_{xy}}{\sigma_y^2} = \frac{S_{xy}}{S_y^2} = \beta$$

El valor de la constante b_o que optimiza la varianza resulta ser la pendiente de la recta de regresión de X sobre Y. Para ver que efectivamente se trata de un mínimo comprobamos que la segunda derivada en b_o es positiva. Se tiene:

$$\varnothing''(b_o) = \frac{1}{n} \cdot 2 \cdot \sigma_y^2 \geq 0$$

El valor de la varianza mínima será:

$$V_{\min}\left(\overline{x}_{rg}\right) = \frac{1}{n}\left[\sigma_x^2 + \frac{\sigma_{xy}^2}{\sigma_y^2 \sigma_y^2}\sigma_y^2 - 2\frac{\sigma_{xy}^2}{\sigma_y^2}\right] = \frac{1}{n}\left[\sigma_x^2 - \frac{\sigma_{xy}^2}{\sigma_y^2}\right] = \frac{1}{n}\left[\sigma_x^2 - \frac{\rho^2 \sigma_x^2 \sigma_y^2}{\sigma_y^2}\right] = \frac{1}{n}\sigma_x^2 \left(1 - \rho^2\right)$$

Una estimación insesgada de esta varianza mínima será:

$$\hat{V}_{\min}(\overline{x}_{rg}) = \frac{1}{n} \cdot \hat{S}_x^2 \left(1 - \hat{\rho}^2\right)$$

Para el estimador del total tenemos:

$$V_{\min}(\hat{X}_{rg}) = V_{\min}(N\overline{x}_{rg}) = N^2 V_{\min}(\overline{x}_{rg}) = \frac{N^2}{n}\sigma_x^2 \left(1 - \rho^2\right)$$

$$\hat{V}_{\min}(\hat{X}_{rg}) = \frac{N^2}{n} \cdot \hat{S}_x^2 \left(1 - \hat{\rho}^2\right)$$

Hasta aquí hemos considerado el caso en que b_0 es constante. Sin em bargo, cuando se desconoce b_0 o es variable, suelen utilizarse los resultados anteriores, estimando b_0 mediante la expresión:

$$\hat{b}_0 = \hat{\beta} = \frac{\hat{S}_{XY}}{\hat{S}_Y^2} = \frac{\sum_i^n (X_i - \bar{x})(Y_i - \bar{y})}{\sum_i^n (Y_i - \bar{y})^2}$$

Este resutado obtenido es aplicable para muestras grandes.

COMPARACIÓN CON OTROS TIPOS DE MUESTREO

Muestreo sin reposición

Para com parar la precisión de la estimación por regresión con la de otros tipos de m uestreo utilizam os el estim ador de la m edia y las expresiones de su varianza en los distintos tipos de muestreo. Tenemos:

$$V\left(\hat{\bar{X}}\right) = V(\bar{x}) = \frac{1-f}{n} S_x^2$$

$$V\left(\hat{\bar{X}}_R\right) = \frac{1-f}{n}\left(S_x^2 + R^2 S_y^2 - 2RS_x S_y \cdot \rho_{xy}\right)$$

$$V_{\min}\left(\hat{\bar{X}}_{rg}\right) = V_{\min}\left(\bar{x}_{rg}\right) = \frac{1-f}{n} S_x^2 \left(1 - \rho_{xy}^2\right)$$

Es evidente que $V_{\min}\left(\bar{x}_{rg}\right) \leq V(\bar{x})$, y a que $1 - \rho_{xy}^2 \leq 1$, correspondiendo el signo igual al caso $\rho_{xy} = 0$, es decir, al caso de correlación nula entre X e Y. Por lo tanto, cuando la variable auxiliar y la variable en estudio están incorreladas no se gana en precisión por considerar el m étodo indirect o de estim ación por regresión respecto de considerar el muestreo aleatorio sim ple. En el resto de los casos la estimación indirecta por regresión supera en precisión a la estimación aleatoria simple.

Por otra parte:

$$V_{\min}\left(\bar{x}_{rg}\right) < V\left(\bar{x}_R\right) \Leftrightarrow V\left(\bar{x}_R\right) - V_{\min}\left(\bar{x}_{rg}\right) \geq 0 \Leftrightarrow$$

$$\frac{1-f}{n}\left(S_x^2 + R^2 S_y^2 - 2RS_x S_y \rho_{xy}\right) - \frac{1-f}{n} S_x^2 (1 - \rho^2{}_{xy}) \geq 0 \Leftrightarrow$$

$$\frac{1-f}{n}\left(R^2 S_y^2 - 2RS_x S_y \rho_{xy} + S_x^2 \rho_{xy}^2\right) \geq 0 \Leftrightarrow \frac{1-f}{n}\left(RS_y - \rho_{xy} S_x\right)^2 \geq 0$$

La desigualdad es siempre cierta, y se produce la igualdad si:

$$RS_y - \rho_{xy}S_x = 0 \Leftrightarrow R = \rho\frac{S_x}{S_y} = \beta$$

es decir, la igualdad   de precisiones en la estim ación por razón y   por regresión se produce en el caso en que la recta de regresión pase por el origen (si $R=\beta$, la ordenada en el origen de la recta de regresión de X sobre Y, que en el caso de varianza m ínima tiene de ecuación $X=\beta Y + \overline{X} - \beta\overline{Y}$, valdrá $\overline{X} - \beta\overline{Y} = \overline{X} - R\overline{Y} = \overline{X} - \overline{X} = 0$). En cualquier otro caso, la estimación por regresión es más precisa que la estimación por razón.

Muestreo con reposición

Para el caso de muestreo con reposición tenemos:

$$V\left(\hat{\overline{X}}\right) = V(\overline{x}) = \frac{1}{n}\sigma_x^2$$

$$V\left(\hat{\overline{X}}_R\right) = \frac{1}{n}\left(\sigma_x^2 + R^2\sigma_y^2 - 2R\sigma_x\sigma_y \cdot \rho_{xy}\right)$$

$$V_{\min}\left(\hat{\overline{X}}_{rg}\right) = V_{\min}\left(\overline{x}_{rg}\right) = \frac{1}{n}\sigma_x^2\left(1 - \rho_{xy}^2\right)$$

Es evidente que $V_{\min}\left(\overline{x}_{rg}\right) \le V(\overline{x})$, ya que $1 - \rho_{xy}^2 \le 1$, correspondiendo el signo igual al caso $\rho_{xy} = 0$, es decir, al caso de correlación nula entre X e Y. Por lo tanto, cuando la variable auxiliar y la variable en estudio están incorreladas no se gana en precisión por considerar el m étodo indirecto de estim ación por regresión respecto de considerar el m uestreo aleatorio sim ple. En el   resto de los casos la estimación indirecta por regresión supera en precisión a la estimación aleatoria simple.

Por otra parte:

$$V_{\min}\left(\overline{x}_{rg}\right) < V\left(\overline{x}_R\right) \Leftrightarrow V_{\min}\left(\overline{x}_R\right) - V\left(\overline{x}_{rg}\right) \ge 0 \Leftrightarrow$$

$$\frac{1}{n}(\sigma_x^2 + R^2\sigma_y^2 - 2R\sigma_x\sigma_y\rho_{xy}) - \frac{1}{n}\sigma_x^2(1 - \rho_{xy}^2) \ge 0 \Leftrightarrow$$

$$\frac{1}{n}\left(R^2\sigma_y^2 - 2R\sigma_x\sigma_y\rho_{xy} + \sigma_x^2\rho_{xy}^2\right) \ge 0 \Leftrightarrow \frac{1}{n}\left(R\sigma_y - \rho_{xy}\sigma_x\right)^2 \ge 0$$

La desigualdad es siempre cierta, y se produce la igualdad si:

$$R\sigma_y - \rho_{xy}\sigma_x = 0 \Leftrightarrow R = \rho\frac{\sigma_x}{\sigma_y} = \rho\frac{S_x}{S_y} = \beta$$

es decir, la igualdad   de precisiones en la estim ación por razón y   por regresión se produce en el caso en que la recta de regresión pase por el origen (si $R=\beta$, la ordenada en el origen de la recta de regresión de X sobre Y, que en el caso de varianza m ínima tiene de ecuación $X=\beta Y + \overline{X} - \beta \overline{Y}$, valdrá $\overline{X} - \beta \overline{Y} = \overline{X} - R\overline{Y} = \overline{X} - \overline{X} = 0$). En cualquier otro caso la estimación por regresión es más precisa que la estimación por razón.

ESTIMADORES DE REGRESIÓN EN EL MUESTREO ESTRATIFICADO

Igual que en el caso de la estim ación por razón, distinguirem os aquí entre el estimador simple o separado obtenido a partir de estim aciones de regresión en cada estrato, cuya expresión será:

$$\overline{x}_{rgst} = \sum_{h}^{L} W_h \overline{x}_{rgh}$$

y el estimador combinado, obtenido directamente a partir de las medias estratificadas, que vale:

$$\overline{x}_{rgc} = \overline{x}_{st} + b\left(\overline{Y} - \overline{y}_{st}\right)$$

Ambos estimadores son insesgados para un valor b_0 prefijado de b, ya que:

$$E(\overline{x}_{rgst}) = \sum_{h}^{L} W_h E(\overline{x}_{rgh}) = \sum_{h}^{L} W_h \overline{X}_h = \overline{X}$$

$$E(\overline{x}_{rgc}) = E(\overline{x}_{st}) + b\left(\overline{Y} - E(\overline{y}_{st})\right) = \overline{X} + b(\overline{Y} - \overline{Y}) = \overline{X}$$

Como en el caso de los estim   adores de la razón, el   estimador combinado suele ser m ás apropiado que el sim ple cuando el sesgo de $\overline{x}_{rgh}$ es aproxim adamente constante en los diversos estratos y esperamos regresiones lineales en ellos.

VARIANZAS Y ESTIMACIÓN DE VARIANZAS

Estimador simple o separado

Muestreo sin reposición

En el supuesto $b = b_0$ la varianza del estimador simple para la media es:

$$V\left(\overline{x}_{rgst}\right) = \sum_{h}^{L} W_h^2 V\left(\overline{x}_{rgh}\right) = \sum_{h}^{L} W_h^2 \frac{1-f_h}{n_h}(S_{Xh}^2 + b_o S_{Xh}^2 - 2b_o S_{XYh})$$

que será mínima cuando lo sean las $V(\overline{x}_{rgh})$, es decir, cuando $b_o = \beta_h = \dfrac{S_{XYh}}{S_{Yh}^2}$

La varianza mínima será entonces:

$$V(\overline{x}_{rgst}) = \sum_h^L W_h^2 V(\overline{x}_{rgh}) = \sum_h^L W_h^2 \frac{1-f_h}{n_h}(S_{Xh}^2 + \beta_h S_{Xh}^2 - 2\beta_h S_{XYh}) = \sum_h^L W_h^2 \frac{1-f_h}{n_h} S_{xh}^2 (1 - \rho^2{}_{xyh})$$

Que puede estimarse mediante:

$$\hat{V}(\overline{x}_{rgst}) = \sum_h^L W_h^2 \frac{1-f_h}{n_h}(\hat{S}_{Xh}^2 + \hat{\beta}_h \hat{S}_{Xh}^2 - 2\hat{\beta}_h \hat{S}_{XYh}) = \sum_h^L W_h^2 \frac{1-f_h}{n_h} \hat{S}_{xh}^2 (1 - \hat{\rho}^2{}_{xyh})$$

Para la estimación separada del total $\hat{X}_{rgst} = \sum_h^L N_h \overline{x}_{rgh}$ se tiene:

$$V(\hat{X}_{rgst}) = \sum_h^L N_h^2 V(\overline{x}_{rgh}) = \sum_h^L N_h^2 \frac{1-f_h}{n_h}(S_{Xh}^2 + \beta_h S_{Xh}^2 - 2\beta_h S_{XYh}) = \sum_h^L N_h^2 \frac{1-f_h}{n_h} S_{xh}^2 (1 - \rho^2{}_{xyh})$$

Que puede estimarse mediante:

$$\hat{V}(\hat{X}_{rgst}) = \sum_h^L N_h^2 \frac{1-f_h}{n_h}(\hat{S}_{Xh}^2 + \hat{\beta}_h \hat{S}_{Xh}^2 - 2\hat{\beta}_h \hat{S}_{XYh}) = \sum_h^L N_h^2 \frac{1-f_h}{n_h} \hat{S}_{xh}^2 (1 - \hat{\rho}^2{}_{xyh})$$

Muestreo con reposición

En el supuesto $b = b_o$ la varianza del estimador simple es:

$$V(\overline{x}_{rgst}) = \sum_h^L W_h^2 V(\overline{x}_{rgh}) = \sum_h^L W_h^2 \frac{1}{n_h}(\sigma_{Xh}^2 + b_o \sigma_{Xh}^2 - 2b_o \sigma_{XYh})$$

que será mínima cuando lo sean las $V(\overline{x}_{rgh})$, es decir, cuando $b_o = \beta_h = \dfrac{S_{XYh}}{S_{Yh}^2} = \dfrac{\sigma_{XYh}}{\sigma_{Yh}^2}$

La varianza mínima será entonces:

$$V_{min}(\overline{x}_{rgst}) = \sum_h^L W_h^2 V(\overline{x}_{rgh}) = \sum_h^L W_h^2 \frac{1}{n_h}(\sigma_{Xh}^2 + \beta_h \sigma_{Xh}^2 - 2\beta_h \sigma_{XYh}) = \sum_h^L W_h^2 \frac{1}{n_h} \sigma_{xh}^2 (1 - \rho^2{}_{xyh})$$

Que puede estimarse mediante:

$$\hat{V}_{\min}\left(\overline{x}_{rgst}\right) = \sum_h^L W_h^2 \frac{1}{n_h}(\hat{S}_{Xh}^2 + \hat{\beta}_h \hat{S}_{Xh}^2 - 2\hat{\beta}_h \hat{S}_{XYh}) = \sum_h^L W_h^2 \frac{1}{n_h}\hat{S}_{xh}^2(1 - \hat{\rho}^2{}_{xyh})$$

Para el estimador del total se tendría:

$$V_{\min}\left(\hat{X}_{rgst}\right) = \sum_h^L N_h^2 V\left(\overline{x}_{rgh}\right) = \sum_h^L N_h^2 \frac{1}{n_h}(\sigma_{Xh}^2 + \beta_h \sigma_{Xh}^2 - 2\beta_h \sigma_{XYh}) = \sum_h^L N_h^2 \frac{1}{n_h}\sigma_{xh}^2(1 - \rho^2{}_{xyh})$$

$$\hat{V}_{\min}\left(\hat{X}_{rgst}\right) = \sum_h^L N_h^2 \frac{1}{n_h}(\hat{S}_{Xh}^2 + \hat{\beta}_h \hat{S}_{Xh}^2 - 2\hat{\beta}_h \hat{S}_{XYh}) = \sum_h^L N_h^2 \frac{1}{n_h}\hat{S}_{xh}^2(1 - \hat{\rho}^2{}_{xyh})$$

Estimador combinado

Muestreo sin reposición

El estimador combinado para la media se forma como:

$$\overline{x}_{rgc} = \overline{x}_{st} + b_o\left(\overline{Y} - \overline{y}_{st}\right) \quad con \quad \overline{x}_{st} = \sum_h^L W_h \overline{x}_h \quad \overline{y}_{st} = \sum_h^L W_h \overline{y}_h$$

Su varianza puede expresarse de la siguiente forma:

$$V\left(\overline{x}_{rgc}\right) = V\left(\overline{x}_{st}\right) + b_o^2 V\left(\overline{Y} - \overline{y}_{st}\right) - 2b_o \, \text{cov}\left(\overline{x}_{st}, \overline{Y} - \overline{y}_{st}\right) =$$

$$V\left(\overline{x}_{st}\right) + b_o^2 V\left(\overline{y}_{st}\right) - 2b_o \, \text{cov}(\overline{x}_{st}, \overline{y}_{st}) = \sum_h^L \frac{W_h^2\left(1 - f_h\right)}{n_h} \cdot \left(S_{xh}^2 + b_o^2 S_{yh}^2 - 2b_o S_{xyh}\right)$$

Para hallar el valor de b$_o$ que minimiza esta expresión, igualamos a cero su derivada respecto de b$_o$ y tenemos:

$$2b_0 \sum_h^L \frac{W_h^2\left(1 - f_h\right)}{n_h} \cdot S_{yh}^2 - 2\sum_h^L \frac{W_h^2\left(1 - f_h\right)}{n_h} \cdot S_{xyh} = 0 \Rightarrow b_o = \frac{\displaystyle\sum_h^L \frac{W_h^2\left(1 - f_h\right)}{n_h} \cdot S_{xyh}}{\displaystyle\sum_h^L \frac{W_h^2\left(1 - f_h\right)}{n_h} \cdot S_{yh}^2}$$

Pero   como $\beta_h = \dfrac{S_{xyh}}{S_{yh}^2}$ $S_{xyh} = \beta_h S_{yh}^2$ se tiene $b_o = \dfrac{\displaystyle\sum_h^L \dfrac{W_h^2\left(1 - f_h\right)}{n_h} \cdot S_{yh}^2 \beta_h}{\displaystyle\sum_h^L \dfrac{W_h^2\left(1 - f_h\right)}{n_h} \cdot S_{yh}^2}$

El   valor b_o que minimiza la varianza del estimador combinado es entonces una medida ponderada de los coeficientes de regresión β_h siendo las ponderaciones dadas por $\omega_h = \dfrac{W_h^2(1-f_h)}{n_h} \cdot S_{yh}^2$, de tal form a que se puede escribir $\qquad b_o = \dfrac{\sum\limits_h^L \omega_h \beta_h}{\sum\limits_h^L \omega_h} = \overline{\beta}_c$,

pudiendo expresarse la varianza mínima como:

$$V_{\min}\left(\overline{x}_{rgc}\right) = \sum_h^l W_h^2 \frac{1-f_h}{n_h} \cdot \left(S_{xh}^2 + \overline{\beta}_c^2 S_{yh}^2 - 2\overline{\beta}_c S_{xyh}\right)$$

que puede estimarse como:

$$\hat{V}_{\min}\left(\overline{x}_{rgc}\right) = \sum_h^l W_h^2 \frac{1-f_h}{n_h} \cdot \left(\hat{S}_{xh}^2 + \hat{\overline{\beta}}_c^2 \hat{S}_{yh}^2 - 2\hat{\overline{\beta}}_c \hat{S}_{xyh}\right)$$

donde:

$$\hat{\overline{\beta}}_c = \frac{\sum\limits_h^L \hat{\omega}_h \hat{\beta}_h}{\sum\limits_h^L \hat{\omega}_h}, \quad \hat{\omega}_h = \frac{W_h^2(1-f_h)}{n_h} \cdot \hat{S}_{yh}^2 \quad \text{y} \quad \hat{\beta}_h = \frac{\hat{S}_{xyh}}{\hat{S}_{yh}^2}.$$

Para estimar el total, el estimador combinado se forma como:

$$\hat{X}_{rgc} = \hat{X}_{st} + b_o\left(Y - \hat{Y}_{st}\right) = N\overline{x}_{st} + b_o\left(N\overline{Y} - N\overline{y}_{st}\right) = N\overline{x}_{rgc}$$

Su varianza puede entonces expresarse en función de la varianza para la estimación de la media de la siguiente forma:

$$V\left(\hat{X}_{rgc}\right) = V\left(N\overline{x}_{rgc}\right) = N^2 V\left(\overline{x}_{rgc}\right) = N^2 \sum_h^L \frac{W_h^2(1-f_h)}{n_h} \cdot \left(S_{xh}^2 + b_o^2 S_{yh}^2 - 2b_o S_{xyh}\right)$$

pudiendo expresarse la varianza mínima como:

$$V_{\min}\left(\hat{X}_{rgc}\right) = N^2 \sum_h^l W_h^2 \frac{1-f_h}{n_h} \cdot \left(S_{xh}^2 + \overline{\beta}_c^2 S_{yh}^2 - 2\overline{\beta}_c S_{xyh}\right)$$

que puede estimarse como:

$$\hat{V}_{\min}\left(\hat{X}_{rgc}\right) = N^2 \sum_h^l W_h^2 \frac{1-f_h}{n_h} \cdot \left(\hat{S}_{xh}^2 + \hat{\overline{\beta}}_c^2 \hat{S}_{yh}^2 - 2\hat{\overline{\beta}}_c \hat{S}_{xyh}\right)$$

Muestreo con reposición

El valor b_o que minimiza la varianza del estimador combinado para la media es una media ponderada de los coeficientes de regresión β_h siendo las ponderaciones dadas por $\omega_h = \dfrac{W_h^2}{n_h} \cdot \sigma_{yh}^2$, de tal form a que se puede escribir $\quad b_o = \dfrac{\displaystyle\sum_h^L \omega_h \beta_h}{\displaystyle\sum_h^L \omega_h} = \overline{\beta}_c$, pudiendo

expresarse la varianza mínima como:

$$V_{\min}\left(\overline{x}_{rgc}\right) = \sum_h^l W_h^2 \frac{1}{n_h} \cdot \left(\sigma_{xh}^2 + \overline{\beta}_c^2 \sigma_{yh}^2 - 2\overline{\beta}_c \sigma_{xyh}\right)$$

que puede estimarse como:

$$\hat{V}_{\min}\left(\overline{x}_{rgc}\right) = \sum_h^l W_h^2 \frac{1}{n_h} \cdot \left(\hat{S}_{xh}^2 + \hat{\overline{\beta}}_c^2 \hat{S}_{yh}^2 - 2\hat{\overline{\beta}}_c \hat{S}_{xyh}\right)$$

donde:

$$\hat{\overline{\beta}}_c = \frac{\displaystyle\sum_h^L \hat{\omega}_h \hat{\beta}_h}{\displaystyle\sum_h^L \hat{\omega}_h} \;,\;\; \hat{\omega}_h = \frac{W_h^2}{n_h} \cdot \hat{S}_{yh}^2 \;\; y \;\; \hat{\beta}_h = \frac{\hat{S}_{xyh}}{\hat{S}_{yh}^2}.$$

Para estimar el total, la varianza puede entonces expresarse en función de la varianza para la estimación de la media de la siguiente forma:

$$V\left(\hat{X}_{rgc}\right) = V\left(N\overline{x}_{rgc}\right) = N^2 V\left(\overline{x}_{rgc}\right) = N^2 \sum_h^L \frac{W_h^2}{n_h} \cdot \left(\sigma_{xh}^2 + b_o^2 \sigma_{yh}^2 - 2b_o \sigma_{xyh}\right)$$

pudiendo expresarse la varianza mínima como:

$$V_{\min}\left(\hat{X}_{rgc}\right) = N^2 \sum_h^l W_h^2 \frac{1}{n_h} \cdot \left(\sigma_{xh}^2 + \overline{\beta}_c^2 \sigma_{yh}^2 - 2\overline{\beta}_c \sigma_{xyh}\right)$$

que puede estimarse como:

$$\hat{V}_{\min}\left(\hat{X}_{rgc}\right) = N^2 \sum_h^l W_h^2 \frac{1}{n_h} \cdot \left(\hat{S}_{xh}^2 + \hat{\overline{\beta}}_c^2 \hat{S}_{yh}^2 - 2\hat{\overline{\beta}}_c \hat{S}_{xyh}\right)$$

COMPARACIÓN DE PRECISIONES EN ESTIMACIONES SIMPLE O SEPARADA Y COMBINADA

Realizaremos la com paración de precisiones en ambos métodos a través de las varianzas mínimas. Tenemos:

$$V_{\min}\left(\overline{x}_{rgc}\right) - V_{\min}\left(\overline{x}_{rgst}\right) = \sum_{h}^{l} W_{h}^{2} \frac{1-f_{h}}{n_{h}} \cdot \left(S_{xh}^{2} + \overline{\beta}_{c}^{2} S_{yh}^{2} - 2\overline{\beta}_{c} S_{xyh}\right) -$$

$$- \sum_{h}^{l} W_{h}^{2} \frac{1-f_{h}}{n_{h}} \cdot \left(S_{xh}^{2} + \beta_{h}^{2} S_{yh}^{2} - 2\beta_{h} S_{xyh}\right)$$

La diferencia de varianzas, teniendo en cuenta que $S_{xyh}^{2} = \beta_{h} S_{yh}$, es:

$$V_{\min}\left(\overline{x}_{rgc}\right) - V_{\min}\left(\overline{x}_{rgst}\right) = \sum_{h}^{l} W_{h}^{2} \frac{1-f_{h}}{n_{h}} \left[\left(\overline{\beta}_{c}^{2} - \beta_{h}^{2}\right) S_{yh}^{2} - 2\left(\overline{\beta}_{c} - \beta_{h}\right) \cdot \underbrace{\frac{S_{xyh}}{\beta_{h} S_{yh}^{2}}}\right] =$$

$$\sum_{h}^{l} W_{h}^{2} \frac{1-f_{h}}{n_{h}} S_{yh}^{2} \left[\left(\overline{\beta}_{c}^{2} - \beta_{h}^{2}\right) - 2\left(\overline{\beta}_{c} - \beta_{h}\right)\beta_{h}\right] = \sum_{h}^{l} \omega_{h}\left[\left(\overline{\beta}_{c}^{2} - \beta_{h}^{2}\right) - 2\left(\overline{\beta}_{c} - \beta_{h}\right)\beta_{h}\right]$$

$$= \sum_{h}^{l} \left[\omega_{h}\left(\overline{\beta}_{c}^{2} - \beta_{h}^{2}\right) - 2\left(\overline{\beta}_{c} - \beta_{h}\right)\beta_{h}\omega_{h}\right] = \sum_{h}^{l} \left[\omega_{h}\overline{\beta}_{c}^{2} - \omega_{h}\beta_{h}^{2} - 2\overline{\beta}_{c}\beta_{h}\omega_{h} + 2\beta_{h}^{2}\omega_{h}\right]$$

$$= \sum_{h}^{l} \omega_{h}\left[\overline{\beta}_{c}^{2} - \beta_{h}^{2} - 2\overline{\beta}_{c}\beta_{h} + 2\beta_{h}^{2}\right] = \sum_{h}^{l} \omega_{h}\left[\overline{\beta}_{c}^{2} + \beta_{h}^{2} - 2\overline{\beta}_{c}\beta_{h}\right] = \sum_{h}^{l} \omega_{h}\left(\overline{\beta}_{c} - \beta_{h}\right)^{2}$$

Esta expresión para la diferencia de varianzas mínimas es positiva, ya que está compuesta por un cuadrado y por un término ω_{h} que es positivo. Se tiene:

$$\omega_{h} = \frac{W_{h}^{2}(1-f_{h})}{n_{h}} \cdot S_{yh}^{2} > 0 \Rightarrow V_{\min}\left(\overline{x}_{rgc}\right) - V_{\min}\left(\overline{x}_{rgst}\right) \geq 0 \Rightarrow V_{\min}\left(\overline{x}_{rgc}\right) \geq V_{\min}\left(\overline{x}_{rgst}\right)$$

correspondiendo el signo igual al caso $\beta_{h} = \overline{\beta}_{c}$ o lo que es lo mismo, β_{h} constante.

Hemos visto entonces que *el estimador separado es más preciso que el estimador combinado*, produciéndose la igualdad para β_{h} constante en todos los estratos. Adicionalmente hemos visto que valores distintos de los coeficientes de regresión en los estratos aumentan la varianza del estimador combinado.

El desarrollo se ha hecho para muestreo sin reposición, pero es similar para muestreo con reposición. Veamos:

$$V_{\min}\left(\overline{x}_{rgc}\right) - V_{\min}\left(\overline{x}_{rgst}\right) = \sum_{h}^{l} \frac{W_{h}^{2}}{n_{h}} \left(\sigma_{xh}^{2} + \overline{\beta}_{c}^{2}\sigma_{yh}^{2} - 2\overline{\beta}_{c}\sigma_{xyh}\right) - \sum_{h}^{l} \frac{W_{h}^{2}}{n_{h}} \left(\sigma_{xh}^{2} + \beta_{h}^{2}\sigma_{yh}^{2} - 2\beta_{h}\underbrace{\frac{\sigma_{xyh}}{\beta_{h}\sigma_{yh}^{2}}}\right)$$

$$= \sum_{h}^{l} \frac{W_{h}^{2}}{n_{h}} \sigma_{yh}^{2} \left[\left(\overline{\beta}_{c}^{2} - \beta_{h}^{2}\right) - 2\left(\overline{\beta}_{c} - \beta_{h}\right)\beta_{h}\right] = \sum_{h}^{l} \omega_{h}\left[\left(\overline{\beta}_{c}^{2} - \beta_{h}^{2}\right) - 2\left(\overline{\beta}_{c} - \beta_{h}\right)\beta_{h}\right]$$

$$= \sum_{h}^{l} \left[\omega_{h}\left(\overline{\beta}_{c}^{2} - \beta_{h}^{2}\right) - 2\left(\overline{\beta}_{c} - \beta_{h}\right)\beta_{h}\omega_{h}\right] = \sum_{h}^{l} \left[\omega_{h}\overline{\beta}_{c}^{2} - \omega_{h}\beta_{h}^{2} - 2\overline{\beta}_{c}\beta_{h}\omega_{h} + 2\beta_{h}^{2}\omega_{h}\right]$$

$$= \sum_{h}^{l} \omega_{h}\left[\overline{\beta}_{c}^{2} - \beta_{h}^{2} - 2\overline{\beta}_{c}\beta_{h} + 2\beta_{h}^{2}\right] = \sum_{h}^{l} \omega_{h}\left[\overline{\beta}_{c}^{2} + \beta_{h}^{2} - 2\overline{\beta}_{c}\beta_{h}\right] = \sum_{h}^{l} \omega_{h}\left(\overline{\beta}_{c} - \beta_{h}\right)^{2} \geq 0$$

$$\omega_h = \frac{W_h^2}{n_h}\sigma_{yh}^2 \geq 0 \quad y \quad \overline{\beta}_c = \frac{\displaystyle\sum_h^L \omega_h \beta_h}{\displaystyle\sum_h^L \omega_h}$$

ESTIMACIÓN POR DIFERENCIA

Dentro de los denom   inados m étodos indirectos de estim   ación suele considerarse la estim ación por diferencia, que se utiliza en caso de que la recta   de regresión que ajusta los puntos (X_i, Y_i) tiene como pendiente la unidad.

Por otra parte, ya vimos al estudiar la estimación por regresión que el método de estimación por diferencia era un caso particular suyo (caso en que $b=1$).

El   ***estimador por diferencia para medias*** está definido por $\hat{D} = \overline{x} - \overline{y}$ y estima la diferencia de medias poblacionales $D = \overline{X} - \overline{Y}$. $\hat{D}$ es insesgado de D, ya que:

$$E(\hat{D})=E(\overline{x} - \overline{y}) = E(\overline{x}) - E(\overline{y}) = \overline{X} - \overline{Y} = D$$

Varianzas y estimación de varianzas para medias

$$V(\hat{D}) = V(\overline{x} - \overline{y}) = V(\overline{x}) + V(\overline{y}) - 2\operatorname{cov}(\overline{x}, \overline{y})$$

Muestreo sin reposición

Para m uestreo sin reposición la   varianza del estim ador diferencia para las medias será:

$$V(\hat{D}) = V(\overline{x} - \overline{y}) = V(\overline{x}) + V(\overline{y}) - 2\operatorname{cov}(\overline{x}, \overline{y}) = \frac{1-f}{n}\cdot\left(S_x^2 + S_y^2 - 2S_{xy}\right)$$

siendo el estimador insesgado para esta varianza:

$$\hat{V}(\hat{D}) = \frac{1-f}{n}\cdot\left(\hat{S}_x^2 + \hat{S}_y^2 - 2\hat{S}_{xy}\right)$$

Muestreo con reposición

Para m uestreo con reposición la varianza del estim ador diferencia para las medias será:

$$V(\hat{D}) = V(\overline{x} - \overline{y}) = V(\overline{x}) + V(\overline{y}) - 2\operatorname{cov}(\overline{x}, \overline{y}) = \frac{1}{n}\cdot\left(\sigma_x^2 + \sigma_y^2 - 2\sigma_{xy}\right)$$

siendo el estimador insesgado para esta varianza:

$$\hat{V}(\hat{D}) = \frac{1}{n} \cdot \left(\hat{S}_x^2 + \hat{S}_y^2 - 2\hat{S}_{xy} \right)$$

El   **estimador por diferencia para totales** está definido por $\hat{D}_T = N(\overline{x} - \overline{y})$ y estima la diferencia de totales poblacionales $D = X - Y$. $\hat{D}_T$ es insesgado de D, ya que:

$$E(\hat{D}_T) = E(N(\overline{x} - \overline{y})) = N(E(\overline{x}) - E(\overline{y})) = N(\overline{X} - \overline{Y}) = N\overline{X} - N\overline{Y} = X - Y = D$$

Varianzas y estimación de varianzas para totales

Muestreo sin reposición

Para muestreo sin reposición la varianza del estimador diferencia para totales será:

$$V(\hat{D}_T) = V(N(\overline{x} - \overline{y})) = N^2 V(\overline{x} - \overline{y}) = N^2 V(\hat{D}) = N^2 \frac{1-f}{n} \cdot \left(S_x^2 + S_y^2 - 2S_{xy} \right)$$

siendo el estimador insesgado para esta varianza:

$$\hat{V}(\hat{D}_T) = N^2 \frac{1-f}{n} \cdot \left(\hat{S}_x^2 + \hat{S}_y^2 - 2\hat{S}_{xy} \right)$$

Muestreo con reposición

Para m uestreo con reposición la vari   anza del estim ador diferencia para totales será:

$$V(\hat{D}_T) = V(N(\overline{x} - \overline{y})) = N^2 V(\overline{x} - \overline{y}) = N^2 V(\hat{D}) = N^2 \frac{1}{n} \cdot \left(\sigma_x^2 + \sigma_y^2 - 2\sigma_{xy} \right)$$

siendo el estimador insesgado para esta varianza:

$$\hat{V}(\hat{D}_T) = N^2 \frac{1}{n} \cdot \left(\hat{S}_x^2 + \hat{S}_y^2 - 2\hat{S}_{xy} \right)$$

UTILIZACIÓN DEL ESTIMADOR DIFERENCIA PARA LA ESTIMACIÓN DE PARÁMETROS POBLACIONALES

Se puede utilizar de   forma natural el estim ador diferencia para las m edias con el objeto de estim ar la media poblacional. Como $\overline{X} = \overline{X} - \overline{Y} + \overline{Y}$ podemos utilizar como estim ador de $\overline{X}$ el siguiente: $\hat{\overline{X}} = \overline{x} - \overline{y} + \overline{Y}$, y a que $\overline{x} - \overline{y}$ estim a insesgadamente a $D = \overline{X} - \overline{Y}$. Por lo tanto tenemos:

$$\hat{\overline{X}} = \overline{x} - \overline{y} + \overline{Y} = \hat{D} + \overline{Y}$$

También se puede utilizar de form a natural el estim ador diferencia para los totales con el objeto de estim ar el total poblacional. Como $X = X - Y + Y$ podemos utilizar com o estim ador de X el siguiente: $\hat{X} = N\bar{x} - N\bar{y} + Y = N(\bar{x} - \bar{y}) + Y$, y a que $N(\bar{x} - \bar{y})$ estima insesgadamente a $D_T = X - Y$. Por lo tanto tenemos:

$$\hat{X} = N(\bar{x} - \bar{y}) + Y = \hat{D}_T + Y$$

Ambos estimadores son insesgados, ya que:

$$E(\hat{\bar{X}}) = E(\hat{D}) + \bar{Y} = D + \bar{Y} = \bar{X} - \bar{Y} + \bar{Y} = \bar{X}$$

$$E(\hat{X}) = E(\hat{D}_T) + Y = D_T + Y = X - Y + Y = X$$

Las varianzas y sus estim aciones para los estim adores de la m edia y el total basados en la diferencia coinciden c on las varianzas y sus estimaciones de los propios estimadores diferencia ya calculadas anteriormente. Veamos:

$$V(\hat{\bar{X}}) = V(\hat{D} + \bar{Y}) = V(\hat{D}) \text{ ya que } \bar{Y} \text{ es una constante}$$

$$V(\hat{X}) = V(\hat{D}_T + Y) = V(\hat{D}_T) \text{ ya que Y es una constante}$$

Por lo tanto $\hat{V}(\hat{\bar{X}}) = \hat{V}(\hat{D})$ y $\hat{V}(\hat{X}) = \hat{V}(\hat{D}_T)$

Ejercicio 1. Sobre una población de 500 unidades está definida un característica bidimensional (Xi,Yi). Una muestra aleatoria simple de tamaño 80 proporciona los siguientes datos:

$$\sum_{i=1}^{80} X_i = 420, \quad \sum_{i=1}^{80} Y_i = 190, \quad \sum_{i=1}^{80} X_i^2 = 2284, \quad \sum_{i=1}^{80} Y_i^2 = 512, \quad \sum_{i=1}^{80} X_i Y_i = 1045$$

a) Estimar el sesgo y el error de muestreo de la razón de la variable Y a la variable X ¿Se trata de un sesgo influyente para estimaciones indirectas basadas en la razón?

b) Se trata de estimar con y sin reposición la media y el total de Y utilizando la información adicional de la variable X mediante un método de estimación indirecta ¿Qué método indirecto sería el más adecuado? ¿Por qué? Realizar las estimaciones de media y total mediante los métodos indirectos conocidos ordenándolos en precisión y sabiendo que el total de X es 10.000.

c)¿Habrá ganancia en precisión respecto del muestreo aleatorio simple? Cuantificarla.

Según los datos del problema tenemos:

$$\hat{S}_x^2 = \frac{1}{n-1}\left(\sum_{i=1}^{80} X_i^2 - \frac{1}{n}\left(\sum_{i=1}^{80} X_i \right)^2 \right) = 1, \quad \hat{S}_y^2 = \frac{1}{n-1}\left(\sum_{i=1}^{80} Y_i^2 - \frac{1}{n}\left(\sum_{i=1}^{80} Y_i \right)^2 \right) = 0{,}768$$

$$\hat{S}_{xy} = \frac{1}{n-1}\left(\sum_{i=1}^{80} X_i Y_i - \frac{1}{n}\left(\sum_{i=1}^{80} X_i \right)\left(\sum_{i=1}^{80} Y_i \right) \right) = 0{,}6012$$

$$\overline{x} = \frac{1}{n}\sum_{i=1}^{80} X_i = 5,25 \qquad \overline{y} = \frac{1}{n}\sum_{i=1}^{80} Y_i = 2,375$$

La razón Y/X se estima mediante $\hat{R} = \dfrac{\overline{y}}{\overline{x}} = \dfrac{y}{x} = 0,452$

El sesgo del estimador de la razón anterior se estima mediante:

$$\hat{B}(\hat{R}) = \frac{(1-f)}{n\overline{x}^2}\left(\hat{R}\hat{S}_x^2 - \hat{S}_{XY}\right) = \frac{(1-80/500)}{80\cdot 5,25^2}\left(0,452\cdot 1 - 0,6012\right) = -0,0000568$$

El error de muestreo del estimador de la razón se estima mediante:

$$\hat{\sigma}(\hat{R}) = \sqrt{\frac{(1-f)}{n\overline{x}^2}\left(\hat{S}_y^2 + \hat{R}^2\hat{S}_x^2 - 2\hat{R}\hat{S}_{XY}\right)} = \sqrt{\frac{(1-80/500)}{80\cdot 5,25^2}\left(0,768 + 0,452^2\cdot 1 - 2\cdot 0,452\cdot 0,6012\right)} = 0,0128$$

Para ver si el sesgo del estim ador de la razón es influy ente hallam os el valor del sesgo relativo:

$$\left|\frac{\hat{B}(\hat{R})}{\hat{\sigma}(\hat{R})}\right| = \frac{0,0000568}{0,0128} = 0,004 < 0,1$$

por lo que el sesgo es despreciable.

Para estudiar qué m étodo de estim ación indirecta es el m ás adecuado al estimar la media y el total de Y utilizam os la recta de regresión de la variable en estudio Y sobre la variable auxiliar X, cuya ecuación es:

$$y - \overline{y} = \frac{\hat{S}_{xy}}{\hat{S}_x^2}(x - \overline{x}) \Rightarrow y = 0,6012x - 0,78$$

Observamos que la recta de regresión de Y sobre X tiene una ordenada en el origen cercana a cero (comparada con los valores medios de X e Y), lo que indica que puede ser razonable la estim ación indirecta de los parámetros poblacionales utilizando estimación basada en la razón. Además el sesgo del estim ador de la razón será pequeño (como ya hemos visto) porque la recta de regresión está próxim a a pasar por el origen. Evidentemente la estimación indirecta basada en regresión será la más apropiada, com o ocurre siem pre. Puede ocurrir que la estimación indirecta basada en la diferencia sea la m enos apropi ada y a que la pendiente de la recta de regresión no está claro que se aproxime a la unidad.

La utilización de m étodos indirectos de estim ación en todo el problem a es apropiada, ya que resulta alto el coeficiente de correlación:

$$\hat{\rho} = \frac{\hat{S}_{xy}}{\hat{S}_x\hat{S}_y} \cong 0,7$$

Muestreo sin reposición

Comenzamos realizando estim aciones para la m edia y el total de la variable en estudio Y basadas en la razón de Y a la variable auxiliar X y a su vez calculam os también las varianzas de los estimadores.

$$\hat{\bar{Y}} = \hat{R}\overline{X} = \frac{\overline{y}}{\overline{x}}\,\overline{X} = 0,452 \cdot \frac{10000}{500} = 9,04 \qquad \hat{Y} = \hat{R}X = \frac{\overline{y}}{\overline{x}}X = 0,452 \cdot 10000 = 4520$$

$$\hat{V}(\hat{\bar{Y}}) = \frac{(1-f)}{n}\left(\hat{S}_y^2 + \hat{R}^2\hat{S}_x^2 - 2\hat{R}\hat{S}_{XY}\right) = \frac{(1-\dfrac{80}{500})}{80}\left(0,768 + 0,452^2 \cdot 1 - 2 \cdot 0,452 \cdot 0,6012\right) = 0,0073$$

$$\hat{V}(\hat{Y}) = N^2\frac{(1-f)}{n}\left(\hat{S}_y^2 + \hat{R}^2\hat{S}_x^2 - 2\hat{R}\hat{S}_{XY}\right) = 500^2 \cdot 0,0073 = 1825$$

Ahora calculamos estimadores y varianzas basados en regresión.

$$\hat{\bar{Y}}_{rg} = \overline{y} + b(\overline{X} - \overline{x}) = \overline{y} + \frac{\hat{S}_{xy}}{\hat{S}_x^2}(\overline{X} - \overline{x}) = 2,375 + \frac{0,6012}{1}\left(\frac{10000}{500} - 5,25\right) = 11,2427$$

$$\hat{Y}_{rg} = N\hat{\bar{Y}}_{rg} = 500 \cdot 11,2427 = 5621,35$$

$$\hat{V}_{\min}(\hat{\bar{Y}}_{rg}) = \frac{(1-f)}{n}\hat{S}_y^2\left(1 - \hat{\rho}^2\right) = \frac{1-\dfrac{80}{500}}{80}0,768(1 - 0,7^2) = 0,004$$

$$\hat{V}_{\min}(\hat{Y}_{rg}) = N^2\hat{V}_{\min}(\hat{\bar{Y}}_{rg}) = 500^2 \cdot 0,004 = 1000$$

Ahora calculamos estimadores y varianzas basados en diferencia.

$$\hat{\bar{Y}} = \hat{D} + \overline{X} = \overline{y} - \overline{x} + \overline{X} = 2,375 - 5,25 + \frac{10000}{500} = 17,125$$

$$\hat{Y} = \hat{D}_T + X = N(\overline{y} - \overline{x}) + N\overline{X} = N\hat{\bar{Y}} = 500 \cdot 17,125 = 8562,5$$

$$V(\hat{\bar{Y}}) = V(\hat{D} + \overline{X}) = V(\hat{D}) = \frac{(1-f)}{n}\left(\hat{S}_y^2 + \hat{S}_x^2 - 2\hat{S}_{XY}\right) = 0,0059$$

$$V(\hat{Y}) = V(\hat{D}_T + X) = V(\hat{D}_T) = N^2 V(\hat{D}) = 500^2 \cdot 0,0059 = 1475$$

Ahora calculamos estimadores y varianzas para muestreo aleatorio simple.

$$\hat{\bar{Y}}_{as} = \overline{y} = 2,375 \qquad \hat{Y}_{as} = N\hat{\bar{Y}}_{as} = 500 \cdot 2,375 = 1187,5$$

$$\hat{V}(\hat{\bar{Y}}_{as}) = \frac{(1-f)}{n}\hat{S}_y^2 = \frac{1-\dfrac{80}{500}}{80}0{,}768 = 0{,}008$$

$$\hat{V}(\hat{Y}_{as}) = N^2\hat{V}(\hat{\bar{Y}}_{as}) = 500^2 \cdot 0{,}008 = 2000$$

Se observa que la menor varianza la presenta el estim   ador basado en regresión, seguido del estim ador basado en la razón, el estim ador aleatorio sim ple y el estimador basado en la diferencia. Estos resultados coinciden con los especificados al principio del problema basados en la recta de regresión.

El estimador basado en la razón mejora al aleatorio simple si se cumple $\hat{\rho} > \dfrac{1}{2}\dfrac{\hat{C}_x}{\hat{C}_y}$

$$0{,}7 = \hat{\rho} > \frac{1}{2}\frac{\hat{C}_x}{\hat{C}_y} = \frac{\hat{S}_x}{\hat{S}_y}\hat{R} = \frac{1}{\sqrt{0{,}678}}0{,}452 = 0{,}5157$$

Por lo tanto, el m uestreo basado en la razón es m   ás preciso que el aleatorio simple. Ello im plica que el m uestreo basado en la regresión también es más preciso que el aleatorio sim ple. Sin em bargo, y a hem os visto que el m   uestreo por diferencia es ligeramente menos preciso que el aleatorio simple.

La ganancia en precisión del estimador de regresión sobre el aleatorio simple es:

$$G=(0{,}008/0{,}004-1)*100=100\%$$

La ganancia en precisión del estimador de razón sobre el aleatorio simple es:

$$G=(0{,}008/0{,}0073-1)*100=9{,}5\%.$$

La ganancia en precisión del estim ador al eatorio simple sobre el de diferencia es:

$$G=(0{,}009/0{,}008-1)*100=12{,}5\%.$$

Muestreo con reposición

Las estim aciones de la m edia y total valen lo m ismo que en m uestreo sin reposición. Calculamos las estim aciones de las varianzas de los estim   adores para estimación indirecta por razón.

$$\hat{V}(\hat{\bar{Y}}) = \frac{1}{n}\left(\hat{S}_y^2 + \hat{R}^2\hat{S}_x^2 - 2\hat{R}\hat{S}_{XY}\right) = 0{,}00869$$

$$\hat{V}(\hat{Y}) = N^2\frac{1}{n}\left(\hat{S}_y^2 + \hat{R}^2\hat{S}_x^2 - 2\hat{R}\hat{S}_{XY}\right) = 2172{,}5$$

Ahora estimamos varianzas basadas en regresión.

$$\hat{V}_{\min}(\bar{\hat{Y}}_{rg}) = \frac{1}{n}\hat{S}_y^2\left(1-\hat{\rho}^2\right) = \frac{1}{80}0,768(1-0,7^2) = 0,00476$$

$$\hat{V}_{\min}(\hat{Y}_{rg}) = N^2\hat{V}_{\min}(\bar{\hat{Y}}_{rg}) = 500^2 \cdot 0,00476 = 11900$$

Ahora estimamos varianzas basadas en diferencia.

$$V(\bar{\hat{Y}}) = V(\hat{D}+\bar{X}) = V(\hat{D}) = \frac{1}{n}\left(\hat{S}_y^2 + \hat{S}_x^2 - 2\hat{S}_{XY}\right) = 0,0707$$

$$V(\hat{Y}) = V(\hat{D}_T + X) = V(\hat{D}_T) = N^2V(\hat{D}) = 500^2 \cdot 0,0707 = 17675$$

Ahora estimamos varianzas para muestreo aleatorio simple.

$$\hat{V}(\bar{\hat{Y}}_{as}) = \frac{1}{n}\hat{S}_y^2 = \frac{1}{80}0,768 = 0,0096$$

$$\hat{V}(\hat{Y}_{as}) = N^2\hat{V}(\bar{\hat{Y}}_{as}) = 500^2 \cdot 0,0096 = 2400$$

Se observa que la menor varianza la presenta el estim ador basado en regresión, seguido del estim ador basado en la razón, el estim ador aleatorio sim ple y el estim ador basado en la diferencia.   Estos resultados presentan varianzas m ayores que en el caso de sin reposición para todos los estim adores, y a que el m uestreo con reposición es menos preciso que el muestreo sin reposición.

La ganancia en precisión del estimador de regresión sobre el aleatorio simple es:

G=(0,0096/0,00476-1)*100=101,6%.

La ganancia en precisión del estimador de razón sobre el aleatorio simple es:

G=(0,0096/0,00869-1)*100=10,47%.

La ganancia en precisión del estim ador al eatorio simple sobre el de diferencia es:

G=(0,0107/0,0096-1)*100=11,45%.

Se observa que la utilización del m   étodo indirecto de estim ación basado en regresión m ejora fuertem ente la estimación aleatoria sim ple, y que la utilización del método indirecto de estim ación basado en   razón m ejora levem ente la estim ación aleatoria simple. Las ganancias en precisión se han acentuado levemente respecto del muestreo sin reposición. El método indirecto de la diferencia es ligeramente peor que el aleatorio simple, sin embargo la ganancia en precisión del aleatorio simple sobre la estimación por diferencia disminuye al considerar reposición.

> **Ejercicio 2. En una ciudad que contiene 15.000 viviendas se ha tomado una muestra aleatoria simple sin reposición de 600 viviendas. En cada una de ellas se ha observado el número de personas Ai y el número de habitaciones Bi, conociéndose los siguientes resultados:**
>
> $$\sum_{i=1}^{600} X_i = 2946, \quad \sum_{i=1}^{600} Y_i = 2150, \quad \sum_{i=1}^{600} X_i^2 = 18694, \quad \sum_{i=1}^{600} Y_i^2 = 10997, \quad \sum_{i=1}^{600} X_i Y_i = 12800$$
>
> **1) Estimar el número medio de personas por habitación, su sesgo y sus errores absoluto y relativo de muestreo. ¿Qué nivel de influencia en la estimación tendrá el sesgo? Realizar la estimación por intervalos al 95% comentando la precisión obtenida.**
>
> **2) Estimar el total de habitaciones en la ciudad mediante el método de estimación indirecta más adecuado a los datos de la muestra, sabiendo que el número total de personas en la ciudad es de 74.000. Estimar sus errores absoluto y relativo de muestreo. Comparar los resultados con los del muestreo aleatorio simple justificando la respuesta y cuantificando la ganancia en precisión.**

Según los datos del problema tenemos:

$$\hat{S}_x^2 = \frac{1}{n-1}\left(\sum_{i=1}^{600} X_i^2 - \frac{1}{n}\left(\sum_{i=1}^{600} X_i\right)^2\right) = 7,06, \quad \hat{S}_y^2 = \frac{1}{n-1}\left(\sum_{i=1}^{600} Y_i^2 - \frac{1}{n}\left(\sum_{i=1}^{6000} Y_i\right)^2\right) = 5,5$$

$$\hat{S}_{xy} = \frac{1}{n-1}\left(\sum_{i=1}^{600} X_i Y_i - \frac{1}{n}\left(\sum_{i=1}^{600} X_i\right)\left(\sum_{i=1}^{600} Y_i\right)\right) = 3,75$$

$$\overline{x} = \frac{1}{n}\sum_{i=1}^{600} X_i = 4,91 \qquad \overline{y} = \frac{1}{n}\sum_{i=1}^{600} Y_i = 3,58$$

El número de personas por habitación se halla mediante la razón X/Y, cuyo valor se estima mediante:

$$\hat{R} = \frac{\overline{x}}{\overline{y}} = 1,37$$

Como el número de personas ha de ser entero, tomamos la parte entera más 1 de 1,37, es decir, 2 personas por habitación.

El sesgo del estimador de la razón anterior se estima mediante:

$$\hat{B}(\hat{R}) = \frac{(1-f)}{n\overline{y}^2}\left(\hat{R}\hat{S}_y^2 - \hat{S}_{XY}\right) = \frac{(1-600/1500)}{600\cdot 5,58^2}(2\cdot 7 - 3,75) = 0,0005267$$

El error de muestreo del estimador de la razón se estima mediante:

$$\hat{\sigma}(\hat{R}) = \sqrt{\frac{(1-f)}{n\overline{y}^2}\left(\hat{S}_x^2 + \hat{R}^2\hat{S}_y^2 - 2\hat{R}\hat{S}_{XY}\right)} = \sqrt{0,0017} = 0,04123$$

Para ver si el sesgo del estim ador de la razón es influy ente hallam os el valor del sesgo relativo:

$$\left|\frac{\hat{B}(\hat{R})}{\hat{\sigma}(\hat{R})}\right| = \frac{0,0005267}{0,04123} = 0,127 \cong 0,1$$

por lo que el sesgo puede considerarse despreciable.

Suponiendo norm alidad en la población,   un intervalo de confianza para   la estimación de la razón (número de personas por habitación) será:

$$\hat{R} \pm \lambda_\alpha \hat{\sigma}(\hat{R}) = 2 \pm 1,96 \cdot 0,04123 = [1.992, 2.008]$$

Si no se supone norm alidad, la estimación por intervalos del núm ero de personas por habitación será:

$$\hat{R} \pm \frac{\hat{\sigma}(\hat{R})}{\sqrt{\alpha}} = 2 \pm \frac{0,04123}{\sqrt{0,05}} = [1.982, 2.018]$$

Se observa que la estim ación por intervalos es muy precisa, tanto con normalidad en la población como sin ella.

Para estudiar qué m étodo de estim ación indirecta es el m   ás adecuado al estimar el total de habitaciones (variable Y) en la ciudad utilizam os la recta de regresión de la variable en estudio Y sobre la variable auxiliar X, cuya ecuación es:

$$y - \overline{y} = \frac{\hat{S}_{xy}}{\hat{S}_x^2}(x - \overline{x}) \Rightarrow y = 0,53x + 1$$

Observamos que la recta de regresión de X sobre Y tiene una ordenada en el origen que no se anula, pero es pequeña (comparada con los valores m edios de X e Y), lo que indica que puede ser razonable   la estim ación indirecta de los parám etros poblacionales utilizando estimación basada en la razón. Adem   ás el sesgo del estimador de la razón será pequeño (com   o ya hem os visto) porque la recta de regresión está próxima a pasar por el origen. Evidentem ente la estim ación indirecta basada en regresión será la m ás apropiada, como ocurre siem pre. Puede suceder que la estim ación indirecta basada en la diferencia sea la m   enos apropiada, y a que la pendiente de la recta de regresión no está claro que se aproxime a la unidad.

La utilización de m étodos indirectos de estim ación en todo el problem a es apropiada, ya que resulta alto el coeficiente de correlación:

$$\hat{\rho} = \frac{\hat{S}_{xy}}{\hat{S}_x\hat{S}_y} \cong 0,6$$

Ahora calculamos el estim ador basado en regresión para el total de habitaciones en la ciudad (variable Y) y su varianza.

El estimador por regresión para el total es $\hat{Y}_{rg} = \hat{Y} + b_o\left(X - \hat{X}\right)$. Tenemos:

$$\hat{Y}_{rg} = N\bar{y} + \frac{\hat{S}_{xy}}{\hat{S}_x^2}(X - N\bar{x}) = 15000\cdot 3,58 + \frac{3,75}{7,06}(74000 - 15000\cdot 4,91) = 56886$$

$$\hat{V}_{min}(\hat{Y}_{rg}) = N^2 \frac{(1-f)}{n}\hat{S}_y^2\left(1 - \hat{\rho}^2\right) = 15000^2 \frac{1 - \dfrac{600}{15000}}{600}5,5(1 - 0,6^2) = 1267200$$

Ahora calculam os el estim ador del total de habitaciones en la ciudad y su varianzas para muestreo aleatorio simple.

$$\hat{\bar{Y}}_{as} = \bar{y} = 3,58 \qquad \hat{Y}_{as} = N\hat{\bar{Y}}_{as} = 15000\cdot 3,58 = 53700$$

$$\hat{V}(\hat{Y}_{as}) = N^2 \frac{(1-f)}{n}\hat{S}_y^2 = 15000^2 \frac{1 - \dfrac{600}{15000}}{600}5,5 = 1980000$$

Se observa que la estim ación por m uestreo aleatorio simple subestima el número total de habitaciones en la ciudad com etiendo adem ás un error de m uestreo superior al cometido en la estimación por regresión.

La ganancia en precisión del estimador de regresión sobre el aleatorio simple es:

G=(1980000/1267200-1)*100=56,25%.

Al observar estas ganancias en precisión se pone en evidencia la utilidad de usar métodos indirectos de estimación que aprovech an la información conocida de una variable auxiliar correlacionada con la variable en estudio.

Ejercicio 3. *De una población con N=750 se conocen los siguientes datos poblacionales para dos características X e Y.*

$$\overline{X} = 10, \quad \overline{Y} = 8, \quad \sigma_x^2 = 2500 \quad y \quad \frac{\sigma_{xy}}{\sigma_x^2} = 0,6$$

Determinar a partir de qué tamaño muestral el sesgo del estimador de la razón Y/X es despreciable utilizando muestreo sin y con reposición. ¿Qué método de estimación indirecta sería el más adecuado a utilizar sobre muestras de esta población?

De la condición del sesgo relativo $\left|\dfrac{B(\hat{R})}{\sigma(\hat{R})}\right| < 1/10$ se obtiene que:

$$n \geq \frac{N \cdot 100 \cdot S_x^2}{N\overline{X}^2 + 100 S_x^2} = \frac{750 \cdot 100 \cdot \dfrac{750}{749} 2500}{750 \cdot 10^2 + 100 \dfrac{750}{749} 2500} = 577$$

En caso de muestreo con reposición la misma condición de sesgo relativo menor que un décimo nos lleva a:

$$n \geq 100 \frac{\sigma_x^2}{\overline{X}^2} = 100 \frac{2500}{100} = 2500$$

que sobrepasa el tam año poblacional (con los datos del problem a nunca podría ser el sesgo despreciable).

La recta de regresión de Y sobre X tiene de ecuación:

$$y - \overline{y} = \frac{\hat{S}_{xy}}{\hat{S}_x^2}(x - \overline{x}) \ \Rightarrow \ y - 8 = 0,6(x - 10) \Rightarrow y = 0,6x + 2$$

lo que indica que la estim ación por razón podría ser adecuada al no ser dem asiado grande l a o rdenada e n e l o rigen. La estimación por regresión siempre es el método más adecuado. La pendiente de la recta no es unitaria, con lo que no es m uy apropiada la estimación por diferencia.

Ejercicio 4. Una población virtual de 6 elementos se ha estratificado en dos estratos de 3 unidades, extrayéndose de cada uno dos unidades para una muestra. Los pares de valores de una variable en estudio X y una variable Y correlacionada con ella medidas sobre los elementos de la población son los siguientes:

Estrato 1		Estrato 2	
X_{1i}	Y_{1i}	X_{2i}	Y_{2i}
2	1	5	4
4	2	7	5
5	3	12	6

Analizar la precisión de todos los métodos indirectos de estimación que se utilizan en estratificación para estimar la media de X en presencia de Y. Razonar los resultados. Contrastar también estos resultados con las precisiones obtenidas considerando métodos de estimación indirecta sin estratificación. Utilizar también métodos directos de estimación para la variable en estudio sin utilizar la variable de apoyo.

A partir de los datos del problema se puede construir la siguiente tabla:

Estrato	N_h	W_h	S^2_{xh}	S^2_{yh}	$\overline{X}_h$	$\overline{Y}_h$	S_{xyh}	f_h	n_h
1	3	1/2	7/3	1	11/3	2	3/2	2/3	2
2	3	1/2	13	1	8	5	7/2	2/3	2

A continuación se calculan las varianzas del estim ador de la media para los distintos métodos de estimación directos e indirectos y estratificados y sin estratificar.

$$Aleatorio\ simple \rightarrow V_1(\overline{x}) = (1-f)\frac{S^2_x}{n} = 0{,}98$$

$$Estratificado \rightarrow V_2(\overline{x}) = \sum_{h=1}^{2} W_h^2 (1-f_h)\frac{S^2_{xh}}{n_h} = 0{,}63$$

$$Razón \rightarrow V_3(\overline{x}) = \frac{(1-f)}{n}\left(S^2_x + R^2 S^2_y - 2RS_{xy}\right) = 0{,}151296$$

$$Razón\ separada \rightarrow V_4(\overline{x}) = \sum_{h=1}^{2} W_h^2 \frac{(1-f_h)}{n_h}\left(S^2_{xh} + R_h^2 S^2_{yh} - 2R_h S_{xyh}\right) = 0{,}189$$

$$Razón\ combinada \rightarrow V_5(\overline{x}) = \sum_{h=1}^{2} W_h^2 \frac{(1-f_h)}{n_h}\left(S^2_{xh} + R^2 S^2_{yh} - 2RS_{xyh}\right) = 0{,}1759$$

$$Regresión \rightarrow V_6(\overline{x}) = (1-f)\frac{S^2_x}{n}(1-\rho^2) = 0{,}15119$$

$$Regresión\ separada \rightarrow V_7(\overline{x}) = \sum_{h=1}^{2} W_h^2 \frac{(1-f_h)}{n_h}\left(S^2_{xh} + \beta_h^2 S^2_{yh} - 2\beta_h S_{xyh}\right) = 0{,}0347$$

$$Regresión\ combinada \rightarrow V_8(\overline{x}) = \sum_{h=1}^{2} W_h^2 \frac{(1-f_h)}{n_h}\left(S^2_{xh} + \overline{\beta}_c^2 S^2_{yh} - 2\overline{\beta}_c S_{xyh}\right) = 0{,}118$$

$$Diferencia \rightarrow V_9(\overline{x}) = \frac{(1-f)}{n}\left(S^2_x + S^2_y - 2S_{xy}\right) = 0{,}28833$$

En cuanto a los métodos no estratificados se observa que la estim ación óptima la produce el m étodo indirecto basado en regresión, resultado que siempre se cumple. El siguiente m étodo en precisión es la estim ación indirecta por razón, que presenta una precisión m uy sim ilar a la estim ación por regresión (apenas un 0,07% de ganancia en precisión para regresión) . La estim ación indirecta por diferencia también es aceptable, aunque es el m étodo de estim ación indirecta m enos preciso en este caso. Por otra parte el m uestreo aleatorio sim ple presenta una precisión muy inferior a cualquier m étodo indirecto. Ello nos lleva a concluir que en este problema es importante la consideración de los métodos indirectos de estimación.

Si analizamos la recta de regresión de la variable en estudio X respecto de la variable auxiliar Y, que tiene de ecuaci ón x=1,6y-0,06, vem os que prácticam ente pasa por el origen, razón por la cual el estim ador por razón es muy preciso. Además la pendiente de la recta no está lejos de la unidad, con lo que la estim ación indirecta por diferencia puede resultar también apropiada.

Por otra parte:

$$0,9 = \rho > \frac{1}{2} R \frac{S_y}{S_x} = 0,45$$

lo que indica que el muestreo aleatorio simple va a ser bastante menos preciso que el método de estimación por razón.

Al introducir la estratificación se obtiene buena mejora en la estimación indirecta por regresión separada y no tanto en la combinada (que ya sabemos que siempre es peor que la separada). En cuanto a la estratificación por razón se obtienen peores precisiones que cuando se usa razón sin estratificar. Por lo tanto la estimación estratificada basada en la razón no es conveniente. De todas formas, la estimación por razón combinada resulta aquí más precisa que la estimación por razón separada.

Ejercicio 5. Para estudiar el grado medio de implantación de un determinado cultivo en una región se obtuvo una muestra de 100 fincas para las que se midió la superficie dedicada al cultivo en estudio (variable X) y su superficie total (variable Y), obteniéndose los datos que se presentan en la tabla adjunta. Se pide:

1º) A la vista de la información, justificar si será adecuado el uso de los métodos indirectos de muestreo respecto del muestreo aleatorio simple y estudiar qué métodos serán los más adecuados expresándolos por orden de preferencia. Hallar los errores relativos de muestreo para los diferentes métodos cuantificando sesgos y ganancias en precisión y razonando adecuadamente los resultados. Contrastar también los resultados obtenidos considerando muestreo con reposición y sin reposición.

2º) Dada la estructura de las fincas se consideró conveniente realizar una estratificación según la variable superficie total de la fincas. Se consideraron 2 estratos relativos a fincas de superficie total superior a una hectárea y a fincas de superficie total menor o igual que una hectárea. Los datos obtenidos también se presentan en la tabla adjunta. A la vista de esta información, justificar si serán adecuados los métodos de estimación indirecta con estratificación y cuál de entre ellos puede resultar mejor. Hallar los errores relativos de muestreo para los diferentes métodos de estimación con muestreo estratificado cuantificando sesgos y ganancias en precisión y razonando adecuadamente los resultados. Contrastar también los resultados obtenidos considerando muestreo con reposición y sin reposición.

Estratos	Superficie de las fincas	N_h	$\hat{S}_{yh}^{2}$	$\hat{S}_{xh}^{2}$	$\hat{\rho}_{xyh}$	$\overline{y}_h$	$\overline{x}_h$	n_h
1	$0-1Ht$	1580	2055	312	0.62	82.5	19.4	70
2	$>1Ht$	430	7357	922	0.3	244.8	51.6	30
Población			7619	620	0.67			

Tenemos como dato que:

$$\hat{\rho} = \frac{\hat{S}_{xy}}{\hat{S}_x \hat{S}_y} = 0,67$$

luego la utilización de m étodos indirectos de estimación en todo el problema es apropiada, ya que el coeficiente de correlación estimado es alto.

Para estudiar qué m étodo de estim ación indirecta es el m ás adecuado al estimar la superficie dedicada al cultivo (variable X) en las fincas utilizamos la recta de regresión de la variable en estudio X sobre la variable auxiliar Y superficie total de las fincas, cuya ecuación es:

$$x - \bar{x} = \frac{\hat{S}_{xy}}{\hat{S}_y^2}(y - \bar{y}) \Rightarrow x - 26,3 = \frac{1453}{7619}(y - 117,28) \Rightarrow x = 0,19y + 4$$

$$\bar{x} = \sum_{h=1}^{2} W_h \bar{x}_h = \frac{N_1}{N}\bar{x}_1 + \frac{N_2}{N}\bar{x}_2 = \frac{1580}{2010}19,4 + \frac{430}{2010}51,63 = 26,3$$

$$\bar{y} = \sum_{h=1}^{2} W_h \bar{y}_h = \frac{N_1}{N}\bar{y}_1 + \frac{N_2}{N}\bar{y}_2 = \frac{1580}{2010}82,56 + \frac{430}{2010}244,85 = 117,28$$

$$\hat{S}_{xy} = \hat{\rho}_{xy}\hat{S}_x\hat{S}_y \Rightarrow 0,67\sqrt{620}\sqrt{7619} = 1453 \qquad \hat{R} = \frac{\bar{x}}{\bar{y}} = \frac{26,30}{117,28} = 0,224$$

Observamos que la recta de regresión de X sobre Y tiene una ordenada en el origen que no se anula, pero es pequeña (comparada con los valores medios de X e Y), lo que indica que puede ser razonable la estimación indirecta de los parámetros poblacionales utilizando estim ación basada en la razón. Adem ás el sesgo del estimador de la razón será pequeño porque la recta de regresión está próxima a pasar por el origen. Evidentemente la estim ación indirecta basada en regresión será la m ás apropiada, com o ocurre siempre. La estimación indirecta basada en la diferencia será la m enos apropiada, ya que la pendiente de la recta de regresión no se aproxima a la unidad.

El estimador basado en la razón mejora al aleatorio simple si se cumple $\hat{\rho} > \frac{1}{2}\frac{\hat{C}_y}{\hat{C}_x}$

$$0,67 = \hat{\rho} > \frac{1}{2}\frac{\hat{C}_y}{\hat{C}_x} = \frac{1}{2}\frac{\hat{S}_y}{\hat{S}_x}\hat{R} = \frac{1}{2}\frac{\sqrt{7619}}{\sqrt{620}}\frac{26,30}{117,28} = 0,393$$

Por lo tanto, el muestreo basado en la razón es más preciso que el aleatorio simple. Ello implica que el muestreo basado en la regresión también es más preciso que el aleatorio simple. Sin em bargo, y a hem os razonado que el m uestreo por diferencia probablemente será menos preciso que el aleatorio sim ple, y por tanto, tam bién será m enos preciso que la estimación por razón y regresión. Vamos a realizar los cálculos de varianzas.

Muestreo sin reposición

Comenzamos hallando el error para la estimación de la m edia (grado m edio de implantación del cultivo medido a través de la superficie dedicada al cultivo) de la variable en estudio X basada en la razón de X a la variable auxiliar Y.

$$\hat{V}(\hat{\bar{X}}) = \frac{(1-f)}{n}\left(\hat{S}_x^2 + \hat{R}^2\hat{S}_y^2 - 2\hat{R}\hat{S}_{XY}\right) = \frac{(1-\dfrac{100}{2010})}{100}\left(620 + 0{,}224^2 \cdot 7619 - 2\cdot 0{,}224\cdot 1453\right) = 3{,}335$$

Ahora estimamos el error del estimador de la media basado en regresión.

$$\hat{V}_{\min}(\hat{\bar{X}}_{rg}) = \frac{(1-f)}{n}\hat{S}_x^2\left(1-\hat{\rho}^2\right) = \frac{1-\dfrac{100}{2010}}{100}620(1-0{,}67^2) = 3{,}24$$

Ahora estimamos el error del estimador de la media basado en diferencia.

$$V(\hat{\bar{X}}) = V(\hat{D}+\bar{Y}) = V(\hat{D}) = \frac{(1-f)}{n}\left(\hat{S}_x^2 + \hat{S}_y^2 - 2\hat{S}_{XY}\right) = \frac{1-\dfrac{100}{2010}}{100}(620 + 7619 - 2*1453) = 50{,}67$$

Ahora estimamos el error del estimador de la media en el aleatorio simple.

$$\hat{V}(\hat{\bar{X}}_{as}) = \frac{(1-f)}{n}\hat{S}_x^2 = \frac{1-\dfrac{100}{2010}}{100}620 = 5{,}89$$

Se observa que la menor varianza la presenta el estim   ador basado en regresión, seguido del estim ador basado en la razón, el estim ador aleatorio sim ple y el estimador basado en la diferencia. Estos resultados coinciden con los especificados al principio del problema basados en la recta de regresión.

La ganancia en precisión del estimador de regresión sobre el aleatorio simple es:

G=(5,89/3,24-1)*100=81,8%

La ganancia en precisión del estimador de razón sobre el aleatorio simple es:

G=(5,89/3,335-1)*100=76,6%

La ganancia en precisión del estimador de regresión sobre el de razón es:

G=(3,335/3,24-1)*100=2,9%

En cuanto a la estimación del sesgo de estimador de la razón tenemos:

$$\hat{B}(\hat{R}) = \frac{(1-f)}{n\bar{y}^2}\left(\hat{R}\hat{S}_y^2 - \hat{S}_{XY}\right) = \frac{1 - \dfrac{100}{2010}}{100 \cdot 117,28^2}\left(0,224 \cdot 7619 - 1453\right) = 0,00017$$

Muestreo con reposición

Comenzamos estimando el error del estim ador de la m edia de la variable en estudio X basado en la razón de X a la variable auxiliar Y.

$$\hat{V}(\hat{\bar{X}}) = \frac{1}{n}\left(\hat{S}_x^2 + \hat{R}^2\hat{S}_y^2 - 2\hat{R}\hat{S}_{XY}\right) = \frac{1}{100}\left(620 + 0,224^2 \cdot 7619 - 2 \cdot 0,224 \cdot 1453\right) = 3,51$$

Ahora estimamos el error del estimador de la media basado en regresión.

$$\hat{V}_{min}(\hat{\bar{X}}_{rg}) = \frac{1}{n}\hat{S}_x^2\left(1 - \hat{\rho}^2\right) = \frac{1}{100}620(1 - 0,67^2) = 3,41$$

Ahora estimamos el error del estimador de la media basado en diferencia.

$$V(\hat{\bar{X}}) = V(\hat{D} + \bar{Y}) = V(\hat{D}) = \frac{1}{n}\left(\hat{S}_x^2 + \hat{S}_y^2 - 2\hat{S}_{XY}\right) = \frac{1}{100}(620 + 7619 - 2*1453) = 53,33$$

Ahora estimamos el error del estimador de la media en el aleatorio simple.

$$\hat{V}(\hat{\bar{X}}_{as}) = \frac{\hat{S}_x^2}{n} = \frac{620}{100} = 6,2$$

Se observa que la menor varianza la presenta el estim ador basado en regresión, seguido del estim ador basado en la razón, el estim ador aleatorio sim ple y el estim ador basado en la diferencia . Estos resultados son superiores a   los correspondientes a m uestreo sin reposición debido a que el m uestreo con reposición es menos preciso.

El sesgo del estimador de la razón se estima mediante:

$$\hat{B}(\hat{R}) = \frac{1}{n\bar{y}^2}\left(\hat{R}\hat{S}_y^2 - \hat{S}_{XY}\right) = \frac{1}{100 \cdot 117,28^2}\left(0,204.76,19 - 14,58\right) = 0,00018$$

Consideramos ahora la estratificación en dos estratos según la superficie total de las fincas, y vam os a considerar las estimaciones separada y com binada para la media en razón y regresión para calcular sus errores de muestreo y sus sesgos.

Comenzaremos determ inando valor es necesarios en todos los cálculos posteriores com o son: $W_1 = 1580/2010 = 0,786$, $W_2 = 430/2010 = 0,214$, $f_1 = 70/100 = 0,7$, $f_2 = 30/100 = 0,3$, $\hat{R}_1 = 19,40/82,56 = 0,235$, $\hat{R}_2 = 51,63/244,85 = 0,21$, $\hat{S}_{xy1} = \hat{\rho}_{xy1}\hat{S}_x\hat{S}_y = 496,4$ y $\hat{S}_{xy2} = \hat{\rho}_{xy2}\hat{S}_x\hat{S}_y = 781,3$.

Estimador combinado de la razón

La   *estimación combinada de la varianza del estimador de la media para muestreo sin reposición* será:

$$\hat{V}(\hat{\bar{X}}_{RC}) = \sum_{h}^{L} \frac{W_h^2(1-f_h)}{n_h}\left(\hat{S}_{xh}^2 + \hat{R}^2\hat{S}_{yh}^2 - 2\hat{R}\,\hat{S}_{xyh}\right) = 1{,}51593$$

El   *sesgo del estimador combinado para la media puede estimarse como*:

$$\hat{B}(\hat{\bar{X}}_{RC}) = \sum_{h}^{L} \frac{W_h^2(1-f_h)}{n_h\overline{Y}}\left(\hat{R}\hat{S}_{Yh}^2 - \hat{S}_{XYh}\right) = 0{,}83/\overline{Y}$$

Pero $\overline{Y}$ se estima por $\overline{y} = 117{,}2 \Rightarrow \hat{B}(\hat{\bar{X}}_{RC}) = 0{,}83/117{,}2 = 0{,}007.$

La   *estimación de la varianza de la media para muestreo con reposición* será:

$$\hat{V}(\hat{\bar{X}}_{RC}) = \sum_{h}^{L} \frac{W_h^2}{n_h}\left(\hat{S}_{xh}^2 + \hat{R}^2\hat{S}_{yh}^2 - 2\hat{R}\hat{S}_{xyh}\right) = 3{,}1375$$

Para muestreo con reposición el sesgo puede estimarse como:

$$\hat{B}(\hat{\bar{X}}_{RC}) = \sum_{h}^{L} \frac{W_h^2}{n_h\overline{Y}}\left(\hat{R}\hat{S}_{Yh}^2 - \hat{S}_{XYh}\right) = 1.00456/\overline{Y}$$

$\overline{Y}$ se estima por $\overline{y} = 117{,}2 \Rightarrow \hat{B}(\hat{\bar{X}}_{RC}) = 1{,}00456/117{,}2 = 0{,}0085.$

Estimador separado de la razón

La *estimación de la varianza del estimador de la media para muestreo sin reposición* será:

$$\hat{V}(\hat{\bar{X}}_{RS}) = \sum_{h}^{L} \frac{W_h^2(1-f_h)}{n_h}\left(\hat{S}_{xh}^2 + \hat{R}_h^2\hat{S}_{yh}^2 - 2\hat{R}_h\hat{S}_{xyh}\right) = 1{,}49.$$

El valor del *sesgo del estimador simple o separado* sin reposición *puede estimarse como*:

$$\hat{B}(\hat{\bar{X}}_{RS}) = \sum_{h}^{L} \frac{W_h(1-f_h)}{n_h\overline{Y}_h}\left(\hat{R}_h\hat{S}_{Yh}^2 - \hat{S}_{XYh}\right) = 0{,}0029.$$ $\overline{Y}_1$ e $\overline{Y}_2$ se estimarán mediante $\overline{y}_1$ e $\overline{y}_2$ respectivamente.

La **_varianza del estimador separado de la media para muestreo con reposición_** puede estimarse como:

$$\hat{V}(\hat{X}_{RS}) = \sum_{h}^{L} \frac{W_h^2}{n_h} \left(\hat{S}_{xh}^2 + \hat{R}_h^2 \hat{S}_{yh}^2 - 2\hat{R}_h \hat{S}_{xyh} \right) = 3,09792$$

Para muestreo con reposición la expresión del sesgo puede estimarse como:

$$\hat{B}(\hat{X}_{RS}) = \sum_{h}^{L} \frac{W_h}{n_h \bar{Y}_h} \left(\hat{R}_h \hat{S}_{Yh}^2 - \hat{S}_{XYh} \right) = 0,0033$$

Estimador combinado en regresión

La estimación de la varianza mínima del estimador de la media viene expresada en **_muestreo sin reposición_** por la expresión:

$$\hat{V}_{\min}\left(\bar{x}_{rgc}\right) = \sum_{h}^{l} W_h^2 \frac{1-f_h}{n_h} \cdot \left(\hat{S}_{xh}^2 + \hat{\bar{\beta}}_c^2 \hat{S}_{yh}^2 - 2\hat{\bar{\beta}}_c \hat{S}_{xyh} \right)$$

donde:

$$\hat{\bar{\beta}}_c = \frac{\sum_{h}^{L} \hat{\omega}_h \hat{\beta}_h}{\sum_{h}^{L} \hat{\omega}_h} - 0,16155 \quad \text{con} \quad \hat{\omega}_h = \frac{W_h^2 \left(1-f_h\right)}{n_h} \cdot \hat{S}_{yh}^2 \quad \text{y} \quad \hat{\beta}_h = \frac{\hat{S}_{xyh}}{\hat{S}_{yh}^2} \cdot$$

Calculado $\hat{\bar{\beta}}_c$ ya podemos hallar el valor de la varianza mínima mediante:

$$\hat{V}_{\min}\left(\bar{x}_{rgc}\right) = \sum_{h}^{l} W_h^2 \frac{1-f_h}{n_h} \cdot \left(\hat{S}_{xh}^2 + \hat{\bar{\beta}}_c^2 \hat{S}_{yh}^2 - 2\hat{\bar{\beta}}_c \hat{S}_{xyh} \right) = 1,46407$$

La estimación de la varianza mínima del estimador de la media viene expresada en **_muestreo con reposición_** por la expresión:

$$\hat{V}_{\min}\left(\bar{x}_{rgc}\right) = \sum_{h}^{l} W_h^2 \frac{1}{n_h} \cdot \left(\hat{S}_{xh}^2 + \hat{\bar{\beta}}_c^2 \hat{S}_{yh}^2 - 2\hat{\bar{\beta}}_c \hat{S}_{xyh} \right)$$

donde:

$$\hat{\bar{\beta}}_c = \frac{\sum_{h}^{L} \hat{\omega}_h \hat{\beta}_h}{\sum_{h}^{L} \hat{\omega}_h} = 0,18977 \quad \text{con} \quad \hat{\omega}_h = \frac{W_h^2}{n_h} \cdot \hat{S}_{yh}^2 \quad \text{y} \quad \hat{\beta}_h = \frac{\hat{S}_{xyh}}{\hat{S}_{yh}^2} \cdot$$

El cálculo de $\hat{\bar{\beta}}_c$ requiere las siguientes operaciones:

Calculado $\hat{\bar{\beta}}_c$ ya podemos hallar el valor de la varianza mínima mediante:

$$\hat{V}_{\min}\left(\overline{x}_{rgc}\right) = \sum_h^l W_h^2 \frac{1}{n_h} \cdot \left(\hat{S}_{xh}^2 + \hat{\bar{\beta}}_c^2 \hat{S}_{yh}^2 - 2\hat{\bar{\beta}}_c \hat{S}_{xyh}\right) = 3,10321$$

Estimador separado en regresión

La estimación de la varianza mínima del estimador de la media viene expresada en **muestreo sin reposición** por la expresión:

$$\hat{V}_{\min}\left(\overline{x}_{rgst}\right) = \sum_h^L W_h^2 \frac{1-f_h}{n_h} (\hat{S}_{Xh}^2 + \hat{\beta}_h \hat{S}_{Yh}^2 - 2\hat{\beta}_h \hat{S}_{XYh}) = \sum_h^L W_h^2 \frac{1-f_h}{n_h} \hat{S}_{xh}^2 (1-\hat{\rho}^2{}_{xyh}) = 1,40509$$

La estimación de la varianza mínima del estimador de la media viene expresada en **muestreo con reposición** por la expresión:

$$\hat{V}_{\min}\left(\overline{x}_{rgst}\right) = \sum_h^L W_h^2 \frac{1}{n_h} (\hat{S}_{Xh}^2 + \hat{\beta}_h \hat{S}_{Xh}^2 - 2\hat{\beta}_h \hat{S}_{XYh}) = \sum_h^L W_h^2 \frac{1}{n_h} \hat{S}_{xh}^2 (1-\hat{\rho}^2{}_{xyh}) = 2,97591$$

Resumiendo resultados tenemos:

$$\text{ESTRATIFICADO}\begin{cases} \text{RAZÓN}\begin{cases} \text{SEPARADA}\begin{cases} \textit{SIN REPOSICIÓN} \to 1,49 \\ \textit{CON REPOSICIÓN} \to 3,09792 \end{cases} \\ \text{COMBINADA}\begin{cases} \textit{SIN REPOSICIÓN} \to 1,51593 \\ \textit{CON REPOSICIÓN} \to 3,1375 \end{cases} \end{cases} \\ \text{REGRESIÓN}\begin{cases} \text{SEPARADA}\begin{cases} \textit{SIN REPOSICIÓN} \to 1,40509 \\ \textit{CON REPOSICIÓN} \to 2,97591 \end{cases} \\ \text{COMBINADA}\begin{cases} \textit{SIN REPOSICIÓN} \to 1,46407 \\ \textit{CON REPOSICIÓN} \to 3,10321 \end{cases} \end{cases} \end{cases}$$

$$\text{SIN ESTRATIFICAR}\begin{cases} \text{RAZÓN}\begin{cases} \textit{SIN REPOSICIÓN} \to 3,335 \\ \textit{CON REPOSICIÓN} \to 3,51 \end{cases} \\ \text{REGRESIÓN}\begin{cases} \textit{SIN REPOSICIÓN} \to 3,24 \\ \textit{CON REPOSICIÓN} \to 3,41 \end{cases} \end{cases}$$

Se observa que en estratificación por razón la estimación separada es mejor que la combinada, quizá debido al tamaño elevado de los estratos y a que, aunque R_h no es constante para todos los estratos, le falta poco. De todas formas la ganancia en precisión es muy pequeña. Para muestreo sin reposición se tiene GP=(1,51593/1,49-1)*100=1,74%. Para muestreo con reposición se tiene GP=(3,1375/3,09792-1)*100 = 1,277%.

Como es natural, las estimaciones con reposición presentan m ayor error de muestreo que las estim aciones sin reposición. La ganancia en precisión al utilizar razón separada es ligeramente mayor para muestreo sin reposición. En estratificación por regresión también la estimación separada es m ás precisa que la combinada, pero eso ocurre siempre, tal y como se ha dem ostrado en este capítulo. La ganancia en precisión para m uestreo sin reposición viene da da por $(1,46407/1,40509-1)*100 = 4,1975\%$. La ganancia en precisión para muestreo con reposición es $(3,10321/2.97591-1)*100 = 4,277\%$. Com o es natural las estim aciones con reposición presentan m ayor error de muestreo que las estim aciones sin reposición. La ganancia en precisión al utilizar regresión separada es ligerísimamente mayor para muestreo con reposición.

Como es natural, todas las estim aciones en regresión son m ás precisas que las correspondientes estimaciones por razón, tanto con reposición com o sin reposición, y tanto estratificando como sin estratificar. No obstante, al estratificar se ha ganado en precisión, pues las estim aciones en estratificación, tanto de razón separada y com binada com o de regresi ón separada y com binada, tienen m enor varianza que las estimaciones de razón y regresión sin estratificar.

Ejercicio 6. *Para una muestra de 10 municipios de una comarca, estratificada según sus municipios en dos estratos, se dispone de los datos siguientes:*

Estrato	Fracción de muestreo	N° de explotaciones ganaderas	Municipio muestral	X_{ih}	Y_{ih}
1	10%	$X_1 = 71$	1	1	10
			2	3	25
			3	2	22
			4	1	11
2	20%	$X_2 = 182$	1	5	55
			2	8	90
			3	6	61
			4	7	77
			5	6	66
			6	5	51

X_{ih}= *Número de explotaciones ganaderas existentes en el municipio muestral i-ésimo del estrato h-ésimo.*

Y_{ih}= *Número de cabezas de ganado existentes en el conjunto de explotaciones ganaderas del municipio muestral i-ésimo del estrato h-ésimo.*

En el supuesto de que la selección de los municipios de la muestra haya sido con reposición, se pide estimar el número total de cabezas de ganado y el promedio de cabezas de ganado por explotación ganadera dando los errores absolutos y relativos de muestreo. Hallar el tamaño muestral necesario para un error del 10% al estimar el número total de cabezas de ganado con afijación proporcional al número de explotaciones ganaderas existentes en cada municipio y realizar la afijación.

$$f_1 = \frac{n_1}{N_1} \Rightarrow 0,1 = \frac{4}{N_1} \Rightarrow N_1 = 40 \qquad f_2 = \frac{n_2}{N_2} \Rightarrow 0,2 = \frac{6}{N_2} \Rightarrow N_2 = 30$$

Vamos a estim ar el total de   cabezas de ganado y sus errores absoluto y relativo de muestreo mediante muestreo estratificado como sigue:

$$\hat{Y} = \sum_{h=1}^{2} N_h \bar{y}_h = N_1 \bar{y}_1 + N_2 \bar{y}_2 = 40 \frac{10+25+22+11}{4} + 30 \frac{55+90+61+77+66+51}{6} = 2780$$

$$\hat{V}(\hat{Y}) = \sum_{h=1}^{2} N_h^2 \frac{\hat{S}_{yh}^2}{n_h} = 40^2 \frac{\hat{S}_{y1}^2}{4} + 30^2 \frac{\hat{S}_{y2}^2}{6} = 40^2 \frac{7.61}{4} + 30^2 \frac{30,15}{6} = 7566,5$$

$$\hat{S}_{yh}^2 = \frac{1}{n_h-1}\sum_{i=1}^{n_h}\left(Y_{hi}-\bar{y}_h\right)^2 \Rightarrow \begin{cases} \hat{S}_{y1}^2 = 7,61 \\ \hat{S}_{y2}^2 = 30,15 \end{cases} \quad \hat{\sigma}(\hat{Y}) = \sqrt{\hat{V}(\hat{Y})} = \sqrt{7566,5} = 87$$

$$\hat{C}v(\hat{Y}) = \frac{\hat{\sigma}(\hat{Y})}{\hat{Y}} = \frac{87}{2780} = \frac{\sqrt{6357,67}}{2780} = 0,0312 \quad (3,12\%)$$

Para estimar el prom edio de cab ezas de ganado por explotación ganadera utilizamos el estim ador de razón de Y a X (tam bién puede usarse razón separada o combinada).

$$\hat{R} = \frac{\hat{Y}}{\hat{X}} = \frac{\sum_{h=1}^{2} N_h \bar{y}_h}{\sum_{h=1}^{2} N_h \bar{x}_h} = \frac{2780}{40\frac{1+2+3+1}{4}+30\frac{5+8+6+7+6+5}{6}} = \frac{2780}{255} = 10,9$$

Tomaremos 11 cabezas de ganado en promedio por cada explotación ganadera.

$$\hat{V}(\hat{R}) = \frac{1}{n\bar{x}^2}(\hat{S}_y^2 + \hat{R}^2 \hat{S}_x^2 - 2\hat{R}\hat{S}_{xy}) = \frac{1}{10(4,4)^2}\left(795,51+11^2 \cdot 6,26 - 2\cdot 11 \cdot 70,2\right) = 0,004426$$

$$\hat{C}v(\hat{R}) = \frac{\hat{\sigma}(\hat{R})}{\hat{R}} = \frac{\sqrt{0,004426}}{11} = 0,006 \quad (0,6\%)$$

El muestral para afijación proporcional con reposición para un error relativo del 5% al estimar el total de cabezas de ganado se halla despejando n en la expresión:

$$0,1 = \hat{C}v(\hat{Y}) = \frac{\hat{\sigma}(\hat{Y})}{\hat{Y}} = \frac{\sqrt{\sum_{h=1}^{2}\frac{N_h^2 \hat{S}_{yh}^2}{n} N_h}}{2780} = \frac{\sqrt{\frac{N}{n}\sum_{h=1}^{2} N_h \hat{S}_{yh}^2}}{2780} = \frac{\sqrt{\frac{253}{n}(71\cdot 7,61+182\cdot 30,15)}}{2780} \Rightarrow n \cong 20$$

La afijación será $n_1 = (20/253)71 = 6$ y $n_2 = (20/253)182 = 14$ (6 m unicipios del estrato 1 y 14 municipios el estrato 2).

Ejercicio 7. Antes del ingreso en un centro educativo se hizo un examen de conocimientos matemáticos a 486 estudiantes. Se seleccionó una muestra irrestricta aleatoria de n = 10 estudiantes y se observaron sus progresos en cálculo mediante una prueba de conocimientos cuyas calificaciones constituyen la variable Y. Más adelante se observaron sus calificaciones finales en cálculo mediante la variable X. Los datos se recogen en la tabla siguiente:

Estudiante	1	2	3	4	5	6	7	8	9	10
x	39	43	21	64	57	47	28	75	34	52
y	65	78	52	82	92	89	73	98	56	75

Se sabe que la calificación media de la prueba de conocimientos para los 486 estudiantes que presentaron el examen es 52. Estimar la calificación final media en cálculo para esta población, y establecer un límite para el error de estimación.

A fin de aprovechar la inform ación adicional de la variable Y, para estim ar la media de X utilizarem os el m étodo de estim ación indirecta m ás preciso, que es el estimador por regresión. Podemos resumir las estimaciones por regresión como sigue:

$$\overline{x}_{rg} = \overline{x} + b_o\left(\overline{Y} - \overline{y}\right)$$

Del enunciado del problem a sabem os que $\overline{Y} = 52$, y de los datos de la tabla se deduce que $\overline{x} = 76$ e $\overline{y} = 46$. Para calcular el estim ador por regresión sólo nos faltaría estimar b_o. Tenemos:

$$\hat{b}_0 = \hat{\beta} = \frac{\hat{S}_{XY}}{\hat{S}_Y^2} = \frac{\sum_i^n (X_i - \overline{x})(Y_i - \overline{y})}{\sum_i^n (Y_i - \overline{y})^2} = \frac{\sum_i^n X_iY_i - n\overline{xy}}{\sum_i^n Y_i^2 - n\overline{y}^2} = \frac{36,854 - 10(46)(76)}{23,634 - 10(46)^2} = 0,766$$

El estimador por regresión será entonces:

$$\overline{x}_{rg} = \overline{x} + b_o\left(\overline{Y} - \overline{y}\right) = 76 + 0,766(52 - 46) = 80$$

La varianzas mínima estimada será:

$$\hat{V}_{\min}(\overline{x}_{rg}) = \frac{(1-f)}{n} \cdot \hat{S}_x^2\left(1 - \hat{\rho}^2\right) = 7,4$$

y el límite para el error de estimación al 95% es:

$$2\sqrt{\hat{V}_{\min}(\overline{x}_{rg})} = 5,4$$

CAPÍTULO 8

MUESTREO MONOETÁPICO DE CONGLOMERADOS

DEFINICIÓN Y ESPECIFICACIONES DEL MUESTREO MONOETÁPICO DE CONGLOMERADOS

Consideramos una población finita con M unidades elementales o últimas agrupadas en N unidades mayores llamadas conglomerados o unidades primarias, de tal forma que no existan solapamientos ente los conglomerados y que éstos contengan en todo caso a la población en estudio. Consideramos como unidad de muestreo el conglomerado y extraemos de la población una muestra de n conglomerados a partir de la cual estimaremos los parámetros poblacionales.

El número de unidades elementales de un conglomerado se denomina tamaño del conglomerado. Los conglomerados pueden ser de igual o de distinto tamaño y han de ser lo más heterogéneos posible dentro de ellos y lo más homogéneos posibles entre ellos, de tal forma que la situación ideal sería que un único conglomerado pudiese representar fielmente a la población (muestra de tamaño uno con mínimo coste). Se observa que la situación ahora es la complementaria a la del caso de los estratos y a estudiado en su capítulo correspondiente.

Casos típicos de muestreo por conglomerados son la selección aleatoria de familias de una población para efectuar un estudio de individuos dentro de ellas, la selección de granjas de una comarca para una investigación en que las unidades últimas fuesen cabezas de ganado, la selección de árboles o matas de una plantación cuando las unidades últimas fuesen los frutos, etc.

El tipo de unidad que elijamos para efectuar una investigación suele afectar al coste y a la precisión de la misma. Así, no sería lo mismo seleccionar una muestra de estudiantes tomando como unidades de muestreo las universidades, las facultades, los cursos dentro de éstas o las mismas unidades últimas, esto es, los propios estudiantes.

Es muy frecuente que los conglomerados estén definidos como "áreas" o partes bien delimitadas de terreno, de modo que todas las unidades últimas correspondientes al área sean las que constituyen el conglomerado. De aquí que esté generalizada la denominación de muestreo por áreas para designar estos procedimientos de muestreo.

El empleo de conglomerados o áreas como unidades de muestreo se justifica por razones de economía en coste, en tiempo, en recursos, etc., y en ciertos casos por la disminución de sesgos al facilitarse la supervisión. A su vez, la concentración de unidades disminuye la necesidad de desplazamiento. Pero lo más importante es que para efectuar un muestreo aleatorio simple o muestreo irrestrictamente aleatorio es necesario disponer de una lista de todos los elementos de la población (marco), y si se trata de muestreo aleatorio estratificado son necesarias listas de cada subpoblación o estrato. En la práctica no suele disponerse de tales listas, salvo en casos particulares (por ejemplo, en el llamado muestreo de archivos), y además resultaría muy costosa, difícil o excesivamente prolongada la confección del listado. Es preferible la división previa de la población en conglomerados o áreas, de los cuales se selecciona cierto número, para lo cual sólo necesitamos disponer de la lista de los conglomerados (marco más fácil).

El marco para una encuesta ha de estar constituido por todas las listas y material cartográfico disponible. Es muy posible que cuando nos interese tomar una muestra de los habitantes de una ciudad no dispongamos de la lista de dichos habitantes, pero sí de un plano que nos permita dividirla en áreas a seleccionar. Previamente hay que formar la lista de unidades componentes de cada conglomerado, pero ello resulta más económico que confeccionar la lista de todas las unidades en la población completa.

En el muestreo estratificado figuran en la muestra algunas unidades de cada uno de los grupos (estratos). En el muestreo sistemático las unidades elementales de la muestra están dispersas por toda la población. En el muestreo monoetápico de conglomerados las unidades muestrales son grupos completos de unidades elementales. En el capítulo siguiente consideraremos el caso en que una vez seleccionados los conglomerados para la muestra (primera etapa), hay que efectuar en cada uno de ellos una segunda selección de unidades últimas o submuestreo (muestreo bietápico de conglomerados). En el muestreo estratificado todos los grupos de unidades (estratos) suelen tener su representación en la muestra. Ésta podría reducirse a una sola unidad por estrato si éstos fuesen estrictamente homogéneos "dentro". El criterio de estratificación trataba de conseguir homogeneidad dentro de los estratos y heterogeneidad entre los estratos. Desde el punto de vista de la precisión, mientras que los estratos, o las zonas, deben ser heterogéneos "entre" y homogéneos "dentro", los conglomerados deberán ser homogéneos "entre" y heterogéneos "dentro". En el muestreo sistemático todos los grupos de unidades (muestras posibles) tienen una unidad perteneciente a cada zona. Este tipo de muestreo era tanto más preciso cuanto mayor era la heterogeneidad "dentro", y la homogeneidad "entre" las muestras posibles.

Los tres tipos de m uestreo m encionados pueden com binarse en un diseño muestral complejo. Así, por ejemplo, se pueden estratificar los conglomerados, obtener una muestra de ellos, y dentro de los conglomerados muestrales obtener una m uestra sistemática de unidades elem entales. Tam bién es posible cualquier otro tipo de combinación entre estos tipos de muestreo.

VENTAJAS Y DESVENTAJAS DEL MUESTREO POR CONGLOMERADOS

Una vez analizadas en el apartado anterior las características del m uestreo por conglom erados m onoetápico y su co mparación con otros tipos de m uestreo, podríamos citar a m odo de resum en algunas de las ventajas y desventajas que presenta este tipo de muestreo.

Entre las *ventajas más importantes* tenemos:

- *No se necesita un marco muy específico* como en el caso del m uestreo aleatorio simple en el que era necesario disponer de un listado de unidades de la población, o como en el muestreo estratificado, donde era necesario disponer de listados de unidades por estratos.

- Se divide previam ente al m uestreo la población en conglomerados o áreas convenientes de las cuales se selecciona un cierto núm ero para la m uestra, con lo que *sólo es necesario un marco de conglomerados que será más fácil de conseguir y más barato*.

- *Se pueden utilizar como marco divisiones territoriales ya establecidas* por necesidades adm inistrativas para las cual es existe y a inform ación. Tam bién se pueden utilizar com o marco áreas geográficas cuy as características están y a muy delimitadas.

- *Se ahorra coste y tiempo* al efectuar visitas a las unidades seleccionadas. La concentración de unidades disminuye la necesidad de desplazamientos

Entre las *desventajas más importantes* tenemos:

- *Menor precisión en las estimaciones*, debido a que aunque lo ideal es que hay a heterogeneidad dentro, siempre va a ex istir un cierto grado de hom ogeneidad inevitable dentro de los conglomerados.

- *La eficiencia de este tipo de muestreo disminuye al aumentar el tamaño de los conglomerados*, cuando en realidad este tipo de m uestreo es m ás útil en caso de poblaciones muy numerosas en las que se puedan construir conglomerados grandes.

CONGLOMERADOS CON EL MISMO TAMAÑO $\overline{M}$. ESTIMADORES LINEALES INSESGADOS

Vamos a suponer ahora que todos los conglomerados son del mismo tamaño $\overline{M}$, en cuyo caso utilizaremos la siguiente notación:

N=Número de conglomerados en la población

n=Número de conglomerados en la muestra

$\overline{M}$=Número de unidades elementales por conglomerado (tamaño del conglomerado)

$N\overline{M}$=Número total de unidades elementales en la población

$n\overline{M}$=Número total de unidades elementales en la muestra

Consideraremos la característica poblacional general:

$$\theta = \sum_i^N Y_i = \sum_i^N \sum_j^{\overline{M}} Y_{ij}$$

que, suponiendo muestreo sin reposición, puede ser estimada mediante el estimador lineal insesgado de Horwitz y Thompson:

$$\hat{\theta}_{HT} = \sum_i^n \frac{Y_i}{\pi_i} = \sum_i^n \frac{\sum_j^{\overline{M}} Y_{ij}}{n/N} = \frac{N}{n} \sum_i^n \sum_j^{\overline{M}} Y_{ij}$$

Como se extraen n conglomerados para la muestra de entre los N existentes en total, la variable de apoyo e_i, puede definirse en este caso como:

$$e_i = \begin{cases} 1 \, si \, u_i \in \widetilde{X} \, con \, probabilidad \, \pi_i = n/N \\ 0 \, si \, u_i \notin \widetilde{X} \, con \, probabilidad \, 1 - \pi_i = 1 - n/N \end{cases} \qquad E(e_i) = \pi_i \qquad \pi_i = \frac{n}{N}$$

La aplicación del estimador lineal insesgado de Horwitz y Thompson a las estimaciones del total, media, proporción y total de clase poblacionales proporciona los siguientes estimadores:

$$\theta = X = \sum_i^N \sum_j^{\overline{M}} X_{ij} \Rightarrow Y_{ij} = X_{ij} \Rightarrow \hat{X} = \frac{N}{n} \sum_i^n \sum_j^{\overline{M}} X_{ij} = \frac{N\overline{M}}{n} \sum_i^n \frac{1}{\overline{M}} \sum_j^{\overline{M}} X_{ij} = N\overline{M} \frac{1}{n} \sum_i^n \overline{X}_i = N\overline{M} \cdot \overline{\overline{x}}$$

$$\theta = \overline{X} = \frac{1}{N\overline{M}} \sum_i^N \sum_j^{\overline{M}} X_{ij} \Rightarrow Y_{ij} = \frac{X_{ij}}{N\overline{M}} \Rightarrow \hat{\overline{X}} = \frac{N}{n} \sum_i^n \sum_j^{\overline{M}} \frac{X_{ij}}{N\overline{M}} = \frac{1}{n} \sum_i^n \frac{1}{\overline{M}} \sum_j^{\overline{M}} X_{ij} = \frac{1}{n} \sum_i^n \overline{X}_i = \overline{\overline{x}}$$

$$\theta = P = \frac{1}{N\overline{M}} \sum_i^N \sum_j^{\overline{M}} A_{ij} \Rightarrow Y_{ij} = \frac{A_{ij}}{N\overline{M}} \Rightarrow \hat{P} = \frac{N}{n} \sum_i^n \sum_j^{\overline{M}} \frac{A_{ij}}{N\overline{M}} = \frac{1}{n} \sum_i^n \frac{1}{\overline{M}} \sum_j^{\overline{M}} A_{ij} = \frac{1}{n} \sum_i^n P_i$$

$$\theta = A = \sum_i^N \sum_j^{\overline{M}} A_{ij} \Rightarrow Y_{ij} = A_{ij} \Rightarrow \hat{A} = \frac{N}{n} \sum_i^n \sum_j^{\overline{M}} A_{ij} = \frac{N\overline{M}}{n} \sum_i^n \frac{1}{\overline{M}} \sum_j^{\overline{M}} A_{ij} = N\overline{M} \frac{1}{n} \sum_i^n P_i = N\overline{M} \cdot \hat{P}$$

Hemos obtenido que el estimador insesgado de la media poblacional es la media de las medias de los conglomerados de la muestra y el estimador de la proporción poblacional es la media de las proporciones de los conglomerados de la muestra. Así mismo se mantiene la regla de que el estimador del total es el número total de unidades elementales de la población multiplicado por el estimador de la media (estimador de expansión). De forma similar, el estimador del total de clase es el número total de unidades elementales de la población multiplicado por el estimador de la proporción.

VARIANZAS DE LOS ESTIMADORES

Estimador de la media

$$V\left(\overline{\overline{x}}\right)=V\left(\frac{1}{n}\sum_i^n \overline{X}_i\right)=(1-f)\cdot\frac{\sum_i^N\left(\overline{X}_i-\overline{X}\right)^2}{n(N-1)}=(1-f)\cdot\frac{\sum_i^N\overline{M}\left(\overline{X}_i-\overline{X}\right)^2}{n\overline{M}(N-1)}=(1-f)\cdot\frac{S_b^2}{n\overline{M}}$$

$$S_b^2=\frac{\sum_i^N\sum_j^{\overline{M}}\left(\overline{X}_i-\overline{X}\right)^2}{N-1}=\text{cuasivarianza entre conglomerados}$$

La expresión de la varianza de la media:

$$V\left(\overline{\overline{x}}\right)=(1-f)\cdot\frac{S_b^2}{n\overline{M}}$$

es similar a la obtenida en el muestreo aleatorio simple, sustituyendo S^2 por S_b^2 y siendo $n\overline{M}$ el número total de unidades elementales en la muestra.

Estimador del total

$$V\left(\hat{X}\right)=V\left(N\overline{M}\cdot\overline{\overline{x}}\right)=N^2\overline{M}^2\cdot V\left(\overline{\overline{x}}\right)=N^2\overline{M}^2\cdot(1-f)\cdot\frac{S_b^2}{n\overline{M}}$$

Estimador de la proporción

$$S_b^2=\frac{\sum_i^N\sum_j^{\overline{M}}\left(\overline{X}_i-\overline{X}\right)^2}{N-1}=\frac{\sum_i^N\overline{M}\cdot\left(\overline{X}_i-\overline{X}\right)^2}{N-1}=\frac{\overline{M}}{N-1}\sum_i^N\left(P_i-P\right)^2$$

$$V\left(\hat{P}\right)=(1-f)\cdot\frac{\frac{\overline{M}}{N-1}\sum_i^N\left(P_i-P\right)^2}{n\overline{M}}=(1-f)\frac{\sum_i^N\left(P_i-P\right)^2}{n(N-1)}$$

Estimador del total de clase

$$V(\hat{A}) = V(N\overline{M} \cdot \hat{P}) = N^2 \overline{M}^2 V(\hat{P}) = N^2 \overline{M}^2 \cdot (1-f) \frac{\sum_{i}^{N}(P_i - P)^2}{n(N-1)}$$

VARIANZAS DE LOS ESTIMADORES EN FUNCIÓN DEL COEFICIENTE DE CORRELACIÓN INTRACONGLOMERADOS

Sea (X_{ij}, X_{iz}) un par de valores cualesquiera de la variable en estudio medidos sobre unidades del conglomerado i-ésimo con $j<z$.

En cada conglomerado de $\overline{M}$ elementos se forman $\begin{pmatrix} \overline{M} \\ 2 \end{pmatrix}$ pares de valores.

Para los N conglomerados tendremos $N\begin{pmatrix} \overline{M} \\ 2 \end{pmatrix}$ pares posibles.

El *coeficiente de correlación intraconglomerados* se define com   o el coeficiente de correlación lineal entre todos los pares especificados anteriormente, de tal forma que dicho coeficiente será una "m edida de la hom ogeneidad" en el interior de los conglom erados. Evidentemente interesará que el coeficiente de hom ogeneidad intraconglomerados sea lo m   ás pequeño   posible, y a que en m   uestreo por conglomerados lo ideal es la heterogene   idad dentro de los   conglomerados. La expresión del coeficiente de correlación intraconglomerados será:

$$\delta = \frac{Cov(X_{ij}, X_{iz})}{\sigma(X_{ij})\sigma(X_{iz})} = \frac{E\left[(X_{ij} - E(X_{ij}))(X_{iz} - E(X_{iz}))\right]}{\sigma^2} = \frac{\frac{1}{N\begin{pmatrix} \overline{M} \\ 2 \end{pmatrix}}\sum_{i=1}^{N}\sum_{j<z}^{\overline{M}}(X_{ij} - \overline{X})(X_{iz} - \overline{X})}{\sigma^2}$$

$$S^2 = \frac{1}{N\overline{M}-1}\sum_{i}^{N}\sum_{j=l}^{\overline{M}}\left(X_{ij} - \overline{X}\right)^2 \text{ y } \sigma^2 = \frac{1}{N\overline{M}}\sum_{i}^{N}\sum_{j=l}^{\overline{M}}\left(X_{ij} - \overline{X}\right)^2 \Rightarrow \sigma^2 = \frac{N \cdot \overline{M} - 1}{N \cdot \overline{M}}S^2$$

Si sustituimos esta últim a expresión en el denom   inador del coeficiente de correlación intraconglomerados tenemos:

$$\delta = \frac{\frac{1}{N\begin{pmatrix} \overline{M} \\ 2 \end{pmatrix}}\sum_{i=1}^{N}\sum_{j<z}^{\overline{M}}(X_{ij} - \overline{X})(X_{iz} - \overline{X})}{\frac{N \cdot \overline{M} - 1}{N \cdot \overline{M}}S^2} = \frac{2\sum_{i=1}^{N}\sum_{j<z}^{\overline{M}}(X_{ij} - \overline{X})(X_{iz} - \overline{X})}{(\overline{M} - 1)(N\overline{M} - 1)S^2}$$

De esta expresión para δ se deduce que:

$$2\sum_{i=1}^{N}\sum_{j<z}^{\overline{M}}(X_{ij}-\overline{X})(X_{iz}-\overline{X})=\left(N\overline{M}-1\right)\cdot\left(\overline{M}-1\right)\cdot S^2\cdot\delta$$

Para expresar la varianza de $\overline{\overline{x}}$ en función del coeficiente de correlación intraconglomerados desarrollaremos la expresión:

$$V\left(\overline{\overline{x}}\right)=\left(1-f\right)\cdot\frac{\dfrac{1}{(N-1)}\sum_{i}^{N}\left(\overline{X}_i-\overline{X}\right)^2}{n}=\frac{(1-f)}{n(N-1)}\cdot\sum_{i}^{N}\left(\frac{1}{\overline{M}}\sum_{j}^{\overline{M}}X_{ij}-\frac{\overline{M}\cdot\overline{X}}{\overline{M}}\right)^2=$$

$$\frac{(1-f)}{n(N-1)\overline{M}^2}\cdot\sum_{i}^{N}\left(\sum_{j}^{\overline{M}}X_{ij}-\sum_{j}^{\overline{M}}\overline{X}\right)^2=\frac{(1-f)}{n(N-1)\overline{M}^2}\cdot\sum_{i}^{N}\left(\sum_{j}^{\overline{M}}\left(X_{ij}-\overline{X}\right)\right)^2=$$

$$\frac{(1-f)}{n(N-1)\overline{M}^2}\cdot\left[\sum_{i}^{N}\sum_{j}^{\overline{M}}\left(X_{ij}-\overline{X}\right)^2+2\sum_{i}^{N}\sum_{j<z}^{\overline{M}}\left(X_{ij}-\overline{X}\right)\left(X_{iz}-\overline{X}\right)\right]=$$

$$=\frac{(1-f)}{n(N-1)\overline{M}^2}\cdot\left[\left(N\overline{M}-1\right)S^2+\left(N\overline{M}-1\right)\left(\overline{M}-1\right)\cdot S^2\cdot\delta\right]=$$

$$=\frac{(1-f)\cdot S^2\cdot\left(N\overline{M}-1\right)}{n(N-1)\overline{M}^2}\cdot\left[1+\left(\overline{M}-1\right)\cdot\delta\right]\xrightarrow[N\to\infty]{}(1-f)\frac{S^2}{n\overline{M}}\cdot\left[1+\left(\overline{M}-1\right)\cdot\delta\right]$$

Luego ya podemos expresar la varianza del estimador de la media en función del coeficiente de correlación intraconglomerados de la siguiente forma:

$$V\left(\overline{\overline{x}}\right)=\left(1-f\right)\cdot\frac{S^2}{n\overline{M}}\cdot\left[1+\left(\overline{M}-1\right)\cdot\delta\right]$$

COMPARACIÓN CON EL MUESTREO ALEATORIO SIMPLE

De la expresión:

$$V(\overline{\overline{x}})=\left(1-f\right)\frac{S^2}{n\overline{M}}\left[1+\left(\overline{M}-1\right)\cdot\delta\right]=V_{MAS}(\overline{x})\left[1+\left(\overline{M}-1\right)\cdot\delta\right]$$

se deduce que para valores positivos de δ existe un aumento en la varianza del muestreo por conglomerados con relación al muestreo aleatorio simple y muestras de tamaño igual a $n\cdot\overline{M}$ unidades elementales. El caso más desfavorable (varianza máxima) correspondería a $\delta=+1$ y el más favorable (varianza mínima) a:

$$\delta=-\frac{1}{\overline{M}-1}$$

en que la varianza sería igual a cero. Para $\delta=0$ ambos métodos proporcionarían la misma precisión.

El término $\overline{M}-1$ expresa el aumento de la varianza debido a la selección de n conglomerados de tamaño $\overline{M}$ en lugar de n $\overline{M}$ unidades elementales obtenidas por muestreo aleatorio simple. Ahora bien, si el coeficiente de correlación intraconglomerados fuese negativo ello supondría mayor precisión en el muestreo por conglomerados que en el aleatorio simple. Pero en la práctica suele ocurrir que los elementos de cada conglomerado tienen cierto parecido entre sí aunque se intente que sean lo más heterogéneos posibles, con lo cual la correlación es positiva y menor la precisión en el muestreo por conglomerados que en el aleatorio simple. Este problema ya lo habíamos citado al principio del capítulo como una de las desventajas del muestreo por conglomerados.

Según lo visto la comparación entre muestreo monoetápico de conglomerados y muestreo aleatorio simple podría resumirse como sigue:

$$V_{MC}\left(\overline{\overline{x}}\right) = V_{MAS}(\overline{x}) \cdot \left[1 + \left(\overline{M}-1\right) \cdot \delta\right] \Rightarrow \begin{cases} Si\ \delta > 0 \Rightarrow conglomerados\ peor\ que\ aleatorio\ simple \\ Si\ \delta = 0 \Rightarrow conglomerados\ igual\ que\ aleatorio\ simple \\ Si\ \delta < 0 \Rightarrow conglomerados\ mejor\ que\ aleatorio\ simple \end{cases}$$

Evidentemente, cuando $\delta \in (0,1]$ la precisión del muestreo por conglomerados es inferior a la del muestreo aleatorio simple y a medida que el δ se aproxima a 1, se acentúa la pérdida de precisión en el muestreo por conglomerados respecto del aleatorio simple. Cuando $\delta = 0$ las precisiones de ambos métodos coinciden y cuando:

$$\delta \in \left[-\frac{1}{\overline{M}-1}, 0\right]$$

la precisión del muestreo por conglomerados es superior a la del muestreo aleatorio simple y a medida que el δ se aproxima a:

$$-\frac{1}{\overline{M}-1}$$

se acentúa la ganancia en precisión del muestreo por conglomerados respecto del aleatorio simple.

Por otra parte, si llamamos n_a al tamaño de muestra necesario en muestreo aleatorio simple para obtener una precisión dada, y si llamamos n_c al tamaño de muestra en muestreo por conglomerados, resulta que si los dos tipos de muestreo tienen la misma precisión:

$$(1-f)\frac{S^2}{n_a} = (1-f)\frac{S^2}{n_c}(1+(\overline{M}-1)\delta) \Rightarrow n_c = n_a(1+(\overline{M}-1)\delta)$$

Precisamente la cantidad $1+(\overline{M}-1)\cdot\delta$ por la que hay que multiplicar el tamaño de una muestra por conglomerados n_c para que coincida con el tamaño de muestra necesario en muestreo aleatorio simple n_a para igual precisión en ambos tipos de muestreo, se denomina *efecto del diseño*.

ESTIMACIÓN DE VARIANZAS

Para realizar la estimación de varianzas vamos a construir los cuadros del análisis de la varianza que muestren la descomposición de la varianza, tanto para la población como para la muestra. La estimación de varianzas se realizará a través de las magnitudes contempladas en ambos cuadros del análisis de la varianza.

Descomposición de la varianza para la población

Fuente de variación	Grados de libertad	Sumas de cuadrados	Cuadrados medios
Entre conglomerados	$N-1$	$\sum_{i}^{N}\sum_{j}^{\overline{M}}\left(\overline{X}_i-\overline{X}\right)^2$	S_b^2
Dentro de conglomerados	$n\left(\overline{M}-1\right)$	$\sum_{i}^{N}\sum_{j}^{\overline{M}}\left(X_{ij}-\overline{X}_i\right)^2$	S_w^2
Total	$N\overline{M}-1$	$\sum_{i}^{N}\sum_{j}^{\overline{M}}\left(X_{ij}-\overline{X}\right)^2$	

La relación fundamental del análisis de la varianza será en este caso:

$$\sum_{i}^{N}\sum_{j}^{\overline{M}}\left(X_{ij}-\overline{X}\right)^2 = \sum_{i}^{N}\sum_{j}^{\overline{M}}\left(X_{ij}-\overline{X}_i+\overline{X}_i-\overline{X}\right)^2 = \sum_{i}^{N}\sum_{j}^{\overline{M}}\left(X_{ij}-\overline{X}_i\right)^2 + \sum_{i}^{N}\sum_{j}^{\overline{M}}\left(\overline{X}_i-\overline{X}\right)^2 + 2$$

$$\underbrace{\sum_{i}^{N}\sum_{j}^{\overline{M}}\left(X_{ij}-\overline{X}_i\right)\left(\overline{X}_i-\overline{X}\right)}_{0} = \sum_{i}^{N}\sum_{j}^{\overline{M}}\left(X_{ij}-\overline{X}_i\right)^2 + \sum_{i}^{N}\sum_{j}^{\overline{M}}\left(\overline{X}_i-\overline{X}\right)^2$$

$$S^2 = \frac{1}{N\overline{M}-1}\sum_{i}^{N}\sum_{j\neq l}^{\overline{M}}\left(X_{ij}-\overline{X}\right)^2 \ , \ S_w^2 = \frac{1}{N\overline{M}-N}\sum_{i}^{N}\sum_{j}^{\overline{M}}\left(X_{ij}-\overline{X}_i\right)^2 \ , \ S_b^2 = \frac{1}{N-1}\sum_{i}^{N}\sum_{j}^{\overline{M}}\left(\overline{X}_i-\overline{X}\right)^2$$

Podemos expresar la descomposición de la varianza como:

$$\underbrace{\sum_{i}^{N}\sum_{j}^{\overline{M}}\left(X_{ij}-\overline{X}\right)^2}_{(N\overline{M}-1)S^2} = \underbrace{\sum_{i}^{N}\sum_{j}^{\overline{M}}\left(X_{ij}-\overline{X}_i\right)^2}_{(N\overline{M}-N)S_w^2} + \underbrace{\sum_{i}^{N}\sum_{j}^{\overline{M}}\left(\overline{X}_i-\overline{X}\right)^2}_{(N-1)S_b^2}$$

$$(N\overline{M}-1)S^2 = (N\overline{M}-N)S_w^2 + (N-1)S_b^2 \implies S^2 = \frac{N-1}{N\overline{M}-1} \cdot S_b^2 + \frac{N(\overline{M}-1)}{N\overline{M}-1} \cdot S_w^2$$

Descomposición de la varianza para la muestra

Fuente de variación	Grados de libertad	Sumas de cuadrados	Cuadrados medios	Esperanzas
Entre conglomerados	$n-1$	$\sum_i^n \sum_j^{\overline{M}} (\overline{X}_i - \overline{\overline{x}})^2$	$\hat{S}_b^2$	S_b^2
Dentro de conglom.	$n(\overline{M}-1)$	$\sum_i^n \sum_j^{\overline{M}} (X_{ij} - \overline{X}_i)^2$	$\hat{S}_w^2$	S_w^2
Total	$n\overline{M}-1$	$\sum_i^n \sum_j^{\overline{M}} (X_{ij} - \overline{\overline{x}})^2$	$\hat{S}^2$	

La relación fundamental del análisis de la varianza será en este caso:

$$\sum_i^n \sum_j^{\overline{M}} (X_{ij} - \overline{\overline{x}})^2 = \sum_i^n \sum_j^{\overline{M}} (X_{ij} - \overline{X}_i + \overline{X}_i - \overline{\overline{x}})^2 = \sum_i^n \sum_j^{\overline{M}} (X_{ij} - \overline{X}_i)^2 + \sum_i^n \sum_j^{\overline{M}} (\overline{X}_i - \overline{\overline{x}})^2$$

$$+2\underbrace{\sum_i^n \sum_j^{\overline{M}} (X_{ij} - \overline{X}_i)(\overline{X}_i - \overline{\overline{x}})}_{0} = \sum_i^n \sum_j^{\overline{M}} (X_{ij} - \overline{X}_i)^2 + \sum_i^n \sum_j^{\overline{M}} (\overline{X}_i - \overline{\overline{x}})^2$$

$$\hat{S}^2 = \frac{1}{n\overline{M}-1}\sum_i^n \sum_{j\neq l}^{\overline{M}} (X_{ij} - \overline{\overline{x}})^2 \;,\; \hat{S}_w^2 = \frac{1}{n\overline{M}-n}\sum_i^n \sum_j^{\overline{M}} (X_{ij} - \overline{X}_i)^2 \;,\; \hat{S}_b^2 = \frac{1}{n-1}\sum_i^n \sum_j^{\overline{M}} (\overline{X}_i - \overline{\overline{x}})^2$$

Podemos expresar la descomposición de la varianza como:

$$(n\overline{M}-1)\hat{S}^2 = (n\overline{M}-n)\hat{S}_w^2 + (n-1)\hat{S}_b^2 \implies \hat{S}^2 = \frac{n-1}{n\overline{M}-1} \cdot \hat{S}_b^2 + \frac{n(\overline{M}-1)}{n\overline{M}-1} \cdot \hat{S}_w^2$$

Se cumple que $\hat{S}_b^2$ es un estimador insesgado para S_b^2 y $\hat{S}_w^2$ es un estimador insesgado para S_w^2. Veamos:

$$E(\hat{S}_w^2) = E\left(\frac{1}{n(\overline{M}-1)}\sum_i^n \sum_j^{\overline{M}} (X_{ij} - \overline{X}_i)^2\right) = E\left(\frac{1}{n(\overline{M}-1)}\sum_i^N \sum_j^{\overline{M}} (X_{ij} - \overline{X}_i)^2 e_i\right) =$$

$$\frac{1}{n(\overline{M}-1)}\sum_i^N \sum_j^{\overline{M}} (X_{ij} - \overline{X}_i)^2 E(e_i) \frac{\sum_i^N \sum_j^{\overline{M}} (X_{ij} - X_i)^2}{n \cdot (\overline{M}-1)} \cdot \frac{n}{N} = \frac{\sum_i^N \sum_j^{\overline{M}} (X_{ij} - X_i)^2}{N(\overline{M}-1)} = S_w^2$$

$$E\left(\hat{S}_b^2\right) = E\left(\frac{1}{n-1}\sum_i^n \sum_j^{\overline{M}}\left(\overline{X}_i - \overline{\overline{x}}\right)^2\right) = E\left(\frac{\overline{M}}{n-1}\sum_i^n\left(\overline{X}_i - \overline{\overline{x}}\right)^2\right) = \overline{M}E\underbrace{\left(\frac{1}{n-1}\sum_i^n\left(\overline{X}_i - \overline{\overline{x}}\right)^2\right)}_{\substack{\text{Cuasivarianza} \\ \text{muestral de los } \overline{X}_i}}$$

$$= \overline{M}\cdot\underbrace{\frac{1}{N-1}\sum_i^N\left(\overline{X}_i - \overline{X}\right)^2}_{\substack{\text{Cuasivarianza} \\ \text{poblacional de los}\,\overline{X}_i}} = \frac{1}{N-1}\sum_i^N \overline{M}\left(\overline{X}_i - \overline{X}\right)^2 = \frac{\sum_i^N\sum_j^{\overline{M}}\left(\overline{X}_i - \overline{X}\right)^2}{N-1} = S_b^2$$

Ahora vamos a hallar un estimador insesgado para S^2. Partimos de la relación:

$$S^2 = \frac{N-1}{N\overline{M}-1}\cdot S_b^2 + \frac{N\left(\overline{M}-1\right)}{N\overline{M}-1}\cdot S_w^2$$

y como ya sabemos que $\hat{S}_b^2$ es un estimador insesgado patra S_b^2 y $\hat{S}_w^2$ es un estimador insesgado para S_w^2 , el estimador insesgado para S^2 será:

$$\hat{S}_0^{\,2} = \frac{N-1}{N\overline{M}-1}\cdot \hat{S}_b^2 + \frac{N\left(\overline{M}-1\right)}{N\overline{M}-1}\cdot \hat{S}_w^2 \neq \hat{S}^2 = \frac{n-1}{n\overline{M}-1}\cdot \hat{S}_b^2 + \frac{n\left(\overline{M}-1\right)}{n\overline{M}-1}\cdot \hat{S}_w^2$$

Para $n>50$ puede considerarse $\hat{S}^2$ como un estimador insesgado de S^2

Estimación del coeficiente de correlación intraconglomerados

Para estimar el coeficiente de correlación intraconglomerados tenemos:

$$\left.\begin{array}{l} V\left(\overline{\overline{x}}\right) = \left(1-f\right)\dfrac{S^2}{n\overline{M}}\left[1+\left(\overline{M}-1\right)\delta\right] \\[4mm] V\left(\overline{\overline{x}}\right) = \left(1-f\right)\cdot\dfrac{S_b^2}{n\overline{M}} \end{array}\right\} \Rightarrow S^2\left[1+\left(\overline{M}-1\right)\delta\right] = S_b^2 \Rightarrow \delta = \frac{S_b^2 - S^2}{\left(\overline{M}-1\right)S^2}$$

con lo que ya podemos estimar δ como $\hat{\delta} = \dfrac{\hat{S}_b^2 - \hat{S}^2}{\left(\overline{M}-1\right)\hat{S}_0^{\,2}}$

Una vez realizado todo tipo de estim   aciones y a podem os   hallar   los **estimadores para las varianzas**. Tenemos:

$$V(\overline{\overline{x}}) = (1-f)\frac{S^2}{n\overline{M}}\left[1+(\overline{M}-1)\delta\right] \Rightarrow \hat{V}(\overline{\overline{x}}) = (1-f)\frac{\hat{S}_0^{\,2}}{n\overline{M}}\left[1+(\overline{M}-1)\hat{\delta}\right]$$

$$V(\overline{\overline{x}}) = (1-f)\frac{S_b^2}{n\overline{M}} \Rightarrow \hat{V}(\overline{\overline{x}}) = (1-f)\frac{\hat{S}_b^2}{n\overline{M}}$$

$$V(\hat{X}) = V(N\overline{M}\cdot\overline{\overline{x}}) = N^2\overline{M}^2\cdot V(\overline{\overline{x}}) \Rightarrow \hat{V}(\hat{X}) = N^2\overline{M}^2\cdot\hat{V}(\overline{\overline{x}})$$

ESTIMACIÓN DE VARIANZAS PARA PROPORCIONES

Para el caso de proporciones y totales de clase el cuadro del análisis de la varianza para la población sería el siguiente:

Fuente de Variación	Grados de Libertad	Suma de Cuadrados	Cuadrados Medios	Estimadore s Insesgados
Entre	$N-1$	$A = \sum_{i=1}^{N}\overline{M}(P_i-P)^2$	$S_b^2 = \dfrac{A}{N-1}$	$\hat{S}_b^2 = \dfrac{\sum_{i=1}^{n}\overline{M}\left(P_i-\frac{1}{n}\sum_{i=1}^{n}P_i\right)^2}{n-1}$
Dentro	$N(\overline{M}-1)$	$B = \sum_{i=1}^{N}\overline{M}P_i(1-P_i)$	$S_w^2 = \dfrac{B}{N(\overline{M}-1)}$	$\hat{S}_w^2 = \dfrac{\sum_{i=1}^{n}\overline{M}P_i(1-P_i)}{n(\overline{M}-1)}$
Total	$N\overline{M}-1$	$C = N\overline{M}P(1-P)$	$S^2 = \dfrac{C}{N\overline{M}-1}$	$\hat{S}_0^2$

Las magnitudes que aparecen en este cuadro son de cálculo inmediato:

$$A = \sum_{i}^{N}\sum_{j}^{\overline{M}}\left(\overline{X}_i-\overline{X}\right)^2 = \sum_{i}^{N}\overline{M}\left(\overline{X}_i-\overline{X}\right)^2 = \sum_{i}^{N}\overline{M}(P_i-P)^2$$

$$B = \sum_{i}^{N}\sum_{j}^{\overline{M}}\left(X_{ij}-\overline{X}_i\right)^2 = \sum_{i}^{N}\left[\sum_{j}^{\overline{M}}X_{ij}^2+\overline{M}\cdot\overline{X}_i^2-2\overline{X}_i\sum_{j}^{\overline{M}}X_{ij}\right] =$$

$$\sum_{i}^{N}\left[\overline{M}P_i+\overline{M}P_i^2-2P_i\overline{M}P_i\right] = \sum_{i=1}^{N}\overline{M}P_i(1-P_i)$$

$$C = \sum_{i}^{N}\sum_{j}^{\overline{M}}\left(X_{ij}-\overline{X}\right)^2 = \sum_{i}^{N}\left[\sum_{j}^{\overline{M}}X_{ij}^2+\overline{M}\cdot\overline{X}^2-2\overline{X}\sum_{j}^{\overline{M}}X_{ij}\right] =$$

$$\sum_{i}^{N}\sum_{j}^{\overline{M}}\underbrace{A_{ij}^2}_{A_{ij}}+N\overline{M}\cdot P^2-2P\underbrace{\sum_{i}^{N}\sum_{j}^{\overline{M}}A_{ij}}_{N\overline{M}P} = N\overline{M}P+N\overline{M}\cdot P^2-2PN\overline{M}P = N\overline{M}P(1-P)$$

$$\hat{S}_b^2 = \frac{\sum_{i}^{n}\sum_{j}^{\overline{M}}\left(\overline{X}_i-\overline{\overline{x}}\right)^2}{n-1} = \frac{\sum_{i}^{n}\sum_{j}^{\overline{M}}\left(\overline{X}_i-\frac{1}{n}\sum_{i=1}^{n}\overline{X}_i\right)^2}{n-1} = \frac{\sum_{i}^{n}\left(\overline{MX}_i-\frac{1}{n}\sum_{i=1}^{n}\overline{MX}_i\right)^2}{n-1} =$$

$$\frac{\sum_{i}^{n}\left(\overline{M}P_i-\frac{1}{n}\sum_{i=1}^{n}\overline{M}P_i\right)^2}{n-1} = \frac{\overline{M}\sum_{i}^{n}\left(P_i-\frac{1}{n}\sum_{i=1}^{n}P_i\right)^2}{n-1} = \frac{\overline{M}}{n-1}\sum_{i}^{n}\left(P_i-\overline{P}\right)^2$$

$$\hat{S}_w^2 = \frac{\sum_i^n \sum_j^{\overline{M}} (X_{ij} - \overline{X}_i)^2}{n(\overline{M}-1)} = \frac{\sum_{i=1}^n \left[\sum_j^{\overline{M}} X_{ij}^2 + \overline{M}\overline{X}_i^2 - 2\overline{X}_i \sum_j^{\overline{M}} X_{ij} \right]}{n(\overline{M}-1)} = \frac{\sum_{i=1}^n \overline{M}P_i(1-P_i)}{n(\overline{M}-1)}$$

Ahora y a podem os establecer las fórm ulas para las estim aciones de las varianzas:

$$\hat{V}(\hat{P}) = (1-f)\frac{\hat{S}_0^2}{n\overline{M}}\left[1 + (\overline{M}-1)\hat{\delta}\right]$$

$$\hat{V}(\hat{P}) = (1-f)\frac{\hat{S}_b^2}{n\overline{M}}$$

$$\hat{V}(\hat{A}) = N^2 \overline{M}^2 \cdot \hat{V}(\hat{P})$$

$$\hat{\delta} = \frac{\hat{S}_b^2 - \hat{S}^2}{(\overline{M}-1)\hat{S}_0^2} \quad , \quad \hat{S}_0^2 = \frac{N-1}{N\overline{M}-1}\cdot \hat{S}_b^2 + \frac{N(\overline{M}-1)}{N\overline{M}-1}\cdot \hat{S}_w^2$$

donde todos los estimadores son conocidos ya en función de proporciones.

MUESTREO UNIETÁPICO DE CONGLOMERADOS CON REPOSICIÓN

Hasta ahora hem os trabajado s uponiendo m uestreo sin reposición, conglomerados del m ismo tam año y probabilidades iguales. A continuación se presentan las varianzas de los estim adores y sus estim aciones en m uestreo con reposición. Los propios estimadores coinciden en ambos tipos de muestreo, ya que el estimador de Horwitz y Thom pson y el de Hansen y Hurwitz tom an la m isma expresión en probabilidades iguales ($\pi_i = nP_i = n/N$).

Varianzas de los estimadores

Estimador de la media

$$V(\overline{\overline{x}}) = V\left(\frac{1}{n}\sum_i^n \overline{X}_i\right) = \frac{\sigma^2}{n} = \frac{\frac{1}{N}\sum_i^N (\overline{X}_i - \overline{X})^2}{n} = \frac{\frac{1}{N\overline{M}}\sum_i^N \overline{M}(\overline{X}_i - \overline{X})^2}{n} = \frac{\frac{1}{N}\sum_i^N \overline{M}(\overline{X}_i - \overline{X})^2}{n\overline{M}} = \frac{\sigma_b^2}{n\overline{M}}$$

$$\sigma_b^2 = \frac{1}{N}\sum_i^N \overline{M}(\overline{X}_i - \overline{X})^2 = \frac{1}{N}\sum_i^N \sum_j^{\overline{M}}(\overline{X}_i - \overline{X})^2$$

es la cuasivarianza entre conglomerados y la expresión de la varianza de la media:

$$V(\overline{\overline{x}}) = \frac{\sigma_b^2}{n\overline{M}}$$

es similar a la obtenida en el m uestreo aleatorio simple, sustituyendo σ^2 por σ_b^2 y siendo $n\overline{M}$ el número total de unidades elementales en la muestra.

Estimador del total

$$V\left(\hat{X}\right) = V\left(N\overline{M} \cdot \overline{\overline{x}}\right) = N^2\overline{M}^2 \cdot V\left(\overline{\overline{x}}\right) = N^2\overline{M}^2 \frac{\sigma_b^2}{n\overline{M}}$$

Estimador de la proporción

$$\sigma_b^2 = \frac{\sum_i^N \sum_j^{\overline{M}} \left(\overline{X}_i - \overline{X}\right)^2}{N} = \frac{\sum_i^N \overline{M} \cdot \left(\overline{X}_i - \overline{X}\right)^2}{N} = \frac{\overline{M}}{N}\sum_i^N \left(P_i - P\right)^2$$

$$V\left(\hat{P}\right) = \frac{\sigma_b^2}{n\overline{M}} = \frac{\dfrac{\overline{M}}{N}\sum_i^N \left(P_i - P\right)^2}{n\overline{M}} = \frac{\sum_i^N \left(P_i - P\right)^2}{nN}$$

Estimador del total de clase

$$V(\hat{A}) = V(N\overline{M} \cdot \hat{P}) = N^2\overline{M}^2 V\left(\hat{P}\right) = N^2\overline{M}^2 \frac{\sum_i^N \left(P_i - P\right)^2}{nN}$$

Varianzas de los estimadores en función del coeficiente de correlación intraconglomerados

Ya hem os visto que el coeficiente de correlación intraconglom erados puede expresarse como:

$$\delta = \frac{\dfrac{1}{N\binom{\overline{M}}{2}}\sum_{i=1}^N \sum_{j<z}^{\overline{M}} (X_{ij} - \overline{X})(X_{iz} - \overline{X})}{\sigma^2} = \frac{2\sum_{i=1}^N \sum_{j<z}^{\overline{M}} (X_{ij} - \overline{X})(X_{iz} - \overline{X})}{N\overline{M}\left(\overline{M} - 1\right)\sigma^2}$$

$$\sigma^2 = \frac{1}{N\overline{M}}\sum_i^N \sum_j^{\overline{M}} \left(X_{ij} - \overline{\overline{X}}\right)^2$$

De esta expresión para δ se deduce que:

$$2\sum_{i=1}^N \sum_{j<z}^{\overline{M}} (X_{ij} - \overline{X})(X_{iz} - \overline{X}) = N\overline{M} \cdot \left(\overline{M} - 1\right) \cdot \sigma^2 \cdot \delta$$

Para expresar la varianza de $\overline{\overline{x}}$ en función del coeficiente de correlación intraconglomerados desarrollaremos la expresión:

$$V(\overline{\overline{x}}) = \frac{\dfrac{1}{N}\sum_{i}^{N}(\overline{X}_i - \overline{X})^2}{n} = \frac{1}{nN}\sum_{i}^{N}\left(\frac{1}{\overline{M}}\sum_{j}^{\overline{M}}X_{ij} - \frac{\overline{M}\cdot\overline{X}}{\overline{M}}\right)^2 = \frac{1}{nN\overline{M}^2}\sum_{i}^{N}\left(\sum_{j}^{\overline{M}}X_{ij} - \sum_{j}^{\overline{M}}\overline{X}\right)^2$$

$$= \frac{1}{nN\overline{M}^2}\sum_{i}^{N}\left(\sum_{j}^{\overline{M}}(X_{ij} - \overline{X})\right)^2 = \frac{1}{nN\overline{M}^2}\left[\sum_{i}^{N}\sum_{j}^{\overline{M}}(\overline{X}_{ij} - \overline{X})^2 + 2\sum_{i}^{N}\sum_{j<z}^{\overline{M}}(X_{ij} - \overline{X})(X_{iz} - \overline{X})\right]$$

$$= \frac{1}{nN\overline{M}^2}\left[N\overline{M}\cdot\sigma^2 + N\overline{M}(\overline{M}-1)\sigma^2\delta\right] = \frac{N\overline{M}\cdot\sigma^2\left[1+(\overline{M}-1)\delta\right]}{nN\overline{M}^2} = \frac{\sigma^2}{n\overline{M}}\left[1+(\overline{M}-1)\delta\right]$$

Luego ya podemos expresar la varianza del estimador de la media en función del coeficiente de correlación intarconglomerados de la siguiente forma:

$$V(\overline{\overline{x}}) = \frac{\sigma^2}{n\overline{M}}\cdot\left[1+(\overline{M}-1)\cdot\delta\right]$$

Comparación con el muestreo aleatorio simple

De la expresión:

$$V(\overline{\overline{x}}) = \frac{\sigma^2}{n\overline{M}}\left[1+(\overline{M}-1)\cdot\delta\right] = V_{MAS}(\overline{x})\left[1+(\overline{M}-1)\cdot\delta\right]$$

se deduce que, para valores positivos de δ, existe un aumento en la varianza del muestreo por conglomerados con relación al muestreo aleatorio simple y muestras de tamaño igual a $n\cdot\overline{M}$ unidades elem   entales. El caso m   ás desfavorable (varianza m   áxima) correspondería a $\delta = +1$ y el más favorable (varianza mínima) a:

$$\delta = -\frac{1}{\overline{M}-1}$$

en que la varianza sería igual a cero. Para $\delta = 0$ am bos m étodos proporcionarían la misma precisión.

Según lo visto la com paración entre m uestreo monoetápico de conglom erados y muestreo aleatorio simple con reposición podría resumirse como sigue:

$$V_{MC}(\overline{\overline{x}}) = V_{MAS}(\overline{x})\cdot\left[1+(\overline{M}-1)\cdot\delta\right] \Rightarrow \begin{cases} Si\ \delta > 0 \Rightarrow conglomerados\ peor\ que\ aleatorio\ simple \\ Si\ \delta = 0 \Rightarrow conglomerados\ igual\ que\ aleatorio\ simple \\ Si\ \delta < 0 \Rightarrow conglomerados\ mejor\ que\ aleatorio\ simple \end{cases}$$

Evidentemente, cuando $\delta \in (0,1]$ la precisión del muestreo por conglomerados es inferior a la del muestreo aleatorio simple y a medida que el δ se aproxima a 1, se acentúa la pérdida de precisón en el muestreo por conglomerados respecto del aleatorio simple. Cuando $\delta=0$ las precisiones de ambos métodos coinciden y cuando:

$$\delta \in \left[-\frac{1}{\overline{M}-1}, 0 \right]$$

la precisión del muestreo por conglomerados es superior a la del muestreo aleatorio simple y a medida que el δ se aproxima a:

$$-\frac{1}{\overline{M}-1}$$

se acentúa la ganancia en precisión del muestreo por conglomerados respecto del aleatorio simple.

Estimación de varianzas

La descomposición de la varianza puede realizarse como sigue:

$$\sigma^2 = \frac{1}{N\overline{M}} \sum_i^N \sum_j^{\overline{M}} \left(X_{ij} - \overline{X}\right)^2 = \frac{1}{N\overline{M}} \sum_i^N \sum_j^{\overline{M}} \left(X_{ij} - \overline{X}_i + \overline{X}_i - \overline{X}\right)^2 = \frac{1}{N\overline{M}} \sum_i^N \sum_j^{\overline{M}} \left(X_{ij} - \overline{X}_i\right)^2$$

$$+ \frac{1}{N\overline{M}} \sum_i^N \sum_j^{\overline{M}} \left(\overline{X}_i - \overline{X}\right)^2 = \frac{1}{N\overline{M}} \sum_i^N \sum_j^{\overline{M}} \left(X_{ij} - \overline{X}_i\right)^2 + \frac{1}{N\overline{M}} \sum_i^N \overline{M}\left(\overline{X}_i - \overline{X}\right)^2 =$$

$$\frac{1}{N\overline{M}} \sum_i^N \sum_j^{\overline{M}} \left(X_{ij} - \overline{X}_i\right)^2 + \frac{1}{N} \sum_i^N \left(\overline{X}_i - \overline{X}\right)^2 = \sigma_w^2 + \frac{\sigma_b^2}{\overline{M}}$$

$$\sigma_w^2 = \frac{1}{N\overline{M}} \sum_i^N \sum_j^{\overline{M}} \left(X_{ij} - \overline{X}_i\right)^2 \ , \ \sigma_b^2 = \frac{1}{N} \sum_i^N \sum_j^{\overline{M}} \left(\overline{X}_i - \overline{X}\right)^2 = \frac{\overline{M}}{N} \sum_i^N \left(\overline{X}_i - \overline{X}\right)^2$$

Luego podemos expresar la descomposición de la varianza como:

$$\sigma^2 = \sigma_w^2 + \frac{\sigma_b^2}{\overline{M}}$$

Por otra parte, en muestreo con reposición las cuasivarianzas muestrales estiman insesgadamente las varianzas poblacionales, luego podemos decir que:

$$\frac{\hat{S}_b^2}{\overline{M}} = \frac{1}{n-1}\sum_i^n \left(\overline{X}_i - \overline{\overline{x}}\right)^2 \quad \text{estima insesgadamente a} \quad \frac{1}{N}\sum_i^N \left(\overline{X}_i - \overline{X}\right)^2 = \frac{\sigma_b^2}{\overline{M}}$$

O lo que es lo mismo:

$\hat{S}_b^2$ **es un estimador insesgado para** σ_b^2

Por otra parte tenemos que:

$$\sigma_w^2 = \frac{1}{N\overline{M}}\sum_i^N \sum_j^{\overline{M}} \left(X_{ij} - \overline{X}_i\right)^2 = \frac{1}{N}\sum_i^N \underbrace{\frac{1}{\overline{M}}\sum_j^{\overline{M}} \left(X_{ij} - \overline{X}_i\right)^2}_{\sigma_i^2} = \frac{1}{N}\sum_i^N \sigma_i^2$$

con lo que tenem os σ_w^2 com o la m edia poblacional de las varianzas dentro de los conglomerados σ_i^2 i=1,2,...,N. Com o un estim ador insesgado para la m   edia poblacional es la media muestral podemos afirmar lo siguiente:

$$\frac{1}{n}\sum_i^n \sigma_i^2 = \frac{1}{n}\sum_i^n \underbrace{\frac{1}{\overline{M}}\sum_j^{\overline{M}} \left(X_{ij} - \overline{X}_i\right)^2}_{\sigma_i^2} = \frac{1}{n\overline{M}}\sum_i^n \sum_j^{\overline{M}} \left(X_{ij} - \overline{X}_i\right)^2 = \hat{S}_{1,w}^2$$

es un estimador insesgado para:

$$\frac{1}{N}\sum_i^N \sigma_i^2 = \sigma_w^2.$$

Por lo tanto, y de foma más sencilla, podemos asegurar que

$\hat{S}_{1,w}^2$ **es un estimador insesgado para** σ_w^2.

Ya estamos en condiciones de establecer un estimador insesgado para σ^2:

$$\sigma^2 = \sigma_w^2 + \frac{\sigma_b^2}{\overline{M}} \Rightarrow \hat{\sigma}'^2 = \hat{S}_{1,w}^2 + \frac{\hat{S}_b^2}{\overline{M}}$$

Estimación del coeficiente de correlación intraconglomerados

Para estimar el coeficiente de correlación intraconglomerados tenemos:

$$V\left(\overline{\overline{x}}\right)=\frac{\sigma^2}{n\overline{M}}\left[1+\left(\overline{M}-1\right)\delta\right]$$

$$V\left(\overline{\overline{x}}\right)=\frac{\sigma_b^2}{n\overline{M}}$$

$$\Rightarrow \sigma^2\left[1+\left(\overline{M}-1\right)\delta\right]=\sigma_b^2 \Rightarrow \delta=\frac{\sigma_b^2-\sigma^2}{\left(\overline{M}-1\right)\sigma^2}$$

con lo que ya podemos estimar δ como $\hat{\delta}=\dfrac{\hat{S}_b^2-\left(\hat{S}_{1w}^2+\dfrac{\hat{S}_b^2}{\overline{M}}\right)}{\left(\overline{M}-1\right)\left(\hat{S}_{1w}^2+\dfrac{\hat{S}_b^2}{\overline{M}}\right)}=\dfrac{\hat{S}_b^2-\hat{\sigma}'^2}{\left(\overline{M}-1\right)\hat{\sigma}'^2}$

Una vez realizado todo tipo de estim   aciones y a podem os hallar los *estimadores para las varianzas*. Tenemos:

$$V\left(\overline{\overline{x}}\right)=\frac{\sigma^2}{n\overline{M}}\left[1+\left(\overline{M}-1\right)\delta\right]\Rightarrow \hat{V}\left(\overline{\overline{x}}\right)=\frac{\hat{\sigma}'^2}{n\overline{M}}\left[1+\left(\overline{M}-1\right)\hat{\delta}\right]$$

$$V\left(\overline{\overline{x}}\right)=\frac{\sigma_b^2}{n\overline{M}}\Rightarrow \hat{V}\left(\overline{\overline{x}}\right)=\frac{\hat{S}_b^2}{n\overline{M}}$$

$$V(\hat{X})=V(N\overline{M}\cdot\overline{\overline{x}})=N^2\overline{M}^2\cdot V(\overline{\overline{x}})\Rightarrow \hat{V}(\hat{X})=N^2\overline{M}^2\cdot\hat{V}(\overline{\overline{x}})$$

Estimación de varianzas para proporciones

Para el caso de proporciones y   totales de clase en m uestreo con reposición tendremos:

$$\sigma^2=\frac{N\overline{M}-1}{N\overline{M}}S^2=\frac{N\overline{M}-1}{N\overline{M}}\frac{N\overline{M}P(1-P)}{N\overline{M}-1}=\frac{N\overline{M}P(1-P)}{N\overline{M}}=P(1-P)$$

$$\sigma_w^2=\frac{1}{N\overline{M}}\sum_i^N\sum_j^{\overline{M}}\left(X_{ij}-\overline{X}_i\right)^2=\frac{1}{N\overline{M}}\sum_i^N\overline{M}(P_i-P)^2=\frac{1}{N}\sum_i^N(P_i-P)^2$$

$$\sigma_b^2=\frac{1}{N}\sum_i^N\sum_j^{\overline{M}}\left(\overline{X}_i-\overline{X}\right)^2=\frac{\overline{M}}{N}\sum_i^N\left(\overline{X}_i-\overline{X}\right)^2.$$

$$\hat{\sigma}_b^2=\hat{S}_b^2=\frac{\overline{M}}{n-1}\sum_i^n\left(P_i-\overline{P}\right)^2$$

$$\hat{\sigma}_w^2=\hat{S}_{1,w}^2=\frac{1}{n\overline{M}}\sum_i^n\sum_j^{\overline{M}}\left(X_{ij}-\overline{X}_i\right)^2=\frac{1}{n\overline{M}}\sum_{i=1}^n\overline{M}P_i(1-P_i)=\frac{1}{n}\sum_{i=1}^nP_i(1-P_i)$$

$$\hat{\sigma}'^2 = \hat{S}_{1,w}^2 + \frac{\hat{S}_b^2}{\overline{M}} = \frac{1}{n}\sum_{i=1}^{n} P_i(1 - P_i) + \frac{\overline{M}}{n-1}\sum_{i}^{n}(P_i - \overline{P})^2$$

Ahora y a podem os establecer las fórm ulas para las estim aciones de las varianzas:

$$\hat{V}(\hat{P}) = \frac{\hat{\sigma}'^2}{n\overline{M}}\left[1 + (\overline{M} - 1)\hat{\delta}\right]$$

$$\hat{V}(\hat{P}) = \frac{\hat{\sigma}_b^2}{n\overline{M}} = \frac{\hat{S}_b^2}{n\overline{M}}$$

$$\hat{V}(\hat{A}) = N^2 \overline{M}^2 \cdot \hat{V}(\hat{P})$$

$$\hat{\delta} = \frac{\hat{S}_b^2 - \hat{\sigma}'^2}{(\overline{M} - 1)\hat{\sigma}'^2}$$

donde todos los estimadores son conocidos ya en función de proporciones.

CONGLOMERADOS DE DISTINTO TAMAÑO M_i

Probabilidades iguales

a) Los conglomerados no varían mucho en tamaño (M_i similares)

Podemos considerar:

$$\overline{M} = \sum_{i=1}^{N} \frac{M_i}{M}$$

como la m edia de los tam años M_i de los conglom erados y utilizar todas las fórm ulas estudiadas hasta ahora, tanto para m uestreo con reposición com o para m uestreo sin reposición. No obstante, suelen consider arse las siguientes expresiones alternativas para los estimadores:

Muestreo sin reposición

$$\overline{\overline{x}} = \frac{1}{n}\sum_{i=1}^{n} \overline{X}_i = \frac{1}{n}\sum_{i=1}^{n} \frac{X_i}{\overline{M}} = \frac{1}{n\overline{M}}\sum_{i=1}^{n} X_i$$

El estimador es insesgado **para la media** poblacional, ya que:

$$E(\overline{\overline{x}}) = \frac{1}{n\overline{M}} E(\sum_{i=1}^{n} X_i) = \frac{1}{n\overline{M}}\sum_{i=1}^{N} X_i E(e_i) = \frac{1}{n\overline{M}}\sum_{i=1}^{N} X_i \frac{n}{N} = \frac{1}{N\overline{M}}\sum_{i=1}^{N} X_i = \overline{X}$$

Para m uestreo sin reposición, su varianza y estim ación de varianza pueden calcularse como sigue:

$$V(\overline{\overline{x}}) = \frac{1}{\overline{M}^2} V\left(\frac{1}{n}\sum_{i=1}^{n} X_i\right) = \frac{1}{\overline{M}^2}(1-f)\frac{\dfrac{1}{N-1}\sum_{i=1}^{N}\left(X_i - \overline{X}\right)^2}{n} = \frac{1-f}{n\overline{M}^2} \cdot \frac{\sum_{i=1}^{N}\left(X_i - \overline{X}\right)^2}{N-1}$$

Dado que en m uestreo sin reposición cuasivarianzas m uestrales estim an insesgadamente cuasivarianzas poblacionales tenemos:

$$\hat{V}(\overline{\overline{x}}) = \frac{1-f}{n\overline{M}^2}\frac{\sum_{i=1}^{n}\left(X_i - \overline{\overline{x}}\right)^2}{n-1}$$

Para el total se tiene el estimador:

$$\hat{X} = N\overline{M}\overline{x} = N\overline{M}\frac{1}{n\overline{M}}\sum_{i=1}^{n} X_i = \frac{N}{n}\sum_{i=1}^{n} X_i$$

que no depende de $\overline{M}$. Su varianza y estim ación de varianza tam poco depende de $\overline{M}$. Veamos:

$$V(\hat{X}) = V(N\overline{M}\cdot\overline{\overline{x}}) = N^2\overline{M}^2 V(\overline{\overline{x}}) = N^2\overline{M}^2\frac{1-f}{n\overline{M}^2}\cdot\frac{\sum_{i=1}^{N}\left(X_i - \overline{X}\right)^2}{N-1} = N^2\frac{1-f}{n}\cdot\frac{\sum_{i=1}^{N}\left(X_i - \overline{X}\right)^2}{N-1}$$

$$\hat{V}(\hat{X}) = N^2\frac{1-f}{n}\frac{\sum_{i=1}^{n}\left(X_i - \overline{\overline{x}}\right)^2}{n-1}$$

Muestreo con reposición

Para muestreo con reposición la vari anza y estim ación de varianza para el **estimador de la media** pueden calcularse como sigue:

$$V(\overline{\overline{x}}) = \frac{1}{\overline{M}^2} V\left(\frac{1}{n}\sum_{i=1}^{n} X_i\right) = \frac{1}{\overline{M}^2}\frac{\dfrac{1}{N}\sum_{i=1}^{N}\left(X_i - \overline{X}\right)^2}{n} = \frac{1}{n\overline{M}^2}\cdot\frac{\sum_{i=1}^{N}\left(X_i - \overline{X}\right)^2}{N}$$

Dado que en m uestreo con reposición cuasivarianzas muestrales estiman insesgadamente varianzas poblacionales tenemos:

$$\hat{V}(\overline{\overline{x}}) = \frac{1}{n\overline{M}^2}\frac{\sum_{i=1}^{n}\left(X_i - \overline{\overline{x}}\right)^2}{n-1}$$

La varianza y estim ación de varianza para el ***estimador del total*** no dependerán de $\overline{M}$ y pueden calcularse como sigue:

$$V(\hat{X}) = V(N\overline{M} \cdot \overline{\overline{x}}) = N^2 \overline{M}^2 V(\overline{\overline{x}}) = N^2 \overline{M}^2 \cdot \frac{1}{n\overline{M}^2} \cdot \frac{\sum_{i=1}^{N}(X_i - \overline{X})^2}{N} = \frac{N^2}{n} \cdot \frac{\sum_{i=1}^{N}(X_i - \overline{X})^2}{N}$$

$$\hat{V}(\hat{X}) = \frac{N^2}{n} \cdot \frac{\sum_{i=1}^{n}(X_i - \overline{\overline{x}})^2}{n-1}$$

En caso de estimación de totales y proporciones se utilizan las fórm ulas ya vistas anteriormente para conglomerados del mismo tamaño tomando:

$$\overline{M} = \sum_{i=1}^{N} \frac{M_i}{M}$$

tanto para muestreo sin reposición como con reposición.

b) Los conglomerados varían mucho en tamaño (M_i no similares y $M = \sum_{i=1}^{N} M_i$)

Si los tam años de los conglom erados son significativam ente distintos, un estimador sesgado de la media es el estimador de razón:

$$\hat{\overline{X}} = \overline{\overline{x}} = \hat{R} = \frac{\sum_{i}^{n} X_i}{\sum_{i}^{n} M_i}$$

Muestreo sin reposición

Por ser un estimador de la razón, su varianza aproximada es:

$$V(\hat{\overline{X}}) = V(\overline{\overline{x}}) = V(\hat{R}) = \frac{N^2(1-f)}{Y^2 n(N-1)} \cdot \left[\sum_{i}^{N} X_i^2 + R^2 \sum_{i}^{N} Y_i^2 - 2R \sum_{i}^{N} X_i Y_i \right] =$$

$$\frac{N^2(1-f)}{M^2 n(N-1)} \cdot \left[\sum_{i}^{N} X_i^2 + R^2 \sum_{i}^{N} M_i^2 - 2R \sum_{i}^{N} X_i M_i \right] = \frac{N^2(1-f)}{M^2 n(N-1)} \cdot \left[\sum_{i}^{N} (X_i - RM_i)^2 \right]$$

y como:

$$X_i = M_i \overline{X}, R = \frac{X}{\sum_{i}^{N} M_i} = \frac{X}{M} = \overline{X}$$

tenemos:

$$V(\overline{\overline{x}}) = V(\hat{R}) = \frac{N^2(1-f)}{M^2 n(N-1)} \cdot \left[\sum_i^N (M_i \overline{X}_i - \overline{X} M_i)^2 \right] = (1-f) \cdot \frac{N^2}{nM^2} \frac{\sum_i^N M_i^2 (\overline{X}_i - \overline{X})^2}{N-1}$$

que se estima mediante:

$$\hat{V}(\overline{\overline{x}}) = \hat{V}(\hat{R}) = (1-f) \cdot \frac{N^2}{nM^2} \frac{\sum_i^n M_i^2 (\overline{X}_i - \overline{\overline{x}})^2}{n-1}$$

Para el estimador del total tendremos:

$$V(\hat{X}) = V(M\hat{R}) = M^2 V(\hat{R}) = \frac{N^2(1-f)}{n} \frac{\sum_i^N M_i^2 (\overline{X}_i - \overline{X})^2}{N-1}$$

que se estima mediante:

$$\hat{V}(\hat{X}) = \frac{N^2(1-f)}{n} \frac{\sum_i^n M_i^2 (\overline{X}_i - \overline{\overline{x}})^2}{n-1}$$

Para el estimador de la proporción y el total de clase tenemos:

$$V(\hat{P}) = (1-f) \cdot \frac{N^2}{nM^2} \frac{\sum_i^N M_i^2 (P_i - P)^2}{N-1} \Rightarrow \hat{V}(\hat{P}) = (1-f) \cdot \frac{N^2}{nM^2} \frac{\sum_i^n M_i^2 (P_i - \overline{P})^2}{n-1}$$

$$V(\hat{A}) = V(M\hat{P}) = M^2 V(\hat{P}) = \frac{N^2(1-f)}{n} \frac{\sum_i^N M_i^2 (P_i - P)^2}{N-1}$$

que se estima mediante: $$\hat{V}(\hat{A}) = \frac{N^2(1-f)}{n} \frac{\sum_i^n M_i^2 (P_i - \overline{P})^2}{n-1}$$

Muestreo con reposición

Por ser un estimador de la razón, su varianza aproximada es:

$$V(\hat{\overline{X}}) = V(\overline{\overline{x}}) = V(\hat{R}) = \frac{N^2}{Y^2 n} \cdot \frac{1}{N} \left[\sum_i^N X_i^2 + R^2 \sum_i^N Y_i^2 - 2R \sum_i^N X_i Y_i \right] =$$

$$\frac{N}{M^2 n} \cdot \left[\sum_i^N X_i^2 + R^2 \sum_i^N M_i^2 - 2R \sum_i^N X_i M_i \right] = \frac{N}{M^2 n} \cdot \left[\sum_i^N (X_i - RM_i)^2 \right]$$

y como:

$$X_i = M_i \overline{X}_i, R = \frac{X}{\sum_i^N M_i} = \frac{X}{M} = \overline{\overline{X}}$$

tenemos:

$$V(\overline{\overline{x}}) = V(\hat{R}) = \frac{N}{M^2 n} \cdot \left[\sum_i^N (M_i \overline{X}_i - \overline{\overline{X}} M_i)^2 \right] = \frac{N^2}{nM^2} \frac{\sum_i^N M_i^2 (\overline{X}_i - \overline{\overline{X}})}{N}$$

que se estima mediante:

$$\hat{V}(\overline{\overline{x}}) = \hat{V}(\hat{R}) = \frac{N^2}{nM^2} \frac{\sum_i^n M_i^2 (\overline{X}_i - \overline{\overline{x}})^2}{n-1}$$

Para el estimador del total tendremos:

$$V(\hat{X}) = V(M\hat{R}) = M^2 V(\hat{R}) = \frac{N^2}{n} \frac{\sum_i^N M_i^2 (\overline{X}_i - \overline{\overline{X}})^2}{N}$$

que se estima mediante:

$$\hat{V}(\hat{X}) = \frac{N^2}{n} \frac{\sum_i^n M_i^2 (\overline{X}_i - \overline{\overline{x}})^2}{n-1}$$

Para el estimador de la proporción y el total de clase tenemos:

$$V(\hat{P}) = \frac{N^2}{nM^2} \frac{\sum_i^N M_i^2 (P_i - P)}{N} \Rightarrow \hat{V}(\hat{P}) = \frac{N^2}{nM^2} \frac{\sum_i^n M_i^2 (P_i - \overline{P})}{n-1}$$

$$V(\hat{A}) = V(M\hat{P}) = M^2 V(\hat{P}) = \frac{N^2}{n} \frac{\sum_i^N M_i^2 (P_i - P)^2}{N}$$

que se estima mediante:

$$\hat{V}(\hat{A}) = \frac{N^2}{n} \frac{\sum_i^n M_i^2 (P_i - \overline{P})^2}{n-1}$$

Probabilidades desiguales

Muestreo sin reposición

Consideramos una población de N conglomerados de tamaños desiguales M_i con $M = \sum\limits_{i=1}^{N} M_i$.

En este caso se utilizará el **estimador general de Horwitz y Thompson**, que proporciona el **estimador lineal insesgado para el total** definido por:

$$\hat{X}_{HT} = \sum_{i=1}^{n} \frac{X_i}{\pi_i} = \sum_{i=1}^{n} \frac{M_i \overline{X}_i}{\pi_i}$$

Del capítulo 3 sabemos que la **varianza de este estimador** es:

$$V(\hat{X}_{HT}) = \sum_{i=1}^{N} \frac{X_i^2}{\pi_i}(1 - \pi_i) + \sum_{i \neq j}^{N} \frac{X_i}{\pi_i} \frac{X_j}{\pi_j}(\pi_{ij} - \pi_i \pi_j)$$

y que un **estimador insesgado para esta varianza** es:

$$\hat{V}(\hat{X}_{HT}) = \sum_{i=1}^{n} \frac{X_i^2}{\pi_i^2}(1 - \pi_i) + \sum_{i \neq j}^{n} \frac{X_i}{\pi_i} \frac{X_j}{\pi_j}\left(\frac{\pi_{ij} - \pi_i \pi_j}{\pi_{ij}}\right)$$

Dependiendo del método de selección sin reposición a utilizar, los valores de π_i y π_{ij} asociados al método van a definir los estimadores y sus varianzas, así como sus estimaciones. En el capítulo 3 se estudiaron varios de estos métodos (Ikeda, Durbin, Brewer,etc.).

Pero los métodos más interesantes eran los que producían **probabilidades π_i proporcionales a los tamaños M_i**. Para estos métodos se tiene:

$$\pi_i = kM_i \Rightarrow \sum_{i=1}^{N} \pi_i = k\sum_{i=1}^{N} M_i \Rightarrow n = kM \Rightarrow k = \frac{n}{M} \Rightarrow \pi_i = \frac{n}{M}M_i = n\frac{M_i}{M}$$

El **estimador lineal insesgado de Horwitz y Thompson para el total** será:

$$\hat{X}_{HT} = \sum_{i=1}^{n} \frac{X_i}{\pi_i} = \sum_{i=1}^{n} \frac{M_i \overline{X}_i}{\pi_i} = \sum_{i=1}^{n} \frac{M_i \overline{X}_i}{n\frac{M_i}{M}} = M\frac{1}{n}\sum_{i=1}^{n} \overline{X}_i = M\overline{\overline{x}}$$

El *estimador lineal insesgado de Horwitz y Thompson para la media* será:

$$\hat{\bar{X}} = \frac{\hat{X}_{HT}}{M} = \frac{M\bar{\bar{x}}}{M} = \bar{\bar{x}}$$

Se observa que las expresiones de los estimadores lineales insesgados para la media y el total en el caso de probabilidades desiguales proporcionales a los tamaños de los conglomerados coinciden con sus expresiones para probabilidades iguales.

Los valores de la varianzas y sus estimadores dependerán del valor de π_{ij} en cada método de selección sin reposición.

Muestreo con reposición

Consideramos una población de N conglomerados de tamaños desiguales Mi con $M = \sum_{i=1}^{N} M_i$.

En este caso se utilizará el *estimador general de Hansen y Hurwitz*, que proporciona el *estimador lineal insesgado para el total* definido por:

$$\hat{X}_{HH} = \sum_{i=1}^{n} \frac{X_i}{nP_i} = \sum_{i=1}^{n} \frac{M_i \bar{X}_i}{nP_i}$$

Del capítulo 3 sabemos que la *varianza de este estimador* es:

$$V(\hat{X}_{HH}) = \frac{1}{n} \sum_{i=1}^{N} \left(\frac{X_i}{P_i} - X \right)^2 P_i$$

y que un *estimador insesgado para esta varianza* es:

$$\hat{V}(\hat{X}_{HH}) = \frac{1}{n(n-1)} \sum_{i=1}^{n} \left(\frac{X_i}{P_i} - \hat{X}_{HH} \right)^2$$

Para el *estimador de la media* tendremos:

$$\hat{\bar{X}}_{HH} = \frac{\hat{X}_{HH}}{M} \Rightarrow V(\hat{\bar{X}}_{HH}) = V(\frac{\hat{X}_{HH}}{M}) = \frac{1}{M^2} V(\hat{X}_{HH}) \Rightarrow \hat{V}(\hat{\bar{X}}_{HH}) = \frac{1}{M^2} \hat{V}(\hat{X}_{HH})$$

Pero los métodos más interesantes eran los que producían *probabilidades P_i proporcionales a los tamaños Mi*. Para estos métodos se tiene:

$$P_i = kM_i \Rightarrow \sum_{i=1}^{N} P_i = k \sum_{i=1}^{N} M_i \Rightarrow 1 = kM \Rightarrow k = \frac{1}{M} \Rightarrow P_i = \frac{1}{M} M_i = \frac{M_i}{M}$$

El **estimador lineal insesgado de Hansen y Hurwitz para el total** será:

$$\hat{X}_{HH} = \sum_{i=1}^{n} \frac{X_i}{nP_i} = \sum_{i=1}^{n} \frac{M_i \overline{X}_i}{nP_i} = \sum_{i=1}^{n} \frac{M_i \overline{X}_i}{n \dfrac{M_i}{M}} = M \frac{1}{n} \sum_{i=1}^{n} \overline{X}_i = M\overline{\overline{x}}$$

El **estimador lineal insesgado de Hansen y Hurwitz para la media** será:

$$\hat{\overline{X}} = \frac{\hat{X}_{HH}}{M} = \frac{M\overline{\overline{x}}}{M} = \overline{\overline{x}}$$

Se observa que las expresiones de los estimadores para medias y totales en el caso de probabilidades proporcionales a los tamaños coinciden con y sin reposición.

La **varianza del estimador del total en el caso de probabilidades proporcionales a los tamaños con reposición** valdrá:

$$V(\hat{X}_{HH}) = \frac{1}{n} \sum_{i=1}^{N} \left(\frac{X_i}{P_i} - X \right)^2 P_i = \frac{1}{n} \sum_{i=1}^{N} \left(\frac{X_i}{\dfrac{M_i}{M}} - M \frac{X}{M} \right)^2 \frac{M_i}{M} =$$

$$\frac{M^2}{n} \sum_{i=1}^{N} \left(\frac{X_i}{M_i} - \frac{X}{M} \right)^2 \frac{M_i}{M} = \frac{M^2}{n} \sum_{i=1}^{N} \left(\overline{X}_i - \overline{X} \right)^2 \frac{M_i}{M} = \frac{M}{n} \sum_{i=1}^{N} M_i \left(\overline{X}_i - \overline{X} \right)^2$$

La **estimación de la varianza** en este caso será:

$$\hat{V}(\hat{X}_{HH}) = \frac{1}{n(n-1)} \sum_{i=1}^{n} \left(\frac{X_i}{P_i} - \hat{X}_{HH} \right)^2 = \frac{1}{n(n-1)} \sum_{i=1}^{n} \left(\frac{MX_i}{M_i} - \frac{1}{n} \sum_{i=}^{n} \frac{MX_i}{M_i} \right)^2 =$$

$$\frac{M^2}{n(n-1)} \sum_{i=1}^{n} \left(\frac{X_i}{M_i} - \frac{1}{n} \sum_{i=}^{n} \frac{X_i}{M_i} \right)^2 = \frac{M^2}{n(n-1)} \sum_{i=1}^{n} \left(\overline{X}_i - \frac{1}{n} \sum_{i=}^{n} \overline{X}_i \right)^2 = \frac{M^2}{n(n-1)} \sum_{i=1}^{n} \left(\overline{X}_i - \overline{\overline{x}} \right)^2$$

La **varianza del estimador de la media en el caso de probabilidades proporcionales a los tamaños con reposición** valdrá:

$$V(\hat{\overline{X}}_{HH}) = V(\frac{\hat{X}_{HH}}{M}) = \frac{1}{M^2} V(\hat{X}_{HH}) = \frac{1}{M^2} \frac{M}{n} \sum_{i=1}^{N} M_i \left(\overline{X}_i - \overline{X} \right)^2 = \frac{1}{nM} \sum_{i=1}^{N} M_i \left(\overline{X}_i - \overline{X} \right)^2$$

La **estimación de la varianza** en este caso será:

$$\hat{V}(\hat{\bar{X}}_{HH}) = \hat{V}(\frac{\hat{X}_{HH}}{M}) = \frac{1}{M^2}\hat{V}(\hat{X}_{HH}) = \frac{1}{M^2}\frac{M^2}{n(n-1)}\sum_{i=1}^{n}\left(\bar{X}_i - \frac{1}{n}\sum_{i=}^{n}\bar{X}_i\right)^2 = \frac{1}{n(n-1)}\sum_{i=1}^{n}(\bar{X}_i - \bar{\bar{x}})^2$$

Estimación de proporciones y totales de clase

Las **fórmulas para proporciones y totales de clase** se obtienen sustituy endo $\bar{X}_i = P_i$, $\bar{X} = P$, $\bar{\bar{x}} = \bar{P}$. Esto es válido tanto en general com o en probabilidades proporcionales a los tamaños, y tanto con reposición como sin reposición.

TAMAÑO DE LA MUESTRA

Si consideram os la función de coste $C = c_o\sqrt{n} + c_1 n + c_2 \cdot n \cdot \bar{M}$ podemos determinar los pares $(n, \bar{M})$ que, para C prefijado, m inimizan la varianza del estimador de la media $V(\bar{x})$. También podemos determinar los pares $(n, \bar{M})$ que, para $V(\bar{\bar{x}})$ prefijada, minimizan la función de coste C.

El prim er térm ino $c_o\sqrt{n}$ de la función de coste representa el **coste de viaje entre los conglomerados**, y se tom a así porque se ha dem ostrado empíricamente que el coste de viaje entre n conglom erados varía aproxim adamente proporcional a su raíz cuadrada.

El segundo término $c_1 n$ de la función de coste representa el **coste de selección de los n conglomerados de la muestra**, siendo c $_1$ el coste unitario de selección de un conglomerado muestral.

El tercer térm ino $c_2 \cdot n \cdot \bar{M}$ representa el **coste relativo a las $n \cdot \bar{M}$ unidades elementales de la muestra**, siendo c $_2$ el coste unitario de selección de una unidad elemental que suele estar form ado principalm ente por el coste de entrevista y el coste de desplazamiento entre las unidades elementales dentro del mismo conglomerado.

El término $C = c_o\sqrt{n} + c_2 \cdot n \cdot \bar{M}$ suele denominarse **coste de campo**.

La determ inación de n y $\bar{M}$ óptim os lleva al plantea m iento del problem a de Lagrange con una restricción:

$$\begin{cases} Min\, V(\overline{\overline{x}}) = Min\left[(1-f)\dfrac{S^2}{n\overline{M}}(1-(\overline{M}-1)\delta) \right] \\ C = c_o\sqrt{n} + c_1 n + c_2\cdot n\cdot \overline{M} \end{cases}$$

El problema alternativo es la determinación de n y $\overline{M}$ óptimos mediante el planteamiento del problema de Lagrange con una restricción:

$$\begin{cases} Min\, C = Min(c_o\sqrt{n} + c_1 n + c_2\cdot n\cdot\overline{M}) \\ V(\overline{\overline{x}}) = (1-f)\dfrac{S^2}{n\overline{M}}(1-(\overline{M}-1)\delta) \end{cases}$$

También se utiliza para la varianza la expresión:

$$V(\overline{\overline{x}}) = (1-f)\frac{S_b^2}{n\overline{M}}$$

Ello requiere tener en cuenta que S^2 no depende de $\overline{M}$, por ser la varianza entre elementos, pero S_w^2 sí depende de $\overline{M}$. Sin embargo una primera aproximación que suele ser satisfactoria cuando los valores alternativos de $\overline{M}$ no difieren mucho del $\overline{M}$ utilizado consiste en suponer S_w^2 constante al variar $\overline{M}$, de tal modo que S_b^2 se puede expresar en función de $\overline{M}$ como $S_b^2 = S^2\cdot\overline{M}^s$ $s\geq 0$ (**Smith**). De esta forma:

$$V(\overline{\overline{x}}) = (1-f)\frac{S_b^2}{n\overline{M}} = (1-f)\frac{S^2\cdot\overline{M}^s}{n\overline{M}} = (1-f)\frac{S^2\cdot\left(\overline{M}\right)^{s-1}}{n}$$

Los problemas alternativos a resolver por multiplicadores de Lagrange serían ahora:

$$\begin{cases} Min\, V(\overline{\overline{x}}) = Min\left[(1-f)\dfrac{S^2\cdot\left(\overline{M}\right)^{s-1}}{n} \right] \\ C = c_o\sqrt{n} + c_1 n + c_2\cdot n\cdot\overline{M} \end{cases} \qquad \begin{cases} Min\, C = Min(c_o\sqrt{n}+c_1 n+c_2\cdot n\cdot\overline{M}) \\ V(\overline{\overline{x}}) = (1-f)\dfrac{S^2\cdot\left(\overline{M}\right)^{s-1}}{n} \end{cases}$$

Alternativamente Jessen consideró que quien depende de $\overline{M}$ es S_w^2 y que esta dependencia viene definida por la función $S_w^2 = A_j\cdot\overline{M}^j$ $j\geq 0$. Ante esta circunstancia, como por la relación fundamental del análisis de la varianza tenemos:

$$S_b^2 = \frac{\left(N\overline{M}-1\right)S^2 - N\left(\overline{M}-1\right)S_w^2}{N-1} \xrightarrow[N\to\infty]{} \overline{M}S^2 - \left(\overline{M}-1\right)\cdot S_w^2$$

Sustituyendo el valor de S_w^2 por su valor según Jessen se tiene:

$$S_b^2 = \overline{M}S^2 - \left(\overline{M}-1\right)\cdot A_j \cdot \overline{M}^j \Rightarrow V\left(\overline{\overline{x}}\right) = (1-f)\frac{S_b^2}{n\overline{M}} = (1-f)\frac{\left(S^2 - \left(\overline{M}-1\right)A_j \cdot \overline{M}^{j-1}\right)}{n}$$

Los problemas alternativos a resolver por multiplicadores de Lagrange serían ahora:

$$\begin{cases} MinV(\overline{\overline{x}}) = Min\left[(1-f)\dfrac{\left(S^2 - \left(\overline{M}-1\right)A_j \cdot \overline{M}^{j-1}\right)}{n}\right] \\ C = c_o\sqrt{n} + c_1 n + c_2 \cdot n \cdot \overline{M} \end{cases}$$

$$\begin{cases} Min\,C = Min\left(c_o\sqrt{n} + c_1 n + c_2 \cdot n \cdot \overline{M}\right) \\ V(\overline{\overline{x}}) = (1-f)\dfrac{\left(S^2 - \left(\overline{M}-1\right)A_j \cdot \overline{M}^{j-1}\right)}{n} \end{cases}$$

En general suele despreciase el valor de 1-*f*. La resolución algebraica de estos problemas de optimización no suele ser nada sencilla y es habitual acudir a algoritmos de optimización iterativos que actualmente están automatizados.

Ejercicio 1. Una población está formada por 300 conglomerados de 50 elementos cada uno. Se obtiene una muestra de n=5 conglomerados sin reposición y probabilidades iguales. Las proporciones de unidades elementales que pertenecen a una cierta clase en cada uno de los conglomerados son 0.14, 0.20, 0.18, 0.12, 0.16. Se pide:

a) *Estimar el total de clase y sus errores absoluto y relativo de muestreo*
b) *Estimar el coeficiente de correlación intraconglomerados y analizar la precisión de la estimación anterior*
c) *Realizar las mismas estimaciones para muestreo con reposición. Comentarios.*

$$\hat{P} = \frac{1}{n}\sum_{i=1}^{n} P_i = \frac{1}{5}(0,14 + 0,20 + 0,18 + 0,12 + 0,16) = 0,16$$

$$\hat{A} = N\overline{M}\hat{P} = 300 \cdot 50 \cdot 0,16 = 2400$$

$$\hat{V}(\hat{A}) = \left(N\overline{M}\right)^2 \hat{V}(\hat{P}) = \left(N\overline{M}\right)^2 (1-f)\frac{\hat{S}_b^2}{n\overline{M}} = \left(N\overline{M}\right)^2 (1-f)\frac{1}{n(n-1)}\sum_{i=1}^{n}(P_i - \hat{P})^2 =$$

$$(300\cdot 50)^2 \left(1-\frac{5}{300}\right)\frac{(0,14-0,16)^2 + (0,20-0,16)^2 + (0,18-0,16)^2 + (0,12-0,16)^2 + (0,16-0,16)^2}{5(5-1)}$$

$$= 45000$$

$$\hat{C}v(\hat{A}) = \frac{\sqrt{\hat{V}(\hat{A})}}{\hat{A}} = \frac{\sqrt{45000}}{2400} = 0,088 \quad (8,8\%)$$

Para estimar el coeficiente de correlación intraconglomerados hacemos:

$$\hat{\delta} = \frac{\hat{S}_b^2 - \hat{S}_0^2}{(\overline{M} - 1)\hat{S}_0^2} = \frac{0,05 - 0,134579}{(50 - 1) \cdot 0,134579} = -0,0128259$$

$\hat{S}_b^2 = \dfrac{\overline{M}}{n-1} \sum_{i=1}^{n} (P_i - \hat{P})^2 = 0,05$. Las operaciones a realizar son las siguientes:

$$\frac{50\left[(0,14 - 0,16)^2 + (0,20 - 0,16)^2 + (0,18 - 0,16)^2 + (0,12 - 0,16)^2 + (0,16 - 0,16)^2\right]}{(5 - 1)}$$

$\hat{S}_w^2 = \dfrac{1}{n\overline{M} - n} \sum_{i=1}^{n} \overline{M} P_i Q_i = 0,1363$. Las operaciones a realizar son:

$$\frac{50(0,14 \cdot 0,86 + 0,2 \cdot 0,8 + 0,18 \cdot 0,82 + 0,12 \cdot 0,88 + 0,16 \cdot 0,84)}{5 \cdot 50 - 5}$$

$$\hat{S}_0^2 = \frac{(N - 1)\hat{S}_b^2 + (N\overline{M} - N)\hat{S}_w^2}{N\overline{M} - 1} = \frac{(300 - 1)0,05 + (300 \cdot 50 - 300)0,1363}{300 \cdot 50 - 1} = 0,134597$$

Como:

$$\delta \in \left[-\frac{1}{\overline{M} - 1}, 0 \right] = [\text{-}0.02, \, 0]$$

la precisión resultante del muestreo por conglomerados es superior a la del muestreo aleatorio simple.

Ahora estimaremos los errores absoluto y relativo de muestreo del total de clase considerando muestreo con reposición. Tenemos:

$$\hat{V}(\hat{A}) = \left(N\overline{M}\right)^2 \hat{V}(\hat{P}) = \left(N\overline{M}\right)^2 \frac{\hat{S}_b^2}{n\overline{M}} = \left(N\overline{M}\right)^2 \frac{1}{n(n-1)} \sum_{i=1}^{n} (P_i - \hat{P})^2 = 45762,7$$

$$\hat{C}v(\hat{A}) = \frac{\sqrt{\hat{V}(\hat{A})}}{\hat{A}} = \frac{\sqrt{45762,7}}{2400} = 0,089 \quad (8,9\%)$$

A continuación se estima el coeficiente de correlación intraconglomerados suponiendo muestreo con reposición. Tenemos:

$$\hat{\delta} = \frac{\hat{S}_b^2 - \hat{\sigma}'^2}{(\overline{M} - 1)\hat{\sigma}'^2} = \frac{0,05 - 0,13457}{(50 - 1)0,13457} = -0,0128254$$

$$\hat{\sigma}_w^2 = \hat{S}_{1,w}^2 = \frac{1}{n}\sum_{i=1}^{n} P_i(1-P_i) = \frac{1}{n}\sum_{i=1}^{n} P_i Q_i = 0,13357$$

$$\hat{\sigma}'^2 = \hat{S}_{1,w}^2 + \frac{\hat{S}_b^2}{\overline{M}} = 0,13357 + 0,05/50 = 0,13457$$

Se observa que los errores de m uestreo son ligeram ente mayores en el caso de reposición, y el coeficiente de correlación intraconglom erados tam bién es m uy ligeramente peor que en el caso de muestreo sin reposición (está levemente más lejano de la precisión perfecta), pero sigue siendo muy bueno.

Ejercicio 2. En una muestra aleatoria de 10 viviendas, el número de personas y sus contestaciones afirmativas a una determinada pregunta son:

Número de personas	4	2	6	1	5	3	3	8	1	4
Contestaciones afirmativas	2	1	4	1	2	1	2	5	0	3

a) Suponiendo muestreo con reposición estimar la proporción de respuestas afirmativas en la población y su error de muestreo

b) Suponiendo muestreo sin reposición estimar el coeficiente de correlación intraconglomerados suponiendo $\overline{M} = 4$. Comentarios sobre la precisión.

Vamos a considerar las viviendas com o conglomerados, siendo las unidades elementales las personas de cada vivienda. Por lo tanto los núm eros de personas en las distintas viviendas serán los tamaños de los conglomerados M_i.

Se considera la clase A de las personas que responden afirm ativamente a una determinada pregunta. Por lo tanto, las contestaciones afirm ativas en cada vivienda serán los valores A_i.

Ya que los conglomerados son de distinto tamaño, para estimar la proporción del total de personas de la población que responden afirm ativamente a la pregunta utilizaremos el estimador de la razón de A a M siguiente:

$$\hat{P} = \frac{\displaystyle\sum_{i=1}^{10} A_i}{\displaystyle\sum_{i=1}^{10} M_i} = \frac{21}{37} = 0,57$$

Para estim ar la varianza de la proporción con reposición utilizam os el estimador de la varianza del estimador de la razón:

$$\hat{V}(\hat{P}) = \frac{1}{n\overline{M}^2}(\hat{S}_A^2 + \hat{R}^2\hat{S}_M^2 - 2\hat{R}\hat{S}_{AM}) = \frac{1}{n\overline{M}^2(n-1)}(\sum_{i=1}^{10}A_i^2 + \hat{R}^2\sum_{i=1}^{10}M_i^2 - 2\hat{R}\sum_{i=1}^{10}A_i M_i)$$

$$= \frac{1}{10\cdot 3{,}7^2 \cdot (10-1)}(65 + 0{,}57^2 \cdot 181 - 2\cdot 0{,}57 \cdot 106) = 0{,}00242$$

El error de muestreo estimado será $\hat{\sigma}(\hat{P}) = \sqrt{\hat{V}(\hat{P})} = \sqrt{0{,}00242} = 0{,}049$

Para estimar el coeficiente de correlación intraconglomerados hacemos:

$$\hat{\delta} = \frac{\hat{S}_b^2 - \hat{S}_0^2}{(\overline{M}-1)\hat{S}_0^2} = \frac{0{,}29 - 0{,}25535}{(4-1)\cdot 0{,}25535} = 0{,}045$$

$$\overline{P} = \frac{1}{n}\sum_{i=1}^{n}P_i = \frac{1}{10}\left(\frac{1}{2} + \frac{1}{2} + \frac{2}{3} + \cdots + \frac{3}{4}\right) = 0{,}544 \quad \hat{S}_b^2 = \frac{\overline{M}}{n-1}\sum_{i=1}^{n}(P_i - \overline{P})^2 = 0{,}29$$

$$\hat{S}_w^2 = \frac{1}{n\overline{M} - n}\sum_{i=1}^{n}\overline{M}P_i(1 - P_i) = 0{,}2438$$

$$\hat{S}_0^2 = \frac{(N-1)\hat{S}_b^2 + (N\overline{M} - N)\hat{S}_w^2}{N\overline{M} - 1} \xrightarrow[N\to\infty]{} \frac{\hat{S}_b^2}{\overline{M}} + \frac{(\overline{M}-1)\hat{S}_w^2}{\overline{M}} = \frac{0{,}29 + 3\cdot 0{,}2438}{4} = 0{,}25535$$

El coeficiente de correlación intr aconglomerados es positivo, luego la precisión del muestreo por conglomerados es menor que la del aleatorio simple. Pero aunque δ es positivo resulta ser m uy pequeño, lo cual es positivo para las estimaciones.

Ejercicio 3. *Se trata de hacer un control de calidad sobre las piezas de un pedido de 1.000 lotes formados por 40 piezas cada uno. Para ello se extrae una muestra sin reposición de 20 lotes dentro de la cual 9 lotes no tienen piezas defectuosas, 8 lotes tienen una pieza defectuosa y tres lotes tienen 2 piezas defectuosas. Se pide:*

1º) Estimar el número total de piezas defectuosas en el pedido y sus errores absoluto y relativo de muestreo. Realizar la estimación por intervalos al 99% ($F^{-1}(0.995)=2.57$).

2º) Resolver el problema con reposición y comparar los resultados con los del apartado 1º.

Tenemos como datos $N=1000$, $\overline{M} = 40$ y $n=20$. El total de piezas defectuosas puede estimarse como sigue:

$$\hat{A} = N\overline{M}\hat{P} = N\overline{M}\left(\frac{1}{n}\sum_{i=1}^{n}P_i\right) = 40000\underbrace{\frac{1}{20}\left(9\frac{0}{40} + 8\frac{1}{40} + 3\frac{2}{40}\right)}_{\hat{P}=0{,}0175} = 700$$

$$\hat{V}(\hat{A}) = \left(N\overline{M}\right)^2 \hat{V}(\hat{P}) = \left(N\overline{M}\right)^2 (1-f)\frac{\hat{S}_b^2}{n\overline{M}} = \left(N\overline{M}\right)^2 (1-f)\frac{1}{n(n-1)}\sum_{i=1}^{n}(P_i - \hat{P})^2 =$$

$$40000^2\left(1-\frac{20}{1000}\right)\frac{\left(9\left(\frac{0}{40}-0,0175\right)^2 + 8\left(\frac{1}{40}-0,0175\right)^2 + 3\left(\frac{2}{40}-0,0175\right)^2\right)}{20(20-1)} = 26305,26$$

$$\hat{C}v(\hat{A}) = \frac{\sqrt{\hat{V}(\hat{A})}}{\hat{A}} = \frac{\sqrt{26305,26}}{700} = 0,2317 \quad (23,17\%)$$

La estimación por intervalos suponiendo normalidad en la población es:

$$\hat{A} \pm \lambda_\alpha \hat{\sigma}(\hat{A}) = 700 \pm 2.57\sqrt{26305,26} = [283.2, 1116.8]$$

La estimación por intervalos sin normalidad en la población es:

$$\hat{A} \pm \frac{\hat{\sigma}(\hat{A})}{\sqrt{\alpha}} = 700 \pm \sqrt{\frac{26305,26}{0,01}} = [-921.9, 2321.9]$$

Si consideramos muestreo con reposición tenemos:

$$\hat{V}(\hat{A}) = \left(N\overline{M}\right)^2 \hat{V}(\hat{P}) = \left(N\overline{M}\right)^2 \frac{\hat{S}_b^2}{n\overline{M}} = \frac{26305,26}{1-f} = \frac{26305,26}{1-\frac{20}{1000}} = 26842,1$$

$$\hat{C}v(\hat{A}) = \frac{\sqrt{\hat{V}(\hat{A})}}{\hat{A}} = \frac{\sqrt{26842,1}}{700} = 0,234 \quad (23,4\%)$$

La estimación por intervalos suponiendo normalidad en la población es:

$$\hat{A} \pm \lambda_\alpha \hat{\sigma}(\hat{A}) = 700 \pm 2.57\sqrt{26842,1} = [279, 1121]$$

La estimación por intervalos sin normalidad en la población es:

$$\hat{A} \pm \frac{\hat{\sigma}(\hat{A})}{\sqrt{\alpha}} = 700 \pm \sqrt{\frac{26842,1}{0,01}} = [-938.35, 2338.35]$$

Se observa que los errores de m uestreo estim ados son ligeram ente superiores en m uestreo con reposición. Adem ás, como es natural, los intervalos de confianza son más anchos (o sea, peores) en m uestreo con reposición. La gananc ia en precisión es (26842,1/26305,26-1)100=2%, que es una cantidad pequeña.

Ejercicio 4. Se trata de estudiar la superficie de una región montañosa dedicada a la plantación de pinos. La región, que tiene una superficie de 25000 km², se divide en 100 zonas disjuntas lo más similares entre sí de tal forma que cada zona contiene plantas de todas las clases que crecen en la región. Se extrae una muestra de 10 zonas con reemplazamiento y con probabilidades proporcionales a sus superficies. Las proporciones de superficie total dedicadas a la plantación de pinos en cada una de las zonas de la muestra son:

$$0.05, \; 0.25, \; 0.10, \; 0.30, \; 0.15, \; 0.25, \; 0.35, \; 0.25, \; 0.10 \; y \; 0.20$$

Se pide:

1°) Un estimador insesgado de la superficie total de la región dedicada a la plantación de pinos, su error relativo y un intervalo de confianza al nivel α=0.05.

2°) Contestar a las mismas preguntas del apartado anterior suponiendo que la selección es sin reposición mediante el método de Ikeda, para el cual se tiene que πi=Pi+(1-Pi)(n-1)/(N-1) y πi j = (n-1)[(N-n)(Pi+Pj)/(N-2)+(n-2)/(N-2)]/(N-1), siendo Pi las probabilidades proporcionales a las superficies de las zonas. En este caso considerar la muestra con sólo tres zonas de igual superficie para las que las proporciones de superficie total dedicadas a la plantación de pinos en cada una de ellas son de 0.25, 0.35 y 0.40 respectivamente.

Sea $\quad M_i$ = Superficie de la zona i-ésima

Sea $\quad X_i$ = Superficie dedicada a la plantación de pinos

$$\hat{X}_{HH} = \sum_{i=1}^{n} \frac{X_i}{nP_i} = \sum_{i=1}^{n} \frac{X_i}{n\frac{M_i}{M}} = \frac{M}{n}\sum_{i=1}^{n}\frac{X_i}{M_i} = \frac{2500}{10}(0,05 + 0,25 + \cdots + 0,20) = 5000$$

$$\hat{V}(\hat{X}_{HH}) = \frac{\sum_{i=1}^{n}\left(\frac{X_i}{P_i} - \hat{X}_{HH}\right)^2}{n(n-1)} = \frac{\sum_{i=1}^{n}\left(\frac{X_i}{M_i/M} - \hat{X}_{HH}\right)^2}{n(n-1)} = \frac{\sum_{i=1}^{n}\left(M\frac{X_i}{M_i} - \hat{X}_{HH}\right)^2}{n(n-1)} =$$

$$\frac{(25000 \cdot 0,05 - 5000)^2 + (25000 \cdot 0,25 - 5000)^2 + \cdots + (25000 \cdot 0,20 - 5000)^2}{10(10-1)} = 590278$$

$$\hat{C}v(\hat{X}) = \frac{\sqrt{\hat{V}(\hat{X})}}{\hat{X}} = \frac{\sqrt{590278}}{5000} = 0,15 \quad (15\%)$$

La estimación por intervalos suponiendo normalidad en la población es:

$$\hat{X} \pm \lambda_\alpha \hat{\sigma}(\hat{X}) = 5000 \pm 2\sqrt{590278} = \left[3464, \, 6536\right]$$

La estimación por intervalos sin normalidad en la población es:

$$\hat{X} \pm \frac{\hat{\sigma}(\hat{X})}{\sqrt{\alpha}} = 5000 \pm \sqrt{\frac{590278}{0,05}} = [1564, 8346]$$

Para resolver el segundo apartado del problema consideramos la muestra con solo tres zonas de igual superficie para las que las proporciones de superficie total dedicadas a la plantación de pinos en cada una de ellas son de 0,25, 0,35 y 0,40 respectivamente. Como los Pi son proporcionales a las superficies de las zonas se tiene:

$$\left.\begin{array}{l} \dfrac{X_1}{M_1} = 0,25 = \dfrac{25}{100} \\[2mm] \dfrac{X_2}{M_2} = 0,35 = \dfrac{35}{100} \\[2mm] \dfrac{X_3}{M_3} = 0,40 = \dfrac{40}{100} \end{array}\right\} \Rightarrow \left\{\begin{array}{l} \text{Se supone } M_i = M \;\forall i = 1,\cdots,10 \\[2mm] \displaystyle\sum_{i=1}^{N} P_i = 1 \Rightarrow \dfrac{M_1}{M} + \cdots + \dfrac{M_N}{M} = 1 \Rightarrow \dfrac{\overline{M}}{M} + \cdots + \dfrac{\overline{M}}{M} = 1 \\[2mm] \Rightarrow N\dfrac{\overline{M}}{M} = 1 \Rightarrow N\overline{M} = M \Rightarrow \overline{M} = \dfrac{M}{N} = \dfrac{25000}{100} = 250 \end{array}\right.$$

$$\left.\begin{array}{l} \dfrac{X_1}{250} = 0,25 \Rightarrow X_1 = 62,5 \\[2mm] \dfrac{X_2}{250} = 0,35 \Rightarrow X_2 = 87,5 \\[2mm] \dfrac{X_3}{250} = 0,40 \Rightarrow X_3 = 100 \end{array}\right\} \Rightarrow \left\{\begin{array}{l} P_i = \dfrac{\overline{M}}{M} = \dfrac{250}{25000} = 0,01 \quad (i=1,2,3 \quad j=1,2,3) \\[2mm] \pi_i = P_i + \dfrac{n-1}{N-1}(1-P_i) = 0,01 + \dfrac{2}{99}\cdot 0,9 = 0,028 \\[2mm] \pi_{ij} = \dfrac{(3-1)}{(100-1)}\Big[(100-3)\cdot\dfrac{0,02}{100-2} + \dfrac{3-2}{100-2}\Big] = 0,006 \end{array}\right.$$

$$\text{Sin reposición} \Rightarrow \hat{X}_{HT} = \sum_{i=1}^{n} \frac{X_i}{\pi_i} = \frac{1}{0,028}(62,5 + 87,5 + 100) = 8928,6$$

$$\hat{V}(\hat{X}_{HT}) = \sum_{i=1}^{n}\left(\frac{X_i}{\pi_i}\right)^2 (1-\pi_i) + 2\sum_{i<j}^{n} \frac{X_i}{\pi_i}\frac{X_j}{\pi_j}\left(\frac{\pi_{ij} - \pi_i\pi_j}{\pi_{ij}}\right) = 49429600$$

$$\hat{C}v(\hat{X}) = \frac{\sqrt{49429600}}{8928,6} = 0,78 \qquad \hat{X} \pm \lambda_\alpha \hat{\sigma}(\hat{X}) = [-5122.6, \, 22989.8]$$

Ejercicio 5. De una población formada por N conglomerados se selecciona una muestra de tamaño n *con un procedimiento mediante el cual se elige la primera unidad para la muestra con probabilidades desiguales Pi, y los n-1 conglomerados restantes de la muestra se eligen con probabilidades iguales, realizándose todas las extracciones sin reposición. Se pide una estimación insesgada del total poblacional X y sus errores absoluto y relativo de muestreo siendo N=50, n=4, Xi el total del conglomerado i-ésimo y conociendo los siguientes datos de los conglomerados de la muestra:*

Pi	0,026	0,017	0,022	0,013
Xi	100	80	120	60

Estamos ante un m étodo de selección de conglom erados con probabilidades desiguales y sin reposición. Por lo tanto utilizaremos el estim ador de Hurwitz y Thompson siendo necesario el cálculo de π_i y d e π_{ij} para realzar estim aciones y cal- cular sus errores de muestreo.

Según el método de selección definido en el problem a, la probabilidad π_i de que una unidad u_i pertenezca a la muestra, es la probabilidad de obtener u_i en la primera selección más la probabilidad de que no se obtenga en la prim era y sí en cualquiera de las n-1 restantes. Como la probabilidad de obtención de u $_i$ en la primera selección es Pi y en cualquiera de las n-1 restantes selecciones es (n-1)/(N-1) (estas n-1 selecciones se realizan con probabilidades iguales), π_i tomará el valor siguiente:

$$\pi_i = P_i + (1 - P_i) \cdot \frac{n-1}{N-1}$$

La probabilidad π_{ij} será igual a la probabilidad de que u_i se obtenga en la primera selección y u_j en cualquiera de las restantes, m ás la de que u_j se obtenga en la primera selección y u_i en cualquiera de las restantes, m ás la de que ni u_i ni u_j se obtengan en las dos primeras selecciones y sí se obtengan en las n-2 restantes. Por lo tanto tendremos:

$$\pi_{ij} = P_i \cdot \frac{n-1}{N-1} + P_j \cdot \frac{n-1}{N-1} + (1 - (P_i + P_j)) \cdot \frac{n-1}{N-1} \cdot \frac{n-2}{N-2} = \frac{n-1}{N-1} \left[\frac{N-n}{N-2} (P_i + P_j) + \frac{n-2}{N-2} \right]$$

Para estim ar el total poblacional utilizam os el estim ador de Horwitz y Thompson:

$$\hat{X}_{HT} = \sum_{i=1}^{n} \frac{X_i}{\pi_i} = \frac{100}{0,0856} + \frac{80}{0,0772} + \frac{120}{0,0818} + \frac{60}{0,0734} = 4487$$

$$\pi_1 = 0,026 + (1 - 0,026) \cdot \frac{4-1}{50-1} = 0,0856 \quad \pi_2 = 0,017 + (1 - 0,017) \cdot \frac{4-1}{50-1} = 0,0772$$

$$\pi_3 = 0,022 + (1 - 0,022) \cdot \frac{4-1}{50-1} = 0,0818 \quad \pi_4 = 0,013 + (1 - 0,013) \cdot \frac{4-1}{50-1} = 0,0734$$

La varianza de este estim ador puede es timarse a través del estim ador de Yates y Grundy a partir de la expresión:

$$\hat{V}_{YG}(\hat{X}_{HT}) = \sum_{i<j}^{n} \left(\frac{X_i}{\pi_i} - \frac{X_j}{\pi_j} \right)^2 \left(\frac{\pi_i \pi_j - \pi_{ij}}{\pi_{ij}} \right) = \left(\frac{100}{0,0856} - \frac{80}{0,0772} \right)^2 \left(\frac{0,0856 \cdot 0,0772 - 0,005}{0,005} \right) +$$

$$\left(\frac{100}{0,0856} - \frac{120}{0,0818} \right)^2 \left(\frac{0,0856 \cdot 0,0818 - 0,0053}{0,0053} \right) + \left(\frac{100}{0,0856} - \frac{60}{0,0734} \right)^2 \left(\frac{0,0856 \cdot 0,0734 - 0,0048}{0,0048} \right) +$$

$$\left(\frac{80}{0,0772} - \frac{120}{0,0818} \right)^2 \left(\frac{0,0772 \cdot 0,0818 - 0,0048}{0,0048} \right) + \left(\frac{80}{0,0772} - \frac{60}{0,0734} \right)^2 \left(\frac{0,0772 \cdot 0,0734 - 0,0043}{0,0043} \right) +$$

$$\left(\frac{120}{0,0818} - \frac{60}{0,0734} \right)^2 \left(\frac{0,0818 \cdot 0,0734 - 0,0046}{0,0046} \right)$$

$$\pi_{12} = \frac{4-1}{50-1}\left[\frac{50-4}{50-2}(0,026+0,017)+\frac{4-2}{50-2}\right] = 0,0050$$

$$\pi_{13} = \frac{4-1}{50-1}\left[\frac{50-4}{50-2}(0,026+0,022)+\frac{4-2}{50-2}\right] = 0,0053$$

$$\pi_{14} = \frac{4-1}{50-1}\left[\frac{50-4}{50-2}(0,026+0,013)+\frac{4-2}{50-2}\right] = 0,0048$$

$$\pi_{23} = \frac{4-1}{50-1}\left[\frac{50-4}{50-2}(0,017+0,022)+\frac{4-2}{50-2}\right] = 0,0048$$

$$\pi_{24} = \frac{4-1}{50-1}\left[\frac{50-4}{50-2}(0,017+0,013)+\frac{4-2}{50-2}\right] = 0,0043$$

$$\pi_{34} = \frac{4-1}{50-1}\left[\frac{50-4}{50-2}(0,022+0,013)+\frac{4-2}{50-2}\right] = 0,0046$$

Ejercicio 6. Un fabricante de sierras quiere estimar el costo de reparación promedio mensual para las sierras que ha vendido a ciertas industrias. El fabricante no puede obtener un costo de reparación por sierra, pero puede obtener la cantidad total gastada en reparación y el número de sierras que tiene cada industria. El fabricante decide seleccionar una muestra aleatoria simple sin reposición de 20 industrias de entre las 96 a las que ofrece servicio. Los datos de gasto total mensual en reparaciones por industria y el número de sierras por industria se presenta en la tabla siguiente:

Indus.	N° de sierras	Costo total de reparaciones mensual	Indus.	N° de sierras	Costo total de reparaciones mensual
1	3	50	11	8	140
2	7	110	12	6	130
3	11	230	13	3	70
4	9	140	14	2	50
5	2	60	15	1	10
6	12	280	16	4	60
7	14	240	17	12	280
8	3	45	18	6	150
9	5	60	19	5	110
10	9	230	20	8	120

a) *Estimar el costo promedio de reparación mensual por sierra y su error de muestreo*

b) *Estimar la cantidad gastada por las 96 industrias en la reparación de sierras y su error de muestreo*

c) *Después de verificar sus registros de ventas el fabricante se percata de que ha vendido un total de 710 sierras a esas industrias. Usando esta información adicional estimar la cantidad total gastada en reparación de sierras para estas industrias y su error de muestreo.*

d) *El mismo fabricante quiere estimar el coste de reparación promedio por sierra para el mes siguiente ¿cuántos conglomerados debe seleccionar en la muestra si quiere que su error de muestreo se inferior una unidad?*

Consideramos las industrias com o conglom erados (N=96). Se extrae una muestra de 20 conglom erados (n=20) sie ndo las unidades elem entales el número de sierras M_i de cada industria. El coste prom edio de reparación de sierra se estimará como la razón entre el coste total de repa ración por industria y el núm ero de sierras por industria. Como los conglomerados son de tamaños desiguales tenemos:

$$\overline{\overline{x}} = \frac{\sum\limits_{i=1}^{n} X_i}{\sum\limits_{i=1}^{n} M_i} = \frac{50+110+\cdots+120}{3+7+\cdots+8} = \frac{2565}{130} = 19,73$$

$$\hat{V}(\overline{\overline{x}}) = \frac{1-f}{n\overline{M}^2}(\hat{S}_x^2 + \hat{R}^2 S_M^2 - 2\hat{R}\hat{S}_{xm}) = \frac{1-f}{n\overline{M}^2(n-1)}(\sum_{i=1}^{20}X_i^2 + \hat{R}^2\sum_{i=1}^{20}M_i^2 - 2\hat{R}\sum_{i=1}^{20}X_i M_i) =$$

$$\frac{1-\dfrac{20}{96}}{20\cdot\left(\dfrac{130}{20}\right)^2\cdot(20-1)}(460225+19,73^2\cdot 1188 - 2\cdot 19,73\cdot 22285) = 0,7905 \Rightarrow \hat{\sigma}(\overline{\overline{x}}) = 0,89$$

Para estimar el coste total en reparación de sierras en las industrias tomamos:

$$\hat{X} = \frac{N}{n}\sum_{i=1}^{n} X_i = \frac{96}{20}2565 = 12312$$

$$\hat{V}(\hat{X}) = N^2\frac{1-f}{n}\frac{\sum\limits_{i=1}^{n}(X_i - \overline{\overline{x}})^2}{n-1} = \frac{N^2(1-f)}{n(n-1)}(\sum_{i=1}^{n}X_i^2 - \frac{\left(\sum\limits_{i=1}^{n}X_i\right)^2}{n}) =$$

$$\frac{96^2(1-\dfrac{20}{96})}{20(20-1)}(460225 - \frac{(2565)^2}{20}) = 25200516 \Rightarrow \hat{\sigma}(\hat{X}) = 1587,467$$

Ahora conocemos M=710 y querem os estimar la cantidad total gastada para reparación de sierras en las industrias. Utilizarem os el estim ador del total basado en la razón definido como:

$$\hat{X} = \frac{\sum\limits_{i=1}^{n} X_i}{\sum\limits_{i=1}^{n} M_i}\cdot M = \frac{2565}{130}\cdot 710 = 14008,846$$

$$\hat{V}(\hat{X}) = N^2\frac{1-f}{n}(\hat{S}_x^2 + \hat{R}^2 S_M^2 - 2\hat{R}\hat{S}_{xm}) = \frac{N^2(1-f)}{n(n-1)}(\sum_{i=1}^{20}X_i^2 + \hat{R}^2\sum_{i=1}^{20}M_i^2 - 2\hat{R}\sum_{i=1}^{20}X_i M_i)$$

$$= \frac{96^2\left(1-\dfrac{20}{96}\right)}{20\cdot(20-1)}(460225+19,73^2\cdot 1188 - 2\cdot 19,73\cdot 22285) = 30846724 \Rightarrow \hat{\sigma}(\hat{X}) = 5554$$

El número n de conglomerados a seleccionar en la muestra si se quiere un error de muestreo inferior a una unidad al estimar el coste de reparación promedio por sierra para el mes siguiente se obtiene despejando n en la expresión:

$$\hat{V}(\overline{\overline{x}}) = \frac{1 - \dfrac{n}{96}}{n \cdot \left(\dfrac{710}{96}\right)^2} \frac{16066002}{19} < 1 \Rightarrow n > 14$$

Ejercicio 7. En una población compuesta por 10 conglomerados de 100 elementos se toma una muestra monoetápica de n conglomerados. Por experiencias anteriores se sabe que el modelo de Smith $S^2_b = S^2 \, \overline{M}^{\,t}$ se ajusta bien en la proximidad de $\overline{M} = 100$ y se conoce el valor de $S^2_b = 1173$. Se pide:

a) **Calcular el valor de t y S^2_w en el supuesto de que $S^2_b / S^2 = 13{,}8$**
b) **Formar la tabla poblacional del análisis de la varianza y hallar el coeficiente de correlación intraconglomerados**
c) **Expresar la varianza de la media en función de S^2, n y $\overline{M}$, utilizando el modeo de Smith.**

$$S^2_b = S^2 \overline{M}^{\,t} \Rightarrow t = \frac{\log(S^2_b / S^2)}{\log(\overline{M})} = \frac{\log(13{,}8)}{\log(100)} = \frac{1{,}14}{2} = 0{,}57$$

$$S^2_b / S^2 = 13{,}8 \Rightarrow 1173 / S^2 = 13{,}8 \Rightarrow S^2 = 85$$

$$S^2_w = \frac{(N\overline{M} - 1)S^2 - (N-1)S^2_b}{N(\overline{M} - 1)} = \frac{999 \cdot 85 - 9 \cdot 1173}{990} = 75{,}11$$

El cuadro del análisis de la varianza es el siguiente:

Fuente de variación	Grados de libertad	Cuadrados medios	Sumas de cuadrados
Entre	9	$S^2_b = 1173$	10557
Dentro	990	$S^2_w = 75{,}11$	74358
Total	999	$S^2 = 85$	84915

El valor del coeficiente de correlación intraconglomerados es el siguiente:

$$\delta = \frac{S^2_b - S^2}{(\overline{M} - 1)S^2} = \frac{1173 - 85}{(100 - 1)85} = 0{,}129$$

La varianza de la media puede expresarse de la siguiente forma:

$$V(\bar{\bar{x}}) = \left(1 - \frac{n}{N}\right)\frac{S_b^2}{n\overline{M}} = \left(1 - \frac{n}{N}\right)\frac{S^2\,\overline{M}^{0,57}}{n\overline{M}} = \left(1 - \frac{n}{N}\right)\frac{S^2}{n\overline{M}^{0,43}}$$

CAPÍTULO 9

MUESTREO BIETÁPICO DE CONGLOMERADOS. PROBABILIDADES IGUALES

DEFINICIÓN Y ESPECIFICACIONES DEL MUESTREO BIETÁPICO DE CONGLOMERADOS

Supongamos que realizamos muestreo momoetápico de conglomerados y que las unidades elementales de los conglomerados elegidos para la muestra fuesen parecidas entre sí. En este caso, tal vez un pequeño número de ellas constiruirían una muestra representativa sin necesidad de utilizar todas las unidades del conglomerado muestral. En este caso conviene efectuar un submuestreo en cada conglomerado seleccionado inicialmente para la muestra para elegir sólo una parte de sus unidades para la muestra final con el objeto de ahorrar coste. Tenemos así definidas dos etapas en el muestreo (de ahí el nombre de muestreo bietápico o muestreo con submuestreo).

En primera etapa se selecciona una muestra de n conglomerados de tamaños M_i $i=1,2,...,n$. En segunda etapa se selecciona independientemente en cada conglomerado de primera etapa una submuestra de m_i unidades elementales de entre las M_i del conglomerado. En ambas etapas la selección puede ser con o sin reposición, pero en segunda etapa suele usarse muestreo sin reposición. En segunda etapa se puede utilizar cualquier tipo de muestreo de los ya a estudiados, pero generalmente sin reposición y probabilidades iguales.

Si en segunda etapa, y dentro de cada conglomerado de primera etapa, volvemos a realizar muestreo por conglomerados con submuestreo, de modo que en una tercera etapa elegimos sub-submuestras de unidades elementales, estamos ante muestreo trietápico de conglomerados. De esta forma se puede generalizar al muestreo polietápico

VENTAJAS Y DESVENTAJAS DEL SUBMUESTREO

Entre las ventajas del submuestreo podríamos citar las siguientes:

- No es necesario utilizar todas las unidad es elem entales de los conglom erados seleccionados en primera etapa
- No es necesario un m arco de unidades elem entales completo, basta con un marco más basto para conglom erados, y dent ro de cada conglom erado basta con un submarco para el submuestreo en segunda etapa. De esta form a, a m edida que se consideran etapas de submuestreo se utilizan submarcos más bastos, y por lo tanto más fáciles de conseguir y m anejar, que los m arcos com pletos de unidades elementales.
- Cuando hay un cierto grado de hom ogeneidad dentro de los conglom eados muestrales es absurdo seleccionar todas sus unidades elementales para la m uestra. Bastará con elegir sólo algunas de ellas originándose el submuestreo
- Se necesitan menos recursos y el coste es menor, ya que solo se visitan algunas de las unidades elementales de los conglom erados elegidos en prim era etapa para la muestra.

Entre las desventajas del submuestreo podríamos citar las siguientes:

- La precisión es menor
- Los submarcos dentro de cada conglom erado pueden originar com plicaciones al aumentar el número de etapas de submuestreo
- Aparecen fuentes de variación que com plican los cálculos algebraicos. La fuente 1 es debida a la selección de las unidades prim arias y la fuente 2 es debida al submuestreo dentro de cada unidad primaria

TEOREMA DE MADOW

Como ya hemos señalado, en m uestreo bietápico tenem os dos conjuntos de unidades de m uestreo cuy a selección a su vez origina dos tipos de variación: el debido al subm uestreo dentro de un conj unto fijo de unidades prim arias, que representaremos con el subíndice 2, y el correspondiente al m uestreo de unidades primarias que distinguirem os con el subíndice 1. Con esta notación la esperanza de un estimador sería igual a

$$E(\hat{\theta}) = E_1 E_2(\hat{\theta}) = E_1\left[E_2(\hat{\theta})\right]$$

que es la esperanza, sobre todas las m uestras posibles de n unidades prim arias, de la esperanza, condicionada a un conjunto fijo de n unidades prim arias, sobre todas las submuestras posibles dentro de dicho conjunto.

Asimismo la varianza del estim   ador $\hat{\theta}$ insesgado para el parám   etro poblacional θ puede expresarse de la siguiente forma:

$$V(\hat{\theta}) = E(\hat{\theta} - \theta)^2 = E_1 E_2 (\hat{\theta} - \theta)^2 \, con \, E(\hat{\theta}) = \theta$$

De acuerdo con esta notación, el teorem   a de Madow proporciona   una expresión para la varianza de un estimador insesgado en el muestreo bietápico. Dicha expresión es la siguiente:

$$V(\hat{\theta}) = E_1 \left[V_2(\hat{\theta}) \right] + V_1 \left[E_2(\hat{\theta}) \right]$$

En efecto:

$$V(\hat{\theta}) = E(\hat{\theta} - \theta)^2 = E_1 E_2 (\hat{\theta} - \theta)^2 = E_1 E_2 (\hat{\theta}^2 + \theta^2 - 2\theta\hat{\theta}) = E_1 \left(E_2(\hat{\theta}^2) + \theta^2 - 2\theta E_2(\hat{\theta}) \right)$$

y sustituyendo en esta expresión el valor de $E_2(\hat{\theta}^2) = V_2(\hat{\theta}) + \left(E_2(\hat{\theta}) \right)^2$ tenemos:

$$V(\hat{\theta}) = E_1 \left[V_2(\hat{\theta}) + \left(E_2(\hat{\theta}) \right)^2 + \theta^2 - 2\theta E_2(\hat{\theta}) \right] = E_1 V_2(\hat{\theta}) + E_1 \left(E_2(\hat{\theta}) \right)^2 + \theta^2 - 2\theta \cdot \underbrace{E_1 E_2(\hat{\theta})}_{\theta}$$

$$= E_1 V_2(\hat{\theta}) + E_1 \left(E_2(\hat{\theta}) \right)^2 - \theta^2 = E_1 V_2(\hat{\theta}) + E_1 \left(E_2(\hat{\theta}) \right)^2 - \left(E_1 \left(E_2(\hat{\theta}) \right) \right)^2 = E_1 V_2(\hat{\theta}) + V_1 E_2(\hat{\theta})$$

PROBABILIDADES IGUALES, CONGLOMERADOS DEL MISMO TAMAÑO Y AMBAS ETAPAS SIN REPOSICIÓN

Estimadores y varianzas

Consideremos la m   edia poblacional escrita com   o la m   edia de las   medias poblacionales en cada estrato de la siguiente forma:

$$\overline{\overline{X}} = \frac{1}{N\overline{M}} \sum_i^N \sum_j^{\overline{M}} X_{ij} = \frac{1}{N} \sum_i^N \overline{X}_i \; .$$

Un estimador insesgado de $\overline{\overline{X}}$ será lógicam ente la la media muestral de las medias muestrales derivadas del submuestreo dentro de cada conglomerado:

$$\overline{\overline{x}} = \frac{1}{n\overline{m}} \sum_i^n \sum_j^{\overline{m}} X_{ij} = \frac{1}{n} \sum_i^n \overline{x}_i$$

Comprobaremos la insesgadez como sigue:

$$E\left(\overline{\overline{x}}\right)= E_1 E_2\left(\overline{\overline{x}}\right)= E_1\left(\frac{1}{n}\sum_i^n \overline{X}_i\right)= E_1\left(\frac{1}{n}\sum_i^N \overline{X}_i e_i\right)= \frac{1}{n}\sum_i^N \overline{X}_i E(e_i)= \frac{1}{N}\sum_i^N \overline{X}_i = \overline{\overline{X}}$$

donde hemos supuesto $E(e_i)= \dfrac{n}{N}$ (probabilidades iguales).

Las componentes del teorema de Madow para la varianza son:

$$E_1 V_2\left(\overline{\overline{x}}\right)= E_1 V_2\left(\frac{1}{n}\sum_i^n \overline{x}_i\right)= E_1\left(\frac{1}{n^2}\sum_i^n V_2(\overline{x}_i)\right)= E_1\left(\frac{1}{n^2}\sum_{i=1}^n (1-f_2)\cdot\frac{\frac{1}{(\overline{M}-1)}\sum_j^{\overline{M}}\left(X_{ij}-\overline{X}_i\right)^2}{\overline{m}}\right)$$

$$= \frac{1}{n^2}E_1\left(\sum_{i=1}^N (1-f_2)\cdot\frac{\frac{1}{(\overline{M}-1)}\sum_j^{\overline{M}}\left(X_{ij}-\overline{X}_i\right)^2}{\overline{m}}\,e_i\right)= \frac{1}{n^2}\sum_i^N (1-f_2)\frac{\sum_j^{\overline{M}}\left(X_{ij}-\overline{X}_i\right)^2}{(\overline{M}-1)\cdot\overline{m}}\frac{n}{N}= (1-f_2)\frac{S_w^2}{n\overline{m}}$$

siendo $f_2 = \dfrac{\overline{m}}{\overline{M}}$ la fracción de muestreo en la segunda etapa y $\hat{S}_w^2 = \dfrac{\sum_j^{\overline{M}}\left(X_{ij}-\overline{X}_i\right)^2}{(\overline{M}-1)\cdot N}$.

$$V_1 E_2\left(\overline{\overline{x}}\right)= V_1\left(E_2\left(\frac{1}{n}\sum_i^n \overline{x}_i\right)\right)= V_1\left(\frac{1}{n}\sum_i^n E_2(\overline{x}_i)\right)= V_1\left(\frac{1}{n}\sum_i^n \overline{X}_i\right)= (1-f_1)\cdot\frac{\frac{1}{(N-1)}\sum_i^N\left(\overline{X}_i-\overline{\overline{X}}\right)^2}{\cdot n}= (1-f_1)\cdot\frac{S_b^2}{nM}$$

siendo $f_1 = \dfrac{n}{N}$ la fracción de muestreo en primera etapa y $S_b^2 = \overline{M}\dfrac{\sum_i^N\left(\overline{X}_i-\overline{\overline{X}}\right)^2}{N-1}$

Sumando ambas componentes se obtiene:

$$V\left(\overline{\overline{x}}\right)= (1-f_1)\cdot\frac{\sum_i^N\left(\overline{X}_i-\overline{\overline{X}}\right)^2}{(N-1)\cdot n}+ \frac{1}{N}\sum_i^N (1-f_2)\cdot\frac{\sum_j^{\overline{M}}\left(X_{ij}-\overline{X}_i\right)^2}{(\overline{M}-1)\cdot n\overline{m}}$$

o bien:

$$V\left(\overline{\overline{x}}\right)= (1-f_1)\cdot\frac{S_b^2}{n\overline{M}}+ (1-f_2)\cdot\frac{S_w^2}{n\overline{m}}$$

siendo S_b^2 y S_w^2 los cuadrados medios, que son las fuentes de variación ya citadas.

Para el total poblacional, proporción y total de clase los estimadores insesgados son los siguientes:

$$\hat{X} = N\overline{M}\overline{x} = \frac{N\overline{M}}{n}\sum_i^n \overline{x}_i, \hat{P} = \frac{1}{n}\sum_i^n \hat{P}_i, \hat{A} = N\overline{M}\hat{P} = \frac{N\overline{M}}{n}\sum_i^n \hat{P}_i$$

Las varianzas de estos estimadores son:

$$V(\hat{X}) = N^2\overline{M}^2 V(\overline{\overline{x}}) = (1-f_1)\cdot\frac{N^2\overline{M}S_b^2}{n} + (1-f_2)\cdot\frac{N^2\overline{M}^2 S_w^2}{n\overline{m}}$$

$$V(\hat{P}) = (1-f_1)\frac{\dfrac{1}{N-1}\sum_i^N \overline{M}(P_i - P)^2}{n\overline{M}} + (1-f_2)\frac{\dfrac{1}{N(\overline{M}-1)}\sum_{i=1}^N \overline{M}P_i(1-P_i)}{n\overline{m}} =$$

$$(1-f_1)\frac{\sum_i^N (P_i - P)^2}{n(N-1)} + (1-f_2)\frac{\sum_{i=1}^N \overline{M}P_i(1-P_i)}{n\overline{m}N(\overline{M}-1)}$$

$$V(\hat{A}) = N^2\overline{M}^2 V(\hat{P}) = (1-f_1)\frac{N^2\overline{M}^2\sum_i^N (P_i - P)^2}{n(N-1)} + (1-f_2)\frac{N\overline{M}^3\sum_{i=1}^N P_i(1-P_i)}{n\overline{m}(\overline{M}-1)}$$

Estimación de varianzas

La tabla de descomposición del análisis de la varianza muestral es:

Fuente	Grados libertad	Sumas de cuadrados	Cuadrados medios	Valores esperados
"entre"	$n-1$	$\overline{m}\sum_i^n (\overline{x}_i - \overline{\overline{x}})^2$	$\hat{S}_b^2$	$\dfrac{\overline{m}}{\overline{M}}S_b^2 + (1-f_2)S_w^2$
"dentro"	$n(\overline{m}-1)$	$\sum_i^n\sum_j^{\overline{m}} (X_{ij} - \overline{x}_i)^2$	$\hat{S}_w^2$	S_w^2
Total	$n\overline{m}-1$	$\sum_i^n\sum_j^{\overline{m}} (X_{ij} - \overline{\overline{x}})^2$	$\hat{S}^2$	S^2

$$\underbrace{\sum_i^n\sum_j^{\overline{m}} (X_{ij} - \overline{\overline{x}})^2}_{(n\overline{m}-1)\hat{S}^2} = \sum_i^n\sum_j^{\overline{m}} (X_{ij} - \overline{x}_i + \overline{x}_i - \overline{\overline{x}})^2 = \underbrace{\sum_i^n\sum_j^{\overline{m}} (X_{ij} - \overline{x}_i)^2}_{(n\overline{m}-n)\hat{S}_w^2} + \underbrace{\sum_i^n\sum_j^{\overline{m}} (\overline{x}_i - \overline{\overline{x}})^2}_{(n-1)\hat{S}_b^2}$$

La relación fundamental del análisis de la varianza es entonces:

$$(n\overline{m}-1)\hat{S}^2 = (n\overline{m}-n)\hat{S}_w^2 + (n-1)\hat{S}_b^2 \qquad \overline{x}_i = \frac{1}{\overline{m}}\sum_{j=1}^{\overline{m}} X_{ij} \quad \overline{\overline{x}} = \frac{1}{n}\sum_{i=1}^n \overline{x}_i$$

$$\hat{S}^2 = \frac{\sum_i^n \sum_j^{\overline{m}} \left(X_{ij} - \overline{\overline{x}}\right)^2}{n\overline{m}-1} \qquad \hat{S}_b^2 = \frac{\overline{m}\sum_i^n \left(\overline{x}_i - \overline{\overline{x}}\right)^2}{n-1} \qquad \hat{S}_w^2 = \frac{\sum_i^n \sum_j^{\overline{m}} \left(X_{ij} - \overline{x}_i\right)^2}{n(\overline{m}-1)}$$

Vamos a calcular ahora los valores esperados de los cuadrados medios.

$$E(\hat{S}_b^2) = E\left(\frac{\sum_i^n \overline{m}\left(\overline{x}_i - \overline{\overline{x}}\right)^2}{n-1}\right) = \frac{\overline{m}}{n-1} E_1 E_2 \sum_i^n \left(\overline{x}_i - \overline{\overline{x}}\right)^2 = \frac{\overline{m}}{n-1} E_1 E_2 \left(\sum_i^n \overline{x}_i^2 - n\overline{\overline{x}}^2\right)$$

$$= \frac{\overline{m}}{n-1} E_1 (\sum_i^n (\underbrace{E_2\left(\overline{x}_i^2\right)}_{V_2(\overline{x}_i)+\left(E_2(\overline{x}_i)\right)^2}) - n(\underbrace{E_2\left(\overline{\overline{x}}^2\right)}_{V_2(\overline{\overline{x}})+\left(E_2(\overline{\overline{x}})\right)^2})) =$$

$$\frac{\overline{m}}{n-1} E_1 \left(\sum_i^n \left(V_2(\overline{x}_i) + \overline{X}_i^2\right) - n\left(\frac{1}{n^2}\sum_{i=1}^n V_2(\overline{x}_i) + \left(\frac{1}{n}\sum_{i=1}^n \overline{X}_i\right)^2\right)\right) =$$

$$\frac{\overline{m}}{n-1} E_1 \left(\sum_i^n V_2(\overline{x}_i) + \sum_{i=1}^n \overline{X}_i^2 - \frac{1}{n}\sum_{i=1}^n V_2(\overline{x}_i) - n\left(\frac{1}{n}\sum_{i=1}^n \overline{X}_i\right)^2\right) =$$

$$\frac{\overline{m}}{n-1} E_1 \left(\left(1-\frac{1}{n}\right)\sum_i^n V_2(\overline{x}_i) + \underbrace{\sum_{i=1}^n \overline{X}_i^2 - n\left(\frac{1}{n}\sum_{i=1}^n \overline{X}_i\right)^2}_{\sum_{i=1}^n \left(\overline{X}_i - \left(\frac{1}{n}\sum_{i=1}^n \overline{x}_i\right)\right)^2}\right) =$$

$$\frac{\overline{m}}{n-1}\left(1-\frac{1}{n}\right)\underbrace{E_1\left(\sum_i^n V_2(\overline{x}_i)\right)}_{\sum_{i=1}^N V_2(\overline{x}_i)E_1(e_i)} + \frac{\overline{m}}{n-1}\underbrace{E_1\left(\sum_{i=1}^n \left(\overline{X}_i - \left(\frac{1}{n}\sum_{i=1}^n \overline{X}_i\right)\right)^2\right)}_{(n-1).cuasivarianza\ muestral\ de\ los\ \overline{x}_i} =$$

$$\frac{\overline{m}}{n-1}\left(1-\frac{1}{n}\right)\underbrace{\sum_{i=1}^N \left((1-f_2)\frac{\sum_{j=1}^{\overline{M}}(X_{ij}-\overline{X}_i)^2}{(\overline{M}-1)\overline{m}}\right)\frac{n}{N}}_{(1-f_2)\frac{n}{\overline{m}}\frac{1}{N(\overline{M}-1)}\sum_{i=1}^N\sum_{j=1}^{\overline{M}}(X_{ij}-\overline{X}_i^2)} + \frac{\overline{m}}{n-1}\frac{(n-1)}{N-1}\underbrace{\sum_{i=1}^N\left(\overline{X}_i - \underbrace{\left(\frac{1}{N}\sum_{i=1}^N \overline{X}_i\right)}_{\overline{X}}\right)^2}_{(n-1)S_b^2/\overline{M}} =$$

$$= \frac{\overline{m}}{n-1}\left(1-\frac{1}{n}\right)(1-f_2)\frac{n}{\overline{m}}S_w^2 + \frac{\overline{m}}{n-1}(n-1)S_b^2/\overline{M} = (1-f_2)S_w^2 + S_b^2\frac{\overline{m}}{\overline{M}}$$

Puede observarse que en el caso $\overline{m} = \overline{M}$, es decir, cuando no existe submuestreo, $1 - f_2 = 0$ y $\hat{S}_b^2$ es un estimador insesgado de S_b^2.

$$E(\hat{S}_w^2) = E_1 E_2 \frac{\sum_i^n \sum_j^{\overline{m}}(X_{ij} - \overline{x}_i)^2}{n(\overline{m}-1)} = \frac{1}{n(\overline{m}-1)} E_1 \left(\sum_{i=1}^n E_2 \left(\underbrace{\sum_{j=1}^{\overline{m}}(X_{ij} - \overline{x}_i)^2}_{(\overline{m}-1)\cdot\hat{S}_i^2} \right) \right) =$$

$$\frac{1}{n(\overline{m}-1)} E_1 \left(\sum_{i=1}^n (\overline{m}-1)\underbrace{E_2(\hat{S}_i^2)}_{S_i^2} \right) = \frac{1}{n(\overline{m}-1)} E_1 \left(\sum_{i=1}^n (\overline{m}-1)\frac{\sum_{j=1}^{\overline{M}}(X_{ij} - \overline{X}_i)^2}{\overline{M}-1} \right) =$$

$$\frac{1}{n(\overline{M}-1)} E_1 \left(\sum_{i=1}^n \sum_{j=1}^{\overline{M}}(X_{ij} - \overline{X}_i)^2 \right) = \frac{1}{n(\overline{M}-1)} \sum_{i=1}^N \sum_{j=1}^{\overline{M}}(X_{ij} - \overline{X}_i)^2 \underbrace{E_1(e_i)}_{n/N} =$$

$$\frac{1}{N(\overline{M}-1)} \sum_{i=1}^N \sum_{j=1}^{\overline{M}}(X_{ij} - \overline{X}_i)^2 = S_w^2$$

Un estimador insesgado para la varianza $v(\overline{\overline{x}})$ será entonces:

$$\hat{V}(\overline{\overline{x}}) = (1 - f_1)\frac{\hat{S}_b^2}{n\overline{m}} + f_1(1 - f_2) \cdot \frac{\hat{S}_w^2}{n\overline{m}}$$

pues al ser $E(\hat{S}_b^2) = \frac{\overline{m}}{\overline{M}} S_b^2 + (1 - f_2)S_w^2$ y $E(\hat{S}_w^2) = S_w^2$ podemos escribir:

$$E(\hat{V}(\overline{\overline{x}})) = (1 - f_1)\frac{E(\hat{S}_b^2)}{n\overline{m}} + f_1(1 - f_2)\frac{E(\hat{S}_w^2)}{n\overline{m}} = (1 - f_1)\frac{\overline{m}S_b^2}{\overline{M}n\overline{m}} + (1 - f_1)(1 - f_2)\frac{S_w^2}{n\overline{m}}$$

$$+ f_1(1 - f_2)\frac{S_w^2}{n\overline{m}} = (1 - f_1)\frac{S_b^2}{n\overline{M}} + (1 - f_2)\frac{S_w^2}{n\overline{m}} - f_1(1 - f_2)\frac{S_w^2}{n\overline{m}} + f_1(1 - f_2) \cdot \frac{S_w^2}{n\overline{m}} =$$

$$(1 - f_1) \cdot \frac{S_b^2}{n\overline{M}} + (1 - f_2) \cdot \frac{S_w^2}{n\overline{m}} = V(\overline{\overline{x}})$$

En el caso de una proporción el estimador insesgado de la varianza será:

$$\hat{V}(\hat{P}) = (1 - f_1) \cdot \frac{\sum_i^n (\hat{P}_i - \overline{P})^2}{n(n-1)} + f_1(1 - f_2) \cdot \frac{\sum_i^n \hat{P}_i \hat{Q}_i}{n^2(\overline{m}-1)} \qquad \overline{P} = \frac{1}{n}\sum_i^n \hat{P}_i$$

ya que:

$$\hat{S}_b^2 = \frac{\overline{m}\sum_i^n (\overline{x}_i - \overline{\overline{x}})^2}{n-1} = \frac{\overline{m}\sum_i^n \left(\hat{P}_i - \frac{1}{n}\sum_{i=1}^n \hat{P}_i\right)^2}{n-1} = \frac{\overline{m}}{n-1}\sum_i^n (\hat{P}_i - \overline{P})^2$$

$$\hat{S}_w^2 = \frac{\sum_i^n \sum_j^{\overline{m}} (X_{ij} - \overline{x}_i)^2}{n(\overline{m}-1)} = \frac{\sum_i^n \sum_j^{\overline{m}} (A_{ij} - \hat{P}_i)^2}{n(\overline{m}-1)} = \frac{\sum_{i=1}^n \left[\overset{\overline{m}}{\overbrace{\sum_j^{\overline{m}} A_{ij}^2}} + \overline{m}\hat{P}_i^2 - 2\hat{P}_i \overset{\overline{m}\hat{P}_i}{\overbrace{\sum_j A_{ij}}} \right]}{n(\overline{m}-1)}$$

$$= \frac{\sum_{i=1}^n \left[\overline{m}\hat{P}_i + \overline{m}\hat{P}_i^2 - 2\overline{m}\hat{P}_i^2 \right]}{n(\overline{m}-1)} = \frac{\sum_{i=1}^n \left[\overline{m}\hat{P}_i - \overline{m}\hat{P}_i^2 \right]}{n(\overline{m}-1)} = \frac{\sum_{i=1}^n \overline{m}\hat{P}_i(1 - \hat{P}_i)}{n(\overline{m}-1)}$$

con lo que se tendrá:

$$\hat{V}(\hat{P}) = (1-f_1)\frac{\hat{S}_b^2}{n\overline{m}} + f_1(1-f_2)\cdot\frac{\hat{S}_w^2}{n\overline{m}} = (1-f_1)\frac{\dfrac{\sum_i^n \overline{m}(\hat{P}_i - \overline{P})^2}{n-1}}{n\overline{m}} + f_1(1-f_2)\cdot\frac{\dfrac{\sum_{i=1}^n \overline{m}\hat{P}_i(1-\hat{P}_i)}{n(\overline{m}-1)}}{n\overline{m}}$$

$$\Rightarrow \hat{V}(\hat{P}) = (1-f_1)\cdot\frac{\sum_i^n (\hat{P}_i - \overline{P})^2}{n(n-1)} + f_1(1-f_2)\cdot\frac{\sum_i^n \hat{P}_i \hat{Q}_i}{n^2(\overline{m}-1)}$$

Para el total poblacional y el total de clase se tiene:

$$\hat{V}(\hat{X}) = N^2 \overline{M}^2 \hat{V}(\overline{\overline{x}}) \quad y\, \hat{V}(\hat{A}) = N^2 \overline{M}^2 \hat{V}(\hat{P})$$

Si $\quad f_1$ es muy pequeña se toma $\quad \hat{V}(\overline{\overline{x}}) = (1-f_1)\cdot\frac{\hat{S}_b^2}{n\overline{m}}$

MUESTREO CON REPOSICIÓN EN LAS DOS ETAPAS

Varianzas de los estimadores

Las componentes del teorema de Madow para la varianza son:

$$E_1 V_2 (\overline{\overline{x}}) = E_1 V_2 \left(\frac{1}{n}\sum_i^n \overline{x}_i\right) = E_1\left(\frac{1}{n^2}\sum_i^n V_2(\overline{x}_i)\right) = E_1\left(\frac{1}{n^2}\sum_{i=1}^n \frac{\dfrac{1}{\overline{M}}\sum_j^{\overline{M}} (X_{ij} - \overline{X}_i)^2}{\overline{m}}\right)$$

$$= \frac{1}{n^2}E_1\left(\sum_{i=1}^N \frac{\dfrac{1}{\overline{M}}\sum_j^{\overline{M}} (X_{ij} - \overline{X}_i)^2}{\overline{m}} e_i\right) = \frac{1}{n\overline{m}}\frac{\sum_i^N \sum_j^{\overline{M}} (X_{ij} - \overline{X}_i)^2}{N\overline{M}} = \frac{\sigma_w^2}{n\overline{m}}$$

$$V_1 E_2(\overline{\overline{x}}) = V_1\left(E_2\left(\frac{1}{n}\sum_i^n \overline{x}_i\right)\right) = V_1\left(\frac{1}{n}\sum_i^n E_2(\overline{x}_i)\right) = V_1\left(\frac{1}{n}\sum_i^n \overline{X}_i\right) = \frac{\frac{1}{N}\sum_i^N\left(\overline{X}_i - \overline{\overline{X}}\right)^2}{n} = \frac{\sigma_b^2}{n\overline{M}}$$

Sumando ambas componentes se obtiene:

$$V(\overline{\overline{x}}) = \frac{\sigma_b^2}{n\overline{M}} + \frac{\sigma_w^2}{n\overline{m}}$$

Para el total poblacional, proporción y   total de clase los   estimadores insesgados son los siguientes:

$$\hat{X} = N\overline{M}\overline{x} = \frac{N\overline{M}}{n}\sum_i^n \overline{x}_i, \hat{P} = \frac{1}{n}\sum_i^n \hat{P}_i, \hat{A} = N\overline{M}\hat{P} = \frac{N\overline{M}}{n}\sum_i^n \hat{P}_i$$

Las varianzas de estos estimadores son:

$$V(\hat{X}) = V\left(N\overline{M}\overline{x}\right) = \frac{N^2\overline{M}\sigma_b^2}{n} + \frac{N^2\overline{M}^2\sigma_w^2}{n\overline{m}}$$

$$V(\hat{P}) = \frac{\frac{1}{N}\sum_i^N \overline{M}(P_i - P)^2}{n\overline{M}} + \frac{\frac{1}{N\overline{M}}\sum_{i=1}^N \overline{M}P_i(1-P_i)}{n\overline{m}} = \frac{\sum_i^N (P_i - P)^2}{nN} + \frac{\sum_{i=1}^N P_i(1-P_i)}{n\overline{m}N}$$

$$V(\hat{A}) = N^2\overline{M}^2 V(\hat{P}) = \frac{N\overline{M}^2\sum_i^N (P_i - P)^2}{n} + \frac{N\overline{M}^2\sum_{i=1}^N P_i(1-P_i)}{n\overline{m}}$$

Estimación de varianzas

Vamos a calcular ahora los valores esperados de los cuadrados medios.

$$E(\hat{S}_w^2) = E_1 E_2 \frac{\sum_i^n \sum_j^{\overline{m}}\left(X_{ij} - \overline{x}_i\right)^2}{n(\overline{m}-1)} = \frac{1}{n(\overline{m}-1)}E_1\left(\sum_{i=1}^n E_2\left(\underbrace{\sum_{j=1}^{\overline{m}}(X_{ij} - \overline{x}_i)^2}_{(\overline{m}-1)\cdot\hat{S}_i^2}\right)\right) =$$

$$\frac{1}{n(\overline{m}-1)}E_1\left(\sum_{i=1}^n (\overline{m}-1)\underbrace{E_2\left(\hat{S}_i^2\right)}_{\sigma_i^2}\right) = \frac{1}{n(\overline{m}-1)}E_1\left(\sum_{i=1}^n (\overline{m}-1)\frac{\sum_{j=1}^{\overline{M}}(X_{ij}-\overline{X}_i)^2}{\overline{M}}\right) =$$

$$\frac{1}{n\overline{M}}E_1\left(\sum_{i=1}^n \sum_{j=1}^{\overline{M}}(X_{ij} - \overline{X}_i)^2\right) = \frac{1}{n\overline{M}}\sum_{i=1}^N \sum_{j=1}^{\overline{M}}(X_{ij} - \overline{X}_i)^2 \underbrace{E_1(e_i)}_{n/N} =$$

$$\frac{1}{N\overline{M}}\sum_{i=1}^N \sum_{j=1}^{\overline{M}}(X_{ij} - \overline{X}_i)^2 = \sigma_w^2$$

$$E(\hat{S}_b^2) = \frac{\overline{m}}{n-1}\left(1-\frac{1}{n}\right)\underbrace{E_1\left(\sum_i^n V_2(\overline{x}_i)\right)}_{\sum_{i=1}^N V_2(\overline{x}_i)E_1(e_i)} + \frac{\overline{m}}{n-1}\underbrace{E_1\left(\sum_{i=1}^n\left(\overline{X}_i - \left(\frac{1}{n}\sum_{i=1}^n \overline{X}_i\right)\right)^2\right)}_{\substack{(n-1).cuasivarianza \\ muestral\ de\ los\ \overline{x}_i}} =$$

$$\frac{\overline{m}}{n-1}\left(1-\frac{1}{n}\right)\underbrace{\sum_{i=1}^N\left(\frac{\frac{1}{\overline{M}}\sum_{j=1}^{\overline{M}}(X_{ij}-\overline{X}_i)^2}{\overline{m}}\frac{n}{N}\right)}_{\frac{n}{\overline{m}}\frac{1}{N\overline{M}}\sum_{i=1}^N\sum_{j=1}^{\overline{M}}(X_{ij}-\overline{X}_i^2)^2} + \frac{\overline{m}}{n-1}(n-1)\frac{1}{N}\sum_{i=1}^N\underbrace{\left(\overline{X}_i - \underbrace{\left(\frac{1}{N}\sum_{i=1}^N \overline{X}_i\right)}_{\overline{X}}\right)^2}_{(n-1)\sigma_b^2/\overline{M}}$$

$$= \frac{\overline{m}}{n-1}\left(1-\frac{1}{n}\right)\frac{n}{\overline{m}}\sigma_W^2 + \frac{\overline{m}}{n-1}(n-1)\sigma_b^2/\overline{M} = \sigma_W^2 + \sigma_b^2\frac{\overline{m}}{\overline{M}}$$

Tenemos que $\hat{S}_w^2$ es un estimador insesgado de σ_w^2. Además:

$$E(\hat{S}_b^2) = \sigma_W^2 + \sigma_b^2\frac{\overline{m}}{\overline{M}} \Rightarrow \sigma_b^2 = \frac{E(\hat{S}_b^2)-\sigma_W^2}{\overline{m}/\overline{M}} = \frac{\overline{M}}{\overline{m}}E(\hat{S}_b^2) - \frac{\overline{M}}{\overline{m}}\sigma_W^2$$

con lo que tenemos que un estimador insesgado de σ_b^2 será $\dfrac{\overline{M}}{\overline{m}}\hat{S}_b^2 - \dfrac{\overline{M}}{\overline{m}}\hat{S}_W^2$, ya que:

$$E\left(\frac{\overline{M}}{\overline{m}}\hat{S}_b^2 - \frac{\overline{M}}{\overline{m}}\hat{S}_W^2\right) = \sigma_b^2$$

Ya estamos en condiciones de asegurar que un estimador insesgado para la varianza:

$$V(\overline{\overline{x}}) = \frac{\sigma_b^2}{n\overline{M}} + \frac{\sigma_w^2}{n\overline{m}} \quad \text{es} \quad \hat{V}(\overline{\overline{x}}) = \frac{\frac{\overline{M}}{\overline{m}}\hat{S}_b^2 - \frac{\overline{M}}{\overline{m}}\hat{S}_W^2}{n\overline{M}} + \frac{\hat{S}_w^2}{n\overline{m}} \Rightarrow \hat{V}(\overline{\overline{x}}) = \frac{\hat{S}_b^2}{n\overline{m}}$$

En los casos del total poblacional $\hat{V}(\hat{X}) = N^2\overline{M}^2\dfrac{\hat{S}_b^2}{n\overline{m}}$, y para la proporción y total de clase, como:

$$\hat{S}_b^2 = \frac{\overline{m}\sum_i^n(\overline{x}_i-\overline{\overline{x}})^2}{n-1} = \frac{\overline{m}\sum_i^n\left(\hat{P}_i-\frac{1}{n}\sum_{i=1}^n\hat{P}_i\right)^2}{n-1} = \frac{\overline{m}}{n-1}\sum_i^n(\hat{P}_i-\overline{P})^2$$

tenemos:

$$\hat{V}(\hat{P}) = \frac{\frac{\overline{m}}{n-1}\sum_i^n(\hat{P}_i-\overline{P})^2}{n\overline{m}} = \frac{\sum_i(\hat{P}_i-\overline{P})^2}{n(n-1)} \qquad \hat{V}(\hat{A}) = N^2\overline{M}^2\frac{\sum_i^n(\ddot{P}_i-\overline{P})^2}{n(n-1)}$$

MUESTREO CON REPOSICIÓN EN PRIMERA ETAPA Y SIN REPOSICIÓN EN SEGUNDA ETAPA

Varianzas de los estimadores

Las componentes del teorema de Madow para la varianza son:

$$E_1 V_2\left(\overline{\overline{x}}\right) = E_1 V_2\left(\frac{1}{n}\sum_i^n \overline{x}_i\right) = E_1\left(\frac{1}{n^2}\sum_i^n V_2(\overline{x}_i)\right) = E_1\left(\frac{1}{n^2}\sum_{i=1}^n (1-f_2)\frac{\frac{1}{\overline{M}-1}\sum_j^{\overline{M}}(X_{ij}-\overline{X}_i)^2}{\overline{m}}\right)$$

$$= \frac{(1-f_2)}{n^2\overline{m}(\overline{M}-1)}E_1\left(\sum_{i=1}^N\sum_j^{\overline{M}}(X_{ij}-\overline{X}_i)^2 e_i\right) = (1-f_2)\frac{1}{n\overline{m}}\frac{\sum_i^N\sum_j^{\overline{M}}(X_{ij}-\overline{X}_i)^2}{N(\overline{M}-1)} = (1-f_2)\frac{S_w^2}{n\overline{m}}$$

$$V_1 E_2\left(\overline{\overline{x}}\right) = V_1\left(E_2\left(\frac{1}{n}\sum_i^n \overline{x}_i\right)\right) = V_1\left(\frac{1}{n}\sum_i^n E_2(\overline{x}_i)\right) = V_1\left(\frac{1}{n}\sum_i^n \overline{X}_i\right) = \frac{\frac{1}{N}\sum_i^N\left(\overline{X}_i-\overline{\overline{X}}\right)^2}{n} = \frac{\sigma_b^2}{n\overline{M}}$$

Sumando ambas componentes se obtiene:

$$V\left(\overline{\overline{x}}\right) = \frac{\sigma_b^2}{n\overline{M}} + (1-f_2)\frac{S_w^2}{n\overline{m}}$$

Para el total poblacional, proporción y   total de clase los   estimadores insesgados son los siguientes:

$$\hat{X} = N\overline{M}\overline{x} = \frac{N\overline{M}}{n}\sum_i^n \overline{x}_i, \hat{P} = \frac{1}{n}\sum_i^n \hat{P}_i, \hat{A} = N\overline{M}\hat{P} = \frac{N\overline{M}}{n}\sum_i^n \hat{P}_i$$

Las varianzas de estos estimadores son:

$$V(\hat{X}) = V\left(N\overline{M}\overline{x}\right) = \frac{N^2\overline{M}\sigma_b^2}{n} + (1-f_2)\frac{N^2\overline{M}^2 S_w^2}{n\overline{m}}$$

$$V\left(\hat{P}\right) = \frac{\frac{1}{N}\sum_i^N \overline{M}(P_i-P)^2}{n\overline{M}} + (1-f_2)\frac{\frac{1}{N(\overline{M}-1)}\sum_{i=1}^N \overline{M}P_i(1-P_i)}{n\overline{m}} = \frac{\sum_i^N (P_i-P)^2}{nN} + (1-f_2)\frac{\sum_{i=1}^N \overline{M}P_i(1-P_i)}{n\overline{m}N(\overline{M}-1)}$$

$$V(\hat{A}) = N^2\overline{M}^2 V(\hat{P}) = \frac{N\overline{M}^2\sum_i^N (P_i-P)^2}{n} + (1-f_2)\frac{N\overline{M}^3\sum_{i=1}^N P_i(1-P_i)}{n\overline{m}(\overline{M}-1)}$$

Estimación de varianzas

Vamos a calcular ahora los valores esperados de los cuadrados medios.

$$E(\hat{S}_w^2) = E_1 E_2 \frac{\sum_{i}^{n} \sum_{j}^{\overline{m}} \left(X_{ij} - \overline{x}_i\right)^2}{n(\overline{m}-1)} = \frac{1}{n(\overline{m}-1)} E_1 \left(\sum_{i=1}^{n} E_2 \underbrace{\left(\sum_{j=1}^{\overline{m}} (X_{ij} - \overline{x}_i)^2 \right)}_{(\overline{m}-1)\cdot \hat{S}_i^2} \right) =$$

$$\frac{1}{n(\overline{m}-1)} E_1 \left(\sum_{i=1}^{n} (\overline{m}-1) \underbrace{E_2\left(\hat{S}_i^2\right)}_{S_i^2} \right) = \frac{1}{n(\overline{m}-1)} E_1 \left(\sum_{i=1}^{n} (\overline{m}-1) \frac{\sum_{j=1}^{\overline{M}} (X_{ij} - \overline{X}_i)^2}{\overline{M}-1} \right) =$$

$$\frac{1}{n(\overline{M}-1)} E_1 \left(\sum_{i=1}^{n} \sum_{j=1}^{\overline{M}} (X_{ij} - \overline{X}_i)^2 \right) = \frac{1}{n(\overline{M}-1)} \sum_{i=1}^{N} \sum_{j=1}^{\overline{M}} (X_{ij} - \overline{X}_i)^2 \underbrace{E_1(e_i)}_{n/N} =$$

$$\frac{1}{N(\overline{M}-1)} \sum_{i=1}^{N} \sum_{j=1}^{\overline{M}} (X_{ij} - \overline{X}_i)^2 = S_w^2$$

$$E(\hat{S}_b^2) = \frac{\overline{m}}{n-1}\left(1-\frac{1}{n}\right) \underbrace{E_1\left(\sum_{i}^{n} V_2(\overline{x}_i) \right)}_{\sum_{i=1}^{N} V_2(\overline{x}_i) E_1(e_i)} + \frac{\overline{m}}{n-1} \underbrace{E_1\left(\sum_{i}^{n}\left(\overline{X}_i - \left(\frac{1}{n}\sum_{i=1}^{n} \overline{X}_i\right) \right)^2 \right)}_{\substack{(n-1).cuasivaria\ nza \\ \boldsymbol{muestral\ de\ los\ \overline{x}_i}}} =$$

$$\frac{\overline{m}}{n-1}\left(1-\frac{1}{n}\right) \sum_{i=1}^{N} \underbrace{(1-f_2) \frac{\frac{1}{\overline{M}-1}\sum_{j=1}^{\overline{M}}(X_{ij}-\overline{X}_i)^2}{\overline{m}} \frac{n}{N}}_{(1-f_2)\frac{n}{\overline{m}}\frac{1}{N(\overline{M}-1)}\sum_{i=1}^{N}\sum_{j=1}^{\overline{M}}(X_{ij}-\overline{X}_i)^2} + \frac{\overline{m}}{n-1}(n-1)\underbrace{\frac{1}{N}\sum_{i=1}^{N}\left(\overline{X}_i - \underbrace{\left(\frac{1}{N}\sum_{i=1}^{N}\overline{X}_i\right)}_{\overline{\overline{X}}} \right)^2}_{(n-1)\sigma_b^2/\overline{M}} =$$

$$= (1-f_2)\frac{\overline{m}}{n-1}\left(1-\frac{1}{n}\right)\frac{n}{\overline{m}} S_w^2 + \frac{\overline{m}}{n-1}(n-1)\sigma_b^2/\overline{M} = (1-f_2)S_w^2 + \sigma_b^2 \frac{\overline{m}}{\overline{M}}$$

Tenem   os que $\hat{S}_w^2$ es un estimador insesgado de S_w^2. Además:

$$E(\hat{S}_b^2) = (1-f_2)S_w^2 + \sigma_b^2 \frac{\overline{m}}{\overline{M}} \Rightarrow \sigma_b^2 = \frac{E(\hat{S}_b^2)-(1-f_2)S_w^2}{\overline{m}/\overline{M}} = \frac{\overline{M}}{\overline{m}} E(\hat{S}_b^2) - \frac{\overline{M}}{\overline{m}}(1-f_2)S_w^2$$

con lo que tenemos que un estimador insesgado de σ_b^2 será $\frac{\overline{M}}{\overline{m}}\hat{S}_b^2 - \frac{\overline{M}}{\overline{m}}(1-f_2)\hat{S}_w^2$, ya que:

$$E(\frac{\overline{M}}{\overline{m}}\hat{S}_b^2 - \frac{\overline{M}}{\overline{m}}(1-f_2)\hat{S}_w^2) = \sigma_b^2$$

Ya estamos en condiciones de asegurar que un estimador insesgado para la varianza:

$$V\left(\bar{\bar{x}}\right)=\frac{\sigma_b^2}{n\overline{M}}+\left(1-f_2\right)\frac{S_w^2}{n\overline{m}}$$

es:

$$\hat{V}\left(\bar{\bar{x}}\right)=\frac{\dfrac{\overline{M}}{\overline{m}}\hat{S}_b^2-\dfrac{\overline{M}}{\overline{m}}\left(1-f_2\right)\hat{S}_W^2}{n\overline{M}}+\left(1-f_2\right)\frac{\hat{S}_w^2}{n\overline{m}}\Rightarrow \hat{V}\left(\bar{\bar{x}}\right)=\frac{\hat{S}_b^2}{n\overline{m}}$$

Se observa que este estimador coincide con el relativo a reposición en las dos etapas, con lo que se puede asegurar que siempre que haya reposición en primera etapa, independientemente de lo que ocurra en la segunda etapa, el estimador de la varianza es el mismo. Este resultado está de acuerdo también con la técnica de los conglomerados últimos para la estimación de varianzas, que se verá en el capítulo siguiente.

En los casos del total poblacional $\hat{V}\left(\hat{X}\right)=N^2\overline{M}^2\dfrac{\hat{S}_b^2}{n\overline{m}}$, y para la proporción y total de clase, como:

$$\hat{S}_b^2=\frac{\overline{m}\sum_i^n\left(\bar{x}_i-\bar{\bar{x}}\right)^2}{n-1}=\frac{\overline{m}\sum_i^n\left(\hat{P}_i-\dfrac{1}{n}\sum_{i=1}^n\hat{P}_i\right)^2}{n-1}=\frac{\overline{m}}{n-1}\sum_i^n\left(\hat{P}_i-\overline{P}\right)^2$$

tenemos:

$$\hat{V}\left(\hat{P}\right)=\frac{\dfrac{\overline{m}}{n-1}\sum_i^n\left(\hat{P}_i-\overline{P}\right)^2}{n\overline{m}}=\frac{\sum_i^n\left(\hat{P}_i-\overline{P}\right)^2}{n(n-1)}\qquad \hat{V}\left(\hat{A}\right)=N^2\overline{M}^2\frac{\sum_i^n\left(\hat{P}_i-\overline{P}\right)^2}{n(n-1)}$$

MUESTREO SIN REPOSICIÓN EN PRIMERA ETAPA Y CON REPOSICIÓN EN SEGUNDA ETAPA

Varianzas de los estimadores

Las componentes del teorema de Madow para la varianza son:

$$E_1V_2\left(\bar{\bar{x}}\right)=E_1V_2\left(\frac{1}{n}\sum_i^n\bar{x}_i\right)=E_1\left(\frac{1}{n^2}\sum_i^nV_2\left(\bar{x}_i\right)\right)=E_1\left(\frac{1}{n^2}\sum_{i=1}^n\frac{\dfrac{1}{\overline{M}}\sum_j^{\overline{M}}\left(X_{ij}-\overline{X}_i\right)^2}{\overline{m}}\right)$$

$$=\frac{1}{n^2}E_1\left(\sum_{i=1}^N\frac{\dfrac{1}{\overline{M}}\sum_j^{\overline{M}}\left(X_{ij}-\overline{X}_i\right)^2}{\overline{m}}e_i\right)=\frac{1}{n\overline{m}}\frac{\sum_i^N\sum_j^{\overline{M}}\left(X_{ij}-\overline{X}_i\right)^2}{N\overline{M}}=\frac{\sigma_w^2}{n\overline{m}}$$

$$V_1 E_2(\overline{\overline{x}}) = V_1\left(E_2\left(\frac{1}{n}\sum_i^n \overline{x}_i\right)\right) = V_1\left(\frac{1}{n}\sum_i^n E_2(\overline{x}_i)\right) = V_1\left(\frac{1}{n}\sum_i^n \overline{X}_i\right) = \frac{\dfrac{1-f_1}{N-1}\sum_i^N\left(\overline{X}_i - \overline{\overline{X}}\right)^2}{n} = (1-f_1)\frac{S_b^2}{nM}$$

Sumando ambas componentes se obtiene:

$$V(\overline{\overline{x}}) = (1-f_1)\frac{S_b^2}{n\overline{M}} + \frac{\sigma_w^2}{n\overline{m}}$$

Para el total poblacional, proporción y   total de clase los   estimadores insesgados son los siguientes:

$$\hat{X} = N\overline{M}\overline{\overline{x}} = \frac{N\overline{M}}{n}\sum_i^n \overline{x}_i, \hat{P} = \frac{1}{n}\sum_i^n \hat{P}_i, \hat{A} = N\overline{M}\hat{P} = \frac{N\overline{M}}{n}\sum_i^n \hat{P}_i$$

Las varianzas de estos estimadores son:

$$V(\hat{X}) = V(N\overline{M}\overline{\overline{x}}) = (1-f_1)\frac{N^2\overline{M}S_b^2}{n} + \frac{N^2\overline{M}^2\sigma_w^2}{n\overline{m}}$$

$$V(\hat{P}) = (1-f_1)\frac{\dfrac{1}{N-1}\sum_i^N\overline{M}(P_i-P)^2}{n\overline{M}} + \frac{\dfrac{1}{N\overline{M}}\sum_{i=1}^N\overline{M}P_i(1-P_i)}{n\overline{m}} = (1-f_1)\frac{\sum_i^N(P_i-P)^2}{n(N-1)} + \frac{\sum_{i=1}^N P_i(1-P_i)}{n\overline{m}N}$$

$$V(\hat{A}) = N^2\overline{M}^2 V(\hat{P}) = (1-f_1)\frac{N^2\overline{M}^2\sum_i^N(P_i-P)^2}{n(N-1)} + \frac{N\overline{M}^2\sum_{i=1}^N P_i(1-P_i)}{n\overline{m}}$$

Estimación de varianzas

Vamos a calcular ahora los valores esperados de los cuadrados medios.

$$E(\hat{S}_w^2) = E_1 E_2 \frac{\sum_i^n\sum_j^{\overline{m}}(X_{ij}-\overline{x}_i)^2}{n(\overline{m}-1)} = \frac{1}{n(\overline{m}-1)}E_1\left(\sum_{i=1}^n E_2\underbrace{\left(\sum_{j=1}^{\overline{m}}(X_{ij}-\overline{x}_i)^2\right)}_{(\overline{m}-1)\cdot\hat{S}_i^2}\right) =$$

$$\frac{1}{n(\overline{m}-1)}E_1\left(\sum_{i=1}^n(\overline{m}-1)\underbrace{E_2(\hat{S}_i^2)}_{\sigma_i^2}\right) = \frac{1}{n(\overline{m}-1)}E_1\left(\sum_{i=1}^n(\overline{m}-1)\frac{\sum_{j=1}^{\overline{M}}(X_{ij}-\overline{X}_i)^2}{\overline{M}}\right) =$$

$$\frac{1}{n\overline{M}}E_1\left(\sum_{i=1}^n\sum_{j=1}^{\overline{M}}(X_{ij}-\overline{X}_i)^2\right) = \frac{1}{n\overline{M}}\sum_{i=1}^N\sum_{j=1}^{\overline{M}}(X_{ij}-\overline{X}_i)^2\underbrace{E_1(e_i)}_{n/N} =$$

$$\frac{1}{N\overline{M}}\sum_{i=1}^N\sum_{j=1}^{\overline{M}}(X_{ij}-\overline{X}_i)^2 = \sigma_w^2$$

$$E(\hat{S}_b^2) = \frac{\overline{m}}{n-1}\left(1-\frac{1}{n}\right)\underbrace{E_1\left(\sum_i^n V_2(\overline{x}_i)\right)}_{\sum_{i=1}^N V_2(\overline{x}_i)E_1(e_i)} + \frac{\overline{m}}{n-1}\underbrace{E_1\left(\sum_{i=1}^n \left(\overline{X}_i - \left(\frac{1}{n}\sum_{i=1}^n \overline{X}_i\right)\right)^2\right)}_{\substack{(n-1).cuasivarianza \\ muestral\ de\ los\ \overline{x}_i}} =$$

$$\frac{\overline{m}}{n-1}\left(1-\frac{1}{n}\right)\underbrace{\sum_{i=1}^N\left(\frac{\frac{1}{\overline{M}}\sum_{j=1}^{\overline{M}}(X_{ij}-\overline{X}_i)^2}{\overline{m}}\cdot\frac{n}{N}\right)}_{\frac{n}{\overline{m}}\frac{1}{N\overline{M}}\sum_{i=1}^N\sum_{j=1}^{\overline{M}}(X_{ij}-\overline{X}_i^2)} + \frac{\overline{m}}{n-1}(n-1)\underbrace{\frac{1}{N-1}\sum_{i=1}^N\left(\overline{X}_i-\underbrace{\left(\frac{1}{N}\sum_{i=1}^N\overline{X}_i\right)}_{\overline{X}}\right)^2}_{(n-1)S_b^2/\overline{M}} =$$

$$=\frac{\overline{m}}{n-1}\left(1-\frac{1}{n}\right)\frac{n}{\overline{m}}\sigma_W^2 + \frac{\overline{m}}{n-1}(n-1)S_b^2/\overline{M} = \sigma_W^2 + S_b^2\frac{\overline{m}}{\overline{M}}$$

Tenemos que $\hat{S}_w^2$ es un estimador insesgado de σ_w^2. Además:

$$E(\hat{S}_b^2) = \sigma_W^2 + S_b^2\frac{\overline{m}}{\overline{M}} \Rightarrow S_b^2 = \frac{E(\hat{S}_b^2)-\sigma_W^2}{\overline{m}/\overline{M}} = \frac{\overline{M}}{\overline{m}}E(\hat{S}_b^2) - \frac{\overline{M}}{\overline{m}}\sigma_W^2$$

con lo que tenemos que un estimador insesgado de S_b^2 será $\dfrac{\overline{M}}{\overline{m}}\hat{S}_b^2 - \dfrac{\overline{M}}{\overline{m}}\hat{S}_W^2$, ya que:

$$E(\frac{\overline{M}}{\overline{m}}\hat{S}_b^2 - \frac{\overline{M}}{\overline{m}}\hat{S}_W^2) = \sigma_b^2$$

Ya podemos asegurar que un estimador insesgado para la varianza:

$$V\left(\overline{\overline{x}}\right) = (1-f_1)\frac{S_b^2}{n\overline{M}} + \frac{\sigma_w^2}{n\overline{m}}$$

es:

$$\hat{V}\left(\overline{\overline{x}}\right) = (1-f_1)\frac{\frac{\overline{M}}{\overline{m}}\hat{S}_b^2 - \frac{\overline{M}}{\overline{m}}\hat{S}_W^2}{n\overline{M}} + \frac{\hat{S}_w^2}{n\overline{m}} \Rightarrow \hat{V}\left(\overline{\overline{x}}\right) = (1-f_1)\frac{\hat{S}_b^2}{n\overline{m}} + f_1\frac{\hat{S}_w^2}{n\overline{m}}$$

En el caso del total poblacional $\hat{V}\left(\hat{X}\right) = N^2\overline{M}^2\left((1-f_1)\dfrac{\hat{S}_b^2}{n\overline{m}} + f_1\dfrac{\hat{S}_w^2}{n\overline{m}}\right)$

Para la proporción y total de clase, tenemos:

$$\hat{S}_b^2 = \frac{\overline{m}}{n-1} \sum_i^n \left(\hat{P}_i - \overline{P}\right)^2 \quad y \quad \hat{S}_w^2 = \frac{\sum_{i=1}^n \overline{m}\hat{P}_i\left(1-\hat{P}_i\right)}{n\left(\overline{m}-1\right)}$$

y se tendrá:

$$\hat{V}\left(\hat{P}\right) = \left(1-f_1\right)\frac{\hat{S}_b^2}{n\overline{m}} + f_1 \cdot \frac{\hat{S}_w^2}{n\overline{m}} = \left(1-f_1\right)\frac{\sum_i^n \overline{m}\left(\hat{P}_i - \overline{P}\right)^2}{n-1} + f_1 \cdot \frac{\sum_{i=1}^n \overline{m}\hat{P}_i\left(1-\hat{P}_i\right)}{n\left(\overline{m}-1\right)}$$

entonces:

$$\hat{V}\left(\hat{P}\right) = \left(1-f_1\right)\frac{\sum_i^n \left(\hat{P}_i - \overline{P}\right)^2}{n(n-1)} + f_1 \cdot \frac{\sum_{i=1}^n \hat{P}_i\left(1-\hat{P}_i\right)}{n^2\left(\overline{m}-1\right)} \qquad \hat{V}\left(\hat{A}\right) = N^2\overline{M}^2\hat{V}\left(\hat{P}\right)$$

PROBABILIDADES IGUALES, CONGLOMERADOS DE DISTINTO TAMAÑO Y AMBAS ETAPAS SIN REPOSICIÓN

Estimadores y varianzas

Para conglomerados del mismo tamaño $\overline{M}$ un estimador insesgado del total era:

$$\hat{X} = N\overline{M}\overline{x} = N\overline{M}\frac{1}{n}\sum_i^n \overline{x}_i = N\frac{1}{n}\sum_i^n \overline{M}\overline{x}_i$$

Este hecho nos lleva a considerar   como estimador para el total en conglomerados de distinto tam   año un es   timador sem ejante al   anterior pero sustituyendo el tam   año $\overline{M}$ de los conglom   erados por su nuevo tam   año M_i. Tendremos entonces el estimador del total:

$$\hat{X} = N\frac{1}{n}\sum_i^n M_i\overline{x}_i = \frac{N}{n}\sum_i^n M_i\overline{x}_i$$

Comprobaremos la insesgadez como sigue:

$$E\left(\hat{X}\right) = E_1 E_2\left(\frac{N}{n}\sum_i^n M_i\overline{x}_i\right) = \frac{N}{n}E_1\left(\sum_i^n M_i E_2(\overline{x}_i)\right) = \frac{N}{n}E_1\left(\sum_i^n \underbrace{M_i\overline{X}_i}_{\hat{X}_i}\right)$$

$$= NE_1\left(\frac{1}{n}\sum_i^n X_i\right) = N\frac{1}{n}\sum_i^N X_i\underbrace{E(e_i)}_{n/N} = N\frac{1}{N}\sum_i^N X_i = \sum_i^N X_i = X$$

donde hemos supuesto $E(e_i) = \dfrac{n}{N}$ (probabilidades iguales).

Las componentes del teorema de Madow para la varianza son:

$$E_1 V_2(\hat{X}) = E_1 V_2\left[\frac{N}{n}\sum_i^n M_i \bar{x}_i\right] = E_1\left[\frac{N^2}{n^2}\sum_i^n M_i^2 V_2(\bar{x}_i)\right] =$$

$$= E_1 \frac{N^2}{n^2}\sum_i^n M_i^2(1-f_2)\frac{\sum_j^{M_i}(X_{ij}-\bar{X}_i)^2}{(M_i-1)\cdot m_i} = \frac{N}{n}\sum_i^N M_i^2(1-f_2)\frac{\sum_j^{M_i}(X_{ij}-\bar{X}_i)^2}{(M_i-1)\cdot m_i}$$

$$V_1 E_2(\hat{X}) = V_1\left(\frac{N}{n}\sum_i^n M_i \bar{X}_i\right) = N^2 V_1\left(\frac{1}{n}\sum_i^n X_i\right) = N^2\cdot(1-f_1)\cdot\frac{\sum_i^{N_i}(X_i-\bar{X})^2}{n(N-1)}$$

de donde, por el teorema de Madow, obtenemos:

$$V(\hat{X}) = N^2\cdot(1-f_1)\frac{\sum_i^N(X_i-\bar{X})^2}{n(N-1)} + \frac{N}{n}\sum_i^N M_i^2\cdot(1-f_{2i})\cdot\frac{\sum_j^{M_i}(X_{ij}-\bar{X}_i)^2}{(M_i-1)m_i}$$

siendo $f_1 = \dfrac{n}{N} \ y \ f_{2i} = \dfrac{m_i}{M_i}$ las fracciones de muestreo en 1ª y 2ª etapa.

En el caso f_1 = constante = f_{2i}, el estim ador es autoponderado y cualquier unidad de segunda etapa tiene una probabilidad de ser elegida igual a $\dfrac{n}{N}\cdot f_{2i}$.

Estimación de la varianza

Un estimador insesgado de $V(\hat{X})$ es:

$$\hat{V}(\hat{x}) = \frac{N^2(1-f_1)}{n}\cdot\frac{\sum_i^n\left(\hat{X}_i-\hat{\bar{X}}_i\right)^2}{n-1} + \frac{N}{n}\sum_i^n\frac{M_i^2(1-f_{2i})}{m_i}\cdot\frac{\sum_j^{m_i}(X_{ij}-\bar{x}_i)^2}{m_i-1}$$

donde $\hat{\bar{X}}_i = \dfrac{1}{n}\sum_i^n \hat{X}_i \ y \ \hat{X}_i = M_i\bar{x}_i$

La insesgadez del estimador de la varianza es evidente, pues:

- $$E\left(\frac{1}{n-1}\sum_{i}^{n}\left(\hat{X}_i-\hat{\overline{X}}_i\right)^2\right)=E\left(\frac{1}{n-1}\sum_{i}^{n}\left(M_i\overline{x}_i-\frac{1}{n}\sum_{i=1}^{n}M_i\overline{x}_i\right)^2\right)=\frac{1}{N-1}\sum_{i}^{N}\left(M_i\overline{X}_i-\frac{1}{n}\sum_{i=1}^{n}M_i\overline{X}_i\right)^2$$

  $$=\frac{1}{N-1}\sum_{i}^{N}\left(M_i\frac{X_i}{M_i}-\frac{1}{n}\sum_{i=1}^{n}M_i\frac{X_i}{M_i}\right)^2=\frac{1}{N-1}\sum_{i}^{N}\left(X_i-\frac{1}{n}\sum_{i=1}^{n}X_i\right)^2=\frac{1}{N-1}\sum_{i}^{N}\left(X_i-\overline{X}\right)^2$$

- $$E\left(\frac{1}{m_i-1}\sum_{j}^{m_i}\left(X_{ij}-\overline{x}_i\right)^2\right)=\frac{1}{M_i-1}\sum_{j}^{M_i}\left(X_{ij}-\overline{X}_i\right)^2$$

y ya podemos escribir:

$$E(\hat{V}(\hat{x}))=\frac{N^2(1-f_1)}{n}\cdot E\left(\frac{1}{n-1}\sum_{i}^{n}\left(\hat{X}_i-\hat{\overline{X}}_i\right)^2\right)+\frac{N}{n}\sum_{i}^{n}\frac{M_i^2(1-f_{2i})}{m_i}\cdot E\left(\frac{1}{m_i-1}\sum_{j}^{m_i}\left(X_{ij}-\overline{x}_i\right)^2\right)$$

$$=\frac{N^2(1-f_1)}{n}\cdot\frac{1}{N-1}\sum_{i}^{N}\left(X_i-\overline{X}\right)^2+\frac{N}{n}\sum_{i}^{n}\frac{M_i^2(1-f_{2i})}{m_i}\cdot\frac{1}{M_i-1}\sum_{j}^{M_i}\left(X_{ij}-\overline{X}_i\right)^2=V(\hat{X})$$

PROBABILIDADES IGUALES, DISTINTO TAMAÑO, 1ª ETAPA SIN REPOSICIÓN Y 2ª CON REPOSICIÓN

Las componentes del teorema de Madow para la varianza son:

$$E_1V_2\left(\hat{X}\right)=E_1V_2\left[\frac{N}{n}\sum_{i}^{n}M_i\overline{x}_i\right]=E_1\frac{N^2}{n^2}\sum_{i}^{n}M_i^2V_2\left(\overline{x}_i\right)=$$

$$=E_1\frac{N^2}{n^2}\sum_{i}^{n}M_i^2\frac{\sum_{j}^{M_i}\left(X_{ij}-\overline{X}_i\right)^2}{M_i\cdot m_i}=\frac{N}{n}\sum_{i}^{N}M_i\frac{\sum_{j}^{M_i}\left(X_{ij}-\overline{X}_i\right)^2}{\cdot m_i}$$

$$V_1E_2\left(\hat{X}\right)=V_1\left(\frac{N}{n}\sum_{i}^{n}M_i\overline{X}_i\right)=N^2V_1\left(\frac{1}{n}\sum_{i}^{n}X_i\right)=N^2\cdot(1-f_1)\cdot\frac{\sum_{i}^{N}\left(X_i-\overline{X}\right)^2}{n(N-1)}$$

de donde, por el teorema de Madow, obtenemos:

$$V\left(\hat{X}\right)=N^2\cdot(1-f_1)\frac{\sum_{i}^{N}\left(X_i-\overline{X}\right)^2}{n(N-1)}+\frac{N}{n}\sum_{i}^{N}\frac{M_i}{m_i}\sum_{j}^{M_i}\left(X_{ij}-\overline{X}_i\right)^2$$

siendo $f_1=\dfrac{n}{N}$ la fracción de muestreo en 1ª etapa.

Estimación de la varianza

Un estimador insesgado de $V\left(\hat{X}\right)$ es:

$$\hat{V}(\hat{x}) = \frac{N^2\left(1-f_1\right)}{n} \cdot \frac{\sum_i^n\left(\hat{X}_i - \hat{\bar{X}}_i\right)^2}{n-1} + \frac{N}{n}\sum_i^n \frac{M_i^2}{m_i} \cdot \frac{\sum_j^{m_i}\left(X_{ij} - \bar{x}_i\right)^2}{m_i - 1} \qquad \hat{\bar{X}}_i = \frac{1}{n}\sum_i^n \hat{X}_i \; y\; \hat{X}_i = M_i\bar{x}_i$$

La insesgadez del estimador de la varianza es evidente, pues:

- $$E\left(\frac{1}{n-1}\sum_i^n\left(\hat{X}_i - \hat{\bar{X}}_i\right)^2\right) = E\left(\frac{1}{n-1}\sum_i^n\left(M_i\bar{x}_i - \frac{1}{n}\sum_{i=1}^n M_i\bar{x}_i\right)^2\right) = \frac{1}{N-1}\sum_i^N\left(M_i\bar{X}_i - \frac{1}{n}\sum_{i=1}^n M_i\bar{X}_i\right)^2$$

  $$= \frac{1}{N-1}\sum_i^N\left(M_i\frac{X_i}{M_i} - \frac{1}{n}\sum_{i=1}^n M_i\frac{X_i}{M_i}\right)^2 = \frac{1}{N-1}\sum_i^N\left(X_i - \frac{1}{n}\sum_{i=1}^n X_i\right)^2 = \frac{1}{N-1}\sum_i^N\left(X_i - \bar{X}\right)^2$$

- $$E\left(\frac{1}{m_i-1}\sum_j^{m_i}\left(X_{ij} - \bar{x}_i\right)^2\right) = \frac{1}{M_i}\sum_j^{M_i}\left(X_{ij} - \bar{X}_i\right)^2$$

y ya podemos escribir:

$$E(\hat{V}(\hat{x})) = \frac{N^2\left(1-f_1\right)}{n} \cdot E\left(\frac{1}{n-1}\sum_i^n\left(\hat{X}_i - \hat{\bar{X}}_i\right)^2\right) + \frac{N}{n}\sum_i^n\frac{M_i^2}{m_i} \cdot E\left(\frac{1}{m_i-1}\sum_j^{m_i}\left(X_{ij} - \bar{x}_i\right)^2\right)$$

$$= \frac{N^2\left(1-f_1\right)}{n} \cdot \frac{1}{N-1}\sum_i^N\left(X_i - \bar{X}\right)^2 + \frac{N}{n}\sum_i^n\frac{M_i^2}{m_i} \cdot \frac{1}{M_i}\sum_j^{M_i}\left(X_{ij} - \bar{X}_i\right)^2 = V(\hat{X})$$

PROBABILIDADES IGUALES, CONGLOMERADOS DE DISTINTO TAMAÑO Y AMBAS ETAPAS CON REPOSICIÓN

Las componentes del teorema de Madow para la varianza son:

- $$E_1V_2\left(\hat{X}\right) = E_1V_2\left[\frac{N}{n}\sum_i^n M_i\bar{x}_i\right] = E_1\frac{N^2}{n^2}\sum_i^n M_i^2 V_2\left(\bar{x}_i\right) =$$

  $$= E_1\frac{N^2}{n^2}\sum_i^n M_i^2 \frac{\sum_j^{M_i}\left(X_{ij} - \bar{X}_i\right)^2}{M_i \cdot m_i} = \frac{N}{n}\sum_i^N\frac{M_i}{m_i}\sum_j^{M_i}\left(X_{ij} - \bar{X}_i\right)^2$$

- $$V_1E_2\left(\hat{X}\right) = V_1\left(\frac{N}{n}\sum_i^n M_i\bar{X}_i\right) = N^2V_1\left(\frac{1}{n}\sum_i^n X_i\right) = N^2 \cdot \frac{\sum_i^{N_i}\left(X_i - \bar{X}\right)^2}{nN}$$

  $$= \frac{N}{n} \cdot \sum_i^{N_i}\left(X_i - \bar{X}\right)^2$$

Por el teorema de Madow, obtenemos:

$$V\left(\hat{X}\right)= \frac{N}{n}\cdot \sum_{i}^{N_i}\left(X_i - \overline{X}\right)^2 + \frac{N}{n}\sum_{i}^{N}\frac{M_i}{m_i}\sum_{j}^{M_i}\left(X_{ij} - \overline{X}_i\right)^2$$

Estimación de la varianza

Un estimador insesgado de $V\left(\hat{X}\right)$ es:

$$\hat{V}\left(\hat{x}\right)= \frac{N^2}{n}\cdot \frac{\sum_{i}^{n}\left(\hat{X}_i - \hat{\overline{X}}_i\right)^2}{n-1} \qquad \hat{\overline{X}}_i = \frac{1}{n}\sum_{i}^{n}\hat{X}_i \, y \, \hat{X}_i = M_i\overline{x}_i$$

La insesgadez del estim ador de la varianza se deduce del método de los conglomerados últimos que se verá en el capítulo siguiente.

PROBABILIDADES IGUALES, DISTINTO TAMAÑO, 1ª ETAPA CON REPOSICIÓN Y 2ª SIN REPOSICIÓN

Las componentes del teorema de Madow para la varianza son:

$$E_1 V_2\left(\hat{X}\right)= E_1 V_2\left[\frac{N}{n}\sum_{i}^{n}M_i\overline{x}_i\right]= E_1 \frac{N^2}{n^2}\sum_{i}^{n}M_i^2 V_2\left(\overline{x}_i\right)=$$

$$=E_1 \frac{N^2}{n^2}\sum_{i}^{n}M_i^2\left(1-f_{2i}\right)\frac{\sum_{j}^{M_i}\left(X_{ij} - \overline{X}_i\right)^2}{\left(M_i -1\right)\cdot m_i}= \frac{N}{n}\sum_{i}^{N}M_i^2\left(1-f_{2i}\right)\frac{\sum_{j}^{M_i}\left(X_{ij} - \overline{X}_i\right)^2}{\left(M_i -1\right)\cdot m_i}$$

$$V_1 E_2\left(\hat{X}\right)= V_1\left(\frac{N}{n}\sum_{i}^{n}M_i\overline{X}_i\right)= N^2 V_1\left(\frac{1}{n}\sum_{i}^{n}X_i\right)= N^2 \cdot \frac{\sum_{i}^{N_i}\left(X_i - \overline{X}\right)^2}{nN}= \frac{N}{n}\sum_{i}^{N_i}\left(X_i - \overline{X}\right)^2$$

de donde, por el teorema de Madow, obtenemos:

$$V\left(\hat{X}\right)= \frac{N}{n}\sum_{i}^{N}\left(X_i - \overline{X}\right)^2 + \frac{N}{n}\sum_{i}^{N}M_i^2 \cdot \left(1-f_{2i}\right)\cdot \frac{\sum_{j}^{M_i}\left(X_{ij} - \overline{X}_i\right)^2}{\left(M_i -1\right)m_i}$$

siendo $f_{2i}= \frac{m_i}{M_i}$ la fracción de muestreo en 2ª etapa.

Estimación de la varianza

Un estimador insesgado de $V(\hat{X})$ es:

$$\hat{V}(\hat{x}) = \frac{N^2}{n} \cdot \frac{\sum_i^n \left(\hat{X}_i - \hat{\bar{X}}_i\right)^2}{n-1} \qquad \hat{\bar{X}}_i = \frac{1}{n}\sum_i^n \hat{X}_i \ y \ \hat{X}_i = M_i \bar{x}_i$$

La insesgadez del estim ador de la varianza se deduce del método de los conglomerados últimos que se verá en el capítulo siguiente.

ESTIMADORES Y VARIANZAS PARA PROPORCIONES, MEDIAS Y TOTALES DE CLASE

Los *estimadores para medias, proporciones y totales de clase en el muestreo bietápico con probabilidades iguales y conglomerados de distinto tamaño* son inmediatos:

$$\hat{\bar{X}} = \frac{\hat{X}}{M} = \frac{N}{n}\sum_i^n \frac{M_i}{M}\bar{x}_i \ , \quad V(\hat{\bar{X}}) = \frac{1}{M^2}V(\hat{X}) \ , \quad \hat{V}(\hat{\bar{X}}) = \frac{1}{M^2}\hat{V}(\hat{X})$$

$$\hat{P} = \frac{N}{n}\sum_i^n \frac{M_i}{M}\hat{P}_i \qquad \hat{P}_i = \text{proporción muestral en el conglomerado } i\text{-esimo}$$

$$\hat{A} = M\hat{P} = \frac{N}{n}\sum_i^n M_i \hat{P}_i$$

Las varianzas y sus estimaciones para los estimadores de proporciones y totales de clase en el muestreo bietápico de conglomerados de distinto tamaño con probabilidades iguales son inmediatas. Basta con expresar los térm inos de las fórmulas en función de proporciones y totales de clase. La transform ación fundamental es la siguiente:

$$\sum_{j=1}^{M_i}\left(X_{ij} - \bar{X}_i\right)^2 = \sum_{j=1}^{M_i}\left(A_{ij} - P_i\right)^2 = \sum_{j=1}^{M_i}\left(A_{ij}^2 - 2A_{ij}P_i + P_i^2\right) = \sum_{j=}^{M_i}A_{ij} - 2P_i\sum_{j=1}^{M_i}A_{ij} + \sum_{j=1}^{M_i}P_i^2 =$$

$$= M_iP_i - 2P_iM_iP_i + M_iP_i^2 = M_iP_i - M_iP_i^2 = M_iP_i(1-P_i) = M_iP_iQ_i$$

De forma similar se cumple que:

$$\sum_{j=1}^{m_i}\left(X_{ij} - \bar{x}_i\right)^2 = \sum_{j=1}^{m_i}\left(A_{ij} - \hat{P}_i\right)^2 = \sum_{j=1}^{m_i}\left(A_{ij}^2 - 2A_{ij}\hat{P}_i + \hat{P}_i^2\right) = \sum_{j=}^{m_i}A_{ij} - 2\hat{P}_i\sum_{j=1}^{m_i}A_{ij} + \sum_{j=1}^{m_i}\hat{P}_i^2$$

$$m_i\hat{P}_i - 2\hat{P}_im_i\hat{P}_i + m_i\hat{P}_i^2 = m_i\hat{P}_i - m_i\hat{P}_i^2 = m_i\hat{P}_i(1-\hat{P}_i) = m_i\hat{P}_i\hat{Q}_i$$

La transformación del término $\sum_i^n \left(\hat{X}_i - \hat{\bar{X}}_i \right)^2$ también es inmediata, ya que:

$$\sum_i^n \left(\hat{X}_i - \hat{\bar{X}}_i \right)^2 = \sum_i^n \left(M_i \bar{x}_i - \frac{1}{n} \sum_{i=1}^n M_i \bar{x}_i \right)^2 = \sum_i^n \left(M_i \hat{P}_i - \frac{1}{n} \sum_{i=1}^n M_i \hat{P}_i \right)^2$$

La transformación del término $\sum_i^N \left(X_i - \overline{X}_i \right)^2$ también es inmediata, ya que:

$$\sum_i^N \left(X_i - \overline{X}_i \right)^2 = \sum_{i=1}^N X_i^2 - N\overline{X}^2 = \sum_{i=1}^N A_i^2 - NP^2 = \sum_{i=1}^N A_i - NP^2 = NP - NP^2$$
$$= NP(1 - P) = NPQ$$

Ya tenemos todas los términos de las fórmulas de varianzas y estimación de varianzas en términos de proporciones. Sólo queda sustituirlos en cada fómula para obtener las expresiones finales.

Así tendremos que las fórmulas para la varianza del total de clase y su estimación en el caso de muestreo sin reposición en ambas etapas son las siguientes:

$$V\left(\hat{A} \right) = (1 - f_1) \frac{N^3 PQ}{n(N-1)} + \frac{N}{n} \sum_i^N M_i^3 \cdot (1 - f_{2i}) \cdot \frac{P_i Q_i}{(M_i - 1)m_i}$$

$$\hat{V}\left(\hat{A} \right) = \frac{N^2(1 - f_1)}{n} \cdot \frac{\sum_i^n \left(M_i \hat{P}_i - \frac{1}{n} \sum_{i=1}^n M_i \hat{P}_i \right)^2}{n-1} + \frac{N}{n} \sum_i^n M_i^2 (1 - f_{2i}) \cdot \frac{\hat{P}_i \hat{Q}_i}{m_i - 1}$$

Las fórmulas para la varianza del total de clase y su estimación en el caso de muestreo sin reposición en primera etapa y con reposición en 2ª son las siguientes:

$$V\left(\hat{A} \right) = (1 - f_1) \frac{N^3 PQ}{n(N-1)} + \frac{N}{n} \sum_i^N \frac{M_i^2}{m_i} P_i Q_i$$

$$\hat{V}\left(\hat{A} \right) = \frac{N^2(1 - f_1)}{n} \cdot \frac{\sum_i^n \left(M_i \hat{P}_i - \frac{1}{n} \sum_{i=1}^n M_i \hat{P}_i \right)^2}{n-1} + \frac{N}{n} \sum_i^n M_i^2 \cdot \frac{\hat{P}_i \hat{Q}_i}{m_i - 1}$$

Las fórmulas para la varianza del total de clase y su estimación en el caso de muestreo con reposición en ambas etapas son las siguientes:

$$V\left(\hat{A}\right) = \frac{N^2}{n} PQ + \frac{N}{n} \sum_{i}^{N} \frac{M_i^2}{m_i} P_i Q_i$$

$$\hat{V}\left(\hat{A}\right) = \frac{N^2}{n} \cdot \frac{\sum_{i}^{n} \left(M_i \hat{P}_i - \frac{1}{n} \sum_{i=1}^{n} M_i \hat{P}_i \right)^2}{n-1}$$

Las fórmulas para la varianza del total de clase y su estimación en el caso de muestreo con reposición en 1ª etapa y sin reposición en 2ª son las siguientes:

$$V\left(\hat{A}\right) = \frac{N^2}{n} PQ + \frac{N}{n} \sum_{i}^{N} M_i^3 \cdot \left(1 - f_{2i}\right) \cdot \frac{P_i Q_i}{\left(M_i - 1\right) m_i}$$

$$\hat{V}\left(\hat{A}\right) = \frac{N^2}{n} \cdot \frac{\sum_{i}^{n} \left(M_i \hat{P}_i - \frac{1}{n} \sum_{i=1}^{n} M_i \hat{P}_i \right)^2}{n-1}$$

Para proporciones aplicamos $V(\hat{P}) = \frac{1}{M^2} V(\hat{A})$ y $\hat{V}(\hat{P}) = \frac{1}{M^2} \hat{V}(\hat{A})$

TAMAÑO DE LA MUESTRA EN EL MUESTREO BIETÁPICO

La expresión matemática que representa los costes en función del número de unidades primarias y secundarias en muestreo bietápico suele definirse, según las circunstancias de cada caso, lo más ajustada posible a la realidad, utilizando diversas fórmulas alternativas que reflejen la situación adecuadamente. Suele expresarse el coste total C mediante la ***función general de costes*** $f\left(n, \overline{M}, \overline{m}\right)$ definida como:

$$C = c_o + c_1 n^{a_1} + c_2 \left(n\overline{M}\right)^{a_2} + c_3 \left(n\overline{m}\right)^{a_3}$$

en donde c_0 representa un coste fijo que suele incluir, dependiendo de las encuestas, gastos de preparación técnica, gastos administrativos previos, cartografía, etc. Puede empezarse por suponer deducido el coste c_o del total C, para no preocuparse más que de la distribución de los costes variables.

Por otra parte, c_1, c_2 y c_3 son los costes unitarios por unidad primaria, por unidad secundaria listada y por unidad secundaria que sea objeto de entrevista o medida respectivamente.

Como casos particulares típicos de nuestra función de costes tenemos:

1) $a_1 = a_2 = a_3 = 1, \Rightarrow C = c_1 n + c_2 n \overline{M} + c_3 n \overline{m}$

2) Adem ás de verificarse la condición anterior, suponemos $c_2 = 0$, con lo cual no se cuenta el coste del listado de unidades de segunda etapa. Ahora tenem os: $C = c_1 n + c_3 n \overline{m}$, que suele denom inarse *función de coste de campo*, y que es la más utilizada habitualmente.

3) Además de las dos condiciones anteriores suponem os que $c_1 = 0$, lo que equivale a considerar el coste total di   rectamente proporcional al tam   año de la muestra. Tendremos $C = c n \overline{m} = c m$

Una expresión m atemática de la función de coste no deducible de la función general anterior es la *función de coste de Hansen, Hurwitz y Madow*, cuy a expresión es $C = c_o \sqrt{n} + c_1 n + c_2 n \overline{m}$, donde el prim er térm ino expresa los gastos de viaje entre las unidades prim arias. Hansen, Hurwitz y Madow obtienen el par $(n, \overline{m})$ que minimiza la varianza para una función de coste dada.

Nosotros vam os a suponer en los cálculos una función de   coste de campo definida como $C = n \cdot c_1 + n \cdot \overline{m} \cdot c_2$, y evaluaremos la varianza de la media mediante la expresión aproximada:

$$V\left(\overline{\overline{x}}\right) = \frac{S^2}{n\overline{m}}\left(1 + (\overline{m} - 1) \cdot \delta\right)$$

Para obtener los valores de n y $\overline{m}$ que hagan m ínima $V(\overline{x})$ con la restricción dada por la función de coste de campo construiremos la función de Lagrange:

$$\phi = \frac{S^2}{n\overline{m}} \cdot \left(1 + (\overline{m} - 1)\delta\right) + \lambda\left(C - n \cdot c_1 - n \cdot \overline{m} c_2\right)$$

e igualaremos a cero sus derivadas parciales respecto de n, $\overline{m}$ y λ. Tenemos:

$$\left. \begin{array}{l} \dfrac{\partial \phi}{\partial n} = -\dfrac{S^2}{n^2 \overline{m}} \cdot \left(1 + (\overline{m} - 1)\delta\right) - \lambda\left(c_1 + \overline{m} c_2\right) = 0 \\[3mm] \dfrac{\partial \phi}{\partial \overline{m}} = -\dfrac{S^2}{n\overline{m}^2} \cdot \left(1 + (\overline{m} - 1)\delta\right) - \dfrac{\delta S^2}{n\overline{m}} + \lambda n c_2 = 0 \\[3mm] \dfrac{\partial \phi}{\partial \lambda} = C - n c_1 - n\overline{m} c_2 = 0 \end{array} \right\}$$

Multiplicando la primera ecuación por n y la segunda por $\overline{m}$ tenemos:

$$n \cdot \frac{\partial \phi}{\partial n} = -\frac{S^2}{n\overline{m}} \cdot \left(1 + (\overline{m} - 1)\delta\right) - \lambda\left(nc_1 + n\overline{m}c_2\right) = 0 \left.\right\}$$

$$\overline{m} \cdot \frac{\partial \phi}{\partial \overline{m}} = -\frac{S^2}{n\overline{m}} \cdot \left(1 + (\overline{m} - 1)\delta\right) + \frac{\delta S^2}{n} - \lambda n\overline{m}c^2 = 0 \left.\right\}$$

y restando miembro a miembro las dos ecuaciones anteriores se tiene:

$$n\frac{\partial \phi}{\partial n} - \overline{m}\frac{\partial \phi}{\partial \overline{m}} = -\lambda nc_1 - \frac{S^2}{n}\delta = 0 \Rightarrow \lambda = -\frac{S^2\delta}{n^2 c_1}$$

y si ahora sustituimos el valor de λ en la segunda ecuación tenemos:

$$-\frac{S^2}{n\overline{m}^2}\left(1 + (\overline{m} - 1)\delta\right) + \frac{\delta S^2}{n\overline{m}} + \frac{S^2\delta}{n^2 c_1} \cdot nc_2 = 0$$

y multiplicando por $n\overline{m}^2$ y dividiendo por S^2 se obtiene lo siguiente:

$$-1 - (\overline{m} - 1)\delta + \overline{m}\delta + \overline{m}^2\delta \cdot \frac{c_2}{c_1} = 0 \Rightarrow \overline{m}^2 = \frac{1 - \delta}{\delta \cdot \dfrac{c_2}{c_1}} = \frac{c_1}{c_2} \cdot \frac{1 - \delta}{\delta} \Rightarrow \overline{m}_{op} = \sqrt{\frac{c_1}{c_2} \cdot \frac{1 - \delta}{\delta}}$$

El correspondiente valor de n se puede obtener la función de coste. Vem os entonces que el tamaño óptimo de $\overline{m}$ aumenta proporcionalmente a las cantidades:

$$\sqrt{\frac{c_1}{c_2}} \quad \text{y} \quad \sqrt{\frac{(1 - \delta)}{\delta}}$$

y en general no es muy sensible a pequeños cambios en $\dfrac{c_1}{c_2}$ o en δ.

También puede observarse que $\overline{m}_{op}$ no depende de C ni de n.

De un modo análogo se puede obtener el $\overline{m}$ óptimo partiendo de la expresión de la varianza siguiente (que prescinde de de f_1 y f_2 para mayor sencillez):

$$v\left(\overline{\overline{x}}\right) = \frac{S_b^2}{n\overline{M}} + \frac{S_w^2}{n\overline{m}}$$

Ahora la función de Lagrange es:

$$\phi = \frac{S_b^2}{n \cdot \overline{M}} + \frac{S_w^2}{n \cdot \overline{m}} + \lambda\left(c - c_1 n - c_2 n \cdot \overline{m}\right)$$

y derivando respecto de los parám etros n y $\overline{m}$ despejando λ en ambas ecuaciones e igualando, tenemos:

$$\left. \begin{array}{l} \dfrac{\partial \phi}{\partial n} = -\dfrac{S_b^2}{n^2 \cdot \overline{M}} - \dfrac{S_w^2}{n^2 \cdot \overline{m}} - \lambda c_1 - \lambda c_2 \overline{m} = 0 \\[4mm] \dfrac{\partial \phi}{\partial \overline{m}} = -\dfrac{S_b^2}{n \cdot \overline{m}^2} - \lambda c_2 n = 0 \end{array} \right\} \Rightarrow -\lambda = \dfrac{\dfrac{S_b^2}{n^2 \cdot \overline{M}} + \dfrac{S_w^2}{n^2 \cdot \overline{m}}}{c_1 + c_2 \overline{m}} = \dfrac{S_w^2}{c_2 n^2 \cdot \overline{m}^2}$$

$$\Rightarrow \overline{m}_{op} = \sqrt{\dfrac{\overline{M} c_1 S_w^2}{c_2 S_b^2}} \Rightarrow v(\overline{\overline{x}}) = \dfrac{S_b^2}{nM} + \dfrac{S_w^2}{n\sqrt{\dfrac{\overline{M} c_1 S_w^2}{c_2 S_b^2}}}$$

Ejercicio 1. *En una población se obtiene una muestra de 6 conglomerados de 30 unidades elementales cada uno con probabilidades iguales. Dentro de los conglomerados de la muestra se realiza submuestreo sin reposición con fracción de muestreo igual a 1/6, obteniéndose los siguientes valores para el número de elementos que poseen una determinada característica A:*

Conglomerado	1	2	3	4	5	6
Ai	4	3	5	2	1	5

Se pide:

1°) Suponiendo muestreo con reposición de unidades primarias, estimar la proporción de elementos de la población que poseen la característica A y su error relativo de muestreo. Estimar por intervalos al 95% el total de elementos de la población que poseen la característica A.

2°) Suponiendo muestreo sin reposición de unidades primarias y fracción de muestreo en primera etapa igual a 1/2, estimar la proporción de elementos de la población que poseen la característica A y su error relativo de muestreo. Construir la tabla del análisis de la varianza para la muestra y estimar el valor del coeficiente de correlación intraconglomerados. Estimar por intervalos al 95% el total de elementos de la población que poseen la característica A.

Tenemos como datos $n=6$, $\overline{M}=30$, $f_{2i} = \dfrac{m_i}{\overline{M}} \Rightarrow m_i = f_{2i}\overline{M} = \dfrac{1}{6}30 = 5 = \overline{m}$

Estamos entonces en m uestreo bietápico de conglom erados del m ismo tamaño con subm uestreo tam bién del m ismo tam año y con reposición en primera etapa sin existir reposición en segunda etapa. El estimador de la proporción es:

$$\hat{P} = \frac{1}{n}\sum_{i=1}^{n}\hat{P}_i = \frac{1}{6}\left(\frac{4}{5}+\frac{3}{5}+\frac{5}{5}+\frac{2}{5}+\frac{1}{5}+\frac{5}{5}\right) = \frac{2}{3}$$

La varianza de este estimador es:

$$\hat{V}(\hat{P}) = \frac{\hat{S}_b^2}{n\overline{m}} = \frac{\dfrac{\overline{m}}{n-1}\sum_{i=1}^{n}\left(\hat{P}_i - \overline{P}\right)^2}{n\overline{m}} = \frac{1}{n(n-1)}\sum_{i=1}^{n}\left(\hat{P}_i - \overline{P}\right)^2 =$$

$$\frac{1}{6\cdot5}\left(\left(\frac{4}{5}-\frac{2}{3}\right)^2 + \left(\frac{3}{5}-\frac{2}{3}\right)^2 + \left(\frac{5}{5}-\frac{2}{3}\right)^2 + \left(\frac{2}{5}-\frac{2}{3}\right)^2 + \left(\frac{1}{5}-\frac{2}{3}\right)^2 + \left(\frac{5}{5}-\frac{2}{3}\right)^2\right) = 0,018$$

$$\overline{P} = \frac{1}{n}\sum_{i=1}^{n}\hat{P}_i = \hat{P} = \frac{2}{3}$$

El error relativo de m uestreo viene dado por el coeficiente de variación del estimador. Tenemos:

$$Cv(\hat{P}) = \frac{\sqrt{\hat{V}(\hat{P})}}{\hat{P}} = \frac{\sqrt{0,018}}{2/3} = \frac{0,134164}{2/3} = 0,2(20\%)$$

Al ser la fracción de m uestreo en prim era etapa 1/2 tenemos 1/2=6/N, de donde el númereo de conglomerados en la población es N=12.

Para hacer un estim ación por intervalos del total de la característica A en la población necesitamos la varianza del estimador del total. Pero:

$$\hat{V}(\hat{A}) = N^2\overline{M}^2\hat{V}(\hat{P}) = 12^2\cdot30^2.0,018 = 2332,8 \Rightarrow \hat{\sigma}(\hat{A}) = 48,3$$

El intervalo de confianza para el total al 95% suponiendo normalidad será:

$$\left[\hat{A} - \lambda_\alpha\hat{\sigma}(\hat{A}), \hat{A} - \lambda_\alpha\hat{\sigma}(\hat{A})\right] = \left[240 - 1.96\cdot48.3, 240 + 1.96\cdot48.3\right] = \left[145.33, 334.66\right]$$

$$\hat{A} = N\overline{M}\hat{P} = 12\cdot30\cdot\frac{2}{3} = 240$$

En el caso de que am bas etapas sean sin reposición, los estim adores de la proporción y el total de clase no varían, pero sí cam bian los errores de m uestreo. La varianza del estimador de la proporción será ahora:

$$\hat{V}(\hat{P}) = (1-f_1)\frac{\sum_{i}^{n}\left(\hat{P}_i - \overline{P}\right)^2}{n(n-1)} + f_1(1-f_2)\frac{\sum_{i}^{n}\hat{P}_i\hat{Q}_i}{n^2(\overline{m}-1)} = \left(1-\frac{1}{2}\right)\frac{8/15}{6(6-1)} + \frac{1}{2}\left(1-\frac{1}{6}\right)\frac{4/15}{6^2(5-1)} = 0,0112$$

El error relativo será el coeficiente de variación del estimador definido como:

$$Cv(\hat{P}) = \frac{\sqrt{\hat{V}(\hat{P})}}{\hat{P}} = \frac{\sqrt{0,0112}}{2/3} = \frac{0,10583}{2/3} = 0,1587(15,87\%)$$

Se observa que en muestreo sin reposición el error resulta ser menor.

La tabla del análisis de la varianza para la muestra en el caso del muestreo bietápico es la siguiente:

Fuente	Grados libertad	Sumas de cuadrados	Cuadrados medios
"entre"	$n-1$	$\overline{m}\sum\limits_{i}^{n}\left(\overline{x}_i - \overline{\overline{x}}\right)^2$	$\hat{S}_b^2$
"dentro"	$n(\overline{m}-1)$	$\sum\limits_{i}^{n}\sum\limits_{j}^{\overline{m}}\left(X_{ij} - \overline{x}_i\right)^2$	$\hat{S}_w^2$
Total	$n\overline{m}-1$	$\sum\limits_{i}^{n}\sum\limits_{j}^{\overline{m}}\left(X_{ij} - \overline{\overline{x}}\right)^2$	$\hat{S}^2$

En el caso de proporciones, los cuadrados medios toman la siguiente forma:

$$\hat{S}_b^2 = \frac{\overline{m}\sum\limits_{i}^{n}\left(\overline{x}_i - \overline{\overline{x}}\right)^2}{n-1} = \frac{\overline{m}\sum\limits_{i}^{n}\left(\hat{P}_i - \frac{1}{n}\sum\limits_{i=1}^{n}\hat{P}_i\right)^2}{n-1} = \frac{\overline{m}}{n-1}\sum\limits_{i}^{n}\left(\hat{P}_i - \overline{P}\right)^2 = \frac{8}{15}$$

$$\hat{S}_w^2 = \frac{\sum\limits_{i}^{n}\sum\limits_{j}^{\overline{m}}\left(X_{ij} - \overline{x}_i\right)^2}{n(\overline{m}-1)} = \frac{\sum\limits_{i}^{n}\sum\limits_{j}^{\overline{m}}\left(A_{ij} - P_i\right)^2}{n(\overline{m}-1)} = \frac{\sum\limits_{i=1}^{n}\left[\overbrace{\sum\limits_{j}^{\overline{m}}A_{ij}^2}^{\overline{m}P_i} + \overline{m}P_i^2 - 2P_i\overbrace{\sum\limits_{j}^{\overline{m}}A_{ij}}^{\overline{m}P_i}\right]}{n(\overline{m}-1)}$$

$$= \frac{\sum\limits_{i=1}^{n}\left[\overline{m}P_i + \overline{m}P_i^2 - 2\overline{m}P_i^2\right]}{n(\overline{m}-1)} = \frac{\sum\limits_{i=1}^{n}\left[\overline{m}P_i - \overline{m}P_i^2\right]}{n(\overline{m}-1)} = \frac{\sum\limits_{i=1}^{n}\overline{m}P_i(1-P_i)}{n(\overline{m}-1)} = \frac{1}{6}$$

Por la relación fundamental del análisis de la varianza tenemos:

$$(n\overline{m}-1)\hat{S}^2 = (n\overline{m}-n)\hat{S}_w^2 + (n-1)\hat{S}_b^2 \Rightarrow \hat{S}^2 = \frac{(n\overline{m}-n)\hat{S}_w^2 + (n-1)\hat{S}_b^2}{(n\overline{m}-1)} = \frac{20}{87}$$

También puede calcularse $\hat{S}^2$ directamente mediante la expresión:

$$\hat{S}^2 = \frac{1}{n\overline{m}-1}\sum_i^n\sum_j^{\overline{m}}\left(A_{ij}-\overline{P}\right)^2 = \frac{n\overline{m}}{n\overline{m}-1}\overline{P}\cdot\overline{Q} = \frac{6\cdot5}{6\cdot5-1}\cdot\frac{2}{3}\cdot\left(1-\frac{2}{3}\right) = \frac{20}{87}$$

Luego la tabla del análisis de la varianza será:

Fuente	Grados libertad	Sumas de cuadrados	Cuadrados medios
"entre"	$6-1=5$	$\dfrac{8}{3}$	$\dfrac{8}{15}$
"dentro"	$6(5-1)=24$	4	$\dfrac{1}{6}$
Total	$6\cdot5-1=29$	$\dfrac{20}{3}$	$\dfrac{20}{87}$

Ejercicio 2. *Un organismo encargado de realizar encuestas dispone de una plantilla fija de agentes entrevistadores que residen en la capital de cada provincia. Se supone que el coste de enviar un agente a una unidad primaria de muestreo (sección censal) es de 500 pesetas y el de realizar una entrevista a una unidad elemental (familia) es de 50 pesetas.*

Si existe un presupuesto de 3.000.000 de pesetas para realizar la encuesta siendo la característica a estimar la proporción de población activa respecto del total, y por encuestas anteriores se tiene una estimación de dicha proporción del 38% y una estimación del coeficiente de correlación intraconglomerados de 0.05, se pide:

a) Considerando muestreo con reposición plantear el problema de Lagrange que permite calcular el número óptimo de unidades primarias y el de entrevistas dentro de cada una.

b) Hallar el valor de los números óptimos citados para el coste total dado.

Consideramos la función de coste de campo $C = c_1 n + c_2 n\overline{m}$ donde c_1=500 es el coste de enviar un agente a una unidad primaria y c_2=50 es el coste de realizar una entrevista a una unidad elemental en segunda etapa. Como el presupuesto total para realizar la encuesta es de 3.000.000 de pesetas, la función de coste será:

$$3000000 = 500n + 50n\overline{m}$$

Como la característica a estimar es el porcentaje de población activa respecto del total, utilizaremos la varianza de la proporción para denotar el error, es decir:

$$V(\hat{P}) = (1-f)\frac{\hat{P}\hat{Q}}{n\overline{m}}(1+(\overline{m}-1)\delta)$$

El problema se resuelve minimizando la varianza para el coste dada a través del problema de optimización de Lagrange:

$$\left. \begin{array}{l} Min V(\hat{P}) = (1-f)\dfrac{0,38(1.0,38)}{n\overline{m}}(1+(\overline{m}-1)0,05) \\ 3000000 = 500n + 50n\overline{m} \end{array} \right\} \Rightarrow \overline{m} = \sqrt{\dfrac{c_1}{c_2}\cdot\dfrac{1-\delta}{\delta}} = \sqrt{\dfrac{500}{50}\cdot\dfrac{1-0,05}{0,05}} \cong 14$$

$$3000000 = 500n + 50n\overline{m} \Rightarrow n = \dfrac{3000000}{500+50\overline{m}} = \dfrac{3000000}{500+50\cdot14} = 2500$$

Ejercicio 3. *Una población está formada por M unidades elementales agrupadas en 50 conglomerados de tamaños desiguales Mi (i=1,2,...,N). Se conoce M=1000. Se trata de estimar la proporción de unidades elementales que pertenecen a una cierta clase mediante muestreo de conglomerados con submuestreo con probabilidads iguales y sin reposición en las dos etapas. En la primera etapa se obtienen 5 conglomerados muestrales de tamaños 6, 10, 8, 20 y 60. En la segunda etapa, realizada con fracciones de muestreo f_{2i}=4/Mi, se obtiene en los 5 conglomerados de la muestra de primera etapa los valores 1, 3, 2, 2 y 3 para el número de elementos que pertenecen a la clase. Se pide:*

1º) Estimador insesgado de la proporción y su error absoluto y relativo de muestreo

2º) Construir la tabla del análisis de la varianza para la muestra y comprobar la igualdad fundamental

---

$$f_{2i} = \frac{m_i}{M_i} = \frac{4}{M_i} \Rightarrow m_i = 4\,\forall i$$

El estim ador insesgado para la   proporción en m uestreo bietápico para conglomerados de distinto tamaño es:

$$\hat{P} = \frac{N}{n}\sum_i^n \frac{M_i}{M}\hat{P}_i = \frac{50}{5}\cdot\frac{1}{1000}\sum_i^5 M_i\hat{P}_i = \frac{1}{100}\left(6\frac{1}{4}+10\frac{3}{4}+8\frac{2}{4}+20\frac{2}{4}+60\frac{3}{4}\right) = 0,68$$

Para estimar la varianza de la proporción utilizam os la fórm ula adecuada al muestreo bietápico sin reposición en   las dos etapas con probabilidades iguales para conglomerados de distinto tamaño. Tenemos:

$$\hat{V}(\hat{P}) = \frac{1}{M^2}\left[\frac{N^2(1-f_1)}{n}\cdot\frac{\sum_i^n\left(M_i\hat{P}_i - \frac{1}{n}\sum_{i=1}^n M_i\hat{P}_i\right)^2}{n-1} + \frac{N}{n}\sum_i^n M_i^2(1-f_{2i})\cdot\frac{P_iQ_i}{m_i-1} \right] = 0,1458$$

El error relativo de m uestreo viene dado por el coeficiente de variación del estimador. Tenemos:

$$Cv(\hat{P}) = \frac{\sqrt{\hat{V}(\hat{P})}}{\hat{P}} = \frac{\sqrt{0,1458}}{0,68} = \frac{0,38}{0,68} = 0,5588(55,88\%)$$

Com   o $m_i = 4 = \overline{m}$ $\forall i$, la tabla del análisis de la varianza para la m uestra en este caso del muestreo bietápico es la siguiente:

Fuente	Grados libertad	Sumas de cuadrados	Cuadrados medios
"entre"	$n-1$	$\overline{m}\sum_{i}^{n}\left(\hat{P}_i - \overline{P}\right)^2$	$\hat{S}_b^2$
"dentro"	$n(\overline{m}-1)$	$\overline{m}\sum_{i=1}^{n}\hat{P}_i\left(1-\hat{P}_i\right)$	$\hat{S}_w^2$
Total	$n\overline{m}-1$	$n\overline{m}\,\overline{P}\,\overline{Q}$	$\hat{S}^2$

La relación fundamental del análisis de la varianza será:

$$(n\overline{m}-1)\hat{S}^2 = (n\overline{m}-n)\hat{S}_w^2 + (n-1)\hat{S}_b^2$$

Todos los elem entos del cuadro son calculables con nuestros datos, con lo que ya pueden realizarse las operaciones para obtener los siguientes resultados:

Fuente	Grados libertad	Sumas de cuadrados	Cuadrados medios
"entre"	$5-1=4$	0,7	0,175
"dentro"	$5(4-1)=15$	4,25	0,2833
Total	$5\cdot 4-1=19$	4,95	0,26

Ejercicio 4. De una población formada por 1.000 conglomerados de 50 elementos cada uno, se extrae una muestra de 30 conglomerados en 1ª etapa y 5 elementos de cada conglomerado en 2ª etapa, utilizando muestreo con probabilidades iguales y con reemplazamiento en primera etapa. El análisis de la varianza de la muestra presenta los siguientes resultados:

Fuente de variación	*Grados de libertad*	*Cuadrados medios*
Entre conglomerados	*29*	*600*
Dentro de conglomerados	*120*	*400*

1º) Estimar el error de muestreo del estimador de la media. Hallar la amplitud de las estimaciones por intervalos al 95% de confianza.

2º) Realizar los mismos cálculos para muestreo sin reposición en ambas etapas, comparando los resultados con los del apartado anterior.

Cuando existe reposición en primera etapa, la fórmula de la estimación de la varianza de la media, independientemente de si hay o no reposición en segunda etapa, es la siguiente:

$$\hat{V}\left(\overline{\overline{x}}\right) = \frac{\hat{S}_b^2}{nm}$$

Tenemos entonces que:

$$\hat{V}\left(\overline{\overline{x}}\right) = \frac{\hat{S}_b^2}{n\overline{m}} = \frac{\dfrac{1}{n-1}\sum_{i=1}^{n}\overline{m}(\overline{x}_i - \overline{\overline{x}})^2}{n\overline{m}} = \frac{\dfrac{1}{n-1}\sum_{i=1}^{n}\sum_{j=1}^{\overline{m}}(\overline{x}_i - \overline{\overline{x}})^2}{n\overline{m}} = \frac{\dfrac{1}{30-1}29\cdot 600}{29\cdot 5} = 4$$

La amplitud del intervalo de confianza al 95% es $2\sqrt{\hat{V}\left(\overline{\overline{x}}\right)}$, que puede considerarse como un límite para el error de muestreo, y que en nuestro caso vale 4.

Si las dos etapas son sin reposición se tiene:

$$\hat{V}\left(\overline{\overline{x}}\right) = (1-f_1)\frac{\hat{S}_b^2}{n\overline{m}} + f_1(1-f_2)\cdot\frac{\hat{S}_w^2}{n\overline{m}} = \left(1-\frac{30}{1000}\right)\frac{600}{30\cdot 5} + \frac{30}{1000}\left(1-\frac{5}{50}\right)\cdot\frac{400}{30\cdot 5} = 3,95$$

Ejercicio 5. Se desea estimar el total de hogares con automóvil en una provincia de 400 distritos municipales que constituyen otros tantos conglomerados. Para ello se selecciona una muestra de n=10 distritos municipales con igual probabilidad, y dentro de cada distrito de la muestra se seleccionan aleatoriamente hogares utilizando una fracción de muestreo f=1/5. Se obtienen los siguientes datos:

Distritos municipales	1	2	3	4	5	6	7	8	9	10
Total de hogares en los distritos de la muestra	200	180	35	220	80	140	125	65	140	55
Hogares con automóvil	6	7	1	7	1	3	2	2	2	1

Se pide:

a) Estimar el total de hogares con automóvil en la provincia y sus errores absoluto y relativo de muestreo.

b) Realizar la estimación anterior por intervalos al 95% de confianza.

El estimador insesgado para la proporción en muestreo bietápico para conglomerados de distinto tamaño con probabilidades iguales es:

$$\hat{A} = \frac{N}{n}\sum_{i}^{n}M_i\hat{P}_i = \frac{400}{10}\left(200\frac{6}{40} + 180\frac{7}{35} + \cdots + 53\frac{1}{11}\right) = 6440$$

Se aclaran conceptos ordenando los datos del enunciado en la siguiente tabla:

Distritos muestrales	Total de hogares en los distritos (M_i)	$N°$ de hogares en la muestra (m_i)	Hogares con coche (A_i)
1	200	40	6
2	180	35	7
3	35	7	1
4	220	44	7
5	80	16	1
6	140	28	3
7	125	25	2
8	65	13	2
9	140	28	2
10	55	11	1

Para estimar la varianza del total de clase utilizamos la fórmula adecuada al muestreo bietápico sin reposición en las dos etapas (no se especifica otra cosa) con probabilidades iguales para conglomerados de distinto tamaño. Tenemos:

$$\hat{V}(\hat{A}) = \frac{N^2(1-f_1)}{n} \cdot \frac{\sum_i^n \left(M_i \hat{P}_i - \frac{1}{n} \sum_{i=1}^n M_i \hat{P}_i \right)^2}{n-1} + \frac{N}{n} \sum_i^n M_i^2 (1-f_{2i}) \cdot \frac{P_i Q_i}{m_i - 1} = 628237$$

El error relativo de muestreo viene dado por el coeficiente de variación del estimador. Tenemos:

$$Cv(\hat{P}) = \frac{\sqrt{\hat{V}(\hat{A})}}{\hat{A}} = \frac{\sqrt{628237}}{6440} = \frac{792,614}{6440} = 0,123 \quad (12,3\%)$$

Para hacer un estimación por intervalos del total de la característica suponiendo normalidad tendremos:

$$\left[\hat{A} - \lambda_\alpha \hat{\sigma}(\hat{A}), \hat{A} - \lambda_\alpha \hat{\sigma}(\hat{A}) \right] = \left[6440 - 1.96 \cdot 792,61, \ 6440 + 1.96 \cdot 792,61 \right] = \left[4886.4, \ 7993.5 \right]$$

La amplitud del intervalo de confianza al 95% es $2\sqrt{\hat{V}(\overline{\overline{x}})}$, que en este caso vale 7,9.

Como es natural, tiene menos varianza el muestreo sin reposición, ya que siempre es más preciso. Este hecho también se refleja en la anchura de los intervalos de confianza. Un estimación por intervalos es tanto mejor cuanto más estrecho sea el intervalo, y en nuestro caso el intervalo más estrecho corresponde a muestreo sin reposición, que es más preciso que el muestreo con reposición.

Ejercicio 6. Un fabricante de prendas de vestir tiene 90 plantas localizadas en todo Estados Unidos y quiere estimar el número promedio de horas que las máquinas de coser estuvieron sin funcionar por reparación en los meses pasados. Debido a que las plantas están ampliamente dispersas, el fabricante decide utilizar un muestreo por conglomerados, especificando cada planta como un conglomerado de máquinas. Cada planta contiene muchas máquinas, y el verificar los registros de reparación de cada máquina implicaría consumir tiempo. Por lo tanto el fabricante usa un muestreo en dos etapas. Se dispone de tiempo y dinero suficientes para muestrear 10 plantas y aproximadamente un 20% de las máquinas de cada planta. Dados los siguientes datos sobre el tiempo sin funcionar para las máquinas de coser por plantas

Planta	Mi	mi	Tiempo sin funcionar (en horas)	$\bar{x}_i$	S^2_i
1	50	10	5, 7, 9, 0, 11, 2, 8, 4, 3, 5	5.40	11.38
2	65	13	4, 3, 7, 2, 11, 0, 1, 9, 4, 3, 2, 1, 5	4.00	10.67
3	45	9	5, 6, 4, 11, 12, 0, 1, 8, 4	5.67	16.75
4	48	10	6, 4, 0, 1, 0, 9, 8, 4, 6, 10	4.80	13.29
5	52	10	11, 4, 3, 1, 0, 2, 8, 6, 5, 3	4.30	11.12
6	58	12	12, 11, 3, 4, 2, 0, 0, 1, 4, 3, 2, 4	3.83	14.88
7	42	8	3, 7, 6, 7, 8, 4, 3, 2	5.00	5.14
8	66	13	3, 6, 4, 3, 2, 2, 8, 4, 0, 4, 5, 6, 3	3.85	4.31
9	40	8	6, 4, 7, 3, 9, 1, 4, 5	4.88	6.13
10	56	11	6, 7, 5, 10, 11, 2, 1, 4, 0, 5, 4	5.00	11.80

Estimar el tiempo sin funcionar promedio por máquina y establecer un límite para el error de estimación. El fabricante sabe que tiene un total de 4.500 máquinas en todas las plantas. Estimar también la cantidad total de tiempo sin funcionar durante el mes pasado para todas las máquinas. Estimar el tiempo sin funcionar promedio por máquina en caso de que no se conozca el número total de máquinas.

Para estimar el tiempo promedio sin funcionar por máquina tenemos:

$$\bar{\bar{x}} = \frac{N}{n} \sum_{i=1}^{n} \frac{M_i}{M} \bar{x}_i = \frac{90}{4500 \cdot 10} (50 \cdot 5,4 + 65 \cdot 4 + \cdots + 56 \cdot 5) = 4,8$$

$$\hat{V}(\bar{\bar{x}}) = \frac{N^2(1-f_1)}{nM^2} \cdot \frac{\sum_{i}^{n} \left(\hat{X}_i - \hat{\bar{X}}_i \right)^2}{n-1} + \frac{N}{nM^2} \sum_{i}^{n} \frac{M_i^2(1-f_{2i})}{m_i} \cdot \frac{\sum_{j}^{m_i} \left(X_{ij} - \bar{x}_i \right)^2}{m_i - 1} =$$

$$\frac{90^2 \left(1 - \frac{10}{90} \right)}{10 \cdot 4500^2} \cdot 768,38 + \frac{90}{10 \cdot 4500^2} \cdot 21990,96 = 0,037094$$

Un límite para el error de estimación puede calcularse a través del intervalo de confianza para el estimador $\bar{\bar{x}} \pm 2\sqrt{0,037094} = 4,8 \pm 0,38$.

Para la estimación de la cantidad total de tiempo sin funcionar para todas las máquinas tenemos el estimador $\hat{X} = M\bar{\bar{x}} = 4500 \cdot 4,8 = 21600$, siendo la estimación de su varianza:

$$\hat{V}(\hat{X}) = M^2 V(\overline{\overline{x}}) = 4500^2 \cdot 0,037094 = 751153,5 \ .$$

Si no se conoce M se estima la media mediante el estimador de razón:

$$\overline{\overline{x}} = \frac{\sum_{i=1}^{n} M_i \overline{x}_i}{\sum_{i=1}^{n} M_i} = \frac{(50 \cdot 5,4 + 65 \cdot 4 + \cdots + 56 \cdot 5)}{50 + 65 + \cdots 56} = 4,6$$

$$\hat{V}(\overline{\overline{x}}) = \frac{1-f}{n\overline{M}^2}(\hat{S}_x^2 + \hat{R}^2 S_M^2 - 2\hat{R}\hat{S}_{xm}) = \frac{1-f}{n\overline{M}^2(n-1)}(\sum_{i=1}^{10}(M_i\overline{x}_i)^2 + \overline{\overline{x}}^2 \sum_{i=1}^{10} M_i^2 - 2\overline{\overline{x}}\sum_{i=1}^{10} M_i\overline{x}_i M_i) = 0,049$$

Se observa que la estim ación por r azón, provocada por el desconocim iento de M, origina un error superior, pero no en demasiada cuantía.

Ejercicio 7. Una empresa quiere estimar la proporción de máquinas que han sido retiradas del proceso de producción debido a reparaciones mayores. Para ello utiliza muestreo en dos etapas considerando unidades de primera etapa las plantas de que dispone y unidades de segunda etapa las máquinas de las plantas. Se dispone de tiempo y dinero para muestrear 10 plantas y se obtiene que los tamaños de las plantas Mi, las máquinas muestreadas en cada planta en segunda etapa mi y las proporciones muestrales de máquinas que requieren reparaciones mayores son los que se exponen en la siguiente tabla:

Planta	M_i	m_i	*Porcentaje de máquinas con reparacion es mayores* $(\hat{P}_i)$
1	50	10	0,40
2	65	13	0,38
3	45	9	0,22
4	48	10	0,30
5	52	10	0,50
6	58	12	0,25
7	42	8	0,38
8	66	13	0,31
9	40	8	0,25
10	56	11	0,36

Estimar la proporción de máquinas que han sido retiradas del proceso de producción debido a reparaciones mayores para todas las plantas y establecer un límite para el error de estimación al 95%.

Al no conocerse el valor M se utilizará el estimador de la proporción por razón al tamaño siguiente:

$$\hat{P} = \frac{\sum_{i=1}^{n} M_i \hat{P}_i}{\sum_{i=1}^{n} M_i} = 0,34$$

cuyo error de muestreo puede estimarse mediante:

$$\hat{V}\left(\hat{P}\right) = \frac{(1 - f_1)}{n\overline{M}^2} \cdot \frac{\sum_{i}^{n} M_i^2 \left(\hat{P}_i - \hat{P}\right)^2}{n-1} + \frac{1}{nN\overline{M}^2} \sum_{i}^{n} M_i^2 \left(1 - f_{2i}\right) \cdot \frac{\hat{P}_i \hat{Q}_i}{m_i - 1} = 0,0081$$

Un límite para el error de estimación al 95% será:

$$\hat{P} \pm 2\sqrt{\hat{V}\left(\hat{P}\right)} = 0,34 \pm 0,056$$

Se estim a entonces que la proporción de m   áquinas involucradas en reparaciones mayores es de 0,34, con un límite para el error de estimación de 0,056.

CAPÍTULO 10

MUESTREO BIETÁPICO: PROBABILIDADES DESIGUALES Y ESTIMACIÓN DE VARIANZAS

MUESTREO BIETÁPICO CON REPOSICIÓN EN PRIMERA ETAPA Y CON PROBABILIDADES DESIGUALES

Estimadores insesgados

Si consideramos la unidad muestral primaria i-ésima de muestreo como una población, siendo $\hat{X}_i$ una estimación de su total al considerar el submuestreo, y representamos por $\bar{x}_i$ un estimador insesgado de su media, podemos aplicar la expresión del estimador general de Hansen y Hurwitz $\hat{X}_{HH}$ (estudiado ya en el capítulo 3) al muestreo bietápico, siendo la primera etapa con reposición (la 2ª etapa puede ser con o sin reposición). Así, un estimador insesgado del total será:

$$\hat{\hat{X}}_{HH} = \sum_i^n \frac{\hat{X}_i}{nP_i} = \frac{1}{n}\sum_i^n \frac{\hat{X}_i}{P_i} = \frac{1}{n}\sum_i^n \frac{M_i\bar{x}_i}{P_i}$$

Para ver que el estimador $\hat{\hat{X}}_{HH}$ es insesgado tomamos esperanzas y tenemos:

$$E\left(\hat{\hat{X}}_{HH}\right) = E_1 \sum_i^n \frac{1}{n}\cdot\frac{M_i E_2(\bar{x}_i)}{P_i} = E_1 \sum_i^n \frac{1}{n}\cdot\frac{M_i\bar{X}_i}{P_i} = E_1 \sum_i^n \frac{X_i}{nP_i} = E_1\left(\hat{X}_{HH}\right) = X$$

Como casos particulares de este estimador tenemos:

Conglomerados del mismo tamaño $\overline{M}$

$$\hat{X}_{HH} = \frac{1}{n} \sum_i^n \frac{\overline{M}\overline{x}_i}{P_i} = \frac{\overline{M}}{n} \sum_i^n \frac{\overline{x}_i}{P_i}$$

Probabilidades proporcionales al tamaño $\rightarrow P_i = \dfrac{M_i}{M}$ con $M = \displaystyle\sum_{i=1}^N M_i$

$$\hat{X}_{HH} = \frac{1}{n} \sum_i^n \frac{M_i \overline{x}_i}{P_i} = \frac{1}{n} \sum_i^n \frac{M_i \overline{x}_i}{M_i/M} = \frac{M}{n} \sum_i^n \overline{x}_i$$

Probabilidades iguales $\rightarrow$ $P_i = \dfrac{1}{N}$

$$\hat{X}_{HH} = \frac{1}{n} \sum_i^n \frac{M_i \overline{x}_i}{P_i} = \frac{1}{n} \sum_i^n \frac{M_i \overline{x}_i}{1/N} = \frac{N}{n} \sum_i^n M_i \overline{x}_i$$

Este estimador ya fue estudiado en el capítulo anterior.

Los **estimadores para medias, proporciones y totales de clase en el muestreo bietápico con probabilidades desiguales** son inmediatos:

$$\hat{\overline{X}} = \frac{1}{M} \hat{X}_{HH} = \frac{1}{M} \sum_i^n \frac{\hat{X}_i}{nP_i} = \frac{1}{n} \sum_i^n \frac{\dfrac{M_i}{M}\overline{x}_i}{P_i}$$

$$\hat{P} = \frac{1}{n} \sum_i^n \frac{\dfrac{M_i}{M}\hat{P}_i}{P_i} \quad \hat{P}_i = \text{proporción muestral en el conglomerado } i\text{-esimo}$$

$$\hat{A} = M\hat{P} = M \frac{1}{n} \sum_i^n \frac{\dfrac{M_i}{M}\hat{P}_i}{P_i} = \frac{1}{n} \sum_i^n \frac{M_i \hat{P}_i}{P_i}$$

Muestras autoponderadas

Consideramos el estimador insesgado del total:

$$\hat{X}_{HH} = \sum_i^n \frac{\hat{X}_i}{nP_i} = \frac{1}{n} \sum_i^n \frac{\hat{X}_i}{P_i} = \frac{1}{n} \sum_i^n \frac{M_i \overline{x}_i}{P_i}$$

Este estimador, que se puede poner como:

$$\hat{\hat{X}}_{HH} = \frac{1}{n}\sum_i^n \frac{M_i \bar{x}_i}{P_i} = \sum_i^n \frac{M_i \frac{1}{m_i} x_i}{nP_i}$$

resulta autoponderado cuando:

$$\frac{M_i}{nP_i m_i} = k_0$$

lo que implica que todas las unidades de última etapa tienen igual probabilidad de pertenecer a la muestra, y siendo la expresión del estimador:

$$\hat{\hat{X}}_{HH} = \sum_i^n \frac{M_i \frac{1}{m_i} x_i}{nP_i} = k_0 \sum_i^n x_i$$

con x_i = total muestral en el submuestreo en el conglomerado i-ésimo.

Una muestra bietápica se dice que *es autoponderada,* o más correctamente que el procedimiento de muestreo origina muestras autoponderadas, cuando se cumple que la variable aleatoria número de veces que la unidad secundaria u_{ij} aparece en la muestra, toma valor constante para todo i,j. Si el muestreo es sin reposición, la condición es equivalente a exigir que todas las unidades de segunda etapa tengan la misma probabilidad de aparecer en la muestra.

La importancia de las muestras autoponderadas reside en que, tal y como hemos visto, los estimadores insesgados del total poblacional admiten la forma:

$$\hat{\hat{X}}_{HH} = k_0 \sum_i^n x_i$$

donde k_0 es un factor constante, denominado **factor de elevación** o de extrapolación, que multiplica al total muestral observado. Desde otro punto de vista, esto significa que todas las observaciones X_{ij} efectuadas en las unidades secundarias de la muestra contribuyen por igual a la formación del estimador, ya que se multiplican por un mismo factor k_0. Otra ventaja reside en la sencillez del cálculo práctico, puesto que si la muestra no es autoponderada el estimador lineal insesgado del total está constituido por una suma de observaciones afectadas de diferentes multiplicadores.

Para muestreo con reposición y probabilidades cualesquiera en primera etapa ya hemos visto que resulta autoponderado cuando:

$$\frac{M_i}{nP_i m_i} = \text{constante}$$

De este resultado se deduce que *si en primera etapa se asignan probabilidades Pi proporcionales a los tamaños Mi, la muestra es autoponderada si el tamaño de muestra de segunda etapa es igual para todas las unidades primarias seleccionadas*. En efecto, en estas condiciones se tiene:

$$k_0 = \frac{M_i}{nP_i m_i} = \frac{M_i}{n\dfrac{M_i}{M}m_i} = \frac{M}{nm_i} \Rightarrow m_i = \frac{M}{nk_0} = k_1$$

También se tiene que *si en primera etapa se asignan probabilidades de selección iguales (Pi = 1/N), la muestra es autoponderada si en segunda etapa se toma una fracción de submuestreo igual para todas las unidades*; esto es, si $f_{2i} = m_i/M_i$ es constante para todo *i*. Veamos:

$$k_0 = \frac{M_i}{nP_i m_i} = \frac{M_i}{n\dfrac{1}{N}m_i} = \frac{NM_i}{nm_i} = \frac{N}{n\dfrac{m_i}{M_i}} \Rightarrow \frac{m_i}{M_i} = \frac{N}{nk_0} = k_2$$

Varianzas

Para hallar la varianza del estimador general del total en muestreo betápico de conglomerados con probabilidades desiguales, calculamos las componentes del teorema de Madow como se indica a continuación:

$$V(\hat{\hat{X}}_{HH}) = V_1 E_2(\hat{\hat{X}}_{HH}) + E_1 V_2(\hat{\hat{X}}_{HH})$$

$$V_1 E_2(\hat{\hat{X}}_{HH}) = V_1 E_2\left(\sum_i^n \frac{\hat{X}_i}{nP_i}\right) = V_1\left(\sum_i^n \frac{E_2(\hat{X}_i)}{nP_i}\right) = V_1\left(\sum_i^n \frac{X_i}{nP_i}\right) = V_1(\hat{X}_{HH}) = \frac{1}{n}\left(\sum_{i=1}^n \frac{X_i^2}{P_i} - X^2\right) = \frac{1}{n}\sum_{i=1}^n\left(\frac{X_i}{P_i} - X\right)^2 P_i$$

$$E_1 V_2(\hat{\hat{X}}_{HH}) = E_1 V_2\left(\sum_i^n \frac{\hat{X}_i}{nP_i}\right) = E_1\left(\sum_i^n \frac{V_2(\hat{X}_i)}{n^2 P_i^2}\right) = E_1\left(\sum_i^n \frac{M_i^2(1-f_{2i})}{n^2 P_i^2} \cdot \frac{1}{(M_i-1)m_i}\sum_{j=1}^{M_i}(X_{ij}-\overline{X}_i)^2\right)$$

$$= \sum_i^N \frac{M_i^2(1-f_{2i})}{n^2 P_i^2} \cdot \frac{1}{(M_i-1)m_i}\sum_{j=1}^{M_i}(X_{ij}-\overline{X}_i)^2 \underbrace{E_1(e_i)}_{nP_i} = \sum_i^N \frac{M_i^2(1-f_{2i})}{nP_i m_i} \cdot \underbrace{\frac{1}{(M_i-1)}\sum_{j=1}^{M_i}(X_{ij}-\overline{X}_i)^2}_{S_i^2}$$

La segunda componente del teorema de Madow se ha calculado suponiendo que en la segunda etapa el muestreo es sin reposición. En *caso de que en la segunda etapa el muestreo sea con reposición*, esta segunda componente toma la forma:

$$E_1 V_2(\hat{\hat{X}}_{HH}) = E_1 V_2\left(\sum_i^n \frac{\hat{X}_i}{nP_i}\right) = E_1\left(\sum_i^n \frac{V_2(\hat{X}_i)}{n^2 P_i^2}\right) = E_1\left(\sum_i^n \frac{M_i^2}{n^2 P_i^2} \cdot \frac{1}{M_i m_i}\sum_{j=1}^{M_i}(X_{ij}-\overline{X}_i)^2\right)$$

$$= \sum_i^n \frac{M_i^2}{n^2 P_i^2} \cdot \frac{1}{M_i m_i}\sum_{j=1}^{M_i}(X_{ij}-\overline{X}_i)^2 \underbrace{E_1(e_i)}_{nP_i} = \sum_i^n \frac{M_i^2}{nP_i m_i} \cdot \underbrace{\frac{1}{M_i}\sum_{j=1}^{M_i}(X_{ij}-\overline{X}_i)^2}_{\sigma_i^2}$$

Ya podemos escribir la expresión de la varianza en los distintos casos:

Sin reposición en segunda etapa

$$V(\hat{\hat{X}}_{HH}) = \frac{1}{n}\sum_{i=1}^{N}\left(\frac{X_i}{P_i} - X\right)^2 P_i + \sum_{i}^{N}\frac{M_i^2(1-f_{2i})}{nP_i m_i}\cdot S_i^2$$

Para el caso particular de probabilidades iguales $P_i = \dfrac{1}{N}$ **se tiene:**

$$V(\hat{\hat{X}}_{HH}) = \frac{1}{n}\sum_{i=1}^{N}\left(\frac{X_i}{1/N} - X\right)^2\frac{1}{N} + \sum_{i}^{N}\frac{M_i^2(1-f_{2i})}{nm_1/N}\cdot S_i^2 = \frac{1}{n}\sum_{i=1}^{N}\left(NX_i - N\frac{X}{N}\right)^2\frac{1}{N} +$$

$$+\sum_{i}^{N}\frac{M_i^2(1-f_{2i})}{nm_1/N}\cdot\frac{1}{(M_i-1)}\sum_{j=1}^{M_i}\left(X_{ij} - \overline{X}_i\right)^2 = \frac{N}{n}\sum_{i=1}^{N}\left(X_i - \overline{X}\right)^2 + \frac{N}{n}\sum_{i}^{N}\frac{M_i^2(1-f_{2i})}{m_i}\frac{1}{(M_i-1)}\sum_{j=1}^{M_i}\left(X_{ij} - \overline{X}_i\right)^2$$

expresión que coincide con la ya deducida en el capítulo anterior.

Para el caso particular de probabilidades proporcionales a los tamaños $P_i = \dfrac{M_i}{M}$ **con** $M = \sum_{i=1}^{N} M_i$ **, se tiene:**

$$V(\hat{\hat{X}}_{HH}) = \frac{1}{n}\sum_{i=1}^{N}\left(\frac{X_i}{M_i/M} - X\right)^2\frac{M_i}{M} + \sum_{i}^{N}\frac{M_i^2(1-f_{2i})}{nm_1 M_i/M}\cdot S_i^2 = \frac{M}{n}\left[\sum_{i=1}^{N}\left(\frac{X_i^2}{M_i} - \frac{X^2}{M}\right)^2 + \sum_{i}^{N}\frac{M_i}{m_i}(1-f_{2i})\cdot S_i^2\right]$$

Con reposición en segunda etapa

$$V(\hat{\hat{X}}_{HH}) = \frac{1}{n}\sum_{i=1}^{N}\left(\frac{X_i}{P_i} - X\right)^2 P_i + \sum_{i}^{N}\frac{M_i^2}{nP_i m_i}\cdot\sigma_i^2$$

Para el caso particular de probabilidades iguales $P_i = \dfrac{1}{N}$ **se tiene:**

$$V(\hat{\hat{X}}_{HH}) = \frac{1}{n}\sum_{i=1}^{N}\left(\frac{X_i}{1/N} - X\right)^2 P_i + \sum_{i}^{N}\frac{M_i^2}{nm_1/N}\cdot\sigma_i^2 = \frac{1}{n}\sum_{i=1}^{N}\left(NX_i - N\frac{X}{N}\right)^2\frac{1}{N} + \sum_{i}^{N}\frac{M_i^2}{nm_1/N}\cdot M_i\sum_{j=1}^{M_i}\left(X_{ij} - \overline{X}_i\right)^2 =$$

$$\frac{N}{n}\sum_{i=1}^{N}\left(X_i - \overline{X}\right)^2 + \frac{N}{n}\sum_{i}^{N}\frac{M_i^2}{m_i}\frac{1}{M_i}\sum_{j=1}^{M_i}\left(X_{ij} - \overline{X}_i\right)^2 = \frac{N}{n}\sum_{i=1}^{N}\left(X_i - \overline{X}\right)^2 + \frac{N}{n}\sum_{i}^{N}\frac{M_i}{m_i}\sum_{j=1}^{M_i}\left(X_{ij} - \overline{X}_i\right)^2$$

expresión que coincide con la ya deducida en el capítulo anterior.

Para el caso particular de probabilidades proporcionales a los tamaños:

$$P_i = \frac{M_i}{M} \qquad M = \sum_{i=1}^{N} M_i$$

Se tiene:

$$V(\hat{\hat{X}}_{HH}) = \frac{1}{n} \sum_{i=1}^{N} \left(\frac{X_i}{M_i / M} - X \right)^2 \frac{M_i}{M} + \sum_{i}^{N} \frac{M_i^2}{nm_i M_i / M} \cdot \sigma_i^2 = \frac{M}{n} \left[\sum_{i=1}^{N} \left(\frac{X_i^2}{M_i} - \frac{X^2}{M} \right)^2 + \sum_{i}^{N} \frac{M_i}{m_i} \cdot \sigma_i^2 \right]$$

Estimación de varianzas. Método de los conglomerados últimos

Hansen, Hurwitz y Madow idearon el concepto de "conglomerados últimos", que permite considerar el muestreo polietápico como un caso especial del muestreo de conglomerados sin submuestreo, es decir en una etapa. Se denomina ***conglomerado último*** al conjunto de unidades muestrales de última etapa que pertenecen a una unidad primaria cualquiera que sea el número de etapas efectuadas dentro de ella. El submuestreo dentro de una unidad primaria ha de ser independiente del efectuado en cualquier otra, y la muestra ha de contener por lo menos dos unidades primarias.

La aplicación del método de conglomerados últimos es muy simple y conveniente cuando no se necesiten estimaciones separadas de las contribuciones a la varianza debidas a las distintas etapas de muestreo. Esta técnica se puede aplicar al estimador de la razón y si el muestreo es con reposición en primera etapa se obtienen estimadores insesgados.

Sea $\hat{\theta}_i (i = 1, 2, \cdots n)$ un estimador insesgado de θ a partir de los datos de la unidad primaria i-ésima. Consideremos el estimador insesgado de θ definido por:

$$\hat{\hat{\theta}} = \sum_{i}^{n} \frac{\hat{\theta}_i}{n} \quad , \quad \theta = \frac{1}{N} \sum_{i}^{N} \theta_i$$

Su varianza, por ser el muestreo con reposición de unidades primarias, es:

$$V\left(\hat{\hat{\theta}} \right) = V\left(\frac{1}{n} \sum_{i}^{n} \hat{\theta}_i \right) = \frac{E\left(\hat{\theta}_i - \theta \right)^2}{n} = \frac{1}{n} \cdot \frac{\sum_{i}^{N} \left(\hat{\theta}_i - \theta \right)^2}{N}$$

y un estimador insesgado de la varianza es: $\hat{V}\left(\hat{\theta} \right) = \dfrac{\sum_{i}^{n} \left(\hat{\theta}_i - \hat{\theta} \right)^2}{n(n-1)}$

De modo similar se puede obtener un estimador insesgado de la covarianza entre las variables $\hat{\theta}_i$ y $\hat{\mu}_i$ con $E\left(\hat{\theta}_i \right) = \theta, E\left(\hat{\mu}_i \right) = \mu$.

$$\mathrm{cov}\left(\hat{\theta}_i, \hat{\mu}_i \right) = E\left(\hat{\theta}_i - \theta \right)\left(\hat{\mu}_i - \mu \right) = \frac{\sum_{i}^{n} \left(\hat{\theta}_i - \hat{\theta} \right)\left(\hat{\mu}_i - \mu \right)}{n \cdot (n-1)}$$

Las fórmulas anteriores pueden aplicarse de modo aproximado al muestreo sin reposición. Si, por ejemplo, $\theta = X$ y el muestreo es bietápico tendremos

$$\hat{\theta}_i = N \cdot \frac{M_i}{m_i} \sum_j^{m_i} X_{ij} = N \cdot \hat{X}_i$$

Para hallar la estimación de la varianza que nos atañe, es decir, en el muestreo bietápico de conglomerados con probabilidades desiguales y con reposición en primera etapa, a partir del método de los conglomerados últimos hacemos:

$$\hat{\theta}_i = \frac{\hat{X}_i}{P_i}$$

con lo que la estimación de la varianza de $\hat{\theta} = \sum_i^n \frac{\hat{\theta}_i}{n} = \sum_i^n \frac{\hat{X}_i}{nP_i} = \hat{\hat{X}}_{HH}$ será:

$$\hat{V}(\hat{\theta}) = \frac{\sum_i^n (\hat{\theta}_i - \hat{\theta})^2}{n(n-1)} = \frac{\sum_i^n \left(\frac{\hat{X}_i}{P_i} - \hat{\hat{X}}_{HH} \right)^2}{n(n-1)}$$

Las varianzas y sus estimaciones para los estimadores de medias, proporciones y totales de clase en el muestreo bietápico con probabilidades desiguales son inmediatas:

$$V(\hat{\bar{X}}) = V\left(\frac{1}{M} \hat{\hat{X}}_{HH} \right) = \frac{1}{M^2} V(\hat{\hat{X}}_{HH}) \qquad \hat{V}(\hat{\bar{X}}) = \frac{1}{M^2} \hat{V}(\hat{\hat{X}}_{HH})$$

Para proporciones y totales de clase basta con expresar los términos de las fórmulas en función de proporciones y totales de clase. La transformación fundamental es la siguiente:

$$\sum_{j=1}^{M_i} (X_{ij} - \bar{X}_i)^2 = \sum_{j=1}^{M_i} (A_{ij} - P_i)^2 = \sum_{j=1}^{M_i} (A_{ij}^2 - 2A_{ij}P_i + P_i^2) = \sum_{j=}^{M_i} A_{ij} - 2P_i \sum_{j=1}^{M_i} A_{ij} + \sum_{j=1}^{M_i} P_i^2$$

$$M_iP_i - 2P_iM_iP_i + M_iP_i^2 = M_iP_i - M_iP_i^2 = M_iP_i(1-P_i) = M_iP_iQ_i$$

Para la ***varianza del total suponiendo que no hay reposición en segunda etapa*** tenemos:

$$V(\hat{A}_{HH}) = \frac{1}{n} \sum_{i=1}^{N} \left(\frac{A_i}{P_{ri}} - A \right)^2 P_{ri} + \sum_i^N \frac{M_i^2(1-f_{2i})}{nP_{ri}m_i} \cdot S_i^2 = \frac{1}{n} \left(\sum_{i=1}^{N} \frac{A_i}{P_{ri}} - A^2 \right) + \sum_i^N \frac{M_i^2(1-f_{2i})}{nP_{ri}m_i} \cdot \frac{M_iP_iQ_i}{M_i-1}$$

Sa ha utilizado la notación P_{ri} para referirse a probabilidades con la finalidad de evitar la confusión con las proporciones P_i.

Para la *varianza del total suponiendo que hay reposición en segunda etapa* tenemos:

$$V(\hat{\hat{A}}_{HH}) = \frac{1}{n}\sum_{i=1}^{N}\left(\frac{A_i}{P_{ri}} - A\right)^2 P_{ri} + \sum_{i}^{N}\frac{M_i^2}{nP_{ri}m_i}\cdot\sigma_i^2 = \frac{1}{n}\left(\sum_{i=1}^{N}\frac{A_i}{P_{ri}} - A^2\right) + \sum_{i}^{N}\frac{M_i^2}{nP_{ri}m_i}\cdot P_iQ_i$$

Para proporciones aplicamos $V(\hat{\hat{P}}) = \frac{1}{M^2}V(\hat{\hat{A}})$

Para la *estimación de la varianza del total haya o no reposición en segunda etapa* tenemos:

$$\hat{V}\left(\hat{\hat{A}}\right) = \frac{\sum_{i}^{n}\left(\frac{\hat{A}_i}{P_i} - \hat{\hat{A}}\right)^2}{n(n-1)} = \frac{\sum_{i}^{n}\left(\frac{M_i\hat{P}_i}{P_i} - M\hat{\hat{P}}\right)^2}{n(n-1)}$$

Para proporciones aplicamos $\hat{V}(\hat{\hat{P}}) = \frac{1}{M^2}\hat{V}(\hat{\hat{A}})$

MUESTREO BIETÁPICO SIN REPOSICIÓN EN PRIMERA ETAPA Y CON PROBABILIDADES DESIGUALES

Estimadores insesgados

Si consideramos la unidad muestral primaria i-ésima de muestreo como una población, siendo $\hat{X}_i$ una estimación de su total al considerar el submuestreo, y representamos por $\overline{x}_i$ un estimador insesgado de su media, podemos aplicar la expresión del estimador general de Hoewitz y Thompson $\hat{X}_{HT}$ (estudiado ya en el capítulo 3) al muestreo bietápico, siendo la primera etapa sin reposición (la 2ª etapa puede ser con o sin reposición). Así, un estimador insesgado del total será:

$$\hat{\hat{X}}_{HT} = \sum_{i}^{n}\frac{\hat{X}_i}{\pi_i} = \sum_{i}^{n}\frac{M_i\overline{x}_i}{\pi_i}$$

Para ver que el estimador $\hat{\hat{X}}_{HT}$ es insesgado tomamos esperanzas y tenemos:

$$E\left(\hat{\hat{X}}_{HT}\right) = E_1\sum_{i}^{n}\frac{M_iE_2(\overline{x}_i)}{\pi_i} = E_1\sum_{i}^{n}\frac{M_i\overline{X}_i}{\pi_i} = E_1\sum_{i}^{n}\frac{X_i}{\pi_i} = E_1\left(\hat{X}_{HT}\right) = X$$

Como casos particulares de este estimador tenemos:

Conglomerados del mismo tamaño $\overline{M}$

$$\hat{\hat{X}}_{HT} = \sum_i^n \frac{\overline{M}\overline{x}_i}{\pi_i} = \overline{M}\sum_i^n \frac{\overline{x}_i}{\pi_i}$$

Probabilidades proporcionales al tamaño $\to \quad \pi_i = \frac{nM_i}{M} \quad$ con $\quad M = \sum_{i=1}^N M_i$

$$\hat{\hat{X}}_{HT} = \sum_i^n \frac{M_i \overline{x}_i}{\pi_i} = \sum_i^n \frac{M_i \overline{x}_i}{nM_i/M} = \frac{M}{n}\sum_i^n \overline{x}_i$$

Probabilidades iguales $\to \quad \pi_i = \frac{n}{N}$

$$\hat{\hat{X}}_{HT} = \sum_i^n \frac{M_i \overline{x}_i}{\pi_i} = \sum_i^n \frac{M_i \overline{x}_i}{n/N} = \frac{N}{n}\sum_i^n M_i \overline{x}_i$$

Vemos que las expresiones de los estimadores coinciden en muestreo con y sin reposición.

Los **estimadores para medias, proporciones y totales de clase en el muestreo bietápico con probabilidades desiguales** son inmediatos:

$$\hat{\hat{\overline{X}}} = \frac{1}{M}\hat{\hat{X}}_{HT} = \frac{1}{M}\sum_i^n \frac{\hat{X}_i}{\pi_i} = \sum_i^n \frac{\dfrac{M_i}{M}\overline{x}_i}{\pi_i}$$

$$\hat{\hat{P}} = \sum_i^n \frac{\dfrac{M_i}{M}\hat{P}_i}{\pi_i} \quad \hat{P}_i = \text{proporción muestral en el conglomerado } i\text{-esimo}$$

$$\hat{\hat{A}} = M\hat{\hat{P}} = M\sum_i^n \frac{\dfrac{M_i}{M}\hat{P}_i}{\pi_i} = \sum_i^n \frac{M_i \hat{P}_i}{\pi_i}$$

Muestras autoponderadas

Consideramos el estimador insesgado del total:

$$\hat{\hat{X}}_{HT} = \sum_i^n \frac{\hat{X}_i}{\pi_i} = \sum_i^n \frac{M_i \overline{x}_i}{\pi_i}$$

Este estimador, que se puede poner como:

$$\hat{\hat{X}}_{HT} = \sum_i^n \frac{\hat{X}_i}{\pi_i} = \sum_i^n \frac{M_i \dfrac{1}{m_i} x_i}{\pi_i}$$

resulta autoponderado cuando:

$$\frac{M_i}{\pi_i m_i} = \text{constante}$$

lo que implica que todas las unidades de última etapa tengan igual probabilidad de pertenecer a la muestra, y siendo la expresión del estimador:

$$\hat{\hat{X}}_{HT} = \sum_i^n \frac{M_i \dfrac{1}{m_i} x_i}{\pi_i} = \sum_i^n \frac{M_i x_i}{\pi_i m_i} = k'_0 \sum_i^n x_i$$

con x_i = total muestral en el submuestreo en el conglomerado i-ésimo.

Para muestreo sin reposición y probabilidades cualesquiera en primera etapa ya hemos visto que resulta autoponderado cuando:

$$\frac{M_i}{\pi_i m_i} = \text{constante}$$

De este resultado se deduce que *si en primera etapa se asignan probabilidades Pi proporcionales a los tamaños Mi, la muestra es autoponderada si el tamaño de muestra de segunda etapa es igual para todas las unidades primarias seleccionadas*. En efecto, en estas condiciones se tiene:

$$k'_0 = \frac{M_i}{\dfrac{nM_i}{M} m_i} = \frac{M}{nm_i} \Rightarrow m_i = \frac{M}{nk_0} = k_1$$

También se tiene que *si en primera etapa se asignan probabilidades de selección iguales ($\pi_i = n/N$), la muestra es autoponderada si en segunda etapa se toma una fracción de submuestreo igual para todas las unidades*; esto es, si $f_{2i} = m_i/M_i$ es constante para todo i. Veamos:

$$k_0 = \frac{M_i}{\pi_i m_i} = \frac{M_i}{\frac{n}{N} m_i} = \frac{N M_i}{n m_i} = \frac{N}{n \frac{m_i}{M_i}} \Rightarrow \frac{m_i}{M_i} = \frac{N}{n k_0} = k_2$$

Varianzas

Para hallar la varianza del estimador general del total en muestreo betápico de conglomerados con probabilidades desiguales, calculamos las componentes del teorema de Madow como se indica a continuación:

$$V(\hat{\hat{X}}_{HH}) = V_1 E_2(\hat{\hat{X}}_{HH}) + E_1 V_2(\hat{\hat{X}}_{HH})$$

$$V_1 E_2(\hat{\hat{X}}_{HT}) = V_1 E_2\left(\sum_i^n \frac{\hat{X}_i}{\pi_i}\right) = V_1\left(\sum_i^n \frac{E_2(\hat{X}_i)}{\pi_i}\right) = V_1\left(\sum_i^n \frac{X_i}{\pi_i}\right) = V_1(\hat{X}_{HT}) = \sum_{i=1}^N \frac{X_i^2}{\pi_i}(1-\pi_i) + \sum_{i \neq j}^N \frac{X_i}{\pi_i}\frac{X_j}{\pi_j}(\pi_{ij} - \pi_i \pi_j)$$

$$E_1 V_2(\hat{\hat{X}}_{HT}) = E_1 V_2\left(\sum_i^n \frac{\hat{X}_i}{\pi_i}\right) = E_1\left(\sum_i^n \frac{V_2(\hat{X}_i)}{\pi_i^2}\right) = E_1\left(\sum_i^n \frac{(1-f_{2i})M_i^2 S_i^2}{m_i \pi_i^2}\right) = \sum_i^N \frac{(1-f_{2i})M_i^2 S_i^2}{m_i \pi_i^2} E(e_i) = \sum_i^N \frac{(1-f_{2i})M_i^2 S_i^2}{m_i \pi_i}$$

La segunda componente del teorema de Madow se ha calculado suponiendo que en la segunda etapa el muestreo es sin reposición. En *caso de que en la segunda etapa el muestreo sea con reposición*, esta segunda componente toma la forma:

$$E_1 V_2(\hat{\hat{X}}_{HT}) = E_1 V_2\left(\sum_i^n \frac{\hat{X}_i}{\pi_i}\right) = E_1\left(\sum_i^n \frac{V_2(\hat{X}_i)}{\pi_i^2}\right) = E_1\left(\sum_i^n \frac{M_i^2 \sigma_i^2}{m_i \pi_i^2}\right) = \sum_i^N \frac{M_i^2 \sigma_i^2}{m_i \pi_i^2} E(e_i) = \sum_i^N \frac{M_i^2 S_i^2}{m_i \pi_i}$$

Ya podemos escribir la expresión de la varianza en los distintos casos:

Sin reposición en segunda etapa

$$V(\hat{\hat{X}}_{HT}) = \sum_{i=1}^N \frac{X_i^2}{\pi_i}(1-\pi_i) + \sum_{i \neq j}^N \frac{X_i}{\pi_i}\frac{X_j}{\pi_j}(\pi_{ij} - \pi_i \pi_j) + \sum_i^N \frac{(1-f_{2i})M_i^2 S_i^2}{m_i \pi_i}$$

Para el caso particular de probabilidades iguales $\pi_i = \dfrac{n}{N}$, $\pi_{ij} = \dfrac{n(n-1)}{N(N-1)}$ y

$$V(\hat{\hat{X}}_{HT}) = \underbrace{\sum_{i=1}^N \frac{X_i^2}{n/N}(1-\frac{n}{N}) + \sum_{i=1}^N \frac{X_i}{n/N}\frac{X_j}{n/N}(\frac{n(n-1)}{N(N-1)} - \frac{n}{N}\frac{n}{N}) + \sum_i^N \frac{(1-f_{2i})M_i^2 S_i^2}{m_i n/N}}_{N^2(1-f_1)\frac{\frac{1}{N-1}\sum_{i=}^N (X_i - \bar{X})^2}{n}}$$

$$= N^2(1-f_1)\frac{\frac{1}{N-1}\sum_{i=}^N (X_i - \bar{X})^2}{n} + \sum_i^N \frac{(1-f_{2i})M_i^2 S_i^2}{m_i n/N}$$

expresión que coincide con la ya deducida en el capítulo anterior. El resultado de la suma de la primera componente de esta varianza ya fue deducido en el capítulo 4.

Con reposición en segunda etapa

$$V(\hat{\hat{X}}_{HT}) = \sum_{i=1}^{N} \frac{X_i^2}{\pi_i}(1-\pi_i) + \sum_{i \neq j}^{N} \frac{X_i}{\pi_i} \frac{X_j}{\pi_j}(\pi_{ij} - \pi_i \pi_j) + \sum_{i}^{N} \frac{M_i^2 \sigma_i^2}{m_i \pi_i}$$

Para el caso particular de probabilidades iguales $\pi_i = \dfrac{n}{N}$, $\pi_{ij} = \dfrac{n(n-1)}{N(N-1)}$ y

$$V(\hat{\hat{X}}_{HT}) = \sum_{i=1}^{N} \frac{X_i^2}{n/N}(1-\frac{n}{N}) + \sum_{i \neq j}^{N} \frac{X_i}{n/N} \frac{X_j}{n/N}(\frac{n(n-1)}{N(N-1)} - \frac{n}{N}\frac{n}{N}) + \sum_{i}^{N} \frac{M_i^2 \sigma_i^2}{m_i n/N}$$

$$= N^2(1-f_1)\frac{\dfrac{1}{N-1}\sum_{i=1}^{N}(X_i - \overline{X})^2}{n} + \frac{N}{n}\sum_{i}^{N} \frac{M_i^2 \sigma_i^2}{m_i}$$

expresión que coincide con la ya deducida en el capítulo anterior.

Estimación de varianzas. Teoremas I y II de Durbin

El teorema I de Durbin proporciona una expresión general para la varianza de un estimador lineal insesgado en muestreo bietápico, siendo valido el resultado para muestreo con y sin reposición.

El teorema II de Durbin proporciona una expresión general para la estimación insesgada de la varianza de un estimador lineal insesgado en muestreo bietápico, siendo valido el resultado para muestreo sin reposición en primera etapa.

Teorema I de Durbin

Consideraremos el estimador lineal para el total $\hat{\hat{X}} = \sum_{i}^{n} w_i \hat{X}_i$.

Se observa que este estimador puede expresarse como una suma extendida hasta N (introduciendo una variable de apoyo w_i') de la siguiente forma:

$$\hat{\hat{X}} = \sum_{i}^{n} w_i \hat{X}_i = \sum_{i}^{N} w_i' \hat{X}_i$$

siendo $\hat{X}_i = M_i \overline{x}_i$ y w_i' una variable aleatoria de apoyo definida como:

$$w_i^{'} = \begin{cases} w_i & si \ u_i \ pertenece \ a \ la \ muestra \\ 0 & en \ otro \ caso \end{cases}$$

En estas condiciones $\hat{\hat{X}}$ es un estimador insesgado de X siempre que $E_1 w_i^{'} = 1$ para todo i, ya que si se cumple esta condición tenemos:

$$E\left(\hat{\hat{X}} \right) = E_1 E_2 \left(\hat{\hat{X}} \right) = E_1 \left(\sum_i^N w_i^{'} \cdot X_i \right) = \sum_i^N X_i \left(E_1 w_i^{'} \right) = X$$

El teorema I de Durbin asegura que la varianza de $\hat{\hat{X}}$ tiene dos componentes; la primera es igual a la varianza en primera etapa de $\hat{X}$ y la segunda a la suma hasta N, ponderada con $E_1 \left(w_i^{'} \right)^2$ de las varianzas $V_2 (\hat{X}_i)$.

En efecto, si consideramos las dos componentes del teorema de Madow se tiene:

$$V\left(\hat{\hat{X}} \right) = E_1 V_2 \left(\hat{\hat{X}} \right) + V_1 E_2 \left(\hat{\hat{X}} \right)$$

$$V_2 \left(\hat{\hat{X}} \right) = V_2 \left(\sum_i^N w_i^{'} \hat{X}_i \right) = \sum_i^N \left(w_i^{'} \right)^2 \cdot V_2 (\hat{X}_i)$$

$$E_2 \left(\hat{\hat{X}} \right) = E_2 \left(\sum_i^N w_i^{'} \hat{X}_i \right) = \sum_i^N w_i^{'} X_i = \sum_i^N w_i X_i$$

con lo que ya podemos escribir que:

$$V\left(\hat{\hat{X}} \right) = V_1 \left(\sum_i^n w_i \hat{X}_i \right) + E_1 \left(\sum_i^N \left(w_i^{'} \right)^2 \cdot V_2 (\hat{X}_i) \right)$$

Como caso particular podemos considerar $w_i = \dfrac{1}{\pi_i}$ para situarnos en el estimador de HorwitZ Thompson, lo que implica que:

- $V_1 \left(\sum_i^n w_i \hat{X}_i \right) = V_1 \left(\sum_i^n \dfrac{\hat{X}_i}{\pi_i} \right) = V_1 \left(\sum_i^n \dfrac{\hat{X}_i}{\pi_i} \right) = V(\hat{X})$

- $E_1 \sum_i^n \left(w_i \right)^2 V_2 (\hat{X}_i) = E_1 \sum_i^n \dfrac{1}{\pi_i^2} \cdot \pi_i^2 \cdot V_2 \left(\dfrac{M_i \bar{x}_i}{\pi_i} \right) = E_1 \sum_i^N V_2 \left(\dfrac{\hat{X}_i}{\pi_i} \right)$

Por lo tanto tenemos:

$$V\left(\hat{\hat{X}}\right) = V_1\left(\sum_i^n w_i \hat{X}_i\right) + E_1\left(\sum_i^N \left(w_i'\right)^2 \cdot V_2\left(\hat{X}_i\right)\right) = V_1\left(\sum_{i=1}^N \frac{\hat{X}_i}{\pi_i}\right) + \sum_i^N V_2\left(\frac{\hat{X}_i}{\pi_i}\right) \cdot \pi_i \Rightarrow$$

$$V\left(\hat{\hat{X}}\right) = V(\hat{X}) + \sum_i^N V_2\left(\frac{\hat{X}_i}{\pi_i}\right) \cdot \pi_i$$

Este resultado nos dice que la varianza de un estimador de la forma:

$$\hat{\hat{X}} = \sum_i^n w_i \hat{X}_i = \sum_i^n \frac{\hat{X}_i}{\pi_i}$$

en muestreo bietápico se compone de dos sumandos:

El primero es la varianza en una etapa del estimador que resulta sustituyendo $\dfrac{\hat{X}_i}{\pi_i}$ por su valor esperado en i.

El segundo sumando es la suma ponderada por π_i de las varianzas de segunda etapa de $\dfrac{\hat{X}_i}{\pi_i}$.

Teorema II de Durbin

Sean $V\left(\sum_i^n w_i X_i\right)$ y $V_2\left(\hat{X}_i\right)$ las varianzas de $\hat{X}$ y $\hat{X}_i$ (esta última en 2ª etapa), y supongamos que se dispone de sus estimadores insesgados:

$$\hat{V}\left(\sum_i^n w_i X_i\right) \quad \text{y} \quad \hat{V}_2\left(\hat{X}_i\right)$$

La expresión $\hat{V}\left(\sum_i^n w_i X_i\right)$ es una forma cuadrática del tipo:

$$\sum_i^n a_i X_i^2 + \sum_{i<j} b_{ij} X_i X_j$$

y el teorema puede expresarse del modo siguiente:

$$\hat{V}\left(\sum_i^n w_i X_i\right) = \hat{V}_c\left(\sum_i^n w_i \hat{X}_i\right) + \sum_i^n w_i \hat{V}_2\left(\hat{X}_i\right)$$

donde $\hat{V}_c$ (copia de $V(\hat{X})$ poniendo $\hat{X}_i$ donde figura X_i) es un estimador insesgado de $V\left(\hat{\hat{X}}\right)$. Este resultado puede expresarse también como sigue:

El estimador de la varianza de $\hat{\hat{X}} = \left(\sum_i^n w_i \hat{X}_i \right)$ **tiene dos componentes:**

La primera es igual a una copia V_c **de la varianza de** $\hat{X}_i$ **(en una etapa) sustituyendo** X_i **por** $\hat{X}_i$

La segunda consiste en una suma ponderada de los estimadores $\hat{V}_2(\hat{X}_i)$.

Para realizar la demostración seguimos los siguientes pasos:

La varianza de $\hat{X} = \sum_i^N w_i' X_i$ es $V(\hat{X}) = \sum_i^N X_i^2 V(w_i') + 2\sum_{i<j}^N X_i X_j \, \text{cov}(w_i'; w_j')$ y como:

$$\hat{V}(\hat{X}) = \sum_i^N a_i' X_i^2 + 2\sum_{i<j} X_i X_j b_{ij}'$$

definiendo las variables aleatorias:

$$a_i' = \begin{cases} a_i & si \ u_i \in a \ la \ muestra \\ 0 & en \ otro \ caso \end{cases} \qquad y \qquad b_{ij}' = \begin{cases} b_{ij} & si \ (u_i, u_j) \in a \ la \ muestra \\ 0 & en \ otro \ caso \end{cases}$$

si $E\hat{V}(\hat{X}) = V(\hat{X})$ esto implicaría $Ea_i' = V(w_i')$.

Vamos ahora a obtener $E\hat{V}\left(\sum_i^n w_i \hat{X}_i \right)$ como se indica a continuación:

$$E\hat{V}\left(\sum_i^n w_i \hat{X}_i \right) = E_1 E_2 \left(\sum_i^N a_i' \hat{X}_i^2 + \sum_{i<j} \hat{X}_i \hat{X}_j b_{ij}' \right) + + E_1 E_2 \left(\sum_i^N w_i' \hat{V}_2(\hat{X}_i) \right) =$$

$$E_1 \left[\sum_i^N a_i' \hat{X}_i^2 + 2\sum_{i<j} X_i X_j b_{ij}' \right] + + E_1 \sum_i^N w_i' V_2(\hat{X}_i)$$

y como $E\hat{X}_i^2 = V(\hat{X}_i) + X_i^2$ tendremos:

$$E\hat{V}\left(\sum_i^n w_i \hat{X}_i\right) = E_1\left[\sum_i^N a_i' X_i^2 + \sum_{i<j} X_i X_j b_{ij}'\right] + E_1\left[\sum_i^N a_i' V_2(\hat{X}_i) + \sum_i^N w_i' V_2(\hat{X}_i)\right] =$$

$$= E_1 \hat{V}(\hat{X}) + \sum_i^N V_2(\hat{X}_i) \cdot \left[E_1 a_i' + E_1 w_i'\right]$$

y por ser $\hat{v}(\hat{X})$ un estimador insesgado de $V(\hat{X})$ y $Ea_i' = V(w_i') = E[w_i']^2 - 1$, $Ew_i' = 1$ y $E_1 a_i' + E_1(w_i')^2$ obtenemos finalmente:

$$E\hat{V}\left(\sum_i^n w_i \hat{X}_i\right) = V(\hat{X}) + \sum_i^N E_1(w_i')^2 V_2(\hat{X}_i) = V\left(\sum_i^n w_i \hat{X}_i\right)$$

Lo que indica que:

$$\hat{V}\left(\sum_i^n w_i \hat{X}_i\right) = \hat{V}_c\left(\sum_i^n w_i \hat{X}_i\right) + \sum_i^n w_i \hat{V}_2(\hat{X}_i)$$

es un estimador insesgado para $V\left(\sum_i^n w_i \hat{X}_i\right)$.

Como *caso particular, para el estimador de Horwitz Thompson* podemos considerar $w_i = \dfrac{1}{\pi_i}$, lo que implica que un estimador insesgado para:

$$V\left(\sum_i^n \frac{\hat{X}_i}{\pi_i}\right) = V(\hat{\hat{X}})$$

es:

$$\hat{V}_c\left(\sum_i^n \frac{\hat{X}_i}{\pi_i}\right) + \sum_i^n \frac{\hat{V}_2(\hat{X}_i)}{\pi_i}$$

lo que puede escribirse también de la forma:

$$\hat{V}(\hat{\hat{X}}) = \hat{V}_c\left(\hat{\hat{X}}\right) + \sum_i^n \frac{\hat{V}_2(\hat{X}_i)}{\pi_i}$$

Ya podemos escribir la expresión de la varianza en los distintos casos:

Sin reposición en segunda etapa

$$\hat{V}(\hat{\hat{X}}_{HT}) = \sum_{i=1}^n \frac{\hat{X}_i^2}{\pi_i}(1-\pi_i) + \sum_{i\neq j} \frac{\hat{X}_i}{\pi_i}\frac{\hat{X}_j}{\pi_j}(\pi_{ij} - \pi_i \pi_j) + \sum_i^n \frac{(1-f_{2i})M_i^2 \hat{S}_i^2}{m_i \pi_i}$$

Para el caso particular de probabilidades iguales $\pi_i = \dfrac{n}{N}$, $\pi_{ij} = \dfrac{n(n-1)}{N(N-1)}$ y se tiene:

$$V(\hat{\hat{X}}_{HT}) = \sum_{i=1}^{N} \frac{\hat{X}_i^2}{n/N}(1-\frac{n}{N}) + \sum_{i \neq j}^{N} \frac{\hat{X}_i}{n/N}\frac{\hat{X}_j}{n/N}(\frac{n(n-1)}{N(N-1)} - \frac{n}{N}\frac{n}{N}) + \sum_{i}^{n} \frac{(1-f_{2i})M_i^2 \hat{S}_i^2}{m_i n/N}$$

$$= N^2(1-f_1)\frac{\dfrac{1}{n-1}\sum_{i=1}^{n}(\hat{X}_i - \bar{\hat{X}})^2}{n} + \frac{N}{n}\sum_{i}^{n}\frac{(1-f_{2i})M_i^2 \dfrac{1}{m_i-1}\sum_{j=1}^{m_i}(X_{ij}-\bar{x}_i)^2}{m_i}$$

expresión que coincide con la ya calculada en el capítulo anterior.

Con reposición en segunda etapa

$$V(\hat{\hat{X}}_{HT}) = \sum_{i=1}^{N} \frac{\hat{X}_i^2}{\pi_i}(1-\pi_i) + \sum_{i \neq j}^{N} \frac{\hat{X}_i}{\pi_i}\frac{\hat{X}_j}{\pi_j}(\pi_{ij} - \pi_i\pi_j) + \sum_{i}^{N} \frac{M_i^2 \hat{S}_i^2}{m_i \pi_i}$$

Para el caso particular de probabilidades iguales $\pi_i = \dfrac{n}{N}$, y $\pi_{ij} = \dfrac{n(n-1)}{N(N-1)}$

y se tiene:

$$V(\hat{\hat{X}}_{HT}) = \sum_{i=1}^{N} \frac{\hat{X}_i^2}{n/N}(1-\frac{n}{N}) + \sum_{i=1}^{N} \frac{\hat{X}_i}{n/N}\frac{\hat{X}_j}{n/N}(\frac{n(n-1)}{N(N-1)} - \frac{n}{N}\frac{n}{N}) + \sum_{i}^{N} \frac{M_i^2 \hat{S}_i^2}{m_i n/N}$$

$$= N^2(1-f_1)\frac{\dfrac{1}{n-1}\sum_{i=1}^{n}(\hat{X}_i - \bar{\hat{X}})^2}{n} + \frac{N}{n}\sum_{i}^{N}\frac{M_i^2 \dfrac{1}{m_i-1}\sum_{j=1}^{m_i}(X_{ij}-\bar{x}_i)^2}{m_i}$$

expresión que coincide con la ya calculada en el capítulo anterior.

OTROS MÉTODOS DE ESTIMACIÓN DE VARIANZAS

En la práctica del muestreo suelen utilizarse diseños polietápicos complejos para los cuales las fórmulas ordinarias de estimación de varianzas son difícilmente aplicables. Este hecho ha llevado al desarrollo de técnicas más sencillas de estimación de varianzas, aunque resulten menos precisas. De entre estas técnicas ya conocemos el *método de las muestras interpenetrantes*, estudiado en el capítulo 6 para estimar la varianza en el muestreo sistemático, y el *método de los conglomerados últimos*, estudiado en este mismo capítulo. A continuación se tratan otros métodos comunes en la estimación de varianzas.

El método de los grupos aleatorios

Se extrae una muestra de n unidades de una población de tamaño N. Dicha muestra se subdivide en K submuestras de igual tamaño m, de modo que $n=K.m$.

Estas submuestras se denominan grupos aleatorios, y además de ser submuestras de la muestra, también son muestras de la población completa. La formación de los K grupos aleatorios de tamaño m dentro de una muestra W de tamaño n puede realizarse considerando una permutación aleatoria de los números $1,2,...,n$ y eligiendo el primer grupo aleatorio formado por los elementos de la muestra que ocupan los lugares definidos por los m primeros números de la permutación. El segundo grupo aleatorio se formará con los elementos de la muestra que ocupan los lugares definidos por el segundo conjunto de m números de la permutación. Así sucesivamente se formarán los K grupos aleatorios correspondientes a la muestra.

En estas condiciones si $\hat{\theta}$ es un estimador insesgado de la característica poblacional θ basado en la muestra completa W, y si $\hat{\theta}_r$ es un estimador insesgado de la característica poblacional θ basado en el r-ésimo grupo aleatorio, un estimador insesgado de la varianza de $\hat{\theta}$ en muestreo con reposición es el siguiente:

$$\hat{V}(\hat{\theta}) = \frac{1}{K(K-1)} \sum_{r=1}^{K} (\hat{\theta}_r - \hat{\theta})^2$$

Consideremos inicialmente una población de tamaño N y muestreo con reposición y probabilidades iguales. Un estimador insesgado del total poblacional X es:

$$\hat{X} = N\overline{x} = N\frac{x}{n}$$

siendo su varianza:

$$V(\hat{X}) = N^2 \frac{\sigma^2}{n} \qquad \sigma^2 = \frac{1}{n} \sum_{i=1}^{N} (X_i - \overline{X})^2$$

Como la r-ésima submuestra $(X_{r1}, X_{r2},...,X_{rm})$ o r-ésimo grupo aleatorio, también es una muestra de la población total, podemos estimar el total X_r mediante:

$$\hat{X}_r = N\overline{x}_r = N\frac{x_r}{n}$$

con varianza:

$$V(\hat{X}_r) = N^2 \frac{\sigma^2}{m} = N^2 \frac{\sigma^2}{n/K} = KN^2 \frac{\sigma^2}{n} = KV(\hat{X})$$

Por otra parte, como la r-ésima submuestra $(X_{r1}, X_{r2},...,X_{rm})$ o grupo aleatorio, también es una submuestra de la muestra $W = (X_1, X_2,...X_n)$, tenemos:

$$E_W(\hat{X}_r) = E_W\left(N\frac{x_r}{m}\right) = E_W(N\bar{x}_r) = NE_W(\bar{x}_r) = N\bar{x} = \hat{X} \Rightarrow E(\hat{X}_r) = EE_W(\hat{X}_r) = E(\hat{X}) = X$$

$$V(\hat{X}_r) = E\left(\hat{X}_r - X\right)^2 = E\left(\hat{X}_r - \hat{X} + \hat{X} - X\right)^2 = E\left(\hat{X}_r - \hat{X}\right)^2 + E\left(\hat{X} - X\right)^2$$

ya que:

$$E(\hat{X}_r - \hat{X})(\hat{X} - X) = E(\hat{X}_r\hat{X}) + E(\hat{X}X) - E(\hat{X}_rX) - E(\hat{X}^2) = E(\hat{X}^2) - X^2 + X^2 - E(\hat{X}^2) = 0$$

donde hemos aplicado que:

$$E(\hat{X}_r\hat{X}) = EE_W(\hat{X}_r\hat{X}) = EE_W(\hat{X}_r\frac{N}{n}x) = E\left(\frac{N}{n}xE_W(\hat{X}_r)\right) = E(\hat{X}E_W(\hat{X}_r)) = E(\hat{X}^2)$$

$$E(\hat{X}X) = XE(\hat{X}) = X^2, \quad E(\hat{X}_rX) = XE(\hat{X}_r) = X^2$$

Tenemos entonces que:

$$V(\hat{X}_r) = E\left(\hat{X}_r - \hat{X}\right)^2 + E\left(\hat{X} - X\right)^2 \Rightarrow E\left(\hat{X}_r - \hat{X}\right)^2 = V(\hat{X}_r) - E\left(\hat{X} - X\right)^2$$

$$\Rightarrow E\left(\hat{X}_r - \hat{X}\right)^2 = V(\hat{X}_r) - V(\hat{X}) = KV(\hat{X}) - V(\hat{X}) = (K-1)V(\hat{X})$$

y sumando en $r=1,2,...,K$ los dos términos de la última igualdad tenemos:

$$\sum_{r=1}^{K} E\left(\hat{X}_r - \hat{X}\right)^2 = \sum_{r=1}^{K}(K-1)V(\hat{X}) \Rightarrow E\sum_{r=1}^{K}\left(\hat{X}_r - \hat{X}\right)^2 = K(K-1)V(\hat{X}) \Rightarrow$$

$$E\left(\frac{1}{K(K-1)}\sum_{r=1}^{K}\left(\hat{X}_r - \hat{X}\right)^2\right) = V(\hat{X}) \Rightarrow \frac{1}{K(K-1)}\sum_{r=1}^{K}\left(\hat{X}_r - \hat{X}\right)^2 \text{ insesgado de } V(\hat{X})$$

Hemos trabajado en el caso de probabilidades iguales y muestreo con reposición. Si consideramos probabilidades iguales y muestreo sin reposición, la única diferencia que hay en toda la demostración es que:

$$V(\hat{X}_r) = N^2(1-f)\frac{S^2}{m} = N^2(1-f)\frac{S^2}{n/K} = KN^2(1-f)\frac{S^2}{n} = K(1-f)V(\hat{X})$$

lo que nos lleva a que:

$$\frac{1-f}{K(K-1)}\sum_{r=1}^{K}\left(\hat{X}_r - \hat{X}\right)^2 \text{ insesgado de } V(\hat{X})$$

Vamos a trabajar ahora en el caso general suponiendo que $V(\hat{\theta}_r) = KV(\hat{\theta})$ y $E_W(\hat{\theta}_r) = \hat{\theta}$. Bajo estas suposiciones se tiene:

$$V(\hat{\theta}_r) = E(\hat{\theta}_r - \theta)^2 = E(\hat{\theta}_r - \hat{\theta} + \hat{\theta} - \theta)^2 = E(\hat{\theta}_r - \hat{\theta})^2 + E(\hat{\theta} - \theta)^2$$

$$E(\hat{\theta}_r - \hat{\theta})(\hat{\theta} - \theta) = E(\hat{\theta}_r\hat{\theta}) + E(\hat{\theta}\theta) - E(\hat{\theta}_r\theta) - E(\hat{\theta}^2) = E(\hat{\theta}^2) - \theta^2 + \theta^2 - E(\hat{\theta}^2) = 0$$

donde hemos aplicado que:

$$E(\hat{\theta}_r\hat{\theta}) = EE_W(\hat{\theta}_r\hat{\theta}) = E(\hat{\theta}E_W(\hat{\theta}_r)) = E(\hat{\theta}^2), \ E(\hat{\theta}\theta) = \theta E(\hat{\theta}) = \theta^2 \quad E(\hat{\theta}_r\theta) = \theta E(\hat{\theta}_r) = \theta^2$$

Tenemos entonces que:

$$V(\hat{\theta}_r) = E(\hat{\theta}_r - \hat{\theta})^2 + E(\hat{\theta} - \theta)^2 \Rightarrow E(\hat{\theta}_r - \hat{\theta})^2 = V(\hat{\theta}_r) - E(\hat{\theta} - \theta)^2$$

$$\Rightarrow E(\hat{\theta}_r - \hat{\theta})^2 = V(\hat{\theta}_r) - V(\hat{\theta}) = KV(\hat{\theta}) - V(\hat{\theta}) = (K-1)V(\hat{\theta})$$

y sumando en $r=1,2,...,K$ los dos términos de la última igualdad tenemos:

$$\sum_{r=1}^{K} E(\hat{\theta}_r - \hat{\theta})^2 = \sum_{r=1}^{K} (K-1)V(\hat{\theta}) \Rightarrow E\sum_{r=1}^{K} (\hat{\theta}_r - \hat{\theta})^2 = K(K-1)V(\hat{\theta}) \Rightarrow$$

$$E\left(\frac{1}{K(K-1)} \sum_{r=1}^{K} (\hat{\theta}_r - \hat{\theta})^2\right) = V(\hat{\theta}) \Rightarrow \frac{1}{K(K-1)} \sum_{r=1}^{K} (\hat{\theta}_r - \hat{\theta})^2 \textit{ insesgado de } V(\hat{\theta})$$

La condición $V(\hat{\theta}_r) = KV(\hat{\theta})$ se cumple siempre que el muestreo sea con reposición y la condición $E_W(\hat{\theta}_r) = \hat{\theta}$ se cumple siempre que $\hat{\theta}_r$ sea una copia de θ aplicada a una submuestra aleatoria de tamaño m.

Este método de los grupos aleatorios es igualmente válido si se subdivide la muestra completa W de tamaño n en K grupos aleatorios de distintos tamaños m_1, $m_2,...,m_k$ cuya suma sea n. En este caso la condición $V(\hat{\theta}_r) = KV(\hat{\theta})$ se transforma en:

$$V(\hat{\theta}_r) = \frac{1}{\lambda_r} V(\hat{\theta}) \quad \lambda_r = \frac{m_r}{n}$$

Tomando $\hat{\theta} = \sum_{r=1}^{K} \lambda_r \hat{\theta}_r$ tenemos que:

$$\frac{1}{K-1} \sum_{r=1}^{K} \lambda_r (\hat{\theta}_r - \hat{\theta})^2 \textit{ insesgado de } V(\hat{\theta})$$

Este método se aplica bastante en muestreo polietápico, formando los K grupos aleatorios con m unidades primarias de entre las n de la muestra completa.

El **método de los conglomerados últimos**, ya estudiado anteriormente, puede considerarse como un caso particular del método de los grupos aleatorios. Basta hacer K=n, lo que equivale a tomar cada una de las n observaciones como un grupo aleatorio de tamaño 1, con lo que resulta que:

$$\frac{1}{n(n-1)} \sum_{r=1}^{n} \left(\hat{\theta}_r - \hat{\theta}\right)^2 \ insesgado\ de\ \ V(\hat{\theta})$$

siendo $\hat{\theta} = \frac{1}{n} \sum_{r=1}^{n} \hat{\theta}_r$ y $V(\hat{\theta}_r) = nV(\hat{\theta})$, condición que se cumple siempre en muestreo con reposición.

Método de las semimuestras reiteradas

En el apartado anterior hemos visto que la aplicación del método de los grupos aleatorios supone que disponemos de K muestras independientes de la población que en conjunto constituyen una muestra completa, W, de tamaño n. Supongamos ahora que dada una muestra aleatoria, W, de tamaño n, que venimos denominando muestra completa, extraemos de ella una submuestra aleatoria de tamaño $n/2$, supuesto n par. Tenemos entonces una "semimuestra". Si reponiendo la semimuestra repetimos K veces la selección, tendremos K semimuestras reiteradas de W. Observemos que ahora la unión de las K semimuestras no coincide con la muestra completa, luego no se trata pues de "grupos" en el sentido utilizado para el método de los grupos aleatorios. No obstante, si $\hat{\theta}$ es un estimador insesgado de θ basado en la muestra completa y $\hat{\theta}_r$ es también un estimador insesgado de θ basado en la r-ésima semimuestra reiterada, se tiene que el mismo estimador:

$$\frac{1}{K} \sum_{r=1}^{K} \left(\hat{\theta}_r - \hat{\theta}\right)^2 \ insesgado\ de\ \ V(\hat{\theta})$$

siempre que se cumplan las condiciones $V(\hat{\theta}_r) = 2V(\hat{\theta})$ y $E_W(\hat{\theta}_r) = \hat{\theta}$.

La primera condición impuesta es obvia en muestreo con reposición, puesto que por ser cada reiteración de tamaño $n/2$, la varianza de $\hat{\theta}_r$ será el doble que la de θ si utilizamos el mismo estimador. La segunda condición también es inmediata, por ser cada reiteración una muestra aleatoria de una muestra general W fija.

Para ver la insesgadez del estimador de la varianza consideramos:

$$V(\hat{\theta}_r) = E\left(\hat{\theta}_r - \theta\right)^2 = E\left(\hat{\theta}_r - \hat{\theta} + \hat{\theta} - \theta\right)^2 = E\left(\hat{\theta}_r - \hat{\theta}\right)^2 + E\left(\hat{\theta} - \theta\right)^2$$

ya que:

$$E(\hat{\theta}_r - \hat{\theta})(\hat{\theta} - \theta) = E(\hat{\theta}_r\hat{\theta}) + E(\hat{\theta}\theta) - E(\hat{\theta}_r\theta) - E(\hat{\theta}^2) = E(\hat{\theta}^2) - \theta^2 + \theta^2 - E(\hat{\theta}^2) = 0$$

donde hemos aplicado que:

$$E(\hat{\theta}_r\hat{\theta}) = EE_W(\hat{\theta}_r\hat{\theta}) = E(\hat{\theta}E_W(\hat{\theta}_r)) = E(\hat{\theta}^2) \ , \ E(\hat{\theta}\theta) = \theta E(\hat{\theta}) = \theta^2 \ \text{y} \ E(\hat{\theta}_r\theta) = \theta E(\hat{\theta}_r) = \theta^2$$

Tenemos entonces que:

$$V(\hat{\theta}_r) = E\left(\hat{\theta}_r - \hat{\theta}\right)^2 + E\left(\hat{\theta} - \theta\right)^2 \Rightarrow E\left(\hat{\theta}_r - \hat{\theta}\right)^2 = V(\hat{\theta}_r) - E\left(\hat{\theta} - \theta\right)^2$$

$$\Rightarrow E\left(\hat{\theta}_r - \hat{\theta}\right)^2 = V(\hat{\theta}_r) - V(\hat{\theta}) = 2V(\hat{\theta}) - V(\hat{\theta}) = V(\hat{\theta})$$

y sumando en $r=1,2,...,K$ los dos términos de la última igualdad tenemos:

$$\sum_{r=1}^{K} E\left(\hat{\theta}_r - \hat{\theta}\right)^2 = \sum_{r=1}^{K} V(\hat{\theta}) \Rightarrow E\sum_{r=1}^{K}\left(\hat{\theta}_r - \hat{\theta}\right)^2 = KV(\hat{\theta}) \Rightarrow E\left(\frac{1}{K}\sum_{r=1}^{K}\left(\hat{\theta}_r - \hat{\theta}\right)^2\right) = V(\hat{\theta}) \Rightarrow$$

$$\frac{1}{K}\sum_{r=1}^{K}\left(\hat{\theta}_r - \hat{\theta}\right)^2 \ \textit{insesgado de } V(\hat{\theta})$$

Método Jacknife o de los estimadores herramentales

Los Estimadores herramentales (*jackknife estimators*) son estimadores de múltiples usos, y de fácil manejo, lo que explica su nombre en inglés (*jacknife*= navaja, esto es, herramienta poco refinada pero con diversas aplicaciones). Su primer propósito fue eliminar o reducir el sesgo de ciertos estimadores.

Se parte de un estimador $\hat{\theta}_n$ cuyo valor numérico se calcula con una muestra de tamaño n $W= (X_1 , X_2 , ..., X_n)$. Se consideran ahora n muestras de tamaño $n-1$, obtenidas a partir de la muestra W suprimiendo sucesivamente un solo dato o elemento de W del primero al último. Se definen ahora los n pseudovalores:

$$\overline{\theta}^{(i)} = n\hat{\theta}_n - (n-1)\hat{\theta}_{n-1}^{(i)}$$

en donde $\hat{\theta}_{n-1}^{(i)}$ resulta al aplicar a la i-ésima muestra antes definida la misma fórmula u operador que el utilizado para definir el estimador $\hat{\theta}_n$.

Finalmente, el estimador herramental de θ_n se define por:

$$\overline{\theta}_n = \frac{1}{n}\sum_{i=1}^{n} \overline{\theta}^{(i)} = n\hat{\theta}_n - \frac{n-1}{n}\sum_{i=1}^{n} \overline{\theta}_{n-1}^{(i)}$$

De este modo, si el sesgo de $\hat{\theta}_n$ depende del tamaño de la muestra y es del tipo:

$$\frac{b}{n}, \text{ o } \frac{b_1}{n} + \frac{b_2}{n^2} + \cdots$$

queda eliminado o al menos reducido de orden, como resultado de la herramentación (*jackknifing*).

En efecto:

$$E\left(\hat{\theta}_n\right) = \theta + \frac{b}{n}, \quad E\left(\hat{\theta}_{n-1}\right) = \theta + \frac{b}{n-1} \text{ y tomando esperanzas en la expresión de } \hat{\theta}_n:$$

$$E\left(\overline{\theta}_n\right) = n\left(\theta + \frac{b}{n}\right) - \frac{n-1}{n}\sum_i^n E\left(\hat{\theta}_{n-1}^{(i)}\right) = n\theta + b - \frac{n-1}{n}\sum_i^n\left(\theta + \frac{b}{n-1}\right) = \theta$$

Una estimación de la varianza de $\overline{\theta}_n$ se obtiene por la expresión:

$$\hat{V}(\overline{\theta}_n) = \frac{n-1}{n}\sum_{i=1}^n\left(\overline{\theta}_{n-1}^{(i)} - \overline{\theta}_n\right)^2$$

Las expresiones anteriores pueden generalizarse suprimiendo dos o más elementos consecutivos en la muestra inicial.

Métodos Bootstrap o de autogeneración

El método de autogeneración (*bootstrap*) se emplea para la estimación aproximada de sesgos, precisiones, intervalos de confianza, regresiones, etc., generalmente a partir de los datos de una sola muestra.

Se parte de una muestra de tamaño n, $W = (X_1, X_2, ..., X_n)$, y se supone que las X_i son observaciones de variables aleatorias i.i.d. (independientes e idénticamente distribuidas). Se trata ahora de estimar un parámetro θ de una distribución de probabilidad desconocida, F, mediante un estimador $\hat{\theta}(F)$, en donde F es la función de distribución empírica obtenida asignando la frecuencia $1/n$ a cada observación, y de estimar asimismo la acuracidad en θ. Para ello se toma una muestra $W^* = (X^*_1, X^*_2, ..., X^*_n)$, de tamaño n, con reposición, a partir de la muestra inicial $W = (X_1, X_2, ..., X_n)$ y se obtiene así la función de distribución empírica F^* autogenerada (*bootstrap empirical distribution function*), y a partir de esta distribución, el estimador θ^*. Se repite este proceso, independientemente, un gran número de veces, por ejemplo M, y se obtienen así las M estimaciones $\theta^*_1, \theta^*_1, \theta^*_M$. La precisión del estimador se obtiene por la expresión:

$$\hat{\sigma}_{BOOT} = \sqrt{\frac{\sum_{j=1}^{M}\left(\hat{\theta}_j^*\right)^2 - \left(\sum_{j=1}^{M}\left(\hat{\theta}_j^*\right)\right)^2 \Big/ M}{M-1}}$$

Los experimentos efectuados por simulación y procedimientos informáticos (métodos de uso intensivo de la computación) ponen de manifiesto que la autogeneración presenta propiedades que la hacen deseable en cuanto a precisión y rapidez de cálculo. Pero como ocurre con otros procedimientos estadísticos, la autogeneración da malos resultados para un pequeño porcentaje de muestras posibles; es decir, no constituye una garantía absoluta de que los resultados se aproximarán a los valores "verdaderos" o poblacionales.

Tanto los estimadores herramentales como los autogenerados se basan en la obtención de datos ficticios a partir de datos originales, y estiman la variabilidad de un estimador basándose en su variabilidad sobre los conjuntos de datos ficticios, y dan además una idea de la distribución en el muestreo del estadístico en estudio.

Método general de linealización y aplicación al cociente de estimadores

En el caso de estimadores no lineales, como por ejemplo el estimador de la razón $\hat{R}$, no es trivial conseguir estimaciones insesgadas para la propia razón, para su varianza o para la estimación de la varianza. Sin embargo pueden considerarse métodos basados en la linealización del sesgo a partir de un desarrollo de Taylor conveniente.

Prescindiendo del factor 1-*f*, el sesgo del estimador de la razón $B(\hat{R}) = E(\hat{R}) - R$ puede desarrollarse en serie de Taylor como sigue:

$$B(\hat{R}) = E(\hat{R}) - R = \frac{b_1}{n} + \frac{b_2}{n^2} + \cdots$$

Si *n=mg*, dividimos la muestra al azar en *g* grupos de tamaño *n*, y tenemos:

$$B(g\hat{R}) = E(g\hat{R}) - gR = \frac{b_1}{m} + \frac{b_2}{gm^2} + \cdots \quad (*)$$

Si ahora $\hat{R}_j$ es la razón ordinaria calculada de la muestra después de omitir el grupo j-ésimo, como $\hat{R}_j$ se obtiene de una muestra aleatoria simple de tamaño m(g-1) tenemos:

$$B(\hat{R}_j) = E(\hat{R}_j) - R = \frac{b_1}{(g-1)m} + \frac{b_2}{(g-1)^2 m^2} + \cdots$$

$$B((g-1)\hat{R}_j) = E((g-1)\hat{R}_j) - (g-1)R = \frac{b_1}{m} + \frac{b_2}{(g-1)m^2} + \cdots \quad (**)$$

Restando las dos igualdades anteriores (*) y (**) y despreciando los términos de orden superior a n^{-2}, se tiene que:

$$B(g\hat{R} - (g-1)\hat{R}_j) = E(g\hat{R} - (g-1)\hat{R}_j) - R = -\frac{b_2}{n^2} \cdot \frac{g}{(g-1)}$$

De esta forma tenemos un estimador para la razón R definido como $g\hat{R} - (g-1)\hat{R}_j$, cuyo sesgo es de orden $1/n^2$. Se pueden construir g estimadores para la razón de este tipo, una para cada uno de los g grupos de tamaño m en que hemos dividido la muestra.

Ahora podemos definir el estimador de la razón siguiente:

$$\hat{R}_Q = g\hat{R} - (g-1)\frac{1}{g}\sum_{j=1}^{g}\hat{R}_j$$

denominado **estimador de Quenouille**, cuya varianza diferirá de la de $\hat{R}$ en términos de orden $1/n^2$. Cualquier incremento en la varianza debido a este ajuste por sesgo de-bería ser despreciable en muestras grandes.

De esta forma se calcula la varianza del estimador de la razón por linealización a través del desarrollo de Taylor del sesgo. Ello permite utilizar varianzas y estimaciones de varianzas para estimadores no lineales que son funciones lineales. No olvidemos que a partir de la varianza del estimador de la razón se hallaban y estimaban las varianzas de los estimadores de las características poblacionales basadas en la razón.

Se observa que para:

$$\hat{R} = \frac{\overline{x}}{\overline{y}}$$

el estimador de **Quenouille** es el estimador *jackknife* o estimador herramental definido como:

$$\hat{R}_g = g\frac{\overline{x}}{\overline{y}} - \frac{g-1}{g}\sum_{j=1}^{g}\frac{\overline{x}_{j,g-1}}{\overline{y}_{j,g-1}}$$

Luego una estimación de la varianza de $\hat{R}$ se obtiene por la expresión:

$$\hat{V}(\hat{R}_g) = \frac{g-1}{g}\sum_{j=1}^{g}\left(\hat{R}_{g-1}^{(j)} - \hat{R}_g\right)^2$$

DISEÑOS DE ENCUESTAS COMPLEJAS

En la práctica, la mayoría de las encuestas se ajustan a un diseño polietápico con distintos tipos de muestreo en cada etapa. Por ejemplo, el ***diseño de la Encuesta General de Población*** del Instituto Nacional de Estadística español consiste en un muestreo bietápico estratificado en primera etapa. Las **unidades de primera etapa** son las secciones censales, que se agrupan en estratos atendiendo a un criterio geográfico (provincia y tipo de municipio según su tamaño medio en número de habitantes) y socioeconómico (se realizan subestratos según la categoría socioeconómica de los hogares). La información necesaria para realizar la estratificación se obtiene de los Censos de Población. Las **unidades de segunda etapa** están constituidas por las viviendas familiares, y dentro de ellas no se realiza submuestreo alguno, recogiéndose información de todas las personas que tengan su residencia habitual en las mismas.

Para este tipo de muestreo bietápico con estratificación en primera etapa las fórmulas de los estimadores, varianzas y estimaciones de varianzas se presentarán a continuación.

Sean los pesos de los estratos y las fracciones de muestreo.

$$W_h = \frac{N_h \overline{M}_h}{N\overline{M}} \quad f_h = \frac{n_h \overline{m}_h}{N_h \overline{M}_h} = f_{1h} \cdot f_{2h}$$

Un estimador insesgado de la media es $\overline{\overline{x}}_{st} = \sum_h^L W_h \overline{\overline{x}}_h = \sum_h^L W_h \cdot \frac{1}{n_h} \sum_i^{n_h} \overline{x}_{ih}$ pues:

$$E\left(\overline{\overline{x}}_{st}\right) = \sum_h^L W_h E_1 E_2 \overline{\overline{x}}_h = \sum_h^L W_h E_1 \frac{1}{n_h} \sum_i^n E_2 \overline{x}_{ih} = \sum_h^L W_h E_1 \overline{x}_h = \sum_h^L W_h \overline{X}_h = \overline{\overline{X}}$$

La varianza del estimador de la media viene dada por:

$$V\left(\overline{\overline{x}}_{st}\right) = \sum_h^L W_h^2 \cdot V\left(\overline{x}_h\right) = \sum_i^L W_h^2 \left[\left(1 - f_{1h}\right) \cdot \frac{S_{bh}^2}{n_h \overline{M}_h} + \left(1 - f_{2h}\right) \cdot \frac{S_{wh}^2}{n_h \overline{m}_h} \right]$$

La muestra es autoponderada si $f_h = f_{1h} \cdot f_{2h} = f$ y la estimación de la varianza vendrá dada por la siguiente expresión.

$$\hat{V}\left(\overline{\overline{x}}_{st}\right) = \sum_h^L W_h^2 \cdot \hat{V}\left(\overline{x}_h\right) = \sum_i^L W_h^2 \left[\left(1 - f_{1h}\right) \cdot \frac{\hat{S}_{bh}^2}{n_h \overline{m}_h} + f_{1h}\left(1 - f_{2h}\right) \cdot \frac{S_{wh}^2}{n_h \overline{m}_h} \right]$$

De forma similar se realizan otros diseños complejos de encuestas. En cada etapa se aplicarán los cálculos relativos al tipo de muestreo definido en ella.

Ejercicio 1. Una gran empresa tiene sus inventarios de equipo listados separadamente en 15 departamentos. Se selecciona una muestra de tres departamentos con reposición y probabilidades proporcionales al número de artículos de equipo en cada departamento. La tabla siguiente presenta el número de artículos de equipo NA en cada departamento D.

D	NA	D	NA	D	NA	D	NA	D	NA
1	12	4	40	7	18	10	22	13	16
2	9	5	35	8	10	11	22	14	33
3	27	6	15	9	31	12	19	15	6

a) Suponiendo que los tres departamentos seleccionados (que serán los de mayor probabilidad) tienen cada uno 2 artículos impropiamente identificados, estimar el número total de artículos impropiamente identificados en la empresa y su error relativo de muestreo.

b) Estimar por intervalos al 95% la media de artículos propiamente identificados, sabiendo que los tres departamentos seleccionados tienen respectivamente 4, 5 y 6 artículos impropiamente identificados.

Como se selecciona la muestra de tres departamentos con probabilidades proporcionales al número de artículos de equipo en cada departamento, los tres departamentos seleccionados para la muestra serán el 4, el 5 y el 14, ya que son los que van a tener mayor probabilidad de selección (por tener el mayor número de artículos). Al ser la selección con probabilidades proporcionales a los tamaños se tiene que:

$$P_i = \frac{M_i}{M}, \; P_1 = \frac{40}{315}, \; P_2 = \frac{35}{315}, \; P_3 = \frac{33}{315}$$

Como el muestreo es con reposición, el estimador insesgado del total de la clase de los artículos impropiamene clasificados vendrá dado por la fórmula de Hansen y Hurwitz.

$$\hat{\hat{A}}_{HH} = M\hat{\hat{P}}_{HH} = \frac{1}{n}\sum_{i}^{n}\frac{M_i\hat{P}_i}{P_i} = \frac{1}{n}\sum_{i}^{n}\frac{M_i\hat{P}_i}{M_i/M} = \frac{M}{n}\sum_{i}^{n}\hat{P}_i = \frac{315}{3}\left(\frac{2}{40}+\frac{2}{35}+\frac{2}{33}\right) \cong 18$$

$\hat{P}_i$ = proporción muestral en el conglomerado i-esimo

Como estamos en muestreo bietápico con reposición y probabilidades desiguales proporcionales a los tamaños, utilizamos para estimar la varianza el método de los conglomerados últimos, que nos proporciona el estimador:

$$\hat{V}\left(\hat{\hat{A}}\right) = \frac{\sum_{i}^{n}\left(\frac{\hat{A}_i}{P_i}-\hat{\hat{A}}\right)^2}{n(n-1)} = \frac{\sum_{i}^{n}\left(\frac{M_i\hat{P}_i}{P_i}-M\hat{\hat{P}}\right)^2}{n(n-1)} = \frac{M^2\sum_{i}^{n}\left(\hat{P}_i-\hat{\hat{P}}\right)^2}{n(n-1)} =$$

$$\frac{315^2}{3\cdot 2}\left[\left(\frac{2}{40}-\frac{18}{315}\right)^2+\left(\frac{2}{35}-\frac{18}{315}\right)^2+\left(\frac{2}{33}-\frac{18}{315}\right)^2\right] = 1,04209$$

Para estimar la proporción de artículos propiamente identificados observamos que los tres departamentos seleccionados para la muestra (el 4, el 5 y el 14) tienen 36, 30 y 27 artículos propiamente identificados respectivamente. El estimador será el siguiente:

$$\hat{\bar{P}} = \frac{1}{n}\sum_{i}^{n}\frac{\frac{M_i}{M}\hat{P}_i}{P_i} = \frac{1}{n}\sum_{i}^{n}\frac{\frac{M_i}{M}\hat{P}_i}{M_i/M} = \frac{1}{n}\sum_{i}^{n}\hat{P}_i = \frac{1}{3}\left(\frac{36}{40}+\frac{30}{35}+\frac{27}{33}\right) = 0,858$$

$$\hat{V}\left(\hat{\bar{P}}\right) = \frac{1}{M^2}\hat{V}\left(\hat{\bar{A}}\right) = \frac{\sum_{i}^{n}\left(\hat{P}_i-\hat{\bar{P}}\right)^2}{n(n-1)} = \frac{1}{3\cdot 2}\left[\left(\frac{36}{40}-0,858\right)^2+\left(\frac{30}{35}-0,858\right)^2+\left(\frac{27}{33}-0,858\right)^2\right] = 0,000558$$

El intervalo de confianza al 95%, suponiendo normalidad, será:

$$\hat{\bar{P}} \pm \lambda_\alpha\sqrt{\hat{V}(\hat{\bar{P}})} = 0,858 \pm 1,96\sqrt{0,000558} = [0.8117,\ 0.9043]$$

Ejercicio 2. *Para estimar el gasto total en una población de 100 hogares se estratifica la misma en 2 zonas, rural y urbana, con 60 y 40 hogares respectivamente. En la zona rural se selecciona una muestra de 5 hogares con probabilidades proporcionales al número de personas censadas en cada hogar y con reemplazamiento, mientras que en la zona urbana se selecciona una muestra sistemática de 4 hogares con coeficiente de correlación intramuestral igual a una milésima. Se obtienen los siguiente datos:*

ZONA RURAL				ZONA URBANA	
Unidad muestral	Nº de personas censadas	Gasto total		Unidad muestral	Gasto total
1	7	13		1	21
2	6	11		2	15
3	8	18		3	24
4	4	10		4	20
5	5	11			

Se pide:

1) *Estimar el gasto medio por hogar en cada zona y sus errores absoluto y relativo de muestreo. Hallar también un intervalo de confianza del 95% para el gasto medio por hogar en cada zona.*

2) *Estimar el gasto total en la población y sus errores absoluto y relativo de muestreo.*

Comenzaremos por la zona rural, en la cual tenemos definido muestreo unietápico de conglomerados con probabilidades proporcionales a los tamaños y muestreo con reposición, lo que nos lleva a utilizar el estimador de Hansen y Hurwitz. Tenemos:

$$\hat{\bar{X}}_{HHR} = \frac{1}{M_R}\sum_i^n \frac{X_i}{nP_i} = \frac{1}{M_R}\cdot\frac{1}{n}\sum_i^n \frac{X_i}{M_{iR}/M_R} = \frac{1}{n}\sum_i^n \frac{X_i}{M_{iR}} = \frac{1}{5}\left(\frac{13}{7}+\frac{11}{6}+\frac{18}{8}+\frac{10}{4}+\frac{11}{5}\right) = 2,128$$

Para estimar la varianza del estimador de la media utilizamos:

$$\hat{V}(\hat{\bar{X}}_{HHR}) = \frac{1}{M_R^2}\hat{V}(\hat{X}_{HHR}) = \frac{1}{M_R^2}\cdot\frac{\sum_{i=1}^n\left(\frac{X_i}{P_i}-\hat{X}_{HHR}\right)^2}{n(n-1)} = \frac{1}{M_R^2}\cdot\frac{\sum_{i=1}^n\left(\frac{X_i}{M_{iR}/M_R}-M_R\hat{\bar{X}}_{HHR}\right)^2}{n(n-1)} =$$

$$\frac{\sum_{i=1}^n\left(\frac{X_i}{M_{iR}}-\hat{\bar{X}}_{HHR}\right)^2}{n(n-1)} = \frac{\left(\frac{13}{7}-2,128\right)^2+\left(\frac{11}{6}-2,128\right)^2+\left(\frac{18}{8}-2,128\right)^2+\left(\frac{10}{4}-2,128\right)^2+\left(\frac{11}{5}-2,128\right)^2}{20} = 0,016$$

El error relativo de muestreo en la zona rural será:

$$\hat{C}v(\hat{\bar{X}}_{HHR}) = \frac{\sqrt{V(\hat{\bar{X}}_{HHR})}}{\hat{\bar{X}}_{HHR}} = \frac{\sqrt{0,016}}{2,128} = 0,059 \cong 6\%$$

Un intervalo de confianza al 95% para el gasto medio por hogar en zona rural es:

$$\hat{\bar{X}}_{HHR} \pm \lambda_\alpha\sqrt{V(\hat{\bar{X}}_{HHR})} = 2,128 \pm 1,96\sqrt{0,016} = [1,880, \quad 2,376]$$

Nos ocupamos ahora de la zona urbana, en la cual tenemos definido muestreo sistemático con un coeficiente de correlación intramuestral muy pequeño, lo que nos va a permitir estimar la varianza mediante la fórmula del muestreo aleatorio simple. Tenemos entonces los siguientes estimadores:

$$\hat{\bar{X}}_U = \frac{21+15+24+20}{4} = 20$$

$$V(\hat{\bar{X}}_U) = (1-f)\frac{\hat{S}^2}{n} = \left(1-\frac{4}{40}\right)\frac{\frac{1}{3}\left[(21-20)^2+(15-20)^2+(24-20)^2+(20-20)^2\right]}{4} = 3,15$$

El error relativo de muestreo en la zona urbana será:

$$\hat{C}v(\hat{\bar{X}}_U) = \frac{\sqrt{V(\hat{\bar{X}}_U)}}{\hat{\bar{X}}_U} = \frac{\sqrt{3,15}}{20} = 0,0887 \cong 8,87\%$$

Un intervalo de confianza al 95% para el gasto medio por hogar en zona urbana es:

$$\hat{\overline{X}}_U \pm \lambda_\alpha \sqrt{V(\hat{\overline{X}}_U)} = 20 \pm 1,96\sqrt{3,15} = [16,5214, \quad 23,4786]$$

Para estimar el gasto total de la población utilizamos el muestreo estratificado, que es el definido en primera etapa, teniendo en cuenta que en segunda etapa están definidos muestreo unietápico de conglomerados en la zona rural, y muestreo sistemático en la zona urbana. Tenemos:

$$\hat{X}_{st} = \sum_{h=1}^{n} N_h \overline{x}_h = 60\hat{\overline{X}}_{HHR} + 40\hat{\overline{X}}_U = 60 \cdot 2,128 + 40 \cdot 20 = 927,68$$

$$V(\hat{X}_{st}) = \sum_{h=1}^{n} N_h^2 V(\overline{x}_h) = 60^2 V(\hat{\overline{X}}_{HHR}) + 40^2 V(\hat{\overline{X}}_U) = 60^2 \cdot 0,016 + 40^2 \cdot 3,15 = 5097,6$$

$$\hat{C}v(\hat{X}_{st}) = \frac{\sqrt{V(\hat{X}_{st})}}{\hat{X}_{st}} = \frac{\sqrt{5097,6}}{927,68} = 0,077 \cong 7,7\%$$

Ejercicio 3. Se desea estimar el consumo de los hogares españoles a través de una muestra bietápica formada por conglomerados de 500 hogares cuya unidad primaria de muestreo es la sección censal. El coeficiente de correlación intraconglomerados es 0,1. El coste de preparación de listados y planimetría de cada sección censal a incluir en la muestra es de 5.000 pesetas, y el coste de entrevista por hogar es de 1.000 pesetas, no considerándose más componentes en la función de coste total. Si se dispone de un presupuesto global de 10.000.000 de pesetas se pide:

1) Especificar la función de coste total y plantear el problema de optimización con restricciones asociado

2) ¿Cuáles serían los tamaños de muestra en cada etapa que optimizasen el diseño? Se entiende por diseño óptimo aquel que logra la máxima precisión dentro del presupuesto fijado.

3) Si se estratifican las secciones censales en dos estratos del mismo tamaño correspondientes a zona rural y zona urbana, de modo que la variabilidad del consumo de los hogares medida a través de la varianza es tres veces superior en la zona urbana que en la rural, ¿cómo se distribuiría la muestra en cada estrato y en cada etapa para optimizar el diseño?

Utilizaremos la función de coste de campo $10000000 = 5000n + 1000n\overline{m}$ y minimizaremos la varianza $V(\overline{\overline{x}}) = (1-f)\frac{S^2}{n\overline{m}}(1-(\overline{m}-1)\cdot 0,1)$ sujeta a la restricción definida por la función de coste.

Para ello planteamos el siguiente problema de optimización de Lagrange:

$$MinV(\overline{\overline{x}}) = (1-f)\frac{S^2}{n\overline{m}}(1-(\overline{m}-1)\cdot 0,1)$$
$$10000000 = 5000n + 1000n\overline{m}$$
$$\Rightarrow \overline{m}_{op} = \sqrt{\frac{5000}{1000}\cdot\frac{1-0,1}{0,1}} \cong 7 \ y \ n_{op} \cong 834$$

En caso de estratificación de las secciones censales, teniendo presente que $N1=N2 \Rightarrow W1=W2$ y $\sigma_2^2 = 3\sigma_1^2$, tenemos:

$$\hat{V}(\overline{\overline{x}}_{st}) = \sum_{h=1}^{2} W_h^2 \frac{\sigma_h^2}{n_h \overline{m}_h}(1+(\overline{m}_h - 1)\delta) = \frac{W_1^2 \sigma_1^2}{n_1 \overline{m}_1}(1+(\overline{m}_1 - 1)\delta) +$$

$$\frac{W_2^2 \sigma_2^2}{n_2 \overline{m}_2}(1+(\overline{m}_2 - 1)\delta) = W_1^2 \sigma_1^2 \left[\frac{1}{n_1 \overline{m}_1}(1+(\overline{m}_1 - 1)\delta) + \frac{3}{n_2 \overline{m}_2}(1+(\overline{m}_2 - 1)\delta) \right]$$

El problema de optimización de Lagrange será ahora:

$$Min\hat{V}(\overline{\overline{x}}_{st}) = W_1^2 \sigma_1^2 \left[\frac{1}{n_1 \overline{m}_1}(1+(\overline{m}_1 - 1)\delta) + \frac{3}{n_2 \overline{m}_2}(1+(\overline{m}_2 - 1)\delta) \right]$$
$$10000000 = 5000(n_1 + n_2) + 1000(n_1 \overline{m}_1 + n_2 \overline{m}_2)$$
$$\Rightarrow \begin{cases} \overline{m}_1 \cong 7, \overline{m}_2 \cong 6 \\ n_1 \cong 322, n_2 \cong 558 \end{cases}$$

Ejercicio 4. Un investigador desea muestrear tres hospitales de entre los seis que existen en una ciudad, con el propósito de estimar la proporción de pacientes que han estado (o estarán) en el hospital por más de dos días consecutivos. Puesto que los hospitales varían en tamaño, éstos serán muestreados con probabilidades proporcionales al número de sus pacientes. En los tres hospitales muestreados se examinará un 10% de los registros de los pacientes actuales para determinar cuántos pacientes permanecerán por más de dos días en el hospital. Con la información sobre los tamaños de los hospitales dada en la tabla adjunta se selecciona una muestra de tres hospitales con probabilidades proporcionales al tamaño.

Hosp.	Pacien.	Interv.	Hosp.	Pacien.	Interv.	Hosp.	Pacien.	Interv
1	328	1-328	2	109	329-437	3	432	438-869
4	220	870-1089	5	280	1090-1369	6	190	1370-1559

Puesto que serán seleccionados tres hospitales, tres números aleatorios entre el 0001 y el 1559 deben ser seleccionados de la tabla de números aleatorios. Nuestros números elegidos son 1505, 1256 y 0827. ¿Qué hospitales serán elegidos para la muestra? Supóngase que los hospitales muestreados dieron los siguientes datos sobre el número de pacientes con permanencia de más de dos días:

Hospital	Nº de pacientes muestreados	Nº con más de dos días de permanencia
a	43	25
b	28	15
c	19	8

Estimar la proporción de pacientes con permanencia superior a dos días para los 6 hospitales y establecer un límite para el error de estimación.

Para seleccionar tres hospitales para la muestra se eligen tres números aleatorios entre 0001 y 1559 que resultan ser el 1505, el 1256 y el 0827. Localizados estos números en la columna de los intervalos acumulados, seleccionamos para la muestra los hospitales 3, 5 y 6. Ya podemos estimar la proporción solicitada mediante:

$$\hat{P} = \frac{1}{n}\sum_i^n \frac{\frac{M_i}{M}\hat{P_i}}{P_i} = \frac{1}{n}\sum_i^n \frac{\frac{M_i}{M}\hat{P_i}}{M_i/M} = \frac{1}{n}\sum_i^n \hat{P_i} = \frac{1}{3}\left(\frac{25}{43} + \frac{15}{28} + \frac{8}{19}\right) = 0,51$$

$$\hat{V}\left(\hat{P}\right) = \frac{\sum_i^n \left(\hat{P_i} - \hat{P}\right)^2}{n(n-1)} = \frac{1}{3\cdot 2}\left[\left(\frac{25}{48} - 0,51\right)^2 + \left(\frac{15}{28} - 0,51\right)^2 + \left(\frac{8}{19} - 0,51\right)^2\right] = 0,0025$$

El intervalo de confianza al 95%, suponiendo normalidad, será:

$$\hat{P} \pm \lambda_\alpha \sqrt{\hat{V}(\hat{P})} = 0,51 \pm 1,96\sqrt{0,0025} = [0.41, \ 0.61]$$

Ejercicio 5. *En una población de N = 10 conglomerados se efectúa muestreo en dos etapas (1ª etapa con reposición) obteniéndose los siguientes datos:*

Unidades primarias de la muestra $(n=3)$	Tamaños (M_i)	Valores observados X_{ij} $m_i = \overline{m} = 5$
A_1	50	8, 6, 12, 14, 10
A_2	60	8, 10, 14, 14, 16
A_3	80	8, 10, 10, 16, 12

Sabiendo que la suma de los tamaños es M = 600, se pide formar un estimador insesgado del total X y calcular el valor particular correspondiente a los datos del problema en los siguientes casos:

a) Muestreo con probabilidades iguales en las dos etapas.
b) Muestreo con probabilidades proporcionales al tamaño en primera etapa.
c) Estimar el error de muestreo, en ambos casos, por el método de los conglomerados últimos.
d) ¿En qué caso la muestra es autoponderada?

Para probabilidades iguales en ambas etapas el estimador del total es:

$$\hat{X} = \frac{N}{n}\sum_i^n M_i \overline{x}_i = \frac{10}{3}(50\cdot 10 + 60\cdot 12,4 + 80\cdot 11,2) = 7133,33$$

La estimación de la varianza por el método de los conglomerados últimos es:

$$\hat{V}(\hat{\theta}) = \frac{\sum_{i}^{n}(\hat{\theta}_i - \hat{\theta})^2}{n(n-1)} \Rightarrow \hat{V}(\hat{X}) = \frac{\sum_{i}^{n}\left(\dfrac{\hat{X}_i}{1/N} - \hat{X}\right)^2}{n(n-1)} = \frac{\sum_{i}^{n}\left(N\hat{X}_i - N\dfrac{1}{n}\sum_{i}^{n}M_i\overline{x}_i\right)^2}{n(n-1)} =$$

$$= \frac{N^2}{n} \cdot \frac{\sum_{i}^{n}\left(M_i\overline{x}_i - \dfrac{1}{n}\sum_{i}^{n}M_i\overline{x}_i\right)^2}{n-1} = \frac{N^2}{n} \cdot \frac{\sum_{i}^{n}\left(\hat{X}_i - \hat{\overline{X}}_i\right)^2}{n-1} =$$

$$\frac{100}{3}\left(\frac{(50\cdot 10 - 713,33)^2 + (60\cdot 12,4 - 713,33)^2 + (80\cdot 11,2 - 713,33)^2}{2}\right) = 2.19385\cdot 10^7$$

Para probabilidades proporcionales a los tamaños en primera etapa se tiene:

$$\hat{\overline{X}}_{HH} = \frac{1}{n}\sum_{i}^{n}\frac{M_i\overline{x}_i}{P_i} = \frac{1}{n}\sum_{i}^{n}\frac{M_i\overline{x}_i}{M_i/M} = \frac{M}{n}\sum_{i}^{n}\overline{x}_i = \frac{600}{3}(10 + 12,4 + 11,2) = 6720$$

La estimación de la varianza por el método de los conglomerados últimos es:

$$\hat{V}(\hat{\theta}) = \frac{\sum_{i}^{n}(\hat{\theta}_i - \hat{\theta})^2}{n(n-1)} \Rightarrow \hat{V}(\hat{X}) = \frac{\sum_{i}^{n}\left(\dfrac{\hat{X}_i}{M_i/M} - \hat{X}\right)^2}{n(n-1)} = \frac{\sum_{i}^{n}\left(\dfrac{M}{M_i}M_i\overline{x}_i - \dfrac{M}{n}\sum_{i}^{n}\overline{x}_i\right)^2}{n(n-1)} =$$

$$\frac{M^2\sum_{i}^{n}\left(\overline{x}_i - \dfrac{1}{n}\sum_{i}^{n}\overline{x}_i\right)^2}{n(n-1)} = \frac{600^2\left((10 - 11,2)^2 + (12,4 - 11,2)^2 + (11,2 - 11,2)^2\right)}{6} = 172800$$

Se observa que el error de muestreo es mucho menor en el caso de utilizar probabilidades proporcionales a los tamaños.

Sabemos que *si en primera etapa se asignan probabilidades Pi proporcionales a los tamaños Mi, la muestra es autoponderada si el tamaño de muestra de segunda etapa es igual para todas las unidades primarias seleccionadas*, situación que se da en nuestro caso, pues $m_i = \overline{m} = 5$.

También se tiene que *si en primera etapa se asignan probabilidades de selección iguales (Pi = 1/N), la muestra es autoponderada si en segunda etapa se toma una fracción de submuestreo igual para todas las unidades*; esto es, si $f_{2i} = m_i/M_i$ es constante para todo i, situación que no se da en nuestro problema porque $f_{21} = m_1/M_1 = 5/50$, $f_{22} = m_2/M_2 = 5/60$ y $f_{23} = m_3/M_3 = 5/80$.

Tenemos que la muestra resulta autoponderada en el caso de probabilidades proporcionales a los tamaños en primera etapa.

> **Ejercicio 6. Supongamos que cinco investigadores toman muestras independientes de igual tamaño constituidas por pequeñas parcelas de un campo de cultivo y obtienen estimaciones del rendimiento del campo θ. Sean estas estimaciones: 97, 96, 100, 98, 94. Si tomamos como estimador de θ la media de las cinco estimaciones, calcule el error de muestreo relativo. Realizar el mismo cálculo suponiendo que las muestras son de distintos tamaños, de 3, 1, 10, 10, 1 respectivamente.**

Si se admite que los cinco investigadores utilizan el mismo procedimiento de medida, podemos aplicar el método de los grupos aleatorios para la estimación de varianzas. La muestra de cada investigador puede considerarse como un grupoo aleatorio, de tal forma que con la unión de las cinco muestras se forme la muestra completa. Ya que tomamos como estimador de θ la media de las cinco estimaciones de los cinco investigadores, tenemos que:

$$\hat{\theta} = \frac{97 + 96 + 100 + 98 + 94}{5} = \frac{485}{5} = 97$$

Tenemos entonces los siguientes datos:

$\hat{\theta}_r$	97	96	100	98	94
$(\hat{\theta}_r - \hat{\theta})^2$	0	1	9	1	9

El estimador de la varianza por el método de los grupos aleatorios es:

$$\hat{V}(\hat{\theta}) = \frac{1}{K(K-1)} \sum_{r=1}^{K} (\hat{\theta}_r - \hat{\theta})^2 = \frac{1}{5(5-1)} (0+1+9+1+9) = 1$$

El error relativo de muestreo es $\sqrt{\hat{V}(\hat{\theta})}\Big/\hat{\theta} = 1/97 = 0,0103$ (1,03%)

En el caso de m_r distintos hacemos $\lambda_r = \dfrac{m_r}{n}$ y tomando $\hat{\theta} = \sum_{r=1}^{K} \lambda_r \hat{\theta}_r$ tenemos:

$$\hat{\theta} = \sum_{r=1}^{K} \lambda_r \hat{\theta}_r = \frac{3}{25}97 + \frac{1}{25}96 + \frac{10}{25}100 + \frac{10}{25}98 + \frac{1}{25}94 = 98,44$$

Tenemos ahora los siguientes datos:

$\hat{\theta}_r$	97	96	100	98	94
$(\hat{\theta}_r - \hat{\theta})^2$	2,07	5,95	2,43	0,19	19,71

El estimador de la varianza por el método de los grupos aleatorios es ahora:

$$\hat{V}(\hat{\theta}) = \frac{1}{K-1} \sum_{r=1}^{K} \lambda_r (\hat{\theta}_r - \hat{\theta})^2 = \frac{1}{(5-1)} \left(\frac{3}{25}2,07 + \frac{1}{25}5,95 + \frac{10}{25}2,43 + \frac{10}{25}0,19 + \frac{1}{25}19,71 \right) = 0,581€$$

El error relativo de muestreo es ahora:

$$\sqrt{\hat{V}(\hat{\theta})}\Big/\hat{\theta} = \sqrt{0,5816}\,/\,98,44 = 0,0077 \quad (0,77\%)$$

Para grupos aleatorios de tamaño distinto se ha obtenido una mejor estimación.

> **Ejercicio 7. Realizamos muestreo bietápico en una población de 10 conglomerados de tamaños desiguales. En la primera etapa se toman tres unidades primarias y en la segunda etapa se toman cinco unidades dentro de cada unidad primaria. Hallar el estimador lineal insesgado del total poblacional en el caso de muestreo sin reposición con probabilidades iguales en las dos etapas. Probar que si se aplica el teorema de Durbin para la estimación de la varianza del estimador del total se tiene:**
>
> $$\hat{V}(\hat{X}) = \frac{14}{45}\sum_{i=1}^{3} M_i^2 x_i^2 - \frac{2}{3}\sum_{i=1}^{3} s_i^2 M_i\,(M_i - 5) - \frac{7}{45}\sum_{i \neq j} M_i M_j x_i x_j$$
>
> **siendo x_i el total muestral y $s_i^2 = \hat{S}_i^2$ la cuasivarianza dentro de la unidad primaria i-ésima de la muestra. Si consideramos muestreo con reposición en la segunda etapa ¿cuál es el estimador del total? ¿qué expresión toma el estimador de su varianza?**

El estimador del total en muestreo por conglomerados bietápico con probabilidades iguales es el siguiente:

$$\hat{X} = \frac{N}{n}\sum_{i}^{n} M_i \bar{x}_i = \frac{N}{n}\sum_{i}^{n} M_i \frac{x_i}{m_i} = \frac{10}{3}\sum_{i}^{n} M_i \frac{x_i}{5} = \frac{2}{3}\sum_{i}^{n} M_i x_i$$

Según el teorema de Durbin, el estimador de la varianza $\hat{V}(\hat{X})$ puede expresarse como:

$$\hat{V}(\hat{X}) = \hat{V}_c\left(\hat{\hat{X}}\right) + \sum_{i}^{n} \frac{\hat{V}_2\left(\hat{X}_i\right)}{\pi_i}$$

donde $\hat{V}_c$ es una copia del estimador de la varianza de $\hat{X}$ (en una etapa) sustituyendo X_i por $\hat{X}_i$, y la segunda consiste en una suma ponderada de los estimadores $\hat{V}_2\left(\hat{X}_i\right)$ en segunda etapa.

En nuestro caso el muestreo es sin reposición en las dos etapas, luego tenemos:

$$\hat{V}(\hat{\hat{X}}_{HT}) = \sum_{i=1}^{n} \frac{\hat{X}_i^2}{\pi_i}(1-\pi_i) + \sum_{i \neq j}^{n} \frac{\hat{X}_i}{\pi_i}\frac{\hat{X}_j}{\pi_j}(\pi_{ij} - \pi_i \pi_j) + \sum_{i}^{n} \frac{(1-f_{2i})M_i^2 \hat{S}_i^2}{m_i \pi_i}$$

Como estamos en el caso particular de probabilidades iguales hacemos $\pi_i = \dfrac{n}{N}$

y $\pi_{ij} = \dfrac{n(n-1)}{N(N-1)}$, con lo que se tiene:

$$V(\hat{\hat{X}}_{HT}) = \sum_{i=1}^{N} \frac{\hat{X}_i^2}{n/N}(1-\frac{n}{N}) + \sum_{i \neq j}^{N} \frac{\hat{X}_i}{n/N} \frac{\hat{X}_j}{n/N}(\frac{n(n-1)}{N(N-1)} - \frac{n}{N}\frac{n}{N}) + \sum_i^n \frac{(1-f_{2i})M_i^2 \hat{S}_i^2}{m_i n/N}$$

$$= N^2(1-f_1)\frac{\dfrac{1}{n-1}\displaystyle\sum_{i=1}^{n}(\hat{X}_i - \bar{\hat{X}})^2}{n} + \frac{N}{n}\sum_i^n \frac{(1-f_{2i})M_i^2 \dfrac{1}{m_i-1}\displaystyle\sum_{j=1}^{m_i}(X_{ij} - \bar{x}_i)^2}{m_i}$$

Pero $\hat{X}_i = M_i \bar{x}_i = M_i \dfrac{x_i}{m_i} = M_i \dfrac{x_i}{5}$ y $\bar{\hat{X}} = \dfrac{1}{3}\displaystyle\sum_{i=1}^{3} M_i \dfrac{x_i}{5} = \dfrac{1}{15}\displaystyle\sum_{i=1}^{3} M_i x_i$, lo que

nos lleva a la siguiente expresión para $\displaystyle\sum_{i=1}^{n}(\hat{X}_i - \bar{\hat{X}})^2$:

$$\sum_{i=1}^{3}(\hat{X}_i - \bar{\hat{X}})^2 = \sum_{i=1}^{3}\hat{X}_i^2 - 3\bar{\hat{X}}^2 = \sum_{i=1}^{3}\left(M_i \frac{x_i}{5}\right)^2 - 3\left(\frac{1}{15}\sum_{i=1}^{3}M_i x_i\right)^2 = \frac{1}{15}\sum_{i=1}^{3}M_i^2 x_i^2$$

$$-\frac{1}{75}\left(\sum_{i=1}^{3}M_i^2 x_i^2 + \sum_{i \neq j}M_i M_j x_i x_j\right) = \frac{2}{75}\sum_{i=1}^{3}M_i^2 x_i^2 - \frac{1}{75}\sum_{i \neq j}M_i M_j x_i x_j$$

Como por otra parte $f_1 = n/N = 3/10$ y $f_{2i} = m_i/M_i = 5/M_i$, ya podemos expresar el estimador de la varianza del estimador del total mediante la fórmula de Durbin como sigue:

$$\hat{V}(\hat{\hat{X}}_{HT}) = 10^2\left(1-\frac{3}{10}\right)\frac{\dfrac{1}{3-1}\cdot\dfrac{2}{75}\displaystyle\sum_{i=1}^{3}M_i^2 x_i^2 - \dfrac{1}{75}\displaystyle\sum_{i \neq j}M_i M_j x_i x_j}{n} + \sum_i^3 \frac{(1-\dfrac{5}{M_i})M_i^2 \hat{S}_i^2}{5\cdot 3/10}$$

$$= \frac{14}{45}\sum_{i=1}^{3}M_i^2 x_i^2 - \frac{2}{3}\sum_{i=1}^{3}s_i^2 M_i(M_i - 5) - \frac{7}{45}\sum_{i \neq j}M_i M_j x_i x_j$$

Si ahora consideramos muestreo con reposición en segunda etapa, el estimador del total no cambia de expresión, pero sí la estimación de su varianza, que de acuerdo con la fórmula de Durbin adoptará ahora la siguiente expresión:

$$V(\hat{\hat{X}}_{HT}) = \sum_{i=1}^{N} \frac{\hat{X}_i^2}{\pi_i}(1-\pi_i) + \sum_{i \neq j}^{N} \frac{\hat{X}_i}{\pi_i} \frac{\hat{X}_j}{\pi_j}(\pi_{ij} - \pi_i \pi_j) + \sum_i^N \frac{M_i^2 \hat{S}_i^2}{m_i \pi_i}$$

Para el caso particular de probabilidades iguales hacemos como antes $\pi_i = \dfrac{n}{N}$

y $\pi_{ij} = \dfrac{n(n-1)}{N(N-1)}$, con lo que se tiene:

$$V(\hat{\bar{X}}_{HT}) = \sum_{i=1}^{N} \frac{\hat{X}_i^2}{n/N}(1-\frac{n}{N}) + \sum_{i=1}^{N} \frac{\hat{X}_i}{n/N}\frac{\hat{X}_j}{n/N}(\frac{n(n-1)}{N(N-1)} - \frac{n}{N}\frac{n}{N}) + \sum_{i}^{N} \frac{M_i^2 \hat{S}_i^2}{m_i n/N}$$

$$= N^2(1-f_1)\frac{\dfrac{1}{n-1}\displaystyle\sum_{i=1}^{n}(\hat{X}_i - \hat{\bar{X}})^2}{n} + \frac{N}{n}\sum_{i}^{N} \frac{M_i^2 \dfrac{1}{m_i-1}\displaystyle\sum_{j=1}^{m_i}(X_{ij} - \bar{x}_i)^2}{m_i}$$

expresión que sólo difiere de la anterior en el factor $1-f_{2i} = 1-5/M_i$ de la segunda componente. Por tanto la nueva expresión de la estimación de la varianza será:

$$\hat{V}(\hat{\bar{X}}_{HT}) = 10^2\left(1 - \frac{3}{10}\right)\frac{\dfrac{1}{3-1}\cdot\dfrac{2}{75}\displaystyle\sum_{i=1}^{3}M_i^2 x_i^2 - \dfrac{1}{75}\displaystyle\sum_{i\neq j}M_i M_j x_i x_j}{n} + \sum_{i}^{3} \frac{M_i^2 \hat{S}_i^2}{5\cdot 3/10}$$

$$= \frac{14}{45}\sum_{i=1}^{3}M_i^2 x_i^2 - \frac{2}{3}\sum_{i=1}^{3}s_i^2 M_i^2 - \frac{7}{45}\sum_{i\neq j}M_i M_j x_i x_j$$

Ejercicio 8. *Consideramos una población de 1100 conglomerados en la que se realiza estratificación de unidades primarias formando 2 estratos. El primero de ellos tiene 1000 conglomerados de tamaño $\overline{M}_1 = 50$ de los que se extrae una muestra de 5 unidades de primera etapa, en cada una de las cuales se obtiene a su vez una submuestra de $\overline{m}_1 = 6$ unidades elementales de segunda etapa, que proporcionan como datos $\bar{x}_{i1} = \{3, 5, 2, 4, 6\}$ i=1,2,...,5 y $S_{1w}^2 = 1,5$. El segundo estrato tiene 100 conglomerados de tamaño $\overline{M}_2 = 40$ de los que se extrae una muestra de 6 unidades de primera etapa, en cada una de las cuales se obtiene a su vez una submuestra de $\overline{m}_2 = 4$ unidades elementales de segunda etapa, que proporcionan como datos $\bar{x}_{i2} = \{3, 4, 3, 5, 3, 3\}$ i=1,2,...,6 y $S_{2w}^2 = 1,33$. A partir de esta información estimar la media poblacional y sus errores absoluto y relativo de muestreo considerando muestreo sin reposición y probabilidades iguales en todas las etapas. Hallar también un intervalo de confianza para la media al 95%.*

Inicialmente estimamos la media y su varianza en el primer estrato. Tenemos:

$$\bar{\bar{x}}_1 = \frac{1}{n_1}\sum_i \bar{x}_{i1} = \frac{20}{5} = 4 \qquad \hat{S}_b^2 = \frac{\overline{m}_1 \displaystyle\sum_i^5 \left(\bar{x}_{i1} - \bar{\bar{x}}_1\right)^2}{n_1 - 1} = 15$$

$$\hat{V}\left(\bar{\bar{x}}_1\right) = (1-f_{11})\frac{\hat{S}_{1b}^2}{n_1\overline{m}_1} + f_{11}(1-f_{12})\cdot\frac{\hat{S}_{1w}^2}{n_1\overline{m}_1} = \left(1 - \frac{5}{1000}\right)\frac{15}{30} + \frac{5}{1000}\left(1 - \frac{6}{50}\right)\cdot\frac{1,5}{30} = 0,5$$

Ahora estimamos la media y su varianza en el segundo estrato. Tenemos:

$$\overline{\overline{x}}_2 = \frac{1}{n_2}\sum_i \overline{x}_{i2} = \frac{21}{6} = 3{,}5 \qquad \hat{S}_{2b}^2 = \frac{\overline{m}_2 \sum_i^6 \left(\overline{x}_{i2} - \overline{\overline{x}}_2\right)^2}{n_2 - 1} = 2{,}8$$

$$\hat{V}\!\left(\overline{\overline{x}}_2\right) = \left(1 - f_{21}\right)\frac{\hat{S}_{2b}^2}{n_2\overline{m}_2} + f_{21}\left(1 - f_{22}\right)\cdot\frac{\hat{S}_{2w}^2}{n_2\overline{m}_2} = \left(1 - \frac{6}{100}\right)\frac{2{,}8}{24} + \frac{6}{100}\left(1 - \frac{4}{40}\right)\cdot\frac{1{,}33}{24} = 0{,}113$$

El estimador de la media estratificado será:

$$\overline{x}_{st} = \sum_{h=1}^{2} W_h\overline{\overline{x}}_h = W_1\overline{\overline{x}}_1 + W_2\overline{\overline{x}}_2 = \frac{1000}{1100}\cdot 4 + \frac{100}{1100}\cdot 3{,}5 = 3{,}685$$

La estimación de la varianza del estimador de la media valdrá:

$$\hat{V}(\overline{x}_{st}) = \sum_{h=1}^{2} W_h^2\hat{V}(\overline{\overline{x}}_h) = W_1^2\hat{V}(\overline{\overline{x}})_1 + W_2^2\hat{V}(\overline{\overline{x}}_2) = \left(\frac{1000}{1100}\right)^2\cdot 0{,}5 + \left(\frac{100}{1100}\right)^2\cdot 0{,}113 = 0{,}415$$

El error relativo de muestreo se estimará mediante:

$$\hat{C}v(\overline{x}_{st}) = \frac{\sqrt{\hat{V}(\overline{x}_{st})}}{\overline{x}_{st}} = \frac{\sqrt{0{,}415}}{3{,}685} = 0{,}1748 \quad (17{,}48\%)$$

El intervalo de confianza al 95% suponiendo normalidad será:

$$\overline{x}_{st} \pm \lambda_\alpha\sqrt{\hat{V}(\overline{x}_{st})} = 3{,}685 \pm 1{,}96\sqrt{0{,}415} = [2{,}42, \quad 4{,}95]$$

CAPÍTULO 11

MUESTREO DOBLE Y MUESTREO EN OCASIONES SUCESIVAS

DEFINICIÓN Y ESPECIFICACIONES DEL MUESTREO DOBLE O BIFÁSICO

Supongamos que queremos obtener estimadores de alguna variable X_i. Varias técnicas de muestreo dependen de si se tiene información anticipada de una variable auxiliar Y_i correlacionada con X_i, como es el caso de los estimadores de la razón y regresión, que se basan en el conocimiento de la media $\overline{Y}$ de la variable auxiliar Y_i. Cuando falta esta información sobre la variable auxiliar puede ser relativamente económico tomar una gran muestra preliminar barata para medir las Y y hacer estimaciones basadas en las Y_i (por ejemplo $\overline{Y}$) para ser usadas luego para construir estimaciones de las X_i más precisas y costosas.

Aparece así el concepto de muestreo doble, que en la práctica se lleva a cabo seleccionando en una primera fase una muestra, relativamente grande, en la que a bajo coste pueden observarse una o varias características generales de las unidades que nos proporcionan la información que necesitamos para el estudio de nuestra característica objetivo. En una segunda fase seleccionamos una submuestra de la primera en la que observamos ya la característica objeto de estimación. Esta técnica se conoce con el nombre de muestreo en dos fases, muestreo doble o muestreo bifásico. Para fijar notación consideramos:

1ª fase. Se toma una muestra grande de tamaño n' relativa a la variable auxiliar Y_i para estimar por ejemplo $\overline{Y}$ u otras características relativas a la variable Y_i con bajo coste.

2ª fase. Se toma una muestra relativa a la variable en estudio X_i de tamaño n (generalmente submuestra de la muestra preliminar $n < n'$) con coste mucho más alto.

Es evidente que la conveniencia de esta técnica de muestreo depende de los costes. Si la observación de la característica X_i que nos interesa no tiene coste, o es muy bajo, sencillamente tomaríamos una muestra del tamaño n_0 necesario para la precisión deseada y con ella haríamos las estimaciones relativas a X_i.

Supongamos entonces que disponem os de un presuspuesto total C, que el coste por unidad de la prim era muestra de tamaño n', es c' y que el coste por unidad de la segunda m uestra, de tam año $n < n'$, es c. Frecuentem ente c' es m ucho m ás pequeño que c, bien sea porque la primera muestra se utiliza para obtener unos pocos datos generales de las unidades (en cam po o en oficina, si se dispone de un fichero o registro) o bien porque la observación de la característica objetivo implica un proceso de observación m ás costoso. En estas condiciones, si tom amos una sola m uestra, tendremos $C = cn_o$, y si hacemos muestreo en dos fases $C = c'n' + cn$. Supongamos que los costes totales por el procedim iento bifásico y por el norm al (aleatorio) son los mismos, esto es, $cn_o = c'n + cn$. Igualando los dos costes totales, se obtiene:

$$n_o = n + \frac{c'}{c} n'$$

lo que nos dice que con la técnica de dos fases la observación efectiva (la referida a la variable X_i) se hace en una m uestra de tamaño n, menor que el tam año n_o de la muestra aleatoria sim ple correspondiente en una sola fase con el mismo coste total. Luego al introducir las dos fases el tamaño de muestra necesario es más pequeño que si hubiese una sola fase (muestreo aleatorio normal) y hay una perdida en la precisión de los estimadores (al disminuir el tamaño de la muestra).

La cuestión que se plantea ahora es decidir si com pensa la dism inución del tamaño efectivo de la m uestra, con el in cremento de inform ación adquirido en la primera fase (lo que provocará pérdida de precisión en las estim aciones relativas a X_i). Para ello debe calcularse la varianza co rrespondiente a m uestreo doble y com pararla con la del muestreo en una sola fase en caso de estimación de la media:

$$\frac{\sigma^2}{n_o}$$

Es obvio que cuanto m enor sea la relación c'/c m ás favorable es el muestreo doble. Ello es debido a que $n_o - n = (c'/c)n' \Rightarrow$ mientras menor sea c'/c más cerca estará n de n_o y menos disminución habrá del tam año de muestra comparado el bifásico y el aleatorio simple, siendo la pérdida en precisión de los estim adores al introducir el bifásico menor.

El m uestreo bifásico sólo es bueno si lo que se gana en precisión de los estimadores al introducir la ay uda de la m uestra grande compensa la pérdida en precisión debida a la reducción del tamaño de la m uestra para estim ar X_i, esto es, la ayuda de la variable auxiliar Y_i. La primera muestra de tamaño n' proporciona ciertos datos buenos basados en la variable auxiliar Y_i para que las estim aciones finales (las estimaciones de X_i) sean precisas. Si no hubiese variable auxiliar Y_i el tam año de la muestra para estim ar X_i será n_o, y al introducir la variable auxiliar el tam año de la muestra es $n < n_o$.

MUESTREO DOBLE PARA ESTRATIFICACIÓN

Supongamos que la población se estratifica en L clases (estratos). *La primera muestra (primera fase)* es aleatoria de tamaño n' seleccionada de entre las n unidades de la población. Sea W_h = Proporción de elem entos de la población que caen en el estrato h, que es desconocida inicialmente.

$$W_h = \frac{N_h}{N} = \frac{\text{Número de elementos poblacionales en el estrato } h}{\text{Número total de elementos de la población}}$$

Consideremos ahora la proporción de elem entos de la prim era m uestra que cae en el estrato h:

$$\hat{W}_h = \frac{n'_h}{n'} = \frac{\text{Número de elementos de la primera muestra que caen en el estrato } h}{\text{Número total de elementos de la primera muestra}}$$

Si consideramos selecciones diferentes de la 1^a m uestra (con n' prefijado) obtenemos diferentes valores de n'_h y $\hat{W}_h$ resulta ser un estimador insesgado de W_h (porque la proporción m uestral en m uestreo aleatorio sim ple es un estimador insesgado de la proporción poblacional, lo m ismo que la m edia muestral es un estimador insesgado de la m edia poblacional). Tenemos entonces que $E\left(\hat{W}_h\right) = W_h$ estando la esperanza referida a las muestras posibles de n' unidades de entre las N de la población. A efectos de clarificar la notación especificamos lo siguiente:

n'_h = nº de unidades de entre las n' de la muestra de 1ª fase que caen en el estrato h para $h=1,2,...,L$

$$n' = \sum_{h=1}^{L} n'_h \quad \text{y} \quad n = \sum_{h=1}^{L} n_h$$

La segunda muestra (segunda fase) es una muestra aleatoria estratificada de tamaño n. Consiste en tom ar una submuestra aleatoria de tamaño $n_h \leq n'_h$ en cada estrato independientem ente (o sea, las n_h las elegim os de entre las n'_h para valores de $h = 1....L$).

Tendremos $n = \sum_{h=1}^{L} n_h$.

Ahora n' es dado y $n'_1 .... n'_h .... n'_L$ son fijos y $\hat{W}_1 \cdots \hat{W}_h \cdots \hat{W}_L$ también serán fijos (por serlo n'_h y n') y lo que se hace es considerar todas las submuestras aleatorias de n_h unidades que pueden extraerse de entre las n'_h unidades dadas.

Estimadores y varianzas

El estimador usual de la media en muestreo estratificado es:

$$\hat{\bar{X}} = \sum_h W_h \bar{x}_h \quad W_h = N_h / N$$

En muestreo doble los W_h se estiman por los $\hat{W}_h$ obtenidos de la primera muestra, y con la segunda muestra estimamos las medias $\bar{x}_h = x_h / n_h$, resultando de esta forma resulta el estimador para la media:

$$\hat{\bar{X}} = \sum_h \hat{W}_h \bar{x}_h; \; \hat{W}_h = \frac{n'_h}{n'}$$

Utilizaremos la notación $E_{W'}(T)$ para expresar la esperanza matemática de un estadístico T, condicionada al conjunto de muestras de primera fase en las cuales $n'_1, ..., n'_h, ..., n'$ son fijos, o lo que es lo mismo, para un n' dado, $\hat{W}_1, \cdots, \hat{W}_h, \cdots, \hat{W}_L$ son fijos. Análogamente $V_{W'}(T)$ expresará la varianza condicionada.

El estimador $\hat{\bar{X}}$ es insesgado para la media, ya que:

$$E\left(\hat{\bar{X}}\right) = E\left\{E_{W'}\left(\sum_h \hat{W}_h \bar{x}_h\right)\right\} = E\left(\sum_h \hat{W}_h E_{W'}(\bar{x}_h)\right) = E\left(\sum_h \hat{W}_h \bar{X}_h\right) =$$

$$\left(\sum_h E(\hat{W}_h)\bar{X}_h\right) = \sum_h W_h \bar{X}_h = \sum_h \frac{N_h}{N}\frac{1}{N_h}X_h = \frac{1}{N_h}\sum_h X_h = \frac{X}{N}\bar{X} = \bar{X}$$

Hemos aplicado que cuando se toman esperanzas en W' los $\hat{W}_h$ son fijos, luego salen fuera de la esperanza. También hemos aplicado que para el conjunto de muestras de primera fase en las que n'_h es fijo, se cumple $E_{W'}(\bar{x}_h) = \bar{X}_h$. Por otra parte también hemos aplicado que en el conjunto de muestras variando n'_h se cumple $E(\hat{W}_h) = W_h$, siendo n' prefijado.

Para calcular la *varianza del estimador* utilizamos la descomposición definida por el teorema de Madow:

$$V\left(\hat{\bar{X}}\right) = V\left(E_{W'}\left(\hat{\bar{X}}\right)\right) + E\left(V_{W'}\left(\hat{\bar{X}}\right)\right)$$

Veamos el primer sumando:

$$V\left(E_{W'}\left(\hat{\bar{X}}\right)\right) = V\left(\sum_h \hat{W}_h \bar{X}_h\right) = \sum_h V(\hat{W}_h)\bar{X}_h^2 + \sum_{h \neq j} \bar{X}_h \bar{X}_j Cov.(\hat{W}_h, \hat{W}_j)$$

Considerando la primera fase vemos que extraemos las muestras posibles de n' unidades de entre las N de la población. Además de entre estas n' unidades n'_1 caen en el estrato 1, n'_2 en el estrato 2,..., n'_n en el estrato n ....y n'_L en el estrato L. Luego la variable aleatoria $\hat{W}_h$ es una hipergeométrica para L clases teniendo presente que estamos en **muestreo sin reposición**. Luego la varianza de $\hat{W}_h$ y la $Cov(\hat{W}_h, \hat{W}_j)$, haciendo uso de la distribución hipergeométrica generalizada para L clases, vienen dadas por (ver el modelo de Sánchez Crespo y Gabeiras en el tema 3):

$$V(\hat{W}_h) = \frac{N-n'}{N-1}\frac{W_h(1-W_h)}{n'}; \quad Cov(\hat{W}_h, \hat{W}_j) = -\frac{N-n'}{N-1}\frac{W_h W_j}{n'}; \quad P_n = \frac{N_h}{N} = W_h$$

y sustituyendo en el primer sumando del teorema de Madow resulta:

$$V\left(E_{W'}\left(\hat{\bar{X}}\right)\right) = g'\left\{\sum_h \bar{X}_h^2 \frac{W_h(1-W_h)}{n'} - \sum_{h\neq j}\bar{X}_h\bar{X}_j\frac{W_h W_j}{n'}\right\}$$

donde g' es el factor de finitud $g'=(N-n')/(N-1)$. La anterior expresión puede simplificarse teniendo en cuenta:

$$\sum_h \bar{X}_h^2 W_h - \sum_h \bar{X}_h^2 W_h^2 - \sum_{h\neq j}\bar{X}_h\bar{X}_j W_h W_j = \sum_h \bar{X}_h^2 W_h - \left(\sum_h W_h \bar{X}_h\right)^2 = \sum_h W_h(\bar{X}_h - \bar{X})^2$$

de donde resulta $V\left(E_{W'}\left(\hat{\bar{X}}\right)\right) = \frac{g'}{n'}\sum_h W_h(\bar{X}_h - \bar{X})^2$.

Calculemos ahora el segundo sumando:

$$E\left(V_{W'}\left(\hat{\bar{X}}\right)\right) = E\left(V_{W'}\left(\sum_h \hat{W}_h \bar{x}_h\right)\right) = E\left(\sum_h (1-f_h)\frac{S_h^2}{n_h}\hat{W}_h^2\right) = \sum_h (1-f_h)\frac{S_h^2}{n_h}E(\hat{W}_h^2)$$

$$= \sum_h (1-f_h)\frac{S_h^2}{n_h}\left(V(\hat{W}_h) + \underbrace{W_h^2}_{\left(E(\hat{W}_h)\right)^2}\right) = \sum_h (1-f_h)\frac{S_h^2}{n_h}\left(\frac{g'W_h(1-W_h)}{n'} + W_h^2\right)$$

Por último, agregando los dos sumandos, la varianza del estimador de la media en muestreo doble para estratificación sin reposición en las dos fases es:

$$V\left(\hat{\bar{X}}\right) = \sum_h (1-f_h)\frac{S_h^2}{n_h}\left(W_h^2 + \frac{g'W_h(1-W_h)}{n'}\right) + \frac{g'}{n'}\sum_h W_h(\bar{X}_h - \bar{X})^2$$

donde $f_h = n_h/n_{h'}$ es la fracción de muestreo en la segunda fase, suponiendo que el muestreo se realiza con probabilidades iguales y sin reposición en las dos fases.

J. N. K. Rao expresó esta varianza de la media de la siguiente forma:

$$V\left(\hat{\overline{X}}\right) = \frac{N-n'}{N} \cdot \frac{S^2}{n'} + \sum_h \left(\frac{1}{v_h} - 1\right) \cdot W_h \frac{S_h^2}{n'} \quad ; \quad v_h = \frac{n_h}{n_h'}$$

Si el m uestreo es **con reposición en primera fase**, tendrem os que la extracción de las muestras posibles de n' unidades de entre las N de la población, de modo que de entre estas n' unidades n'_1 caen en el estrato 1, n'_2 en el estrato 2,..., n'_n en el estrato n ....y n'_L en el estrato L, se ajusta a un m odelo multinomial (ver dicho modelo en el capítulo 3 al estudiar el m uestreo con reposición). Luego la variable aleatoria $\hat{W}_h$ es ahora una m ultinomial para L clases en vez de una hipergeom étrica generalizada. Tenemos entonces:

$$V\left(\hat{W}_h\right) = \frac{W_h\left(1-W_h\right)}{n'} \quad Cov\left(\hat{W}_h, \hat{W}\right) = -\frac{W_h W_j}{n'} \quad P_n = \frac{N_h}{N} = W_h$$

P_h= probabilidad de que una bola de la población   caiga entre las N_h del estrato h. Sustituyendo en las componentes del teorema de Madow se tiene:

$$V\left(\hat{\overline{X}}\right) = \sum_h (1-f_h)\frac{S_h^2}{n_h}\left(W_h^2 + \frac{W_h\left(1-W_h\right)}{n'}\right) + \frac{1}{n'}\sum_h W_h\left(\overline{X}_h - \overline{X}\right)^2$$

fórmula aproxim ada para n' pequeño respecto de N en   **caso sin reposición en segunda fase**.

Si el muestreo es **con reposición en las dos fases**:

$$V\left(\hat{\overline{X}}\right) = \sum_h \frac{\sigma_h^2}{n_h}\left(W_h^2 + \frac{W_h\left(1-W_h\right)}{n'}\right) + \frac{1}{n'}\sum_h W_h\left(\overline{X}_h - \overline{X}\right)^2$$

fórmula aproximada para n_h pequeño respecto de N_h, en todo h, y n' pequeño respecto de N.

Para   el total $X = N\overline{X}$, el estim ador insesgado es $\hat{X} = N\hat{\overline{X}}$ y su varianza es $V\left(\hat{X}\right) = N^2 V\left(\hat{\overline{X}}\right)$.

Se tiene que si la m uestra de prim era fase es de tam año $n'=N$, esto es, se observan todas las unidades de la población para efectuar la estratificación, la fórmula general de la varianza del estimador en muestreo doble se convierte en:

$$V\left(\hat{\overline{X}}\right) = \sum_h (1-f_h)W_h^2\frac{S_h^2}{n_h} ; g' = 0$$

que coincide con la del muestreo estratificado usual en una sola fase.

También se observa que n' aparece dividiendo, y en consecuencia cuanto mayor es n' ($n' < N$) la pérdida de precisión por el uso de muestreo doble disminuye. Obviamente el coste aumenta, razón por la cual conviene estudiar los tam años y la afijación óptimos en función del coste.

Estimación de proporciones y totales de clase

Si se desea estim ar una porporción P en la población, siendo P_h la correspondiente al hº estrato, el estimador insesgado en muestreo doble es:

$$\hat{P} = \sum_h \hat{W}_h p_h; \quad p_h = \text{proporción muestral en segunda fase.}$$

La varianza (**sin reposición en las dos fases**), aplicando el resultado anterior, será:

$$V(\hat{P}) = \sum_h (1 - f_h) \frac{P_h Q_h}{n_h} \left(W_h^2 + \frac{g' W_h (1 - W_h)}{n'} \right) + \frac{g'}{n'} \sum_h W_h (P_h - P)^2$$

con la aproximación $S_h^2 = \dfrac{N_h}{N_h - 1} P_h Q_h \approx P_h Q_h$.

En **muestreo con reposición en las dos fases**, o sin reposición y tam años muestrales pequeños respecto de los correspondientes poblacionales $(f_h \approx 1; g' \approx 1)$, se tiene:

$$V(\hat{P}) = \sum_h \frac{P_h Q_h}{n_h} \left(W_h^2 + \frac{W_h (1 - W_h)}{n'} \right) + \frac{1}{n'} \sum_h W_h (P_h - P)^2$$

Para el total de clase, $A = NP$, el estim ador es $\hat{A} = N\hat{P}$ y su varianza $V(\hat{A}) = N^2 V(\hat{P})$.

Afijación proporcional

Si en la m uestra de segunda fase asignamos a cada estrato un tamaño muestral n_h proporcional al tam año del estrato se tiene $n_h = W_h n$, resultando para la varianza del estimador la fórmula:

$$V(\hat{\bar{X}}) = \frac{1}{n} \sum_h (1 - f_h) S_h^2 \left(W_h + \frac{g'(1 - W_h)}{n'} \right) + \frac{g'}{n'} \sum_h W_h (\bar{X}_h - \bar{X})^2$$

aunque en la práctica para efectuar la afijación a los estratos utilizaremos $n_h = \hat{W}_h n$.

En muestreo con reposición se tiene:

$$V\left(\hat{\bar{X}}\right) = \frac{1}{n}\sum_h \sigma_h^2 W_h + \frac{1}{nn'}\sum_h \sigma_h^2 (1-W_h) + \frac{1}{n'}\sum_h W_h (\bar{X}_h - \bar{X})^2$$

y teniendo en cuenta que si n no es pequeño el segundo sumando es del orden de un n-ésimo de los otros dos, podemos escribir la fórmula suficientemente aproximada:

$$V\left(\hat{\bar{X}}\right) = \frac{1}{n}\sum_h W_h \sigma_h^2 + \frac{1}{n'}\sum_h W_h (\bar{X}_h - \bar{X})^2$$

Para el total X, la proporción P y el total de clase, las fórmulas se deducen inmediatamente de las anteriores.

Afijación óptima

Se trata de hallar n_n tal que $V\left(\hat{\bar{X}}\right)$ sea mínima para un coste $C = c'n' + c$ n dado.

Determinemos ahora el reparto del tamaño n a los L estratos que para un coste total dado hace mínima la varianza del estimador. Para ello utilizaremos la fórmula correspondiente a muestreo con reposición en las dos fases, válida en la práctica para muestreo sin reposición cuando la población es grande respecto de los tamaños muestrales. La función de Lagrange es:

$$\phi = \sum_h \frac{\sigma_h^2}{n_h}\left(W_h^2 + \frac{W_h(1-W_h)}{n'}\right) + \frac{1}{n'}\sum_h W_h (\bar{X}_h - \bar{X})^2 + \lambda\left(c'n' + c\sum n_n - C\right)$$

y derivando respecto de n_h se obtiene el sistema de ecuaciones para $h = 1, 2, ..., L$; para un n' dado:

$$\frac{\delta\Phi}{\delta n_h} = \frac{-\sigma_h^2}{n_h^2}\left(W_h^2 + \frac{W_h(1-W_h)}{n'}\right) + \lambda c = 0 \;;$$

puesto que C, n', c' y c son fijos y $n = \sum_h n_h$.

Despejando, resulta: $n_h = \frac{\sigma_h}{\sqrt{\lambda c}}\sqrt{W_h^2 + W_h(1-W_h)/n'}$, lo que significa que n_h es proporcional a:

$$\sigma_h\sqrt{W_h^2 + W_h(1-W_h)/n'}$$

En la práctica, $\dfrac{W_h(1-W_h)}{n'}$ es pequeño con relación a W_h^2.

Luego se desprecia, con lo que una buena aproximación a la afijación óptima viene dada por la fórmula de Neyman:

$$n_h = \frac{\sigma_h W_h}{\sum_h \sigma_h W_h} \cdot n \cong \frac{S_h W_h}{\sum_h S_h W_h} \cdot n$$

y llevando este resultado a la fórmula de la varianza del estimador, manteniendo que el término:

$$\frac{W_h(1 - W_h)}{n'}$$

es despreciable, resulta:

$$V\left(\hat{\bar{X}}\right) = \frac{1}{n}\left(\sum_h W_h \sigma_h\right)^2 + \frac{1}{n'}\sum_h W_h\left(\bar{X}_h - \bar{X}\right)^2$$

Ahora para determinar los tamaños óptimos n' y n correspondientes a un coste total dado tales que $V\left(\hat{\bar{X}}\right)$ sea mínima, escribimos la función de Lagrange:

$$\phi = \frac{1}{n}A + \frac{1}{n'}B + \lambda(c'n' + cn - C) \quad A = \left(\sum_h W_h \sigma_h\right)^2 \quad B = \sum_h W_h\left(\bar{X}_h - \bar{X}\right)^2$$

Derivando respecto de n y n' y λ se tiene:

$$\left.\begin{array}{l} \dfrac{\partial \phi}{\partial n} = -\dfrac{A}{n^2} + \lambda c = 0 \Rightarrow \lambda = \dfrac{A}{cn^2} \\[3mm] \dfrac{\partial \phi}{\partial n'} = -\dfrac{B}{n'^2} + \lambda c' = 0 \Rightarrow \lambda = \dfrac{B}{c'n'^2} \\[3mm] \dfrac{\partial \phi}{\partial \lambda} = c'n' + cn - C = 0 \end{array}\right\} \Rightarrow \left\{\begin{array}{l} n = \dfrac{C\sqrt{A}}{\sqrt{c}\left(\sqrt{Ac} + \sqrt{Bc'}\right)} \\[3mm] n' = \dfrac{C\sqrt{B}}{\sqrt{c'}\left(\sqrt{Ac} + \sqrt{Bc'}\right)} \\[3mm] V_{\text{ópt.}}\left(\hat{\bar{X}}\right) = \dfrac{\left(\sqrt{Ac} + \sqrt{Bc'}\right)^2}{C} \end{array}\right.$$

Estimación de varianzas

Un estimador insesgado de la varianza de $\hat{\bar{X}}$ en muestreo doble para estratificación puede expresarse como sigue:

$$V\left(\hat{\bar{X}}\right) = \sum_h \frac{\sigma_h^2}{n_h}\left(W_h^2 + \frac{W_h(1 - W_h)}{n'}\right) + \frac{1}{n'}\sum_h W_h\left(\bar{X}_h - \bar{X}\right)^2 \Rightarrow$$

$$\hat{V}\left(\hat{\bar{X}}\right) = \frac{n'}{n'-1}\left[\sum_h \frac{s_h^2}{n_h}\left(\hat{W}_h^2 - \frac{\hat{W}_h}{n'}\right) + \frac{1}{n'}\sum_h \hat{W}_h\left(\bar{x}_n - \bar{X}\right)^2\right]$$

es decir, que para pasar de $V(\hat{\bar{X}})$ a $\hat{V}(\hat{\bar{X}})$ multiplicamos por $n'/(n'-1)$ y cambiamos σ_h^2 por s_h^2 y $\bar{X}_h$ por $\bar{x}_h$ y W_h por $\hat{W}_h$.

Como veremos más adelante la fórmula del estimador de la varianza admite algunas simplificaciones bajo ciertos supuestos.

Veamos que el estimador de la varianza que hemos definido es insesgado. Para ello se calcula la esperanza matemática de cada término sumando. Tenemos:

$$\sum_h E\left(\frac{s_h^2}{n_h}\hat{W}_h^2\right) = \sum_h E\left(\hat{W}_h^2 E_{W'}\left(\frac{s_h^2}{n_h}\right)\right) = \sum_h \frac{s_h^2}{n_h}E\left(\hat{W}_h^2\right) = \sum_h \frac{s_h^2}{n_h}\left(\hat{W}_h^2 + \frac{W_h(1-W_h)}{n'}\right)$$

$$\sum_h E\left(\frac{s_h^2}{n_h}\frac{\hat{W}_h}{n'}\right) = \sum_h E\left(\frac{\hat{W}_h}{n'}E_{W'}\left(\frac{s_h^2}{n_h}\right)\right) = \frac{1}{n'}\sum_h \frac{\sigma_h^2}{n_h}E\left(\hat{W}_h\right) = \frac{1}{n'}\sum_h W_h \frac{\sigma_h^2}{n_h}$$

$$E\left(\sum_h \frac{\hat{W}_h\left(\overline{x}_h - \hat{\overline{X}}\right)^2}{n'}\right) = \frac{1}{n'}\left\{E\left(\sum_h \hat{W}_h\overline{x}_h^2\right) - E\left(\hat{\overline{X}}^2\right)\right\} = \frac{1}{n'}\sum_h W_h\left(\frac{V(\overline{x}_h)+\overline{X}_h^2}{W'}\right) -$$

$$-\frac{1}{n'}\left(V\left(\hat{\overline{X}}\right) + \overline{X}^2\right) = \frac{1}{n'}\sum_h W_h \frac{\sigma_h^2}{n_h} + \frac{1}{n'}\sum_h W_h\left(\overline{X}_h - \overline{X}\right)^2 - \frac{1}{n'}V\left(\hat{\overline{X}}\right)$$

Si agregamos estas esperanzas halladas para cada término multiplicadas por sus constantes respectivas en la expresión de $\hat{V}(\hat{\overline{X}})$ se comprueba que el resultado es $\hat{V}(\hat{\overline{X}})$, por lo que el estimador de la varianza resulta insesgado.

El factor $n'/(n'-1)$ prácticamente es próximo a la unidad si n' no es pequeño. También el término que aparece en segundo lugar en la fórmula de la estimación de la varianza puede ser despreciable respecto de los otros dos, ya que aparece el producto $n_h \cdot n'$ en el denominador. Entonces resulta la aproximación:

$$\hat{V}\left(\hat{\overline{X}}\right) \approx \sum_h \hat{W}_h^2 \frac{s_h^2}{n_h} + \frac{1}{n'}\sum \hat{W}_h\left(\overline{x}_h - \hat{\overline{X}}\right)^2$$

Y, por último, también en esta expresión el segundo sumando será pequeño respecto del primero para valores grandes de n', resultando como fórmula aproximada más sencilla:

$$\hat{V}\left(\hat{\overline{X}}\right) \approx \sum_h \hat{W}_h^2 \frac{s_h^2}{n_h}$$

que es la correspondiente a muestreo estratificado en una sola fase, sustituyendo W_h por su estimación $\hat{W}_h$.

En caso de estim ar la varianza de la proporción $\hat{P}$ o del total de clase $\hat{A}$, sustituimos en la fórm ula para la vari anza, o en sus aproxim aciones, cuando sean válidas, los siguientes valores:

$$\frac{s_h^2}{n_h} = \frac{p_h q_h}{n_h - 1}; \left(\overline{x}_h - \hat{\overline{X}}\right)^2 = \left(p_h - \hat{P}\right)^2$$

MUESTREO DOBLE PARA ESTIMADORES DE RAZÓN

Ya sabemos del capítulo relativo a los m étodos indirectos de estimación, que el estim ador usual de razón para la media $\overline{X}$, utiliza com o inform ación conocida previamente la m edia $\overline{Y}$ (o el total) de una característica Y, definida en todas las unidades de la población, elegida convenientemente de m odo que su relación con X sea lineal al m enos aproxim adamente. El m uestreo doble utiliza la primera muestra de tamaño n' para obtener una buena estim ación de $\overline{Y}$, o de Y, y la segunda muestra de tamaño n para estim ar $\overline{x}$ e $\overline{y}$. De esta form a el estim ador de razón para la m edia en muestreo doble es:

$$\hat{\overline{X}}_R = \frac{\overline{x}}{\overline{y}} \cdot \overline{y}'; \overline{y}' = \text{ Media de la primera muestra.}$$

La esperanza matemática del estimador es:

$$E\left(\hat{\overline{X}}_R\right) = \overline{Y} E\left(\hat{R}\right)$$

con lo que el estimador será insesgado si lo es $\hat{R} = \dfrac{\overline{x}}{\overline{y}}$.

Para calcular su ECM, que coincidirá con la varianza cuando se cumple:

$$E\left(\hat{R}\right) = R = \frac{\overline{X}}{\overline{Y}}$$

operamos de la siguiente forma:

$$\left(\hat{\overline{X}}_R - \overline{X}\right) = \left(\frac{\overline{x}}{\overline{y}}\overline{y}' - \overline{X}\right) = \left(\hat{R}\overline{y}' - R\overline{Y}\right) = \left(\hat{R}\overline{y}' - R\overline{Y} + \hat{R}\overline{Y} - \hat{R}\overline{Y}\right) = \overline{Y}\left(\hat{R} - R\right) + \hat{R}\left(\overline{y}' - \overline{Y}\right) = \frac{Y}{\overline{y}}\left(\overline{x} - \hat{R}\overline{y}\right) + \hat{R}\left(\overline{y}' - Y\right)$$

Utilizando ahora las aproxim aciones $\hat{R} \approx R; \dfrac{\overline{Y}}{\overline{y}} \approx 1$, podemos escribir para el *cálculo aproximado de la varianza del estimador* lo siguiente:

$$V\left(\hat{\bar{X}}_R\right) = E\left\{(\bar{x} - R\bar{y}) + R(\bar{y}' - \bar{Y})\right\}^2 = V\left\{(\bar{x} - R\bar{y}) + R(\bar{y}' - \bar{Y})\right\} =$$

$$= V(\bar{x} - R\bar{y}) + V(R(\bar{y}' - \bar{Y})) + 2RCov.\left\{(\bar{x} - R\bar{y}), (\bar{y}' - \bar{Y})\right\} =$$

$$= V(\bar{x}) + R^2V(\bar{y}) - 2RCov.(\bar{x}, \bar{y}) + R^2V(\bar{y}') + 2RCov(\bar{x}, \bar{y}') - 2R^2Cov(\bar{y}, \bar{y}')$$

En el caso de que las muestras de las dos fases sean independientes, se anulan las covarianzas entre $(\bar{x}, \bar{y}')$ y entre $(\bar{y}, \bar{y}')$, resultando:

$$V\left(\hat{\bar{X}}_R\right) = V(\bar{x}) + R^2V(\bar{y}) - 2RCov(\bar{x}, \bar{y}) + R^2V(\bar{y}') = V\left(\hat{\bar{X}}_R\right) = \frac{1}{n}\left\{\sigma_x^2 + R^2\sigma_y^2 - 2R\sigma_{xy}\right\} + \frac{1}{n'}R^2\sigma_y^2$$

fórmula válida para muestreo con reposición. En el caso **sin reposición** sustituimos varianzas y covarianzas por cuasivarianzas y cuasicovarianzas, multiplicando el primer sumando por el factor de finitud en segunda fase y el segundo sumando por el de primera fase.

Para el caso en que la segunda muestra de tamaño n es una submuestra aleatoria de la primera (n ≤ n'), debemos calcular previamente las covarianzas entre $(\bar{x}, \bar{y}')$ y entre $(\bar{y}, \bar{y}')$. Teniendo en cuenta que fijada una muestra W' de primera fase se cumple $E_{W'}(\bar{x}) = \bar{x}'$, $E_{W'}(\bar{y}) = \bar{y}'$, por ser $\bar{x}$ e $\bar{y}$ medias de una submuestra aleatoria $W \subset W'$, resulta:

$$Cov.(\bar{x}, \bar{y}') = E(\overline{xy}') - E(\bar{x})E(\bar{y}') = E(E_{W'}(\bar{x}, \bar{y}')) - E(E_{W'}(\bar{x}))E(E_{W'}(\bar{y}')) =$$

$$= E(\bar{x}'\bar{y}') - E(\bar{x}')E(\bar{y}') = Cov(\bar{x}', \bar{y}') = \frac{\sigma_{xy}}{n'}$$

Análogamente $Cov(\bar{y}, \bar{y}') = cov(\bar{y}', \bar{y}') = \dfrac{\sigma_y^2}{n'}$ y sustituyendo estos dos resultados en la fórmula general, obtenemos:

$$V\left(\hat{\bar{X}}_R\right) = \frac{1}{n}\left\{\sigma_x^2 + R^2\sigma_y^2 - 2R\sigma_{xy}\right\} + \frac{1}{n'}R^2\sigma_y^2 - \frac{1}{n'}\cdot 2R^2\sigma_y^2 + \frac{1}{n'}\cdot 2R\sigma_{xy}$$

de donde resulta:

$$V\left(\hat{\bar{X}}_R\right) = \frac{1}{n}\left\{\sigma_x^2 + R^2\sigma_y^2 - 2R\sigma_{xy}\right\} + \frac{1}{n'}\left\{2R\sigma_{xy} - R^2\sigma_y^2\right\}$$

fórmula válida para muestreo con reposición. En el caso sin reposición ajustaríamos las cuasivarianzas y cuasicovarianzas, así como los factores de finitud de segunda y primera fase.

Es interesante observar en la fórmula general de $V(\hat{\bar{X}}_R)$ para muestreo doble que si la primera muestra es de tamaño $n' = N$, esto es, se observan todas las unidades de la población para calcular $\bar{Y}$, resulta ser:

$$V(\bar{y}') = Cov(\bar{x}, \bar{y}') = Cov(y, \bar{y}') = 0$$

que por lo tanto se reduce a la varianza del estimador usual de razón en una sola fase.

Para estimar el total en muestreo doble, tendremos:

$$\hat{X}_R = N\hat{\bar{X}}_R; \quad V(\hat{X}_R) = N^2 V\left(\hat{\bar{X}}_R\right)$$

Para estimar la varianza, dado que en la segunda m uestra de tam año n obtenemos observaciones de la variable conjunta (X, Y), podemos calcular estimaciones de σ_y^2 y $Cov(X, Y)$ como sigue:

$$s_x^2 = \frac{1}{n-1}\sum_1^n (X_i - \bar{x})^2 \qquad s_{xy} = \frac{1}{n-1}\sum_1^n (X_i - \bar{x})(Y_i - \bar{y})$$

y puesto que la prim era m uestra es de tam año $n' > n$ nos perm ite una buena estimación de σ_y^2 mediante:

$$s_y^2 = \frac{1}{n'-1}\sum_1^{n'} (Y_i - \bar{y}')^2$$

Para la razón R, tomaremos la estimación $\hat{R}$.

MUESTREO DOBLE PARA ESTIMADORES DE REGRESIÓN

Ya sabemos del capítulo sobre estim ación indirecta que el estim ador usual para la media en muestreo en una fase por regresión lineal es $\hat{\bar{X}} = \bar{x} + K(\bar{Y} - \bar{y})$, donde K es una constante prefijada e $\bar{Y}$ es la m edia poblacional de la variable auxiliar. Los estimadores $\bar{x}, \bar{y}$ se obtienen de las observaciones de una m uestra (X_i, Y_i) de tamaño n. En muestreo doble, al suponer desconocida $\bar{Y}$, utilizamos la prim era muestra de tamaño n' para estim ar $\bar{Y}$, estim ación dada por $\bar{y}'$. Con la m uestra de tamaño n en segunda fase estimamos $\bar{x}, \bar{y}$, formando entonces el estimador en muestreo doble por regresión para la media poblacional:

$$\hat{\bar{X}}_{rg} = \bar{x} + K(\bar{y}' - \bar{y})$$

En esta situación la segunda muestra puede ser independiente de la primera o la segunda muestra puede ser una submuestra aleatoria $n < n'$ de la primera.

El estimador $\hat{\bar{X}}_{rg}$ tiene como valor esperado $E\left(\hat{\bar{X}}_{rg}\right) = E(\bar{x}) + KE(\bar{y}' - \bar{y})$

y es insesgado en las dos situaciones expr   esadas anteriorm ente. En la prim   era situación $E(\bar{y}) = \bar{Y}; E(\bar{y}') = \bar{Y} \Rightarrow E\left(\hat{\bar{X}}_{rg}\right) = E(\bar{x}) + K(\bar{Y} - \bar{Y}) = \bar{X}$ y en la segunda $E_{W'}(\bar{y}) = \bar{y}'$, por tanto también se anula $E(\bar{y}' - \bar{y})$.

La   ***fórmula general de su varianza*** es:

$$V\left(\hat{\bar{X}}_{rg}\right) = V(\bar{x} + K(\bar{y}' - \bar{y})) = V(\bar{x}) + K^2 V(\bar{y}' - \bar{y}) + 2k Cov.(\bar{x}, (\bar{y}' - \bar{y})) =$$

$$V(\bar{x}) + K^2 V(\bar{y}') = + K^2 V(\bar{y}) - 2K^2 Cov(\bar{y}' - \bar{y}) + 2k Cov(\bar{x}, (\bar{y}' - \bar{y}))$$

En la primera situación de muestras independientes se cumple:

$$Cov(\bar{y}', \bar{y}) = 0 \Rightarrow Cov(\bar{x}, (\bar{y}', \bar{y})) = -Cov(\bar{x}, \bar{y}) \Rightarrow V\left(\hat{\bar{X}}_{rg}\right) = \frac{1}{n}\left(\sigma_x^2 + K^2 \sigma_y^2 - 2K\sigma_{xy}\right) + \frac{K^2 \sigma_y^2}{n'}$$

En el caso de la segunda situación, en que   la segunda muestra es una submuestra de la primera, se cumple:

$$Cov(\bar{y}', \bar{y}) = \frac{\sigma_y^2}{n'}; Cov(\bar{x}, (\bar{y}' - \bar{y})) = Cov(\bar{x}, \bar{y}') - Cov(\bar{x}, \bar{y})$$

y resulta, sustituyendo en la fórmula general y simplificando:

$$V\left(\hat{\bar{X}}_{rg}\right) = \frac{1}{n}\left(\sigma_x^2 + K^2 \sigma_y^2 - 2K\sigma_{xy}\right) + \frac{1}{n'}\left(2K\sigma_{xy} - K^2 \sigma_y^2\right)$$

Observamos que la varianza del estimador de regresión lineal en muestreo doble puede expresarse de una forma cómoda de manejar, siendo:

$$A = \sigma_x^2 + K^2 \sigma_y^2 - 2K\sigma_{xy}; \quad B = K^2 \sigma_y^2; B' = 2K\sigma_{xy} - K^2 \sigma_y^2$$

podemos escribir, para el caso de muestras independientes:

$$V\left(\hat{\bar{X}}_{rg}\right) = \frac{A}{n} + \frac{B}{n'}$$

y para el caso de que la segunda muestra sea una submuestra de la primera:

$$V\left(\hat{\bar{X}}_{rl}\right) = \frac{A}{n} + \frac{B'}{n'}.$$

En el estudio realizado hasta aquí, hem os hecho caso om iso acerca de la constante K que aparece en el estimador $\hat{\bar{X}}_{rg} = \bar{x} + K(\bar{y}' - \bar{y})$.

En muestreo de una sola fase, la varianza del estim ador prescindiría del segundo térm ino $\frac{1}{n'}B$ o $\frac{1}{n'}B'$ en cuy o caso am bas fórm ulas coincidirían por ser iguales a la que corresponde al estimador usual de regresión lineal.

En este caso se comprueba inmediatamente que el valor mínimo de:

$$V\left(\hat{\bar{X}}_{rl}\right) = \frac{1}{n}\left(\sigma_x^2 + K^2\sigma_y^2 - 2K\sigma_{xy}\right)$$

se alcanza cuando se asigna a K el valor del coeficiente de regresión de X sobre Y.

Derivando la varianza respecto de K e igualando a cero se obtiene $K = b = \dfrac{\sigma_{xy}}{\sigma_y^2}$.

En el m uestreo bifásico, esta solución óptim a para K es aproxim ada pero puede ser una buena aproximación en la práctica. Llevando este valor óptimo:

$$K = b = \frac{\sigma_{xy}}{\sigma_y^2}$$

a la fórm ula de las varianzas, se obtiene en ambos casos (muestras independientes y segunda muestra submuestra de la primera) la expresión para la *varianza óptima del estimador bifásico por regresión*:

$$V\left(\hat{\bar{X}}_{rl}\right) = \frac{\left(1 - \rho^2\right)\sigma_x^2}{n} + \frac{\rho^2\sigma_x^2}{n'}$$

de donde, con las notaciones $A = \left(1 - \rho^2\right)\sigma_x^2$; $B = \rho^2\sigma_x^2$ pueden obtenerse los valores óptimos de n y n', así com o la varianza óptim a mínima para un coste total dado. El valor de b no será conocido a priori, por ello, en la práctica aplicaremos a K el valor estimado de b mediante la segunda muestra:

$$K = \hat{b} = \frac{\sum_{1}^{n}\left(X_i - \bar{x}\right)\left(Y_i - \bar{y}\right)}{\sqrt{\sum_{1}^{n}\left(X_i - \bar{x}\right)^2\left(Y_i - \bar{y}\right)^2}}$$

ESTIMADOR POR DIFERENCIA

El estim ador por diferencia en m uestreo doble resulta del estim ador de regresión haciendo $K=1$, por lo que toda la teoría anterior es válida haciendo $K=1$, resultando el estimador:

$$\hat{\bar{X}}_d = \bar{x} + \left(\bar{y}' - \bar{y}\right)$$

Análogamente las fórmulas de las varianzas se obtienen aplicando a K el valor 1.

MUESTREO DOBLE PARA EL CASO DE PROBABILIDADES PROPORCIONALES AL TAMAÑO

En m uestreo con reposición, el estim ador usual del total X, con probabilidades de selección de las unidades, proporcionales a una m edida de su tamaño M_i, viene dado por el estimador de Hansen y Hurwitz en la forma:

$$\hat{X} = \sum_{i}^{n} \frac{X_i}{nP_i} ; P_i = \frac{M_i}{M}$$

Si no se conocen a priori los tam años de las unidades de la población, podemos tomar una muestra aleatoria de tamaño n' con probabilidades iguales, para obtener información acerca de los tamaños $M_1, ..., M_i,...., M_{n'}$, siendo:

$$M' = \sum_{i=1}^{n'} M_i$$

En estas condiciones se toma una subm uestra de tamaño $n < n'$ para formar el estimador bifásico del total, basándose en que:

$$\frac{M_i}{\frac{N}{n'} M'}$$

es un estimador de $\dfrac{M_i}{M} = P_i$.

El estimador del total es por lo tanto $\hat{X} = \sum_{1}^{n} \dfrac{NM'X_i}{n'nM_i} = \dfrac{NM'}{n'n} \sum_{1}^{n} \dfrac{X_i}{M_i}$

Es insesgado, ya que $E(\hat{X}) = E\left(\dfrac{N}{n'} E_{W'}\left(\sum_{1}^{n} \dfrac{M'X_i}{nM_i}\right)\right) = E\left(\dfrac{N}{n'} x'\right) = X$

$E_{W'}$ indica esperanza para la prim era m uestra fija, con probabilidades proporcionales al tamaño; x' es el total muestral de primera fase de tamaño n' tomada con probabilidades iguales.

Suponiendo que la prim era m uestra se extrae con probabilidades iguales y sin reposición, y la segunda, subm uestra de la prim era, con probabilidades proporcionales al tamaño y con reposición, la varianza del estimador viene dada por:

$$V(\hat{X}) = \frac{N}{N-1} \frac{n'-1}{nn'} \sum P_i \left(\frac{X_i}{P_i} - X\right)^2 + \frac{N(N-n')}{n'} S^2$$

y si n' es grande $1/nn'$ puede despreciarse, resultando la fórmula aproximada:

$$\frac{1}{n}\sum P_i\left(\frac{X_i}{P_i} - X\right)^2 + \frac{N(N-n')}{n'}S^2$$

ESTIMACIÓN DEL TAMAÑO POBLACIONAL. MUESTREO POR DIVISIÓN EN PEQUEÑAS ÁREAS REGULARES

En los capítulos anteriores se ha venido suponiendo que el tam año N de la población es conocido. El conocim iento puede ser directo y referirse bien al núm ero de unidades últim as, bien al núm ero de conglom erados, áreas o unidades de primera etapa. El tamaño de la población no sólo es importante para determinar el tamaño de la muestra, sino que tiene un gran interés por sí mismo en la estim ación de recursos, una de las primeras finalidades históricas de la estadística aplicada.

En algunos casos es posible el recuento de todas las unidades que constituyen la población. Para ello se utilizan aparatos ópticos, fotografía aérea e incluso control del paso de anim ales c on m ecanismos adecuados. En el caso más general de poblaciones zoológicas o botánicas es difícil, y a veces im posible, la división del ámbito ocupado por la población en unidades de muestreo identificables. Por otra parte, el recuento, enum eración total o censo, adem ás de ser complicado y costoso para comarcas extensas, puede perjudicar a las poblaciones.

Hay diferentes procedimientos para estimar el tamaño y características de las poblaciones biológicas que inicialm ente suelen clasificarse en **métodos directos** (por cuadrados o áreas, transversales, etc.) y **métodos indirectos o muestreo inverso**, derivados de índices o de efectos relaci onados con la variable en estudio. A continuación se describen algunos m étodos que se basan en la división del ám bito que contiene la población en pequeñas áreas regulares, por cuadrículas, triangulación, etc., y mediante el empleo de líneas transversales y de **procedimientos de captura, marcado y recaptura**.

El **método de muestreo por cuadrículas** suele aplicarse a poblaciones estacionarias y ha recibido diferentes nombres. La determinación de áreas en el plano y su identificación en el terreno requieren a m enudo operaciones topográficas enojosas para el observador y perturbadoras para los elementos observados. La situación se complicaría aún más para seres que viven en el aire o en el agua, y a que habría que sustituir las m edidas áreas por volúm enes, y la localización resultaría casi imposible. Es conveniente estudiar la form a y tamaño de las áreas en relación con el aspecto espacial del diseño de muestreo, es decir, considerando la localización física de las unidades. La división del ám bito en cuadrículas suele ser conveniente y por razones de eficiencia (precisión o acuracidad/coste) pudieran ser preferibles áreas hexagonales, aunque debe tenerse en cuenta la facilidad de delim itación de las áreas y la rapidez de su trazado.

Como ocurre en el m uestreo por conglomerados o áreas, suelen preferirse muchas áreas pequeñas a pocas áreas grandes, por el efecto intracorrelación, o correlación positiva intraconglomerados, pero esto puede aum entar el coste, y también el llamado error o sesgo de contorno. La selección de áreas podría hacerse con probabilidad constante, o proporcional al tamaño expresado por la extensión, o el número de individuos por área.

También es habitual el **muestreo por fajas o bandas y líneas transversales**. Para llevarlo a la práctica, los encargados de recoger los datos de la m uestra pueden recorrer ciertas líneas, paralelas en el caso más sim ple, que atraviesan el ám bito que contiene la población. Estas líneas transversales o fajas se trazan previamente de manera que no se corten entre sí, y se eligen al azar entre un conjunto o sistem a de líneas posibles, establecido de antem ano. Se van anotando los individuos o ejemplares que se encuentren y los caracteres que sean objeto de estudio, así com o la distancia recorrida desde el origen hasta su encuentro, y la di stancia del ejem plar a la línea, esto es, la medida del segm ento perpendicular desde el individuo a la línea. Se mide también el ángulo de la línea con la visual del observa dor al individuo. La descripción y análisis de estos m étodos puede verse en Buckland (1982) y otros autores. Deben considerarse de antem ano las posibles dificultades de observación de caracteres e incluso de identificación del ejem plar, para establecer si pertenece o no a la población a fin de tom ar decisiones sobre su inclusión o exclusión o sobre su posterior tratam iento en el cálculo de es timaciones. Se supone, en general, que las transversales están suficientemente alejadas de los bordes y contornos del ámbito que contiene la población en estudio para que la probabilidad de encontrar un ejem plar a ambos lados de la transversal sea la m isma. Una estim ación del tamaño N de la población se puede obtener a partir de la proporción simple:

$$\hat{N} = \frac{nA}{2Lw}$$

donde n es el núm ero de hallazgos, A el área del ám bito en que está contenida la oblación, L la distancia recorrida por el observador y w la anchura de la franja transversal.

Veamos algunos otros m étodos para la estim ación de tam años de poblaciones. Tenemos un prim er **método de muestreo directo** que consiste en seleccionar una muestra aleatoria de una población de interés (por ejem plo de animales salvajes), marcar cada anim al m uestreado y retorn arlo a la población. Posteriormente, se selecciona otra muestra aleatoria (de tamaño fijo) de la misma población y se observa el número de anim ales m arcados. Si N representa el tamaño total de la población, t representa el núm ero de anim ales m arcados en la m uestra inicial, y P representa la proporción de anim ales m arcados en la población, entonces $t/N=P$, y en consecuencia $N = t/p$. Podemos obtener un estim ador de N porque conocem os t y P puede ser estim ado por $\hat{P}$, la proporción de anim ales m arcados en la segunda muestra. Entonces:

$$\hat{N} = \frac{N^\circ\ de\ animales\ marcados}{Proporción\ de\ animales\ marcados\ en\ la\ segunda\ muestra} = \frac{t}{\hat{P}}$$

Sea s el número de animales marcados que se observa en la segunda muestra, con lo que la proporción de anim   ales m arcados en la m   uestra es $\hat{P} = s/n$, y el estimador de N estará dado por:

$$\hat{N} = \frac{t}{\hat{P}} = \frac{t}{s/n} = \frac{nt}{s} \quad con\ estimación\ de\ varianza \quad \hat{V}(\hat{N}) = \frac{t^2 n(n-s)}{s^3}$$

Tenemos un segundo **método de muestreo inverso** para la estim ación del tamaño poblacional N. Nuevam ente suponem os que se tom a una m uestra inicial de t animales que se m arcan y se devuelven a la población. Después se realiza   muestreo aleatorio hasta que se recapturan exactam   ente s animales marcados. Si la m   uestra contiene n ejemplares, la proporción de ejem plares m arcados en la m uestra es $\hat{P} = s/n$. Usamos esta proporción muestral para estimar la proporción de anim ales marcados en la población mediante:

$$\hat{N} = \frac{t}{\hat{P}} = \frac{t}{s/n} = \frac{nt}{s} \quad con\ estimación\ de\ varianza \quad \hat{V}(\hat{N}) = \frac{t^2 n(n-s)}{s^2(s+1)}$$

Ahora s es fijado de antemano y n es aleatorio.

Tenemos un tercer m   étodo de **muestreo por cuadrículas** consistente en estimar en primer lugar la densidad de elem entos en la población y luego multiplicar ésta por una medida apropiada del área en estudio. Si estim amos que hay $\hat{\lambda}$ animales por unidad de área y   el área de interés contiene   A unidades, entonces A $\hat{\lambda}$ nos proporciona una estimación del tamaño M de la población.

Como la población se ha dividido en   cuadros, su tamaño M puede expresarse como $M = \sum_{i=1}^{N} m_i$ siendo m_i el número de elementos del cuadro i.

Para estim ar la densidad de elem   entos (núm ero de elem entos por unidad de área) $\lambda = M/A$ se muestrea el área total A seleccionado aleatoriamente n cuadros cada uno de área A $(A = Na)$ y se utiliza el estimador:

$$\hat{\lambda} = \frac{\overline{m}}{a} = \frac{\frac{1}{n}\sum_{i=1}^{n} m_i}{a} \quad con\ estimación\ de\ varianza \quad \hat{V}(\hat{\lambda}) = \frac{\hat{\lambda}}{an}$$

En estas circunstancias el estimador del tamaño total M es:

$$\hat{M} = \hat{\lambda} \cdot \hat{A} \text{ con estimación de varianza } \hat{V}(\hat{M}) = A^2 \hat{V}(\hat{\lambda} \cdot) = A^2 \left(\frac{\tilde{\lambda}}{an} \right)$$

Tenemos un cuarto m étodo tam bién relativo a **muestreo por cuadrículas** basado en que en m uestreo por cuadros de plantas o animales el contexto exacto del número de especies en investigación es a m enudo difícil. En contraste, la detección de la presencia o ausencia de las especies de interés suele ser fácil. Ahora vam os a mostrar que basta el conocim iento de la presencia o no de las especies en el cuadro para obtener un estimador de la densidad y del tamaño de la población.

Los guardabosques se refieren a un cu adro que contiene las especies de interés diciendo que está *cargado*. Vam os a adoptar esta terminología. Para una muestra de n cuadros, cada uno con área a, de una población con área total A, sea y el número de cuadros que no están cargados. En la suposición de aleatoriedad de los elementos, la proporción de cuadros no cargados en la población es $e^{-\lambda a}$ aproxima-damente. Sabem os que la proporción muestral de cuadros no cargados es un buen estimador de la proporción poblacional. Entonces (y/n) es un estim ador de $e^{-\lambda a}$ Este resultado nos lleva a los siguientes estimadores de λ y M:

$$\hat{\lambda} = -\left(\frac{1}{a} \right) Ln \left(\frac{y}{n} \right) \text{ con estimación de varianza } \hat{V}(\hat{\lambda}) = \frac{1}{na^2} \left(e^{\hat{\lambda}a} - 1 \right)$$

$$\hat{M} = \hat{\lambda} \cdot \hat{A} \text{ con estimación de varianza } \hat{V}(\hat{M}) = A^2 \hat{V}(\hat{\lambda} \cdot) = A^2 \frac{1}{na^2} \left(e^{\hat{\lambda}a} - 1 \right)$$

MODELOS DE CAPTURA-RECAPTURA

Como y a sabem os, el m étodo de captura y recaptura consiste en tom ar una primera muestra, marcar las unidades o individuos capturados (procurando que esto no m odifique sus características ni condicione su comportamiento), y ponerlos en libertad en la zona en que fueron ap rehendidos. Tras un período establecido no m uy largo, se tom a una segunda m uestra, y se observan cuántos de sus individuos están marcados. Designando por n_1 el tam año de la prim era m uestra y por n_2 el de la segunda, se estima el tamaño de la población por la fórmula:

$$\hat{N} = \frac{n_1 \cdot n_2}{m_2}$$

en donde m_2 es el núm ero de elem entos de la segunda m uestra que aparecen marcados, esto es, el número de recapturas.

Puede justificarse esta fórmula em pleando la distribución hipergeom étrica. La probabilidad de obtener en una muestra aleatoria de tamaño n_2, m elementos que posean determinado atributo, cuando se supone que hay n_1 con dicho atributo en una población de tamaño N (desconocido) es:

$$P\left(\frac{m}{N}\right) = \frac{\binom{n_1}{m}\binom{N-n}{n_2-m}}{\binom{N}{n_2}}$$

Lo único que sabemos de N es que debe ser mayor o igual que $n_1 + n_2 - m$, puesto que éste es el número de individuos distintos que han sido capturados. Sin embargo, la probabilidad de que con dos muestras de tamaño n_1, n_2 se hayan capturado todos los elementos de la población es extremadamente pequeña. En efecto, la expresión anterior se reduce para $N = n_1 + n_2 - m$ a la siguiente:

$$\frac{\binom{n_1}{m}\binom{n_2-m}{n_2-m}}{\binom{n_1+n_2-m}{n_2}} = \frac{n_1!\,n_2!}{m!\left(n_1+n_2-m\right)!}$$

Para estimar N puede emplearse el método de máxima verosimilitud, según el cual se da al parámetro desconocido el valor que hace máxima la probabilidad de obtener las observaciones que efectivamente resultaron de la muestra. Se tiene así, como antes:

$$\hat{N} = \frac{n_1 n_2}{m}$$

que es, por tanto, un estimador máximo-verosímil del tamaño de la población.

Debe subrayarse que nos apoyamos en los siguientes supuestos:

1. El tamaño N de la población se mantiene constante en el período de estudio.
2. Los individuos de la población no quedan afectados al marcarlos, y se distribuyen en forma aleatoria, con lo cual la probabilidad de se capturados en la segunda muestra se mantiene constante para todas las unidades.

Estos supuestos no son siempre plausibles, ya que en muchas situaciones se observa que los animales marcados muestran cierto «rechazo» o cierta «propensión» a las trampas. Por ello se han propuesto otros métodos de estimación para evitar sesgos basándose en supuestos sobre la población de origen. Fórmulas de gran interés práctico pueden verse en varias obras al respecto, especialmente en el trabajo de Sen y Southward (1977). Deben mencionarse también los ***métodos de eliminación (removal) y de capturas múltiples***.

En ocasiones han de estim   arse algunos totales, peso, volum   en, alim ento consumido, etc., lo cual requiere estim   adores del tipo: $\hat{N} \cdot \bar{x}$, en donde am   bos factores son variables aleatorias (estimadores del producto).

Con m étodos de captura y   recaptura se han   estudiado asimismo otras características de la estructura y   dinám ica de las poblaciones, com   o m ovilidad (media y máxima), comportamiento o uso del hábitat, duración m edia de residencia, etc.

Un aspecto que debe destacarse en relación con el m   étodo de captura y recaptura es su aplicación a las   estimaciones de poblaciones m óviles; no sólo de poblaciones biológicas como mamíferos, aves, peces o insectos, sino tam bién de poblaciones humanas nómadas. En estos casos se aconseja ponerse en contacto con los jefes tribales o superiores jerárquicos. El us o de los pozos de a gua o lugares de concentración com o unidades de m   uestreo requiere una adaptación del diseño de muestreo.

MUESTREO EN OCASIONES SUCESIVAS

Cuando se muestrea la m isma población repetidam ente, el encuestador está en las m ejores condiciones para obtener estim   aciones realistas. Esta situación de muestreo en ocasiones sucesivas se da cua   ndo estam os interesados en estudiar la evolución de una determ inada característi ca de la población a lo largo del tiem po, (como, por ejemplo, la producción industrial, los salarios, la población activa, etc.) para lo que se toman periódicamente muestras del mismo colectivo. En esta situación es habitual que un objetivo sea el de estim   ar el cam bio producido en la variable estudiada desde la ocasión anterior, otro objetivo puede ser estimar el valor promedio de la m edia sobre las dos ocasiones, e incluso otro objetivo puede ser estim   ar la media para la ocasión más reciente.

Inicialmente puede diseñarse una m uestra que permanece fija de una ocasión a otra, pero, aunque m etodológicamente ésta es la situación m   ás ventajosa, tiene el inconveniente de que las   personas o entidades encuestadas son reacias a perm anecer por un tiem po indefinido en dicha m uestra. Para tratar de resolver este problem a se utiliza un procedim iento que consiste en sustituir, en cada período de encuesta, una parte de la muestra dando lugar a lo que se denomina rotación de la m uestra. Conviene observar de pasada que esto no siem pre puede practicarse, y a que cuando se trata de unidades m uy grandes (grandes alm acenes, siderúrgicas, astilleros, etc.) a veces una o unas pocas contribuy en al total estim ado en una cantidad superior a todas las dem ás juntas. En este caso prescindiríamos del m uestreo incluyendo estas unidades críticas en un estrato de unidades autorrepresentadas (de probabilidad 1). Adicionalmente surge la pregunta: ¿Con qué frecuencia y de qué manera debería cambiarse la muestra conforme progresa el tiempo?

Otro problem a que puede plantearse es el de la estim ación óptim a de la segunda ocasión, utilizando las inform aciones disponibles, tanto de la ocasión presente como de la anterior. En cualquier caso el valor X, que toma la variable en la unidad A, puede cam biar de una ocasi ón a la siguiente, desem peñando un papel importante en esta teoría el coeficiente de correlación lineal entre los valores de la variable en una y otra ocasión. De todas form as, las unidades de la m uestra en una ocasión pueden ser las m ismas que en la ocasión anterior, algunas nuevas y otras permanecientes y seleccionadas independientemente de nuevo todas.

Estimación del cambio entre ocasiones sucesivas

Supongamos que se pretende estim ar el cam bio de la m edia entre dos ocasiones, que designarem os por t_1 y por t_2, con una m uestra de n unidades. Si utilizamos el estimador simple del cambio:

$$\hat{\partial} = \overline{x}_2 - \overline{x}_1 = \frac{1}{n}\sum_i^n (x_{2i} - x_{1i})$$

podemos optar entre las siguientes alternativas:

a) Utilizar la misma muestra, denominada "*panel*", en ambas ocasiones.
b) Mantener en la segunda ocasión c unidades de la prim era muestra, eliminar n-c y añadir n-c nuevas unidades.
c) Utilizar en la segunda ocasión una muestra independiente de la primera.

La posibilidad a) nos perm itiría conocer los cam bios individuales entre las dos ocasiones. Este esquem a presenta serias dificultades cuando hem os de medir un carácter en ocasiones sucesivas. Prescindie ndo del caso en que las m ediciones fuesen destructivas, sería muy difícil mantener indefinidamente las m ismas unidades, y aun en el caso de que fuese posible no sería deseable por los sesgos que una exposición continuada a los m étodos de encuesta pue den originar en la conducta de los entrevistados. En este sentido puede decirse que la m uestra se "contam ina" con el tiempo.

Para la posibilidad b), si representamos por c el núm ero de unidades comunes, por $n - c = \overline{c}$ el número de las no comunes, y con los subíndices 1 y 2 las correspondientes ocasiones, se puede hacer la representación gráfica siguiente sobre los solapamientos en los totales muestrales en ambas ocasiones.

| *Ocasión* t_1 | $\leftarrow x_{1\overline{c}} \rightarrow$ | $\leftarrow x_{1c} \rightarrow$ | |
| *Ocasión* t_2 | | $\leftarrow x_{2c} \rightarrow$ | $\leftarrow x_{2\overline{c}} \rightarrow$ |

Las medias en ambas ocasiones son:

$$\overline{x}_1 = \frac{x_{1\overline{c}} + x_{1c}}{n} = \frac{x_{1\overline{c}}}{n} + \frac{x_{1c}}{n} = \frac{n-c}{n}\overline{x}_{1\overline{c}} + \frac{c}{n}\overline{x}_{1c}$$

$$\overline{x}_2 = \frac{x_{2\overline{c}} + x_{2c}}{n} = \frac{x_{2\overline{c}}}{n} + \frac{x_{2c}}{n} = \frac{n-c}{n}\overline{x}_{2\overline{c}} + \frac{c}{n}\overline{x}_{2c}$$

y prescindiendo del factor de corrección para poblaciones finitas 1- f y suponiendo por comodidad que la cuasivarianza poblacional en las dos ocasionnes es la misma, tendremos para las varianzas y covarianzas las expresiones:

$$V(\overline{x}_1) = \frac{S^2}{n}, \quad V(\overline{x}_2) = \frac{S^2}{n}$$

$$\text{cov}(\overline{x}_1, \overline{x}_2) = \frac{c^2}{n^2} \cdot \text{cov}(\overline{x}_{1c}, \overline{x}_{2c}) = \rho_{12} \cdot \frac{S}{\sqrt{c}} \cdot \frac{S}{\sqrt{c}} \cdot \frac{c^2}{n^2} = \rho_{12} \cdot \frac{S^2}{n} \cdot \frac{c}{n} = \rho_{12} \cdot \frac{S^2}{n} \cdot \pi_c$$

Sustituyendo estos valores en la varianza de $\hat{\partial}$ tenemos:

$$V(\hat{\partial}) = V(\overline{x}_1) + V(\overline{x}_2) - 2\text{cov}(\overline{x}_1\overline{x}_2) = \frac{S^2}{n} + \frac{S^2}{n} - 2\frac{S^2}{n}\rho_{12}\pi_c = 2\frac{S^2}{n}\left[1 - \rho_{12}\pi_c\right]$$

siendo ρ_{12} el coeficiente de correlación entre los valores com unes a am bas ocasiones y π_c la proporción de unidades comunes. De esta expresión deducimos que para $\rho_{12} > 0$ la ganancia en precisión es proporcional a $\pi_c\rho_{12}$ correspondiendo la máxima ganancia a los valores $\rho_{12} = +1$ y $\pi_c = 1$. Por lo tanto la situación ideal es aquella en la que la proporción de unida des com unes en la m uestra en las dos ocasiones es del 100% ($\pi_c = 1$), lo que significa que la m uestra es com ún en su totalidad en las dos ocasiones. La situación también es ideal cuando el coeficiente de correlación entre los valores comunes en ambas ocasiones es máximo ($\rho_{12} = +1$), que en términos prácticos significa que las unidades m uestrales en las dos ocasiones han de estar m uy estrecham ente relacionadas de form a positiva (lo mejor es que sean iguales las muestras en las dos ocasiones).

Estimación de la media extendida a dos ocasiones

Uno de los objetivos clásicos en el m uestreo en ocasiones sucesivas es estimar el valor prom edio de la m edia sobre las dos ocasiones. Para ello consideremos el estimador siguiente:

$$\overline{x} = \frac{1}{2}(\overline{x}_1 + \overline{x}_2)$$

definido como la media de las medias en ambas ocasiones.

Su varianza es:

$$V(\bar{x}) = \frac{1}{4}\left[V(\bar{x}_1) + V(\bar{x}_2) + 2\operatorname{cov}(\bar{x}_1, \bar{x}_2)\right]$$

y sustituyendo en la fórmula los valores obtenidos en la sección anterior:

$$V(\bar{x}_1) = \frac{S^2}{n}, \quad V(\bar{x}_2) = \frac{S^2}{n} \quad \operatorname{cov}(\bar{x}_1, \bar{x}_2) = \frac{S^2}{n}\rho_{12}\pi_c)$$

tenemos:

$$V(\bar{x}) = \frac{1}{4}\left[\frac{2S^2}{n} + \frac{2S^2}{n}\rho_{12}\pi_c\right] = \frac{S^2}{2n} \cdot \left[1 + \rho_{12}\pi_c\right]$$

Como este valor es mínimo cuando $\pi_c = 0$, vemos que, en el caso $\rho_{12} < 0$, para estimar la media sobre dos ocasiones es preferible utilizar muestras independientes.

ESTIMADORES DE MÍNIMA VARIANZA

Estimador del cambio entre dos ocasiones

Consideraremos el **estimador lineal de mínima varianza del cambio combinado:**

$$\hat{\Delta} = W(\bar{x}_{2c} - \bar{x}_{1c}) + (1 - W) \cdot (\bar{x}_{2\bar{c}} - \bar{x}_{1\bar{c}})$$

y determinamos el valor de W que haga efectivamente mínima la varianza de $\hat{\Delta}$.

Tenemos $V(\hat{\Delta}) = W^2 V(\bar{x}_{2c} - \bar{x}_{1c}) + (1 - W)^2 V \cdot (\bar{x}_{2\bar{c}} - \bar{x}_{1\bar{c}})$, y obteniendo la primera derivada respecto de W e igualando a cero se tiene:

$$2W \cdot V(\bar{x}_{2c} - \bar{x}_{1c}) - 2 \cdot (1 - W) \cdot V(\bar{x}_{2\bar{c}} - \bar{x}_{1\bar{c}}) = 0 \Rightarrow W = \frac{V(\bar{x}_{2\bar{c}} - \bar{x}_{1\bar{c}})}{V(\bar{x}_{2c} - \bar{x}_{1c}) + V(\bar{x}_{2\bar{c}} - \bar{x}_{1\bar{c}})}$$

y sustituyendo las varianzas $V(\bar{x}_{2\bar{c}} - \bar{x}_{1\bar{c}}) = \frac{2S^2}{n-c}$ y $V(\bar{x}_{2c} - \bar{x}_{1c}) = \frac{2S^2}{c}(1 - \rho_{12}) \Rightarrow$

$$W = \frac{\dfrac{1}{n-c}}{\dfrac{1}{n-c} + \dfrac{1 - \rho_{12}}{c}} = \frac{c}{c + (n-c)(1 - \rho_{12})} = \frac{\pi_c}{1 - \rho_{12}(1 - \pi_c)} \Rightarrow 1 - W = \frac{(1 - \rho_{12})(1 - \pi_c)}{1 - \rho_{12}(1 - \pi_c)}$$

Sustituyendo estos valores en la expresión de la varianza del estimador lineal de mínima varianza se obtiene:

$$V(\hat{\Delta})=W^2 V(\overline{x}_{2c}-\overline{x}_{1c})+(1-W)^2 V\cdot(\overline{x}_{2\overline{c}}-\overline{x}_{1\overline{c}})\frac{\pi_c 2S^2(1-\rho_{12})}{[1-\rho_{12}(1-\pi_c)]^2\cdot n}=\frac{(1-\pi_c)\cdot(1-\rho_{12})^2 2S^2}{[1-\rho_{12}(1-\pi_c)]^2\cdot n}$$

$$=\frac{2S^2(1-\rho_{12})}{[1-\rho_{12}(1-\pi_c)]^2\cdot n}\cdot[\pi_c+(1-\pi_c)\cdot(1-\rho_{12})]=\frac{2S^2(1-\rho_{12})}{[1-\rho_{12}(1-\pi_c)]^2\cdot n}\cdot(1-\rho_{12}+\pi_c\rho_{12})$$

$$=\frac{2S^2(1-\rho_{12})}{[1-\rho_{12}(1-\pi_c)]^2\cdot n}\cdot(1-\rho_{12}(1-\pi_c))=\frac{2S^2(1-\rho_{12})}{[1-\rho_{12}(1-\pi_c)]\cdot n}$$

Hemos obtenido una *expresión para la varianza mínima del estimador lineal*:

$$V(\hat{\Delta})=\frac{2S^2(1-\rho_{12})}{[1-\rho_{12}(1-\pi_c)]\cdot n}$$

Vemos que, en este caso, el estimador lineal de mínima varianza combinado $\hat{\Delta}$ *proporciona igual precisión que el estimador simple* $\hat{\partial}$ *cuando* $\pi_c=1$ *, es decir, cuando se mantiene la misma muestra para la segunda ocasión.*

Estimador de la media en la segunda ocasión

Vamos a trabajar en la suposición de que en la primera ocasión el tamaño de la muestra es lo suficientemente grande como para poder considerar la estimación $\overline{x}_1$ como aproximación al valor $\overline{X}_1$ en el estimador de regresión $\overline{x}'_{2c}=\overline{x}_{2c}+b(\overline{x}_1-\overline{x}_{1c})$ cuya varianza viene dada por la varianza de sus componentes $\overline{x}_{2c}-b\overline{x}_{1c}$ y $b\overline{x}_1$:

$$V(\overline{x}_{2c}-b\overline{x}_{1c})=V(\overline{x}_{2c})+b^2 V(\overline{x}_{1c})-2\,\text{cov}(\overline{x}_{2c};\overline{x}_{1c})=$$

$$\frac{S^2}{c}+\rho_{12}^2\frac{S^2}{c}-2\rho_{12}\cdot\rho_{12}\cdot\frac{S}{\sqrt{c}}\cdot\frac{S}{\sqrt{c}}=\frac{S^2}{c}\left(1-\rho_{12}^2\right)$$

$$V(b\overline{x}_1)=b^2\cdot V(\overline{x}_1)=b^2\cdot\frac{S^2}{n}=\rho_{12}^2\frac{S^2}{n},\quad (S_1=S_2\Rightarrow b=\frac{S_1}{S_2}\cdot\rho_{12}=\rho_{12})$$

Sumando ambas componentes se obtiene: $V(\overline{x}'_{2c})=S^2\left(\dfrac{1-\rho_{12}^2}{c}+\dfrac{\rho_{12}^2}{n}\right)$

Utilizaremos el estimador *estimador lineal de mínima varianza de la media para la segunda ocasión* combinado definido por:

$$\overline{x}_2=W\overline{x}'_{2c}+(1-W)\overline{x}_{2\overline{c}}$$

cuya varianza $V(\overline{x}_2)=W^2 V(\overline{x}'_{2c})+(1-W)^2 V(\overline{x}_{2\overline{c}})$ es mínima para:

$$W=\frac{V(\overline{x}_{2\overline{c}})}{V(\overline{x}'_{2c})+V(\overline{x}_{2\overline{c}})}\quad 1-W=\frac{V(\overline{x}'_{2c})}{V(\overline{x}'_{2c})+V(\overline{x}_{2\overline{c}})}$$

de donde se deduce que el estimador combinado, de varianza mínima, para estimar la media en la segunda ocasión toma la forma:

$$\overline{x}_2 = \frac{\dfrac{1}{V\left(\overline{x}'_{2c}\right)}}{\dfrac{1}{V\left(\overline{x}_{2\overline{c}}\right)}+\dfrac{1}{V\left(\overline{x}'_{2c}\right)}} \cdot \overline{x}'_{2c} + \frac{\dfrac{1}{V\left(\overline{x}_{2\overline{c}}\right)}}{\dfrac{1}{V\left(\overline{x}_{2\overline{c}}\right)}+\dfrac{1}{V\left(\overline{x}'_{2c}\right)}} \overline{x}_{2\overline{c}}$$

es una media ponderada con los coeficientes de ponderación basados en los valores recíprocos de las varianzas.

Sustituyendo los valores de W y $1 - W$ en $V(\overline{x}_2)$ calculamos el valor de la varianza mínima para el estimador de la media en segunda ocasión. Tenemos

$$V(\overline{x}_2) = \frac{V^2\left(\overline{x}_{2\overline{c}}\right)}{\left(V\left(\overline{x}'_{2c}\right)+V\left(\overline{x}_{2\overline{c}}\right)\right)^2}V^2\left(\overline{x}'_{2c}\right)+\frac{V^2\left(\overline{x}'_{2c}\right)}{\left(V\left(\overline{x}'_{2c}\right)+V\left(\overline{x}_{2\overline{c}}\right)\right)^2}V^2\left(\overline{x}_{2\overline{c}}\right)=\frac{V\left(\overline{x}_{2\overline{c}}\right)V\left(\overline{x}'_{2c}\right)}{V\left(\overline{x}_{2\overline{c}}\right)V\left(\overline{x}'_{2c}\right)}$$

y como $V\left(\overline{x}'_{2c}\right)=S^2\left(\dfrac{1-\rho_{12}^2}{c}+\dfrac{\rho_{12}^2}{n}\right)$ y $V\left(\overline{x}_{2\overline{c}}\right)=\dfrac{S^2}{n-c}=\dfrac{S^2}{\overline{c}}$ tenemos:

$$V(\overline{x}_2)=\frac{S^2\cdot\left(\dfrac{\left(1-\rho_{12}^2\right)n+c\rho_{12}^2}{cn}\right)\cdot\dfrac{S^2}{\overline{c}}}{S^2\cdot\left(\dfrac{\left(1-\rho_{12}^2\right)n+c\rho_{12}^2}{cn}\right)+\dfrac{S^2}{\overline{c}}}=\frac{\left(1-\rho_{12}^2\right)\cdot n+c\rho_{12}^2}{\left(1-\rho_{12}^2\right)\cdot n+c\rho_{12}^2+\dfrac{cn}{\overline{c}}}\cdot\dfrac{S^2}{\overline{c}}$$

$$=\frac{S^2}{\overline{c}}\cdot\frac{n-\rho_{12}^2(n-c)}{n-\rho_{12}^2(n-c)+\dfrac{cn}{\overline{c}}}=\frac{S^2\cdot\left(n-\rho_{12}^2(n-c)\right)}{\overline{c}n-\rho_{12}^2\overline{c}^2+cn}=\frac{S^2\cdot\left(n-\rho_{12}^2(n-1)\right)}{n^2-\rho_{12}^2\overline{c}^2}$$

Por lo tanto ya tenemos el valor de la varianza mínima para el estimador lineal de mínima varianza de la media en segunda ocasión:

$$V(\overline{x}_2)=S^2\frac{n-\rho_{12}^2\overline{c}^2}{n^2-\rho_{12}^2\overline{c}^2}$$

En particular $\overline{c}=0\Rightarrow V(\overline{x}_2)=\dfrac{S^2}{n}$ y $\overline{c}=n\Rightarrow V(\overline{x}_2)=\dfrac{S^2\cdot n\cdot\left(1-\rho_{12}^2\right)}{n^2\left(1-\rho_{12}^2\right)}=\dfrac{S^2}{n}$

Luego podemos decir que para estimar el valor actual de $\overline{X}_2$ se obtiene la misma precisión manteniendo la muestra que cambiándola por completo en cada ocasión.

ROTACIÓN DE LA MUESTRA CON SOLAPAMIENTO PARCIAL

En la práctica es necesario buscar   un equilibrio entre las alternativas extremas de mantener o cambiar totalmente la muestra en las sucesivas ocasiones de realización de la encuesta, ya que por un lado, es necesario conseguir una proporción π_c de solapamiento tan grande como sea posible para obtener máxima precisión en la estimación del cambio entre ocasiones sucesivas, y por otro lado, es necesario que π_c sea lo menor posible para que la contaminación de la muestra debida a su exposición a la encuesta sea mínima.

El solapamiento parcial puede lograrse por un sistema de rotación en el que el número de unidades de la m   uestra salen de ella durante un período y   pueden volver a entrar posteriormente en la m   uestra. Por ejem plo, en la Encuesta de Población Activa del Instituto Nacional de Estadística se utiliza un sistema en el que cada unidad elemental permanece durante 6 trimestres en la muestra. El solapamiento entre trimestres consecutivos es de un 83 por 100.

Existen métodos de solapamiento ya desarrollados, com o por ejem plo el sistema 2-4-2 en encuestas de hogares, en el que los hogares de un grupo de rotación permanecen dos m eses en la m uestra, salen de ella durante cuatro m eses, vuelven a entrar durante dos m eses y salen definitivam ente de la m   uestra. La muestra se considera dividida en cuatro partes aproxim adamente iguales, siendo cada parte una muestra probabilística de la población. A estas partes o subm uestras se les denom ina *grupos de rotación*. En el caso que estamos considerando se denomina *muestra real* a la formada por los cuatro grupos de rotación y corresponde a un mes determinado, de forma que dos m uestras para m eses c onsecutivos tengan un solapam iento del 50 por 100. Para ello tenem   os que sustituir   dos grupos de rotación por otros dos previamente elegidos dentro de las mismas unidades primarias de la muestra. Tendremos así una reserva, o *muestra teórica*, constituida por ocho grupos de rotación y cada cuatro meses necesitaremos una nueva muestra teórica.

Ya sabem os que una exposición   continuada a los m étodos de la encuesta puede originar sesgos en la conducta de   los entrevistados. El hecho de que las unidades de la muestra tengan diferentes valores esperados según el número de veces que han sido entrevistadas, introduce el *sesgo del grupo de rotación*. En caso de no existir este sesgo, cada grupo de rotación, que es una subm   uestra aleatoria de la muestra completa, tendría el m ismo valor esperado. Se puede calcular un índice para cada grupo de rotación mediante la expresión:

$$I_{grt} = \frac{A_{grt}}{\overline{A_g}} \cdot 100$$

que en el caso de no existir sesgo valdría 100, y donde la nomenclatura es:

- A_{grt} = número total de personas con el atribut o de interés, en un grupo de rotación determinado.

- $\overline{A}$ = número medio de personas con el atributo de interés, sobre todos los períodos en la muestra.

- t = grupo de rotación.

Ejercicio 1. Mediante una muestra aleatoria simple grande y barata de tamaño 374 de las casas de un distrito se observa que 272 estaban ocupadas por familias de raza blanca y 82 por otras razas. Una segunda muestra de aproximadamente una de cada cuatro casas dio los siguientes resultados respecto de la proporción de casas en alquiler:

	En alquiler	Total
Blancos	*31*	*74*
Otras razas	*4*	*18*

Estimar la proporción de casas en alquiler en la población y su error de muestreo

---

Estamos ante un problema de muestreo doble en el que la muestra de primera fase tiene de tam año n' =374 distribuy éndose entre los dos estratos con n_1'=272 y n_2'=82.

En segunda fase tenemos los siguientes datos por estratos:

Estrato I → Raza blanca $\quad$ n_1=74 $\qquad$ $\hat{W}_1$=272/374 $\quad$ $\hat{P}_1$=31/74
Estrato II → Otras razas $\quad$ n_2=18 $\qquad$ $\hat{W}_2$=82/374 $\quad$ $\hat{P}_2$=4/18

$$\overline{}$$

$$n=92$$

Tenem $\qquad$ os entonces $\hat{P} = \sum_{h=1}^{2} \hat{W}_h \hat{P}_h = \frac{272}{374} \cdot \frac{31}{74} + \frac{82}{374} \cdot \frac{4}{18} = 0,376$

Para hallar el error de muestreo calculamos la estimación de la varianza de la proporción a partir de la fórmula aproximada:

$$\hat{V}\left(\hat{P}\right) = \frac{n'}{n'-1}\left[\sum_h \frac{\hat{P}_h \hat{Q}_h}{n_h - 1}\left(\hat{W}_h^2 - \frac{\hat{W}_h}{n'}\right) + \frac{1}{n'}\sum_h \hat{W}_h\left(\hat{P}_n - \hat{P}\right)^2\right] =$$

$$\frac{374}{373}\left[\frac{\frac{31}{74}\cdot\frac{43}{74}}{73}\left(\left(\frac{272}{374}\right)^2 - \frac{\frac{272}{374}}{374}\right) + \frac{\frac{4}{18}\cdot\frac{14}{18}}{17}\left(\left(\frac{82}{374}\right)^2 - \frac{\frac{82}{374}}{374}\right)\right] +$$

$$\frac{1}{374}\left[\left(\frac{272}{374}\right)\left(\frac{31}{74} - 0,376\right)^2 + \left(\frac{82}{374}\right)\left(\frac{4}{18} - 0,376\right)^2\right] \cong 0,0025$$

El error relativo de muestreo será $\dfrac{\sqrt{0,0025}}{0,375} = 0,133$ (13,3%)

Ejercicio 2. Se destinan 300.000 pesetas a una encuesta para estimar una proporción. La encuesta principal costará 1.000 pesetas por unidad de muestreo y se dispone de información adicional en registros a un coste de 25 pesetas por unidad de muestreo que permite clasificar las unidades en dos estratos de tamaños casi iguales. Si la proporción verdadera es 0,2 en el estrato 1 y 0,8 en el estrato 2 estimar los tamaños de las muestras en ambas fases n y n' óptimos y el valor resultante de la varianza del estimador de la proporción. ¿Se gana en precisión respecto del muestreo aleatorio simple?

Para determinar los tamaños óptimos n' y n correspondientes a un coste total dado tales que $V(\hat{P})$ sea mínima, escribimos la función de Lagrange:

$$\phi = \frac{1}{n}A + \frac{1}{n'}B + \lambda(c'n' + cn - C) \quad A = \left(\sum_h W_h\sqrt{P_hQ_h}\right)^2 \quad B = \sum_h W_h(P_h - P)^2$$

Derivando respecto de n y n' y λ se tiene:

$$\left.\begin{array}{l} \dfrac{\partial\phi}{\partial n} = -\dfrac{A}{n^2} + \lambda c = 0 \Rightarrow \lambda = \dfrac{A}{cn^2} \\[3mm] \dfrac{\partial\phi}{\partial n'} = -\dfrac{B}{n'^2} + \lambda c' = 0 \Rightarrow \lambda = \dfrac{B}{c'n'^2} \\[3mm] \dfrac{\partial\phi}{\partial\lambda} = c'n' + cn - C = 0 \end{array}\right\} \Rightarrow \left\{\begin{array}{l} n = \dfrac{C\sqrt{A}}{\sqrt{c}\left(\sqrt{Ac} + \sqrt{Bc'}\right)} \\[4mm] n' = \dfrac{C\sqrt{B}}{\sqrt{c'}\left(\sqrt{Ac} + \sqrt{Bc'}\right)} \\[4mm] V_{\text{ópt.}}\left(\hat{\bar{X}}\right) = \dfrac{\left(\sqrt{Ac} + \sqrt{Bc'}\right)^2}{C} \end{array}\right.$$

Tenemos como datos que $C=300000$, $c=1000$, $c'=25$, $P_1=Q_2=0,2$, $Q_1=P_2=0,8$, $W_1=W_2=0,5$ y $P = \sum_{h=1}^{2} W_hP_h = 0,5(0,2 + 0,8) = 0,5$. Ya podemos calcular:

$$A = \left(\sum_h W_h\sqrt{P_hQ_h}\right)^2 = \left(0,5\sqrt{0,2\cdot0,8} + 0,5\sqrt{0,8\cdot0,2}\right)^2 = 0,16$$

$$B = \sum_h W_h(P_h - P)^2 = 0,5\cdot(0,2 - 0,5)^2 + 0,5\cdot(0,8 - 0,5)^2 = 0,09$$

y tenemos:

$$n = \frac{C\sqrt{A}}{\sqrt{c}\left(\sqrt{Ac} + \sqrt{Bc'}\right)} = \frac{300000\sqrt{0,16}}{\sqrt{1000}\left(\sqrt{0,16\cdot1000} + \sqrt{0,09\cdot25}\right)} = 268$$

$$n' = \frac{C\sqrt{B}}{\sqrt{c'}\left(\sqrt{Ac} + \sqrt{Bc'}\right)} = \frac{300000\sqrt{0,09}}{\sqrt{25}\left(\sqrt{0,16\cdot1000} + \sqrt{0,09\cdot25}\right)} = 1272$$

$$V_{\text{ópt.}}\left(\hat{\bar{X}}\right) = \frac{\left(\sqrt{Ac} + \sqrt{Bc'}\right)^2}{C} = \frac{\left(\sqrt{0,16\cdot1000} + \sqrt{0,09\cdot25}\right)^2}{300000} = 0,0006673$$

En m uestreo aleatorio sim ple la varianza de la proporción, considerando reposición (no olvidem os que para poblacion es grandes en m uestreo bifásico pueden aproximarse todas las fórmulas por su expresión para reposición en las dos fases) será la siguiente:

$$V(\hat{P}) = \frac{PQ}{n} = \frac{0,5(1-0,5)}{300000/1000} = 0,0008333$$

Se observa que hay ganancia en precisión al utilizar m uestreo bifásico cuantificada por (0,0008333/0,0006673-1)=0,248, esto es, el 24,8%.

Ejercicio 3. En muestreo doble para estratificación se ha tomado en primera fase una muestra de tamaño n'=400, y en la segunda fase se ha tomado, una vez formados tres estratos, n_1=20, n_2=10 y n_3=10. Se conocen los siguientes resultados:

$\hat{W}_h$	$\overline{x}_h$	$\hat{S}_h^2$
0,55	2,8	15
0,32	8,2	200
0,13	26	1000

Estimar el error relativo de muestreo del estimador de la media así como un límite de error para la estimación de la media al 95% de confianza.

Seguimos considerando que para poblaci ones grandes, en m uestreo bifásico pueden aproxim arse todas las fórm ulas por su expresión para reposición en las dos fases. Para estimar la varianza del estimador de la media tenemos:

$$\hat{V}\left(\overline{\hat{X}}\right) = \frac{n'}{n'-1}\left[\sum_h \frac{s_h^2}{n_h}\left(\hat{W}_h^2 - \frac{\hat{W}_h}{n'}\right) + \frac{1}{n'}\sum_h \hat{W}_h\left(\overline{x}_n - \overline{X}\right)^2\right] = \frac{400}{400-1}\left[\frac{15}{20}\left(0,55^2 - \frac{0,55}{400}\right)\right.$$

$$+\frac{200}{10}\left(0,32^2 - \frac{0,32}{400}\right) + \frac{1000}{10}\left(0,13^2 - \frac{0,13}{400}\right) + \frac{1}{400}\left(0,55(2,8-7,54)^2 + 0,32(8,2-7,54)^2\right.$$

$$\left.\left.+0,13(26-7,54)^2\right)\right] = 3,96$$

$$\overline{\hat{X}} = \sum_{h=1}^{3}\hat{W}_h\overline{x}_h = 0,55\cdot 2,8 + 0,32\cdot 8,2 + 0,13\cdot 26 = 7,544$$

El error relativo será $\hat{C}v(\overline{\hat{X}}) = \dfrac{\sqrt{\hat{V}(\overline{\hat{X}})}}{\overline{\hat{X}}} = \dfrac{\sqrt{3,96}}{7,544} = 0,264$ (26,4%)

Un lím ite para el error de estim ación al 95% vendrá dado por la anchura del intervalo de confianza, que vale $1,96\sqrt{3,96} = 3,9$.

Hemos visto en este capítulo que para valores grandes de n' (caso habitual) el estim ador de la varianza del estim ador de la m edia puede aproxim arse por la fórmula correspondiente al estim ador de la varianza del estim ador de la m edia en muestreo estratificado en una sola fase (seguimos suponiendo reposición) sustituyendo W_h por su estimación. En nuestro caso tendríamos:

$$\hat{V}\left(\hat{\bar{X}}\right) = \sum_h \hat{W}_h^2 \frac{\hat{S}_h^2}{n_h} = \left[0,55^2 \frac{15}{20} + 0,32^2 \frac{200}{10} + 0,13^2 \frac{1000}{10}\right] = 4,12$$

El error relativo será $\hat{C}v(\hat{\bar{X}}) = \dfrac{\sqrt{\hat{V}(\hat{\bar{X}})}}{\hat{\bar{X}}} = \dfrac{\sqrt{4,12}}{7,544} = 0,269$ (26,9%)

Observamos que la pérdida en precisión es m ínima por haber utilizado la aproximación citada.

Ejercicio 4. Sea una variable bidimensional (X,Y) para la que conocemos los datos $\sigma_x=2$ $\sigma_y=4$ $\sigma_{xy}=10$ y $\bar{X}=10$. Realizamos muestreo doble obteniendo en primera fase una muestra de tamaño $n'=100$ con $\bar{y}'=40,6$. En la segunda fase $n=25$, $\bar{x}=9,8$ e $\bar{y}=40,1$. Estimar la media poblacional por regresión lineal en muestreo doble óptimo calculando el error relativo de muestreo y el coste total para $c'=0$ y $c=600$.

Se   tiene $\rho = \dfrac{\sigma_{xy}}{\sigma_x \sigma_y} = \dfrac{6}{2 \cdot 4} = \dfrac{6}{8} = 0,75$ y $b = \dfrac{\sigma_{xy}}{\sigma_y^2} = \dfrac{6}{4^2} = \dfrac{6}{16}$

El estimador por regresión para la media en el muestreo doble se halla mediante:

$$\hat{\bar{X}}_{rg} = \bar{x} + b(\bar{y}' - \bar{y}) = 9,8 + \frac{6}{16}(40,6 - 40,1) = 9,998$$

La varianza del estimador óptimo de la media se calcula mediante la expresión:

$$V\left(\hat{\bar{X}}_{rg}\right) = \frac{(1-\rho^2)\sigma_x^2}{n} + \frac{\rho^2 \sigma_x^2}{n'} = \frac{(1-0,75^2)2^2}{25} + \frac{0,75^2 \cdot 2^2}{100} = 0,0955$$

El error relativo será $\hat{C}v(\hat{\bar{X}}_{rg}) = \dfrac{\sqrt{\hat{V}(\hat{\bar{X}}_{rg})}}{\hat{\bar{X}}_{rg}} = \dfrac{\sqrt{0,0955}}{9,998} = 0,0309$ (3,09%)

El coste total será $C = cn + c'n' = 600*25 + 10*100 = 16000$

> *Ejercicio 5. En una población se obtiene una muestra aleatoria simple sin reposición y probabilidades iguales de tamaño 60. No existe falta de respuesta y al repetir la encuesta con idéntica muestra se obtienen los resultados siguientes:*

Primera ocasión	Segunda ocasión
$\overline{x}' = 150$	$\overline{y}' = 160$
$\overline{x}' = 152$	$\overline{y}' = 158$

> *Sabiendo que $\sigma2=20$, $\rho=0,7$ y $\pi=0,6$ calcular:*
>
> *a) La estimación de cambio $\overline{y} - \overline{x}$ y su error de muestreo*
> *b) La estimación del cambio de mínima varianza y su error de muestreo*
> *c) La estimación de la media en segunda ocasión $\overline{y}$ y su error de muestreo*
> *d) La estimación de la media en segunda ocasión de mínima varianza y su error*

El número c de unidades m uestrales com unes en las dos ocasiones se puede calcular a partir de la proporción de unidades m uestrales com unes π_c y del tam año muestral total n.

$$\pi_c = \frac{c}{n} \Rightarrow c = \pi_c \cdot n = 0,6 \cdot 60 = 36$$

$$\overline{x} = \frac{n-c}{n}\overline{x}'' + \frac{c}{n}\overline{x}' = \frac{60-36}{60}150 + \frac{36}{60}152 = 0,4 \cdot 150 + 0,6 \cdot 152 = 151,2$$

$$\overline{y} = \frac{n-c}{n}\overline{y}'' + \frac{c}{n}\overline{y}' = \frac{60-36}{60}160 + \frac{36}{60}158 = 0,4 \cdot 160 + 0,6 \cdot 158 = 158,8$$

Para la **estimación del cambio y su error** tenemos entonces:

$$\hat{\partial} = \overline{y} - \overline{x} = 158,8 - 151,2 = 7,6$$

$$V(\hat{\partial}) = 2\frac{S^2}{n}[1 - \rho_{12}\pi_c] \cong 2\frac{20}{60}[1 - 0,7 \cdot 0,6] = 0,38666$$

El **estimador del cambio de mínima varianza y su error** vienen dados por:

$$\hat{\Delta} = W(\overline{y}' - \overline{x}') + (1-W) \cdot (\overline{y}'' - \overline{x}'') \quad \text{con} \quad W = \frac{\pi_c}{1 - \rho_{12}(1 - \pi_c)} = \frac{0,6}{1 - 0,7 \cdot 0,4} = 0,8333$$

luego ya tenemos $\hat{\Delta} = 0,8333(158 - 152) + (1 - 0,8333) \cdot (160 - 150) = 6,66666$

$$V(\hat{\Delta}) = \frac{2S^2(1 - \rho_{12})}{[1 - \rho_{12}(1 - \pi_c)] \cdot n} \cong \frac{2 \cdot 20(1 - 0,7)}{[1 - 0,7(1 - 0,6)] \cdot 60} = 0,277$$

El **estimador de la media en segunda ocasión y su error** se calculan como:

$$\overline{y} = \frac{n-c}{n}\,\overline{y}'' + \frac{c}{n}\,\overline{y}' = \frac{60-36}{60}160 + \frac{36}{60}158 = 0,4\cdot160 + 0,6\cdot158 = 158,8$$

$$V(\overline{y}) = \frac{S^2}{n} \cong \frac{20}{60} = 0,333$$

Utilizaremos el estimador **estimador lineal de mínima varianza de la media para la segunda ocasión** combinado definido por:

$$\overline{y} = W\left[\overline{y}' + \rho(\overline{x}-\overline{x}')\right] + (1-W)\overline{y}'' = 0,65\left[158 + 0,7(151,2-152)\right] + (1-0,65)160 = 159$$

Los cálculos necesarios son los siguientes:

$$W = \frac{V(\overline{x}_{2\overline{c}})}{V(\overline{x}'_{2c}) + V(\overline{x}_{2\overline{c}})} = \frac{0,833}{0,446 + 0,833} = 0,65$$

$$V(\overline{x}'_{2c}) = S^2\left(\frac{1-\rho_{12}^2}{c} + \frac{\rho_{12}^2}{n}\right) = 20\left(\frac{1-0,7^2}{32} + \frac{0,7^2}{60}\right) = 0,446 \qquad V(\overline{x}_{2\overline{c}}) = \frac{S^2}{n-c} = \frac{20}{60-36} = 0,833$$

El error de muestreo del estimador de varianza mínima viene dado por:

$$V(\overline{y}) = \frac{S^2\cdot\left(n - \rho_{12}^2(n-1)\right)}{n^2 - \rho_{12}^2\,\overline{c}^2} = \frac{20\cdot\left(60 - 0,7^2(60-1)\right)}{60^2 - 0,7^2(60-36)^2} = 0,29$$

Ejercicio 6. *En una población de N=1000 personas se obtiene una muestra aleatoria simple sin reposición y probabilidades iguales de 100 personas a las que se pregunta sobre un carácter dicotómico en dos ocasiones sucesivas. Se obtienen los resultados siguientes:*

$O_1 \rightarrow$ $O_2 \downarrow$	Sí	No	Total
Sí	80	5	85
No	10	5	15
Total	90	10	100

Si se considera el estimador diferencia de proporciones con contestación afirmativa entre la segunda y la primera ocasión calcular el error de muestreo de dicho estimador y el coeficiente de correlación ρ:

$$\hat{D} = \hat{P}_2 - \hat{P}_1 \Rightarrow \hat{V}(\hat{D}) = \hat{V}(\hat{P}_2) + \hat{V}(\hat{P}_1) - 2Cov(\hat{P}_1, \hat{P}_2) = (1-f)\frac{\hat{P}_2(1-\hat{P}_2)}{n-1} +$$

$$(1-f)\frac{\hat{P}_1(1-\hat{P}_1)}{n-1} - 2(1-f)\frac{\sum_{i=1}^{n} X_{1i} \cdot X_{2i} - n\hat{P}_1\hat{P}_2}{n(n-1)} = \left(1-\frac{10}{100}\right)\frac{\frac{85}{100}(1-\frac{85}{100})}{100-1} +$$

$$\left(1-\frac{10}{100}\right)\frac{\frac{90}{100}(1-\frac{90}{100})}{100-1} + 2\left(1-\frac{10}{100}\right)\frac{80-100\frac{90}{100}\frac{85}{100}}{n(n-1)} = 0,00134$$

Con los datos de la tabla se comprueba fácilmente que $\sum_{i=1}^{n} X_{1i} \cdot X_{2i} = 80$

El coeficiente de correlación se calculará de la siguiente forma:

$$\rho = \frac{Cov(\hat{P}_1, \hat{P}_2)}{\sqrt{\hat{V}(\hat{P}_1)}\sqrt{\hat{V}(\hat{P}_2)}} = \frac{0,00032}{\sqrt{0,00082}\sqrt{0,00116}} = 0,3$$

Ejercicio 7. *Antes de anunciar el calendario de la próxima temporada de cacería, la comisión cinegética de un municipio determinado desea estimar el tamaño de la población de venados. Se captura una muestra aleatoria de 300 venados (t = 300); se marcan y reintegran a la población. Dos semanas después se toma una segunda mues-tra de 200 (n = 200). Si se recapturan 62 venados marcados en la segunda muestra (s = 62), estime N y establezca un límite para el error de estimación.*

Tenem   os:

$$\hat{N} = \frac{nt}{s} = \frac{200 \cdot 300}{62} = 968 \text{ y } 2\sqrt{\hat{V}(\hat{N})} = 2\sqrt{\frac{t^2 n(n-s)}{s^3}} = 2\sqrt{\frac{300^2 \cdot 200(200-62)}{62^3}} = 204,18$$

Ejercicio 8. *Los encargados de una gran reserva de animales están interesados en el número total de pájaros de una especie particular que allí viven. Se atrapa una muestra aleatoria de t = 150 pájaros, se marcan y luego se sueltan. En el mismo mes se toma una muestra aleatoria hasta que se recapturan 35 pájaros marcados (s=35). En total se recapturan 100 pájaros para encontrar los 35 marcados (n=100). Estime N, y establezca un límite para el error de estimación.*

Tenem   os:

$$\hat{N} = \frac{nt}{s} = \frac{100 \cdot 150}{35} = 428,57 \text{ y } 2\sqrt{\hat{V}(\hat{N})} = 2\sqrt{\frac{t^2 n(n-s)}{s^2(s+1)}} = 2\sqrt{\frac{150^2 \cdot 100(100-35)}{35^2 \cdot 36}} = 115,17$$

> *Ejercicio 9. En una plantación de pino de 200 acres en el sur del país, se va a estimar la densidad de árboles que presentan hongos parásitos. Se toma una muestra de n = 10 cuadros de 0.5 acres cada uno. Las diez parcelas muestreadas tuvieron un promedio $\overline{m}$ de 2,8 árboles infectados por cuadro. Estime la densidad de árboles infectados y establezca un límite para el error de estimación. Estime también el total de árboles infectados en los 200 acres de la plantación estableciendo un límite para el error de estimación.*

Tenemos:

$$\hat{\lambda} = \frac{\overline{m}}{a} = \frac{2,8}{0,5} = 5,6 \text{ árboles por acre, } \text{ y } \quad 2\sqrt{\hat{V}(\hat{\lambda})} = 2\sqrt{\frac{\hat{\lambda}}{an}} = 2\sqrt{\frac{5,6}{0,5 \cdot 10}} = 2,1$$

Para la estimación del total se tiene $\hat{M} = \hat{\lambda}A = 5,6 \cdot 200 = 1120$ árboles, con límite para el error de estimación:

$$2\sqrt{\hat{V}(\hat{M})} = 2 \cdot A\sqrt{\frac{\hat{\lambda}}{an}} = 2 \cdot 200\sqrt{\frac{5,6}{0,5 \cdot 10}} = 420$$

> *Ejercicio 10. Nuevamente considere los 200 acres de plantación de árboles del ejercicio anterior. Ahora, para la estimación de la densidad de árboles infectados por hongos parásitos, se van a muestrear n = 20 cuadros de 0,5 acres cada uno, pero únicamente se va a registrar la presencia o ausencia de árboles infectados para cada cuadro. (Ya que esta tarea es más fácil que el conteo de los árboles, se puede incrementar el tamaño de la muestra.) Suponga que X = 4 de los 20 cuadros no presentan signos de hongos parásitos. Estime la densidad y el número de árboles infectados, estableciendo límites para el error de estimación en ambos casos.*

$$\hat{\lambda} = -\left(\frac{1}{a}\right)Ln\left(\frac{X}{a}\right) = -\frac{1}{0,5}Ln\left(\frac{4}{20}\right) = 3,2 \text{ árboles por acre}$$

$$2\sqrt{\hat{V}(\hat{\lambda})} = 2\sqrt{\frac{1}{na^2}\left(e^{\hat{\lambda}a} - 1\right)} = 2\sqrt{\frac{1}{0,5^2 \cdot 10}\left(e^{3,2 \cdot 0,5} - 1\right)} = 1,8$$

Para la estimación del total se tiene $\hat{M} = \hat{\lambda}A = 3,2 \cdot 200 = 640$ árboles, con límite para el error de estimación:

$$2\sqrt{\hat{V}(\hat{M})} = 2 \cdot 200\sqrt{\frac{1}{0,5^2 \cdot 10}\left(e^{3,2 \cdot 0,5} - 1\right)} = 360$$

ERRORES AJENOS AL MUESTREO: FALTA DE RESPUESTA, MARCOS IMPERFECTOS Y ERROR TOTAL

CONCEPTOS GENERALES

En las encuestas por muestreo puede definirse el «error» de una determinada estimación como la diferencia entre el valor observado $\hat{\theta}$ y el valor desconocido de la característica poblacional θ que tratamos de estimar (error $=|\hat{\theta}-\theta|$). El significado de la palabra «error» no equivale en Estadística, necesariamente, a equivocación, sino más bien a un indicador del margen esperado de incertidumbre. Los errores se deben a causas diversas, pudiendo clasificarse en *errores de carácter aleatorio* y *errores de carácter sistemático o sesgos*. Como ejemplo de los primeros citaremos el originado por la variabilidad de los valores obtenidos en el proceso de muestreo, y entre los segundos el producido por un método tendencioso de medición.

Pueden originarse errores en los resultados de una muestra particular debido a los respondientes, entrevistadores, codificadores, etc., así como a la posible interdependencia entre ellos. Así, por ejemplo, los entrevistados pueden no comprender bien las preguntas, no conocer las respuestas, o quedar influenciados de algún modo por el entrevistador. Los errores de carácter aleatorio y los de carácter sistemático (sesgos) tienen, en general, distintas fuentes, efectos y métodos de medida. La reducción de los errores aleatorios requiere hacer «más de algo» como, por ejemplo, aumentar el tamaño de la muestra, mientras que la reducción de los errores sistemáticos requiere hacer «algo más» como, por ejemplo, una supervisión o un programa de control.

Otra clasificación muy útil es la que distingue entre *errores de muestreo* (que son los originados por la variabilidad de los valores obtenidos en el proceso de muestreo y que por lo tanto son de carácter aleatorio) y *errores ajenos al muestreo* (que se producen por causas ajenas al muestreo en sí, es decir, por causas no probabilísticas) y que por lo tanto pueden considerarse errores de carácter no aleatorio, sistemáticos o sesgos.

Un primer carácter diferencial entre estos tipos de error es que mientras los errores de muestreo decrecen al aumentar el tamaño de la muestra, los errores ajenos al muestreo suelen crecer con el tamaño de la investigación, o en cualquier caso no suelen decrecer. Un segundo carácter diferencial es que los errores de muestreo se estiman con los datos de la muestra, mientras que los errores ajenos al muestreo suelen requerir para su estimación datos extramuestrales.

Una clasificación inicial de estos tipos de error podría ser la siguiente:

$$
\begin{cases}
Errores\ de\ muestreo\ (carácter\ aleatorio) \begin{cases} E(\hat{\theta}-\theta)^2 = ACURACIDAD \\ E(\hat{\theta}-E(\hat{\theta}))^2 = VARIANZA \\ \sigma(\hat{\theta}) = ERROR\ DE\ MUESTRE0 \end{cases} \\[2em]
Errores\ ajenos\ al\ muestreo\ (carácter\ sistemático) \begin{cases} ERRORES\ DE\ COBERTURA \\ ERRORES\ DE\ RESPUESTA \\ FALTA\ DE\ RESPUESTA \end{cases}
\end{cases}
$$

Errores de cobertura

La población marco ha de cubrir lo mejor posible a la población objetivo. La falta de cobertura de la población objetivo por la población marco produce, en general, una subestimación cuya importancia depende de las características de las unidades omitidas. Si una misma unidad es considerada más de una vez, en la población marco el efecto será una estimación por exceso. La población marco debe constituir una colección actualizada y exhaustiva de las unidades de muestreo, sin solapamientos, con límites bien definidos y fácilmente identificables, sin duplicaciones, sin omisiones y sin unidades extrañas ni vacías. Los errores de cobertura son difíciles de estimar, y requieren investigaciones especiales o la utilización de fuentes externas a la encuesta. En este capítulo se abordarán algunas técnicas sobre tratamiento de marcos imperfectos.

Estos errores pueden estimarse mediante el *método de reenumeración*, que consiste en volver a enumerar las unidades en una submuestra de pequeñas áreas que figuren en la encuesta principal. Se establece una correspondencia unidad a unidad entre los listados obtenidos en ambas ocasiones con objeto de encontrar unidades omitidas o duplicadas. En la segunda enumeración se deberían utilizar agentes con mejor adiestramiento. Una ventaja de este método es que permite identificar la naturaleza del error de cobertura. Así, por ejemplo, puede encontrarse que la omisión de una persona se debe a la omisión de su vivienda, o a que ha sido omitida dentro de la vivienda, o a un error en el proceso de los datos. Entre los inconvenientes mencionaremos que la reenumeración puede a su vez introducir nuevos errores de cobertura.

También pueden estimarse los errores de cobertura m ediante el ***método de las principales componentes demográficas***, que consiste en el conocim iento para toda la población en estudio de valores teóricos relativos a ciertos caracteres como sexo, edad, nacim ientos, defunciones y m igraciones etc., basados en los datos de censos anteriores, y comparar esos resultados con los obtenidos para nuestra muestra. Este método proporciona un indicador de la inconsistencia entr e dos conjuntos de datos, pero sin identificar en qué conjunto se encuentra el error.

Errores de respuesta

Toda e ncuesta o c enso puede considerarse como conceptualmente repetible en condiciones generales análogas. La respuesta dada por la unidad *i* en la realización *t* de una encuesta o censo es una variable aleatoria cuyos valores en distintas realizaciones no están correlacionados.

Las condiciones generales de una encuest a o censo incluy en los conceptos y definiciones, el cuestionario, el método de recogida de datos, la selección, adiestramiento y control de los agentes entrevistadores, la supervisión del trabajo de cam po, el procesamiento de la inform ación y, en el caso de encuestas, la estrategia m uestral, etc. Para controlar todos estos aspectos es necesario te ner presente que la varianza total de un estimador consta de las siguientes com ponentes aditivas: varianza total de respuesta, varianza de m uestreo y la covarianza entre d esviaciones de respuesta y desviaciones de muestreo. A su vez, la ***varianza total de respuesta*** recoge el efecto conjunto de las si-guientes componentes: la ***varianza simple de respuesta***, que m ide la variabilidad de las respuestas dadas en sucesivas realizaciones conceptualm ente posibles dividida por el tamaño de la m uestra y la ***componente correlacionada***, que recoge el efecto añadido de una posible influencia de los entrevistadores, codificadores, etc. sobre las respuestas. Esta segunda componente no se reduce al aumentar el tamaño de la muestra.

A la diferencia entre el valor esperado del estim ador, sobre todas las realizaciones conceptualm ente posibles y sobr e todas las unidades de la población, y el valor «objetivo» se le denom ina ***sesgo de respuesta***. Se suele llam ar error total a la varianza total más el cuadrado del sesgo.

Para estimar el error de respuesta puede utilizarse el ***método de la reentrevista***, que consiste en la realización de nuevas entrev istas a una submuestra de entrevistados en la encuesta principal. La reentrevista a una unidad debería hacerse bajo las mismas condiciones generales y dentro de un lapso de tiempo no demasiado largo, con objeto de evitar el olvido de los datos correspondientes a la fecha de referencia, ni dem asiado corto, con el fin de limitar en lo posible el efecto del factor m emoria. Así, por ejem plo, una parte de la posible discrepancia en lo s resultados de las entrevistas a una m isma unidad realizadas por agentes con un grado sim ilar de adiestramiento, puede ser debida a diferencias entre los entrevistadores. Si est as diferencias son de carácter aleatorio y corresponden a errores de respuesta no correlacionados, dan lugar a la ***varianza simple de respuesta***, que puede ser estimada por el método de reentrevista. Para estimar el error de respuesta puede utilizarse también el ***método de las submuestras interpenetrantes***.

Falta de respuesta

En una encuesta puede no disponerse de información para todas o algunas de las preguntas que figuran en el cuestionario corr espondiente a una unidad de la muestra. En el primer caso diremos que la falta de respuest a, para la unidad de la m uestra, es total, y en el segundo caso que es parcial. La falta de respuesta puede ser debida a diversas causas, como por ejemplo:

a) Imposibilidad de identificar la unidad sobre el terreno o de acceder a la misma.
b) Incapacidad para contestar por parte del entrevistado.
c) Ausencia temporal del entrevistado.
d) Negativa a cooperar en la encuesta por parte del entrevistado.
e) Pérdida de información.

EFECTOS DE LA FALTA DE RESPUESTA. TÉCNICAS PARA EL TRATAMIENTO DE LA FALTA DE RESPUESTA

En la teoría desarrollada en los capítulos anteriores se suponía siem pre una coincidencia entre la población m arco y la población objetivo, que se investigaban todas las unidades de la m uestra y que la inform ación obtenida era correcta. El incumplimiento del primer supuesto da lugar a los llamados errores de cobertura, que ya sabem os que pueden ser por defecto, com o en el caso de las omisiones, o por exceso, como en el de las duplicaciones y unidades extrañas. Aunque estos errores de cobertura pueden producirse también por un trabajo de campo de mala calidad, en general son originados por la utilización conjunta de listas y áreas con un recorrido cuidadoso de éstas. La cobertura se m ide con instrumentos extramuestrales. Las causas, efectos y tratamiento del incumplimiento del segundo y tercer supuesto serán objeto de tratamiento en este capítulo.

En general, cuando no se obtiene in formación en todas las unidades de la muestra, diremos que existe falta de respuest a. La falta de respuesta puede deberse a: ausencia temporal del entrevistado durante las horas de entrevista, negativa absoluta a colaborar, falta de conocim ientos o incap acidad por parte del inform ante, m étodo defectuoso de recogida de los datos, condi ciones personales y grado de adiestramiento de los entrevistadores incorrecto, motivación de los informantes inadecuada, etc.

Para estudiar el efecto de la falta de respuesta es útil considerar la población de tamaño N dividida en dos estratos: los que contestan (de tam año N_1) y los que no contestan (de tamaño N_2) con $N_1+N_2=N$. La proporción de no respondentes es $W=N_2/N$. Si la característica que tratam os de estim ar es, por ejem plo, la m edia, y utilizamos solamente unidades del estrato que contesta, se producirá un sesgo.

$$B = E(\bar{x}_1) - \overline{X} = \overline{X}_1 - (W_1\overline{X}_1 + W_2\overline{X}_2) = \overline{X}_1(1 - W_1) - \overline{X}_2 W_2 = W_2(\overline{X}_1 - \overline{X}_2)$$

que resulta proporcional al peso del estrato que no contesta y a la diferencia entre las medias de ambos estratos.

La falta de respuesta produce, por un lado, una disminución en el tamaño de la muestra que disminuye la precisión; y por otro, un sesgo independiente del tamaño muestral. El primer efecto puede compensarse aumentando el tamaño de la muestra, por ejemplo, mediante sustituciones aleatoriamente elegidas, pero la información obtenida siempre se refiere a un solo estrato y el sesgo permanece invariable. La consecuencia es que con un porcentaje importante de falta de respuesta es imposible determinar límites confidenciales útiles.

Método de Hansen y Hurwitz para la falta de respuesta

Este método consiste en la utilización de un muestreo doble o bifásico para la estratificación con selección en la primera fase de una muestra aleatoria simple de n unidades. Sabemos del capítulo anterior que para muestreo doble con L estratos, en una ***primera fase*** extraemos una muestra de tamaño n' de entre las N unidades de toda la población ($f=n'/N$=fracción de muestreo en primera fase) cayendo n'_h de entre las n' en el estrato h (h=1,2,...,L). Se tiene que $n'=\sum n'_h$ y que $\hat{W}_h = n'_h / n'$ es un estimador insesgado de $W_h=N_h/N$. En una ***segunda fase*** en la que se realizan extracciones diferentes de n unidades de entre las n' ($f'=n/n'$=fracción de muestreo en segunda fase), se elige una muestra aleatoria estratificada de tamaño n consistente en tomar una submuestra aleatoria de tamaño $n_h \leq n'_h$ dentro de cada estrato independientemente ($f_{h1}= n_h/n'_h$=fracción de muestreo en el estrato h en segunda fase) de modo que $n=\sum n_h$. Por la teoría del muestreo doble sabemos que:

$$\hat{\bar{X}} = \sum_{h=1}^{L} \hat{W}_h \bar{x}_h \quad \text{es un estimador insesgado de } \bar{X} \text{ cuya varianza vale:}$$

$$V(\hat{\bar{X}}) = (1-f)\frac{S^2}{n'} + \sum_{h=1}^{L} (\frac{1}{f_{h1}} - 1)W_h \frac{S_h^2}{n'}$$

Ahora aplicamos esta teoría general del muestreo bifásico para L estratos a nuestro caso en el que la población está dividida en sólo dos estratos: los que contestan (de tamaño N_1) y los que no contestan (de tamaño N_2) con $N_1+N_2=N$, siendo la proporción poblacional de no respondentes $W=N_2/N$. En una ***primera fase*** extraemos una muestra de tamaño n' de entre las N unidades de toda la población ($f=n'/N$=fracción de muestreo en primera fase) cayendo $n'_1 = n_{11}$ de entre las n' en el estrato 1 de los que contestan y n'_2 en el estrato 2 de los que no contestan. En una ***segunda fase*** se selecciona una submuestra de $n_2= n_{21}$ unidades de entre las n'_2 que no contestaban y de $n_1 = n_{11} = n'_1$ (o sea, todas) de entre las n'_1 que contestaban. Se tiene que $f_{11}= n_1/n'_1= n'_1/n'_1=1$=fracción de muestreo en el estrato 1 en segunda fase y que $f_{21}= n_2/n'_2= n_{21}/n'_2 = $ fracción de muestreo en el estrato 2 en segunda fase. Ahora consideramos la estimación insesgada en el muestreo bifásico y tenemos:

$$\hat{\bar{X}} = \sum_{h=1}^{L} \hat{W}_h \bar{x}_h = \hat{W}_1 \bar{x}_1 + \hat{W}_2 \bar{x}_2 = \frac{n'_1}{n'} \bar{x}_1 + \frac{n'_2}{n'} \bar{x}_2 = \frac{n_{11}}{n'} \bar{x}_1 + \frac{n'_2}{n'} \bar{x}_2 = \frac{n_{11}}{n'} \frac{x_1}{n_{11}} + \frac{n'_2}{n'} \frac{x_2}{n_{21}} =$$

$$\frac{1}{n'}\left(x_1 + \frac{n'_2}{n_{21}} x_2\right) = \frac{1}{n'}\left(x_1 + \frac{1}{f_{21}} x_2\right) = \frac{1}{n'}\left(x_1 + \hat{X}_2\right) \Rightarrow V(\hat{X}) = \frac{N}{n'}\left(x_1 + \hat{X}_2\right) = \frac{1}{f}\left(x_1 + \hat{X}_2\right)$$

Las varianzas del estim ador de la media y del total tam bién se pueden obtener a partir de la expresión de la varianza en el muestreo bifásico. Tenemos:

$$V(\hat{\bar{X}}) = (1-f)\frac{S^2}{n'} + \sum_{h=1}^{L}(\frac{1}{f_{h1}}-1)W_h \frac{S_h^2}{n'} = (1-f)\frac{S^2}{n'} + \underbrace{\left(\frac{1}{f_{11}}-1\right)W_1 \frac{S_1^2}{n'}}_{0 \; porque \, f_{11}=1} + \left(\frac{1}{f_{21}}-1\right)W_2 \frac{S_2^2}{n'}$$

$$= (1-f)\frac{S^2}{n'} + \left(\frac{1}{f_{21}}-1\right)\frac{N_2}{N}\frac{S_2^2}{n'} \Rightarrow V(\hat{X}) = N^2 V(\hat{\bar{X}}) = N^2(1-f)\frac{S^2}{n'} + N^2\left(\frac{1}{f_{21}}-1\right)\frac{N_2}{N}\frac{S_2^2}{n'}$$

$$= N^2(1-f)\frac{S^2}{n'} + \frac{N}{n'}\left(\frac{1}{f_{21}}-1\right)N_2 S_2^2 = N^2(1-f)\frac{S^2}{n'} + \frac{1}{f}\left(\frac{1}{f_{21}}-1\right)N_2 S_2^2$$

Los valores de n' y f_{21} que m inimizan el coste esperado, para una precisión establecida igual a $V_o(\hat{X})$, se obtienen mediante el método de los multiplicadores de Lagrange, donde la función de costo será $C = C_o n' + C_1 n_1 + C_2 n_{21}$ que puede escribirse como:

$$C = n'\left(C_o + C_1 \cdot \frac{n_1}{n'} + C_2 \cdot \frac{n_{21}}{n_2} \cdot \frac{n_2}{n'}\right)$$

de donde se deduce el coste esperado $E[c] = n'\cdot(c_o + c_1 P_1 + c_2 f_{21} P_2)$ siendo:

$$P_1 = \frac{N_1}{N} \qquad P_2 = \frac{N_2}{N}$$

Considerando la función lagrangiana tenemos:

$$\phi = n'[c_o + c_1 P_1 + c_2 P_2 f_{21}] + \lambda \cdot \left[N^2(1-f)\cdot \frac{S^2}{n'} + \frac{1}{f}\left(\frac{1}{f_{21}}-1\right)\cdot N_2 S_2^2 - V_o(\hat{X})\right]$$

$$= n'[c_o + c_1 P_1 + c_2 P_2 f_{21}] + \lambda \cdot \left[\frac{N^2 S^2}{n'} - NS^2 + \frac{N}{n'}\left(\frac{1}{f_{21}}-1\right)\cdot N_2 S_2^2 - V_o(\hat{X})\right]$$

y derivando respecto a n' y f_{21} tenemos:

$$\begin{cases} \dfrac{\partial \phi}{\partial n'} = c_o + c_1 P_1 + c_2 f_{21} P_2 - \dfrac{\lambda N^2 S^2}{n'^2} - \lambda \dfrac{N}{n'^2}\left(\dfrac{1}{f_{21}}-1\right)\cdot N_2 S_2^2 = 0 \\[4mm] \dfrac{\partial \phi}{\partial f_{21}} = n' P_2 c_2 - \lambda \dfrac{N}{n'} \cdot \dfrac{1}{f_{21}^2} \cdot N_2 S_2^2 = 0 \end{cases}$$

de donde igualando los valores de λ despejados en estas ecuaciones se obtiene:

$$\frac{P_2 f_{21}^2 c_2}{NN_2 S_2^2} = \frac{c_o + c_1 P_1 + c_2 f_{21} P_2}{N^2 S^2 + N\left(\frac{1}{f_{21}} - 1\right)N_2 S_2^2} \Rightarrow f_{21}\left(c_2 N^2 S^2 P_2 - c_2 N P_2 N_2 S_2^2\right) = NN_2 S_2^2 \left(c_o + c_1 P_1\right)$$

y despejando f_{21} nos queda:

$$f_{21} = \sqrt{\frac{\dfrac{P_1 S_2^2}{S^2 - P_2 S_2^2} \cdot \left(c_1 + \dfrac{c_o}{P_1}\right)}{c_2}}$$

Si representamos por n el tamaño de la muestra necesario para obtener una varianza $V_o\left(\hat{X}\right)$, en el supuesto de no existir falta de respuesta, tendríamos:

$$V_o\left(\hat{X}\right) = N^2\left(1 - \frac{n}{N}\right)\frac{S^2}{n} \Rightarrow n = \frac{N^2 S^2}{V_o\left(\hat{X}\right) + NS^2}$$

y si igualamos $V_o\left(\hat{X}\right)$ a $V\left(\hat{X}\right)$:

$$N^2\left(1 - \frac{n}{N}\right)\cdot\frac{S^2}{n} = N^2\left(1 - \frac{n'}{N}\right)\cdot\frac{S^2}{n'} + \frac{N}{n'}\left(\frac{1}{f_{21}} - 1\right)\cdot N_2 S_2^2$$

y dividiendo los dos miembros por $N^2 \cdot S^2$ se tiene:

$$n' = n + n\left(\frac{1}{f_{21}} - 1\right)\cdot P_2 \cdot\frac{S_2^2}{S^2}$$

de donde el tamaño de muestra necesario para obtener una varianza $V_o(X)$, cuando existe una proporción P_2 de falta de respuesta, viene dado por:

$$n' = n\cdot\left[1 + \left(\frac{1}{f_{21}} - 1\right)\cdot P_2 \cdot\frac{S_2^2}{S^2}\right]$$

Luego el método de Hansen y Hurwitz es tanto más ventajoso cuanto mayor sea la diferencia entre los costes por unidad en ambas fases. Aunque de aplicación general, es más adecuado en las encuestas por correo.

Método de Politz y Simmons

En este m étodo, que trata de reducir los sesgos, se supone que el entrevistador realiza una sola visita o   intento para conseguir la inform   ación. Supongamos además que las visitas se realizan en seis   períodos de tiempo similares que se suponen aleatoriamente elegidos. Los resultados obtenidos estarán, en general, influenciados por las respuestas de aquellas personas que perm anecen en la casa más tiempo. Para dism inuir el   sesgo que puede producir esta influencia se hace la pregunta adicional: ¿En cuántos de los cinc o períodos anteriores de entrevista se   le hubiese encontrado en casa?

La probabilidad de encontrar en   casa a una persona que contesta que ha estado en ella durante t períodos podría estimarse con: $\pi_t = \dfrac{t+1}{6}$ $(t = 0,1,2,\cdots,5)$.

Se sum a 1 a t porque en el período actual está en casa, y   a que nos está contestando. Supongamos que con las res puestas formamos 6 grupos, uno para cada valor de t. Sea n_t el núm ero de entrevistados, de entre los n de la m uestra, que contestan haber estado en casa   durante t períodos anteriores y sea $\bar{x}_t$ su m edia. Se tiene:

$$\sum_{t=0}^{t=5} n_t = n\bar{x} = \frac{\displaystyle\sum_i^n X_i}{n} = \frac{\displaystyle\sum_{t=0}^{5} n_t \bar{x}_t}{\displaystyle\sum_{t=0}^{5} n_t}$$

Si ahora ponderam os cada contestación con el recíproco de π_t tendremos el estimador de Politz y Simmons para la media:

$$\bar{x}_{PS} = \frac{\displaystyle\sum_{t=0}^{5} n_t \cdot \bar{x}_t \cdot \frac{1}{\pi_t}}{\displaystyle\sum_{t=0}^{5} n_t \cdot \frac{1}{\pi_t}} = \frac{\displaystyle\sum_{t=0}^{5} n_t \cdot \bar{x}_t \cdot \frac{6}{t+1}}{\displaystyle\sum_{t=0}^{5} n_t \cdot \frac{6}{t+1}}$$

Con este m étodo se sustituy e la media sesgada $\bar{x}$ por la m edia con m enor sesgo $\bar{x}_{PS}$, pero con una varianza aum   entada por la utilización de ponderaciones estimadas. Este aumento se cifra por varios autores entre 25 y el 35 por 100.

Modelo de Deming

La falta de respuesta puede reducirse realizando visitas sucesivas, sobre todo cuando dicha falta de respuesta es produc   ida por la ausencia de la persona específicamente seleccionada para la encuesta. Para ello se fija un   número mínimo de "revisitas" que deben hacerse a cada unidad antes de abandonarla com o "contacto imposible".

Un elemento importante a considerar es si la entrevista se dirige a un adulto cualquiera del hogar seleccionado, o bien el cuestionario debe ser respondido por un adulto específico (cabeza de familia, por ejem plo). En el prim er caso el núm ero de respuestas en la primera visita es mucho mayor que en el segundo, pero a medida que aumenta el número de revisitas el porcentaje total de respuestas tiende a igualarse, si bien es mayor en el primer caso.

Para la aplicación y análisis del rendimiento de esta técnica es indispensable un buen estudio de los costes prom edios por unidad en las sucesivas revisitas. Durbin ha efectuado algunos estudios sobre esta cues tión. Una medida que puede resultar en la práctica más útil es el coste prom edio por unidad de las respuestas obtenidas después de i visitas. Observem os, por últim o, que el procedim iento de revisitas retrasa los resultados finales, aunque no siem pre será necesariam ente un retraso excesivo si de antemano se planifica la duración de la recogida de datos.

Deming desarrolló el siguiente m odelo, m uy útil para el estudio de esta técnica de revisitas. La población se divide en L clases de acuerdo con la probabilidad de que el encuestado sea encontrado en casa. Sean:

w_{ij} = Probabilidad de que un encuestado de la clase j sea encontrado en i visitas.
P_j = Proporción de la población en la clase j.
$\overline{X}_j$ = Media poblacional de la clase j.
σ^2_j = Varianza poblacional de la clase j.

Supongamos $w_{ij} > 0$ para todas las clases, aunque el m odelo puede adaptarse para incluir personas imposibles de encontrar. Después de i visitas la composición de la muestra está form ada por L clases, a cada una de las cuales pertenecen los elementos del estrato j de los cuales se ha obtenido respuesta durante alguno de los i primeros intentos, m ás una clase que incluy e todos los elem entos de la muestra inicial de los que no se ha obtenido respuesta en los mencionados intentos. Si es n_o el tamaño inicial de la m uestra, el núm ero n $_{ij}$ de elem entos observados de clase j después de i visitas, es una multinomial de parámetros:

$$n_0, \quad \left\{ w_{i1}P_1, \quad w_{i2}P_2, \quad w_{iL}P_L, \quad 1 - \sum_{j=1}^{L} w_{ij}P_j \right\}$$

El núm ero total de respuestas después de i visitas n $_i$ es una binom ial de parámetros:

$$n_i, \quad \left\{ n_0, \quad \sum_{j=1}^{L} w_{ij}P_i \right\}$$

con lo que el número esperado de respuestas en i visitas será:

$$E(n_i) = n_0 \cdot \sum_{j=1}^{L} w_{ij}P_j$$

Para un n_i fijo, el número de entrevistas obtenidas en cada una de las clases (n_{ij}/n_i) viene dado por la multinomial condicionada de parámetros:

$$\{n_i; \quad \frac{w_{i1}P_1}{\sum\limits_{j=1}^{L} w_{ij}P_j}, \quad \frac{w_{i2}P_2}{\sum\limits_{j=1}^{L} w_{ij}P_j}, \quad \frac{w_{iL}P_L}{\sum\limits_{j=1}^{L} w_{ij}P_j}\} \quad \text{y} \quad E(n_{ij}/n_i) = \frac{n_i w_{ij}P_j}{\sum\limits_{j=1}^{L} w_{ij}P_j}$$

La esperanza de la media muestral condicionada a n_i es:

$$E(\overline{x}_i/n_i) = E(\frac{\sum\limits_{j=1}^{L} n_{ij}\overline{x}_{ij}}{n_i}) = \frac{\sum\limits_{j=1}^{L} n_i w_{ij}P_j\overline{X}_j}{n_i \sum\limits_{j=1}^{L} w_{ij}P_j} = \frac{\sum\limits_{j=1}^{L} w_{ij}P_j\overline{X}_j}{\sum\limits_{j=1}^{L} w_{ij}P_j} = \overline{X}_i$$

que no depende de n_i y en consecuencia podemos afirmar que la media de la muestra después de i visitas, independientemente de cual sea el número n_i de respuestas, es también $\overline{X}_i$. El sesgo de la media muestral después de i visitas es $B(\overline{x}_i) = \overline{X}_i - \overline{X}$ y la varianza de $\overline{x}_i$ condicionada a un n_i es:

$$V(\overline{x}_i/n_i) = \frac{\sum\limits_{j=1}^{L} w_{ij}P_j(\sigma_j^2 + (\overline{X}_j - \overline{X}_i)^2)}{n_i \sum\limits_{j=1}^{L} w_{ij}P_j}$$

y la varianza de $\overline{x}_i$, cualquiera que sea el número n_i de respuestas obtenidas después de i visitas, viene dada aproximadamente (despreciando los términos de orden $1/n_i^2$) por la expresión:

$$V(\overline{x}_i) \cong \frac{\sum\limits_{j=1}^{L} w_{ij}P_j(\sigma_j^2 + (\overline{X}_j - \overline{X}_i)^2)}{n_0 \left(\sum\limits_{j=1}^{L} w_{ij}P_j\right)^2}$$

El error cuadrático medio de la media $\overline{x}_i$ obtenida después de i visitas es $ECM(\overline{x}_i \mid i) = V(\overline{x}_i \mid i) + (\overline{X}_i - \overline{X})^2$, y si c_r es el coste por unidad en la r-ésima visita, el número esperado de entrevistas conseguidas al pasar de la visita $r-1$ a la r es:

$$\sum\limits_{j=1}^{L} (w_{rj} - w_{r-1,j})P_j$$

con lo que el coste esperado para i visitas, siendo n_0 el tamaño inicial de la muestra es:

$$n_0 \left\{ c_1 \sum\limits_{j=1}^{L} w_{1j}P_j + c_2 \sum\limits_{j=1}^{L} (w_{2j} - w_{1j})P_j + \cdots + c_i \sum\limits_{j=1}^{L} (w_{ij} - w_{i-1,j})P_j \right\}$$

Modelos de respuesta aleatorizada. Modelo de Warner

Este m odelo perm ite elim inar o reducir los sesgos introducidos por contestaciones deliberadamente falsas. El individuo selecciona una de dos preguntas, por medio de un m ecanismo aleatorio, y contesta *Sí* o *No* de tal form a que el entrevistador no puede conocer cuál ha sido la pregunta seleccionada. Sean: π_A la proporción desconocida de personas con contestación afirm ativa a una pregunta íntima, P la probabilidad conocida de que sea elegida la pregunta íntim a; π_y la proporción conocida de personas con c ontestación afirm ativa a una pregunta intrascendente, y n el tamaño de la muestra.

La probabilidad λ de contestación afirmativa es:

$$\lambda = P \cdot \pi_A + (1-P) \cdot \pi_y \rightarrow \pi_A = \frac{\lambda - (1-P)\pi_y}{P}$$

y estimando λ con la proporción $\hat{\lambda}$ de contestaciones afirmativas tenemos:

$$\hat{\pi}_A = \frac{\hat{\lambda} - (1-P)\pi_y}{P} \quad V(\hat{\pi}_A) = V\left(\frac{\hat{\lambda}}{P}\right) = \frac{\lambda(1-\lambda)}{P^2 \cdot n}$$

MÉTODOS DE AJUSTE DE FALTA DE RESPUESTA Y EQUILIBRADO DE MUESTRAS. PONDERACIONES

Con el propósito de dism inuir el pos ible sesgo introducido por la falta de respuesta se suelen utilizar varios tipos de ajuste. Entre ellos, mencionaremos:

a) Ajuste sobre el terreno, es decir, en la fase de la recogida de datos

El entrevistador recibe el listado de las unidades de la m uestra que ha de visitar, por ejem plo, viviendas, y una lista de "suplentes" elegidos con el mismo mecanismo aleatorio que las anteriores. Si después de agotar el núm ero establecido de visitas a una vivienda no consigue reali zar la entrevista, por ausencia o negativa, la sustituye por la prim era vivienda de la lista de suplentes. las sustituciones realizadas han de tenerse en cuenta a la hor a de calcular la tasa de respuesta. Por supuesto que los datos obtenidos, con las sustituciones, siguen perteneciendo al es trato de los que contestan y por lo tanto no añaden inform ación alguna sobre el estrato de los que no responden ni reducen el posible sesgo.

b) Ajuste utilizando ponderaciones

Si se dispone de información suplementaria sobre la proporción de unidades para ciertas clases de la población, por ejem plo las unidades urbanas, y debido a la falta de respuesta esa clase está representada por defecto, se puede estratificar a posteriori la muestra y utilizar las mencionadas proporciones como ponderaciones.

Si no existe inform ación suplem entaria se pueden ponderar los datos de la muestra para clase o subclase utilizando com o pesos las inversas de las tasas de respuesta.

c) Ajuste para la falta de respuesta parcial

Cuando un cuestionario no está com pleto, se puede realizar una im putación para los datos que faltan basada en la posible correlación entre el dato om itido y el resto de los datos disponibles. El procedim iento más utilizado es el fichero caliente (*hot deck*), que en esencia consiste en las siguientes fases:

1. Se establecen una serie de caracteres que se suponen correlacionados con el que pretendemos imputar. Por ejemplo, sexo, educación y grupos de edad en relación con la situación laboral.

2. Se introducen en el ordenador unos valores iniciales (fichero frío, *cold deck),* obtenidos de encuestas anteriores.

3. Si en la prim era ficha de la encuesta falta el dato, se imputa el correspondiente al "fichero caliente". Si por el contrario la ficha está com pleta se actualiza el correspondiente dato en el "fichero frío", y así sucesivamente.

Se ha dem ostrado que el procedimiento "fichero caliente" produce un incremento en la varianza del estim ador que no se refleja en los m étodos de estimación disponibles hasta ahora.

Consideraremos, el caso en que a las m unidades que no contestan les imputamos la media $\overline{x}'$ de las que contestan.

El nuevo total m uestral sería $\overline{x} = \sum_{i}^{n-m} X_i + m\overline{x}' = (n-m)\overline{x}' + m\overline{x}' = n\overline{x}'$ y s u varianza:

$$V(\overline{x}) = V(n\overline{x}') = V\left(\frac{n}{n-m}\sum_{i}^{n-m} x_i\right) = n^2 V(\overline{x}') = \frac{n^2}{n-m} \cdot \sigma_x^2 = \left(n + \frac{nm}{n-m}\right)\sigma_x^2$$

ya que:

$$\frac{n^2}{n-m} \equiv n + \frac{nm}{n-m}, \quad V(\overline{x}') = \frac{\sigma_x^2}{n} \cdot \left(1 + \frac{m}{n-m}\right)$$

que para $m = 0$ coincidiría con la varianza del m uestreo con reposición y probabilidades iguales.

Para $n = 1000$ y $m = 40$, es decir, 40 por 100 de falta de respuesta, se obtiene un incremento de la varianza del 4 por 100. Bailar *et al.* han encontrado la siguiente expresión de la varianza para el procedimiento "fichero caliente":

$$V(\bar{x}) = \frac{\sigma_x^2}{n}\left(1 + \frac{2m}{n} \cdot \frac{n^2 + n - nm - 1}{(n - m + 1)(n - m + 2)}\right)$$

que con los mismos datos del ejemplo anterior da un incremento de la varianza del 8 por 100. En cuanto a los sesgos producidos por la no respuesta mencionaremos el estudio realizado por Thomsen en el que determina las condiciones para que el ajuste sea ventajoso.

MODELOS DEL ERROR TOTAL EN CENSOS Y ENCUESTAS

En el conjunto del proceso estadístico de un censo o una encuesta intervienen diversos elementos (instrumentos y operaciones) que son fuentes potenciales de error. Además de los sesgos que puede producir un cuestionario mal diseñado, que en parte pueden ser debidos a una imprecisa definición de las unidades y conceptos, las operaciones de recogida, transcripción y grabación de los datos también pueden dar lugar a que se produzcan desviaciones de los valores observados respecto de los que podemos llamar verdaderos valores.

Por otra parte, no debemos olvidar los efectos debidos al trabajo de los encuestadores, a la situación objetiva o subjetiva de los entrevistados y a la interacción entre unos y otros. Tales errores se denominan "ajenos al muestreo" para distinguirlos de los producidos por la variabilidad de las muestras, que se denominan "error de muestreo".

De acuerdo con estas ideas es claro que un censo, si bien no está sometido al error de muestreo, sufre el efecto de los errores ajenos al muestreo. Es más, la experiencia muestra que deben esperarse mayores errores que en una encuesta, ya que debido al mayor número de operaciones y a la cantidad de personas que intervienen, es más difícil mantener bajo control la calidad de los trabajos. Algunos investigadores, como Hansen, Hurwitz y Bershad han mostrado interés por la construcción de modelos para describir el Error Cuadrático Medio de una estimación sometida a errores de muestreo y ajenos al muestreo.

LA VARIANZA TOTAL EN ENCUESTAS Y CENSOS

La palabra Censo se utiliza para indicar una enumeración completa de la población, en contraste con la enumeración parcial asociada a una muestra de aquella. La varianza de un estimador, que hemos considerado en capítulos anteriores, se debe precisamente a la variabilidad en el proceso de muestreo (la varianza del estimador se hace cero cuando la investigación es exhaustiva o al 100 por 100). A esta varianza la llamaremos, en este capítulo, *varianza de muestreo*.

Tanto una encuesta por muestreo como un censo pueden considerarse, conceptualmente, como repetibles en condiciones generales análogas. Bajo este postulado se introduce un proceso que proporciona, en general, resultados distintos para las posibles realizaciones de la investigación, independientemente de que ésta sea muestral o censal. Este proceso introduce un tipo de errores, ajenos al muestreo, a los que denominaremos *errores de respuesta*, y una varianza debida a estos errores o *varianza total de respuesta*. Esta puede dividirse en dos componentes: la primera se debe a la variabilidad de respuesta, para una determinada unidad, en las posibles realizaciones conceptuales de la investigación, y la segunda es ocasionada por una posible influencia común sobre un grupo de unidades dentro de una misma realización de la investigación. A la primera componente se le denomina *varianza de respuesta simple* y a la segunda, *componente correlacionada de la varianza total de respuesta*. Llegamos así al concepto de *varianza total* como suma de dos componentes: la varianza total de respuesta y la varianza de muestreo. Esta última, disminuye al aumentar el tamaño de la muestra y se hace cero en las investigaciones censales. No ocurre lo mismo, como veremos en secciones sucesivas, con la componente correlacionada.

MODELO DE HANSEN, HURWITZ Y BERSHAD

En este modelo se considera una población finita, de unidades identificables $(U_i\,;\ i=1,2,...,N)$, en la que X_{it} representa el valor, de la variable en estudio, obtenido para la unidad i-ésima, en la realización t-ésima de un censo o encuesta. Se postula que estas investigaciones son hipotéticamente repetibles, en condiciones generales análogas, y que X_{it} es una variable aleatoria cuyo valor en la realización t no está correlacionado con el obtenido en cualquier otra.

Para un atributo tendremos: $X_{it}=1$ si U pertenece a una determinada clase y $X_{it}=0$ en otro caso.

Podemos definir los valores poblacionales siguientes:

$$P_t = \frac{1}{N}\sum_{i}^{N} X_{it} \Rightarrow \text{ proporción poblacional en la realización } t \text{ del censo.}$$

$P_i = E_t(X_{it}/i) \Rightarrow$ esperanza de X_{it} sobre todas las posibles realizaciones hipotéticas, condicionada a la unidad U_i.

$$E_i P_i = \frac{1}{N}\sum_{i}^{N} P_i = P \Rightarrow \text{valor esperado que no coincide,} \quad \text{en general, con el valor}$$
"objetivo" P_o.

$B = P - P_o \Rightarrow$ sesgo de respuesta.

El *sesgo de respuesta* se debe a la inclusión en los datos de un error de carácter sistemático que sería consistente en dirección al repetir idealm ente la encuesta o censo en condiciones análogas. Del m ismo modo tendríamos los valores muestrales:

$$\hat{P}_t = \frac{1}{n}\sum_i^n X_{it} \qquad \hat{P} = \frac{1}{n}\sum_i^n P_i$$

y tomando esperanzas:

$$E_t(\hat{P}_t) = E_t\left(\frac{1}{n}\sum_i^n X_{it}\right) = \frac{1}{n}\sum_i^n E_t X_{it} = \frac{1}{n}\sum_i^n P_i = \hat{P}, \quad E_i(\hat{P}) = E_i\left(\frac{1}{n}\sum_i^n P_i\right) = \frac{1}{N}\sum_i^n P_i = P$$

El error medio cuadrático de $\hat{P}_t$ es:

$$EMC(\hat{P}_t) = E(\hat{P}_t - P_o)^2 = E(\hat{P}_t - P + P - P_o)^2 = E\left[(\hat{P}_t - P)^2 + (P - P_o)^2 + 2(P - P_o)\cdot(\hat{P}_t - P)\right]$$

$$= E(\hat{P}_t - P)^2 + (P - P_o)^2 + 2(P - P_o)\cdot E(\hat{P}_t - P)$$

siendo $E(\hat{P}_t - P)^2$ =VARIANZA TOTAL , $(P - P_o)^2$ =SESGO DE RESPUESTA al cuadrado y $E(\hat{P}_t - P) = 0$.

De esta forma se expresa el error medio cuadrático de $\hat{P}_t$ como:

$$EMC(\hat{P}_t) = V(\hat{P}_t) + B^2$$

es decir, como suma de la varianza total y el cuadrado del sesgo de respuesta.

A su vez la varianza total $V(\hat{P}_t)$ puede descomponerse en la forma siguiente:

$$V(\hat{P}_t) = E(\hat{P}_t - \hat{P} + \hat{P} - P)^2 = E\left[(\hat{P}_t - \hat{P})^2 + (\hat{P} - P)^2 + 2(\hat{P}_t - \hat{P})(\hat{P} - P)\right]$$

y como:

$$\hat{P}_t - \hat{P} = \frac{1}{n}\sum_i^n (X_{it} - P_i) = \frac{1}{n}\sum_i^n d_{it}$$

el térm ino $E(\hat{P}_t - \hat{P})^2$, denom inado VARIANZA TOTAL DE RESPUESTA , puede expresarse en la forma siguiente:

$$E(\hat{P}_t - \hat{P})^2 = E\left(\frac{1}{n}\sum_n^n d_{it}\right) = E\left(\frac{1}{n^2}\sum_i^n d_{it}^2 + \frac{1}{n^2}\sum_{i\neq k} d_{it}\cdot d_{kt}\right) =$$

$$= \frac{E(d_{it}^2)}{n} + \frac{n-1}{n}E(d_{it}d_{kt}) = \frac{\sigma_d^2}{n} + \frac{n-1}{n}\rho_d\sigma_d^2$$

donde σ_d^2/n es la VARIANZA SIMPLE DE RESPUESTA, siendo σ_d^2 la varianza de las desviaciones de respuesta. Mide la variabilidad de las respuestas dadas por cada unidad en sucesivas realizaciones de la encuesta.

$$E\left(d_{it}^2\right) = E\left(X_{it} - P_i\right) = \sigma_d^2 \text{ y la expresión definida como:}$$

$$\frac{n-1}{n}\rho_d\sigma_d^2$$

es la COMPONENTE CORRELACIONADA DE LA VARIANZA TOTAL DE RESPUESTA, o parte de la varianza de res puesta total debida a una influencia común sobre un grupo de unidades dentro de una misma realización de la encuesta. Recoge el efecto añadido de la influencia de entrevistadores, supervisores, codificadores, etc.

El térm ino $E\left(\hat{P}_t - P\right)^2$ refleja la VARIANZA DEL MUESTREO, y la expresión $I = E\left(\hat{P}_t - \hat{P}\right)\cdot\left(\hat{P} - P\right)$ es una interacción entre desviaciones de respuesta y desviaciones de m uestreo, que por tener una estructura sim ilar a la componente correlacionada será de la forma:

$$I = \frac{n-1}{n}\cdot\sigma_r\sigma_m\cdot\rho = \frac{n-1}{n}\cdot\sigma_{mr}$$

A esta com ponente se le ha prestado, hasta ahora, m uy poca atención. No obstante Fellegi ha demostrado que puede introducir sesgos importantes.

En definitiva tenemos la siguiente descomposición de la varianza total:

$$V\left(\hat{P}_t\right) = \frac{\sigma_d^2}{n} + \frac{n-1}{n}\cdot\sigma_d^2\rho_d + \left(1 - \frac{n}{N}\right)\cdot\frac{S_o^2}{n} + \frac{n-1}{n}\sigma_{mr}$$

En el caso de un censo, al ser $n = N$, desaparecerían la com ponente debida al m uestreo y la interacción. Puede observarse que al aum entar n, sólo dism inuyen dos componentes de la varianza total. De esto se deduce que con m uestras grandes la magnitud del error m edio cuadrático queda dom inada por la com ponente correla-cionada, la interacción y el cuadrado del sesgo de respuesta.

Índice de inconsistencia

Si en $V\left(\hat{P}_t\right)$ hacemos $n = 1$ obtenemos $V\left(\hat{P}_t\right) = \sigma_d^2 + \sigma_o^2$ siendo:

$$\sigma_d^2 = E\left(d_{it}\right)^2 = E\left(X_{it} - P_i\right)^2 = E\left(X_{it}^2 + P_i^2 - 2P_iX_{it}\right) = E\left(X_{it}^2\right) + E\left(P_i^2\right) - 2E\left(P_iX_{it}\right) =$$

$$E_{it}\left(X_{it}\right) + E_i\left(P_i^2\right) - 2E_i\left(P_iE_t\left(X_{it}\right)\right) = E_i\left(P_i\right) + E_i\left(P_i^2\right) - 2E_i\left(P_i^2\right) = E_iP_i\left(1 - P_i\right) = \frac{1}{N}\sum_i^N P_i\left(1 - P_i\right)$$

Además $\sigma_o^2 = \dfrac{\sum\limits_i^N (P_i - P)^2}{N}$, con lo que se tiene para $V\left(\hat{P}_t\right)$ la expresión:

$$V\left(\hat{P}_t\right) = \sigma_d^2 + \sigma_o^2 = \frac{1}{N}\sum_i^N P_i(1 - P_i) + \frac{1}{N}\sum_i^N (P_i - P)^2 = \frac{1}{N}\sum_i^N P_i - \frac{1}{N}\sum_i^N P_i^2 + \frac{1}{N}\sum_i^N P_i^2 - P^2 = PQ$$

Partiendo de estas expresiones Ha nson y Pritzker propusieron com o *índice de inconsistencia* la expresión:

$$I = \frac{\sigma_d^2}{V\left(\hat{P}_t\right)} = \frac{\sigma_d^2}{\sigma_d^2 + \sigma_o^2} = \frac{\sigma_d^2}{P \cdot Q} \quad 0 \le I \le 1$$

Para cualquier unidad el valor correcto será $X_i = 1$ si la unidad pertenece a la clase, y cero en otro caso. Si existen errores de respuesta, la unidad será algunas veces incorrectamente clasificada y X_{it} seguirá, al variar t, una distribución binomial con media:

$$E\left[\frac{X_{it}}{i}\right] = P_i \qquad V(d_{it}) = P_i Q_i$$

Cuanto mayor sea esta varianza para $V\left(\hat{P}_t\right)$ dado, menor será σ_o^2, y el índice se aproxim ará a 1. En el otro extrem o si $\sigma_d^2 = 0, V\left(\hat{P}_t\right) = \sigma_o^2$ y el índice de inconsistencia sería cero.

Estimación del índice de inconsistencia y de las componentes de la varianza total de respuesta

Supongamos que se selecciona una subm uestra de entre todos los agentes (entrevistadores, codificadores, etc) que ha n intervenido en la encuesta o censo, y se repiten sus observaciones por agentes inde pendientes con adiestram iento sim ilar. Para los agentes o equipos 1 y 2, las desviaciones de respuesta para la unidad u $_i$ serían: $d_{i1} = X_{i1} - P_i$, $d_{i2} = X_{i2} - P_i$. Un estim ador insesgado para la varianza de estas observaciones es:

$$\frac{\left(X_{i1} - \dfrac{X_{i1} + X_{i2}}{2}\right)^2 + \left(X_{i2} - \dfrac{X_{i1} + X_{i2}}{2}\right)^2}{2 - 1} = \frac{(X_{i1} - X_{i2})^2}{2}$$

Pero:

$$X_{i1} - X_{i2} = d_{i1} - d_{i2} \Rightarrow \frac{(X_{i1} - X_{i2})^2}{2} = \frac{(d_{i1} - d_{i2})^2}{2} = \frac{1}{2}\left(d_{i1}^2 + d_{i2}^2 - 2 d_{i1} d_{i2}\right)$$

y prom ediando para las *m* unidades de la subm uestra, correspondientes al par de agentes o equipos que estamos considerando, tendremos:

$$\hat{\sigma}_d^2 = \frac{1}{2m}\sum_i^m (X_{i1} - X_{i2})^2 = \frac{1}{2}\left(\frac{1}{m}\sum_i^m d_{i1}^2 + \frac{1}{m}\sum_i^m d_{i2}^2 - 2\frac{1}{m}\sum_i^m d_{i1}d_{i2}\right)$$

y tomando esperanzas sobre todos los valores posibles podemos escribir:

$$E[\hat{\sigma}_d^2] = \frac{\sigma_{d1}^2}{2} + \frac{\sigma_{d2}^2}{2} - \mathrm{cov}(d_1 d_2)$$

En el caso de que se cumplan las condiciones $\sigma_{d1}^2 = \sigma_{d2}^2$ y $\rho_{d1d2} = 0$ la expresión:

$$\frac{\sum_i^m (X_{i1} - X_{i2})^2}{2m}$$

es un estimador insesgado de σ_d^2.

Las condiciones anteriores pueden darse en la práctica en el caso de agentes codificadores similarmente adiestrados por diferentes supervisores, cuando un codificador no conozca la codificación del otro. En el caso de agentes entrevistadores el factor memoria puede hacer que la covarianza sea positiva. En este caso $\hat{\sigma}_d^2$ es una estimación por defecto de σ_d^2 y $\hat{\sigma}_d^2/n$ es una estimación por defecto de σ_d^2/n, o sea, un *estimador de la varianza simple de respuesta*. Hansen, Hurwitz y Pritzker han demostrado que cuando uno de los entrevistadores está mejor adiestrado, la estimación es también por defecto. Lo mismo ocurre cuando el segundo entrevistador dispone de los resultados de la primera entrevista. El denominador del índice de inconsistencia se estima con $\hat{P}_t\hat{Q}_t$.

Para la varianza total de respuesta, consideraremos el estimador, $\hat{V}(\hat{P}_t)$ cuya esperanza es:

$$E[\hat{V}(\hat{P}_t)] = E\frac{\sum_{t=1}^2(\hat{P}_t - \bar{\hat{P}}_t)^2}{2-1} = E\frac{(\hat{P}_1 - \hat{P}_2)^2}{2} = \frac{\sigma_d^2}{m}(1 + (m-1)\rho_d)$$

donde $\hat{P}_1$ y $\hat{P}_2$ son los valores obtenidos por los agentes 1 y 2 en las m unidades que tienen asignadas, y $\bar{\hat{P}}_t$ la media de ambos. Dichos valores se suponen insesgados o con sesgo constante sobre todas las realizaciones posibles.

Si se dispone de un estimador de σ_d^2 se puede emplear como *estimador insesgado de la componente correlacionada*:

$$\frac{(\hat{P}_1 - \hat{P}_2)^2}{2} - \frac{\hat{\sigma}_d^2}{m}$$

Cuando se utiliza el m étodo de entrevista se ha encontrado que la componente correlacionada es en general m ucho mayor que la varianza de respuesta simple (excepto para algunos caracteres como edad, sexo y estado civil). En Canadá, un estudio comparativo de los censos de población de 1961, 1971 y 1976, m ostró como la varianza de respuesta correlacionada es la com ponente dom inante de la varianza total de respuesta.

De la expresión:

$$\frac{(d_{i1} - d_{i2})^2}{2m} = \frac{(X_{i1} - X_{i2})^2}{2m} = \frac{1}{2m}\left(X_{i1}^2 + X_{i2}^2 - 2X_{i1}X_{i2}\right) = \frac{1}{2m}\left(X_{i1} + X_{i2} - 2X_{i1}X_{i2}\right)$$

$$\Rightarrow \hat{\sigma}_d^2 = \frac{1}{2m}\sum_i^m (X_{i1} - X_{i2})^2 = \frac{1}{2m}\left(\sum_i^m X_{i1} + \sum_i^m X_{i2} - 2\sum_i^m X_{i1}X_{i2}\right)$$

y la tabla siguiente relativa a una variable binaria con dos realizaciones (original y repetida) donde a es el núm ero de unidades igualm ente clasificadas en las dos entrevistas en la clase 1, b es el núm ero de unidades clasificadas en la clase 1 en la entrevista repetida y en la clase 0 en la entrevista original, c es el número de unidades clasificadas en la clase 0 en la entrevista repetida y en la clase 1 en la entrevista original, y d es el número de unidades clasificadas en la clase 0 en las dos entrevistas

X_{i2} ↓	$X_{i1} \rightarrow$ (Entrevista original)		Total
(Entrevista repetida)	1	0	$a + b$
1	a	b	$c + d$
0	c	d	
Total	$a + c$	$b + d$	m

se obtiene la expresión:

$$\frac{1}{2m}\sum_i^m (X_{i1} - X_{i2})^2 = \frac{1}{2m}(a + c + a + b - 2a) = \frac{b + c}{2m}$$

para el estim ador insesgado de σ_d^2, en el caso de repeticiones de medida independientes sobre los mismos elementos.

Entre otros indicadores de la calidad de los datos tenem os la **tasa de diferencia neta en porcentaje:**

$$\frac{b - c}{m} \cdot 100$$

que representa el porcentaje de la difere ncia de unidades que poseen un determ inado carácter en am bas ocasiones respecto al total de unidades. Es un estimador del sesgo de respuesta, cuando la segunda observación se considera superior a la primera.

Al porcentaje de la diferencia neta al total de unidades de la m uestra que posean el carácter, $100 * (b - c) / (a + b)$, se denomina *índice de cambio neto*.

Análogamente definiremos la ***tasa de diferencia bruta*** $100 * (c + b) / m$ que representa el porcentaje de unidades dis tintamente clasificadas en am bas ocasiones respecto al total de unidades. Es un indicador de las desviaciones de respuesta. El índice de cambio bruto sería $100 * (c + b) / (a + b)$.

Otro indicador im portante que m ide la estabilidad de respuesta   es el ***porcentaje de unidades idénticamente clasificadas*** $100 * a / (a + b)$.

De acuerdo con los valores de la tabla anterior relativa a una variable binaria con dos realizaciones, podemos establecer el siguiente cuadro de estimadores:

Estimador	Valor esperado
$T_1 = \dfrac{(c+b)}{2m^2}$	$\dfrac{\sigma_d^2}{m}$
$T_2 = \dfrac{(c-b)^2}{2m^2}$	$\dfrac{\sigma_d^2}{m}(1+(m-1)\rho_d)$
$T_3 = \dfrac{(a+c)(b+d)}{(m-1)m^2}$	$\dfrac{\sigma_d^2+\sigma_0^2}{m}$

$$\Rightarrow \begin{cases} T_1 \text{ estima la varianza de respuesta simple} \\ T_2 - T_1 \text{ estima la componente correlacionada} \\ T_3 - T_1 \text{ estima la componente del muestreo} \\ \dfrac{T_2 - T_1}{T_1(m-1)} \text{ estima correlación entre desviaciones} \end{cases}$$

Medida del efecto del entrevistador

Un censo o encuesta efectuados m   ediante entrevistas directas aporta una mayor calidad de datos que la autoenumeración, y ello es debido a que dism inuye la no respuesta y a que el entrevistador puede ay   udar decisivam ente a una correcta interpretación del cuestionario, especialm ente cuando éste es com plicado, e incluy e preguntas alternativas en función de la res puesta dada a las anteriores. Pero tam bién puede ocurrir que distintos entrevistadores ejerzan efectos distintos sobre las respuestas. Esto puede ser debido a   diversas causas derivadas de la conducta individual al efectuar la entrevista y   del diferente grado de adiestram   iento. Los cursos de formación tratan de conseguir uniform   idad de criterio de los entrevistadores, pero a pesar de todo, en la práctica cabe esperar que perm anezca en mayor o menor grado un efecto sobre la respuesta producido por el entrevistador.

Si se adm ite que la correlación entr e desviaciones de respuesta es debida fundamentalmente al efecto del entrevistador, la fórm   ula de la com   ponente correlacionada:

$$\frac{n-1}{n}\rho_d\sigma_d^2$$

se modificará de la siguiente forma:

Admitiendo que sólo están correlaciona das las desviaciones de respuesta entre unidades observadas por un m ismo entrevistador, al efectuar el cálculo de la componente correlacionada, para K entrevistadores con $\overline{n}$ unidades cada uno ($N=K\overline{n}$), se tiene que su valor es:

$$\frac{\overline{n}-1}{n}\rho_d\sigma_d^2$$

Método de las submuestras interpenetrantes

Supongamos que una m uestra de tam año n se divide aleatoriam ente en k submuestras, de m elementos, que se asignan a k agentes (codificadores, entrevistadores, etc), y que no existe correlación entre las observaciones de distintos agentes. Sea X el valor de una observación en la realización t, para el elemento j-ésimo de la subm uestra asignada al agente i-ésimo. Podem os distinguir dos tipos de variación, entre agentes o submuestras y dentro de las subm uestras, que se recogen en el siguiente cuadro para el análisis de la varianza.

Fuente de variación	Grados de libertad	Suma de cuadrados C	uadrados medios
"Entre submuestras"	k - 1	$\sum_{i}^{k}\sum_{j}^{m}\left(\overline{X}_{it}-\overline{X}_t\right)^2$	$\hat{S}_b^2$
"Dentro de submuestras"	$k(m$ - 1$)$	$\sum_{i}^{k}\sum_{j}^{m}\left(X_{ijt}-\overline{X}_{it}\right)^2$	$\hat{S}_w^2$
Total	km - 1	$\sum_{i}^{k}\sum_{j}^{m}\left(X_{ijt}-\overline{X}_t\right)^2$	

En el caso de proporciones los cuadrados medios pueden transformarse de la forma siguiente:

$$\hat{S}_b^2=\frac{m\sum_{i}^{k}\left(\overline{X}_{it}-\overline{X}_t\right)^2}{k-1}=\frac{m\sum_{i}^{k}\left(\hat{P}_{it}-\hat{P}_t\right)^2}{k-1}=\frac{m\sum_{i}^{k}\left(\hat{P}_{it}^2+\hat{P}_t^2-2\hat{P}_{it}\hat{P}_t\right)^2}{k-1}=\frac{m}{k-1}\cdot\left(\sum_{i}^{k}\hat{P}_{it}^2-k\hat{P}_t^2\right)$$

$$\overline{S}_w^2=\frac{1}{k(m-1)}\sum_{i}^{k}\sum_{j}^{m}\left(X_{ijt}^2+\hat{P}_{it}^2-2X_{ijt}\hat{P}_{it}\right)=\frac{1}{k(m-1)}\sum_{i}^{k}\left(m\hat{P}_{it}+m\hat{P}_{it}^2-2m\hat{P}_{it}^2\right)=\frac{m}{k(m-1)}\sum_{i}^{k}\left(\hat{P}_{it}-\hat{P}_{it}^2\right)$$

Pueden demostrarse los siguientes resultados:

$$E\left[\frac{\hat{S}_b^2 - \hat{S}_w^2}{m}\right] = \rho_w \sigma_d^2$$

$$E\left[\frac{\hat{S}_b^2}{n}\right] = \frac{1}{N}\left\{\sigma_o^2 + \sigma_d^2\left(1 + (m-1)\rho_w\right)\right\}$$

El primer resultado permite obtener un estimador insesgado de la componente correlacionada de la varianza total de respuesta y el segundo de la varianza total.

MARCOS IMPERFECTOS

Dentro de la casuística de los **errores ajenos al muestreo** vamos a considerar ahora el problema de los **marcos imperfectos**. Hasta ahora hemos supuesto que el marco o lista de la que se selecciona la muestra aleatoria coincide con el colectivo de unidades que se desea investigar. En la práctica no siempre es esto cierto, ya que las listas, ficheros o registros pueden presentar algunos defectos que dan origen a la aparición de sesgos y a la alteración de las varianzas de los estimadores usuales.

UNIDADES VACÍAS O EXTRAÑAS

Ya en el primer capítulo de este libro se hizo referencia al problema de la existencia de unidades vacías y extrañas, entendiendo por **unidad vacía** aquella que estando incluida en el marco no contenía ninguna unidad estadística perteneciente al colectivo que se desea investigar, y por **unidad extraña** la que estando incluida en el marco no era ella misma una unidad perteneciente al marco que se desea muestrear. Ambas tipos de unidades son equivalentes en cuanto al problema metodológico que plantea su presencia en el marco de muestreo. Como ejemplo de unidades vacías se pueden considerar las viviendas deshabitadas en una encuesta de población en la que se utiliza como marco una lista de viviendas para estimar características de sus habitantes. Como ejemplo de unidades extrañas se pueden considerar las explota-ciones agrícolas que no se dediquen total o parcialmente a la producción de leche en una encuesta en la que se intenta estimar alguna característica de la producción de leche, utilizando como marco una lista de explotaciones agrícolas (el marco usado es demasiado grande y la población que se desea muestrear es una subpoblación del marco).

La presencia de unidades vacías y extrañas se produce principalmente en dos tipos de situación práctica que son conceptualmente equivalentes. En la primera situación, la lista, por no estar actualizada, incluye unidades que han dejado de pertenecer al colectivo que se desea muestrear. En la segunda situación la población que se desea muestrear es una subpoblación de la cubierta por el marco.

Ante el problema de los marcos imperfectos pueden adoptarse varias reglas de conducta, no todas igualmente buenas, cuya puesta en práctica depende de los recursos disponibles.

Una primera regla de conducta puede ser la ***depuración directa del marco***, que consiste en eliminar del marco las unidades vacías o extrañas, al tiempo que se averigua cuántas incluía. Es claro que así queda resuelto el problema, puesto que a continuación puede seleccionarse la muestra en el marco deseado, conociendo el número de unidades (todas no vacías) que contiene. En muchos casos esto no será posible con los recursos dados, bien sea porque el marco disponible no contiene información acerca de qué unidades son vacías (siendo necesario un trabajo de campo de carácter exhaustivo o la formación de un nuevo marco), o por limitaciones de tiempo, presupuesto o de cualquier otro tipo. Una segunda regla de conducta consiste en la ***sustitución de las unidades vacías de la muestra***, para lo cual se selecciona la muestra en el marco disponible no depurado, sustituyendo las unidades que resulten ser vacías en la muestra por otras aleatoriamente seleccionadas de entre las restantes del marco, hasta completar el tamaño de muestra prefijado con unidades todas no vacías. Se verá que para estimar un total, en ausencia de información acerca del número de unidades vacías en la lista de muestreo, aparece sesgo en las estimaciones. Por último, una tercera regla de conducta consiste en utilizar la ***información disponible acerca del número de unidades vacías***, trabajando ahora bajo la hipótesis de que el número de unidades vacías incluidas en el marco es conocido (pero no cúales son). Esta información será suficiente para resolver el problema, aunque el muestreo se efectúe sin la previa depuración del marco.

ESTIMACIÓN DEL TOTAL CON UNIDADES VACÍAS

Numeraremos las unidades no vacías de 1 a N', de modo que $M=\{A_1,...,A_N\}$ es el marco disponible (no depurado) y $M'=\{A_1,...,A_N{}'\}$ es el marco depurado. La proporción de unidades vacías en el marco disponible la denotamos por W, con lo que:

$$W = \frac{N - N'}{N} = 1 - \frac{N'}{N}; N' \leq N$$

Por otra parte, si es X_i el valor de la característica que se desea investigar en la unidad A_i, asignamos el valor $X_i = 0$ cuando A_i es vacía o extraña, ya que en cualquier caso su contribución al total X' del colectivo que se desea investigar es nula. En consecuencia las sumas totales en ambos marcos son coincidentes y en particular:

$$\sum_1^N X_i = \sum_1^{N'} X_i = X = X'$$

$$\sum_1^N X_i^2 = \sum_1^{N'} X_i^2; \sum_{i \neq j}^N X_i X_j = \sum_{i \neq j}^{N'} X_i X_j$$

Pero las medias calculadas en uno u otro marco no son iguales. Tenemos:

$$\overline{X} = \frac{1}{N}\sum_{i=1}^{N} X_i = \frac{1}{N}\sum_{i=1}^{N'} X_i = \frac{1}{N}\frac{N'}{N'}\sum_{i=1}^{N'} X_i = \frac{N'}{N}\frac{1}{N'}\sum_{i=1}^{N'} X_i = \frac{N'}{N}\overline{X}' = (1-W)\overline{X}'$$

$$\sigma^2 = \frac{1}{N}\sum_{i=1}^{N}\left(X_i - \overline{X}\right)^2 = \frac{1}{N}\sum_{i=1}^{N} X_i^2 - \overline{X}^2 = \underbrace{\frac{N'}{N}}_{1-w}\frac{1}{N'}\sum_{}^{N'} X_i^2 - \overline{X}^2 = \frac{N'}{N}\frac{1}{N'}\sum_{}^{N'} X_i^2 - \left[(1-W)\overline{X}'\right]^2$$

$$= (1-W)\frac{1}{N'}\sum_{}^{N'} X_i^2 - (1-W)^2\,\overline{X}'^2 = (1-W)\left[\frac{1}{N'}\sum_{}^{N'} X_i^2 - (1-W)\overline{X}'^2\right] =$$

$$= (1-W)\left[\frac{1}{N'}\sum_{}^{N'} X_i^2 - \overline{X}'^2 + W\overline{X}'^2\right] = (1-W)\left(\sigma'^2 + W\overline{X}'^2\right) = (1-W)\sigma'^2 + W(1-W)\overline{X}'^2$$

Tenemos así la relación entre las m edias en el m arco no depurado $\overline{X}$ y en el marco depurado $\overline{X}$ ' y la relación entre las varianzas en el m arco no depurado σ^2 y en el marco depurado σ'^2. Además:

$$N\sigma^2 = \sum_{1}^{N} X_i^2 - \frac{X^2}{N} = \sum_{1}^{N'} X_i^2 - \frac{X^2}{N'} + \frac{X^2}{N'} - \frac{X^2}{N} = N'\sigma'^2 + X^2\left(\frac{1}{N'} - \frac{1}{N}\right) = N'\sigma'^2 + X^2\frac{W}{N'}$$

Suponiendo $N \approx N\text{-}1$ y $N' \approx N'\text{-}1$, resultan las varianzas prácticam ente iguales a las varianzas y se tiene:

$$S^2 = (1-W)S'^2 + \frac{W}{1-W}\overline{X}^2 = (1-W)S'^2 + W(1-W)\overline{X}'^2$$

También tenem os que para T_i definida com o se indica a continuación, se cumple lo siguiente:

$$T_i = \begin{cases} 1 \text{ si } A_i \text{ es novacía} \\ 0 \text{ si } A_i \text{ es vacía} \end{cases} \Rightarrow Cov(X_i, T_i) = W\overline{X}$$

En efecto:

$$Cov(X_i, T_i) = \underbrace{\frac{1}{N}\sum_{1}^{N} X_i T_i}_{E(X_i T_i)} - \underbrace{\left(\frac{1}{N}\sum_{1}^{N} X_i\right)}_{E(X_i)}\underbrace{\left(\frac{1}{N}\sum_{1}^{N} T_i\right)}_{E(T_i)} = \frac{X}{N} - \frac{X}{N}\underbrace{(1-W)}_{\frac{N'}{N}} = W\overline{X}$$

with the annotations $\frac{1}{N}X' = \frac{1}{N}X$, $\frac{1}{N}X$, $\frac{1}{N}N'$.

Estimación del total cuando se muestrea en el marco depurado

Al estar el marco depurado el tamaño de la población será N' y la muestra la extraemos de tamaño n. En muestreo sin reposición con probabilidades iguales, siendo n el tamaño prefijado de la muestra, se cumple:

$$\hat{X} = N'\overline{x} = N'\frac{x}{n} = \frac{N'}{n}x$$

$$V\left(\hat{X}\right) = N'^2\left(1-f\right)\frac{S'^2}{n} = N'^2\left(1-\frac{n}{n'}\right)\frac{S'^2}{n} = \frac{N'^2\left(N'-n\right)}{N'}\frac{S'^2}{n} = \frac{N'\left(N'-n\right)}{n}S'^2$$

Ya tenemos el estimador insesgado para el total y su varianza.

Estimación del total cuando se muestrea en el marco
no depurado

Consideremos por separado las distintas posibilidades:

Se desconoce N' y no se sustituyen las unidades vacías que aparezcan en la muestra

El tamaño de la población será N y el de la muestra n. Si se muestrea en M sin reposición y probabilidades iguales, el estimador insesgado del total y su varianza serán:

$$\hat{X}_1 = N\overline{x} = N\frac{x}{n}$$

$$V\left(\hat{X}_1\right) = N^2\left(1-f\right)\frac{S^2}{n} = N^2\left(1-\frac{n}{N}\right)\frac{S^2}{n} = \frac{N^2\left(N-n\right)S^2}{Nn} = \frac{N\left(N-n\right)}{n}S^2$$

Para probar que es insesgado tenemos en cuenta que la variable indicadora e_i de valores uno o cero según que $A_i \in M$ aparezca en la muestra o no aparezca. Se cumple que $E(e_i) = n/N$ para todas las unidades A_i incluidas en el marco M no depurado. Se tiene:

$$E\left(\hat{X}_1\right) = \frac{N}{n}E\left(\sum_1^N X_i e_i\right) = \frac{N}{n}\sum_1^N X_i E(e_i) = \sum_1^N X_i = \sum_1^{N'} X_i = X'$$

Vamos a ver ahora que se cumple $V\left(\hat{X}_1\right) = \frac{N\left(N-n\right)}{n}S^2 > V\left(\hat{X}\right)$.

Para mayor simplicidad admitimos las aproximaciones:

$$N \approx N-1 \text{ y } N' \approx N'-1$$

lo que permite escribir:

$$\frac{S^2}{S'^2} = \frac{(1-W)S'^2 + W(1-W)X'^2}{S'^2} = 1 - W + W(1-W)\frac{\overline{X}'^2}{S'^2} \Rightarrow$$

$$\frac{V(\hat{X}_1)}{V(\hat{X})} = \frac{N(N-n)}{N'(N'-n)}\frac{S^2}{S'^2} = \frac{N(N-n)}{N'(N'-n)}\left\{1 - W + W(1-W)\frac{\overline{X}'^2}{S'^2}\right\} =$$

$$= \frac{N(N-n)}{N'(N'-n)}\left\{\frac{N'}{N} + \frac{N'}{N}W\frac{\overline{X}'^2}{S'^2}\right\} = \underbrace{\frac{N-n'}{N'-n}}_{>1}\left(1 + W\overbrace{\frac{\overline{X}'^2}{S'^2}}^{>0}\right)_{>1} > 1$$

de donde resulta que cuando hay unidades vacías $(N - n) > (N' - n)$ y $\dfrac{W\overline{X}'^2}{S'^2}$ es una cantidad positiva, por lo tanto:

$$\left\{\frac{V(\hat{X}_1)}{V(\hat{X})}\right\} > 1 \Rightarrow V(\hat{X}_1) > V(\hat{X})$$

Es obvio que si no hay unidades vacías en M , $(N\text{-}n) = (N' - n)$ y $W = 0$, por lo tanto los dos estim adores y sus varianzas coinciden. Si hay unidades vacías, la varianza de $\hat{X}_1$ es tanto m ayor que la de $\hat{X}$ cuanto m ayor sea la proporción W de unidades vacías y menor sea la cuasivarianza relativa:

$$\frac{S'^2}{\overline{X}'^2}$$

de la característica que se estudia en las unidades no vacías.

Se desconoce N' y se sustituyen aleatoriamente las unidades vacías de la muestra hasta seleccionar n no vacías

Ahora el estimador del total $\hat{X}_2 = \dfrac{N}{n}x$ tiene un sesgo positivo de valor:

$$B_2 = \frac{W}{1-W}X' \text{ y } V(\hat{X}_2) = \frac{N^2(N'-n)}{N'}\frac{S'^2}{n} > V(\hat{X})$$

Para calcular el sesgo y   la varianza de $\hat{X}_2$ tenem os en cuenta que   la sustitución aleatoria de las unidades vacías de la muestra hasta completar el tamaño prefijado n de unidades no vacías es probabilísticam ente equivalente a efectuar el muestreo en el m arco depurado M'. Teniendo presente que $E(e_i)=0$ si A_i es vacía y $E(e_i)=n/N'$ si A_i es no vacía, tenemos que:

$$E(\hat{X}_2) = \frac{N}{n}\sum_1^N X_i E(e_i) = \frac{N}{n}\frac{n}{N'}\sum_1^{N'} X_i = \frac{1}{1-W}X'$$

$$B_2(\hat{X}_2) = \left(\frac{1}{1-W} - 1\right)X' = \frac{W}{1-W}X' \Rightarrow B_2 > 0 \ si \ W > 0$$

El cálculo de la varianza es inmediato de acuerdo con las consideraciones probabilísticas mencionadas:

$$V(\hat{X}_2) = N^2 V(\bar{x}) = \frac{N^2(N'-n)}{N'}\frac{S'^2}{n} = N^2(1-f)\frac{S'^2}{n} = N^2\left(1-\frac{n}{N'}\right)\frac{S'^2}{n}$$

Se tiene:

$$\frac{V(\hat{X}_2)}{V(\hat{X})} = \frac{\dfrac{N^2(N'-n)}{N'}\dfrac{S'^2}{n}}{\dfrac{N'(N'-n)}{n}S'^2} = \frac{N^2}{N'^2} = \frac{1}{(1-W)^2} > 1$$

y puesto que cuando existen unidades vacías es $0 < (1-W)^2 < 1$, tenemos que $V(\hat{X}_2) > V(\hat{X})$. También es este caso, si no existen unidades vacías en el marco los estimadores $\hat{X}_2$ y $\hat{X}$ coinciden y tienen la misma varianza. Además:

$$ECM(\hat{X}_2) = \frac{1}{(1-W)^2}\left\{V(\hat{X}) + W^2 X'^2\right\}$$

Se conoce N' y no se sustituyen las unidades vacías que aparezcan en la muestra

Si denotamos por n' el número de unidades no vacías que aparecen en la muestra aleatoria de tamaño n seleccionada en el marco no depurado, el estimador:

$$\hat{X}_3 = \frac{N'}{n'}x$$

es insesgado, su varianza viene dada por la fórmula aproximada:

$$V(\hat{X}_3) = \frac{N'(N-n)}{n}S'^2$$

y se cumple la relación $V(\hat{X}) < V(\hat{X}_3) < V(\hat{X}_1)$. Veamos:

Si denotamos por $E_{n'}$ la esperanza matemática en el espacio de muestras en que n' es fijo, podemos escribir:

$$E(\hat{X}_3) = N'E\left(\underbrace{E_{n'}\left(\frac{x}{n'}\right)}_{E_{n'}(\bar{x}')=\bar{X}'}\right) = N'E(\bar{X}') = X'$$

Para calcular la varianza podemos actuar de forma análoga a los estimadores de razón, y a que n' es variable aleatoria y tomará en general distintos valores en muestras distintas.

$$V\left(\hat{X}_3\right)= E(N'\frac{x}{n'} - X')^2 = N'^2\, E\left(\frac{x}{n'} - \overline{X}'\right)^2 = N'^2\, E\left(\frac{x/n}{n'/n} - \overline{X}'\right)^2$$

ahora, denotando por $w=(n - n')/n$ la proporción de unidades vacías en la muestra:

$$V\left(\hat{X}_3\right)= N'^2\, E\left(\frac{\overline{x} - (1-w)\overline{X}'}{(1-w)}\right)^2$$

y utilizando la aproximación $w \approx W$ en el denominador, se tiene:

$$V(\hat{X}_3)=\frac{N'^2}{(1-W)^2}\, E\left(\overline{x} - (1-W)\overline{X}'\right)^2 = \frac{N'^2}{(1-W)^2}\left\{V(\overline{x}) + \overline{X}'^2\, V(1-w) - 2\overline{X}'\,Cov(\overline{x},(1-w))\right\}$$

$$=\frac{N'^2\,(N-n)}{(1-W)^2\,Nn}\left\{S^2 + \overline{X}'^2\, W(1-W) - 2\overline{X}'W\overline{X}\right\}$$

En el último paso se ha utilizado la relación:

$$T_i =\begin{cases}1 \; si \; A_i \; es \; novacía \\ 0 \; si \; A_i \; es \; vacía \end{cases} \Rightarrow Cov\left(X_i, T_i\right)= W\overline{X}$$

y las aproximaciones $N \cong N-1$ y $N' \approx N'-1$. Después de simplificar resulta:

$$V\left(\hat{X}_3\right)\approx \frac{N(N-n)}{n}\left(S^2 - W(1-W)\overline{X}'^2\right)$$

y teniendo en cuenta la relación:

$$S^2 = (1-W)S'^2 + \frac{W}{1-W}\,\overline{X}^2 = (1-W)S'^2 + W(1-W)\overline{X}'^2$$

se obtiene finalmente el resultado $V\left(\hat{X}_3\right)= \frac{N'(N-n)}{n}S'^2$

La comprobación de que $V\left(\hat{X}_3\right) > V\left(\hat{X}\right)$ resulta inmediata puesto que cuando hay unidades vacías es $N > N'$. Para comprobar que $V\left(\hat{X}_3\right)$ es menor que $V\left(\hat{X}_1\right)$ es suficiente tener en cuenta la fórmula de S^2 de la que se deduce inmediatamente $N'S'^2 < NS^2$ y por tanto $V\left(\hat{X}_3\right) < V\left(\hat{X}_1\right)$.

Se conoce N' y se sustituyen aleatoriamente las unidades vacías que aparezcan en la muestra hasta obtener n no vacías

El tam año de la población será N' y el de la m uestra será n. En estas condiciones un estimador insesgado del total puede expresarse como:

$$\hat{X}_4 = N'\overline{x} = N'\frac{x}{n} = \frac{N'}{n}x$$

Este estimador es insesgado y su varianza vale:

$$V(\hat{X}_4) = N'^2(1-f)\frac{S'^2}{n} = N'^2\left(1 - \frac{n}{N'}\right)\frac{S'^2}{n} = \frac{N'^2(N'-n)}{N'}\frac{S'^2}{n} = \frac{N'(N'-n)S'^2}{n}$$

$\hat{X}_4 = \dfrac{N'}{n}x$ es insesgado y su varianza es igual a la de X_1.

Para probar estas afirm aciones es suficiente con tener en cuenta que el factor de elevación N'/n que aparece en el estim ador es una constante conocida y que la sustitución aleatoria de unidades vacías de la m uestra hasta com pletar el tamaño n prefijo, equivale a efectuar el muestreo en el marco depurado; por lo tanto:

$$E(\hat{X}_4) = X'; V(\hat{X}_4) = V(\hat{X}) = \frac{N'(N'-n)}{n}S'^2$$

Conclusiones

1°) Si se conoce el núm ero de unidades vacías (y por tanto el de no vacías) en el marco de muestreo A, el problema queda resuelto aplicando el procedimiento de $\hat{X}_4$, ya que el estimador $\hat{X}_4$ es insesgado y su varianza es la m isma que se obtendría efectuando el m uestreo en el m arco depurado M'. Si en este caso no se sustituy en las unidades vacías, el estimador insesgado $\hat{X}_3$ tiene mayor varianza.

2°) Si no se conoce el núm ero de unidades vacías es m ejor no sustituir las que aparezcan en la muestra, ya que se puede formar un estimador insesgado $\hat{X}_1$. El estimador $\hat{X}_2$ formado cuando se sustituyen las unidades vacías tiene sesgo.

3°) En cuanto a la form ación de un estim ador para la m edia $\overline{X}' = \dfrac{X'}{N'}$, el conocimiento del núm ero de unidades vací as en el m arco es irrelevante, y a que cualquiera de los dos estimadores $\overline{X}'_3 = \dfrac{x}{n'}$ y $\overline{X}'_4 = \dfrac{x}{n}$ es insesgado. $\hat{X}'_4$ es preferible a $\hat{X}'_3$ porque tiene menor varianza.

Se pueden resumir los resultados en el gráfico siguiente:

Procedimiento de muestreo			Estimador	Unidades no vacías en la muestra	Varianza	Sesgo
Marco no depurado			$\hat{X} = \dfrac{N'}{n}x$	n	$\dfrac{N'(N'-n)}{n}S'^2$	
Marco depurado	No se da n'	No se cambian unidades vacías	$\hat{X}_1 = \dfrac{N}{n}x$	n'	$\dfrac{N(N-n)}{n}S^2$	
		Se cambian unidades vacías	$\hat{X}_2 = \dfrac{N}{n}x$	n	$\dfrac{N^2(N'-n)}{N'n}S'^2$	$\dfrac{W}{1-W}X'$
	Se da n'	No se cambian unidades vacías	$\hat{X}_3 = \dfrac{N'}{n'}x$	n'	$\dfrac{N'(N-n)}{n}S'^2$	
		Se cambian unidades vacías	$\hat{X}_4 = \dfrac{N'}{n}x$	n	$\dfrac{N'(N'-n)}{n}S'^2$	

EL PROBLEMA DE LAS UNIDADES REPETIDAS

Otro defecto típico en el m arco de m uestreo es la presencia de unidades repetidas que introduce sesgos en los estim adores usuales. Por **unidad repetida** se entiende una unidad de muestreo cuya identificación figura más de una vez en la lista o marco disponible. La presencia de sesgos se debe a que con unidades repetidas se alteran las probabilidades de selección, que en vez de ser iguales para todas las unidades son proporcionales al núm ero de veces que se repite en el m arco la identificación de dichas unidades. Casos típ icos de marcos con unidades repetidas se producen cuando en encuestas de em presas se utiliza com o m arco una lista de establecimientos, en cuy o caso las empresas que dispongan de m ás de un estable-cimiento son unidades repetidas. Tam bién es típico este problem a si para una encuesta el m arco de m uestreo se ha form ado reuniendo listas procedentes de diversas fuentes, en cuy o caso es posible que algunas unidades aparezcan repetidas. El problem a de las unidades repetidas desaparece si se depura el marco disponible eliminando todas las identificaciones repetid as. No obstante puede ser posible evitar los m encionados sesgos sin necesidad de efectuar previam ente la depuración del marco.

Supogamos que la población objeto de est udio consta de N' unidades, que denotemos por $U = \{U_1, U_2, \cdots, U_i, \cdots, U_{N'}\}$, y que en la lista o marco disponible la identificación de la unidad U_i (dirección postal, ficha, núm ero de registro, código, etc.) figura r_i veces, siendo r_i un entero igual o m ayor que 1. Según esto el m arco disponible es un conjunto de N ($N \geq N'$) elementos que denotamos por:

$$M = \{A_1, A_2, \cdots, A_i, \cdots, A_N\} \quad N = \sum_1^{N'} r_i$$

Siendo X_i ; $(1,2,\ldots,N')$ el valor de la característica en estudio m edida sobre la unidad U_i, el total y la media en la población objeto U, son:

$$X' = \sum_1^{N'} X_i , \quad \overline{X}' = \frac{1}{N'} \sum_1^{N'} X_i$$

Sin embargo el total y la media en el marco disponible M son:

$$X = \sum_1^N X_i = \sum_1^{N'} r_i X_i, \quad \overline{X} = \frac{1}{N} \sum_1^{N'} r_i X_i$$

Si se efectúa el m uestreo en el marco M que contiene unidades repetidas, el estimador usual para el total (como estim ador insesgado del total X en el m arco disponible A) será $\hat{X} = \frac{N}{n} x$.

Este estimador, como estim ador del total X' que se desea (en la población objeto U), tiene sesgo positivo (supuestos $X_i \geq 0$). Este sesgo es:

$$E(\hat{X}) - X' \underset{\substack{\downarrow \\ \hat{X}\ insesgado \\ del\ total\ X}}{=} X - X' = \sum_{i=1}^{N'} X_i r_i - \sum_{i=1}^{N'} X_i = \sum_{i=1}^{N'} X_i (r_i - 1)$$

El estimador usual de la media (efectuando el muestreo en el marco M):

$$\hat{\overline{X}} = \frac{x}{n}$$

también tiene un sesgo com o estimador de la media $\overline{X}'$ en la población objeto U, que viene dado por:

$$E\left(\hat{\overline{X}} - \overline{X}'\right) = \overline{X} - \overline{X}' = \frac{1}{N} \sum_{i=1}^{N'} r_i x_i - \frac{1}{N'} \sum_{i=1}^{N'} x_i = \frac{N' \sum_{i=1}^{N'} r_i x_i - N \sum_{i=1}^{N'} x_i}{NN'} =$$

$$= \frac{1}{NN'} \left(\sum_{i=1}^{N'} N'(r_i x_i - N x_i) \right) = \frac{1}{NN'} \sum_{i=1}^{N'} (r_i N' - N) x_i$$

Muestreo en el marco no depurado para estimación del total

Supongamos m uestreo sin reposición con probabilidades iguales   y veamos que pueden adoptarse varios procedim   ientos que perm iten form ar estim adores insesgados del total X', con la condición de que sea posible conocer el núm ero r_i de veces que se repite en el m   arco cada una de las unidades seleccionadas   para la muestra. Esto evita la depuración completa del marco. Consideraremos tres métodos.

Método I

Se efectúan n extracciones sin reposición en el m   arco no depurado, utilizándose para form ar el   total muestral las n observaciones, de m   odo que si aparecen unidades repetidas el   correspondiente valor se repite tantas veces com   o haya aparecido en la muestra.

Siendo ε_i la variable aleatoria que expresa el número de veces que la unidad U_i aparece en la m uestra, $\varepsilon_i = $ n° de veces que la unidad U_i pertenece a la muestra, la probabilidad conjunta de las ε_i responde a la hipergeométrica para N' clases dada por:

$$P_r\left(\varepsilon_i = t_1, \cdots, \varepsilon_i = t_i, \cdots, \varepsilon_{N'} = t_N\right) = \frac{\binom{r_1}{t_1} \cdots \binom{r_i}{t_i} \cdots \binom{r_{N'}}{t_{N'}}}{\binom{N}{n}}$$

$$\varepsilon_i \rightarrow \text{hipergeométrica}\left(n, \frac{r_i}{N}\right) \Rightarrow \begin{cases} E(\varepsilon_i) = \dfrac{r_i}{N}n, \quad V(\varepsilon_i) = \dfrac{(N-n)}{(N-1)}\dfrac{r_i n}{N}\left(1 - \dfrac{r_i}{N}\right) \\ Cov(\varepsilon_i, \varepsilon_j) = \dfrac{(N-n)n}{(N-1)}\dfrac{r_i}{N}\dfrac{r_j}{N}; i \neq j \end{cases}$$

Un estimador insesgado del total X' queda definido de la siguiente forma:

$$\hat{X}'_1 = N\overline{x}^* = N\frac{1}{n}\sum_{i=1}^{n}\underbrace{x_i^*}_{x_i^* = \frac{x_i}{r_i}} = N\frac{1}{n}\sum_{i=1}^{n}\frac{x_i}{r_i} = \sum_{i=1}^{n}\frac{N}{n}\frac{x_i}{r_i} = \sum_{i=1}^{n}\frac{Nx_i t_i}{nr_i}$$

siendo n' el núm ero de unidades distintas en la m   uestra ($n' \leq n$) y t_i el núm ero de veces que en la muestra se repite la unidad, es decir, $\sum_{1}^{n'} t_i = n$.

Se comprueba, haciendo uso de la distribución de probabilidades de ε_i, que el estimador es insesgado, ya que:

$$E\left(\sum_1^{n'} \frac{NX_i t_i}{nr_i}\right) = E\left(\sum_1^{N'} \frac{NX_i \varepsilon_i}{nr_i}\right) = \sum_1^{N'} \frac{NX_i E(\varepsilon_i)}{nr_i} == \sum_1^{N'} \frac{NX_i nr_i}{Nnr_i} = \sum_1^{N'} X_i = X'$$

Para hallar la varianza del estimador del total tenemos:

$$V\left(\hat{X}'_1\right) = V\left(\sum_1^{N'} \frac{NX_i \varepsilon_i}{nr_i}\right) = \frac{N^2}{n^2}\left\{\sum_1^{N'} \frac{X_i^2}{r_i^2} V(\varepsilon_i) + \sum_{j\neq i}^{N'} \frac{X_i}{r_i}\frac{X_j}{r_j} Cov(\varepsilon_i, \varepsilon_i)\right\} =$$

$$\frac{N-n}{(N-1)n}\left(\sum_1^{N'} \frac{X_i^2}{Z_i} - X'^2\right) = \frac{N-n}{(N-1)n}\sum_1^{N'} Z_i\left(\frac{X_i}{Z_i} - X'\right)^2 \qquad Z_i = \frac{r_i}{N}$$

$Z_i = r_i / N$ es la proporción de veces que u_i está repetida en el m arco no depurado. Puede probarse que un estimador insesgado de la varianza viene dado por:

$$\hat{V}\left(\hat{X}'_1\right) = \frac{(N-n)}{N(n-1)n}\sum_1^{n}\left(\frac{X_i}{Z_i} - \hat{X}'_1\right)^2$$

Método II

Solamente se tienen en cuenta para form ar el total m uestral los valores que corresponden a unidades no repetidas en la m uestra, en cuy o caso el tamaño efectivo $n'\leq n$ es una variable aleatoria que expresa el núm ero de unidades distintas de la muestra. La muestra queda constituida por las n' unidades distintas obtenidas en las n extracciones, es decir, cada unidad se "cuen ta" una sola vez aunque haya aparecido repetida. En consecuencia, la probabilidad de que la unidad U_i aparezca en la muestra efectiva es:

$$\pi_i = Pr(u_i) = 1 - \frac{\binom{N-r_i}{n}}{\binom{N}{n}}$$

y la probabilidad de que aparezca el par (u_i, u_j) en cualquier orden $(i \neq j)$:

$$\pi_{ij} = Pr(u_i, u_j) = \frac{\sum_{h,k=1}^{r_i r_j}\binom{r_i}{h}\binom{r_j}{k}\binom{N-r_i-r_j}{n-2}}{\binom{N}{n}}$$

entonces podemos aplicar los estimadores de Hansen y Hurwitz para los valores de π_i y π_{ij} ya definidos. Se tiene:

$$\hat{X}'_2 = \sum_1^{n'} \frac{X_i}{\pi_i}$$

estimador insesgado del total X'. Su varianza, así co mo estim aciones insesgadas, vienen dadas por las fórm ulas deducidas en el capítulo 3, sustituy endo π_i y π_{ij} por los valores aquí calculados.

Método III

Se efectúan extracciones sucesivas com probando si la unidad seleccionada ha aparecido anteriorm ente, en cuy o caso se elim ina de la muestra. Se continúa el proceso hasta obtener en la muestra n unidades distintas.

Este procedimiento es equivalente al esquema de urna en que cada unidad u_i ($i = 1, ..., N'$) viene representada por r_i bolas y que cuando por primera vez aparece la unidad u_i en la m uestra se eliminan las r_i bolas que la representan. Com o y a sabemos del capítulo 3, este esquem a para $n > 2$ da lugar a tediosos cálculos de las probabilidades de inclusión π_i y π_{ij}. Las fórm ulas para un estim ador insesgado del total, de su varianza y de su estimación vendrán dadas por la estimación de Hansen y Hurwitz ya estudiada en el capítulo 3.

El método más utilizado es el primero de los descritos, y a que tiene la ventaja de que su aplicación es sencilla, puesto que para obtener un estim ador insesgado del total, solamente se requiere dividir el valor observado en cada unidad muestral X_i por el núm ero de veces que la citada unidad está repetida en la lista o marco de m uestreo y acumular este valor ponderado X_i/r_i tantas veces como se hay a repetido en la muestra la unidad. Por otra parte el cálculo y estimación de la varianza no requiere operaciones más complicadas de lo habitual. Una observación importante en cuanto a la precisión del estimador es la siguiente: la fórmula de su varianza:

$$V\left(\hat{X}'_1\right) = \frac{N-n}{(N-1)n}\left(\sum_1^{N'} \frac{X_i^2}{Z_i} - X'^2\right)$$

es igual a la de m uestreo con repos ición y probabilidades proporcionales a r_i, en el marco U, m ultiplicada por el factor $(N-n)/(N-1)n$. En consecuencia, el estimador insesgado $\hat{X}'_1$ cuando existen unidades repetidas en el m arco pudiera ser m ás o menos preciso que el estim ador usual pa ra el m arco depurado (sin reposición y probabilidades iguales). Ello dependerá de que los r_i (número de veces que se repite la unidad u_i en el m arco depurado) estén o no positivamente correlacionados con el valor X_i que tratamos de observar.

El segundo m étodo es viable en la práctica, pero requiere operaciones de cálculo de π_i para formar el estimador y también de π_{ij} para estimar su varianza, que lo hacen menos deseable que el prim er m étodo. No obstante tiene un interés metodológico, ya que entre otras propiedades nos hace ver la necesidad de repetir en el primer estimador el valor X_i / r_i tantas veces com o se haya repetido la unidad u_i en la m uestra, puesto que si nos quedam os solam ente con las que son distintas, estaremos en la necesidad de aplicar el segundo método.

El tercer método es poco útil en la práctica para $n>2$, debido a la complejidad del cálculo de π_i y π_{ij}. Pero adem ás de estas dificultades, para el cálculo de las citadas probabilidades de selección no es suficiente el conocim iento de los r_i correspondientes a las unidades de la m uestra, sino que se requieren los r_i de todas las N' unidades distintas de la población. Este hecho invalida el tercer método como solución alternativa a la previa depuración com pleta del m arco si se desea un estimador insesgado.

Estimación del número de unidades distintas en el marco

Utilizando el prim er m étodo de m uestreo anterior, un estimador insesgado para N' viene dado por:

$$\hat{N}' = \frac{N}{n} \sum_1^n \frac{1}{r_i} = \frac{N}{n} \sum_1^{n'} \frac{t_i}{r_i}$$

siendo n' el número de unidades distintas en la m uestra, t_i el número de veces que se repite dentro de la m uestra la unidad A_i y r_i en el m arco. Por lo y a visto en el procedimiento primero de estimación, este estimador es insesgado, y su varianza vale:

$$V\left(\hat{N}'\right) = \frac{N-n}{(N-1)n} \left(\sum_1^{N'} \frac{N}{r_i} - N'^2 \right)$$

siendo la estimación de la varianza:

$$\hat{V}\left(\hat{N}'\right) = \frac{N-n}{N(n-1)n} \sum_1^n \left(\frac{N}{r_i} - \hat{N}' \right)^2$$

resultados que se deducen de la teoría desarrollada en el estudio del prim er procedimiento para estimar un total, dando a X_i el valor 1.

Estimación de la media en un marco con unidades repetidas

Puesto que la m edia objeto de estim ación es $\overline{X}' = \frac{X'}{N'}$, si el núm ero N' de unidades distintas en el m arco es conocido, el problem a está resuelto, y a que se divide el estim ador del total por N' y su varianza por N'^2. Si N' no es conocido podemos acudir a formar un estimador de razón:

$$\hat{\overline{X}}' = \frac{\hat{\overline{X}}'}{\hat{N}'} = \frac{\sum_1^n \frac{X_i}{r_i}}{\sum_1^n \frac{1}{r_i}}$$

utilizando el primer método de muestreo.

Una expresión aproxim ada para el E.C.M. de $\overline{X}'$, aplicando la teoría ordinaria del estimador de la razón, viene dada por:

$$ECM\left(\hat{\overline{X}}'\right) = \frac{N(N-n)}{N'^2\,n}\left\{V\left(\frac{X_i}{r_i}\right) + \overline{X}'^2\,V\left(\frac{1}{r_i}\right) - 2\overline{X}'Cov\left(\frac{X_i}{r_i},\frac{1}{r_i}\right)\right\}$$

que se obtiene inmediatamente, teniendo en cuenta que R se identifica con $\overline{X}'$, que:

$$E\left(\frac{1}{r_i}\right) = \frac{1}{N}\sum_1^N \frac{1}{r_i} = \frac{N'}{N}$$

y que las varianzas que aparecen en la fórm ula (con muestreo sin reposición y $N\approx N\text{-}1$) son:

$$V\left(\frac{X_i}{r_i}\right) = \frac{1}{N}\sum_1^N \frac{X_i^2}{r_i^2} - \frac{X'^2}{N^2} \;,\; V\left(\frac{1}{r_i}\right) = \frac{1}{N}\sum_1^N \frac{1}{r_i^2} - \frac{N'^2}{N^2} \;\; y \;\; Cov\left(\frac{X_i}{r_i},\frac{1}{r_i}\right) = \frac{1}{N}\sum_1^N \frac{X_i}{r_i^2} - \frac{N'X'}{N^2}$$

El estim ador es en general sesgado, y de acuerdo con la teoría estudiada en estimación por razón, la expresión aproximada del sesgo viene dada por:

$$B\left(\hat{\overline{X}}'\right) = \frac{(N-n)\overline{X}'}{(N-1)n}\left(\frac{N}{N'^2}\sum_1^N \frac{1}{r_i^2} - \frac{N}{N'X'}\sum_1^N \frac{X_i}{r_i^2}\right)$$

Las varianzas y covarianzas de:

$$\frac{X_i}{r_i} \;\; y \;\; \frac{1}{r_i}$$

pueden e stimarse d e l a muestra, conociendo los correspondientes r_i, por los m étodos usuales, así pues con la notación:

$$Y_i = \frac{X_i}{r_i}, \quad \overline{y} = \frac{1}{n}\sum_i^n Y_i = \frac{1}{n}\sum_i^n \frac{X_i}{r_i}, \quad R_i = \frac{1}{r_i}, \quad \overline{r} = \frac{1}{n}\sum_1^n R_i = \frac{1}{n}\sum_i^n \frac{1}{r_i}$$

se tiene:

$$\hat{V}\left(\frac{X_i}{r_i}\right) = \frac{\sum_1^n (Y_i - \overline{y})^2}{n-1}, \quad \hat{V}\left(\frac{1}{r_i}\right) = \frac{\sum_1^n (R_i - \overline{r})^2}{n-1}, \quad \hat{Cov}\left(\frac{X_i}{r_i},\frac{1}{r_i}\right) = \frac{\sum_1^n (Y_i - \overline{y})(R_i - \overline{r})}{n-1}$$

Ejercicio 1. En una población de 1.000 personas la experiencia de una encuesta piloto proporciona como datos: $S^2=S_2^2=0{,}001$ $P_1=0{,}8$ $C_0=50$ $C_1=300$ y $C_2=1000$, siendo C_0, C_1 y C_2 respectivamente los costes unitarios de envío de cuestionarios por correo, proceso de cuestionarios obtenidos por correo y entrevistas en intentos posteriores. P_1 es la proporción de los que contestan por correo y S_2^2 la cuasivarianza del estrato de no respuesta. Hallar el número óptimo de cuestionarios a enviar por correo y la fracción de muestreo en el estrato de los que no contestaron para obtener una varianza del estimador del total igual a 10.

Aplicando el método de Hansen y Hurwitz para la falta de respuesta, tenemos que la fracción de muestreo f_{21} en el estrato de los que no contestaron que optimiza el coste para una varianza prefijada viene dada por:

$$f_{21} = \sqrt{\dfrac{\dfrac{P_1 S_2^2}{S^2 - P_2 S_2^2}\cdot\left(c_1 + \dfrac{c_o}{P_1}\right)}{c_2}} = \sqrt{\dfrac{\dfrac{0{,}8\cdot 0{,}001}{0{,}001 - 0{,}2\cdot 0{,}001}\cdot\left(300 + \dfrac{50}{0{,}8}\right)}{1000}} = 0{,}6021$$

Si representamos por n el tamaño de la muestra necesario para obtener una varianza del estimador del total $V_o(\hat{X})$ sin falta de respuesta tenemos:

$$V_o(\hat{X}) = N^2\left(1 - \frac{n}{N}\right)\frac{S^2}{n} \Rightarrow n = \frac{N^2 S^2}{V_o(\hat{X}) + N S^2} = \frac{1000^2\cdot 0{,}001}{10 + 1000\cdot 0{,}001} \cong 91$$

Cuando existe una proporción P_2 de falta de respuesta, el tamaño de muestra necesario para obtener una varianza $V_o(X)$ viene dado por la expresión siguiente:

$$n' = n \quad\cdot\left[1 + \left(\frac{1}{f_{21}} - 1\right)\cdot P_2\cdot\frac{S_2^2}{S^2}\right] = 91 \quad\cdot\left[1 + \left(\frac{1}{0{,}6021} - 1\right)\cdot 0{,}2\cdot\frac{0{,}001}{0{,}001}\right] = 103$$

Ejercicio 2. Con la finalidad de evaluar la calidad en las respuestas para investigar una determinada característica cualitativa se utiliza un modelo de entrevista repetida. El entrevistador original (EO) y el entrevistador de repetición obtienen los siguientes resultados al visitar una muestra de 100 personas:

ER / EO → ↓	Con la característica	Sin la característica	Total
Con la característica	$a = 12$	$b = 18$	30
Sin la característica	$c = 14$	$d = 56$	70
Total	26	74	$m = 100$

Si se supone que ambos tipos de entrevistadores han recibido un adiestramiento similar y no existe correlación entre los errores de respuesta de una misma unidad, estimar la varianza simple de respuesta y el índice de inconsistencia.

Sean X_{i1} y X_{i2} las respuestas de la unidad i-ésima al entrevistador que realiza la entrevista original y al que realiza la entrevista repetida respectivam ente. La varianza de respuesta simple se estima mediante:

$$\hat{\sigma}_d^2 = \frac{1}{2m}\sum_i^m (X_{i1} - X_{i2})^2 = \frac{b+c}{2m} = \frac{32}{200} = 0,16$$

Sabemos que el índice de inconsistencia viene expresado mediante el cociente:

$$I = \frac{\sigma_d^2}{V(\hat{P}_t)} = \frac{\sigma_d^2}{\sigma_d^2 + \sigma_o^2} = \frac{\sigma_d^2}{P \cdot Q} \quad 0 \leq I \leq 1$$

Su estimación vendrá dada por el cociente:

$$\hat{I} = \frac{\hat{\sigma}_d^2}{\hat{V}(\hat{P}_t)}$$

donde la estimación del numerador ya la conocemos y la estimación del denominador se basa en que:

$$T_3 = \frac{(a+c)(b+d)}{(m-1)m^2} \quad \text{es un estimador de} \quad \frac{\sigma_d^2 + \sigma_0^2}{m}, \text{ es decir:}$$

$$\frac{(a+c)(b+d)}{(m-1)m} = \frac{(12+14)(18+56)}{(100-1)100} = 0,1943434 \quad \text{es un estimador de } \sigma_d^2 + \sigma_0^2.$$

Como y a tenem os estim ado el num erador y el denominador del índice $I = \frac{\sigma_d^2}{V(\hat{P}_t)} = \frac{\sigma_d^2}{\sigma_d^2 + \sigma_o^2}$, podemos escribir $\hat{I} = \frac{\hat{\sigma}_d^2}{\hat{V}(\hat{P}_t)} = \frac{0,16}{0,1943434} = 0,82$.

Ejercicio 3. *Una muestra de 100 personas se divide aleatoriamente en dos submuestras de igual tamaño m=50 que se asignan respectivamente a los entrevistadores E_1 y E_2.. El supervisor es común para ambos y los resultados obtenidos para un carácter cualitativo son:*

	E_1	E_2
$\sum_{j=1}^{50} X_{ijt}$	12	18
$\hat{P}_{it}$	$\frac{12}{50}$	$\frac{18}{50}$

Obtener una estimación insesgada de la varianza total y comprobar que la diferencia entre dicha estimación y la varianza de muestreo es una estimación de la componente correlacionada de la varianza de respuesta.

A partir del m étodo de las subm uestras interpenetrantes se puede estimar la varianza total y sus componentes. Para el caso de caracteres cualitativos se tienen estimaciones para los cuadrados m edios del an álisis de la varianza que vienen dados por:

$$\hat{S}_b^2 = \frac{m}{k-1}\left(\sum_i^k \hat{P}_{it}^2 - k\hat{P}_t^2\right) = \frac{50}{2-1}\cdot\left(\frac{144}{50^2} + \frac{324}{50^2} - 2\cdot 0,3^2\right) = 0,36$$

$$\overline{S}_w^2 = \frac{m}{k(m-1)}\sum_i^k\left(\hat{P}_{it} - \hat{P}_{it}^2\right) = \frac{m}{k(m-1)}\sum_i^k \hat{P}_{it}\left(1 - \hat{P}_{it}\right) = \frac{50}{2\cdot 49}(0,24\cdot 0,76 + 0,36\cdot 0,64) = 0,21$$

Se sabe que un estimador insesgado de la varianza total es $\dfrac{\hat{S}_b^2}{n} = \dfrac{0,36}{100} = 0,0036$.

Por otra parte, también se sabe que:

$$\frac{\hat{S}_b^2 - \hat{S}_w^2}{k(m-1)} = \frac{0,36 - 0,21}{2\cdot 49} = 0,0015$$

es un estimador insesgado de la componente correlacionada de la varianza de respuesta $\hat{\rho}_w\hat{\sigma}_d^2$.

Como la varianza de muestreo es:

$$\hat{\sigma}_0^2 = \frac{\hat{P}(1 - \hat{P})}{n} = 0,3\cdot 0,7 = 0,21$$

si restamos a la varianza total estim ada la varianza de m uestreo, tendrem os el valor de la componente correlacionada, es decir: 0,0036-0,0021=0,0015.

Ejercicio 4. El cuadro que se presenta a continuación contiene los resultados de la entrevista original y repetida realizada a 233 activos ocupados correspondientes al cuarto trimestre de 1983 de la Encuesta de Población Activa (EPA) del INE relativos a la clase de los que han trabajado menos de 40 horas en la semana de referencia. Estimar la varianza de respuesta y sus componentes, la varianza debida al muestreo y el coeficiente de correlación entre desviaciones de respuesta.

Entrevista original (EO) → Entrevista repetida (ER) ↓	< 40 h	≥ 40 h	TOTAL
< 40 h	261	352	613
≥ 40 h	238	1486	1724
TOTAL	499	1838	2337

La varianza total de respuesta $\dfrac{\sigma_d^2}{m}(1 + (m-1)\rho$ se estima mediante:

$$T_2 = \frac{(c-b)^2}{2m^2} = \frac{(238-352)^2}{2 \cdot 2337^2} = 0,001189767$$

La varianza de respuesta simple $\dfrac{\sigma_d^2}{m}$ se estima mediante:

$$T_1 = \frac{(c+b)}{2m^2} = \frac{(238+352)}{2 \cdot 2337^2} = 0,000054$$

La componente correlacionada $\dfrac{\sigma_d^2}{m}(m-1)\rho$ se estima mediante:

$$T_2 - T_1 = \frac{(c-b)^2}{2m^2} - \frac{(c+b)}{2m^2} = \frac{(238-352)^2}{2 \cdot 2337^2} - \frac{(238+352)}{2 \cdot 2337^2} = 0,00113576$$

La varianza debida al muestreo $\dfrac{\sigma_0^2}{m}$ se estima mediante:

$$T_3 - T_1 = \frac{(a+c)(b+d)}{(m-1)m^2} - \frac{(c+b)}{2m^2} = \frac{(261+238)(352+1486)}{2336 \cdot 2337^2} - \frac{(238+352)}{2 \cdot 2337^2} = 0,00001787$$

El coeficiente de correlación entr e desviaciones de respuesta se estima mediante:

$$\frac{T_2 - T_1}{T_1(m-1)} = \frac{\dfrac{(c-b)^2}{2m^2} - \dfrac{(c+b)}{2m^2}}{\dfrac{(c+b)}{2m^2}(m-1)} = \frac{\dfrac{(238-352)^2}{2 \cdot 2337^2} - \dfrac{(238+352)}{2 \cdot 2337^2}}{\dfrac{(238+352)}{2 \cdot 2337^2}(2337-1)} = 0,009$$

Ejercicio 5. En una encuesta de tamaño n=100 se realiza una sola entrevista. Aplicar el estimador de Politz y Simmons para estimar la proporción de contestaciones afirmativas sabiendo que los 60 entrevistados dieron las respuestas que figuran en la tabla siguiente:

t	0	1	2	3	4	5
n_t	4	6	8	10	12	20
$a_t = n_t \bar{x}_t$	2	4	5	6	8	12

$$\bar{x}_{PS} = \frac{\displaystyle\sum_{t=0}^{5} n_t \cdot \bar{x}_t \cdot \frac{1}{\pi_t}}{\displaystyle\sum_{t=0}^{5} n_t \cdot \frac{1}{\pi_t}} = \frac{\displaystyle\sum_{t=0}^{5} n_t \cdot \bar{x}_t \cdot \frac{6}{t+1}}{\displaystyle\sum_{t=0}^{5} n_t \cdot \frac{6}{t+1}} = \frac{\displaystyle\sum_{t=0}^{5} \frac{n_t \cdot \bar{x}_t}{t+1}}{\displaystyle\sum_{t=0}^{5} \frac{n_t}{t+1}} = \frac{\dfrac{2}{1}+\dfrac{4}{2}+\dfrac{5}{3}+\dfrac{6}{4}+\dfrac{8}{5}+\dfrac{12}{6}}{\dfrac{4}{1}+\dfrac{6}{2}+\dfrac{8}{3}+\dfrac{10}{4}+\dfrac{12}{5}+\dfrac{20}{6}} = 0,6$$